石化装置安全风险评估管理技术手册：

乙烯装置

中石化国家石化项目风险评估技术中心有限公司　组织编写

葛春涛　主　　编

中国石化出版社

·北京·

内 容 提 要

本书分为基础知识、评估技术、基于风险评估的安全管理三部分。第一部分重在介绍本书编写背景、遵循的风险原理以及研究对象(乙烯装置)等基础知识;第二部分主要介绍基于风险和经验的评估技术在乙烯装置的应用;第三部分主要介绍基于安全风险管理的要求,以及在履行国家、企业安全管理方面的优良做法及安全风险管理数字化实践。本书还有9个附录,为读者进一步延伸阅读提供了方便。

本书可帮助从事乙烯装置生产、管理人员尤其是安全管理人员从风险理论入手,有效把握乙烯装置过程安全、人员操作、应急处置、开停工等各方面安全要素;也可供管理人员以及初次接触乙烯装置的新员工或学生培训使用;从事乙烯装置安全系统设计、评估的专家也可参考本书。

图书在版编目(CIP)数据

石化装置安全风险评估管理技术手册:乙烯装置/中石化国家石化项目风险评估技术中心有限公司组织编写;葛春涛主编.—北京:中国石化出版社,2024.4
ISBN 978-7-5114-7465-0

Ⅰ.①石… Ⅱ.①中… ②葛… Ⅲ.①乙烯-化工设备-安全管理-风险分析-技术手册 Ⅳ.①TQ325.1-62

中国国家版本馆CIP数据核字(2024)第058191号

中国石化出版社出版发行
地址:北京市东城区安定门外大街58号
邮编:100011 电话:(010)57512500
发行部电话:(010)57512575
http://www.sinopec-press.com
E-mail:press@sinopec.com
北京科信印刷有限公司印刷
全国各地新华书店经销
*
787毫米×1092毫米 16开本 30印张 714千字
2024年4月第1版 2024年4月第1次印刷
定价:168.00元

《石化装置安全风险评估管理技术手册：乙烯装置》

编　委　会

主　　编　葛春涛

编写人员　王建伟　苟成冬　张武涛　穆　帅　赵倩琳
张　毅　姜巍巍　杨　勇　许　晶　赵振峰
胡　川　李　龙　慕云涛　李荣强　李玉德
武志峰　李乐宁　刘金玲　王春军　赵　虎
李振蛟　马兴亮　黄嘉璐

前言

石化行业是国民经济的基础，为社会进步、经济发展以及民生改善做出了重要贡献。然而，石化行业生产过程中涉及大量易燃、易爆、有毒、有害等危险化学品，尤其是石化装置在高温、高压等苛刻条件下运行，一旦发生事故，就容易引发火灾爆炸、中毒窒息、环境污染等恶性事故。据不完全统计，2000 年至今，国内化工行业共发生重特大事故 23 起，造成 640 人死亡，事故原因主要涉及风险识别与管控、过程操作以及特殊作业。其中，属于风险识别与管控事故 13 起，占比 56.5%，死亡 502 人，占比 78.4%；属于过程操作事故 5 起，占比 21.7%，死亡 77 人，占比 12.0%；属于特殊作业环节事故 5 起，占比 21.7%，造成 61 人死亡，占比 9.5%。

事故是风险不受控的具体表现。事故通常不是由某一个原因或某一类因素引发的，而是多方面因素相互关联、互相作用的结果。调查发现，越是重大事故，事发企业存在的安全问题越多，且都是长期积累所致。对于化工企业而言，以事故为导向的安全管理已不能满足企业的发展和时代的要求。安全是企业生存的前提，是企业发展的底线。让事故不再发生，把所有潜在风险扼杀在摇篮中，是当下危化品生产企业所面临的急需解决的难题。因此，如果想从根本上避免事故，就需要基于风险管理的理念，通过专业化的技术手段和系统化的管理方法，来识别、评估、控制风险，对生产的全过程、涉及的各要素实施风险管理。

乙烯是石油化工的重要基础原料，乙烯装置是石化装置的“龙头”，在石油化工中占有重要地位。乙烯装置生产的乙烯、丙烯以及下游装置生产的丁二烯和三苯(苯、甲苯、二甲苯)是其他有机原料及三大合成材料(合成树脂、合成橡胶、合成纤维)的基础原料。以乙烯为龙头的石化工业在国民经济中占有重要地位，作为重要的原材料行业，石化工业的健康发展对整个国家的经济有重大影响。然而，乙烯生产具有较大火灾、爆炸危险性，生产操作在高温高压条件下进行，并且还有深冷操作，生产过程中物料多是气态，装置复杂，连续性强。乙烯装置所在工厂内常备有大量液化气原料，裂解气也多以液态储存。储槽有一定压力，如槽体有不严密处，物料将会泄漏散发出来，遇明火而爆炸燃烧。鉴于乙烯装置的高风险、高后果，有必要对乙烯装置中存在的风险进行全面、系统的识别分析与评价，对风险进行有效管控，从而将风险控制在可接受范围，尽量避免安全事故的发生。部分乙烯装置事故案例分析见本书附录1。

目前，各企业乙烯装置面临运行时间长、设备老旧、技术人才缺乏的现状，由于各企业乙烯装置工艺不完全相同，不同单位的运行和操作水平存在较大差异，不同人员对风险的认知程度也存在差异。尤其是基层岗位人员，受专业知识和工作经验所限，对风险的认知和识别能力较差，这些都影响着企业对风险的评估和管控。为了有效落实近年来关于危化品安全领域重要政策文件要求，在“从源头防范安全风险，从根本消除事故隐患”的行业治理目标引领下，指导企业开展安全风险管理工作，运用系统的方法和技术来预防和控制安全事故的发生，中石化国家石化项目风险评估技术中心有限公司组织人员编写了本书。

本书基于系统化风险评估的安全管理理念，按照风险评估(包含风险识别、风险分析、风险评价的全过程)、风险控制和风险监控的思路，重点介绍了风险检查表、危险与可操作性分析(HAZOP 分析)、保护层分析(LOPA)、安全仪表系统功能安全评估、定量风险评估、作业风险评估等风险分析方法的基本概念和分析过程，并结合乙烯装置具体实例进行编写，以期为各企业的风险分级管控提供技术支持。

由于编者学识水平有限，书中错误与不当之处在所难免，恳请读者批评指正。

目录

第一部分

基础知识

第 1 章　法规依据及术语

1.1　法规依据

化工过程安全管理法律法规的制定和实施是为了有效进行安全管理，促进化工业在安全、风险可接受和可控制的基础上发展。石化装置安全日益引起企业及政府立法和监管部门关注，危险化学品安全法律法规成为安全生产立法的重要领域，法规的进展也有力地推动着企业提升内部安全管理要求，同时促进行政监管与企业自主管理的良好结合，减少化工过程安全事故的发生。本书针对石化装置安全风险评估管理过程中依据的标准规范如下，其内容通过书中的规范性引用而成为本书必不可少的组成部分。

GB 6441 《企业职工伤亡事故分类》

GB/T 13861 《生产过程危险和有害因素分类与代码》

GB 18218 《危险化学品重大危险源辨识》

GB/T 21109 《过程工业领域安全仪表系统的功能安全》

GB/T 50770 《石油化工安全仪表系统设计规范》

GB/T 23694 《风险管理 术语》

GB/T 24353 《风险管理 指南》

GB/T 27921 《风险管理 风险评估技术》

GB 30871 《危险化学品企业特殊作业安全规范》

GB/T 35320 《危险与可操作性分析(HAZOP 分析)应用指南》

GB/T 36894 《危险化学品生产装置和储存设施风险基准》

GB/T 37243 《危险化学品生产装置和储存设施外部安全防护距离确定方法》

GB 50089 《民用爆炸物品工程设计安全标准》

GB/T 50779 《石油化工建筑物抗爆设计标准》

AQ/T 3033 《化工建设项目安全设计管理导则》

AQ/T 3034 《化工过程安全管理导则》

AQ/T 3046 《化工企业定量风险评价导则》

AQ/T 3054 《保护层分析(LOPA)应用指南》

AQ/T 3049 《危险与可操作性分析(HAZOP 分析)应用导则》

SH/T 3210 《石油化工装置安全泄压设施工艺设计规范》

SH 3009 《石油化工可燃性气体排放系统设计规范》

Q/SH 0559 《危险与可操作性分析实施导则》

1.2 术语

1.2.1 HAZOP 分析方法相关术语

(1) HAZOP(Hazard and Operability Study)

危险与可操作性分析，一种辨识过程危险和潜在操作问题的系统化定性分析技术，采用一系列引导词研究过程背离。

(2) LOPA(Layer of Protection Analysis)

保护层分析，基于 HAZOP 等定性危险分析的一种半定量的分析评估技术，对降低不期望事件频率或后果严重性的独立保护层的有效性进行评估的一种过程方法或系统。

(3) 工艺参数(process parameters)

与工艺过程有关的物理、化学特性，包括具体参数如温度、压力、相数及流量与概念性的参数如反应、混合、浓度、pH 值等。

(4) 偏差(deviation)

偏离所期望的设计意图。分析组使用“引导词+参数”系统地对每个分析节点所涉及的参数发生的偏离进行分析，也称偏离。

(5) 后果(consequence)

偏差所造成的结果。后果分析时假定发生偏差时已有安全保护系统失效；不考虑那些细小的与安全无关的后果。

(6) 安全措施(safety measure)

指设计的工程系统或调节控制系统，用以避免或减轻偏差发生时所造成的严重后果(如报警、联锁、操作规程等)。

(7) 建议措施(recommended measure)

修改设计、操作规程或者进一步进行分析研究(如增加压力报警、改变操作步骤的顺序)等可以降低现有后果风险等级的建议。

1.2.2 SIL 评估方法相关术语

(1) SIF(Safety Instrumented Function)

安全仪表功能，是指具有某个特定安全完整性等级、旨在降低特定危险的安全回路，等同于故障安全性的联锁。

(2) SIS(Safety Instrumented System)

安全仪表系统，用于执行一个或多个安全仪表功能的仪表系统。

(3) SIL(Safety Integrity Level)

安全完整性等级，是为规定安全仪表系统应达到的安全完整性要求而分配给 SIF 的离散等级。其共有 SIL1、SIL2、SIL3、SIL4 四个等级，SIL4 表示最高的完整性程度，SIL1 表示最低级。

(4) SIL 评估(SIL assement)

安全完整性等级评估，包括 SIL 定级和 SIL 验证。

(5) 功能安全(functional safety)

与过程和基本过程控制系统有关的整体安全的组成部分，它取决于 SIS 和其他保护层的正常功能执行。

（6）SRS（safety requirements specification）

安全要求规格书，是描述安全仪表系统的安全仪表功能要求和实施的规定，为安全仪表系统的设计、逻辑控制器的硬件集成和软件组态、安装和调试、开车运行等提供工程实施要求。

（7）保护层（protection layer）

通过控制、预防或减缓来降低风险的任何独立措施。

（8）独立保护层（independent protection layer）

能够阻止场景向不期望后果发展，独立于场景初始事件或其他保护层的设备、系统或行动。

（9）故障（fault）

可导致功能单元执行要求功能的能力降低或丧失的异常状况。

（10）基本过程控制系统（basic process control system）

对来自（工艺）过程及其关联设备、其他可编程系统和/或操作员的输入信号作出响应，并产生输出信号，使（工艺）过程及其关联设备按所期望的方式运行，但并不执行任何 SIF。

（11）检验测试（proof test）

为了检测 SIS 隐性的危险故障而开展的周期性测试。在必要时，通过维护将 SIS 恢复为“新”的状态或者尽可能接近该状态。

（12）表决（voting）

构成 SIF 子系统的一个或多个组件之间的逻辑关系。

（13）传感器（sensor）

基本过程控制系统或 SIS 中测量或检测过程变量的部件。

（14）逻辑控制器（logic solver）

基本过程控制系统或 SIS 中执行一个或多个逻辑功能的部分。

（15）旁路（bypass）

阻止执行全部或部分 SIS 功能的动作或设施。

（16）平均恢复时间（mean time to restoration，MTTR）

完成功能恢复的预计时间。

（17）过程安全时间（process safety time）

SIF 未动作的情况下，从过程参数出现偏离或基本过程控制系统出现故障（有可能引发危险事件）到危险事件发生之间的时间。

（18）诊断（diagnostics）

以发现故障为目的的频繁（相对于过程安全时间）自动测试。

（19）最终元件（final element）

基本过程控制系统或 SIS 中实现或维持安全状态所需物理动作的设备。

1.2.3 风险评估相关术语

（1）风险（risk）

伤害发生概率与伤害严重程度的组合。

(2) 危险源(hazard)

可能造成人员伤害、职业病、财产损失、环境破坏的根源或状态，或其组合。

(3) 本质安全设计(inherently safer design)

在设计过程中，采用最小化、替代、减缓、简化等手段，使工艺过程及其设施具有从根本上防止不期望事件发生的内在特性。

(4) 风险评估(risk assessment)

对不期望事件发生的可能性及其后果进行定性或定量分析，将分析结果与可接受风险标准进行对比，并进行风险管理决策的过程。

(5) 可接受风险(acceptable risk)

能够被政府和公众所接受，且与本地区或本行业社会经济发展水平相适应的风险。

(6) 尽可能合理降低(as low as reasonably practicable)

在当前的技术条件和合理的费用下，尽可能地降低风险。

(7) 失效(failure)

系统、结构或元件失去其原有包容流体或能量的能力(如泄漏)。

(8) 失效频率(failure frequency)

失效事件所发生的频率，单位为 a^{-1}。

(9) 定量风险评价(quantitative risk assessment)

对某一设施或作业活动中发生事故频率和后果进行定量分析，并与风险可接受标准比较的系统方法。

(10) 单元(unit)

具有清晰边界和特定功能的一组设备、设施或场所，在泄漏时能与其他单元及时切断。

(11) 闪火(flash fire)

在不造成超压的情况下物质云团燃烧时所发生的现象。

(12) 池火(pool fire)

可燃液体泄漏后流到地面形成液池，或流到水面并覆盖水面，遇到火源燃烧而形成池火。

(13) 点火源(ignition source)

能够使可燃物与助燃物(包括某些爆炸性物质)发生燃烧或爆炸的能量源。

(14) 蒸气云爆炸(vapor cloud explosion)

当可燃气体(或可燃蒸气)与空气预先混合后，遇到点火源发生点火，由于存在某些特殊原因或条件，火焰加速传播，产生蒸气云爆炸。

(15) 喷射火(jet fire)

加压的可燃物质泄漏时形成射流，在泄漏口处被点燃，由此形成喷射火。

(16) 个体风险(individual risk)

个体在危险区域可能受到危险因素某种程度伤害的频发程度，通常表示为个体死亡的发生频率，单位为 a^{-1}。

(17) 潜在生命损失(potential loss of life，PLL)

单位时间某一范围内全部人员中可能死亡人员的数目。

(18) 尽可能合理降低原则(as low as reasonably practice，ALARP)

在当前的技术条件和合理的费用下，对风险的控制要做到在合理可行的原则下“尽可能低”。

(19) 死亡概率(P)(probability of death)

表示个体死于暴露下的概率大小，P 为 0~1 之间的无因次数。

(20) 易燃气体(fammable gas)

列入《危险化学品目录》及《危险化学品分类信息表》，危害特性类别包含易燃气体，类别 1、类别 2 的气体。

(21) 冲击波超压(positive pressure of shock wave)

冲击波压缩区内超过周围大气压的压力值，呈法向作用于冲击波包围物体表面。

(22) 外部安全防护距离(external safety distance)

为了预防和减缓危险化学品生产装置和储存设施潜在事故(火灾、爆炸和中毒等)对厂外防护目标的影响，在装置和设施与防护目标之间设置的距离或风险控制线。

1.2.4 作业相关术语

(1) 特殊作业(special work)

危险化学品企业生产经营过程中可能涉及的动火、进入受限空间、盲板抽堵、高处作业、吊装、临时用电、动土、断路等，对作业者本人、他人及周围建(构)筑物、设备设施可能造成危害或损毁的作业。

(2) 火灾爆炸危险场所(fire and explosive area)

能够与空气形成爆炸性混合物的气体、蒸气、粉尘等介质环境以及在高温、受热、摩擦、撞击、自燃等情况下可能引发火灾、爆炸的场所。

(3) 固定动火区(fixed hot work area)

在非火灾爆炸危险场所划出的专门用于动火的区域。

(4) 动火作业(hot work)

在直接或间接产生明火的工艺设施以外的禁火区内从事可能产生火焰、火花或炽热表面的非常规作业。

(5) 受限空间(confined space)

进出受限，通风不良，可能存在易燃易爆、有毒有害物质或缺氧，对进入人员的身体健康和生命安全构成威胁的封闭、半封闭设施及场所。

(6) 受限空间作业(confined space entry)

进入或探入受限空间进行的作业。

(7) 盲板抽堵作业(blinding pipeline operation with stop plate)

在设备、管道上安装或拆卸盲板的作业。

(8) 高处作业(work at height)

在距坠落基准面 2m 及 2m 以上有可能坠落的高处进行的作业。

(9) 吊装作业(lifting work)

利用各种吊装机具将设备、工件、器具、材料等吊起，使其发生位置变化的作业。

(10) 临时用电(temporary electricity)

在正式运行的电源上所接的非永久性用电。

第 2 章　风险管理

风险管理的目标是识别、分析、评价系统当中或者与某项行为相关的潜在危险的持续管理过程，寻找并引入风险控制手段，消除或者至少减轻这些危险对人员、环境及其他资产的损害。企业应将安全风险分级管控与隐患排查治理双重预防机制融入安全风险管理流程中，通过实施风险评估(包含风险识别、风险分析、风险评价的全过程)、风险控制和风险监控，确保剩余风险处于可接受状态。安全风险管控流程见本书附录 2。

2.1　相关概念

(1) 风险

损失发生的可能性。风险 R 表达式如下所示：

$$R = \sum_{i} (f_i \times c_i)$$

其中，c_i(损失)为造成的人员伤害、财产损失、声誉影响和环境影响等；f_i(可能性)为损失发生的频率或概率。

人们生活中面临各种各样的风险，如过马路的交通风险、雷击风险、疾病风险、自然灾害风险、化工厂火灾爆炸致死群死群伤事故。

(2) 安全

免除了不可接受的风险状态。

由安全的定义可见，安全是相对安全，需要在确定的风险可接受标准下，用风险度量安全。

(3) 危险源

造成伤害的根源。

危险源通常指具有能量的东西，如：化学能、电能、势能、毒性、化学品等。能量释放出来会能导致伤害，就是危险源。危险源分类如表 1-2-1 所示。

表 1-2-1　危险源分类

序号	类别	示例	序号	类别	示例
1	碳氢化合物	天然气、汽油、柴油	8	自然环境	台风、地质灾害、雷击
2	爆炸品	雷管、工业炸药	9	电力	电力电缆、电动机、静电
3	其他危险化学品	苯、氨、环己烷等	10	物理	X 射线、紫外线、电弧焊
4	压力	带压气体液体、真空	11	大气、环境	大气中颗粒物或毒物、水
5	高度差	高处作业	12	生物、疾病	细菌、病毒、传染疾病
6	应力作用下物体	吊索、液压操作设备	13	人机工程	人机界面、控制/显示设计、无规律的工作时长
7	运动状态	陆运、水运、车辆	14	安保	恐怖袭击、群体性事件

只要有危险源存在，危险源就有释放的可能性，就会有风险产生。通常不是消除风险，而是管控风险，把风险大小控制在可接受的范围之内。风险识别时，首要任务是识别危险源和危险源释放可能导致的危害事件，包括发生的原因、演变过程和造成的后果。

（4）隐患

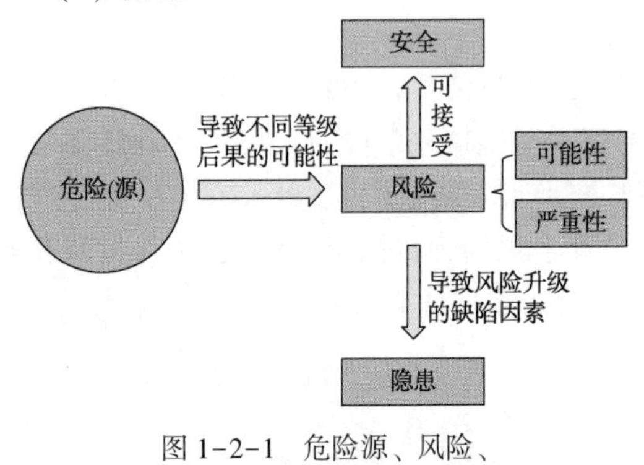

图 1-2-1　危险源、风险、隐患与安全之间的关系

导致风险升级或影响风险大小的各种因素处于一种不安全的状态或风险控制过程中的不足或存在的漏洞。

为了预防或减缓危害事件发生，要设置各种屏障，这些屏障存在的漏洞称为隐患。屏障可能是管理措施或硬的措施，通常把隐患称为人的不安全行为、物的不安全状态和管理缺陷。

危险源、风险、隐患与安全之间的关系如图 1-2-1 所示。

（5）可接受风险

按当今社会价值取向在一定范围内可以接受的风险。

事故的风险等级一般分为可接受风险（低风险）、可容忍风险（ALARP）和不可接受风险（如较大/重大风险）。

ALARP 原则指在当前的技术条件和合理的费用下，对风险的控制要做到在合理可行的原则下“尽可能低”。按照 ALARP 原则（图 1-2-2），风险区域可分为：

① 不可接受的风险区域，指在容忍风险值以上的风险区域。在这个区域，除非特殊情况，风险是不可接受的，需要采取措施降低风险。

② 有条件容忍的风险区域，指容忍风险线与接受风险线之间的风险区域。在这个区域内必须满足以下条件之一时，风险才是可容忍的：

——在当前的技术条件下，进一步降低风险不可行；

——降低风险所需的成本远远大于降低风险所获得的收益。

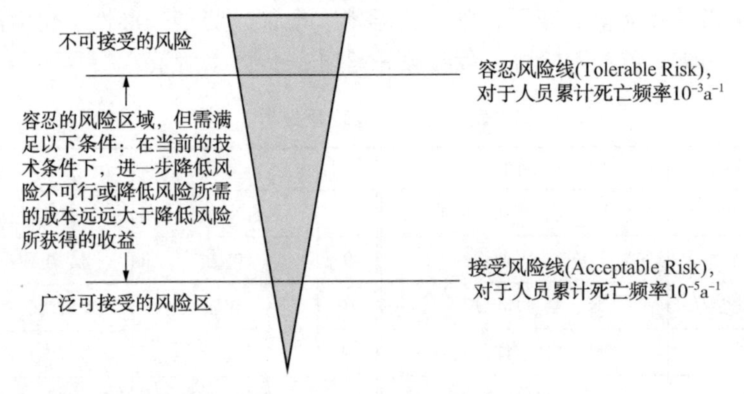

图 1-2-2　ALARP 原则

③ 广泛可接受的风险区域，指接受风险线以下的低风险区域。

在这个区域，剩余风险水平是可忽略的，一般不要求进一步采取措施降低风险。但有必要保持警惕以确保风险维持在这一水平。

ALARP 原则推荐在合理可行的情况下，把风险降到“尽可能低”。如果一个风险位于两种极端情况(不可接受区域和广泛可接受的风险区域)之间，如果满足 ALARP 原则，则所得到的风险可认为是可容忍的风险。

根据 ALARP 原则，可接受风险区域指满足 ALARP 条件的容忍风险区域和广泛可接受的风险区域(低风险)。

2.2 风险识别

风险识别是对可能造成人员伤害、财产损失、环境破坏和社会声誉影响事故事件的识别(包括原因、后果和现有安全措施)，识别范围应当涵盖总图布置、工艺流程、设备设施(含工程施工和检维修用设备设施)、物流运输、应急泄放系统、工艺操作、工程施工和检维修作业、特殊作业、有人值守建筑物、自然灾害和外部影响等全业务、全流程中存在的风险。风险识别的目的是确定可能影响系统或组织目标得以实现的事件或情况。一旦风险得以识别，组织应对现有的控制措施(诸如设计特征、人员、过程和系统等)进行识别。风险识别过程包括识别可能对目标产生重大影响的危险源、事件及其原因和潜在的后果。风险识别方法包括：

① 基于证据的方法，例如检查表法以及对历史数据的审查；

② 系统性的团队方法，例如一个专家团队可以借助于一套结构化的提示或问题来系统地识别风险；

③ 归纳推理技术，例如危险与可操作性分析(HAZOP 分析)等。利用各种支持性的技术来提高风险识别工作的准确性和完整性，包括头脑风暴法及德尔菲法等。

2.3 风险分析

风险分析能够加深对风险的理解。它为风险评价提供输入，以确定风险是否需要处理以及最适当的处理策略和方法。风险分析要考虑导致风险的原因和风险后果及其发生的可能性，识别影响后果和可能性的因素，还要考虑现有的风险控制措施及其有效性。然后结合风险发生的可能性及后果大小来确定风险水平。一个风险事件可能产生多个后果，从而可能影响多重目标。对于复杂的应用可能需要多种方法同时使用。风险分析通常涉及对风险事件潜在后果及相关概率的估计，以便确定风险等级。根据风险分析的目的、可获得的可靠数据以及组织的决策需要，风险分析可以是定性的、半定量的、定量的或以上方法的组合。定性评估可通过“高、中、低”这样的表述来界定风险事件的后果、可能性及风险等级。如将后果和可能性两者结合起来，并与定性的风险准则相比较，即可评估最终的风险等级。半定量法可利用数字分级尺度来测度风险的可能性及后果，并运用公式将二者结合起来，得出风险等级。定量分析则可估计出风险后果及其可能性的实际数值，结合具体情境，产生风险等级的数值。

2.4 风险评价

风险评价包括将风险分析的结果与预先设定的风险准则相比较，或者在各种风险的分析结果之间进行比较，确定风险的等级。安全风险应按照安全风险矩阵分为重大、较大、一般和低风险四个等级，分别对应红、橙、黄、蓝四种颜色。低风险或满足“最低合理可行”原则的一般风险为可接受风险，其他风险为不可接受风险。风险评价利用风险分析过程中所获得的对风险的认识，来对未来的行动进行决策。决策包括：

① 某个风险是否需要应对；

② 风险的应对优先顺序；

③ 是否应开展某项应对活动；

④ 应该采取哪种途径。

2.5 风险控制

风险控制是对前期评估风险进行落实的环节。对于不可接受风险应按照工程技术措施、管理措施、个体防护和应急响应的顺序制定风险控制措施，工程技术措施存在不足或缺陷要通过隐患治理实现风险降级。通过风险的各种管控措施，可以有效降低事故发生的概率或者事故一旦发生造成的损失，从而降低风险。

2.6 风险监控

风险监控的目的为确保风险管控措施完好运行，并通过及时治理隐患和风险预警处置防止风险升级，其主要任务包括排查未识别的风险、排查风险清单中管控措施完好性以及对风险进行监测与实时预警。风险监控主要采取风险动态评估、隐患排查与治理、风险监测与实时预警、专业检查和其他专业管理等方式。

第3章　风险分析工具

对于石油化工装置的长期安全运行，需要将风险识别、风险评价、风险控制和风险监控贯穿于装置的设计、建造、生产和报废的整个生命周期。因此，对于风险理念的理解和应用，是提高石油化工装置本质安全的重要手段之一。

对于工艺危害分析方法类型的判定，通常从该方法对风险的两个维度的确定方式进行划分：

如果事故的损失(后果的严重程度)和发生的可能性都是以定性的方式判定的，那么这种方法就称为定性工艺危害分析方法；如果事故的损失(后果的严重程度)和发生的可能性有一个方面是以定量的方式判定的，那么这种方法就称为半定量工艺危害分析方法；如果事故的损失(后果的严重程度)和发生的可能性都是以定量的方式判定的，那么这种方法就称为定量工艺危害分析方法。

定性工艺危害分析方法的优点在于简单、通俗、上手快，可以对事故场景进行快速的风险判定；半定量工艺危害分析方法的优点在于对于定性工艺危害分析，能够更精准地从频率或后果进行分析，相比定量危害分析能够节省大量时间；定量工艺危害分析方法能够精准地从事故发生频率和后果严重程度两个维度精准地判定风险，唯一缺点就是计算量较大，需要专业人员使用专用计算工具投入大量时间进行计算。

3.1　安全检查表法

安全检查表法(Safety Check List，SCL)是依据相关的标准、规范，对工程、系统中已知的危险类别、设计缺陷以及与一般工艺设备、操作、管理有关的潜在危险性和有害性进行判别检查。适用于工程、系统的各个阶段，是系统安全工程的一种最基础、最简便、广泛应用的系统危险性评价方法。

安全检查表的编制主要是依据以下四个方面的内容：

(1) 国家、地方的相关安全法规、规定、规程、规范和标准，行业、企业的规章制度、标准及企业安全生产操作规程。

(2) 国内外行业、企业事故统计案例，经验教训。

(3) 行业及企业安全生产的经验，特别是本企业安全生产的实践经验，引发事故的各种潜在不安全因素及成功杜绝或减少事故发生的成功经验。

(4) 系统安全分析的结果，如采用事故树分析方法找出的不安全因素，或作为防止事故控制点源列入检查表。

安全检查表法的优点：

(1) 安全检查表能够事先编制，可以做到系统化、科学化，不漏掉任何可能导致事故的因素，为事故树的绘制和分析做好准备。

(2) 可以根据现有的规章制度、法律、法规和标准规范等检查执行情况，容易得出正确的评估结论。

(3) 通过事故树分析和编制安全检查表，将实践经验上升到理论，从感性认识到理性认识，并用理论去指导实践，充分认识各种影响事故发生的因素的危险程度(或重要程度)。

(4) 安全检查表，按照原因实践的重要顺序排列，有问有答，通俗易懂，能使人们清楚地知道哪些原因事件最重要，哪些次要，促进职工采取正确的方法进行操作，起到安全教育的作用。

(5) 安全检查表可以与安全生产责任制相结合，按不同的检查对象使用不同的安全检查表，易于分清责任，还可以提出改进措施，并进行检验。

(6) 安全检查表是定性分析的结果，是建立在原有的安全检查基础和安全系统工程之上的，简单易学，容易掌握，符合我国现阶段的实际情况，为安全预测和决策奠定坚实的基础。

安全检查表法的缺点：

(1) 只能做定性的评价，不能定量。

(2) 只能对已经存在的对象评价。

(3) 编制安全检查表的难度和工作量大。

(4) 要有事先编制的各类检查表，有赋分、评级标准。

安全检查表示例如表 1-3-1 所示。

表 1-3-1 液化烃装卸区工艺安全检查表(示例)

序号	检查内容	依据标准	结果	实际情况备注
1	管道泄压设施是否符合要求	SH/T 3007—2014 第 4.4.17 条		
2	是否落实遇到雷雨等恶劣天气情况停止装卸车	TSG R0005—2011 第 6.4.4 条		
3	选用的紧急切断阀应为故障安全型	事故教训		
4	压力表的校验和维护应当符合国家计量部门的有关规定，压力表安装前应当进行校验，在刻度盘上应当画出指示工作压力的红线，注明下次校验日期。压力表校验后应当加铅封	TSG 21—2016 第 9.2.1.2 条		

3.2 HAZOP 分析方法

HAZOP 分析方法是由 ICI(英国帝国化学)公司于 20 世纪 70 年代早期提出的。

HAZOP 分析是一种用于辨识设计缺陷、工艺过程危害及操作性问题的结构化分析方法，方法的本质就是通过系列的会议对工艺图纸和操作规程进行分析。在这个过程中，由各专业人员组成的分析组按规定的方式系统地研究每一个单元(即分析节点)，分析偏离设计工艺条件的偏差所导致的危险和可操作性问题。

HAZOP 分析团队分析每个工艺单元或操作步骤，识别出具有潜在危险的偏差，这些偏差通过引导词引出，使用引导词的一个目的就是保证对所有工艺参数的偏差都进行分析，并分析它们的可能原因、后果和已有安全保护措施等，同时提出应该采取的安全保护措施。

HAZOP 分析的侧重点是工艺部分或操作步骤的各种具体值，其基本过程就是以引导词为引导，对过程中工艺状态(参数)可能出现的变化(偏差)加以分析，找出其可能导致的危害。

HAZOP 分析方法明显不同于其他分析方法，它是一个系统工程。HAZOP 分析必须由不同专业组成的分析组来完成。HAZOP 分析的这种群体方式的主要优点在于能相互促进、开拓思路，这也是 HAZOP 分析的核心内容。

HAZOP 分析既适用于设计阶段，也适用于现有的工艺装置。对现有的生产装置分析时，需要有操作经验和管理经验的人员共同参加，会收到很好的效果。

HAZOP 分析的主要目标包括：

（1）查找工艺过程中存在的危险与可操作性问题；

（2）分析现有安全措施是否足以保证异常情况下工艺处于安全状态；

（3）提出建议措施以降低系统的风险并消除潜在的可操作性问题。

HAZOP 分析原理框图如图 1-3-1 所示。

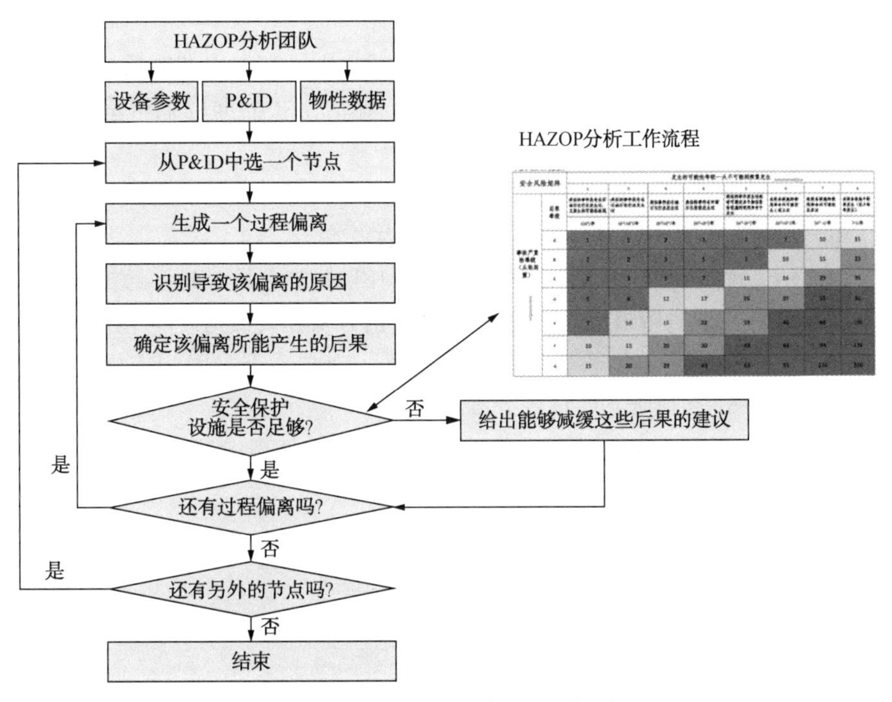

图 1-3-1　HAZOP 分析原理框图

HAZOP 分析记录表如表 1-3-2 所示。

表 1-3-2　HAZOP 分析记录表（示例）

节点	参数	偏离	原因	后果	安全措施	建议
硫酸罐	液位	液位高	LI-08液位计失效或XV-03阀门故障	硫酸溢出，产生灼伤、腐蚀	LI-02高位报警	
			硫酸泵P-001失效停泵	硫酸溢出	LI-02高位报警	
		液位低	没有及时补充硫酸	硫酸泵汽蚀损坏	LI-02低位报警	制定操作规程定期对T-001补充物料。LI-02液位低低联锁停泵P-001
	压力	压力高	PCV-03故障	储罐T-001超压，硫酸溢出，产生灼伤、腐蚀	BV-01呼吸阀平衡压力	确认呼吸阀BV-01的能力是否满足排放氮气自立式调节阀PCV-03全开流量

3.3　LOPA 方法

保护层分析（LOPA）是在定性危害分析的基础上，进一步评估保护层的有效性，并进行风险决策的系统方法。其主要目的是确定是否有足够的保护层使风险满足企业的风险标准。

LOPA是一种半定量的风险评估方法，通常使用初始事件频率、后果严重程度和独立保护层(IPL)失效频率的数量级大小来近似表征场景的风险。

在过程危害分析中出现以下情形时，可使用LOPA：

(1) 事故场景后果严重，需要确定后果的发生频率；

(2) 确定事故场景的风险等级以及事故场景中各种保护层降低的风险水平；

(3) 确定安全仪表功能(SIF)的安全完整性等级(SIL)；

(4) 确定过程中的安全关键设备或安全关键活动；

(5) 其他适用LOPA的情形等。

LOPA基本程序如图1-3-2所示，包括：

(1) 场景识别与筛选。LOPA通常评估先前危害分析研究中识别的场景。分析人员可采用定性或定量的方法对这些场景后果的严重性进行评估，并根据后果严重性评估结果对场景进行筛选。

(2) 初始事件确认。首先，选择一个事故场景，LOPA一次只能选择一个场景；然后确定场景IE。IE包括外部事件、设备故障和人员行为失效。

(3) IPL评估。评估现有的防护措施是否满足IPL的要求是LOPA的核心内容。

(4) 场景频率计算。对后果、IE频率和IPL的PFD等相关数据进行计算，确定场景风险。

(5) 评估风险，作出决策。根据风险评估结果，确定是否采取相应措施降低风险。然后，重复步骤(2)~(5)直到所有的场景分析完毕。

(6) 后续跟踪和审查。LOPA分析完成后，对提出降低风险措施的落实情况应进行跟踪。应对LOPA的程序和分析结果进行审查。

LOPA分析记录表如表1-3-3所示。

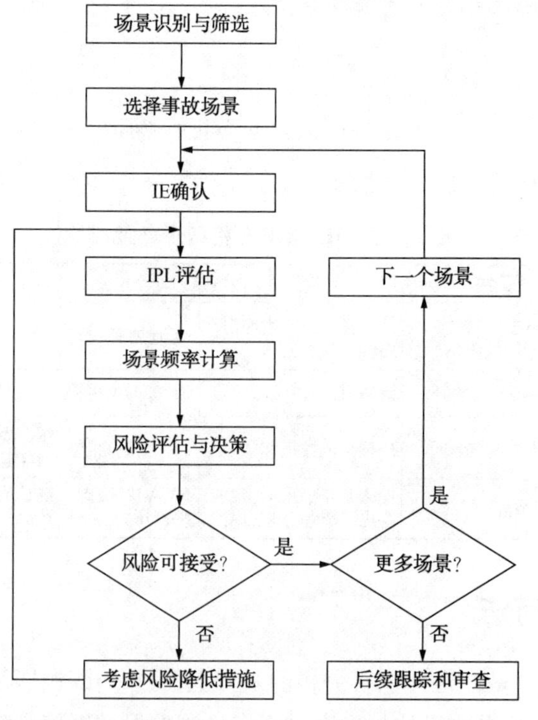

图1-3-2 LOPA分析流程

表1-3-3　LOPA分析记录表（示例）

<table>
<tr><td colspan="2">公司名称</td><td colspan="4"></td><td colspan="2">装置名称</td><td colspan="10"></td><td colspan="2">时间</td><td colspan="4"></td></tr>
<tr><td colspan="2">工艺单元</td><td colspan="4"></td><td colspan="2">分析组成员</td><td colspan="10"></td><td colspan="2">图纸号</td><td colspan="4"></td></tr>
<tr><td colspan="2">分析节点</td><td colspan="22">PVC反应器</td></tr>
<tr><td rowspan="2">序号</td><td rowspan="2">场景</td><td colspan="2">后果</td><td colspan="2">初始事件</td><td colspan="2">使能事件/条件</td><td colspan="4">条件修正</td><td colspan="3">IPL</td><td rowspan="2">其他保护措施</td><td rowspan="2">后果发生频率/a^{-1}</td><td rowspan="2">现有风险等级</td><td colspan="3">需求的SIL等级或建议的IPL</td><td rowspan="2">减缓后的后果发生频率/a^{-1}</td><td rowspan="2">减缓后的风险等级</td><td rowspan="2">备注</td></tr>
<tr><td>描述</td><td>等级</td><td>描述</td><td>频率/a^{-1}</td><td>描述</td><td>概率</td><td>点火概率</td><td>人员暴露概率</td><td>致死概率</td><td>其他</td><td>描述</td><td>IPL类别</td><td>PFD</td><td>描述</td><td>IPL类别</td><td>PFD</td></tr>
<tr><td rowspan="2">1</td><td rowspan="2">冷却水失效，反应失控，潜在的反应器超压、泄漏、断裂、受伤和死亡</td><td rowspan="2">反应失控，潜在的反应器超压、泄漏、断裂、受伤和死亡</td><td rowspan="2">5</td><td rowspan="2">冷却水损失</td><td rowspan="2">1×10^{-1}</td><td rowspan="2">冷却水损失引起反应失控的反应器条件概率</td><td rowspan="2">0.5</td><td rowspan="2">—</td><td rowspan="2">—</td><td rowspan="2">—</td><td rowspan="2">—</td><td>BPCS回路反应器高温报警，添加抑制剂</td><td>报警和人员响应</td><td>1×10^{-1}</td><td rowspan="2">1.紧急冷却系统(蒸汽涡轮机)
2.操作人员行动</td><td rowspan="2">5×10^{-5}</td><td rowspan="2">高风险</td><td rowspan="2">反应器增加一个SIF：安装一个在高压时打开的放空阀</td><td rowspan="2">SIF</td><td rowspan="2">SIL2</td><td rowspan="2">5×10^{-7}</td><td rowspan="2">低风险</td><td rowspan="2">1.安全阀作为IPL应满足以下要求:
——对于每一个安全阀安装独立的放空管线。
——在所有放空阀/安全阀下考虑N_2吹扫。
2.其他的操作人员行动不独立于已经确认的保护层的同一操作人员。
3.紧急冷却系统不能作为IPL，因为其不独立于IE，与冷却水系统有多个公共元件(管线、阀门等)。这些公共元件在引起冷却水失效时，也会导致紧急冷却系统失效</td></tr>
<tr><td>安全阀</td><td>物理保护</td><td>1×10^{-2}</td></tr>
</table>

3.4 SIL分析方法

SIL直译为安全完整性等级，安全完整性是指安全仪表系统在规定的条件和规定的时间内，成功完成安全仪表功能的可能性。安全完整性等级是分配给安全仪表系统的安全仪表功能的安全完整性要求的离散等级(4个等级中的一个)。SIL4是安全完整性的最高等级，SIL1为最低等级。

SIL评估的目的是确定装置/系统的安全仪表系统中各SIF回路需具备的安全仪表完整性等级(SIL)，并提出建议措施，从而改善安全仪表系统的安全可靠性和可用性，避免“拒动”和“误动”，解决“过度联锁”和“联锁不足”问题，确保装置的安全仪表系统满足相应的联锁要求。

SIL评估主要包含SIL定级、SIL验证和SRS安全要求规格书三部分。

SIL定级是对安全仪表功能(SIF)回路进行分析，以确定其风险削减所需要的安全完整性等级(SIL)。定级方法有风险图法、风险矩阵法和保护层分析法，根据《中国石化安全仪表安全完整性等级评估管理办法(试行)》(中国石化安〔2018〕150号)的要求，SIL定级宜采用保护层分析法(LOPA)。

SIL验证是评估每一个安全仪表功能(SIF)回路的结构约束与要求时失效概率(PFD_{avg})是否满足目标SIL等级的要求，并满足相关规范要求。根据SIF回路的结构组成，对每一SIF回路的PFD_{avg}、RRF和结构约束进行评估。同时，对MTTFS进行计算，以评估SIF是否能够达到目标SIL等级的要求。

安全要求规格书是SIS设计的最基础文件、是SIS设计的依据，包含SIS应执行的仪表安全功能(SIF)所有功能要求以及安全完整性要求，原则上在设计阶段由设计院编制交付业主。SRS应该包括下列内容：

(1) 所有仪表安全功能的描述。

(2) 识别和考虑共同原因失效的要求。

(3) 对每个仪表安全功能的过程安全状态的定义。

(4) 对特殊过程安全状态的定义，例如：当这些状态同时发生时就会产生一个单独的危险(如应急储存的过载、燃烧系统的多次泄压)。

(5) 要求(Demand)和要求率(Demand Rate)的假定来源。

(6) 检验测试间隔要求。

(7) SIS使过程进入某个安全状态的响应时间要求。

(8) 每个仪表安全功能的安全完整性等级和操作模式(要求/连续)。

(9) SIS过程测量和它们的联锁关停设定点(trip point)的描述。

(10) SIS过程输出动作和成功操作准则的描述，例如密封截止阀的要求。

(11) 过程输入和输出之间的功能关系，包括逻辑功能、数学功能和任何要求的许可。

(12) 人工停机要求。

(13) 与得电关停和失电关停有关的要求。

(14) 在停机后复位SIS的要求。

(15) 最大允许的误关停率。

(16) 失效模式和要求的SIS响应(如报警、自动停机)。

(17) 与启动和重新启动SIS程序有关的任何特殊要求。

（18）SIS 和任何其他系统（包括 BPCS 和操作员）之间的所有接口。

（19）工艺操作模式的描述，以及每种操作模式下仪表安全功能要求的识别。

（20）应用软件的安全要求。

（21）超驰/禁止/旁路要求，包括如何解除。

（22）在检测到 SIS 中存在故障时，达到和保持某个安全状态所必需的任何动作要求。任何这样的动作都应考虑相关人员的因素。

（23）在考虑到运输时间、地理位置、备件安装、服务合同、环境约束时，SIS 切实可行的平均修复时间。

（24）需要避免的 SIS 输出状态的危险组合的识别。

（25）应识别 SIS 可能遇到的所有极端环境条件。需考虑的有：温度、湿度、污染、接地、电磁干扰/射频干扰（EMI/RFI），冲击/振动、静电放电、用电区等级、水淹、雷电和其他有关因素。

（26）不论装置作为一个整体（如装置启动）或单个装置操作规程（如设备维护、传感器校准和/或修理），确定其正常和异常模式。需要附加一些仪表安全功能以支持这些操作模式。

（27）任何能经受一次重大意外事故的仪表安全功能要求的定义，例如在一次火灾事故中阀门保持可操作性的时间要求。

SIL 定级、SIL 验证和 SRS 表格示例图如表 1-3-4～表 1-3-6 所示：

表 1-3-4　SIL 定级分析记录表（示例）

<table>
<tr><td colspan="7">SIF1003 安全完整性等级定级表</td></tr>
<tr><td colspan="7">1. SIF 回路定级结果</td></tr>
<tr><td>最终 SIL 级别</td><td colspan="2">SIL0</td><td colspan="2">风险降低倍数</td><td colspan="2">1</td></tr>
<tr><td colspan="7">2. 危险事件评估</td></tr>
<tr><td colspan="7">分组 1</td></tr>
<tr><td>后果描述（分组 1）</td><td colspan="6">可能导致公路装车泵抽空，密封损坏，柴油泄漏至环境，引起环境污染，如果遇到点火源，可能引起火灾</td></tr>
<tr><td rowspan="2">后果等级</td><td>健康与安全
（S）</td><td>财产损失
（A）</td><td colspan="2">非财产性与社会
影响（R）</td><td colspan="2">环境影响
（E）</td></tr>
<tr><td>B</td><td>C</td><td colspan="2">A</td><td colspan="2">A</td></tr>
<tr><td>名称</td><td colspan="2">描述</td><td colspan="4">频率/概率值</td></tr>
<tr><td>初始事件（1）</td><td colspan="2">柴油储罐罐底排污阀泄漏</td><td colspan="4">0.01</td></tr>
<tr><td colspan="3">修正因子</td><td>S</td><td>A</td><td>R</td><td>E</td></tr>
<tr><td colspan="3">使能条件</td><td></td><td></td><td></td><td></td></tr>
<tr><td rowspan="2">条件概率</td><td colspan="2">考虑点火概率</td><td>0.4</td><td>0.4</td><td>0.4</td><td></td></tr>
<tr><td colspan="2">考虑人员暴露概率</td><td></td><td></td><td></td><td></td></tr>
<tr><td colspan="7">独立保护层</td></tr>
<tr><td>名称</td><td colspan="2">描述</td><td colspan="4">频率/概率值</td></tr>
<tr><td>初始事件（2）</td><td colspan="2">LI101 失效，导致人员从空罐装车</td><td colspan="4">0.1</td></tr>
<tr><td colspan="3">修正因子</td><td>S</td><td>A</td><td>R</td><td>E</td></tr>
<tr><td colspan="3">使能条件</td><td></td><td></td><td></td><td></td></tr>
<tr><td rowspan="2">条件概率</td><td colspan="2">考虑点火概率</td><td>0.4</td><td>0.4</td><td>0.4</td><td></td></tr>
<tr><td colspan="2">考虑人员暴露概率</td><td></td><td></td><td></td><td></td></tr>
</table>

续表

独立保护层					
LI101	柴油罐液位高低报警及人员响应	0.1	0.1	0.1	0.1
SIF 回路频率计算					
未减缓前的累积发生频率		8.00E-003	8.00E-003	8.00E-003	2.00E-002
未减缓前的风险等级		**B5**	**C5**	**A5**	**A6**
目标风险等级		**B5**	**C5**	**A5**	**A6**
风险降低倍数(RRF≥)		0.8	0.8	0.8	0.2
SIL 级别		SIL0	SIL0	SIL0	SIL0
分组 1 SIL 级别		SIL0			
SIF 回路最终 SIL 级别		SIL0			

表 1-3-5　SIL 验证分析记录表(示例)

验证结果						
SIF 安全完整性水平				**需求时平均失效概率(PFD_{avg})**	**风险降低因子(RRF)**	**误跳车率 MTTFS/a**
最终等级	**PFD_{avg}**	**结构约束**	**系统能力**			
SIL1	SIL1	SIL1	—	3.52E-002	28.4	5.05E+000

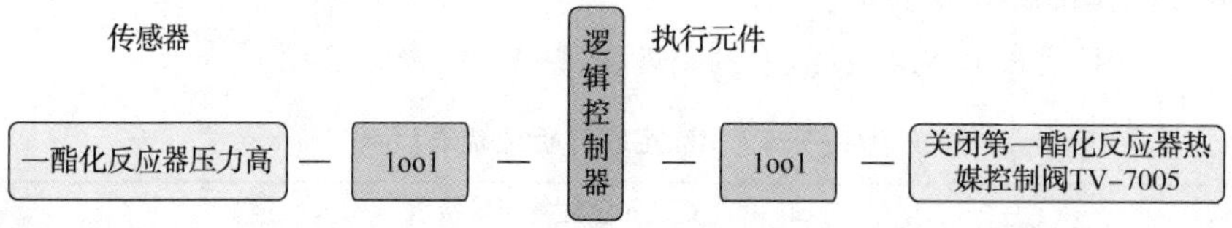

传感器　　逻辑控制器　　执行元件

一酯化反应器压力高 — 1oo1 — 逻辑控制器 — 1oo1 — 关闭第一酯化反应器热媒控制阀TV-7005

验证结果分析					
部件	**PFD_{avg}**	**MTTFS/a**	**SIL PFD_{avg}**	**SIL 限制结构约束**	**SIL 限制系统能力**
传感器	2.53E-003	2.02E+002	SIL1	SIL1	
逻辑控制器	1.11E-004	6.05E+000		SIL3	
执行元件	3.26E-002	3.62E+001		SIL1	

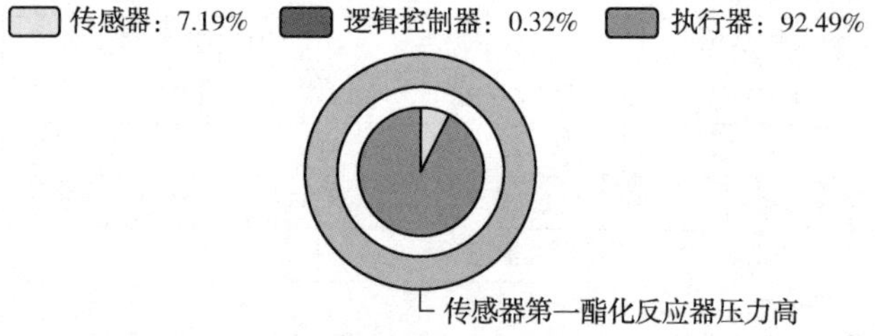

传感器：7.19%　逻辑控制器：0.32%　执行器：92.49%

传感器第一酯化反应器压力高

PFD_{avg}部分统计图

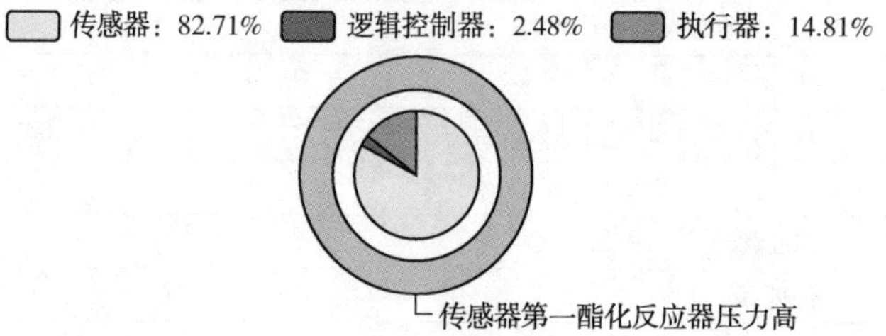

传感器：82.71%　逻辑控制器：2.48%　执行器：14.81%

传感器第一酯化反应器压力高

MTTFS 部分统计图

表 1-3-6 SRS 分析记录表(示例)

SIF 回路安全要求			
SIF 编号	SIF2013		
SIF 描述	F3201 对流室温度高高联锁切断主燃料气切断阀 UV-3203A 和长明灯燃料气切断阀 UV-3203B		
传感元件	TE-3272A/B/C(2oo3)	执行元件	关闭 USV-3203A/B(2oo2)
PID 图		联锁逻辑图	

SIF 回路结构图:

传感器　　　　　　　　　　　　　　　　执行元件

TE-3272A/B/C — 2oo3 — 1oo1 — 逻辑控制器 — 1oo1 — 2oo2 — 关闭USV-3203A/B

序号	项目	内容	
1	SIF 回路过程安全状态的定义	关闭主燃料气切断阀 UV-3203A 与长明灯燃料气切断阀 UV-3203B	
2	安全完整性等级和操作模式	SIL1，低要求操作模式	
3	SIS 过程测量的描述(范围、精度、联锁点)	TE-3272A/B/C，测量范围 0~1100℃，850℃温度高高联锁	
4	SIF 回路保护的危险场景的初始事件	炉膛大火造成加热炉损坏，人员伤亡	
5	操作模式的描述，以及每种操作模式下的 SIF 操作要求	正常生产时投用	
6	失效模式及相应的 SIS 响应	安全失效：关闭 USV-3203A/B； 危险失效：需求时无法关闭 USV-3203A/B	
7	得电或失电联锁的相关要求	失电联锁	
8	检验测试间隔要求	传感元件	48 月
		逻辑控制器	48 月
		执行元件	48 月
9	人工紧急停机的要求	无要求	
10	旁路操作要求(包括描述如何管控旁路与消除旁路的步骤)	在开工、检修等特殊时期，不需要该联锁动作时，操作人员按照要求开具联锁工作票，可以按旁路按钮将该联锁旁路，使其不能发生动作。(该操作被设置权限，不能误操作)；当恢复旁路前，应确认旁路仪表的信号正常，且不处于联锁范围，操作人员办理联锁工作票后方后可手动恢复旁路	
11	在检测到 SIS 中的故障事件时，达到和保持某个安全状态所必需的任何动作的规范，任何这样的动作都应考虑相关人员的因素	联锁停运管控措施	
12	SIS 切实可行的平均修复时间(考虑运输时间、定位、备件安装、服务合同、环境约束等)	传感元件	8h
		逻辑控制器	8h
		执行元件	8h
13	SIF 回路误动作可能导致的风险	加热炉停炉，反应器进料温度低，造成装置局部停车	
14	外部的检验测试和诊断测试	无要求	

3.5 QRA 分析方法

QRA(Quantitative Risk Assessment)直译为定量风险评估，使用量化的风险值决定风险是否可接受。QRA 属于定量风险分析，是一项复杂而广泛的研究，也是一项对软件依赖比较强的工作。

QRA 技术大量应用于安全设计、安全评价、安全现状评估、土地规划、工程项目总体规划、应急预案辅助及事故后果模拟等领域，能对石油、化工等涉及危险化学品生产、储存的区域发生的火灾、爆炸、泄漏、中毒等多种灾难事故后果和风险进行可视化模拟分析，集特定地点爆炸冲击波、火灾热辐射、毒性浓度影响、个人风险、社会风险、PLL 和多米诺评估等多种功能于一体。

QRA 分析基本程序如图 1-3-3 所示。

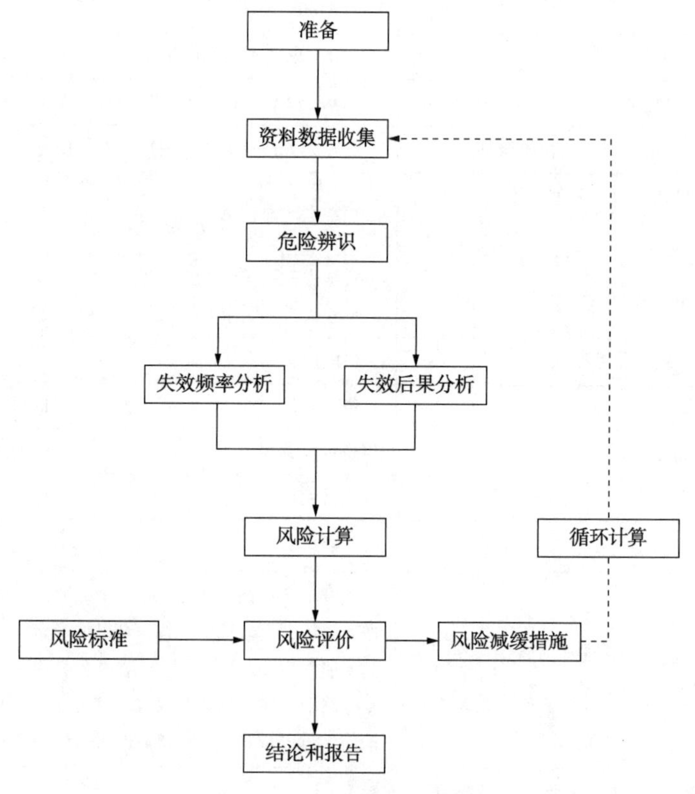

图 1-3-3　QRA 分析流程

通常情况下工艺危害分析的所有场景(100%)都需要通过定性的方法(如 HAZOP 分析)来识别评估，定性判断风险是否可以被容忍。一些高风险场景(10%~20%)需要使用半定量风险评估方法，如 LOPA 分析，这类方法可用于评估风险的数量级和确定需要增加的保护层 SIL 等级。少数(1%~5%)场景复杂、风险较高的场景，还需要采用定量风险评估方法(QRA)来定量的判断风险等级，用于风险比较和风险决策。

QRA 分析结果如图 1-3-4、图 1-3-5 所示。

图 1-3-4　QRA 个人风险分析结果(示例)

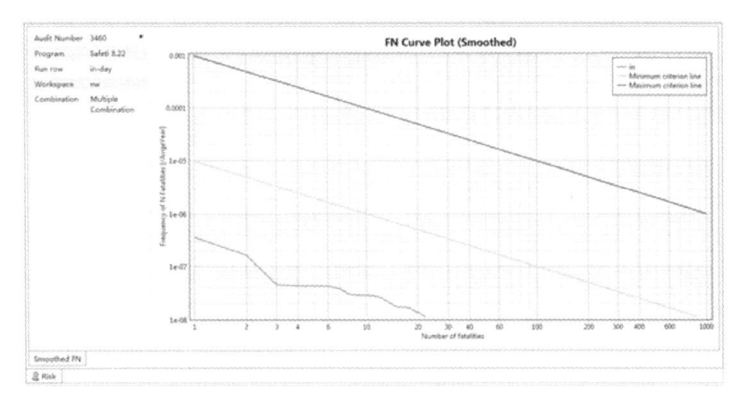

图 1-3-5　QRA 社会风险分析结果

3.6　JSA 分析方法

作业安全分析(JSA)是一种常用于评估与作业有关的基本风险分析工具，评估任何与确定的活动相关的潜在危害，保证风险最小化结构简单的方法。

JSA 通常采取下列步骤：

(1) 选择工作任务：选择要进行分析的具体工作任务。这可以是一个整个工作流程或一个特定的工作环节。

(2) 分解工作任务：将选定的工作任务分解为一系列具体的步骤或操作。确保每个步骤都被详细描述，并理解每个步骤的目的和执行方式。

(3) 识别潜在危险：对每个步骤进行分析，识别可能存在的潜在危险因素。这包括物理危险(如高处作业、机械设备等)、化学危险(如有害物质)、生物危险(如病原体)和人为因素(如操作错误)等。

(4) 评估风险级别：对每个潜在危险进行风险评估，确定其发生的可能性和严重程度。这有助于确定哪些危险需要优先处理以及采取何种控制措施。

(5) 制定控制措施：针对识别的潜在危险，制定相应的控制措施来降低风险。这可以包括工程控制(如改变工作环境、使用安全设备)、行政控制(如培训、制定标准操作程序)和个人防护措施等。

(6) 编写 JSA 报告：将分析结果和控制措施记录在 JSA 报告中。该报告应包括任务描述、识别的危险、风险评估、控制措施和相关的工作人员参与。JSA 报告可以作为培训、沟通和持续改进的参考文件。

JSA 分析的局限性在于：

(1) 基于经验

JSA 由一个或一组人对作业进行分析。分析的结果在很大程度上取决于这些人对作业和安全的认识和经验。

(2) 不够系统全面

JSA 只能进行定性分析不能定量评估发生危险的可能性。

JSA 本身不能控制事故的发生，它需要作业人员切实贯彻实施 JSA 要求的各项控制措施和操作规程。做 JSA 的人越有经验，认识的危险越全面。

JSA 检查表示例如表 1-3-7 所示。

表 1-3-7　动火作业 JSA 检查表(示例)

作业安全分析(JSA)记录表				编号：
作业名称：			区域/工艺过程：	
分析组长：		成员：	日期：	
序号	作业步骤	危害因素	控制措施(技术、管理和个体防护)	执行人
1	作业前 安全措施 确认	(1) 动火点周围易燃物易造成火灾事故； (2) 作业前未进行可燃气体检测或检测不达标； (3) 现场存有有毒气体； (4) 人员无资质； (5) 动火部位与其他含易燃易爆设备、设施连通； (6) 作业设备设施不合格 ……	(1) 准备好消防器材； (2) 将动火设备、管道内的物料清洗、置换，经检测合格； (3) 合格检测设备，气体分析合格方可施工； (4) 边沟、地井、地漏等做好封堵； (5) 作业人员必须持有有效证件； (6) 切断与动火设备相连通的设备管道并加盲板隔断，挂牌，并办理《抽堵盲板作业证》； (7) 入场前检查设备，设备不合格，禁止入场 ……	

3.7　安全风险矩阵及风险分析工具

3.7.1　安全风险矩阵

除了定量风险评估对于风险的两个维度，损失和可能性都是定量计算得到的之外，通常使用风险矩阵的形式快速对风险进行定性判定。风险分析矩阵业内样式不尽相同，但总体保持了类似的形式，以中国石化安全风险矩阵为例对风险矩阵进行介绍。

中国石化安全风险矩阵是安全风险等级量化工具，体现了中国石化容忍安全风险准则和可接受安全风险准则。在企业生产经营活动中，相关安全风险应统一采用中国石化安全风险矩阵评估初始风险(Raw Risk)等级和剩余风险(Residual Risk)等级，决定是否需要采取措施降低风险。

(1) 安全风险矩阵、后果严重性等级分类与可能性分级见本书附录 3。

(2) 伤害后果需要考虑健康与安全影响、财产损失影响、非财务与社会影响三类，按严重性从轻微到特别重大分为 7 个等级，依次 A、B、C、D、E、F 和 G，后果严重性等级分类详见附录 3。其中重伤标准执行原劳动部《关于重伤事故范围的意见》(〔60〕中劳护久字第56号）；事故直接经济损失按《中国石化安全事故管理规定》的相关规定执行。

（3）伤害后果发生的可能性从低到高分为8个等级，依次为1、2、3、4、5、6、7和8，可能性分级详见附录3。

（4）风险矩阵中每一个具体数字代表该风险的风险指数值RI（Risk Index），非绝对风险值，最小为1，最大为200。风险指数值表征了每一个风险等级的相对大小。

（5）对于某风险的具体风险等级，应取三种后果中最高的风险等级，采用后果严重性等级的代表字母和可能性等级数字组合表示。例如：当后果等级为A，可能性等级为7时，其对应的风险等级为A7。

（6）风险级别分为重大风险（红色）、较大风险（橙色）、一般风险（黄色）和低风险（蓝色）4个级别。

（7）容忍风险（Tolerable Risk）是ALARP（最低合理可行）区域的上限值，当超过该值时，风险属于不可容忍风险。在中国石化风险矩阵中，人员伤害的容忍风险：界区内人员（主要指在厂界内工作的人员，包括内部员工、承包商员工等）年度累计死亡风险应小于等于10^{-3}。界区外人员（主要指厂界外的社会人员）年度累计死亡风险应小于等于10^{-4}。当风险处于容忍风险区域时，应采用ALARP原则确定风险是否可以接受。

（8）可接受风险（Acceptable Risk）是ALARP区域的下限值，小于等于该值时，风险属于广泛可接受的风险。在中国石化风险矩阵中，人员伤害的可接受风险：界区内人员年度累计死亡风险应小于等于10^{-5}。界区外人员（主要指厂界外的社会人员）年度累计死亡风险应小于等于10^{-6}。

在生产经营活动中，初始风险决定了需要采取的风险控制措施及其可靠性等级；而剩余风险表征在现有安全措施（安全保护层）下实际存在的风险，判断风险是否可以接受。

根据ALARP原则，中国石化风险矩阵中各级风险的最低安全要求见表1-3-8。

表1-3-8 各级风险的最低安全要求

风险级别	剩余风险值RI（Risk Index）	风险水平	最低安全要求	建议的风险控制负责部门
低风险	RI<10	广泛可接受的风险	执行现有管理程序、保持现有安全措施完好有效，防止风险进一步升级	基层单位
一般风险	10≤RI<15	容忍的风险（ALARP区）	可进一步降低风险，设置可靠的监测报警设施或高质量的管理程序	二级单位
	15≤RI<20	容忍的风险（ALARP区）	可进一步降低风险。设置风险降低倍数等同于SIL1的保护层	二级单位
较大风险	20≤RI<40	高风险，不可容忍的风险	1. 应当进一步降低风险。设置风险降低倍数等同于SIL2或SIL3的保护层。 2. 新建装置应当在设计阶段降低风险；在役装置应当采取措施降低风险	企业主管部门
重大风险	40≤RI<60	非常高的风险，不可容忍风险	1. 必须降低风险。设置风险降低倍数等同于SIL3的保护层。 2. 新建装置应当在设计阶段降低风险；在役装置应当立即采取措施降低风险	企业领导层
	RI≥60	极其严重的风险，不可容忍的风险	新建装置改变工艺或设计。对在役装置应当立即采取措施降低风险，直至停车	企业领导层

3.7.2　推荐的风险评估工具

中国石化针对各层级推荐的风险评估工具如图 1-3-6 所示。

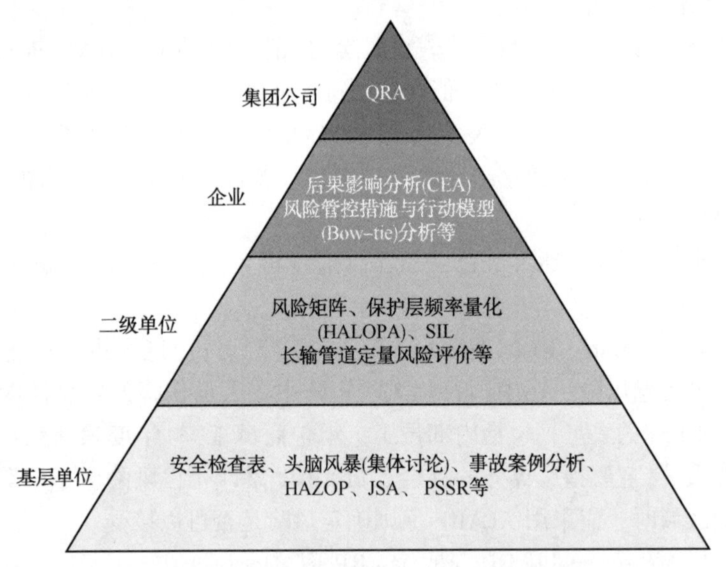

图 1-3-6　中国石化各级风险评估工具图

同时，根据分析对象的不同，适用的风险评估工具推荐见表 1-3-9。

表 1-3-9　分析对象适用的风险评估工具推荐

序号	分析对象	风险识别与评估方法
1	区域、总图与建构筑物	头脑风暴(专家审查) 安全检查表(Checklist) 后果影响分析(CEA) 定量风险评估(QRA)
2	危险化学品生产、储存装置与设施 (包括输油气站场)	安全检查表 头脑风暴(专家审查) 开车前安全审查(PSSR) 危险与可操作性分析(HAZOP 分析) 故障类型和影响分析(FMEA) 保护层频率量化分析(HALOPA) 定量风险评估(QRA)
3	危险化学品运输	管道隐患分级 安全检查表 头脑风暴(专家审查) 长输管道风险评价 后果影响分析(CEA) 定量风险评估(QRA)
4	作业	安全检查表 JSA

第4章 乙烯装置工艺概述及危害分析

4.1 乙烯装置工艺概述

我国乙烯工业发展较晚，起步于20世纪60年代。1962年兰化公司5kt/a乙烯装置建成投产，标志着我国乙烯工业的诞生，其后上海高桥乙烯于1964年投产。这两套乙烯装置均采用炼厂气为原料，裂解采用方箱炉，分离采用中冷油吸收法，生产化学级乙烯。60年代后期，兰化公司引进了德国鲁奇公司以原油闪蒸油为原料的36kt/a乙烯砂子炉裂解和深冷分离技术，生产聚合级乙烯、丙烯。下游配套聚乙烯、聚丙烯等生产装置，形成了我国当时最大的乙烯生产基地。

目前，国内外生产乙烯的原料主要有三种：石油、轻烃和煤炭。在乙烯的工艺制备路线中，主要包含石脑油裂解、轻烃制乙烯、煤制烯烃三种工艺流程。石脑油裂解路线主要通过管式炉蒸汽裂解、催化裂解等工艺制备乙烯，石脑油在高温条件下裂化成较小的分子，再通过自由基反应形成气态轻质烯烃；轻烃制乙烯主要以乙烷、丙烷、丁烷等轻烃为原料，其中乙烷脱氢制乙烯是轻烃制乙烯的主要路径，其主要通过乙烷在高温裂解炉中发生脱氢反应生成乙烯，并副产氢气；煤制乙烯主要通过煤制甲醇，甲醇再经脱水后制得乙烯，煤制乙烯存在CTO和MTO两种类型，CTO是指煤经甲醇后生产烯烃，MTO是直接以外购甲醇为原料生产烯烃。

目前，我国乙烯生产路线以石脑油裂解为主，约占72.7%，CTO/MTO工艺占比约20.7%。见图1-4-1。

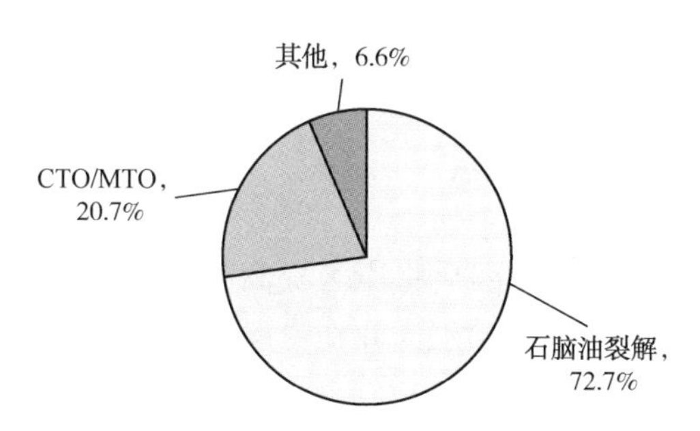

图1-4-1 乙烯生产路线占比

原油直接裂解技术越过了原油裂解为石脑油过程，将原油直接转化为乙烯、丙烯等化学品，是未来实现少油多化、高端发展战略的有益探索。据报道，中国石化宣布其重点攻关项目“轻质原油裂解制乙烯技术开发及工业应用”试验成功，实现了该技术在国内的首次工业化应用，化学品收率近50%，大幅缩短生产流程、降低生产成本、减少二氧化碳排放。目前，全球仅埃克森美孚和中国石化成功实现了该技术的工业化应用。

本书主要介绍石脑油裂解制乙烯主要相关工艺。石脑油裂解制乙烯主要包括裂解炉部分、急冷部分、压缩部分、分离部分。涉及乙烯主要供应的专利技术见表1-4-1。

表 1-4-1　乙烯装置主要专利介绍

序号	流程	主要技术	专利商
1	裂解	CBL 型裂解炉	中国石化(SINOPEC)
2		SRT 型裂解炉	鲁姆斯(Lummus)
3		USC 型裂解炉	Stone&Webster
4		KTI GK 型裂解炉	德西尼布(Technip)
5		USRT 型裂解炉	凯洛格·布朗·路特(KBR)
6		Pyrocrack 型裂解炉	林德公司(Linde)
7	分离	顺序分离	ABB Lummus
			德西尼布(Technip)
8		前脱丙烷前加氢	Stone&Webster
			凯洛格·布朗·路特(KBR)
			中国石化(SINOPEC)
9		前脱乙烷前加氢	林德，Stone&Webster
			凯洛格·布朗·路特(KBR)

乙烯装置工艺流程简述如下。

(1) 裂解工序

接收来自界外的 C_3/C_4、粗混合 C_4、C_5 循环物流、分离部分返回的循环乙烷/循环丙烷、芳烃提余油、轻石脑油、重石脑油以及加氢裂化石脑油，分别送入裂解炉内，加稀释蒸汽(DS)进行裂解，得到的裂解气(氢气、甲烷、乙烯、乙烷、丙烯、丙烷、丁二烯、裂解汽油、裂解燃料油等组分的混合物)经废热锅炉急冷，油冷、水冷至常温，回收部分热量，并把其中大部分油类产品分离后送入后续工序。负责接收从界外来的高压锅炉给水并将其转化为超高压蒸汽(VIS)。接收本装置分离工序返回的甲烷氢及从界外补充的 C_3/C_4 等物料经混合、汽化后作为裂解炉燃料气。

(2) 压缩工序

将来自裂解工序的裂解气，经压缩后将压力提高为深冷分离提供条件。裂解气在压缩过程中，逐段冷却和分离，除去重烃和水，并在三段出口设有碱洗，除去裂解气中的酸性气体，为分离系统提供合格的裂解气。

制冷系统由丙烯制冷系统、乙烯制冷系统等多级制冷构成，为深冷分离提供不同冷量来源。

(3) 分离工序

将压缩工序来的裂解气，经脱水、深冷、加氢和精馏等过程，获得高纯度的乙烯、丙烯，同时得到副产品 LPG、混合 C_4 馏分及裂解汽油等。

4.1.1　裂解炉部分

乙烯装置中的裂解炉由对流段、辐射段(包括辐射炉管和燃烧器)和急冷锅炉系统三部分构成，见图 1-4-2。

图 1-4-2　乙烯装置裂解炉

裂解条件需要高温、短停留时间，所以裂解反应的设备，必须是一个能够获得相当高温度的裂解炉，裂解原料在裂解管内迅速升温并在高温下进行裂解，产生裂解气。管式炉裂解工艺是目前较成熟的生产乙烯工艺技术，我国近年来引进的裂解装置都是管式裂解炉。管式炉炉型结构简单，操作容易，便于控制和能连续生产，乙烯、丙烯收率较高，动力消耗少，热效率高，裂解气和烟道气的余热大部分可以回收。

管式炉裂解技术的反应设备是裂解炉，它既是乙烯装置的核心，又是挖掘节能潜力的关键设备，裂解炉运行状况直接影响乙烯装置的有效产能。

乙烯裂解炉的种类从技术上可分为双辐射室、单辐射室及毫秒炉。根据裂解炉管构型及布置方式和烧嘴安装位置及燃烧方式的不同，管式裂解炉的炉型有多种，从炉型上可分为 CBL 型裂解炉、SRT 型裂解炉、USC 型裂解炉、KTI GK 型裂解炉、毫秒裂解炉、Pyrocrack 型裂解炉，现对相关裂解炉进行简要介绍。

(1) CBL 型裂解炉

CBL 炉是我国在 20 世纪 90 年代，北京化工研究院、中国石化工程建设公司、兰州化工机械研究院等多家单位，相继开发的高选择性裂解炉。

CBL 型裂解炉的对流段设置在辐射室上部的一侧，对流段顶部设置烟道和引风机。对流段内设置原料、稀释蒸汽、锅炉给水预热、原料过热、稀释蒸汽过热、高压蒸汽过热段。稀释蒸汽的注入：二次注汽的为Ⅰ、Ⅱ型，一次注汽的为Ⅲ型。

主要特点是将对流段中稀释蒸汽与烃类传统方式的一次混合改为二次混合新工艺。一次蒸汽与二次蒸汽比例应控制在适当范围内。采用二次混合新工艺后，物料进入辐射段的温度可提高 50℃以上。

这样，当裂解深度不变时，裂解温度可降低 5~6℃，辐射段烟气温度可相应降低 20~25℃，最高管壁温度下降 14~20℃，全炉供热量可降低约 10%。

供热采用侧壁烧嘴与底部烧嘴联合布置方案，侧壁烧嘴为无焰烧嘴，底部烧嘴为油气联合烧嘴。

该炉具有裂解选择性高、调节灵活、运转周期长等特点。

(2) SRT 型裂解炉

SRT 型裂解炉即短停留时间炉，是美国鲁姆斯(Lummus)公司于 1963 年开发，1965 年工业化以后又不断地改进了炉管的炉型及炉子的结构，先后推出了 SRT-Ⅰ～SRT-Ⅵ型裂解炉。

该炉型的不断改进，是为了进一步缩短停留时间，改善裂解选择性，提高乙烯的收率，对不同的裂解原料有较大的灵活性。

SRT 型裂解炉的对流段设置在辐射室上部的一侧，对流段顶部设置烟道和引风机。对流段内设置进料、稀释蒸汽和锅炉给水的预热。

从 SRT-Ⅵ型炉开始，对流段还设置高压蒸汽过热，由此取消了高压蒸汽过热炉。在对流段预热原料和稀释蒸汽过程中，一般采用一次注入蒸汽的方式，当裂解重质原料时，也采用二次注汽。

早期 SRT 型裂解炉多采用侧壁无焰烧嘴烧燃料气，为适应裂解炉烧油的需要，目前多采用侧壁烧嘴和底部烧嘴联合的布置方案。底部烧嘴最大供热量可占总热负荷的 70%。SRT-Ⅲ型炉的热效率达 93.5%。

SRT 型炉是目前世界上大型乙烯装置中应用最多的炉型。燕山石化、扬子石化和齐鲁石化的乙烯生产装置均采用此种裂解炉。

（3）折叠 USC 型裂解炉

Stone&Webster 公司的 USC 型裂解炉(超选择性裂解炉)为单排双辐射立管式裂解炉，辐射盘管为 W 形或 U 形盘管。由于采用的炉管管径较小，因而单台裂解炉盘管组数较多(16～48 组)。

每 2 组或 4 组辐射盘管配一台 USX 型(套管式)一级废热锅炉，多台 USX 型废热锅炉出口裂解气再汇总送入一台二级废热锅炉。后期开始采用双程套管式废热锅炉(SLE)，将两级废热锅炉合并为一级。

USC 型裂解炉对流段设置在辐射室上部一侧，对流段顶部设置烟道和引风机。对流段内设有原料和稀释蒸汽预热、锅炉给水预热及高压蒸汽过热等热量回收段。大多数 USC 型裂解炉为一个对流段对应一个辐射室，也有两个辐射室共用一个对流段的情况。

当装置燃料全部为气体燃料时，USC 型裂解炉多采用侧壁无焰烧嘴；如装置需要使用部分液体燃料时，则采用侧壁烧嘴和底部烧嘴联合布置的方案。底部烧嘴可烧气也可烧油，其供热量可占总热负荷的 60%～70%。

由于 USC 型裂解炉辐射盘管为小管径短管长炉管，单管处理能力低，每台裂解炉盘管数较多。为保证对流段进料能均匀地分配到每根辐射盘管，在辐射盘管入口设置了文丘里喷管。

USC 裂解技术是根据停留时间、裂解温度和烃分压条件的选择，使生成的产品中乙烷等副产品较少，乙烯收率较高而命名的。短的停留时间和低的烃分压使裂解反应具有良好的选择性。中国大庆石油化工总厂以及世界上很多石油化工厂都采用它来生产乙烯及其联合产品。

（4）折叠 KTI GK 型裂解炉

早期的 GK-Ⅰ型裂解炉为双排立管式裂解炉，20 世纪 70 年代开发的 GK-Ⅱ型裂解炉为混排(入口段为双排，出口段为单排)分支变径管。

在此基础上，相继开发了 GK-Ⅲ型、GK-Ⅳ型和 GK-Ⅴ型裂解炉。GK-Ⅴ型裂解炉为双程分支变径管，由于管程减少，管长缩短，停留时间可控制在 0.2s 以内。GK 型裂解炉一般采用一级废热锅炉。

对流段设置在辐射室上侧。对流段除预热原料、稀释蒸汽、锅炉给水外，还进行高压蒸汽的过热。

GK 型裂解炉采用侧壁烧嘴和底部烧嘴联合布置的方案。底部烧嘴可烧油也可烧气，其最大供热量可占总热负荷的 70%。侧壁烧嘴为烧气的无焰烧嘴。

对不同的裂解原料采用不同的炉管构型，对原料的灵活性较大。新型辐射段炉管的停留时间短，热效率高。

（5）折叠毫秒裂解炉（USRT 型裂解炉）

凯洛格公司的毫秒炉为立管式裂解炉，其辐射盘管为单程直管。对流段在辐射室上侧，原料和稀释蒸汽在对流段预热至横跨温度后，通过横跨管和猪尾管由裂解炉底部送入辐射管，物料由下向上流动，由辐射室顶部出辐射管而进入第一废热锅炉。

裂解轻烃时，常设三级废热锅炉；裂解馏分油时，只设两级废热锅炉。对流段还预热锅炉给水并过热高压蒸汽，热效率为 93%。

毫秒炉采用底部大烧嘴，可烧气也可烧油。由于毫秒炉管径小，单台炉炉管数量大，为保证辐射管流量均匀，在辐射管入口设置猪尾管控制流量分配。

毫秒炉由于管径较小，所需炉管数量多，致使裂解炉结构复杂，投资相对较高。因裂解管是一程，没有弯头，阻力降低，烃分压低，因此乙烯收率比其他炉型高。我国兰州石化公司采用此技术。

（6）折叠 Pyrocrack 型裂解炉

林德公司从 20 世纪 60 年代开发了 Pyrocrack 型裂解炉，该型裂解炉通常为双辐射段、单对流段结构。为了适应不同的原料，Pyrocrack 型裂解炉采用了 Pyrocrack4-2、Pyrocrack2-2 和 Pyrocrack1-1 型 3 种不同的炉管结构。

其中 Pyrocrack1-1 型选择性高，停留时间也短，虽单组炉管处理能力最小但烯烃产量高。因此，林德公司在 20 世纪 90 年代以后设计的裂解炉主要采用 Pyrocrack1-1 型炉管。

4.1.2 乙烯分离技术

乙烯生产分离技术由于工艺复杂，半个世纪来一直由 Lummus、Stone&Webster（简称 S&W）、KBR、Linde、Technip 五大专利商所有，典型的生产工艺有顺序分离工艺技术路线、前脱丙烷分离工艺技术路线和前脱乙烷分离工艺技术路线。同一类分离技术往往为数家公司所拥有，而每家公司的技术与其他公司也有一定的差别。根据目前的市场占有率，具有代表性的技术归纳如下：

（1）S&W 公司的前脱丙烷前加氢技术；

（2）Linde 公司的前脱乙烷前加氢技术；

（3）ABB Lummus 公司的顺序分离低压脱甲烷技术。

上述三种典型的分离流程在我国均建有能力为 30×10^4t/a 以上的生产装置，顺序分离流程更建有多套生产装置，投入生产的时间最长。生产时间较短的前脱丙烷、前脱乙烷流程也经过了多年的运行时间。经过生产实践的检验，可以说对各种技术的优缺点、对装置的生产稳定性、装置的能量消耗等均有了比较深入的了解。表 1-4-2 为三种分离流程比较。

表 1-4-2　三种分离技术特点汇总表

分馏流程	顺序分离流程	前脱丙烷流程	前脱乙烷流程
分离次序	$H_2/C_1 \rightarrow C_2 \rightarrow C_3 \rightarrow C_4$ 及 C_{5+}	先 C_{3-}/C_{4+} 切割，$C_{3-} \rightarrow H_2/C_1 \rightarrow C_2$ 及 C_3，$C_{4+} \rightarrow C_4$ 及 C_{5+}	先 C_{2-}/C_{3+} 切割，$C_{2-} \rightarrow H_2/C_1 \rightarrow C_2$，$C_{3+} \rightarrow C_3 \rightarrow C_4$ 及 C_{5+}
塔数量	16	18	16
裂解气压缩机段数	5	5	5
冷冻级别	8	7	6
技术年代	20 世纪 80 年代	20 世纪 90 年代	20 世纪 90 年代
采用主要节能技术	低压脱甲烷	分凝分离器高效回收低温冷量、脱丙烷塔和乙烯塔的开式热泵、非清晰分割	乙烯塔开式热泵，非清晰分割
碳二加氢位置	后加氢，需要绿油洗涤系统，催化剂需再生	前加氢，不需要绿油洗涤系统，可长周期运行	前加氢，不需要绿油洗涤系统，可长周期运行，但需要采用等温反应器
脱甲烷塔	单塔低压	双塔高压	单塔高压
乙烯塔	高压，产品侧线采出	低压/热泵，产品塔顶采出	低压/热泵，产品塔顶采出
氢气回收率	≥80%	≤70%	≥80%
负责或专利设备	裂解气压缩机，乙烯机，丙烯机，甲烷压缩机，冷箱	裂解气压缩机，乙烯机，丙烯机，膨胀再压缩机，分凝分离器	裂解气压缩机，乙烯机，丙烯机，冷箱，等温反应器
不外引氢气时的开车时间	长	短	短

顺序分离工艺技术路线的特点是裂解气混合组分分离第一个分离塔是脱甲烷塔，先分离出甲烷，再将脱甲烷塔釜液混合组分按照由轻到重的次序进行分离。

顺序“渐近”分离工艺技术路线为顺序分离工艺的分支，其特点与顺序分离工艺技术路线的特点相近，裂解气混合组分分离第一个分离塔仍然是脱甲烷塔，先分离出甲烷，再将脱甲烷塔釜液混合组分按照由轻到重的次序进行分离。区别是组分分离时，关键组分进行非“清晰”分割。

前脱丙烷工艺技术路线的特点是裂解气混合组分分离第一个分离塔是脱丙烷塔，脱丙烷塔塔顶为 C_3 及更轻组分，塔釜为 C_4 及更重组分，两股物流分别再按照由轻到重的次序进行分离。

前脱乙烷工艺技术路线的特点是裂解气混合组分分离第一个分离塔是脱乙烷塔，脱乙烷塔塔顶为 C_2 及更轻组分，塔釜为 C_3 及更重组分，两股物流分别再按照由轻到重的次序进行分离。

流程的复杂性可以通过流程的设备位号数反映出来，设备位号越多，设备台数就越多，设备之间连接的管道、管件、阀门、仪表就越复杂。表 1-4-3 中未考虑原料预热、干燥器再生等辅助设备。

表 1-4-3　三种流程分离部分的设备位号数

设备类别	顺序分离流程	前脱丙烷流程	前脱乙烷流程
塔	16	18	16
反应器	3	3	3
压缩机	4	4	3
罐	41	39	44
换热器	85	70	44
泵	27	27	24
合计	176	161	134

表 1-4-3 中显示，设备位号数从多到少的顺序为：顺序分离流程、前脱丙烷流程、前脱乙烷流程。顺序分离低压脱甲烷流程考虑了最大限度地利用工艺介质节流降压后提供的冷量，所以工艺物料之间的换热器台数多，流程较为复杂。

设备台数多，流程复杂，无疑会增加装置的投资，增加设备维护保养的工作量。

4.1.3　乙炔加氢技术

Lummus 公司和 TP 公司的乙烯分离系统采用乙炔后加氢技术，而 S&W 公司、KBR 公司和 Linde 公司采用乙炔前加氢技术。

乙炔前加氢技术和后加氢技术相比，前加氢催化剂可以连续操作，不用再生；前加氢催化剂的寿命可以达到 5~10 年，茂名乙烯装置该催化剂已使用 8 年多，仍然性能良好；后加氢催化剂在使用半年左右需要进行再生，反应器需要设置备台，再生时加氢反应器切换到备台上操作。催化剂再生时会有再生废气排入大气，再生废气中含有 CO 等温室气体，对环境保护和清洁生产是不利的。乙炔前加氢技术的一个优点是可以缩短装置的开车时间，一般认为产出合格乙烯的时间可以比后加氢技术少 2 天。因为前加氢技术不需要等待自产的氢气合格后再进行乙炔加氢，这就节省了一大笔试车费用。

以前，人们对乙炔前加氢反应器的“飞温”问题很担心。经过国内三套采用前加氢技术的乙烯装置生产实践证实，只要采取适当的防止飞温措施，认真操作，反应器完全可以稳定运行。

Linde 公司的乙炔加氢反应器采用列管式等温反应器，用甲醇汽化带走反应热。S&W 公司和 KBR 公司的乙炔加氢反应器采用三段床或四段床的绝热式反应器，段间设置换热器，用冷却水带走反应热。两者各有优缺点。

4.1.4　深冷脱甲烷系统

S&W 公司的深冷脱甲烷系统采用所谓“ARS 和双塔脱甲烷”技术，其特点是：

(1) 来预冷脱甲烷进料的“分馏冷凝器(dephlegmator)”用一个简单的塔系统(HRS)取代。HRS 系统的核心是专利设备——分馏冷凝器，该设备的缺点是独家设备制造厂制造，造价高、体积庞大、制造周期长。

为了改善不足，2002 年前后，S&W 公司研究开发了 HRS 专利，替代了分馏冷凝器，从而在同等能耗的基础上，克服了分馏冷凝器的缺点。

(2) HRS(或 ARS)对甲烷的预分馏作用，使脱甲烷塔的汽提负荷大约减少了一半，因此，脱甲烷塔的回流量减少。在预脱甲烷塔和脱甲烷塔的塔顶设置了与塔一体化的回流冷凝器，避免了设置回流罐和回流泵。

（3）深冷系统设置膨胀/再压缩机，不设甲烷制冷压缩机。避免了采用往复式甲烷制冷压缩机带来的冷箱堵塞问题。

（4）采用渐近分离的双塔脱甲烷技术，设置预脱甲烷塔和脱甲烷塔，使脱甲烷塔的釜料中不含 C_3，釜料直接送入乙烯塔，减小了脱乙烷塔的尺寸和冷量消耗。

（5）两台脱甲烷塔均采用浮阀塔，有较大的操作弹性。

（6）脱甲烷塔采用高压操作，釜料靠自身压力向下游输送。

Lummus 公司的深冷脱甲烷系统采用低压单塔脱甲烷，塔型为填料塔，大型乙烯装置要装填上千立方米的填料；塔体需用不锈钢；有多股进料，配管很复杂，因而投资高；填料塔和板式塔相比，投资约为板式塔的 3 倍。同时要配置甲烷制冷压缩机和脱甲烷塔釜料的大型增压泵，能耗增加。

Linde 公司的双塔脱乙烷技术与 S&W 公司的双塔脱甲烷技术相似，KBR 公司的双塔脱丙烷技术与 S&W 公司的双塔脱丙烷技术相似，它们都属于渐近分离的先进分离技术。

可以认为，Lummus 公司和 TP 公司的顺序分离技术，全部裂解气都进入深冷脱甲烷系统，物料量多，而 S&W 公司、KBR 公司和 Linde 公司的技术，只把 C_3 和更轻组分或 C_2 和更轻组分进入深冷脱甲烷系统，物料量少，因而 S&W 公司、KBR 公司和 Linde 公司的技术冷冻量消耗少，节省能耗。

特别需要指出的是，在倡导“油化结合，优化乙烯原料”的今天，采用“前脱丙烷前加氢或前脱乙烷前加氢流程”可以避免“顺序分离流程”存在的“冷箱安全隐患”。

而硝基塑胶是很不稳定的化合物，与丁二烯和环戊二烯生成的硝基塑胶甚至在深冷温度下也是不稳定的，Berre 乙烯厂冷箱爆炸事故正是这种硝基塑胶引起的。

NO 和 O_2气是随着炼厂轻烃进入乙烯装置的，Berre 乙烯厂处理了来自 FCC 装置的轻烃。

“顺序分离流程”在事故状态或脱甲烷系统温度较高时，丁二烯和环戊二烯有可能进入冷箱，因此会造成这种冷箱爆炸事故；而前脱丙烷前加氢或前脱乙烷前加氢流程，物料在进入冷箱之前已经把 C 和更重组分脱除，不会有丁二烯和环戊二烯进入冷箱，可以避免硝基塑胶在冷箱爆炸的隐患。

4.1.5　热泵技术

节能降耗是乙烯装置减少成本的重要环节，而热泵技术具有明显的节能效果。最近 10 多年来，各乙烯专利商都非常重视热泵在乙烯装置中的应用。

S&W 公司在其前脱丙烷前加氢分离流程中，在高压脱丙烷塔和裂解气压缩机 5 段之间，乙烯塔和乙烯冷冻压缩机之间设置了 2 套热泵系统；Linde 公司在其前脱乙烷前加氢分离流程中，在乙烯塔和乙烯冷冻压缩机之间设置了 1 套热泵系统。有人对乙烯塔的热泵系统和常规的乙烯塔系统进行了深入的研究比较，结果表明，在合理的操作条件下，乙烯塔采用开式热泵可比常规系统减少能耗 50%。

近年来，KBR 公司在其乙烯分离技术中，除在乙烯塔和乙烯冷冻压缩机之间设置了热泵系统外，还在丙烯塔和丙烯冷冻压缩机之间设置了热泵系统。可见各专利商都在研究和应用热泵技术。分离流程是否采用热泵系统是造成综合能耗差别的原因之一。

Lummus 公司在乙烯装置中不采用热泵技术。

4.1.6 二元和三元冷剂制冷

乙烯装置常规的冷剂为丙烯、乙烯和甲烷，分别经不同的压缩机压缩—蒸发制冷。

近年来，Lummus 公司推出了二元和三元混合冷剂制冷技术。二元冷剂制冷是以一定比例的甲烷、乙烯组分组成混合冷剂，在一台压缩机内压缩制冷，可以提供 4 个冷冻级位，取代甲烷制冷压缩机和乙烯制冷压缩机。在燕山石化 66 万 t/a 和扬子石化 65 万 t/a 乙烯改扩建项目中采用了二元制冷技术，并已先后开车。

二元冷剂的组成为：H_2、CH_4、C_2H_4(mol%分别为 1.5、39.5、59.0)，在二元冷剂的组成中还含有氢气，实际上应该是三元冷剂制冷。燕山石化和扬子石化两套二元制冷系统生产实践的检验证明：

① 二元制冷系统可以稳定运行；

② 二元制冷系统与单组元冷剂制冷相比，不节省压缩机功率，但是可以减少设备台数和投资，节省占地；

③ 二元制冷压缩机的实际运转轴功率比设计轴功率大 25%~27%，说明模拟计算还不准确；

④ 二元冷剂的组成在正常运转期间会发生变化，需要经常补充冷剂和调整其组成，氢气量也要尽量维持在设计组成下运行。

三元冷剂制冷以甲烷、乙烯、丙烯三个组分组成混合冷剂，来代替甲烷、乙烯、丙烯的单组元冷剂制冷，用一台制冷压缩机代替原来的三台压缩机。Lummus 公司给出的三元冷剂的组成(mol%)为：甲烷 10%、乙烯 10%、丙烯 80%。与二元冷剂相似，在三元冷剂中还含有 0.11%(mol)左右的氢气。在实际的制冷状态下，三元冷剂提供“轻、中、重”三种冷剂组成，该三种冷剂组成对应三种不同的制冷级位。

压缩机最终排出压力约 3.0MPa 是带有段间冷却器的三段离心式压缩机，设计效率在 85%左右。单组元的乙烯制冷机和丙烯制冷机，最终排出压力为 1.6~1.7MPa，所以三元冷剂压缩机比单组元冷剂压缩机不省压缩功率。

4.2 乙烯装置危害分析

乙烯生产具有较大火灾、爆炸危险性，生产操作在高温压力条件下进行，并且还有深冷操作，生产过程中物料多是气态，装置复杂，连续性强，因此做好防火防爆工作极为重要。

乙烯装置具有火灾、爆炸、毒性及腐蚀性的物质主要包括：

(1) 液态烃类物质：石脑油、加氢尾油、汽油、苯、甲苯、二甲苯、甲醇等。

(2) 液化烃类物质：液化乙烯、液化丙烯、液氨。

(3) 气态物质：乙烯、丙烯、甲烷、乙烷、丙烷、氢气、轻烃、C_4、氨、硫化氢等。

(4) 固体物质：聚乙烯、聚丙烯。

此外在生产过程中还会用到一些辅助物料，如 30%碱液(NaOH)、液氨、甲醇以及一些催化剂和助剂等。

乙烯装置存在的典型性危害包括：

(1) 设备、管线、阀门泄漏导致发生火灾

乙烯厂内常备有大量液化气原料，裂解气也多以液态储存。储槽有一定压力，如槽体

有不严密处，物料将会泄漏散发出来，遇明火燃烧爆炸。设备或阀门破裂造成高温原料和裂解气的泄漏是致灾的重要因素。例如某化学公司的裂解装置曾因泄漏而喷出乙烯形成的云雾，仅 30s 后即发生爆炸，2~3min 后又引起第二次爆炸，形成巨大的球形火焰，破坏了管道和设备，爆炸力相当于数吨 TNT 炸药，损失严重。

(2) 高温裂解气火灾危险

高温裂解气若遇生产过程中停水、水压不足，或误操作导致气体压力高于水压而冷却不下来，会烧坏设备而引起火灾。

裂解反应温度远远高于物料的自燃点，一旦泄漏，便会立即发生自燃。

(3) 管式裂解炉易产生结焦

裂解过程中，由于二次反应，在裂解炉管管内壁上和急冷换热器的管内壁上结焦，随着裂解的进行，焦的积累不断增加，影响管壁的导热性能，造成局部过热，烧坏设备，甚至堵塞炉管，引起事故。

(4) 高压分离系统有爆炸危险

分离操作在压力下进行。若设备材质有缺陷、误操作造成负压或超压；或压缩机冷却不够、润滑不良；或管线、设备因腐蚀穿孔、裂缝，引发设备爆炸或泄漏物料着火。

(5) 深冷分离易发生冻堵

深冷分离在超低温下进行。若原料气或设备系统残留水分，深冷系统设备就会发生冻堵胀裂而引起爆炸着火。例如 1990 年 12 月，大庆乙烯裂解炉 516# 冷箱因此焊缝裂开，导致可燃气大量泄漏；幸亏发现及时，采用氮气和水蒸气掩护稀释，才避免了一起重大火灾、爆炸事故。

(6) 加氢过程火险性较大

加氢过程是为了脱去炔烃而对乙炔、碳三、汽油物料进行加氢气的过程。氢气为易燃易爆气体，火险性较大。加氢反应器如果操作不当，氢/炔比失调，会导致温度急剧升高，从而造成催化剂结焦失活，反应器壁出现热蠕变破裂，物料会发生泄漏着火甚至爆炸。

(7) 存在明火设备

裂解炉为明火设备。装置中泄漏的易燃易爆气体，遇裂解炉火源爆炸的事故屡有发生。裂解炉点火时，如扫膛不清，炉膛内积存的爆炸性混合气体，就有发生爆炸的可能。

乙烯生产原料或产物均为易积累静电的电介质，其在设备系统内流动过程中，特别在加压输送时，易产生和积累静电，存在静电火灾危险性。为有效控制乙烯装置存在的危害，需要从危险化学品辨识、危险化学品控制、危险化学品监控等多个角度实施有效措施，积极避免出现的各种潜在危害。

4.2.1 危险化学品辨识

依据《危险化学品名录》(2015 版) 及《剧毒化学品名录》(2002 版) 对乙烯工艺属于危险化学品及剧毒化学品进行识别，属于危险化学品的物质有乙烯、丙烯、氢气、甲烷、乙烷、丙烷、丁烷、戊烷、石脑油、汽油、苯、甲苯、二甲苯、甲醇、氨、硫化氢及氢氧化钠、乙醇胺、烷基铝等，无剧毒化学品。见表 1-4-4。

主要危险物质的物理化学性质及危险、有害特性见表 1-4-5、表 1-4-6。

表 1-4-4　危险化学品及其类别识别结果

物质名称	危险化学品类别	危险货物编号	UN 号
乙烯[压缩的]	第 2.1 类 易燃压缩气体：易燃气体	21016	1962
丙烯[压缩的]	第 2.1 类 易燃压缩气体：易燃气体	21018	1077
丁烯	第 2.1 类 易燃压缩气体：易燃气体	21019	1012
氢[压缩的]	第 2.1 类 易燃压缩气体：易燃气体	21001	1049
甲烷[压缩的]	第 2.1 类 易燃压缩气体：易燃气体	21007	1971
乙烷[压缩的]	第 2.1 类 易燃压缩气体：易燃气体	21009	1035
丙烷	第 2.1 类 易燃压缩气体：易燃气体	21001	1978
丁烷	第 2.1 类 易燃压缩气体：易燃气体	21012	1011
戊烷	第 3.1 类 易燃液体：低闪点液体	31002	1265
石脑油	第 3.2 类 易燃液体：中闪点液体	32004	1256，2553
汽油(-18℃≤闪点<23℃)	第 3.2 类 易燃液体：中闪点液体	32001	1203，1257
苯	第 3.2 类 易燃液体：中闪点液体	32050	1114
甲苯	第 3.2 类 易燃液体：中闪点液体	32052	1294
二甲苯	第 3.3 类 易燃液体：高闪点液体	33535	1307
氨[液化的]	第 2.3 类 有毒液化气体	23003	1005
硫化氢	第 2.1 类 易燃压缩气体：易燃气体	21006	1053
氮[压缩的]	第 2.2 类 不燃压缩气体	22005	1066
氢氧化钠/溶液	第 8.2 类 碱性腐蚀品	82001	1823/1824
乙醇胺	第 8.2 类 碱性腐蚀品	82504	2491
烷基铝	第 4.2 类 自燃品	42022	3051
三氯化钛	第 4.2 类 自燃品	42008	2441

表 1-4-5　主要危险物质的物理化学性质及危险特性

物料名称	常温状态	自燃点/℃	闪点/℃	爆炸极限/%（体积）	火灾危险分类	蒸气相对空气的密度
加氢尾油	液	280~350	45~120	1.4~4.5	乙$_{B}$	
石脑油	液	290	<-10	0.90~6.0	甲$_{B}$	>3.61
汽油	液	280	<-20	1.1~5.9	甲$_{B}$	3.37
苯	液	560	-11.1	1.20~8.6	甲$_{B}$	2.94
甲苯	液	535	4	1.10~7.8	甲$_{B}$	3.89
二甲苯	液	464	30	1.00~7.6	甲$_{B}$	4.78
甲烷	气	537	气体	4.40~17.0	甲	0.77
乙烷	气	515	气体	2.50~15.5	甲	1.34
丙烷	气	466	气体	2.1~9.5	甲	2.07
丁烷	气	405	气体	1.9~8.5	甲	2.59
氢气	气	560	气体	4.00~77.0	甲	0.09
乙烯	气	425	气体	2.30~36.0	甲	1.29
丙烯	气	460	气体	2.0~11.1	甲	1.94

续表

物料名称	常温状态	自燃点/℃	闪点/℃	爆炸极限/%（体积）	火灾危险分类	蒸气相对空气的密度
1-丁烯	气	440	-80	1.60~10.0	甲	2.46
戊烷	液	258	-40	1.4~7.8	$甲_B$	3.22
甲醇	液	385	11	6.7~36	$甲_B$	.1.42
乙醇胺	液	410	85		$丙_A$	
硫化氢	气	270	气体	4.00~45.5	甲	1.16
氨	气	630	气体	15.00~33.6	乙	1.47

表 1-4-6　主要危险物质的有害特性

物质名称	主要危害作用	时间加权平均容许浓度/(mg/m^3)	危害程度分级
乙烯	具有较强的麻醉作用。吸入高浓度乙烯可立即引起意识丧失，无明显的兴奋期，但吸入新鲜空气后，可很快苏醒。对眼及呼吸道黏膜有轻微刺激性。液态乙烯可致皮肤冻伤	苏联 MAC 100	Ⅳ
苯(皮)	经呼吸道和皮肤吸收。急性中毒主要表现为中枢神经系统症状，慢性中毒主要表现为造血系统和神经系统症状	6	Ⅰ
甲苯(皮)	经呼吸道和皮肤吸收。进入体内后对神经系统产生危害，当血液中浓度达到1250mg/m^3时，接触者的短期记忆能力及感觉运动速度均显著降低	50	Ⅲ
二甲苯	主要经呼吸道吸收。急性中毒主要表现为中枢神经系统症状，慢性中毒表现为神经衰弱	100	Ⅳ
汽油	属低毒类。为麻醉性毒物，主要作用是使中枢神经系统紊乱。低浓度时引起条件反射的改变，高浓度时引起呼吸中枢麻痹	成分、品种不同，毒性不同	
甲醇	主要作用于中枢神经系统，具有明显麻醉作用，可引起脑水肿，对视神经及视网膜有特殊选择作用，引起视神经萎缩，导致双目失明，甚至死亡	25	Ⅲ
硫化氢	有典型的臭鸡蛋味，是强烈的神经性毒物，对黏膜有刺激作用	10（最高容许浓度）	Ⅱ
氨	对黏膜和皮肤有碱性刺激及腐蚀作用，可造成组织溶解性坏死。高浓度时可引起反射性呼吸停止和心脏停搏	20	Ⅲ

4.2.2　乙烯装置主要危害识别

(1) 火灾危险

装置原料有拔头油、石脑油、循环乙烷、加氢尾油。产品与副产品有氢气、甲烷、乙烯、丙烯、混合 C_4、裂解汽油等，分别为甲类或乙类的危险品。大部分生产设备和管道中的介质是不同比例下的烃混合物。

(2) 爆炸危害

生产过程中使用的原料和产品的蒸气属于爆炸危险介质。

（3）毒性危害

裂解气中酸性气体 H_2S（Ⅱ级危害）、装置冷分离用甲醇（Ⅲ级危害）作解冻剂、氢氧化钠（Ⅳ级危害）、裂解汽油（Ⅳ级危害）、催化剂（含重金属）等有毒物质。

主要职业病危害因素见表 1-4-7。

表 1-4-7　主要职业病危害因素

有害因素名称	危害程度分级				职业接触限值/(mg/m^3)			侵入途径			毒物作用特点					
	Ⅰ	Ⅱ	Ⅲ	Ⅳ	MAC	STEL	TWA	皮肤	消化道	呼吸道	窒息	刺激	腐蚀	麻醉	灼冻伤	致癌
汽油				√			300			√				√		
硫化氢		√			10					√	√	√				
乙烯										√				√	√	
丙烯										√				√	√	
甲醇			√			50	25	√	√	√		√		√		

（4）视觉危害

视觉危害分为接触性和中毒性两类。接触性眼损害主要为氢氧化钠及乙烯装置使用的碱性化工助剂。甲醇能引起中毒性眼损害。

（5）噪声危害

装置裂解区和压缩区是噪声较大的区域。噪声主要来自压缩机、回流泵、进料泵、引风机等设备。长时间的接触高噪声等级 85dB 或高于 85dB，会引起一定程度的听力受损。

（6）高温危害

装置裂解炉区是高温区，辐射炉膛火焰燃烧温度在 1500℃以上，裂解炉产生的超高压蒸汽温度在 500℃以上，裂解气温度在 400℃以上。未隔热的蒸汽（饱和、过热）、高温重质油馏分（急冷油、裂解燃料油、裂解汽油等）管道会导致严重烫伤。

（7）低温危害

分离冷区、乙烯冷媒、丙烯冷媒系统是低温区。高压、低温轻质烃如 H_2、CH_4、C_2H_4、C_2H_6、C_3H_6、C_3H_8 及 C_4、C_5 等，在压力迅速降低时，由于产生节流膨胀，使管线、阀门、容器等设备温度急剧下降而导致冻伤。

（8）辐射危害

急冷油塔釜、急冷油真空塔釜液位采用核液位计测量，放射源为 γ 射线。日常操作中尽量少靠近该部位。大修拆装需要专业人员，并做好防护隔离。

4.2.3　乙烯装置主要危害控制

（1）危险化学品包装、储存、运输技术要求

危险化学品的包装、储存、运输应符合 GB 12463—2009《危险货物运输包装通用技术条件》、GB 191—2008《包装储运图示标志》、GB 13690—2009《化学品分类和危险性公示 通则》及 GB 50160—2008《石油化工企业设计防火标准》（2018 年版）、GB 50016—2014《建筑设计防火规范》等标准、规范的要求。

本工程属于危险化学品的原料、辅料及产品的包装、储存、运输安全要求见表 1-4-8。

表 1-4-8　属于危险化学品的原料、辅料及产品的包装、储存、运输要求

<table>
<tr><th>物质名称</th><th>主要危险性</th><th>包装、储存、运输要求</th></tr>
<tr><td>液化乙烯</td><td>易燃易爆。与空气混合能形成爆炸性混合物，遇明火、高热能引起燃烧爆炸。与氟、氯等能发生剧烈的化学反应。若遇高热，容器内压增大，有开裂和爆炸的危险</td><td rowspan="2">包装方式：储罐、槽车或钢瓶。
储存方式：气态、液态储存。
运输方式：管道输送，专用槽车或专用船舶运输。
安全注意事项：
（1）常温低压球罐或低温常压贮罐储存时，罐区设防火堤、可燃气体报警器、消防等安全设施，储区应备有泄漏应急处理设备。
（2）输送液化烃的管道必须符合 GB 550252 的要求。
（3）运输须在特制的压力容器中或低温常压容器中进行，并按国家关于化学危险品的有关规定办理准运手续。需设有释放静电设施，同时还要设置消防器材。
（4）装运该物品的车辆排气管必须配备阻火装置，禁止使用易产生火花的机械设备和工具装卸。中途停留时应远离火种、热源。公路运输时要按规定路线行驶，勿在居民区和人口稠密区停留。铁路运输时要禁止溜放。
（5）储运中要防止泄漏，应避免接触液化的乙烯、丙烯，以免“冻伤”</td></tr>
<tr><td>液化丙烯</td><td>与空气混合能形成爆炸性混合物，遇明火、高热能引起燃烧爆炸。其蒸气比空气重，能在较低处扩散到相当远的地方，遇明火会引起回燃。若遇高热，容器内压增大，有开裂和爆炸的危险</td></tr>
<tr><td>氢气</td><td>与空气混合能形成爆炸性混合物，遇明火、高热能引起燃烧爆炸。气体比空气轻，在室内使用和储存时，漏气上升滞留屋顶不易排出，遇火星会引起爆炸。与氟、氯等能发生剧烈的化学反应</td><td>包装方式：储罐、气柜或钢瓶。
储存方式：高压/低温气态、液态储存。
运输方式：管道输送，专用槽车或专用船舶运输。
安全注意事项：
（1）氢气的储存和运输必须符合 GB 50177—2005《氢气站设计规范》和 GB 4962—2008《氢气使用安全技术规程》的要求。
（2）氢气储罐的放空阀、安全阀和管道系统均应设放空管。
（3）氢气钢瓶与其他可燃性气体储存地点的间距不应小于 20m</td></tr>
<tr><td>石脑油
（C_4~C_6 烷烃）</td><td>其蒸气与空气可形成爆炸性混合物，遇明火、高热能引起燃烧爆炸。与氧化剂能发生强烈反应。其蒸气比空气重，能在较低处扩散到相当远的地方，遇火源会着火回燃</td><td rowspan="2">包装方式：内浮顶罐或金属桶。
储存方式：库区或仓库储存。
运输方式：管道输送，槽车或船舶运输。
安全注意事项：
（1）储罐储存时，罐区设防火堤、可燃气体报警器及防雷、防静电、消防等安全设施，储区应备有泄漏应急处理设备。储存甲$_B$类可燃液体的场所必须符合 GB 50160 和 GB 50016 的要求。
（2）铁路运输时限使用钢制企业自备罐车装运，装运前需报有关部门批准。运输时运输车辆应配备相应品种和数量的消防器材及泄漏应急处理设备。运输时所用的槽（罐）车应有接地链，槽内可设孔隔板以减少震荡产生静电。装运该物品的车辆排气管必须配备阻火装置，禁止使用易产生火花的机械设备和工具装卸。公路运输时要按规定路线行驶，勿在居民区和人口稠密区停留。铁路运输时要禁止溜放。严禁用木船、水泥船散装运输</td></tr>
<tr><td>汽油</td><td>极易燃烧。蒸气与空气形成爆炸性混合物，遇明火、高热极易燃烧爆炸。与氧化剂能发生强烈反应，引起燃烧或爆炸。其蒸气比空气重，能在较低处扩散到相当远的地方，遇明火会引起回燃</td></tr>
</table>

续表

物质名称	主要危险性	包装、储存、运输要求
苯、甲苯、二甲苯	其蒸气与空气形成爆炸性混合物，遇明火、高热能引起燃烧爆炸。与氧化物能发生强烈反应。蒸气比空气重，能在较低处扩散到相当远的地方，遇火源引起回燃。若遇高热、容器内压增大，有开裂和爆炸的危险。流速过快，容易产生和积聚静电	包装方式：内浮顶罐或金属桶。 储存方式：库区或仓库储存。 运输方式：管道输送，槽车或船舶运输。 安全注意事项： （1）安全注意事项同汽油。 （2）苯蒸气毒性高，不能用压缩空气作充灌、输送及处理
三氯化钛-烷基铝	化学性质活泼，暴露在空气中会自燃着火，与水、酸类、卤素、醇类或胺类接触会发生剧烈反应，并可放出有毒的气体	包装方式：专用钢瓶。 储存方式：专用库房储存。 运输方式：通过管道用高纯氮气压送。 安全注意事项： （1）钢瓶包装后用高纯惰性气体保护。储存、使用过程中不能与空气和水接触。 （2）适于单独储存。须贴“遇湿危险、易自燃”标签，严禁航空、铁路运输
燃料气（甲烷等）	易燃易爆混合性气体，与空气混合能形成爆炸性混合物，遇热源或明火有燃烧爆炸的危险	包装方式：气柜或钢瓶。 储存方式：气态储存。 运输方式：管道或车辆输送。 安全注意事项： （1）气柜储存和管道输送时，应采取防泄漏、防雷、防静电措施及必要的防火措施。 （2）采用钢瓶运输时必须戴好钢瓶上的安全帽，运输车辆应配备相应品种和数量的消防器材。装运车辆排气管必须配备阻火装置，禁止使用易产生火花的机械设备和工具装卸。公路运输时要按规定路线行驶，勿在居民区和人口稠密区停留。铁路运输时要禁止溜放

（2）加强危险单元的重点控制

采用道化学火灾爆炸指数方法评估，乙烯装置各单元危险性最大的是乙烯成品罐区和裂解气压缩，脱甲烷塔次之，裂解炉和加氢反应器再次之。应对危险性较大的单元进行重点安全控制，组织专业人员编制事故树，增加对重点单元危险性控制的技术含量，严格按照预先制定的安全检查表进行检查。

（3）完备安全装置和防火设施

由于乙烯生产装置使用的物料都是易燃易爆物质，而且物料量大，危险程度均在非常大、很大范围。但设计中采用了较多的安全装置和防火设施进行补偿，可使实际危险性等级下降。这明显地告诉我们，在生产实践中必须十分重视安全装置的完好率和投用率。如果不能保证安全装备的完好率和投用率，装置的危险等级仍会回升。

（4）设置防火分隔

乙烯装置的连续性强，一旦发生事故，整个厂都要受到影响。在容易发生火灾爆炸的裂解、压缩、加氢厂房四周设有钢筋混凝土的防爆墙，使它们与其他部分隔离，保证人身和设备的安全。在高温设备或明火裂解炉连接的管线上应安装阻火器或水封，阻止火势蔓延扩大。在不同压力的管道或设备之间安装逆止阀，防止高压系统的气体或液体串入低压系统引起爆炸。

（5）加强安全管理和教育

乙烯装置的安全运行和管理水平、职工个人安全行为有关，管理水平高，职工素质高，则系数降低；否则系数升高，有时甚至会使火灾爆炸指数增加到最大值。所以，加强管理和教育，加大培训和考核力度，全面提高技术素质及操作水平，使干部职工真正熟练掌握操作规程及防火预案，明确装置危险部位及事故预防、处理办法。

第二部分

评估技术

第 1 章　风险检查表

1.1　乙烯装置风险检查表

乙烯装置的长久平稳运行需要定期的问题排查、巡检检查，而如何全面有效地开展乙烯装置运行排查至关重要。本书针对乙烯装置运行过程中存在的问题，结合作者多年开展风险评估的经验，总结概括了乙烯装置工艺、设备、仪表方面的检查表，用于指导基层单位开展基层排查，快速全面掌握乙烯装置运行情况。

检查表的编制主要结合专业分析方法(如 HAZOP 分析)、事故案例、工程设计经验做法等方面。基于安全检查表(SCL)，将乙烯装置运行过程中涉及仪表、设备、工艺的关键问题和重大关注一一列举，企业人员可运用检查表进行定期排查。涉及乙烯装置工艺、设备、仪表检查表见本书附录 8。

乙烯装置风险检查表适用于乙烯装置正常运行过程中的风险排查，为乙烯装置安全管理人员提供了良好的管理实践。检查表的排查可在设计、运行等各个阶段。通过检查表定期开展乙烯装置安全排查，可实现乙烯装置风险识别、风险评估、风险控制各个要素的落实和完善。

风险检查表编制流程如下：

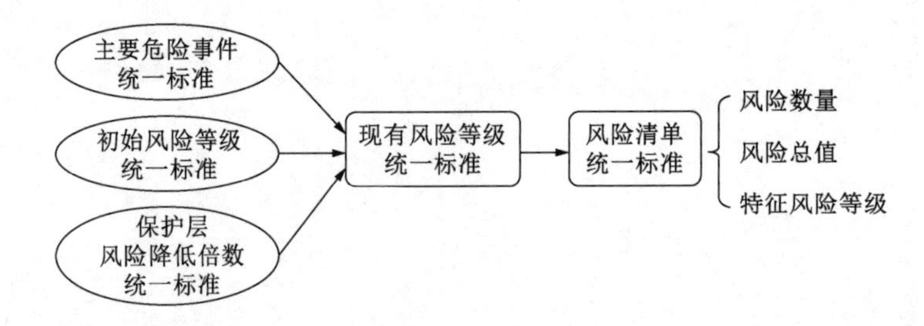

1.2　乙烯装置合规性检查表

近年来老旧装置的安全事故频发，不只是工艺、设备本身老化问题，还存在很多不符合现行法律法规、规章制度的情况。法律法规、规章制度是安全生产的底线、红线，危险化学品企业合法、依规是生产运行的最基本要求。随着国家新的法律法规、规章制度的颁布、更新和修订，也随着企业生产装置服役时间的增长，部分生产装置是否能满足新的法律法规、规章制度条款要求，成为应急管理、规划许可的审核难点。

为了履行遵守法律法规要求的承诺，企业应建立、实施和保持程序，以定期评价对适用法律法规的遵守情况，并评价对其他要求的遵守情况。可以将对法律法规遵守情况的评价与对其他要求的遵守情况的评价一起进行，也可以分别进行。

本书收集了乙烯行业事故、未遂事件，参考相关设计依据和经验，在以上制度、标准的基础上，编写了乙烯装置合规性评价检查表。国家针对出现的安全生产事故，陆续出台了老旧装置、液态烃、高危细分领域、过氧化、硝化等一系列合规性专项检查要求，并且部分省市也建立了安全防控长效机制，从制度上对装置进行检查、改造。乙烯装置合规性评价检查表所依据的法规制度如下：

（1）《中华人民共和国安全生产法》

（2）《首批重点监管的危险化工工艺目录》（安监总管三〔2009〕116 号）

（3）《国家安全生产监督管理总局关于加强化工过程安全管理的指导意见》（安监总管三〔2013〕88 号）

（4）《危险化学品重大危险源监督管理暂行规定》（国家安全生产监督管理总局令第 40 号）

（5）《危险化学品安全专项整治三年行动实施方案》

（6）《化工和危险化学品生产经营单位重大生产安全事故隐患判定标准（试行）》

（7）《石油化工企业设计防火标准（2018 年版）》（GB 50160—2008）

（8）《危险化学品生产装置和储存设施外部安全防护距离确定方法》（GB/T 37243—2019）

（9）《危险化学品生产装置和储存设施风险基准》（GB 36894—2018）

（10）《石油化工建筑物抗爆设计标准》（GB 50779—2022）

（11）《工业金属管道设计规范（2008 年版）》（GB 50316—2000）

（12）《氢气站设计规范》（GB 50177—2005）

（13）《压力容器 第 1 部分：通用要求》（GB/T 150. 1—2011）

（14）《热交换器》（GB/T 151—2014）

（15）《石油化工钢制压力容器》（SH/T 3074—2018）

（16）《石油化工液化烃球形储罐设计规范》（SH 3136—2003）

（17）《石油化工管道设计器材选用规范》（SH/T 3059—2012）

（18）《石油化工工艺装置管径选择导则》（SH/T 3035—2018）

（19）《炼油装置工艺管道流程设计规范》（SH/T 3122—2013）

（20）《石油化工企业职业安全卫生设计规范》（SH/T 3047—2021）

（21）《石油化工石油气管道阻火器选用、检验及验收标准》（SH/T 3413—2019）

（22）《石油化工可燃性气体排放系统设计规范》（SH 3009—2013）

（23）《固定式压力容器安全技术监察规程》（TSG 21—2016）

（24）《石油化工装置安全泄压设施工艺设计规范》（SH/T 3210—2020）

（25）《采样系统设置导则》（DEP-T-PE1520—2017）

乙烯装置合规性检查表如表 2-1-1 所示。

表 2-1-1　乙烯装置合规性检查表

序号	排查项目	现行法律法规标准规范名称及编号	现行法律法规标准规范要求内容
1.1	安全管理		
1. 1. 1	按照要求设置相关控制及联锁保护	《首批重点监管的危险化工工艺目录》（安监总管三〔2009〕116 号）	裂解炉进料压力、流量控制报警与联锁；紧急裂解炉温度报警和联锁；紧急冷却系统；紧急切断系统；反应压力与压缩机转速及入口放火炬控制；再生压力的分程控制；滑阀差压与料位；温度的超驰控制；再生温度与外取热器负荷控制；外取热器汽包和锅炉汽包液位的三冲量控制；锅炉的熄火保护；机组相关控制；可燃与有毒气体检测报警装置等

续表

序号	排查项目	现行法律法规 标准规范名称及编号	现行法律法规标准规范要求内容
1.1.2	是否使用淘汰的危及生产安全的工艺、设备	《中华人民共和国安全生产法》第三十八条	企业不得使用应当淘汰的危及生产安全的工艺、设备
1.1.3	重大危险源是否按照GB/T 37243、GB 36984等标准规范确定外部安全防护距离	《危险化学品生产装置和储存设施外部安全防护距离确定方法》(GB/T 37243—2019)、《危险化学品生产装置和储存设施风险基准》(GB 36894—2018)	重大危险源应按照GB/T 37243—2019、GB 36984—2018等标准规范确定外部安全防护距离
1.1.4	涉及危险化学品的生产装置控制室是否布置在装置区域内、是否进行抗爆评估及设计	《危险化学品安全专项整治三年行动实施方案》	(1) 爆炸危险性化学品的生产装置控制室、交接班室不得布置在装置区内； (2) 涉及甲、乙类火灾危险性的生产装置控制室、交接班室布置在生产装置内的，应进行抗爆设计
1.1.5	是否按照国家要求进行HAZOP分析并落实整改建议	《国家安全生产监督管理总局关于加强化工过程安全管理的指导意见》(安监总管三〔2013〕88号)第(五)条(修)	企业应对涉及“两重点一重大”的生产、储存装置每3年运用HAZOP分析法进行一次安全风险辨识分析，编制HAZOP分析报告，并对分析报告中提出的建议落实整改
1.1.6	涉及危险化学品的生产装置控制室是否符合要求	《石油化工建筑物抗爆设计标准》(GB/T 50779—2022)第5.2.2条	人员通道抗爆门应符合下列要求：2)门扇应向外开启并应设置自动闭门器和抗爆观察窗，闭合状态门缝应保持密封，在爆炸荷载作用后应可以正常开启和使用。4)隔离前室内门、外门应具备不同时开启联锁功能，火灾状态下应自动解除联锁
1.2	运行操作		
1.2.1	重大危险源装置是否配备数据采集、可燃气体报警、连续记录等功能	《危险化学品重大危险源监督管理暂行规定》(国家安全生产监督管理总局令第40号)第十三条、《安全生产法》第三十六条	(1) 重大危险源配备温度、压力、液位、流量、组分等信息的不间断采集和监测系统以及可燃气体和有毒有害气体泄漏检测报警装置，具备信息远传、连续记录、事故预警、信息存储等功能；一级或者二级重大危险源，具备紧急停车功能； (2) 记录的电子数据的保存时间不少于30天； (3) 生产经营单位不得关闭、破坏直接关系生产安全的监控、报警、防护、救生设备、设施，或者篡改、隐瞒、销毁其相关数据、信息
1.2.2	多层建筑物楼板是否设置防液体泄漏至下层的措施	《石油化工企业设计防火标准(2018年版)》(GB 50160—2008)第5.7.5条	有可燃液体设备的多层建筑物的楼板应采取措施防止可燃液体泄漏至下层，且应有效收集和排放泄漏的可燃液体

续表

序号	排查项目	现行法律法规 标准规范名称及编号	现行法律法规标准规范要求内容
1.2.3	操作规程编制是否符合要求	《国家安全生产监督管理总局关于加强化工过程安全管理的指导意见》(安监总管三〔2013〕88号)第(八)条	操作规程应及时反映安全生产信息、安全要求和注意事项的变化。企业每年要对操作规程的适应性和有效性进行确认，至少每3年要对操作规程进行审核修订。当工艺技术、设备发生重大变更时，要及时审核修订操作规程。操作规程的内容至少应包括： (1) 开车、正常操作、临时操作、应急操作、正常停车、紧急停车的操作步骤与安全要求； (2) 工艺参数的正常控制范围，偏离正常工况的后果，防止和纠正偏离正常工况的方法及步骤； (3) 操作过程的人身安全保障、职业健康注意事项等
1.2.4	液态烃罐区是否设置注水措施	《石油化工液化烃球形储罐设计规范》(SH 3136—2003)第7.4条、《化工和危险化学品生产经营单位重大生产安全事故隐患判定标准(试行)》	(1) 丙烯、丙烷、混合C_4、抽余C_4及液化石油气的球形储罐应设注水设施。注水管道宜采用半固定连接方式。 (2) 全压力式液化烃储罐应按国家标准设置注水措施
1.2.5	安全阀、爆破片等安全附件是否正常投用	《化工和危险化学品生产经营单位重大生产安全事故隐患判定标准(试行)》第十五条	安全阀、爆破片等安全附件未正常投用
1.3	管道和设备系统		
1.3.1	甲$_A$、甲$_B$、乙$_A$类可燃液体或有毒(极度危害、高度危害、中度危害)的采样，是否采用密闭采样系统	《采样系统设置导则》(DEP-T-PE1520-2017)第6.1.1条	采样介质符合以下条件中的任何一条，应采用密闭采样系统： a) 采样介质的毒性属于中度危害、高度危害和极度危害； b) 采样介质的火灾危险性属于甲类可燃气体或乙$_A$类以上(包括乙$_A$类)的可燃液体； c) 采样介质暴露在空气中容易受到污染的； d) 采样介质温度低于常温，且温度会影响采样结果的； e) 采样介质含挥发性有机物或恶臭物质的
1.3.2	管道设计压力是否满足工况要求，是否考虑了可能发生超压的各种工况	《石油化工管道设计器材选用规范》(SH/T 3059—2012)第4.1.2条、《工业金属管道设计规范(2018年版)》(GB 50316—2000)第3.1.2条、《化工工艺设计手册》(第四版，第22章第5.1.5条)	(1) 装有安全泄压装置的管道，其设计压力不应小于安全泄压装置的设定压力； (2) 装有安全泄压装置或安全泄压装置可能发生隔离、堵塞的管道，其设计压力不应小于由此可能产生的最大压力； (3) 离心泵出口管道的设计压力不应小于泵的关闭压力； (4) 管道与设备直接连接成为一个压力系统时，其设计压力不应小于设备的设计压力； (5) 输送制冷剂、液化烃等低沸点介质的管道，

续表

序号	排查项目	现行法律法规标准规范名称及编号	现行法律法规标准规范要求内容
			其设计压力不应小于阀门关闭时或介质不流动时在最高环境温度下气化所能达到的最高压力； （6）真空管道应按外压设计，当装有安全控制装置（真空泄放阀）时，设计压力应取1.25倍最大内外压差或0.1MPa两者中的低值；无安全控制装置时，设计压力应取0.1MPa（外压）； （7）往复泵出口管道的设计压力应等于或大于泵出口安全阀开启压力； （8）压缩机排出管道的设计压力应等于或大于安全阀开启压力加压缩机出口至安全阀沿程最大流量下的压力降
1.3.3	在使用或产生甲类气体或甲、乙$_A$类液体的工艺装置、系统单元和储运设施区内，是否设置了可燃气体报警系统	《石油化工企业设计防火标准（2018年版）》（GB 50160—2008）第5.1.3条	在使用或生产甲类气体或甲、乙$_A$类液体的工艺装置，系统单元和储运设施区内，应按区域控制和重点控制相结合的原则，设置可燃气体报警系统（本项应与仪表、安全专业共同完成）
1.3.4	地沟盖板等是否采取削减可燃气体聚积措施	《石油化工企业设计防火标准（2018年版）》（GB 50160—2008）第9.1.5条	距散发比空气重的可燃气体设备30m以内的管沟应采取防止可燃气体串入和积聚的措施
1.3.5	有安全流速要求或防止静电积聚要求的管道，介质的流速是否符合要求	《石油化工工艺装置管径选择导则》（SH/T 3035—2018）第6.1.9条	输送下列流体管道的管径应满足管道的允许压力降要求，并应符合下列规定： b）输送腐蚀性介质的管道，介质流速不宜超过最大流速，部分腐蚀性介质的最大流速见表6.1.9-1（略）。 c）输送低于大气压的蒸汽管道，宜按最大流速计算管径，最大流速见表6.1.9-2（略）。 d）输送悬浮固体颗粒的液体管道应按常用流速计算管径，常用流速宜符合以下要求：$0.9m/s<\nu\leq 2.5m/s$。 e）为防止静电引起火灾或爆炸，介质流速应符合SH/T 3108—2017的要求。 i）输送管道有防止水击破坏要求时，宜按SH/T 3108的规定执行
1.3.6	可燃气体、液化烃、可燃液体、可燃固体在哪些部位设静电接地设施	《石油化工企业设计防火标准（2018年版）》（GB 50160—2008）第9.3.3条	可燃气体、液化烃、可燃液体、可燃固体在下列部位应设静电接地设施：（1）进出装置或设施处；（2）爆炸危险场所的边界；（3）管道泵及泵入口永久过滤器、缓冲器等
1.3.7	氢气管道流速是否符合标准要求	《氢气站设计规范》（GB 50177—2005）第12.0.1条	碳素钢管中氢气最大流速，应符合表12.0.1（略）的规定，即，当设计压力>3MPa时，最大流速为10m/s；当设计压力为0.1~3.0MPa时，最大流速为15m/s；当设计压力<0.1MPa时，最大流速按允许压力降确定

续表

序号	排查项目	现行法律法规标准规范名称及编号	现行法律法规标准规范要求内容
1.3.8	若容积式泵未带安全阀，出口管道上是否设置了安全阀	《炼油装置工艺管道流程设计规范》（SH/T 3122—2013）第11.11条	容积式泵出口管道上应设置安全阀，若安全阀随泵带，可不另设
1.3.9	甲、乙$_A$类设备和管道是否设置了惰性气体置换设施	《石油化工企业设计防火标准（2018年版）》（GB 50160—2008）第7.2.9条	甲、乙$_A$类设备和管道停工时应用惰性气体置换，以防检修动火时发生火灾爆炸事故
1.3.10	仅在设备停用时使用的公用工程管道与可燃气体、液化烃和可燃液体的管道或设备连接时，公用工程管道是否设置盲板或断开	《石油化工企业设计防火标准（2018年版）》（GB 50160—2008）第7.2.7条	公用工程管道与可燃气体、液化烃和可燃液体的管道或设备连接时，应符合下列规定： （1）连续使用的公用工程管道上应设止回阀，并在其根部设切断阀； （2）间歇使用的公用工程管道上应设止回阀和一道切断阀或设两道切断阀，并在两切断阀间设检查阀； （3）仅在设备停用时使用的公用工程管道设盲板或断开
1.3.11	连续操作的可燃气体管道的低点是否设两道排液阀	《石油化工企业设计防火标准（2018年版）》（GB 50160—2008）第7.2.8条	连续操作的可燃气体管道的低点应设两道排液阀，排出的液体应排至密闭系统
1.3.12	连续操作的可燃气体管道排出的液体是否排至密闭系统	《石油化工企业设计防火标准（2018年版）》（GB 50160—2008）第7.2.8条	连续操作的可燃气体管道的低点应设两道排液阀，排出的液体应排至密闭系统
1.3.13	正压操作的可燃气体压缩机的吸入管道是否有防止产生负压的措施	《石油化工企业设计防火标准（2018年版）》（GB 50160—2008）第7.2.10条	可燃气体压缩机的吸入管道应有防止产生负压的措施
1.3.14	当可燃液体容器内可能存在空气时，其入口管道是否从容器下部接入？若必须从上部接入，是否延伸至距容器底小于等于200mm处	《石油化工企业设计防火标准（2018年版）》（GB 50160—2008）第7.2.14条	当可燃液体容器内可能存在空气时，其入口管应从容器下部接入；若必须从上部接入，宜延伸至距容器底200mm处
1.3.15	强腐蚀性液体的排液阀门，是否设双阀	《石油化工企业职业安全卫生设计规范》（SH/T 3047—2021）第7.1.5.6条	强腐蚀性液体的排液阀门宜设双阀
1.3.16	当有爆炸性混合物存在的可能且无其他防止火焰传播的设施时，与燃烧器连接的可燃气体输送管道是否设置了阻火器	《石油化工石油气管道阻火器选用、检验及验收标准》（SH/T 3413—2019）第5.0.1条	当有爆炸性混合物存在的可能且无其他防止火焰传播的设施时，下列管道和系统应设置阻火器： a）与燃烧器连接的可燃气体输送管道； b）具有爆炸性气体储罐或容器气相空间的开放式通气管； c）甲$_B$、乙类液体储罐之间气相连通管道的分支管道，储罐顶部油气排放管道的集合管； d）装卸设施的油气排放（或回收）总管及分支管道

续表

序号	排查项目	现行法律法规 标准规范名称及编号	现行法律法规标准规范要求内容
1.3.17	当有爆炸性混合物存在的可能且无其他防止火焰传播的设施时，具有爆炸性气体储罐或容器气相空间的开放式通气管上是否设置了阻火器	《石油化工石油气管道阻火器选用、检验及验收标准》（SH/T 3413—2019）第5.0.1条	当有爆炸性混合物存在的可能且无其他防止火焰传播的设施时，下列管道和系统应设置阻火器： a）与燃烧器连接的可燃气体输送管道； b）具有爆炸性气体储罐或容器气相空间的开放式通气管； c）甲$_B$、乙类液体储罐之间气相连通管道的分支管道，储罐顶部油气排放管道的集合管； d）装卸设施的油气排放（或回收）总管及分支管道
1.3.18	当高温设备容积 > 8m^{3}时，高温油泵入口设备抽出管线根部是否设置了切断阀	《炼化企业高危泵配置及运行管理指导意见》（中国石化集团公司）	高危泵入口罐抽出管线根部要设置切断阀，切断阀位置与泵的距离应≥6m。当抽出设备容积>40m^{3}且与泵间距小于15m时，该切断阀应为带手动操作功能的遥控阀，遥控阀就地操作按钮与泵的间距不应小于15m，并在DCS配备切断阀门功能，便于紧急状况下可以迅速切断物料。本检查仅检查是否设置了切断阀
1.3.19	是否在液化烃及操作温度等于或高于自燃点的可燃液体设备至泵的入口管道上，靠近设备根部设置了切断阀	《石油化工企业设计防火标准（2018年版）》（GB 50160—2008）第7.2.15条	液化烃及操作温度等于或高于自燃点的可燃液体设备至泵的入口管道应在靠近设备根部设置切断阀，当设备容积超过40m^{3}且与泵的间距小于15m时，该切断阀应为带手动功能的遥控阀，遥控阀就地操作按钮与泵的间距不应小于15m。本检查仅检查是否设置了切断阀
1.3.20	燃料气总管道上设置的分液罐，罐底凝液是否排至密闭系统？罐顶是否设置了安全阀	《炼油装置管式加热炉联锁保护系统设置指导意见》（中国石化集团公司）第2.3条	燃料气总管道上应设置分液罐，并在罐底设置蒸汽外加热盘管。罐底凝液应排至密闭系统，罐顶设置安全阀
1.3.21	燃料气分液罐与炉间距不小于6m	《石油化工企业设计防火标准（2018年版）》（GB 50160—2008）第5.2.4条	明火加热炉附属的燃料气分液罐、燃料气加热器等与炉体的防火间距不应小于6m
1.3.22	燃料气的压控阀是否设置在燃料气进分液罐的管道上	《炼油装置管式加热炉联锁保护系统设置指导意见》（中国石化集团公司）第2.4条	燃料气的压控阀应设置在燃料气进分液罐的管道上
1.3.23	甲醇注入线保冷范围是否大于材质升级范围	工程经验	甲醇注入线保冷范围应大于材质升级范围，否则存在阀门漏冷时无法散热造成局部低温风险
1.3.24	过冷蒸汽凝液与饱和凝液是否同走一根管线	工程经验	过冷蒸汽凝液与饱和凝液不能同走一根管线，否则可能引起水锤问题
1.3.25	换热器低压侧为蒸汽且其安全阀直排大气，安全阀定压是否大于等于高压侧操作压力	工程经验	如果蒸汽侧安全阀的定压小于工艺侧的操作压力，发生换热管破裂时，会发生将工艺介质排向大气的情况，发生安全风险

续表

序号	排查项目	现行法律法规 标准规范名称及编号	现行法律法规标准规范要求内容
1.3.26	顺序流程中的脱乙烷塔再沸器如果采用蒸汽热源，需保证蒸汽侧的设计压力不低于工艺侧的操作压力	工程经验	如果蒸汽侧安全阀的定压小于工艺侧的操作压力，发生换热管破裂时，会发生将工艺介质排向大气的情况，发生安全风险
1.3.27	管沟是否有防止液化烃积聚措施	《石油化工金属管道布置设计规范》(SH 3012—2011)第6.1.1条	当采用管沟敷设排放液化烃时，应采取防止液化烃在管沟内积聚的措施，如填埋沙子等(可向业主人员了解一下现场情况)
1.3.28	干燥器泄压管线憋压	专利商要求和工程经验	干燥器泄压至压缩机段间，应从最后一道阀门后降低磅级
1.3.29	盲板、丝堵、管帽缺失	国家安全监管总局《关于加强化工企业泄漏管理的指导意见》(安监总管三〔2014〕94号)	在设备和管线的排放口、采样口等排放阀设计时，要通过加装盲板、丝堵、管帽、双阀等措施，减少泄漏的可能性，对存在剧毒及高毒类物质的工艺环节要采用密闭取样系统设计，有毒、可燃气体的安全泄压排放要采取密闭措施设计
1.3.30	分液罐是否设集液包	《石油化工可燃性气体排放系统设计规范》(SH 3009—2013)第8.1.13条	卧式分液罐应设置分液包
1.3.31	泵的布置是否合理	《石油化工企业设计防火标准(2018年版)》(GB 50160—2008)第5.3.2条	液化烃泵、操作温度等于或高于自燃点的可燃液体的泵不宜布置在管架下方
1.4	排放及火炬		
1.4.1	甲、乙、丙类的设备是否有事故紧急排放设施并符合相应规定	《石油化工企业设计防火标准(2018年版)》(GB 50160—2008)第5.5.7条	甲、乙、丙类的设备应有事故紧急排放设施，并应符合下列规定： (1)对液化烃或可燃液体设备，应能将设备内的液化烃或可燃液体排放至安全地点，剩余的液化烃应排入火炬； (2)对可燃气体设备，应能将设备内的可燃气体排入火炬或安全放空系统
1.4.2	反应器泄压和吹扫	专利商要求和工程经验	碳二加氢反应器和甲烷化反应器是否设置了可靠的火炬排放和吹扫降温手段
1.4.3	是否将混合后可能发生化学反应并形成爆炸性混合气体的几种气体分开排放	《石油化工企业设计防火标准(2018年版)》(GB 50160—2008)第5.5.14条	严禁将混合后可能发生化学反应并形成爆炸性混合气体的几种气体混合排放
1.4.4	极度危害介质管道的放空或放净是否设置双阀并排入密闭回收系统	《石油化工金属管道布置设计规范》(SH 3012—2011)第8.1.7条、《炼油装置工艺设计规范》(SH/T 3121—2000)第7.2.1.2条	极度危害介质管道的放空或放净应设置双阀，并应排入密闭回收系统。 对于放空的气体或液体(包括安全阀排放)均应采取必要安全措施，不得任意排放

序号	排查项目	现行法律法规 标准规范名称及编号	现行法律法规标准规范要求内容
1.4.5	高度危害介质管道的放空或放净是否设置双阀？当设置单阀时，是否加盲板或法兰盖	《石油化工金属管道布置设计规范》(SH 3012—2011)第8.1.9条	高度危害介质管道的放空或放净宜设置双阀，当设置单阀时，应加盲板或法兰盖
1.4.6	高压介质管道的放空或放净是否设置双阀？当设置单阀时，是否加盲板或法兰盖	《石油化工金属管道布置设计规范》(SH 3012—2011)第8.1.10条	高压介质管道的放空或放净宜设置双阀，当设置单阀时，应加盲板或法兰盖
1.4.7	在非正常条件下，可能超压的设备是否按规定设安全阀	《石油化工企业设计防火标准(2018年版)》(GB 50160—2008)第5.5.1条	在非正常条件下，可能超压的下列设备应设安全阀： (1) 顶部最高操作压力大于等于0.1MPa的压力容器； (2) 顶部最高操作压力大于0.03MPa的蒸馏塔、蒸发塔和汽提塔(汽提塔顶蒸汽通入另一蒸馏塔者除外)； (3) 往复式压缩机各段出口或电动往复泵、齿轮泵、螺杆泵等容积式泵的出口(设备本身已有安全阀者除外)； (4) 凡与鼓风机、离心式压缩机、离心泵或蒸汽往复泵出口连接的设备不能承受其最高压力时，鼓风机、离心式压缩机、离心泵或蒸汽往复泵的出口； (5) 可燃气体或液体受热膨胀，可能超过设计压力的设备； (6) 顶部最高操作压力为0.03~0.1MPa的设备应根据工艺要求设置
1.4.8	安全阀定压的设置是否符合要求	《石油化工企业设计防火标准(2018年版)》(GB 50160—2008)第5.5.2条	单个安全阀的开启压力(定压)，不应大于设备的设计压力。当一台设备安装多个安全阀时，其中一个安全阀的开启压力(定压)不应大于设备的设计压力；其他安全阀的开启压力可以提高，但不应大于设备设计压力的1.05倍
1.4.9	液相体系安全阀的定压，是否考虑了液体静压的影响	专利商要求和工程经验	若安全阀入口为液相物料，又有一定位差的，其定压应考虑静压的影响，适当降低
1.4.10	有突然超压或发生瞬时分解爆炸危险物料的反应设备，如设安全阀不能满足要求时，是否装爆破片或爆破片和导爆管？导爆管口是否朝向无火源的安全方向？是否可防止二次爆炸、火灾的发生	《石油化工企业设计防火标准(2018年版)》(GB 50160—2008)第5.5.12条	有突然超压或发生瞬时分解爆炸危险物料的反应设备，如设安全阀不能满足要求时，应装爆破片或爆破片和导爆管，导爆管口必须朝向无火源的安全方向；必要时应采取防止二次爆炸、火灾的措施

续表

序号	排查项目	现行法律法规 标准规范名称及编号	现行法律法规标准规范要求内容
1.4.11	泄压系统和安全阀的排放管线是否已考虑排放过程发生的冷却效应	《石油化工企业设计防火标准(2018年版)》(GB 50160—2008)第5.5.18条	携带可燃液体的低温可燃气体排放系统应设置汽化器，低温火炬管道选材应考虑事故排放时可能出现的最低温度
1.4.12	液化烃排放管线材质是否考虑了低温的影响	专利商要求和工程经验	烃类排放时可能会造成管线发生低温等现象，需要核实材质是否满足要求
1.4.13	含C_3的液相系统的排放	专利商要求和工程经验	高、低压脱丙烷塔，液相干燥器等含C_3组分排放应考虑节流低温，排放至低温排放系统
1.4.14	可燃气体放空管道在接入火炬前，是否设有分液和阻火设备？设装置火炬时，是否有防止下火雨的措施	《石油化工企业设计防火标准(2018年版)》(GB 50160—2008)第5.5.16条	可燃气体放空管道在接入火炬前，应设置分液和阻火等设备
1.4.15	受工艺条件或介质特性所限，无法排入火炬或装置处理系统的可燃气体，当通过排气筒、放空管直接向大气排放时，排气筒、放空管的高度是否符合规范的规定	《石油化工企业设计防火标准(2018年版)》(GB 50160—2008)第5.5.11条	受工艺条件或介质特性所限，无法排入火炬或装置处理排放系统的可燃气体，当通过排气筒、放空管直接向大气排放时，排气筒、放空管的高度应符合下列规定： (1) 连续排放的排气筒顶或放空管口应高出20m范围的平台或建筑物顶3.5m以上，位于排放口水平20m以外斜上45°的范围内不宜布置平台或建筑物； (2) 间歇排放的排气筒顶或放空管口应高出10m范围内的平台或建筑物顶3.5m以上，位于排放口水平10m以外斜上45°的范围内不宜布置平台或建筑物； (3) 安全阀排放口不得朝向邻近设备或有人通过的地方，排放管口应高出8m范围内的平台或建筑物顶3m以上
1.4.16	可燃气体的放空管道内的凝液是否密闭回收	《石油化工企业设计防火标准(2018年版)》(GB 50160—2008)第5.5.17条	可燃气体放空管道内的凝结液应密闭回收，不得随地排放
1.4.17	安全阀存在被物料堵塞或腐蚀的可能时，是否有相应措施	《石油化工企业设计防火标准(2018年版)》(GB 50160—2008)第5.5.5条	有可能被物料堵塞或腐蚀的安全阀，在安全阀前应设爆破片或在其出入口管道上采取吹扫、加热或保温等防堵措施
1.4.18	安全阀的流程设置是否符合检验周期的要求	《固定式压力容器安全技术监察规程》(TSG 21—2016)第7.2.3.1.3条	安全阀一般每年至少检验一次。符合本规程第7.2.3.1.3.2条、第7.2.3.1.3.3条校验周期延长的特殊要求，经过使用单位安全管理负责人批准可以按照其要求适当延长校验周期
1.4.19	在用安全阀进出口切断阀是否锁开或铅封开？备用安全阀进口切断阀是否锁关或铅封关	《石油化工装置安全泄压设施工艺设计规范》(SH/T 3210—2020)第4.7条	在用安全阀进出口切断阀均应锁开或铅封开；备用安全阀进口切断阀应锁关或铅封关，出口切断阀宜锁开或铅封开

续表

序号	排查项目	现行法律法规 标准规范名称及编号	现行法律法规标准规范要求内容
1.4.20	安全阀安装	《石油化工金属管道布置设计规范》(SH 3012—2011)	第10.2.10条：当安全阀进出口管道设有切断阀时，应铅封开或锁开；当切断阀为闸阀时，阀杆应水平安装。当安全阀设有旁路时，该阀应铅封关或锁关。 第10.2.8条：公称直径等于或大于50mm的安全阀出口管道排入密闭系统时，应顺介质流向45°斜接在排放总管的顶部。 第10.2.7条：当排入放空总管或去火炬总管的介质带有凝液或可冷凝气体时，安全阀的出口应高于总管。 《石油化工装置工艺设计规范》(SH/T 3121—2022)第7.1.4条安全阀的选用及连接应符合下列要求： 3. 安全阀进口或出口的接管直径不得小于安全阀进口或出口的直径
1.4.21	可燃气体、可燃液体设备的安全阀出口连接要求	《石油化工企业设计防火标准(2018年版)》(GB 50160—2008)第5.5.4条	(1) 可燃液体设备的安全阀出口泄放管应接入储罐或其他容器，泵的安全阀出口泄放管宜接至泵的入口管道、塔或其他容器； (2) 可燃气体设备的安全阀出口泄放管应接至火炬系统或其他安全泄放设施； (3) 泄放后可能立即燃烧的可燃气体或可燃液体应经冷却后接至放空设施； (4) 泄放可能携带液滴的可燃气体应经分液罐后接至火炬系统
1.4.22	安全阀和爆破片串联使用时，爆破片和安全阀之间是否设有检测爆破片破裂或泄漏的措施	《石油化工装置安全泄压设施工艺设计规范》(SH/T 3210—2020)第5.2.2条	安全阀和爆破片串联使用时应符合下列要求： a) 爆破片和安全阀之间应有检测爆破片破裂或泄漏的措施。 b) 爆破片串联在安全阀进口侧时： ① 爆破片的最大标定爆破压力不宜大于安全阀的定压； ② 爆破片的公称直径不应小于安全阀的进口法兰公称直径。 c) 爆破片破裂后不应影响安全阀的正常动作。 d) 爆破片串联在安全阀出口侧时，应保证安全阀能在设定压力下开启
1.4.23	当安全阀阀座与阀瓣密封面可能被介质粘连或介质可能生成结晶体的场合，是否在安全阀入口侧串联了爆破片安全装置或采用其他防粘连或堵塞的措施	《压力容器 第1部分：通用要求》(GB/T 150.1—2011)第B.4.3条	安全阀不宜单独用于阀座与阀瓣密封面可能被介质粘连或介质可能生成结晶体的场合，但可以将爆破片安全装置串联在安全阀入口侧组合使用

续表

序号	排查项目	现行法律法规标准规范名称及编号	现行法律法规标准规范要求内容
1.5	防串压		
1.5.1	进出界区处的危险物料管道在装置边界处是否设有切断阀和盲板	《石油化工企业设计防火标准(2018年版)》(GB 50160—2008)第7.2.16条	长度等于或大于8m的平台应从两个方向设梯子，以迅速关闭阀门。根据安全需要，除工艺管道在装置的边界处应设隔断阀和8字盲板外，公用工程管道也应在装置边界处设隔断阀
1.5.2	排放火炬线出装置界区阀未铅封开	《石油化工可燃性气体排放系统设计规范》(SH 3009—2013)第4.6条	装置内应有自行吹扫可燃性气体和排放的措施；可燃性气体排出装置前应设切断阀并铅封开
1.5.3	离心泵、旋涡泵出口管道上是否设置了止回阀？出口与入口压差大于4.0MPa的离心泵，是否在泵出口管道上设置双切断阀和不同形式的双止回阀	《炼油装置工艺管道流程设计规范》(SH/T 3122—2013)第11.7条	离心泵、旋涡泵出口管道上应设置止回阀。 对出口与入口压差大于4.0MPa的离心泵，宜在泵出口管道上设置双切断阀和不同形式的双止回阀
1.5.4	出口与入口压差大于4.0MPa的离心泵入口管道是否设置防串压措施	《炼油装置工艺管道流程设计规范》(SH/T 3122—2013)第11.8条	对出口与入口压差大于4.0MPa的离心泵，入口切断阀至泵入口管嘴之间的管道等级宜与泵出口管道等级相同；当泵入口切断阀至泵入口管嘴之间的管道等级低于泵出口管道等级时，应在泵入口切断阀至泵入口管嘴之间的管道上设置安全阀
1.5.5	离心式压缩机出口管道上是否设置止回阀	《炼油装置工艺管道流程设计规范》(SH/T 3122—2013)第12.4条	离心式压缩机出口管道上应设置止回阀，止回阀应设在切断阀上游
1.5.6	操作压力(绝)大于或等于4.0MPa的离心式氢气压缩机的出口管道上是否设置双止回阀或止回阀加火灾安全型紧急切断阀	《炼油装置工艺管道流程设计规范》(SH/T 3122—2013)第12.6条	操作压力(绝)大于或等于4.0MPa的离心式氢气压缩机的出口管道上宜设置双止回阀或止回阀加火灾安全型紧急切断阀
1.5.7	连续使用的公用工程管道与可燃气体、液化烃和可燃液体的管道或设备连接时公用工程管道上是否设置止回阀，并在其根部设切断阀	《石油化工企业设计防火标准(2018年版)》(GB 50160—2008)第7.2.7条	公用工程管道与可燃气体、液化烃和可燃液体的管道或设备连接时，应符合下列规定： (1)连续使用的公用工程管道上应设止回阀，并在其根部设切断阀； (2)间歇使用的公用工程管道上应设止回阀和一道切断阀或设两道切断阀，并在两切断阀间设检查阀； (3)仅在设备停用时使用的公用工程管道应设盲板或断开

续表

序号	排查项目	现行法律法规 标准规范名称及编号	现行法律法规标准规范要求内容
1.5.8	间歇使用的公用工程管道与可燃气体、液化烃和可燃液体的管道或设备连接时，公用工程管道上是否设置止回阀和一道切断阀或设两道切断阀，并在两切断阀间设检查阀	《石油化工企业设计防火标准(2018年版)》(GB 50160—2008)第7.2.7条	公用工程管道与可燃气体、液化烃和可燃液体的管道或设备连接时，应符合下列规定： (1)连续使用的公用工程管道上应设止回阀，并在其根部设切断阀； (2)间歇使用的公用工程管道上应设止回阀和一道切断阀或设两道切断阀，并在两切断阀间设检查阀； (3)仅在设备停用时使用的公用工程管道应设盲板或断开
1.5.9	裂解气压缩机吸入罐安全阀是否考虑了串压工况	参考专利商要求及石化装置串压风险	压缩机防喘振线通过调节阀降压返回入口，调节阀故障全开，导致入口超压
1.5.10	离心式可燃气体压缩机和可燃液体泵应在其出口管道上安装止回阀	《石油化工企业设计防火标准(2018年版)》[GB 50160—2008]第7.2.11条	离心式可燃气体压缩机和可燃液体泵应在其出口管道上安装止回阀
1.5.11	可燃气体放空管道在接入火炬前，是否设置分液和阻火等设备	《石油化工企业设计防火标准(2018年版)》(GB 50160—2008)第5.5.16条	可燃气体放空管道在接入火炬前，应设置分液和阻火等设备
1.6	联锁方案		
1.6.1	当高温设备容积>40m³且与泵的间距小于15m，高温泵入口设备抽出管线根部是否设置带手动操作功能的遥控紧急切断阀	《炼化企业高危泵配置及运行管理指导意见》第2.2.3条	高危泵入口罐抽出管线根部要设置切断阀，切断阀位置与泵的距离应≥6m。当抽出设备容积>40m³且与泵间距小于15m时，该切断阀应为带手动操作功能的遥控阀，遥控阀就地操作按钮与泵的间距不应小于15m，并在DCS配备切断阀门功能，便于紧急状况下可以迅速切断物料。本检查仅检查是否设置带手动操作功能的遥控紧急切断阀
1.6.2	当液化烃及操作温度等于或高于自燃点的可燃液体设备容积超过40m³且与泵的间距小于15m时，是否在该设备至泵的入口管道上设置了带手动功能的遥控切断阀	《石油化工企业设计防火标准(2018年版)》(GB 50160—2008)第7.2.15条	液化烃及操作温度等于或高于自燃点的可燃液体设备至泵的入口管道应在靠近设备根部设置切断阀，当设备容积超过40m³且与泵的间距小于15m时，该切断阀应为带手动功能的遥控阀，遥控阀就地操作按钮与泵的间距不应小于15m。本检查仅检查是否设置带手动操作功能的遥控紧急切断阀
1.6.3	压缩机非正常停工时，是否有防止出口高压气体反串回裂解气压缩机吸入罐，导致其超压，压缩机反转，损坏干气密封的措施	工程经验	设置防喘振回路；规定合适的防喘振阀门开启时间；吸入罐的安全阀保护能力；止回阀的设置等
1.6.4	是否设有干燥器操作与再生工况的防串压措施	专利商要求	干燥器操作时高压再生时低压，需要防止高压工艺介质串压至低压再生气系统
1.6.5	裂解气干燥器工艺物料进出口阀门与再生气进出口阀门是否设置了安全联锁	专利商要求和工程经验	如果是自动阀门应设置安全联锁，防止工艺系统高压的操作物流串入低压的再生系统

续表

序号	排查项目	现行法律法规标准规范名称及编号	现行法律法规标准规范要求内容
1.6.6	液相干燥器工艺物料进出口阀门与再生气进出阀门是否设置了安全联锁	专利商要求和工程经验	如果是自动阀门应设置安全联锁，防止工艺系统高压的操作物流串入低压的再生系统
1.6.7	裂解气第二干燥器工艺物料进出口阀门与再生气进出阀门是否设置了安全联锁	专利商要求和工程经验	如果是自动阀门应设置安全联锁，防止工艺系统高压的操作物流串入低压的再生系统
1.6.8	氢气干燥器工艺物料进出口阀门与再生气进出阀门是否设置了安全联锁	专利商要求和工程经验	如果是自动阀门应设置安全联锁，防止工艺系统高压的操作物流串入低压的再生系统
1.6.9	丙烯干燥器(如有)是否设置了安全联锁	专利商要求	丙烯干燥器(如有)需设置安全联锁，以防再生、充压、泄压、进料等阀门同时打开
1.6.10	当工艺参数超出正常范围可能产生较高风险时，是否设相应的自动控制、报警、安全联锁等保护设施？如反应器发生飞温，是否设置了相应的安全联锁等措施	《石油化工企业职业安全卫生设计规范》(SH/T 3047—2021)第7.1.1.4条	当工艺参数超出正常范围可能产生较高风险时，工艺系统应设置相应的自动控制、报警、安全联锁等保护措施
1.6.11	碳二后加氢反应器设有2个联锁：(1)反应期间，碳二加氢床层温度和出口温度高高温联锁；(2)再生期间，碳二加氢床层温度和出口温度高高高联锁	专利商要求和工程经验	(1)反应的联锁动作，要求切断进料阀、氢气进料阀、出料阀；打开紧急泄放阀； (2)再生的联锁动作，要求切断再生用装置空气进料阀
1.6.12	碳二前加氢反应器设有2级联锁：(1)SD-1，碳二加氢反应器床层或出口高温联锁；(2)SD-2，碳二加氢床层温度或出口高高温联锁	专利商要求和工程经验	(1)SD-1的联锁动作为调节每个反应器入口的两个/三个温控阀开关； (2)SD-2的联锁动作要求切断反应器进/出料阀、打开紧急放空阀、打开旁路阀、丙烯降温和氮气置换、切断高压脱丙烷塔回流罐气/液送下游阀
1.6.13	碳三加氢反应器是否设置了低低流量联锁	专利商要求	碳三加氢反应器应设置低低流量联锁，以保护反应器系统
1.6.14	碳三加氢反应器再生系统的电加热器(如有)是否设置了温度高高的联锁保护	专利商要求	碳三加氢反应器再生系统的电加热器(如有)应设置温度高高联锁，以保护相关设备和管线
1.6.15	因物料爆聚、分解造成超温、超压，可能引起火灾、爆炸的反应设备，是否设报警信号和泄压排放设施？是否设置自动或手动遥控的紧急切断进料设施	《石油化工企业设计防火标准(2018年版)》(GB 50160—2008)第5.5.13条	因物料爆聚、分解造成超温、超压，可能引起火灾、爆炸的反应设备，应设报警信号和泄压排放设施，应设置自动或手动遥控的紧急切断进料设施

续表

序号	排查项目	现行法律法规标准规范名称及编号	现行法律法规标准规范要求内容
1.6.16	物料由低温材质管道或设备流向较高温度或常温材质管道或设备，是否考虑了低温联锁保护	专利商要求和工程经验	开/停车或操作波动时，低温烃类可能会流入非低温材质管线，需要设置低低温联锁切断措施加以保护
1.6.17	联锁SIL等级偏低，仅用调节阀兼作联锁切断阀	专利商要求和工程经验	应该至少有一道专用的联锁切断阀
1.6.18	联锁SIL等级偏低，联锁引发信号仅一取一	专利商要求和工程经验	为防止假信号，联锁信号设置至少3取2
1.6.19	急冷系统是否设置防真空联锁保护	专利商要求和工程经验	急冷水塔系统应设置压控防负压措施，至少设置一道低低压联锁(建议压力3取2)补压阀，以防止出现真空。正常操作时，低压用燃料气补压，开车期间可采用氮气作补压气
1.6.20	是否设置压缩机(裂解气压缩机、丙烯制冷压缩机、乙烯或热泵制冷压缩机、甲烷制冷机、二元制冷压缩机和三元制冷压缩机等)吸入罐高高液位联锁，防止入口气相带液，损坏压缩机	专利商要求和工程经验	压缩机各段吸入罐都应该设置3取2高高液位联锁停车，以保护压缩机
1.6.21	是否设置压缩机(裂解气压缩机、丙烯制冷压缩机、乙烯或热泵制冷压缩机、甲烷制冷机、二元制冷压缩机和三元制冷压缩机等)出口高高温、高高压联锁，防止超温超压	专利商要求和工程经验	压缩机排出管线应设置3取2高高温、高高压联锁停车，以保护压缩机系统
1.6.22	压缩机进/出口(裂解气压缩机、丙烯制冷压缩机、乙烯或热泵制冷压缩机、甲烷制冷机、二元制冷压缩机和三元制冷压缩机等)是否设置联锁切断阀，紧急情况时，可以现场、15m之外或控制室内手控停车	专利商要求和工程经验	压缩机进/出口应设置联锁切断阀，紧急情况时，可以现场、15m之外或控制室DCS操作台上手控停车
1.6.23	是否设置了膨胀机入口吸入罐高高液位、再压缩机入口低低温联锁	专利商要求和工程经验	应设置尾气膨胀机入口吸入罐高高液位、再压缩机入口低低温联锁，以保护膨胀/再压缩机

续表

序号	排查项目	现行法律法规 标准规范名称及编号	现行法律法规标准规范要求内容
1.6.24	压缩机(裂解气压缩机、丙烯制冷压缩机、乙烯或热泵制冷压缩机、甲烷制冷机、二元制冷压缩机和三元制冷压缩机等)厂商是否设置了机械联锁保护措施	专利商要求和工程经验	压缩机应设置润滑油压力低低、轴振动和轴位移等联锁停机保护措施
1.6.25	干火炬过热器蒸汽凝液罐是否设置了高高液位联锁	专利商要求	干火炬过热器蒸汽凝液罐需要设置高高液位联锁，快速排放凝液
1.6.26	湿火炬罐是否设置了液位联锁	专利商要求	需要根据专利商要求设置相关液位联锁，控制湿火炬罐的液位

第2章　安全仪表系统(LOPA)评估

乙烯装置属于国家重点监管危险工艺中的裂解(裂化)工艺，根据《国家安全监管总局关于公布首批重点监管的危险化工工艺目录的通知》(安监总管三〔2009〕116号)要求应采用以下安全控制：裂解炉进料压力、流量控制报警与联锁；紧急裂解炉温度报警和联锁；紧急冷却系统；紧急切断系统；反应压力与压缩机转速及入口放火炬控制；再生压力的分程控制；滑阀差压与料位；温度的超驰控制；再生温度与外取热器负荷控制；外取热器汽包和锅炉汽包液位的三冲量控制；锅炉的熄火保护；机组相关控制；可燃与有毒气体检测报警装置等。

根据《国家安全监管总局关于加强化工安全仪表系统管理的指导意见》(安监总管三〔2014〕116号)，乙烯装置属于"两重点一重大"装置，应在全面开展过程危险分析(如危险与可操作性分析)基础上，通过风险分析确定安全仪表功能及其风险降低要求，并尽快评估现有安全仪表功能是否满足风险降低要求。

本章分别从安全仪表系统SIL定级方法、SIL定级分析、SIL验证方法、SIF回路结构等方面介绍乙烯装置安全仪表系统设计及实施的相关内容。

2.1　SIL定级方法

SIL定级方法主要有后果法、风险矩阵法、风险图法和保护层分析法。以下分别对各方法进行简要介绍。

(1) 后果法

后果法是将风险按后果等级的不同严重程度分为若干等级，每一个等级对应一个水平的SIL。该方法由于不用考虑风险发生的频率，所以使用起来非常简单，在确定了危险场景的后果严重性后即可得到SIF所需的SIL等级。风险后果的分级可以根据定性的描述，也可以根据量化的指标。后果法适用于历史数据比较少，不易估计风险发生频率的情况。表2-2-1是以人员伤亡严重程度为例制定的后果法决策表，也可以依据该方法制定针对财产、环境、社会影响等方面的后果法决策表。

表2-2-1　后果法决策表

SIL等级	后果等级	SIL等级	后果等级
3	企业内人员多人死亡，企业外人员死亡	1	企业内人员严重受伤
2	企业内人员1~3人死亡，企业外人员严重受伤	N/A	企业内人员轻微受伤

(2) 风险矩阵法

风险矩阵法须根据定性或量化的指标创建一个矩阵，采用风险的后果和可能性制定矩阵。例如后果等级从"较轻""严重"或者"特别严重"中选择，可能性从"低""中等""高中选择"。

后果和可能性分别构成矩阵二维坐标(行 x、列 y)中的一个，同时为每一个矩阵坐标制定对应的 SIL 等级。确定了危险场景下对应选择的后果和可能性等级，即可得到 SIF 回路须达到的 SIL 等级。

表 2-2-2、表 2-2-3 及图 2-2-1 是以财产损失程度为例制定的风险矩阵。首先根据表 2-2-2、表 2-2-3 确定危险场景的后果严重度等级和发生可能性等级，如后果严重度等级为严重，发生可能性等级为中时，参考图 2-2-1，则该危险场景对应的 SIF 回路的 SIL 需求为 SIL2。

表 2-2-2　后果严重度等级

严重度等级	描　述	严重度等级	描　述
特别严重	事故直接经济损失 1000 万元以上	较重	直接经济损失 50 万元及以上，200 万元以下
严重	直接经济损失 200 万元以上，1000 万元以下		

表 2-2-3　发生可能性等级

可能性等级	描　述	可能性等级	描　述
高	公司内发生过	低	行业内未发生
中	行业内发生过		

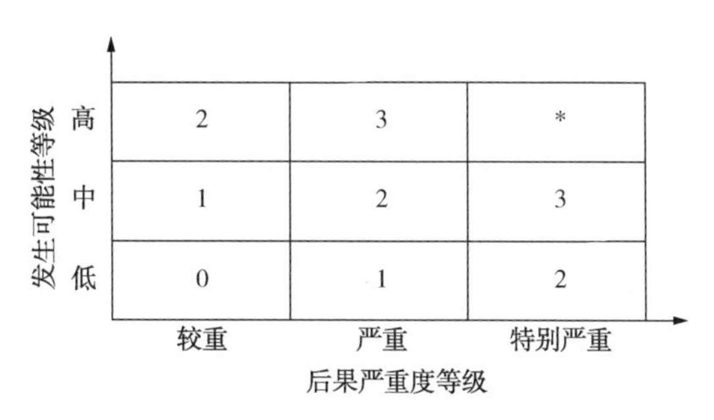

图 2-2-1　风险矩阵

*：表示一个 SIL3 的 SIF 回路可能无法满足风险降低要求

（3）风险图法

风险图考虑可能性、后果、处于危险区域的频度和人员避开危险的概率。对这些参数的每一个都会有一个分级，安全完整性水平在一条特定的路径终点。

风险图分析使用 4 个参数来确定 SIL 等级：危险事件的后果（C），处于危险区域的频度（F），未能避开危险事件的概率（P）和不期望事件的概率（W）。参数 C 代表如果人处在危险区域，该种危险可能造成的平均伤亡数；参数 F 是处在意外结果的受影响区域的时间长度的度量；参数 P 是人员未避开危险引起的风险后果伤害的概率，依赖于人员已经掌握的了解危险存在的方法和已掌握的逃脱危险的方法；参数 W 是事故发生的可能性，该可能性是指未考虑 SIS 相关保护措施的情况下得到的可能性。

表 2-2-4～表 2-2-7 是分别列出 4 个参数的相关说明。图 2-2-2 为风险图示例。依据表 2-2-4～表 2-2-7 确定 4 个参数的分类，假设各个参数选取结果为 C_B、F_A、P_B、W_C。参考风险图 2-2-2，最终结果为右侧表格的第三行第一列，则该危险场景对应 SIF 回路的 SIL 需求为 SIL2。

表 2-2-4　后果 C 分类示例

分　类	描　述	分　类	描　述
C_A	企业内人员轻微受伤	C_C	企业内人员 1~3 人死亡，企业外人员严重受伤
C_B	企业内人员严重受伤	C_D	企业内人员多人死亡，企业外人员死亡

表 2-2-5　处于危险区域的频度 F 示例

分　类	描　述	分　类	描　述
F_A	人员处于危险区域的时间较少	F_B	人员经常或永久处于危险区域

表 2-2-6　未能避开危险的概率 P 示例

分　类	描　述	分　类	描　述
P_A	在一定条件下可能避开危险	P_B	几乎不可能

表 2-2-7　要求率 W 示例

分　类	描　述	分　类	描　述
W_A	小于 0.01 次每年	W_C	大于 0.1 次每年
W_B	0.01 次每年到 0.1 次每年		

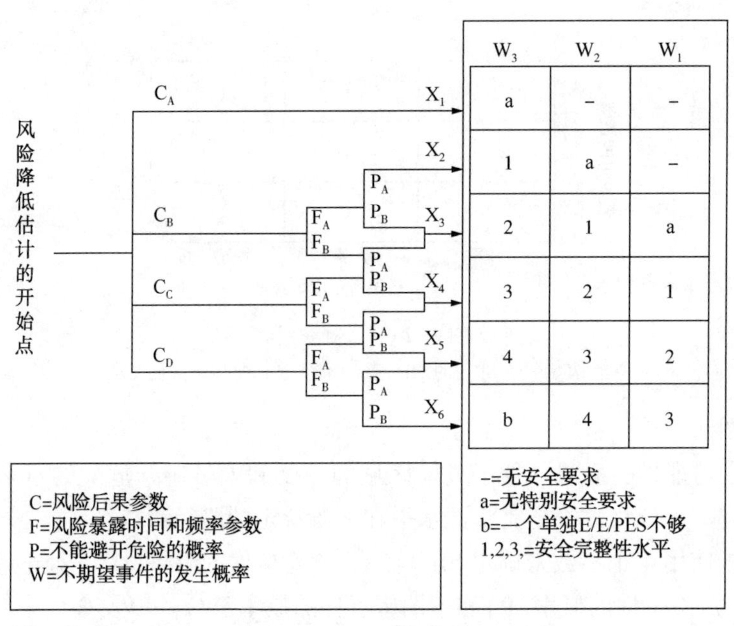

图 2-2-2　典型风险图

（4）保护层分析法（LOPA）

保护层分析（LOPA）技术是在危险识别的基础上，进一步评估事故场景中保护措施的有效性，确保事故场景的风险减少到可接受水平的一种方法。根据《中国石化安全仪表安全完整性等级评估管理办法（试行）》（中国石化安〔2018〕150 号）中要求，SIL 定级宜采用保护层分析法（LOPA）。接下来对 LOPA 方法进行具体介绍。

2.1.1　LOPA 方法

LOPA 典型分析步骤为：①识别后果，筛选场景；②选择一个原因/后果场景；③识别场景初始事件，并确定初始事件频率(次数/a)；④识别独立保护层(IPL)，评估每个IPL需求时的失效概率(PFD)；⑤计算初始事件减缓后的发生频率，根据后果和减缓后的发生频率评估场景风险；⑥进行风险决策。其典型的分析过程见图2-2-3。

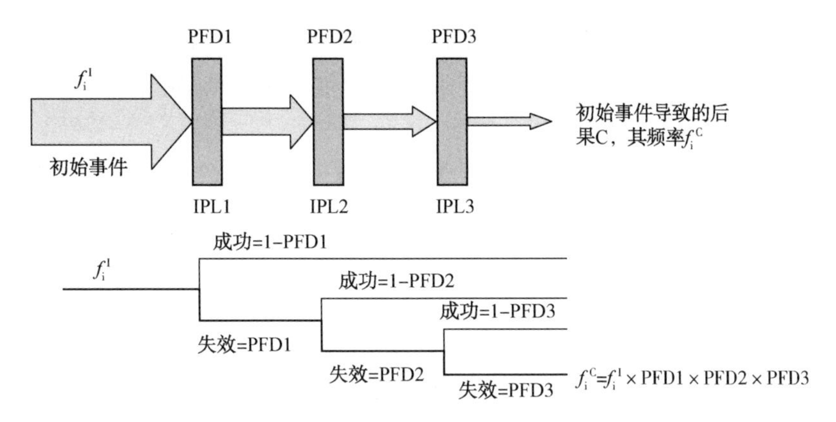

图2-2-3　典型的LOPA分析图

(图中，IPL表示有效的独立保护层；PFD表示独立保护层的失效概率)

保护层分析(LOPA)技术是在危险识别的基础上，进一步评估事故场景中保护措施的有效性，确保事故场景的风险减少到可接受水平的一种方法。

独立保护层(IPL)是指能够阻止场景向不期望后果发展，并且独立于场景的初始事件或其他保护层的一种设备、系统或行动。

要求时的失效概率(PFD)是指系统要求独立保护层起作用时，独立保护层发生失效，不能完成一个具体功能的概率。

2.1.2　SIL定级标准

SIL定级依据《电气/电子/可编程电子安全相关系统的功能安全》(GB/T 20438—2017/IEC 61508—2010，IDT)标准将安全完整性等级(SIL)定义为4个等级，即SIL1~SIL4。在过程工业一般的应用场合，SIL3是其最高等级。在低要求操作模式下，安全完整性等级对应的失效概率如表2-2-8所示：

表2-2-8　安全完整性等级对低要求操作模式下的失效概率要求

安全完整性等级：目标失效量		
安全完整性等级(SIL)	要求时平均失效概率(PFD_{avg})	目标风险降低(RRF)
4	10^{-5}≤到<10^{-4}	10000<到≤100000
3	10^{-4}≤到<10^{-3}	1000<到≤10000
2	10^{-3}≤到<10^{-2}	100<到≤1000
1	10^{-2}≤到<10^{-1}	10<到≤100

本书中SIL定级出现的SIL0表示对该SIF回路的可靠性不作要求，该SIF回路设置在SIS系统中可满足相关要求。如需将该部分SIF回路采用BPCS系统实现时，考虑独立保护层的独立性，应采用LOPA分析方法重新对危险场景进行分析。

LOPA分析依据的风险矩阵可根据各个企业或地方的相关要求确定，本书以中国石化7×8风险矩阵为例进行分析，风险矩阵要求及相关说明详见附录3。

2.1.3 SIL 定级规则与假设

在本次 SIL 定级中遵循以下规则与假设：

（1）所有的 SIF 回路均为低要求模式；

（2）SIF 回路的安全完整性等级（SIL）是根据该 SIF 回路所有危险事件的累积风险计算得出。SIF 回路的安全完整性等级（SIL）要求，是对整个 SIF 回路提出的安全完整性要求，包括传感部分、逻辑控制器和执行部分等。

（3）SIF 回路安全完整性除满足安全完整性等级（SIL）要求外，还应同时满足 RRF 的相应要求。

（4）所有的手动按钮、BPCS 联锁回路及 FGS 回路不在本次 SIL 定级范围中。

（5）所有作为独立保护层的保护措施都应满足《保护层分析（LOPA）方法应用导则》（AQ/T 3054—2015）中的独立保护层要求。

（6）BPCS 作为 IPL 应满足以下要求：BPCS 应与安全仪表系统（SIS）在物理上分离，包括传感器、逻辑控制器和最终执行元件；BPCS 故障不是造成 IE 的原因；在同一个场景中，当满足 IPL 的要求时，具有多个保护回路的 BPCS 宜作为一个 IPL。如果 IE 不涉及 BPCS 逻辑控制器失效，每一个保护回路都满足 IPL 的所有要求，在同一场景下，作为 IPL 的 BPCS 回路不应超过 2 个。

（7）财产风险中考虑的是直接经济损失与停车情况下最大或最恶劣的后果情况。评估设备损失时，需考虑整个设备与单个配件的价格。

（8）在 SIF 回路分析中，当“其他 SIF 回路”作为独立保护层时，可先将作为保护层的 SIF 回路的安全完整性等级按 SIL1 进行假设，待作为保护层的 SIF 回路的安全完整性等级确定后，再对该 SIF 回路的安全完整性等级（SIL）进行明确。

（9）关键报警及人员响应作为独立保护层的情况下，降低风险的倍数不应大于 10。

（10）使能条件是指能够导致事故场景发生的必要条件，使能条件概率与初始事件频率的乘积表示了导致不期望后果的异常条件每年发生的次数。对于操作时间短但后果处于 F/G 时，不考虑使能条件；在考虑使能条件时，事故场景中应仅考虑一种使能条件，同时使能条件降低风险的倍数不应大于 10。

（11）人员暴露概率是指泄漏火灾爆炸等事故发生时，人员出现在影响区域内的时间比例。要考虑影响区域内所有可能出现的人员，包括所有的操作者、维护者、承包商、保卫、工程师等，对本项目人员暴露概率不低于 0.1。

计算举例——人员暴露概率说明：

外操：2h 1 次，1 人，考虑每次在爆炸区域时间为 5min，每天处于火灾爆炸范围时间 12×5/60；

仪表、电气、设备每天 2 次，1 人，考虑每次在爆炸区域时间为 5min，每天处于爆炸范围时间 3×2×5/60；

人员暴露概率计算：（12×5/60+3×2×5/60）/24＝0.0625；

人员暴露概率取值：0.1。

（12）当后果存在火灾、爆炸时，应考虑点火概率风险修正因子，点火概率和爆炸概率的计算模型采用 CCPS 点火概率模型，见图 2-2-4。

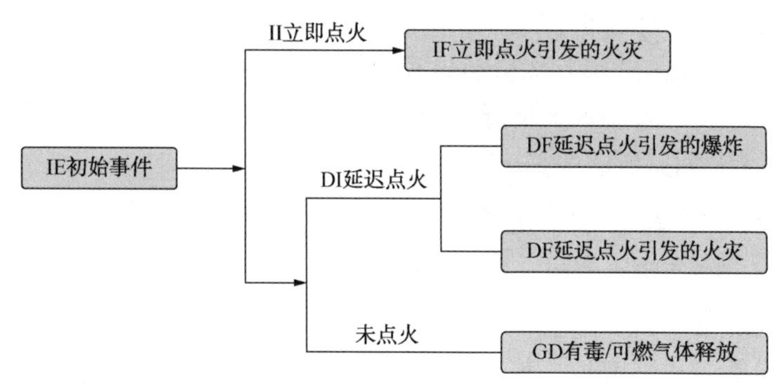

图 2-2-4　点火概率模型

① 乙烯裂解单元点火概率说明

由于裂解炉属于明火设备，因此该单元不考虑采用点火概率进行修正。

② 急冷单元点火概率说明

急冷水塔负压：考虑空气进入系统形成爆炸混合性气体，此处按 0.1 考虑形成爆炸混合性气体并发生点火的概率。

③ 分离单元和公用工程火概率说明

分离单元和公用工程单元涉及物料泄漏，发生火灾爆炸的危险场景时，当考虑系统超压泄漏时，以高压脱丙烷塔超压，丙烷介质泄漏进行 CCPS 点火概率计算为例，高压脱丙烷塔塔顶操作压力 1.6MPa(g)、操作温度 42℃，主要介质为气相丙烷，设备超压小孔泄漏工况，点火源情况选择中密度工艺装置，计算结果见表 2-2-9，采用总的火灾爆炸概率 0.58 进行高压脱丙烷塔超压泄漏危险场景的 LOPA 分析风险修正。根据表 2-2-9 中各个场景下的概率，也可以为 LOPA 分析后果场景提供参考，如静电点火的概率、发生火灾的概率、发生爆炸的概率等。

表 2-2-9　高压脱丙烷塔泄漏场景点火概率计算示例

描　　述	概　　率	描　　述	概　　率
静电引起的立即点火概率	4.2e-2	立即点火下的火灾概率	4.2e-2
自燃引起的立即点火概率	0	延迟点火下的火灾概率	3.8e-1
立即点火概率	4.2e-2	延迟点火下的爆炸概率	1.6e-1
基准延迟点火概率	3.8e-1	总的火灾概率	4.2e-1
延迟点火概率	5.6e-1	总的爆炸概率	1.6e-1
爆炸概率	3.0e-1	总的火灾爆炸概率	5.8e-1

2.2　SIL 定级分析

采用 LOPA 分析方法对乙烯装置进行 SIL 定级分析，分析范围涉及乙烯裂解单元、急冷单元、压缩单元、分离单元、制冷单元、公用工程单元。各 SIF 回路的 SIL 定级分析可参考本书附录 7。

压缩单元与制冷单元联锁主要为设备联锁，附录 7 中以裂解气压缩机部分联锁为例进行机组联锁 LOPA 分析，制冷单元的乙烯机组、丙烯机组的相关 SIF 回路可参考裂解气压缩机 SIF 回路 SIL 定级分析及结果。

附录 7 中各 SIF 回路的 SIL 定级分析过程仅供参考，各企业乙烯装置可根据装置不同工艺情况、设备运行情况、现场人员情况、公用工程情况、周边环境等相关因素进行相应的 SIL 定级，确定各 SIF 回路所需的 SIL 等级。

2.2.1 乙烯裂解单元 SIL 定级

乙烯裂解单元 SIF 回路主要用于保护裂解炉的相关危险场景，裂解炉推荐设置的 SIF 回路及 SIL 等级见表 2-2-10。

裂解炉一般分为乙烷裂解炉、气体裂解炉、轻油裂解炉、重油裂解炉，各类型裂解炉可参考表 2-2-10 中 SIF 回路进行设置。

表 2-2-10 乙烯裂解单元 SIL 等级清单

序号	单元名称	安全仪表功能(SIF)回路描述	推荐 SIL 等级
SIF1001	乙烯裂解单元	裂解炉炉膛原料进料压力低低联锁关燃料气切断阀	SIL1
SIF1002	乙烯裂解单元	裂解炉炉膛主燃料气压力低低联锁关燃料气切断阀	SIL1
SIF1003	乙烯裂解单元	裂解炉炉膛长明灯管线压力低低且炉膛横跨段温度低低联锁切断底部燃料气切断阀、长明灯燃料气切断阀	SIL0
SIF1004	乙烯裂解单元	裂解炉炉膛负压高高联锁切断底部燃料气	SIL2
SIF1005	乙烯裂解单元	裂解炉炉膛急冷器出口温度高高联锁切断底部燃料气切断阀	SIL2
SIF1006	乙烯裂解单元	裂解炉对流段 SCR 反应器设温度低低联锁切断氨气进料阀	SIL0
SIF1007	乙烯裂解单元	裂解炉氨空混合器设工厂风进料流量低低联锁切断氨气进料阀	SIL0
SIF1008	乙烯裂解单元	裂解炉 NH_3 管线周边设有毒气体检测高高联锁关闭氨气进料阀	SIL0
SIF1009	乙烯裂解单元	裂解炉汽包液位低低联锁关闭底部燃料气切断阀	SIL2
SIF1010	乙烯裂解单元	裂解炉超高压蒸汽过热段 II 出口温度高高联锁关闭燃料气进料阀	SIL2
SIF1011	乙烯裂解单元	裂解炉清焦空气管线设压力低低联锁调节稀释蒸汽进料阀	SIL0

2.2.2 急冷单元 SIL 定级

急冷单元 SIF 回路主要用于保护急冷水塔、急冷水沉降槽、急冷油塔的相关危险场景，急冷单元推荐设置的 SIF 回路及 SIL 等级见表 2-2-11。

表 2-2-11 急冷单元 SIL 等级清单

序号	单元名称	安全仪表功能(SIF)回路描述	推荐 SIL 等级
SIF2001	急冷单元	盘油循环泵出口设压力低低联锁启动备用电泵	SIL1
SIF2002	急冷单元	急冷油循环泵出口压力低联锁启动备用泵	SIL1
SIF2003	急冷单元	急冷水塔设压力低低联锁开启补压阀	SIL0
SIF2004	急冷单元	急冷水循环泵出口设压力低联锁启备泵	SIL0
SIF2005	急冷单元	急冷油塔回流泵出口设压力低联锁启备泵	SIL0
SIF2006	急冷单元	工艺水泵出口压力低低联锁启备用泵	SIL0
SIF2007	急冷单元	稀释蒸汽发生器进料泵设压力低低联锁启备泵	SIL0
SIF2008	急冷单元	冲洗油泵出口设压力低低联锁启备泵	SIL0

2.2.3 压缩单元、制冷单元 SIL 定级

压缩及制冷单元 SIF 回路主要用于保护机组设备的相关危险场景，本节列举裂解气压缩机部分 SIF 回路的 SIL 定级结果，制冷单元的乙烯机组、丙烯机组的相关 SIF 回路可参考裂解气压缩机相应 SIF 回路的 SIL 定级结果。压缩单元推荐设置的 SIF 回路及 SIL 等级见表 2-2-12。

表 2-2-12 压缩单元 SIL 等级清单

序号	单元名称	安全仪表功能(SIF)回路描述	推荐 SIL 等级
SIF3001	压缩单元	裂解气压缩机一段出口管线温度高高联锁停压缩机	SIL1
SIF3002	压缩单元	裂解气压缩机一段吸入罐液位高高联锁停压缩机	SIL2
SIF3003	压缩单元	裂解气压缩机 K-201 二段排出温度高高联锁停压缩机	SIL1
SIF3004	压缩单元	裂解气压缩机二段吸入罐液位高高联锁停压缩机	SIL2
SIF3005	压缩单元	裂解气压缩机三段出口管线温度高高联锁停压缩机	SIL1
SIF3006	压缩单元	裂解气压缩机三段吸入罐液位高高联锁停压缩机	SIL1
SIF3007	压缩单元	裂解气压缩机四段出口管线温度高高联锁停压缩机	SIL1
SIF3008	压缩单元	裂解气压缩机四段吸入罐液位高高联锁停压缩机	SIL1
SIF3009	压缩单元	裂解气压缩机五段出口管线温度高高联锁停压缩机	SIL2
SIF3010	压缩单元	压缩机轴承振动高高联锁停机	SIL0
SIF3011	压缩单元	压缩机轴承位移高高联锁停机	SIL1
SIF3012	压缩单元	压缩机润滑油总管压力低低联锁停机	SIL0
SIF3013	压缩单元	压缩机转速高高联锁停机	SIL0
SIF3014	压缩单元	压缩机主密封泄漏压力高高联锁停机	SIL0
SIF3015	压缩单元	压缩机润滑油压力联锁启备泵	SIL0

2.2.4 分离单元 SIL 定级

分离单元 SIF 回路主要用于分馏塔超压、反应器超温、机组超温的相关危险场景，分离单元推荐设置的 SIF 回路及 SIL 等级见表 2-2-13。

表 2-2-13 分离单元 SIL 等级清单

序号	单元名称	安全仪表功能(SIF)回路描述	推荐 SIL 等级
SIF4001	分离单元	甲烷汽提塔压力高高联锁关闭再沸器热源进料阀	SIL1
SIF4002	分离单元	脱甲烷塔尾气洗涤器液位高高联锁停甲烷膨胀机和甲烷再压缩机	SIL1
SIF4003	分离单元	高压甲烷进甲烷压缩机入口管线温度低低联锁关闭甲烷压缩机的进口切断阀和甲烷膨胀机的进口切断阀	SIL0
SIF4004	分离单元	1#氢/甲烷分离罐出口管线温度高高联锁关闭去甲烷化反应器切断阀	SIL1
SIF4005	分离单元	冷箱系统中压甲烷出口管线温度低低联锁关闭甲烷去再生系统切断阀	SIL1
SIF4006	分离单元	高压脱丙烷塔压力高高联锁切断去再沸器低压脱过热蒸汽控制阀	SIL1
SIF4007	分离单元	碳二加氢反应器床层温度高高联锁关闭反应器氢气进料阀	SIL2
SIF4008	分离单元	碳二加氢反应系统压力低低联锁关闭紧急泄放阀	SIL0
SIF4009	分离单元	碳二加氢反应器床层再生温度高高联锁关闭再生用装置空气进料阀	SIL0

续表

序号	单元名称	安全仪表功能(SIF)回路描述	推荐 SIL 等级
SIF4010	分离单元	碳二加氢反应器流出物温度低低联锁关闭去下游碳二物料阀	SIL1
SIF4011	分离单元	乙烯塔压力高高联锁切断丙烯控制阀和冷侧控制阀	SIL1
SIF4012	分离单元	冷箱系统循环乙烷出口管线温度低低联锁关闭循环乙烷出料阀	SIL1
SIF4013	分离单元	甲烷化反应器温度高高联锁关闭进料阀及热源阀	SIL2
SIF4014	分离单元	甲烷化反应器出口管线温度高高联锁关闭进料阀及热源阀	SIL1
SIF4015	分离单元	甲烷化反应器入口管线温度低低联锁关闭进料阀及热源阀	SIL0
SIF4016	分离单元	低压乙烯产品紧急汽化器乙烯产品管线温度低低联锁关闭低压乙烯进料阀	SIL1
SIF4017	分离单元	高压乙烯产品紧急汽化器乙烯产品管线温度低低联锁关闭高压乙烯进料阀	SIL1
SIF4018	分离单元	低压脱丙烷塔压力高高联锁关闭蒸汽进料阀	SIL1
SIF4019	分离单元	丙烯干燥器再生气系统出口管线设置温度低低联锁关闭再生气系统出口管线紧急切断阀	SIL1
SIF4020	分离单元	碳三加氢反应器床层温度高高联锁关闭进料阀	SIL2
SIF4021	分离单元	碳三加氢反应器碳三进料流量低低联锁关闭进料阀	SIL1
SIF4022	分离单元	碳三加氢反应器再生温度高高联锁关闭再生用装置空气进料阀	SIL0
SIF4023	分离单元	丙烯精馏塔压力高高联锁切断急冷水切断阀和蒸汽切断阀	SIL1
SIF4024	分离单元	脱丁烷塔压力高高联锁关闭低压蒸汽切断阀	SIL1
SIF4025	分离单元	甲醇排放罐液位高高联锁启动甲醇排放泵	SIL0
SIF4026	分离单元	冷箱低压乙烯管线温度低低联锁关闭低压乙烯阀门	SIL1
SIF4027	分离单元	冷箱高压乙烯管线温度低低联锁关闭高压乙烯阀门	SIL1

2.2.5 公用工程单元 SIL 定级

公用工程单元 SIF 回路主要用于保护火炬系统、蒸汽系统、循环冷却系统相关危险场景，公用工程单元推荐设置的 SIF 回路及 SIL 等级见表 2-2-14。

表 2-2-14 公用工程单元 SIL 等级清单

序号	单元名称	安全仪表功能(SIF)回路描述	推荐 SIL 等级
SIF5001	公用工程单元	干火炬过热器凝液罐设液位高高联锁开排凝阀	SIL0
SIF5002	公用工程单元	火炬气压缩机入口压力低低联锁停火炬气压缩机	SIL0
SIF5003	公用工程单元	火炬气压缩机入口温度高高联锁停火炬气压缩机	SIL0
SIF5004	公用工程单元	火炬气压缩机入口设温度低低联锁停压缩机	SIL0
SIF5005	公用工程单元	火炬气压缩机出口设氧含量高联锁停火炬气压缩机	SIL0
SIF5006	公用工程单元	除氧器设液位高高联锁开排水阀	SIL0
SIF5007	公用工程单元	超高压锅炉给水母管压力低联锁启备泵	SIL0
SIF5008	公用工程单元	蒸汽管网温度高高联锁关蒸汽阀门	SIL1
SIF5009	公用工程单元	除氧器设液位低低联锁停锅炉给水泵	SIL1
SIF5010	公用工程单元	循环冷却水设流量低低联锁停丙烯制冷压缩机	SIL1
SIF5011	公用工程单元	循环冷却水上水设温度高高联锁停丙烯制冷压缩机	SIL2

2.3 SIL验证方法

SIL验证是从要求时失效概率(PFD_{avg})、硬件安全完整性的结构约束、系统性能力三个方面对SIF回路进行验证评估。其中系统性能力是指在SIS系统的全生命周期内管理能力的合规路线评估，如避免系统性故障要求、控制系统性故障要求等。

2.3.1 PFD_{avg}计算方法

仪表安全功能(SIF)回路由传感器(Sensor part)、逻辑控制器(Logic solver)以及最终元件(Final element)三个部分组成。可靠性建模时分别计算各部分要求时的平均失效概率(PFD_{avg})，SIF回路要求时的平均失效概率(PFD_{avg})为三部分的PFD_{avg}总和，再根据表2-2-8确定SIF回路能够达到的安全完整性等级(SIL)。

PFD_{avg}可以表示为

$$PFD_{avg}=\sum PFD_{SE}+\sum PFD_{LS}+\sum PFD_{FE}$$

式中 PFD_{avg}——E/E/PE安全相关系统的安全功能在要求时的平均失效概率；

PFD_{SE}——传感器子系统要求时的平均失效概率；

PFD_{LS}——逻辑子系统要求时的平均失效概率；

PFD_{FE}——最终元件子系统要求时的平均失效概率。

对于每一个子系统，其PFD_{avg}为

$$PFD_{avg}=f(\lambda_D,\ MooN,\ TI,\ MTTR,\ \beta,\ PTC)$$

式中 λ_D——元件的危险失效率，该值与元件类型、服役条件、诊断覆盖率、现场管理水平等因素密切相关；

MooN——各部分的表决方式；

TI——检测测试周期；

MTTR——平均恢复时间；

β——共因因子；

PTC——检测测试覆盖率。

SIF回路的PFD_{avg}建模计算方法主要有可靠性框图法(RBD)、故障树法(FTA)和马尔可夫模型法(Markov)。以下分别对三个方法进行简单介绍。

2.3.1.1 可靠性框图法(RBD)

可靠性框图法用图形的方式来表示系统内部组件的串并联关系，将表决方式的连接方式也转换为串并联的方式，具有简单、清晰直观的特点。可靠性框图是由所有系统正常工作的通路构成，因此在计算失效概率时，串联的支路计算一个以上组件失效的概率；并联的支路计算所有支路同时失效的概率。

图2-2-5为一个简化的可靠性框图，从图中可看出该SIF回路传感元件冗余结构为2oo3，逻辑控制器部分冗余结构为2oo3，执行元件冗余结构为1oo2。进一步对三个部分内部的硬件结构进行分析，如传感元件可包含导压元件、传感器、输入元件等，采用图2-2-6的可靠性框图详细表示SIF回路各部分的冗余结构。依据各元件间的串并联关系，采用对应的PFD计算公式进行计算可得到SIF回路各部分要求时的失效概率。

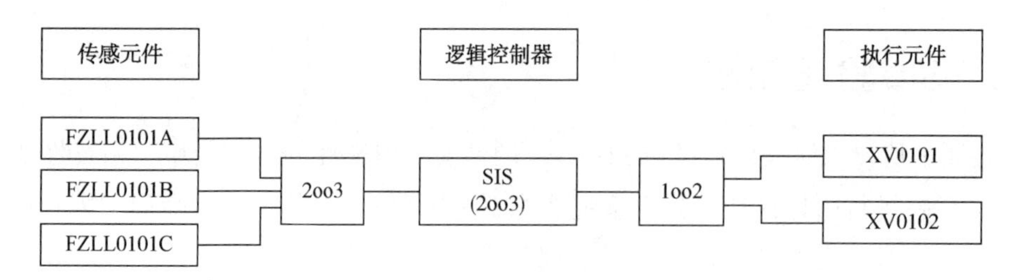

图 2-2-5　可靠性框图(简化)

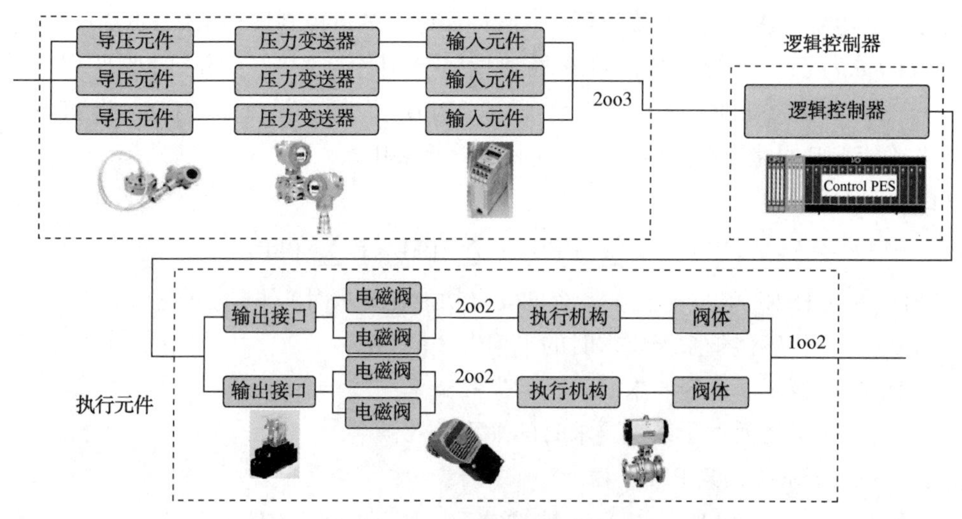

图 2-2-6　可靠性框图(详细)

2.3.1.2　故障树法(FTA)

故障树分析根据布尔逻辑用图表示系统特定故障(称为顶上事件)间的相互关系，是对故障发生的基本原因进行推理分析，然后建立从结果到原因描述故障的有向逻辑图。

故障树是一种自顶向下的方法。基本原理是把所研究系统中最不系统发生的故障状态或故障事件作为故障分析的目标和出发点，然后在系统中寻找直接导致这一故障发生的全部因素，将其作为不希望发生的故障的第一层原因事件，接着再以这一层中的各个原因事件为出发点，分别寻找导致每个原因事件发生的下一级全部因素，以此类推，直至追查到那些原始的、故障机理或概率分布都是已知的因素为止。因而，该方法具有分析方法直观、应用范围广泛和逻辑性强等特点。

故障树分析的基本符号如图 2-2-7 所示。

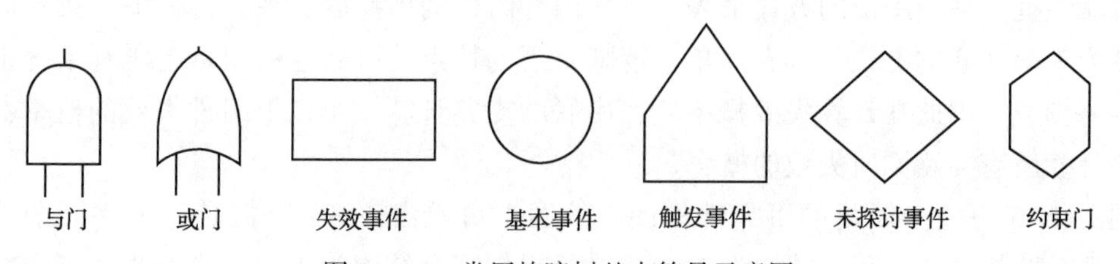

图 2-2-7　常用故障树基本符号示意图

失效事件既可以是故障树的顶事件又可以是故障树的中间事件。是由其他事件或事件的组合导致的事件，是某个逻辑门的输出事件。

基本事件位于故障树底部，总是作为某个逻辑门的输入事件，已经探明其发生原因的底事件。基本元部件或人为失误、环境因素等均属于基本事件。基本事件是故障分布已知的随机故障事件单元，不需要再进一步查找其发生原因的事件。

未探讨事件是需要进一步探明的底事件。

触发事件有两个作用：第一，触发事件是一种正常的事件，但能够触发系统故障；第二，当该事件发生时，该事件所在逻辑门的其他输入有效，否则无效。后者是一种开关作用。

与门表示仅当所有输入事件发生时，门的输出事件发生。

或门表示至少一个输入事件发生时，门的输出事件发生。

约束门表示仅当约束条件发生时，输入事件的发生导致的输出事件发生。

图 2-2-8 以 SIF 回路传感元件为例构建 2oo3 结构的故障树。

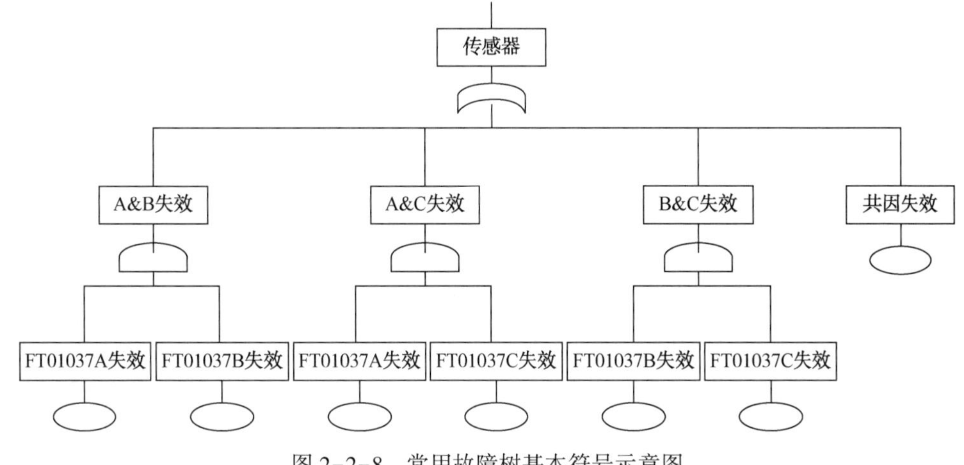

图 2-2-8 常用故障树基本符号示意图

2.3.1.3 马尔可夫模型法(Markov)

马尔可夫模型将系统归于不同的若干状态。一个状态会以某种概率转移到其他状态。此外，系统将来所处的状态和系统的历史状态无关，只和现在状态有关。E/EE/PE 系统失效的指数概率密度(常数失效率)正好能够符合马尔可夫模型的这种无记忆性质。因此，用马尔可夫模型来分析 E/EE/PE 系统的行为和可靠性是很合适的。马尔可夫模型的缺点是构造大型的马尔可夫模型是非常费时费力的，求解也很困难，实际应用大都忌讳马尔可夫模型的复杂程度。马尔可夫模型反映系统设备之间的可靠性关系不如故障树和可靠性框图直观。

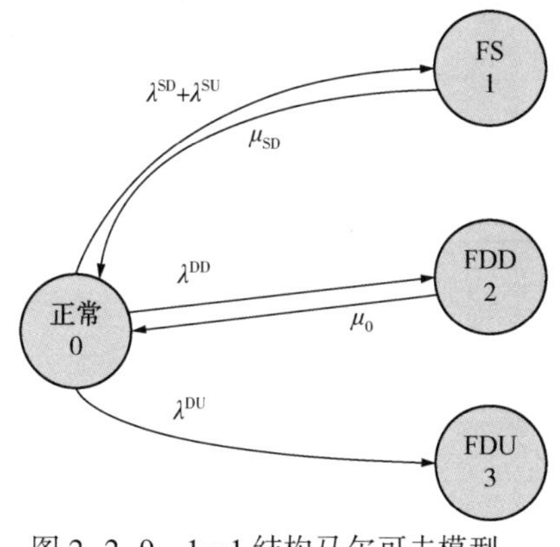

图 2-2-9 1oo1 结构马尔可夫模型

图 2-2-9 为 1oo1 结构的马尔可夫模型，从图中得到转移矩阵如下，利用转移矩阵即可得到每个时间点下各个状态的概率。

$$P=\begin{bmatrix} 1-(\lambda^{S}+\lambda^{D}) & \lambda^{SD}+\lambda^{SU} & \lambda^{DD} & \lambda^{DU} \\ \mu_{SD} & 1-\mu_{SD} & 0 & 0 \\ \mu_0 & 0 & 1-\mu_0 & 0 \\ 0 & 0 & 0 & 1 \end{bmatrix}$$

2.3.2 平均误动作停车时间间隔(MTTFS)

PFD_{avg}反应了SIF回路的安全可靠性指标。SIF回路可用性指标是平均误动作停车时间间隔(MTTFS)，MTTFS代表了因SIF回路中任一元件的安全失效所导致装置的误停车。装置的误停车导致生产中断并造成经济损失，误动作停车后的装置重启也可能会带来新的安全风险，所以在考虑SIF回路可靠性的同时应该综合考虑其可用性。SIF回路的MTTFS取决于误动作停车率(STR)，计算公式如下：

$$MTTFS = 1/STR$$

STR值越小，MTTFS值越大，表明该回路可用性越高。SIF回路中各子系统的误跳车率与安全失效率λ_s、表决方式、β、检验测试周期、维修时间、重新启动时间、处理可检测危险失效λ_{DD}的机制、公用工程失效等因素有关。

2.3.3 硬件结构约束

结构约束的安全完整性由仪表类型(逻辑控制器、传感器、最终元件、非逻辑控制器)、安全失效分数(Safe Failure Fraction，SFF)和硬件故障裕度(Hardware Fault Tolerance，HFT)共同决定。其中安全失效分数采用下式进行计算：

$$SFF = \frac{\lambda_{SD} + \lambda_{SU} + \lambda_{DD}}{\lambda_{SD} + \lambda_{SU} + \lambda_{DD} + \lambda_{DU}}$$

表2-2-15、表2-2-16分别给出了IEC 61508规定的A类和B类安全相关子系统的结构约束判断标准。

表2-2-15　A类安全相关子系统的结构约束(IEC 61508)

安全失效数(SFF)	硬件故障裕度(HFT)		
	0	1	2
<60%	SIL1	SIL2	SIL3
60%~<90%	SIL2	SIL3	SIL4
90%~<99%	SIL3	SIL4	SIL4
≥99%	SIL3	SIL4	SIL4

表2-2-16　B类安全相关子系统的结构约束(IEC 61508)

安全失效数(SFF)	硬件故障裕度(HFT)		
	0	1	2
<60%	不允许	SIL1	SIL2
60%~90%	SIL1	SIL2	SIL3
90%~99%	SIL2	SIL3	SIL4
≥99%	SIL3	SIL4	SIL4

IEC 61511—2016定义了最低的硬件故障裕度要求。这些潜在缺陷可能是由于SIS系统设计中假设条件变化，或部件与子系统故障率的不确定性所导致的。硬件故障裕度表示对部件或子系统冗余的最低要求。表2-2-17为IEC 61511—2016中规定的硬件故障裕度要求。

表 2-2-17　最低硬件故障裕度(IEC 61511—2016)

SIL	需求模式	最低硬件故障裕度(HFT)	SIL	需求模式	最低硬件故障裕度(HFT)
1	低/高/连续	0	3	低/高/连续	1
2	低	0	4	低/高/连续	2
2	高/连续	1			

2.3.4　敏感性分析

敏感性分析是针对不满足目标 SIL 要求的 SIF 回路进行优化方案分析。一个 SIF 回路的 SIL 等级是由 SIF 中三个单元的 PFD_{avg} 共同确定的，即传感器部分、逻辑处理器、执行机构。每个子系统的 PFD_{avg} 是受以下参数影响和制约的：

(1) 失效率；

(2) 表决机制；

(3) 诊断覆盖率

(4) 检验测试覆盖率；

(5) 检验测试间隔(TI)；

(6) 平均修复时间(MTTR)；

(7) 共因失效因子(β)等。

验算结果不满足 SIL 等级要求的 SIF 回路，可以调整优化其中部分参数，例如：缩短检验测试间隔(TI)；完善测试方法，提高诊断覆盖率和检验测试覆盖率；增加最终执行机构(关断阀)的部分行程测试功能 PST 等；对 SIF 回路重新进行冗余配置；或选择高可靠性的硬件，并基于优化后的参数，再次验算是否满足 SIL 定级的要求。优化后的参数，不仅可以指导 SIF 的设计，也将成为 SIS 系统未来运行中测试、校验、维护的依据。

2.3.5　设定及输入条件

2.3.5.1　需求模式

在 IEC 61508 和 IEC 61511—2016 中，定义了三种操作模式：低需求模式、高需求模式以及连续模式。

低需求模式：在这种模式下，安全相关系统的操作频率不大于每年一次或者不大于两倍的检验测试频率。

高需求模式/连续模式：在这种模式下，安全相关系统的操作频率大于每年一次或者大于两倍的测试周期频率。

2.3.5.2　检验测试周期及其覆盖率

根据现场实际情况，确定各 SIF 回路组件检验测试周期，对于具备在线测试条件的 SIF 根据现场实际的检验测试周期进行确定。

根据现场仪表维护和管理水平确定检验测试覆盖率。

元件的使用寿命根据具体元件进行确定，首先参照元件认证书规定的使用寿命要求，如没有 SIL 认证，则设定元件的使用寿命为 10 年。

2.3.5.3　共因失效因子(β)确定

SIF 回路失效可分为两种场景：硬件随机失效、系统性失效。硬件随机失效是硬件中因各种退化机制产生并在随机的时间点上产生的失效。共因失效是指在一个系统中由于某种共同原因而引起两个或多个分离通道同时失效，从而导致系统失效。在 SIS 应用中，利用多样性方法可有效降低共因失效率，如现场检测同一液位信号，一路采用差压变送器，另一路采用液位开关，这样的传感器配置就是多样性冗余。共因失效一般采用 β 因子方法进行考虑，对于共因导致的危险失效率采用下式进行计算：

$$\lambda_{CD}=\beta\lambda_{D}$$

$$\lambda_{CS}=\beta\lambda_{S}$$

共因因子根据现场元件的类型、多样性设计现状，采用 1%~10%范围。传感器和执行器部分采用多样性设计时，β 可取 1%；对于采用相同配置时，参考《中国石化安全仪表安全完整性等级评估管理办法（试行）》（中国石化安〔2018〕150 号），β 取值见表 2-2-18。

表 2-2-18　共因失效因子 β 取值表

所属单元	元件	β 值	所属单元	元件	β 值
传感单元	开关	0.05	执行单元	电磁阀（不同阀门）	0.03
	变送器	0.04		控制阀	0.03
	火/气探测器	0.06		泄压阀	0.05
执行单元	切断阀	0.03		雨淋阀	0.03
	电磁阀（同一阀门）	0.10		继电器	0.03

2.3.5.4　平均恢复时间 MTTR

平均修复时间依据现场实际情况确定，可参考装置仪表历史维护数据。

2.3.5.5　失效数据选取

各 SIF 回路子系统各元件的失效数据选取采用以下原则：

（1）首先考虑元件 SIL 认证书给出的失效率数据；

（2）其次选用 PHAMS 平台中相应元件对应的失效率数据，数据库中没有该元件时，采用相近类型的仪表或阀门数据进行验算；

（3）当没有相应或近似元件的失效率数据时，选择通用设备失效率数据；

（4）下列仪表设备在共因失效概率中考虑：电缆与接线端子，公用工程（UPS 供电系统、仪表风）；

（5）SIL 回路中执行机构失效数据一般基于清洁物料（clean service）工况选取的，当存在恶劣工况时采用恶劣工况进行修正；

（6）SIS 系统采用故障安全性设计，电磁阀动作为联锁失电；

（7）因 SIF 回路中各元件的设计、选型、安装、调试或维护不当等原因引起的系统性失效不属于本次 SIL 验证范围。通过适当的共因因子来考虑部分系统失效对 PFD_{avg} 的影响。

2.3.5.6　运行管理相关要求

运行管理应满足以下要求：

（1）所有 SIF 回路元件的安装及选型均按照国家标准规范执行；

（2）SIF 回路的中所有元件的功能都能够被校验与测试；

（3）编制 SIS 系统的维修与操作程序并定期审核；

（4）所有用于 SIF 检验的校验测试仪表经过符合标准及程序的标定与检验；

（5）安全栅柜和SIS柜位于良好的环境条件，维护良好，常规检验计划包括温度和湿度的检测和记录；

（6）设备维护和安装基于制造商所提供的程序执行；

（7）机柜间出入有良好的管理制度，机柜设有机柜锁，仅有经过良好培训的SIS系统管理。人员能够打开机柜。不考虑机柜间内人员误动作引起的SIS系统故障。

2.4 SIF回路设计

2.4.1 传感元件

根据《中国石化炼化企业联锁保护系统管理指导意见》（中国石化炼设函〔2022〕42号）要求，依据SIF回路误动作的后果严重程度进行评估，设备故障强度分级见表2-2-19，当联锁测量仪表故障强度等级为1~4级时，测量仪表应设计为"三取二或二取二"冗余配置，各SIF回路传感部分仪表推荐冗余形式见表2-2-20。

表2-2-19 设备故障强度分级

故障强度等级	后果严重程度	对生产主要影响描述
1级	严重故障	全厂生产波动，2套以上生产装置非计划停工或全厂生产降量
2级	严重故障	单套装置非计划停工或2套以上装置异常波动
3级	严重故障	系统或装置局部停工，大机组急停，单套装置有5台及以上A类设备停运
4级	严重故障	单套装置异常波动，未引起装置异常波动的大机组停机，或单套装置有2~4台A类设备停运
5级	一般故障	单台设备停运
6级	一般故障	无影响

表2-2-20 主要SIF回路建议故障强度等级及冗余结构

序号	单元名称	安全仪表功能(SIF)回路描述	故障强度等级（建议）	推荐SIL等级	推荐冗余结构
SIF1001	乙烯裂解单元	裂解炉炉膛原料进料压力低低联锁关燃料气切断阀	3级	SIL1	2oo3
SIF1002	乙烯裂解单元	裂解炉炉膛主燃料气压力低低联锁关燃料气切断阀	3级	SIL1	2oo3
SIF1003	乙烯裂解单元	裂解炉炉膛长明灯管线压力低低且炉膛横跨段温度低低联锁切断底部燃料气切断阀、长明灯燃料气切断阀	3级	SIL0	2oo3/2oo2
SIF1004	乙烯裂解单元	裂解炉炉膛负压高高联锁切断底部燃料气	3级	SIL2	2oo3
SIF1005	乙烯裂解单元	裂解炉炉膛急冷器出口温度高高联锁切断底部燃料气切断阀	3级	SIL2	2oo3
SIF1006	乙烯裂解单元	裂解炉对流段SCR反应器设温度低低联锁切断氨气进料阀	3级	SIL0	2oo3/2oo2
SIF1007	乙烯裂解单元	裂解炉氨空混合器设工厂风进料流量低低联锁切断氨气进料阀	3级	SIL0	2oo3/2oo2
SIF1008	乙烯裂解单元	裂解炉NH_3管线周边设有毒气体检测高高联锁关闭氨气进料阀	3级	SIL0	2oo3/2oo2
SIF1009	乙烯裂解单元	裂解炉汽包液位低低联锁关闭底部燃料气切断阀	3级	SIL2	2oo3
SIF1010	乙烯裂解单元	裂解炉超高压蒸汽过热段Ⅱ出口温度高高联锁关闭燃料气进料阀	3级	SIL2	2oo3
SIF1011	乙烯裂解单元	裂解炉清焦空气管线设压力低低联锁调节稀释蒸汽进料阀	3级	SIL0	2oo3/2oo2

续表

序号	单元名称	安全仪表功能(SIF)回路描述	故障强度等级(建议)	推荐SIL等级	推荐冗余结构
SIF2001	急冷单元	盘油循环泵出口设压力低低联锁启动备用电泵	6级	SIL1	—
SIF2002	急冷单元	急冷油循环泵出口压力低联锁启动备用泵	6级	SIL1	—
SIF2003	急冷单元	急冷水塔设压力低低联锁开启补压阀	4级	SIL0	2oo3/2oo2
SIF2004	急冷单元	急冷水循环泵出口设压力低联锁启备泵	6级	SIL0	—
SIF2005	急冷单元	急冷油塔回流泵出口设压力低联锁启备泵	6级	SIL0	—
SIF2006	急冷单元	工艺水泵出口压力低低联锁启备用泵	6级	SIL0	—
SIF2007	急冷单元	稀释蒸汽发生器进料泵设压力低低联锁启备泵	6级	SIL0	—
SIF2008	急冷单元	冲洗油泵出口设压力低低联锁启备泵	6级	SIL0	—
SIF3001	压缩单元	裂解气压缩机一段出口管线温度高高联锁停压缩机	3级	SIL1	2oo3
SIF3002	压缩单元	裂解气压缩机一段吸入罐液位高高联锁停压缩机	3级	SIL2	2oo3
SIF3003	压缩单元	裂解气压缩机K-201二段排出温度高高联锁停压缩机	3级	SIL1	2oo3
SIF3004	压缩单元	裂解气压缩机二段吸入罐液位高高联锁停压缩机	3级	SIL2	2oo3
SIF3005	压缩单元	裂解气压缩机三段出口管线温度高高联锁停压缩机	3级	SIL1	2oo3
SIF3006	压缩单元	裂解气压缩机三段吸入罐液位高高联锁停压缩机	3级	SIL1	2oo3
SIF3008	压缩单元	裂解气压缩机四段出口管线温度高高联锁停压缩机	3级	SIL1	2oo3
SIF3009	压缩单元	裂解气压缩机四段吸入罐液位高高联锁停压缩机	3级	SIL1	2oo3
SIF3010	压缩单元	裂解气压缩机五段出口管线温度高高联锁停压缩机	3级	SIL2	2oo3
SIF3011	压缩单元	压缩机轴承振动高高联锁停机	3级	SIL0	2oo3/2oo2
SIF3012	压缩单元	压缩机轴承位移高高联锁停机	3级	SIL1	2oo3
SIF3013	压缩单元	压缩机润滑油总管压力低低联锁停机	3级	SIL0	2oo3/2oo2
SIF3014	压缩单元	压缩机转速高高联锁停机	3级	SIL0	2oo3/2oo2
SIF3015	压缩单元	压缩机主密封泄漏压力高高联锁停机	3级	SIL0	2oo3/2oo2
SIF3016	压缩单元	压缩机润滑油压力联锁启备泵	3级	SIL0	2oo3/2oo2
SIF4001	分离单元	甲烷汽提塔压力高高联锁关闭再沸器热源进料阀	4级	SIL1	2oo3
SIF4002	分离单元	脱甲烷塔尾气洗涤器液位高高联锁停甲烷膨胀机和甲烷再压缩机	4级	SIL1	2oo3
SIF4003	分离单元	高压甲烷进甲烷压缩机入口管线温度低低联锁关闭甲烷压缩机的进口切断阀和甲烷膨胀机的进口切断阀	4级	SIL0	2oo3/2oo2
SIF4004	分离单元	1#氢/甲烷分离罐出口管线温度高高联锁关闭去甲烷化反应器切断阀	4级	SIL1	2oo3
SIF4005	分离单元	冷箱系统中压甲烷出口管线温度低低联锁关闭甲烷去再生系统切断阀	4级	SIL1	2oo3
SIF4006	分离单元	高压脱丙烷塔压力高高联锁切断去再沸器低压脱过热蒸汽控制阀	4级	SIL1	2oo3
SIF4007	分离单元	碳二加氢反应器床层温度高高联锁关闭反应器氢气进料阀	4级	SIL2	2oo3
SIF4008	分离单元	碳二加氢反应系统压力低低联锁关闭紧急泄放阀	4级	SIL0	2oo3/2oo2

续表

序号	单元名称	安全仪表功能(SIF)回路描述	故障强度等级(建议)	推荐SIL等级	推荐冗余结构
SIF4009	分离单元	碳二加氢反应器床层再生温度高高联锁关闭再生用装置空气进料阀	4级	SIL0	2oo3/2oo2
SIF4010	分离单元	碳二加氢反应器流出物温度低低联锁关闭去下游碳二物料阀	4级	SIL1	2oo3
SIF4011	分离单元	乙烯塔压力高高联锁切断丙烯控制阀和冷侧控制阀	4级	SIL1	2oo3
SIF4012	分离单元	冷箱系统循环乙烷出口管线温度低低联锁关闭循环乙烷出料阀	4级	SIL1	2oo3
SIF4013	分离单元	甲烷化反应器温度高高联锁关闭进料阀及热源阀	4级	SIL2	2oo3
SIF4014	分离单元	甲烷化反应器出口管线温度高高联锁关闭进料阀及热源阀	4级	SIL1	2oo3
SIF4015	分离单元	甲烷化反应器入口管线温度低低联锁关闭进料阀及热源阀	4级	SIL0	2oo3/2oo2
SIF4016	分离单元	低压乙烯产品紧急汽化器乙烯产品管线温度低低联锁关闭低压乙烯进料阀	4级	SIL1	2oo3/2oo2
SIF4017	分离单元	高压乙烯产品紧急汽化器乙烯产品管线温度低低联锁关闭高压乙烯进料阀	4级	SIL1	2oo3
SIF4018	分离单元	低压脱丙烷塔压力高高联锁关闭蒸汽进料阀	4级	SIL1	2oo3
SIF4019	分离单元	丙烯干燥器再生气系统出口管线设置温度低低联锁关闭再生气系统出口管线紧急切断阀	4级	SIL1	2oo3
SIF4020	分离单元	碳三加氢反应器床层温度高高联锁关闭进料阀	4级	SIL2	2oo3
SIF4021	分离单元	碳三加氢反应器碳三进料流量低低联锁关闭进料阀	4级	SIL1	2oo3
SIF4022	分离单元	碳三加氢反应器再生温度高高联锁关闭再生用装置空气进料阀	4级	SIL0	2oo3/2oo2
SIF4023	分离单元	丙烯精馏塔压力高高联锁切断急冷水切断阀和蒸汽切断阀	4级	SIL1	2oo3
SIF4024	分离单元	脱丁烷塔压力高高联锁关闭低压蒸汽切断阀	4级	SIL1	2oo3
SIF4025	分离单元	醇排放罐液位高高联锁启动甲醇排放泵	4级	SIL0	2oo3/2oo2
SIF4026	分离单元	冷箱低压乙烯管线温度低低联锁关闭低压乙烯阀门	4级	SIL1	2oo3
SIF4027	分离单元	冷箱高压乙烯管线温度低低联锁关闭高压乙烯阀门	4级	SIL1	2oo3
SIF5001	公用工程单元	干火炬过热器凝液罐设液位高高联锁开排凝阀	4级	SIL0	2oo3/2oo2
SIF5002	公用工程单元	火炬气压缩机入口压力低低联锁停火炬气压缩机	3级	SIL0	2oo3/2oo2
SIF5003	公用工程单元	火炬气压缩机入口温度高高联锁停火炬气压缩机	3级	SIL0	2oo3/2oo2
SIF5004	公用工程单元	火炬气压缩机入口设温度低低联锁停压缩机	3级	SIL0	2oo3/2oo2
SIF5005	公用工程单元	火炬气压缩机出口设氧含量高联锁停火炬气压缩机	3级	SIL0	2oo3/2oo2
SIF5006	公用工程单元	除氧器设液位高高联锁开排水阀	4级	SIL0	2oo3/2oo2
SIF5007	公用工程单元	超高压锅炉给水母管压力低联锁启备泵	6级	SIL0	—
SIF5008	公用工程单元	蒸汽管网温度高高联锁关蒸汽阀门	4级	SIL1	2oo3
SIF5009	公用工程单元	除氧器设液位低低联锁停锅炉给水泵	4级	SIL1	2oo3
SIF5010	公用工程单元	循环冷却水设流量低低联锁停丙烯制冷压缩机	3级	SIL1	2oo3
SIF5011	公用工程单元	循环冷却水上水设温度高高联锁停丙烯制冷压缩机	3级	SIL2	2oo3

2.4.2 逻辑控制器

考虑 SIS 系统逻辑控制器属于各 SIF 回路的共用元件，逻辑控制器的 SIL 等级建议按高于装置 SIF 回路最高需求 SIL 等级一级(最高 SIL3)进行设置，如装置 SIF 回路最高 SIL 等级为 SIL2 时，则建议逻辑控制器选择 SIL3 认证的产品。

2.4.3 执行元件

执行元件冗余结构与 SIF 回路 SIL 需求、执行元件 SIL 等级相关，结合执行元件使用工况、现场运行情况、维修测试情况等进行确定。

当执行元件无法满足 SIL 需求时，可考虑采用冗余设置、缩短执行元件检修测试周期、增设部分行程测试等方式增加执行元件的可靠性。

当采用气动或液动阀门作为执行元件时，为避免电磁阀失效造成的执行元件误动作，可考虑采用 2oo2 结构的电磁阀冗余形式。

2.5 安全要求规格书(SRS)

安全要求规格书(SRS)是 SIS 系统全生命周期管理中的重要文件。在危险和风险分析及保护层的安全功能分配完成后，为了达到要求的功能安全，根据要求的 SIF 及其相应的安全完整性规定每个 SIF 的相关要求。

一般可将安全要求规格书分为 SIS 通用功能要求和实现功能安全的硬件、软件、工程、管理、运维等要求。

SIS 系统安全生命周期见图 2-2-10。

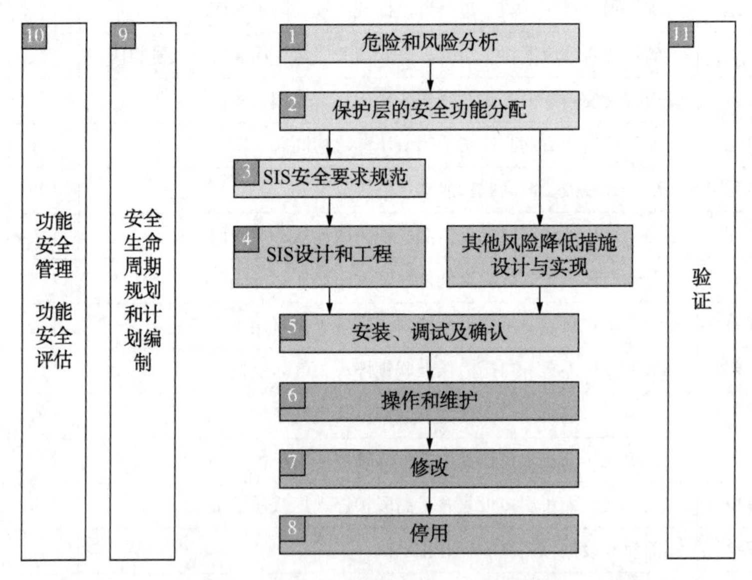

图 2-2-10　SIS 系统安全生命周期

2.5.1 安全要求规格书主要内容

(1) 列出所有 SIF 的功能说明，可采用因果表、逻辑说明或逻辑图。

(2) 列出各 SIF 相关的输入输出设备清单，通过设备位号予以识别。

(3) 识别并考虑共因失效要求。

（4）定义每个已识别的 SIF 的过程安全状态。

（5）定义单个危险事件的过程安全状态，以及多个危险事件同时发生时可能造成的额外风险。如装置跳车时多个设备同时排放至火炬可能产生新的风险。

（6）识别每个 SIF 的危险源，确定危险发生的概率。

（7）确定检验测试间隔的相关要求。

（8）确定检验测试实施的相关要求。

（9）确定每个 SIF 的响应时间要求。通常 SIF 的响应时间是指从信号检测、逻辑处理到最终元件动作完成的响应时间之和。

（10）列出每个 SIF 的 SIL 等级和操作模式（如要求模式、连续模式）。

（11）列出 SIS 过程测量形式、量程范围、精确度等级及联锁设定值等。

（12）列出 SIF 过程输出动作及成功操作的标准，如控制阀的泄漏等级。

（13）说明每个 SIF 输入与输出之间的功能关系，如逻辑关系、数学函数关系及允许触发条件等。

（14）说明每个 SIF 手动停车要求，如控制室或现场手动关闭某台设备。

（15）说明每个 SIF 得/失电联锁停车的相关要求。

（16）说明每个 SIF 停车后的复位要求，如停车后最终元件手动、半自动或自动复位。

（17）说明 SIF 最高允许的误停车率。

（18）说明每个 SIF 的失效模式和 SIS 的预期响应，如报警、自动停车等。

（19）说明 SIS 启动及重启程序的具体要求。

（20）说明 SIS 与其他系统之间的接口要求，如过程接口、通信接口、人机接口等。

（21）说明装置各种运行模式及每种模式下 SIF 操作的相关要求。装置运行模式通常包括开车、正常、牌号切换、其他特殊操作模式（如重启、火灾、低负荷等）。

（22）识别装置内某单元或设备的正常和异常过程操作模式，说明是否需要额外增加 SIF。

（23）说明旁路要求及旁路期间的管理要求，如维护旁路、操作旁路等。

（24）说明 SIS 检测到故障事件时，为达到或保持过程的安全状态需采取的必要措施，及所有相关的人为因素。

（25）确定 SIS 合理的 MTTR，综合考虑备品备件存储、地理位置、路程时间、服务合同、环境限制等。

（26）识别需要避免的 SIS 输出状态的关联危险。

（27）识别在运输、储存、安装及运行过程中 SIS 可能遇到的所有极端环境条件，如温度、湿度、污染物、接地、电磁干扰（EMI）、射频干扰（RFI）、冲击、振动、静电、防爆、雷电、洪涝、腐蚀及其他相关因素。

（28）确定在发生重大事故时所需任何 SIF 的要求，如控制阀在发生火灾事故时保持正常操作的时间、电缆的防火要求等。

2.5.2 应用程序的安全要求

（1）列出应用程序支持的 SIF 功能及 SIL 等级。

（2）列出实时性能参数，如 CPU 负荷、通信负荷等。

（3）说明程序时序及时间延迟。

(4) 说明设备和操作员接口及其可操作性。

(5) 确定各种运行模式应用程序的要求。

(6) 确定对异常测量结果，如传感器超量程、变动幅度过大、测量值冻结、检测线路开路/短路等，应采取的措施。

(7) 确定应用程序运行所需的外部设备(如传感器和最终元件)的检验测试及诊断要求。

(8) 说明应用程序的监控，如应用看门狗、数据有效性确认。

(9) 说明 SIS 内其他设备的监控，如传感器、最终元件。

(10) 确定在工艺运行时 SIF 实施周期性测试的相关要求。

(11) 列出参考输入文件，如 SIF 清单、SIS 配置或结构、SIS 硬件安全完整性要求。

(12) 确定对通信接口的要求，如对接收和发送的数据或指令的限制措施、数据有效性检查。

(13) 识别并避免应用程序产生的过程危险状态，如同时关闭两个气体隔离阀可能产生压力波动，从而导致危险状态。

(14) 确定应用程序的其他安全要求，如联锁设定值的修改保护措施、应用程序的响应时间、功能验收测试、变更管理等。

2.6 SIL 评估案例

本节点以裂解炉汽包液位低低联锁单炉全部停车为例进行 SIL 定级及 SIL 验算。

联锁描述：联锁裂解炉汽包液位低低(LZSLL01001A/B/C)联锁单炉全部停车(关原料切断阀 XZV01020、燃料气切断阀 XZV01081/2、氨气切断阀 XZV01051)。

2.6.1 SIL 定级分析案例

(1) SIF 回路辨识

该联锁执行元件存在保护多个不同场景的动作，因此需对联锁进行 SIF 回路辨识。SIF 回路辨识是依据 SIF 回路的定义，依据各执行元件保护的场景不同，对复杂联锁进行拆分，并依据拆分结果进行 SIL 定级及验证等工作。以上述的裂解炉汽包液位低低联锁为例，SIF 回路辨识结果见表 2-2-21。

表 2-2-21 SIF 回路辨识案例

SIF 编号	执行元件	保护危险场景	后果等级
SIF01	关燃料气切断阀 XZV01081/2(1oo2)	汽包液位进一步下降，严重时干锅，再进水时发生物料爆炸，人员伤亡	D
SIF02	关原料切断阀 XZV01020(1oo1)	裂解炉火焰熄灭，未反应原料进入后续系统，影响装置正常生产，物料损失	B
SIF03	关氨气切断阀 XZV01051(1oo1)	裂解炉火焰熄灭，烟气中断，氨气继续进入，造成物料损失，环境污染	C

(2) SIL 定级(LOPA)

采用 LOPA 分析对拆分后的各 SIF 回路进行 SIL 定级。SIL 定级分析表格见表 2-2-22~表 2-2-24。

表 2-2-22　SIF01 定级分析表

SIF 描述：裂解炉汽包液位低低联锁关闭燃料气切断阀				
1. SIF 回路定级结果				
最终 SIL 级别	SIL2	风险降低倍数	130	
2. 危险事件评估				
分组 1				
后果描述(分组 1)	汽包高温干锅，设备损坏，二次进水时易导致汽包撕裂爆炸。			
后果等级	健康与安全(S)	财产损失(A)	非财产性与社会影响(R)	
	D	C	B	
名称	**描述**	**频率/概率值**		
初始事件(1)	管网锅炉给水流量过低	0.01		
修正因子		S	A	R
使能条件：高温条件下二次进水概率		0.1	0.1	0.1
条件概率	考虑点火概率			
	考虑人员暴露概率			
独立保护层				
高压汽包设液位报警		0.1	0.1	0.1
名称	**描述**	**频率/概率值**		
初始事件(2)	急冷换热器或对流段锅炉给水管线泄漏	0.1		
修正因子		S	A	R
使能条件：高温条件下二次进水概率		0.1	0.1	0.1
条件概率	考虑点火概率			
	考虑人员暴露概率			
独立保护层				
高压汽包设液位报警		0.1	0.1	0.1
名称	**描述**	**频率/概率值**		
初始事件(3)	锅炉给水流量控制回路故障	0.1		
修正因子		S	A	R
使能条件：高温条件下二次进水概率		0.1	0.1	0.1
条件概率	考虑点火概率			
	考虑人员暴露概率			
独立保护层				
高压汽包设液位报警		0.1	0.1	0.1
锅炉给水阀最小流量限位保护		0.1	0.1	0.1
名称	**描述**	**频率/概率值**		
初始事件(4)	高压汽包液位控制回路故障	0.1		
修正因子		S	A	R
使能条件：高温条件下二次进水概率		0.1	0.1	0.1
条件概率	考虑点火概率			
	考虑人员暴露概率			
独立保护层				
高压汽包设液位报警		0.1	0.1	0.1

续表

SIF 回路频率计算			
未减缓前的累积发生频率	1.30E-003	1.30E-003	1.30E-003
未减缓前的风险等级	D5	C5	B5
目标风险等级	D2	C5	B5
风险降低倍数(RRF≥)	130	0.13	0.13
SIL 级别	SIL2	SIL0	SIL0
分组 1 SIL 级别	SIL2		
SIF 回路最终 SIL 级别	SIL2		

表 2-2-23　SIF02 定级分析表

SIF 描述：裂解炉汽包液位低低联锁关闭原料切断阀				
1. SIF 回路定级结果				
最终 SIL 级别	SIL0	风险降低倍数	0.22	
2. 危险事件评估				
分组 1				
后果描述(分组 1)	裂解炉火焰熄灭，未反应原料进入后续系统，影响装置正常生产，物料损失			
后果等级	健康与安全(S)	财产损失(A)	非财产性与社会影响(R)	
	A	B	A	
名称	**描述**	**频率/概率值**		
初始事件(1)	管网锅炉给水流量过低	0.01		
修正因子		S	A	R
使能条件：				
条件概率	考虑点火概率			
	考虑人员暴露概率			
独立保护层				
高压汽包设液位报警		0.1	0.1	0.1
名称	**描述**	**频率/概率值**		
初始事件(2)	急冷换热器或对流段锅炉给水管线泄漏	0.01		
修正因子		S	A	R
使能条件：				
条件概率	考虑点火概率			
	考虑人员暴露概率			
独立保护层				
高压汽包设液位报警		0.1	0.1	0.1
名称	**描述**	**频率/概率值**		
初始事件(3)	锅炉给水流量控制回路故障	0.1		
修正因子		S	A	R
使能条件：				
条件概率	考虑点火概率			
	考虑人员暴露概率			
独立保护层				
高压汽包设液位报警		0.1	0.1	0.1

续表

名称	描述	频率/概率值		
初始事件(4)	高压汽包液位控制回路故障	0.1		
修正因子		S	A	R
使能条件:				
条件概率	考虑点火概率			
	考虑人员暴露概率			
独立保护层				
高压汽包设液位报警		0.1	0.1	0.1
SIF 回路频率计算				
未减缓前的累积发生频率		2.20E-002	2.20E-002	2.20E-002
未减缓前的风险等级		A6	B6	A6
目标风险等级		A6	B6	A6
风险降低倍数(RRF≥)		0.22	0.22	0.22
SIL 级别		SIL0	SIL0	SIL0
分组 1 SIL 级别		SIL0		
SIF 回路最终 SIL 级别		SIL0		

表 2-2-24　SIF03 定级分析表

SIF 描述：裂解炉汽包液位低低联锁关闭脱硝氨气切断阀				
1. SIF 回路定级结果				
最终 SIL 级别	SIL0	风险降低倍数	2.2	
2. 危险事件评估				
分组 1				
后果描述(分组 1)	裂解炉火焰熄灭，烟气中断，氨气继续进入，造成物料损失，环境污染			
后果等级	健康与安全(S)	财产损失(A)	非财产性与社会影响(R)	
	A	A	C	
名称	**描述**	**频率/概率值**		
初始事件(1)	管网锅炉给水流量过低	0.01		
修正因子		S	A	R
使能条件:				
条件概率	考虑点火概率			
	考虑人员暴露概率			
独立保护层				
高压汽包设液位报警		0.1	0.1	0.1
名称	**描述**	**频率/概率值**		
初始事件(2)	急冷换热器或对流段锅炉给水管线泄漏	0.01		
修正因子		S	A	R
使能条件:				
条件概率	考虑点火概率			
	考虑人员暴露概率			
独立保护层				
高压汽包设液位报警		0.1	0.1	0.1

续表

名称	描述	频率/概率值		
初始事件(3)	锅炉给水流量控制回路故障	0.1		
修正因子		S	A	R
使能条件:				
条件概率	考虑点火概率			
	考虑人员暴露概率			
独立保护层				
高压汽包设液位报警		0.1	0.1	0.1
名称	**描述**	**频率/概率值**		
初始事件(4)	高压汽包液位控制回路故障	0.1		
修正因子		S	A	R
使能条件:				
条件概率	考虑点火概率			
	考虑人员暴露概率			
独立保护层				
高压汽包设液位报警		0.1	0.1	0.1
SIF 回路频率计算				
未减缓前的累积发生频率		2.20E-002	2.20E-002	2.20E-002
未减缓前的风险等级		A6	A6	C6
目标风险等级		A6	A6	C5
风险降低倍数(RRF≥)		0.22	0.22	2.2
SIL 级别		SIL0	SIL0	SIL0
分组 1 SIL 级别		SIL0		
SIF 回路最终 SIL 级别		SIL0		

各 SIF 回路的 SIL 定级结果见表 2-2-25。

表 2-2-25　SIL 定级结果汇总表

SIF 编号	SIF 描述	SIL 等级
SIF01	裂解炉汽包液位低低联锁关燃料气切断阀 XZV01081/2(1oo2)	SIL2
SIF02	关原料切断阀 XZV01020(1oo1)	SIL0
SIF03	关氨气切断阀 XZV01051(1oo1)	SIL0

2.6.2　SIL 验证计算案例

依据表 2-2-26，选取 SIL2 等级的 SIF01 回路进行 SIL 验证。

采用中国石化安全风险评估管理平台(PHAMS)仪表失效数据库中的失效数据进行 SIL 验算，各元件失效数据如下：

传感元件部分硬件冗余结构为 2oo3，逻辑控制器硬件冗余结构为 2oo3，执行元件硬件冗余结构为 1oo2。以可靠性框图为例进行 SIL 验算，分别将失效数据代入以下计算公式：

2oo3 结构：

$$PFD_{avg}=6[(1-\beta_D)\cdot\lambda_{DD}+(1-\beta)\cdot\lambda_{DU}]^2 t_{CE}t_{GE}+\beta_D\lambda_{DD}MTTR+\beta\lambda_{DU}(T_1/2+MTTR)$$

1oo2 结构：

$$PFD_{avg}=2(1-\beta)\cdot\lambda_{DU}[(1-\beta)\cdot\lambda_{DU}+(1-\beta_D)\cdot\lambda_{DD}+\lambda_{SD}]t'_{CE}t'_{GE}+\beta_D\lambda_{DD}MTTR+\beta\lambda_{DU}(T_1/2+MTTR)$$

表 2-2-26　SIS 仪表失效数据表

项　目	仪表名称	厂家	类型	DD	DU	SD	SU	R
传感元件	导压元件	Yokogawa EJA Remote Seal，Normal Service	A	0	78	0	0	19
	液位仪表	Yokogawa EJA DP&P E&J Series	B	348	36	0	55	0
	中间元件	MTL 5041	A	93	34	42	0	151
逻辑控制器	逻辑控制器	Triconex Tricon	B	3020	62. 2	4130	73. 2	0
执行元件	继电器	Weidmuller Relay Module WRS-24VDC output	A	0	2	0	103	24
	执行机构/阀体	Flowserve 385300 + P3 Actuator	A	0	962	0	303	3460

根据 SIL 验算，可得到各部分的 PFD_{avg} 及结构约束，SIL 验算结果见表 2-2-27。根据 SIL 验算结果，该 SIF 回路现有结构与仪表配置可满足目标 SIL 等级及风险降低倍数要求。

表 2-2-27　SIL 验算结果表

SIF01 验算结果				
项　目		验算结果	定级结果	是否符合
SIL 等级		SIL2	SIL2	是
风险降低倍数 RRF		540	130	是
部件	PFD_{avg}		结构约束	MTTFs
传感元件	$2.12e^{-4}$	SIL3	SIL3	$1.96e^{4}$
逻辑控制器	$1.11e^{-6}$	SIL3	SIL3	$1.06e^{1}$
执行元件	$1.61e^{-3}$	SIL2	SIL3	$1.45e^{2}$
总回路	$1.85e^{-3}$	SIL2	SIL3	9. 78

2. 6. 3　SRS 案例

以 SIF 回路裂解炉汽包液位低低联锁关燃料气切断阀为例编制 SRS。SRS 按填写内容分为 SIS 通用要求、SIF 回路要求、仪表要求三部分，见表 2-2-28～表 2-2-30。

表 2-2-28　SIS 通用要求

1	文档	HAZOP 分析	HZ-001(2023 年 8 月)
		SIL 评估	SIL-001(2023 年 8 月)
		SIS 变更管理要求	安全仪表系统变更管理规定(2022 年)
		SIS 维护要求	安全仪表系统运行维护管理规定(2022 年)
2	启动和重启 SIS 系统程序相关的任何特殊要求		装置运行阶段不允许重启 SIS 系统

续表

3	SIS 和其他系统间的接口(包括 BPCS 和操作员)	传感元件的信号通信至 BPCS 显示并报警; 操作员在 SIS 操作站上可查看 SIF 回路报警及联锁信号，但不应修改报警、联锁点及联锁逻辑
4	软件要求：设备和操作员接口及其可操作性	操作员在 SIS 操作站上可查看 SIF 回路报警及联锁信号，但不应修改报警、联锁点及联锁逻辑; 当需修改报警、联锁点或联锁逻辑时，仅允许在工程师站上进行修改。如需进行在线下装，应根据 SIS 系统供应商提供的在线安全下装程序的方法进行
5	SIS 可能遇到的所有极端环境条件，需考虑的有：温度、湿度、污染、接地、电磁干扰/视频干扰(EMI/RFI)、冲击/振动、静电放电、用电区等级、水淹、雷电和其他有关因素	考虑雷电对现场仪表的抗电磁干扰要求，输入信号通道、仪表供电电源、SIS 系统供电电源、与 BPCS 通信接口需设置电涌保护器
6	特殊要求	无特殊要求

表 2-2-29　SIF 回路要求

位号	SIF01	联锁号	Z-0101
SIF 说明	裂解炉汽包液位低低联锁关燃料气切断阀		
类别	工艺联锁	设备名称/位号:	裂解炉 H-0101
需求的 SIL 等级	SIL2	需求的 RRF	130
允许的最高误停车率	0.05 次/a	计算 MTTR	9.78 年
操作模式	低要求模式	得电或失电联锁的相关要求	失电联锁
保护层分析(LOPA)描述	裂解炉汽包液位低低导致汽包高温干锅，设备损坏，二次进水时易导致汽包撕裂爆炸		
逻辑运行	SIF 正常/异常模式	无异常模式要求	
	SIF 的特殊模式(开车/顺控等)	汽包建立液位后联锁投用	
	过程安全状态	联锁触发后，燃料气阀门在过程安全时间内达到关闭位置	
过程安全时间	过程安全时间	30s	
	SIF 响应时间	10s	
测试	检验测试间隔	传感元件：48 月 逻辑控制器：48 月 执行元件：48 月	
	测试程序(参考)	燃料气切断阀需进行泄漏测试，保证阀门关闭状态下的泄漏量	
复位要求	复位	联锁触发后，应确认汽包液位恢复至联锁液位以上，裂解炉炉膛可燃气体含量在安全范围以内	
注释	意外事故时 SIF 要求	裂解炉异常工况时，现场设置紧急停车按钮，按钮与裂解炉保证 15m 以上距离，可现场紧急停炉	

表 2-2-30 仪表要求

传感元件部分			
位号	LZSLL01001A/B/C	说明	裂解炉汽包液位
表决逻辑	2oo3	设备类型	差压变送器
是否考虑共因失效	仪表信号现场接入不同接线箱	在线诊断要求	SIL 验证模块
特殊工况说明	无		
检验测试间隔	48 月	测试程序	检测仪表范围、偏差、报警点
维护旁路	有	旁路要求	仪表旁路时应加强裂解炉汽包液位监控
SIS 系统对元件故障的响应	元件检测故障后，系统输出低信号	检测到故障后的相关要求	BPCS 操作站报警
信号范围检查	有	瞬变信号过滤	有
SIS 过程测量的描述（范围、精度、联锁点、仪表选型要求等）	LZSLL01001A/B/C： 膜盒式差压液位计，EEx ia IICT4 0~2.5m，精度±0.075%F.S.，测量元件材质 316L		
逻辑控制器部分			
设备类型	PES		
检验测试间隔	48 月	测试程序	SIS 系统点检程序
是否考虑共因失效	多个输入信号分别进入 SIS 系统不同卡件； 系统采用 UPS 双回路供电		
其他要求	无要求		
执行元件部分			
位号	XZV01081/2	说明	裂解炉燃料气阀
表决逻辑	1oo2	设备类型	气动球阀(气缸式)
是否考虑共因失效	无		
检验测试间隔	48 月	测试程序	阀门密封性能测试
特殊工况说明	无	是否紧密关断	无
动作方式	联锁关	动作时间	10s
部分行程测试	无要求	测试间隔	无要求
是否安全关键设备	是		
为避免重大事故损失对最终元件的要求		现场火灾工况下，阀门电缆考虑防火要求；失气或失电情况下，阀门自动置于安全位置	

第3章　乙烯装置定量风险评估

定量风险评估(Quantitative Risk Assessment，简称 QRA)是对某一设施或作业活动中发生事故频率和后果进行定量分析，并与风险可接受标准比较的系统方法。定量风险评估在分析过程中，不仅要求对事故的原因、过程、后果等进行定性分析，而且要求对事故发生的频率和后果进行定量计算，并将计算出的风险与风险标准相比较，判断风险的可接受性，提出降低风险的建议措施。

定量后果计算是定量风险评估的重要组成部分之一，根据收集的资料数据，获取定量后果计算的相关信息；通过危害辨识，识别可能的危害因素和泄漏失效事件；辨识点火源，确定受限空间，根据识别出的各种泄漏失效事件，对后果进行模拟和分析，包括泄漏与释放、气云扩散、火灾分析、爆炸分析以及暴露影响等，分析对人员、设备设施以及建筑物等造成的影响。

3.1　泄漏与释放

泄漏位置应根据设备(设施)实际情况确定，每个场景有对应的泄漏位置，该位置由相对于周围区域的位置和高度决定。泄漏方向应根据设备(设施)安装的实际情况和周边阻塞情况确定，泄漏方向宜为水平方向，与风向相同。储罐区、装卸区宜按照无阻挡释放分析，中等及以上阻塞程度的装置区宜按照有阻挡释放分析，判断阻挡释放的方法应满足《化工企业定量风险评价导则》(AQ/T 3046)的规定。根据实际工艺条件确定最大泄漏时间，最大泄漏时间不宜超过30min。

3.1.1　液体泄漏

液体经容器或管道上的孔泄漏时，液体泄漏速率计算见式(1-3-1)。

$$Q_{\mathrm{m}}=\rho A C_0\sqrt{2\left(\frac{p-p_0}{\rho}+g h_{\mathrm{L}}\right)} \tag{1-3-1}$$

式中　Q_{m}——质量流量，kg/s；

p——储罐内液体压力，Pa；

p_0——环境压力，Pa；

C_0——液体泄漏系数；

g——重力加速度，m/s^2，一般取9.8；

A——泄漏孔面积，m^2；

ρ——液体密度，kg/m^3；

h_{L}——泄漏孔上方液体高度，m。

C_0是雷诺准数和孔直径的函数，对于锋利的孔和雷诺准数大于30000时，液体泄漏系数近似取0.61。对于这种情况，液体的流出速率不依赖于裂口的尺寸；对于圆滑喷嘴，液体泄漏系数可近似取1；对于与容器相连的管嘴(即长度与直径之比不小于3)，液体泄漏系数近似取0.81。

长管道泄漏模型应分析输送压力对泄漏的影响，可采用瞬态模型计算。当泵下游管道发生断裂时，如果物料泄漏量由输送泵确定，最大泄漏速率不应超过1.5倍泵输送量。

应根据泄漏时的流体特性，分析液体喷射或形成液池的影响。如果存在围堰、防护堤等拦蓄区，且泄漏的物质不会溢出拦蓄区时，液池最大半径为拦蓄区的等效半径。液池蒸发速率可采用瞬态液池模型或CFD模型计算。也可采用简化的稳态液池模型模拟，稳态液池蒸发模型见式(1-3-2)。

对于挥发性液体(蒸气压<0.04MPa)：

$$\dot{m}=0.002\times u^{0.78}\times r^{-0.11}\frac{M_{w}\times 10^{5}}{R\times T}\times\ln\left(\frac{1}{1-10^{-5}p}\right) \tag{1-3-2}$$

式中 $\dot{m}$——液池蒸发速率，kg/(s·m²)；

u——10m高度的风速，m/s；

M_w——液体的相对分子质量，g/mol；

R——气体常数，8.314J/(mol·K)；

p——蒸气压力，Pa；

r——液池半径，m。

对于沸腾液体(常压沸点<环境温度)，见式(1-3-3)。

$$\dot{m}=1.597\times 10^{-6}\times(514.2-T_{b})M_{w}e^{-0.0043T_{b}} \tag{1-3-3}$$

式中 T_b——常压沸点，K。

对于液池深度：摩尔质量≤180，最小液池深度为0.02m；摩尔质量>180，最小液池深度为0.08m。

3.1.2 气体泄漏与释放

压力容器或压力管道的孔泄漏的初始最大泄漏流量计算见式(1-3-4)。

当式(1-3-4)成立时，气体流动属音速流动；当式(1-3-5)成立时，气体流动属亚音速流动。

$$\frac{p_0}{p}\leq\left(\frac{2}{\gamma+1}\right)^{\frac{\gamma}{\gamma-1}} \tag{1-3-4}$$

$$\frac{p_0}{p}>\left(\frac{2}{\gamma+1}\right)^{\frac{\gamma}{\gamma-1}} \tag{1-3-5}$$

式中 p_0——环境压力，Pa；

p——容器内介质压力，Pa；

γ——绝热指数。

音速流动的气体泄漏质量流量为

$$Q=C_{d}Ap\sqrt{\frac{M\gamma}{R_{g}T}\left(\frac{2}{\gamma+1}\right)^{\frac{\gamma+1}{\gamma-1}}} \tag{1-3-6}$$

亚音速流动的气体泄漏质量流量为

$$Q=YC_{d}Ap\sqrt{\frac{M\gamma}{R_{g}T}\left(\frac{2}{\gamma+1}\right)^{\frac{\gamma+1}{\gamma-1}}} \tag{1-3-7}$$

式中　Q——气体泄漏质量流量，kg/s；

C_d——气体泄漏系数，与泄漏孔形状有关，泄漏孔形状假定为圆形，取1.0；

A——泄漏孔面积，m^2；

p——容器内介质压力，Pa；

M——泄漏气体或蒸气的摩尔质量，kg/mol；

R_g——理想气体常数，J/(mol·K)；

T——气体温度，K。

Y为流出系数，按式(1-3-8)计算：

$$Y=\left[\frac{p_0}{p}\right]^{\frac{1}{\gamma}}\times\left\{1-\left[\frac{p_0}{p}\right]^{\frac{(\gamma-1)}{\gamma}}\right\}^{\frac{1}{2}}\times\left\{\left[\frac{2}{\gamma-1}\right]\times\left[\frac{\gamma+1}{2}\right]^{\frac{(\gamma+1)}{(\gamma-1)}}\right\}^{\frac{1}{2}} \tag{1-3-8}$$

根据理想气体定律，容器中的气体比体积(1/密度)为

$$v_0=\frac{8314\ T_0}{p_0M_w} \tag{1-3-9}$$

式中　v_0——气体比体积，m^3/kg；

T_0——容器温度，K；

p_0——容器中气体压力，Pa；

M_w——气体摩尔质量，kg/mol。

通过PRV限制的气体流动为音速流动，质量流量为

$$\dot{m}=A_1C_d\left[\frac{p_0\gamma}{v_0}\left(\frac{2}{\gamma+1}\right)^{\left(\frac{\gamma+1}{\gamma-1}\right)}\right]^{\frac{1}{2}} \tag{1-3-10}$$

式中　$\dot{m}$——质量流量，kg/s；

A_1——PRV限制面积，m^2；

C_d——泄漏系数，PRV释放取0.9。

PRV限制处的气体速度为

$$u_1=\frac{\dot{m}v_1}{C_dA_1} \tag{1-3-11}$$

首先假设泄压管道为拉瓦尔喷嘴，假设是等熵流动，出口速度u_2为

$$\frac{1}{2}u_2{}^2=\frac{1}{2}u_1{}^2+\frac{\gamma}{1-\gamma}\left(p_1v_1{}^{\gamma}\left[\frac{A_2u_2}{\dot{m}}\right]^{1-\gamma}-p_1v_1\right) \tag{1-3-12}$$

其中，出口压力p_2为

$$p_2=\frac{p_1v_1{}^{\gamma}}{\left(\frac{u_2A_2}{\dot{m}}\right)^{\gamma}} \tag{1-3-13}$$

式中　A_2——泄压管道面积，m^2。

如果从上述两个方程计算的 p_2 压力小于大气压 p_{atm}，那么上述两个方程是无效的，并且气体在泄压管道中的泄放过程不是等熵流动。在这种情况下，气体流动是绝热但不可逆的，并且：

$$p_2 = p_{atm} \tag{1-3-14}$$

$$u_2 = \frac{\gamma}{1-\gamma}\left(\frac{A_2 p_2}{\dot{m}}\right) + \left(\frac{\gamma^2 {A_2}^2 {p_2}^2}{(1-\gamma)^2 \dot{m}^2} + {u_1}^2 - \left(\frac{2\gamma}{1-\gamma}\right) p_1 v_1\right)^{\frac{1}{2}} \tag{1-3-15}$$

如果 $p_2 > p_{atm}$，那么气体在孔口的下游进一步泄放。

对于长管道气体泄漏，应分析管道沿程压力降和管道内气体压力降低对泄漏流量的影响，可采用有效稳态流量近似随时间变化的泄漏流量，有效稳态流量计算过程如下：

$$\dot{m}_R = \alpha \cdot Q_{max} \geqslant \dot{m}_0 \frac{A_h}{A_0} \tag{1-3-16}$$

$$\alpha = 1 - \frac{2A_h}{3A_0} \geqslant \frac{1}{3} \tag{1-3-17}$$

$$M_R = \min(M_0 + \dot{m}_0 t_1,\ M_0 + \dot{m}_R t_1) \quad d_{hole} > 5\text{mm} \tag{1-3-18}$$

$$M_R = \dot{m}_R t_2 \quad d_{hole} \leqslant 5\text{mm} \tag{1-3-19}$$

式中 $\dot{m}_R$——有效稳态泄漏流量，kg/s；

$\dot{m}_0$——管道的正常输送流量，kg/s；

Q_{max}——最大初始泄漏流量，kg/s；

A_h——泄漏孔的面积，m^2；

A_0——管道的横截面积，m^2；

α——速率衰减因子；

M_R——最大泄漏存量，kg；

M_0——泄漏孔上下游截断阀之间的管内存量，kg；

t_1——从泄漏发生到截断阀关闭的时间，s；

t_2——从泄漏发生到泄漏停止(完成抢修)的时间，s。

3.1.3 两相流喷射释放

当液体储存温度高于常压沸点时或液体为高蒸气压饱和态时，液体释放过程中应分析两相流。两相流喷射释放可采用 HEM 两相泄漏模型，也可采用下列简化算法：

$$p_{cr} = 0.55 p_1 \tag{1-3-20}$$

在塞流条件下($p_{cr} < p_{vo}$，$\dot{m}_R > \dot{m}_{c1}$)：

$$\dot{m}_R = C_d A_h [2\rho_m (p_1 - p_{cr})]^{\frac{1}{2}} \tag{1-3-21}$$

$$\rho_m = \left[\frac{F_{vap}}{\rho_v} + \frac{1-F_{vap}}{\rho_1}\right]^{-1} \tag{1-3-22}$$

$$F_{vap} = \frac{(T_1 - T_c) c_p}{H_{vap}} \tag{1-3-23}$$

式中 p_{cr}——泄漏点处的临界压力，Pa；

p_{vo}——泄漏物料的内部蒸气压，Pa；

p_1——泄漏点处的内压，Pa；

ρ_m——泄漏物料的密度，kg/m^3；

ρ_v——闪蒸气体的密度，kg/m^3；

ρ_l——液体的密度，kg/m^3；

F_{vap}——泄漏液体的质量闪蒸比例；

T_1——储存温度，K；

T_c——泄漏液体在临界压力下的沸点，K；

H_{vap}——泄漏液体的蒸发热，kJ/kg；

c_p——泄漏液体的定压比热容，kJ/(kg · K)；

$\dot{m}_{c1}$——$p_1=p_{vo}/0.55$，按照 10.2.2.1 计算的泄漏流量，kg/s。

对于过渡状态（$p_{cr}<p_{vo}$，$\dot{m}_R \leqslant \dot{m}_{c1}$）：

$$\dot{m}_R = \dot{m}_{c1} \tag{1-3-24}$$

总的有效气体释放流量为

$$\dot{m}_{RG} = \frac{2(T_1 - T_b c_p \dot{m}_R)}{H_{vap}} \tag{1-3-25}$$

保持为液体的释放流量为

$$\dot{m}_{RL} = \dot{m}_R - \dot{m}_{RG} \tag{1-3-26}$$

3.2 气云扩散

气云扩散需要分析主动喷射、膨胀、重力沉降、空气卷吸、云团受热、被动扩散等不同阶段，根据气体的密度、温度、地形及建筑物条件、周边环境和评估目的选择不同的箱模型及相似模型、浅层模型、CFD 或试验等。

当需要评估障碍物或明显的地形变化的复杂扩散过程时，应采用 CFD 模型或试验。当存在剧毒化学品，且通过经验模型确定的可信事故下 ERPG-2 的最大影响范围超过 1km 时，宜通过试验确定外部安全距离。

在爆炸分析中，当采用 CFD 气体扩散确定云团的大小、浓度、位置等时，应满足以下基本要求：

① 对评估对象至少选择 3 处泄漏，6 种不同的喷射方向和 1 个弥漫性泄漏扩散；

② 至少分析一种场景，泄漏方向与计算设置的风向相反。

当模拟建筑物内部的物料泄漏引发的气体扩散时，应分析建筑物对扩散的影响，选择模型时应分析以下情况：

① 如果建筑物不能承受物质泄漏带来的压力，可设定物质直接释放到大气中。

② 如果建筑物可承受物质泄漏带来的压力，则室外扩散应分析建筑物以及通风系统的影响。

当需要评估外部扩散的气体进入建筑内部时，应分析：

① 当可燃气体能够进入人员集中建筑物内部时，需要分析建筑物内部发生 VCE 的

影响。

② 当有毒气体能够进入人员集中建筑物内部时，需要分析室内人员的中毒风险。室内气体浓度随时间的变化可采用数值模拟确定或采用式(1-3-27)计算：

$$c_i(t)=c_0[1-\exp(-\gamma\times t)] \tag{1-3-27}$$

式中 $c_i(t)$——在时间 t 时室内的毒气体浓度，mg/m³；

c_0——室外的浓度，mg/m³；

γ——每小时换气次数，默认为 3 次/h；

t——毒性物质到达建筑物后的持续时间，h。

对于高压气体音速喷射，需要分析激波过程，见图 1-3-1。可采用简化的解析模型计算假设的等量喷射出口的相关参数，作为气体在大气环境中扩散研究的输入条件。

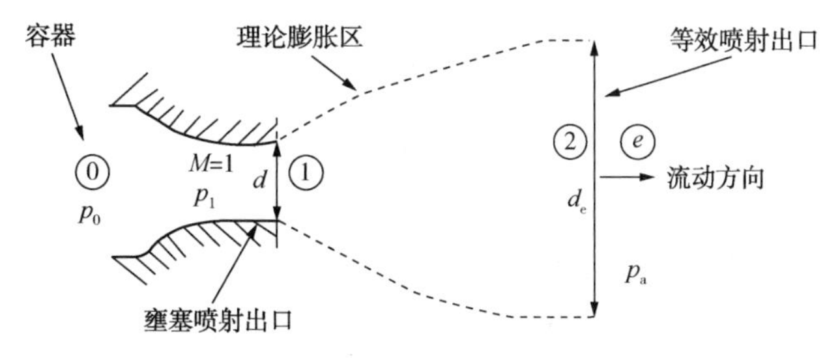

图 1-3-1 高压气体喷射激波过程示意图

（1）计算等量的等效喷射出口温度T_e和等效喷射出口速度u_e

$$T_e=T_1+\frac{1}{2c_P}(u_1^2-u_e^2) \tag{1-3-28}$$

$$u_e=u_1C_D+\frac{(p_1-p_a)}{\rho_1u_1C_D} \tag{1-3-29}$$

$$c_P=\frac{\gamma R_{gas}}{\gamma-1} \tag{1-3-30}$$

$$p_1=p_0\left(\frac{2}{\gamma+1}\right)^{\frac{\gamma}{\gamma-1}} \tag{1-3-31}$$

$$\rho_1=\frac{p_0}{R_{gas}T_0}\left(\frac{2}{\gamma+1}\right)^{\frac{1}{\gamma-1}} \tag{1-3-32}$$

$$u_1=\sqrt{\frac{2\gamma}{\gamma+1}R_{gas}T_0} \tag{1-3-33}$$

式中 T_e——假设的等效喷射出口气体温度，K；

T_1——界面 1 壅塞流气体的温度，K；

c_p——气体的定压比热容，J/(kg·K)；

u_1——界面 1 壅塞流气体的速度，m/s；

u_e——等效喷射出口的气体速度，m/s；

C_d——气体泄漏系数；

p_1——界面 1 的气体压力，Pa；

ρ_1——密度，kg/m³；

p_a——大气环境压力，Pa；

γ——气体绝热指数；

R_{gas}——喷射气体的气体常数，J/(mol·K)；

p_0——工艺设备内压缩气体的压力，Pa。

（2）等效喷射出口的密度ρ_e

$$\rho_e=\frac{p_a}{R_{gas}T_e} \tag{1-3-34}$$

式中 ρ_e——等效喷射出口的气体密度，kg/m^3。

（3）等效喷射出口的面积A_e和直径d_e

$$\frac{A_e}{A_1}=\frac{\rho_1^2u_1^2C_D^2}{\rho_e(\rho_1u_1^2C_D^2+p_1-p_a)} \tag{1-3-35}$$

$$\frac{d_e}{d_1}=\sqrt{\frac{A_e}{A_1}} \tag{1-3-36}$$

式中 A_e——等效喷射出口的面积，m^2；

A_d——壅塞喷射出口的面积，m^2；

d_e——等效喷射出口的直径，m；

d_1——壅塞喷射出口的直径，m。

3.3 火灾分析

火灾分析应评估物料泄漏后可能形成的喷射火、池火、火球和闪火的热辐射强度、热剂量、火焰强度等影响。

火灾分析时可根据评估目的和模型的适用范围，选择点源经验模型、固体火焰经验模型、CFD 模型等。当需要详细评估燃烧场、烟雾生成扩散、多点燃烧、火焰侵入、不同风向对火焰热辐射影响和水喷淋水幕系统的火灾减缓作用等情况时，宜采用 CFD 模型。

液池火灾应分别分析早期池火和晚期池火两种情况，可采用液池火灾固体火焰经验模型计算。石油化工火炬系统的热辐射强度可采用《石油化工可燃性气体排放系统设计规范》(SH 3009—2013)中的点源模型确定。LPG 容器发生 BLEVE 时，将产生火球，火球的相关参数可由火球的半径、时间、抬升高度等确定。

3.4 爆炸分析

爆炸分析应分析可能发生的 VCE、爆炸物爆炸、非反应性介质的压力容器爆裂、BLEVE、反应失控和内部爆炸等。VCE 计算应分析气云的受约束和受阻碍状况，可采用 TNO 多能法、Baker-Strehlow-Tang(BST)、Shell-CAM 或者 CFD 方法等，不应采用 TNT 当量法计算气体爆炸。

当需要详细评估气体爆炸燃烧的过程、建筑物内部 VCE、燃烧场的压力分布、点火源位置的影响、不同设备布局的影响、爆炸的泄放、爆炸减缓措施的作用等情况时宜采用 CFD 模型或实验分析。爆炸物的爆炸分析应采用《危险化学品生产装置和储存设施外部安全防护距离确定方法》(GB/T 37243—2019)中的最严重事故场景。对于储罐发生溢流，如果罐区周边存在爆炸阻塞区，应分析液体溢流过程中蒸发的可燃气体引发的 VCE。

对于多层平台的装置区，可按照下列方法划分爆炸阻塞区：

① 对于两层平台的工艺装置，当隔板采用实心混凝土结构且混凝土地板覆盖 80%以上的阻塞区域时可将混凝土地板分隔的两个平台层划分为两个独立的爆炸阻塞区，可选择其中最严重的爆炸区开展爆炸分析。

② 多层实心混凝土平台的工艺装置，可按照①方法划分爆炸阻塞区，并选择其中最严重的爆炸阻塞区开展爆炸分析。

③ 泄漏扩散分析时应分析每层平台的泄漏源。

3.4.1 TNO 多能法

TNO 模型假设为地面附近或平台处的半球形化学式云团发生爆炸，适用于地面或平台处的 VCE 冲击波计算。

应辨识爆炸阻塞区，当两个区域的最小隔离大于 10 倍阻塞物体的直径或两者之间的距离≥20m，则应划分为两个爆炸阻塞区，也可采用图 1-3-2 中的曲线确定爆炸阻塞区的最小隔离距离。

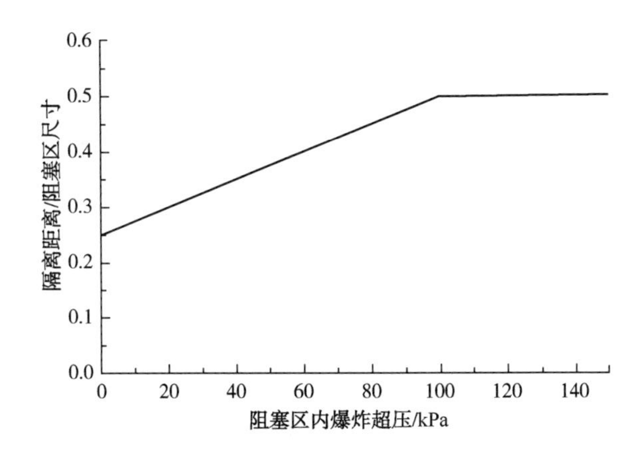

注 1：当爆炸阻塞区(作为爆炸源)内的爆炸压力超过 100kPa 时，则最小隔离距离为 0.5 倍该爆炸阻塞区的尺寸(火焰传播方向的尺寸)；

注 2：当爆炸阻塞区(作为爆炸源)内的爆炸压力低于 10kPa 时，则最小隔离距离为 0.25 倍该爆炸阻塞区的尺寸(火焰传播方向的尺寸)；

注 3：如果两个阻塞区之间有足够宽的设备(火焰传播的横截面方向)连接，则最小隔离距离将显著增加。

图 1-3-2　隔离距离/阻塞区尺寸与阻塞区爆炸超压关系图

爆炸源的强度可采用定性或定量的方法确定。建筑物与爆炸源的距离可采用式(1-3-37)确定，即

$$DS=\left(\frac{3}{2}\times\frac{E}{E_v\times\pi}\right)^{\frac{1}{3}}+DSM \qquad (1-3-37)$$

式中 DS——计算的建筑物点到爆炸阻塞区的距离，m；

DSM——计算的建筑物点到爆炸阻塞区设备边缘的最小距离，m；

E_v——$3.5\times10^6 J/m^3$；

E——爆炸阻塞区内化学式可燃气云的燃烧能，J/m³。

3.4.2 ST 模型

BST 模型将化学式计量浓度云团假设为球形爆炸，爆炸能量应分析爆炸发生的位置影响。可燃气团处于地面附近处时，爆炸能量应分析地面的反射作用，见式(1-3-38)：

$$E = \alpha n \delta M E_v \tag{1-3-38}$$

式中 E——可燃气团的燃烧能，J；

α——反射系数，当云团处于地面附近时，取 2；在空中时取 1~2 之间；

n——可燃物的摩尔数，kmol；

δ——可燃物的化学式浓度比；

M——可燃物的摩尔分子量，kg/kmol；

E_v——可燃物的燃烧热，J/kg。

BST 模型应分析阻塞区的程度、燃料的活性和受约束的程度。阻塞区和燃料活性的划分见表 1-3-1 和表 1-3-2。

表 1-3-1 阻塞程度

阻塞程度	面阻塞率 ABR	几何形状	描述
低	<10%	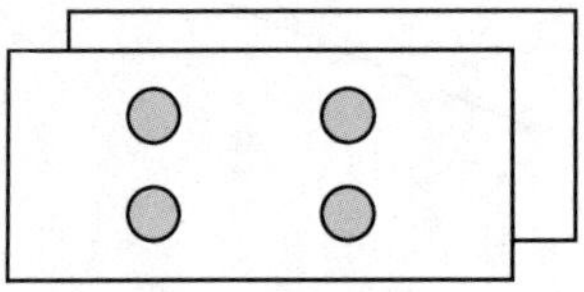	1~2 层障碍物；阻碍物之间的距离大于 8 倍阻碍物的特征直径；人员在该区域容易通行
中	10%~40%	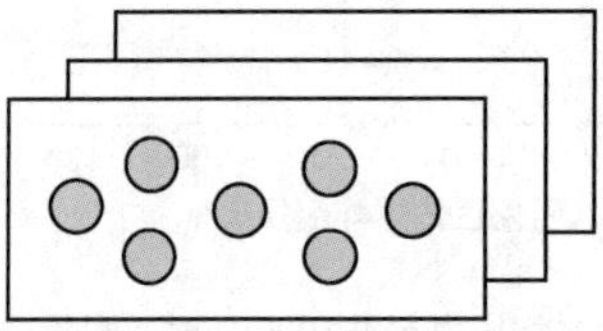	2~3 层障碍物；阻碍物之间的距离约为 4~8 倍阻碍物的特征直径；该区域通行时需要绕道通行
高	>40%	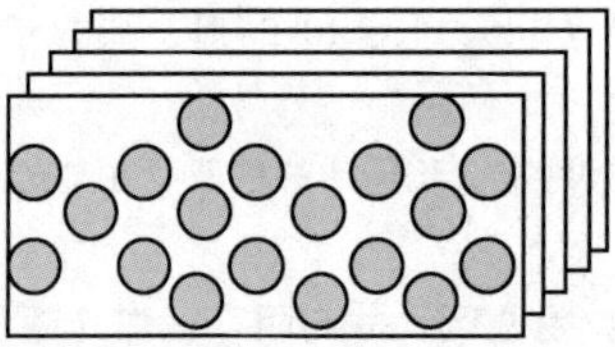	3 层或多层距离很近的障碍物，阻碍物之间的直径小于 4 倍阻碍物的特征直径；人员很难通行

表 1-3-2 燃料活性

燃料活性	层流火焰速度 LFS	物质
高	$LFS>75\text{cm}\cdot\text{s}^{-1}$	乙炔、环氧乙烷、氢气、1-3 环氧丙烷、乙烯
中	$45\text{cm}\cdot\text{s}^{-1}\leqslant LFS\leqslant 75\text{cm}\cdot\text{s}^{-1}$	丙酮、1-3 丁二烯、丙烷
低	$LFS<45\text{cm}\cdot\text{s}^{-1}$	甲烷、一氧化碳

对于混合燃料的活性，可采用式(1-3-39)计算混合物的层流燃烧速度，即

$$u_B = \frac{100}{\frac{x_1}{u_{B1}} + \frac{x_2}{u_{B2}} + \frac{x_3}{u_{B3}} + \cdots\cdots} \quad (1-3-39)$$

式中　u_B——混合物的层流燃烧速度，cm/s；

x_1、x_2、x_3——混合物中每一种物料的摩尔体积占比,%；

u_{B1}、u_{B2}、u_{B3}——混合物中每一种物料的层流燃烧速度，cm/s。

采用 BST 方法时，对于区域边界有高阻塞的障碍物时，爆炸阻塞区间的隔离距离不应小于 9.1m。火焰速度的选择应采用表 1-3-3。

表 1-3-3　火焰速度(马赫数)选择

约束程度	燃料活性	阻塞程度		
		低	中	高
2-D	高	0.59	DDT	DDT
	中	0.47	0.66	1.6
	低	0.079	0.47	0.66
2.5-D	高	0.47	DDT	DDT
	中	0.29	0.55	1.0
	低	0.053	0.35	0.50
3-D	高	0.36	DDT	DDT
	中	0.11	0.44	0.50
	低	0.026	0.23	0.34

DDT：爆燃到爆轰的过渡现象，此时马赫数取 5.2。

2-D：表示火焰在两个方向自由传播，在另一个方面受到限制。

2.5-D：表示火焰在两个方向可自由传播，在另一个方面受到局部限制，局部限制是由于该面脆弱容易被突破。

3-D：表示火焰在所有方向都可以自由传播，没有限制。

3.4.3　压力容器爆裂

压力容器爆裂包括：含有理想气体的压力容器爆裂、含有非理想气体的压力容器爆裂、BLEVE、(放热的)反应失控、含能材料分解和内部爆炸等。不同类型的影响应采用不同的方法计算。

当需要评估容器爆裂影响时，可根据实际条件分析以下三种影响：

① 容器内部介质释放可能产生的危害，如火球热辐射、VCE、闪火或有毒物质扩散；

② 容器碎片抛射的影响；

③ 因压缩介质膨胀产生的爆炸冲击。

容器爆裂时的特征参数可采用表 1-3-4 确定。

表 1-3-4　容器爆裂时的特征失效压力和失效温度

失效原因	失效压力	失效温度
容器腐蚀、材料缺陷、外部撞击、容器疲劳	储存压力或工作压力	储存温度或工艺温度

续表

失效原因	失效压力	失效温度
外部火灾	1.21倍安全阀定压	使用热力学表确定
过度充装(与安全阀故障结合使用)	设计压力×安全系数(通常为2.5)	储存温度或工艺温度
过热(与安全阀故障结合使用)	设计压力×安全系数(通常为2.5)	使用热力学表确定
反应失控	设计压力×安全系数(通常为2.5)	用理想气体定律计算该压力下的气体温度
内部爆炸	气体混合物接近爆炸极限时，采用3~4倍的初始压力； 接近化学式气体混合物时，采用8~10倍的气体初始压力	液体：储存温度或工艺温度； 气体：绝热火焰温度

压力容器爆裂时产生的冲击波影响，可采用经验模型或CFD模型计算。

易燃过热液体容器发生BLEVE事件时，应分析爆炸冲击波和火球的双重影响。

对于含能材料的分解，释放能量的上限应由分解的总化学能量给出。总化学能量可采用式(1-3-40)计算，即

$$E_{av}=M_c\Delta H_f \tag{1-3-40}$$

式中 ΔH_f——每千克产品的反应热，J/kg；

M_c——容器内物质的总质量，kg；

E_{av}——总化学能量，J。

3.5 暴露影响

3.5.1 毒性气体影响

可采用SLOD、SLOT和毒性致死概率等指标来评估毒性物质对人员的生命安全和健康影响。当定量风险评估结果用于制定有毒气体泄漏应急计划时，可使用ERPG。

毒性气体暴露下人员死亡概率值可按式(1-3-41)计算，即

$$P_{r毒}=a+b\ln(c^n\times t) \tag{1-3-41}$$

式中 $P_{r毒}$——毒性暴露下的死亡概率值；

a，b，n——描述物质毒性的常数，见表1-3-5；

c——浓度，mg/m^3；

t——暴露于毒物环境中的时间，min，最大值为30min。

表1-3-5 常用物质毒性常数 *a*、*b*、*n*

物质名称	a	b	n	物质名称	a	b	n
1，2-二氯乙烷	-20.8	1.85	1.08	丙酮氰醇	-10.4	1.04	1.93
乙腈	-17.8	1	2	丙烯醛	-9.79	1.85	1.08
丙烯腈	-17.3	1.69	1.19	烯丙醇	-17.1	2.56	0.78

续表

物质名称	a	b	n	物质名称	a	b	n
烯丙胺	-18.8	2.3	0.87	氯丙烯	-25.9	3.66	0.547
氨	-16.5	0.99	2.02	胂	-11.7	1.61	1.24
苄基氯	-13.4	1	2	三氯化硼	-15.8	1.46	1.37
三氟化硼	-11.1	1	2	溴	-12.2	1.57	1.28
氯	-13.7	1.93	1.04	氯乙醛	-8.32	1	2
十氢萘	-13.5	1	2	二氯硅烷	-17.7	1.46	1.37
二甲胺	-15.3	1.02	1.96	硫酸二甲酯	-8.5	1	2
表氯醇	-10.7	1	2	氯甲酸乙酯	-7.61	1	2
乙烯亚胺	-13	1.89	1.06	环氧乙烷	-17.5	1	2
氟	-7.93	1.1	1.82	甲醛	-8.22	0.54	3.7
光气	-10.7	2.51	0.8	磷化氢	-8.67	1	2
氯氧化磷	-7.33	1	2	三氯化磷	-8.5	1	2
肼	-13.3	1	2	一氧化碳	-15.9	1.11	1.81
甲基丙烯腈	-9.26	1	2	甲胺	-15	1.07	1.87
甲基溴	-19.1	1.64	1.22	氯甲酸甲酯	-7.76	1	2
异氰酸甲酯	-10.3	1.98	1.01	甲硫醇	-11.3	1	2
丙胺	-14.6	1	2	丙炔亚胺	-16.4	1.89	1.06
四羰基镍	-6.01	1	2	四氯硅烷	-17.4	1.46	1.37
四乙基铅	-8.64	1	2	甲苯二异氰酸酯	-7.84	1	2
三氯硅烷	-17.5	1.46	1.37	三甲胺	-16.4	0.96	2.08
氯化氢	-17.1	1.46	1.37	氰化氢	-9.37	1.17	1.71
氟化氢	-13.2	1.83	1.09	硫化氢	-7.87	0.31	6.52
二氧化硫	-12.6	1	2	三氧化硫	-14.2	1.6	1.3
硫酸	-11.3	0.94	2.14	甲酸	-14.8	1	2

当缺少毒性物质常数(a、b、n)时，可采用 SLOD 和 SLOT 的毒性载荷粗略计算死亡概率。SLOD 和 SLOT 的毒性载荷同暴露浓度和暴露时间的关系见式(1-3-41)。

$$Toxic\ Load = c^n \times t \tag{1-3-41}$$

式中 $Toxic\ Load$——毒性载荷，$(10^{-6})^n \cdot \mathrm{min}$；

t——暴露时间，min；

c——暴露浓度，10^{-6}；

n——与物质毒性相关的指数。

3.5.2 热辐射影响

不同热辐射强度对设备和人的影响判据见表 1-3-6。

表 1-3-6　不同热辐射强度造成的伤害和损坏(喷射火或池火)

热辐射强度/(kW/m^2)	对设备的损坏	对人的伤害
37.5	操作设备损坏	1%死亡(10s); 100%死亡(1min)
25	在无火焰，长时间辐射下木材燃烧的最小能量	重大烧伤(10s); 100%死亡(1min); 1%死亡(10s)
12.5	有火焰时，木材燃烧及塑料熔化的最低能量	在20s内皮肤极端疼痛；本能地逃生到庇护场所；如果逃生不可能则将死亡； 户外人员：70%死亡率； 室内人员：30%死亡率； 1%死亡(1min); 一级烧伤(10s)
6.3	—	(1) 在8s内裸露皮肤有痛感；无热辐射屏蔽设施时，操作人员穿上防护服可停留30s~1min; (2) 影响逃生线路
4.7	—	暴露16s，裸露皮肤有痛感；无热辐射屏蔽设施时，操作人员穿上防护服可停留几分钟。影响安全区域
1.58	—	长时间暴露无不适感

一般接收体收到的热载荷应按式(1-3-42)计算，即

$$V=\int Q^{\frac{4}{3}}\mathrm{d}t \tag{1-3-42}$$

式中　V——热载荷，s·(W/m^2);

t——暴露时间，s。

逃生线路上的热载荷可按式(1-3-43)计算:

$$V=q^{\frac{4}{3}}\times t_{\mathrm{eff}} \tag{1-3-43}$$

$$t_{\mathrm{eff}}=t_{\mathrm{r}}+\frac{3}{5}\times\frac{x_0}{u}\left\{1-\left(1+\frac{u}{x_0}\times t_{\mathrm{v}}\right)^{-\frac{5}{3}}\right\} \tag{1-3-44}$$

$$t_{\mathrm{v}}=\frac{x_{\mathrm{s}}-x_0}{u} \tag{1-3-45}$$

式中　q——人员初始反应期间的热辐射强度，W/m^2;

t_{eff}——有效的暴露时间，s;

x_0——人员初始位置距离火焰中心的距离，m;

u——逃生速度，m/s，默认值为1.5m/s;

t_{v}——逃生的时间，s;

t_{r}——人员反应的时间，s，默认值为5s;

x_{s}——逃生终点距离火焰中心的距离，m。

火球、池火及喷射火热辐射导致的人员死亡概率单位值可按式(1-3-46)计算，即

$$P_{r热} = -36.38 + 2.56\ln(Q^{\frac{4}{3}} \times t) \tag{1-3-46}$$

式中 $P_{r热}$——热辐射暴露下的人员死亡概率单位值；

Q——热辐射强度，W/m^2；

t——暴露时间，s，最大值为 20s。

3.5.3 爆炸冲击影响

爆炸冲击波对不同建筑物的影响判据见表 1-3-7。

表 1-3-7 爆炸超压对不同类型建筑物的影响

建筑物类型	峰值侧向超压/kPa	后果
木结构拖车或棚屋	6.9	孤立的建筑物倾覆。屋顶和墙壁倒塌
	13.8	完全倒塌
	34.5	完全破坏
钢结构/金属板预制工程建筑	10.3	金属板撕裂，内墙损坏；高空坠物危险
	17.2	建筑框架支架、覆层和内墙由于框架变形而被破坏
	34.5	完全破坏
未加固的砌体承重墙建筑	6.9	没有易碎窗户的墙壁部分倒塌
	8.6	墙和屋顶部分倒塌
	10.3	完全倒塌
	20.7	全部破坏
钢结构或混凝土框架，无钢筋砌体填充物或覆层	10.3	墙体向内倒塌
	13.8	屋顶板倒塌
	17.2	框架完全倒塌
	34.5	完全破坏
钢筋混凝土或砌体剪力墙建筑	27.6	屋顶和墙壁在荷载作用下发生挠曲；内壁损坏
	41.4	建筑物损坏严重且倒塌
	82.7	完全破坏

爆炸冲击危险区域等级划分标准可参照表 1-3-8。

表 1-3-8 爆炸冲击危险区域等级划分标准

爆炸超压 p/kPa	爆炸冲击危险区域等级	爆炸超压 p/kPa	爆炸冲击危险区域等级
$p<6.9$	低	$45\leqslant p<65$	高
$6.9\leqslant p<20$	中	$p\geqslant 65$	非常高
$20\leqslant p<45$	较高		

3.6 定量风险评估分析方法与假设条件

3.6.1 危险识别

根据装置物料平衡表、物料安全技术说明书、过去类似装置的事故案例、HAZOP 分析报告、重大危险源评估报告等资料和信息，识别各个装置危险物料分布、危险物料泄漏导致的气云扩散、火灾和爆炸场景、可能发生的工艺事故以及极端事故场景。

辨识气体爆炸源。气体爆炸源指受阻塞、封闭的空间或区域，且该区域可能产生处于爆炸极限范围内的可燃气体，该可燃气体遇到延迟点火源后，产生气体爆燃或爆轰现象。

3.6.2 泄漏单元划分方法

据工艺流程图、工艺管道仪表流程图、系统隔离设施的设置情况和操作工况将工艺装置和储运系统划分为不同的过程模块泄漏单元。过程模块泄漏单元中的危险物料相同，单元中的工艺操作压力相差不超过1个数量级；划分时，系统隔离设施为：

(1) 提供安全切断功能的控制阀；

(2) 往复式压缩机和容积泵；

(3) 在运行期间处于关闭的切断阀；

(4) 安全阀、爆破片和液封；

(5) 与止回阀串联使用的过流阀；

(6) 故障安全型(故障关)的紧急切断阀，在正常运行期间为阀门开，紧急工况时，能够自动关闭或能够在控制室通过远程操作进行切断；

(7) 其他在泄漏情况下能有效提供切断功能的设备设施等。

装置之间的工艺管道或装置与储运系统之间的长管道单独划分为一个泄漏单元。如果泵或压缩机与上下游储存系统之间有紧急切断或隔离设施时，泵或压缩机单独作为一个泄漏单元。

3.6.3 风险场景确定方法

对于工艺装置过程模块泄漏单元的风险场景考虑见表1-3-9。

表1-3-9 泄漏场景表

风险事件	泄漏孔径范围/mm	特征孔直径/mm
各类设备(含工艺管道)、法兰与等量的阀门发生孔泄漏	1~10	5
	10~50	25
	50~150	100
	>150	特征孔直径，最大值为设备连接的工艺管道或接口最大直径
仪表接管泄漏	15	—
灾难性破裂	—	假设过程模块泄漏单元中全部物料瞬时释放，可能发生瞬时泄漏或BLEVE或火球。当过程模块存在反应器时考虑这个场景

注1：设备孔泄漏包括设备本身、设备上的开孔或检测开口，但不包括设备本体第一道法兰后相关的附属阀门、工艺管道、阀兰、仪表及接管，第一道法兰自身也不包括。

注2：各类设备包括过程模块泄漏单元中存在的工艺管道、工艺容器、离心泵、容积泵、离心式压缩机、往复式压缩机、管壳式换热器、板式换热器、空冷器、过滤器、长管道等设备和工艺管道。

注3：法兰与等量的阀门泄漏主要指过程模块泄漏单元中各类设备本体第一道法兰后相关的阀门和法兰发生的泄漏。

注4：密封泄漏包括在压缩机和泵的设备孔泄漏风险场景内。

注5：除以上风险场景外，过程模块泄漏单元风险场景还应包括因特殊工艺事故导致的泄漏、火灾和爆炸。

低温常压储罐考虑主容器、外层容器发生灾难性破裂风险和主容器发生接口泄漏至外部容器的风险，相关的风险场景与通用发生频率见表1-3-10。其中，泄漏频率数据结合了中国石化设备设施与安全控制设备可靠性数据库以及OGP失效频率数据库。

表1-3-10　低温常压储罐泄漏发生频率

储罐设计	灾难性破裂频率(/每罐·每年)		泄漏频率(/每连接·每年)
	内罐	外罐	内罐
现有的单防罐	2.3×10^{-5}	7.3×10^{-6}	1.0×10^{-5}
新建单防罐	2.3×10^{-6}	7.3×10^{-7}	1.0×10^{-5}
双防罐	1.0×10^{-7}	2.5×10^{-8}	1.0×10^{-5}
全防罐	1.0×10^{-7}	1.0×10^{-8}	0
薄膜储罐	1.0×10^{-7}	1.0×10^{-8}	0

压力球罐和压力卧式储罐作为一个泄漏单元，泄漏风险场景见表1-3-11。

表1-3-11　压力球罐和压力卧式储罐泄漏频率

泄漏孔径		泄漏频率/a^{-1}	
范围	代表值	储存容器	小型容器
1~3mm	2mm	2.3×10^{-5}	4.4×10^{-7}
3~10mm	5mm	1.2×10^{-5}	4.6×10^{-7}
10~50mm	25mm	7.1×10^{-6}	
50~150mm	100mm[1]	4.3×10^{-6}	
>150mm	最大接管直径全破裂	4.7×10^{-7}	1.0×10^{-7}
灾难性破裂	物料瞬间全部释放	—	—
总计		4.7×10^{-5}	1.0×10^{-6}

注1：对于储罐是否发生灾难性破裂，应根据自然灾害、储罐的机械完整性(如应力情况)等情况进行评估其可能性；当压力储罐残余应力或其他原因可能导致全部冷破裂时，宜考虑灾难性破裂。

液态烃(如LPG)球罐考虑BLEVE(或火球)场景，发生频率应根据外部火灾情况、储罐的火灾防护等情况采用LOPA技术进行评估。

3.6.4　最大泄漏量确定方法

泄漏单元的液体物料存量采用下式进行计算：

$$M=(\sum_{Vessels}V_i+\sum_{Fin-Fans}V_j+\sum_{Exchangers}V_k+\sum_{Furnace}V_l+\sum_{Pipe}V_m)\times\rho+(\dot{m}\times t)$$

式中　V_i——第 i 个容器物料的体积，m^3；

V_j——第 j 个板式换热器或空冷器物料的体积，m^3；

V_k——第 k 个管壳式换热器物料的体积，m^3；

V_l——第 l 个炉子危险物料的体积，m^3；

V_m——第 m 个管道的体积，m^3；

ρ——物料的密度，kg/m^3；

$\dot{m}$——在切断隔离之前，相连的工艺泄漏单元的物料输入速率与泄漏速率的较小值，kg/s；

t——切断隔离时间，s。

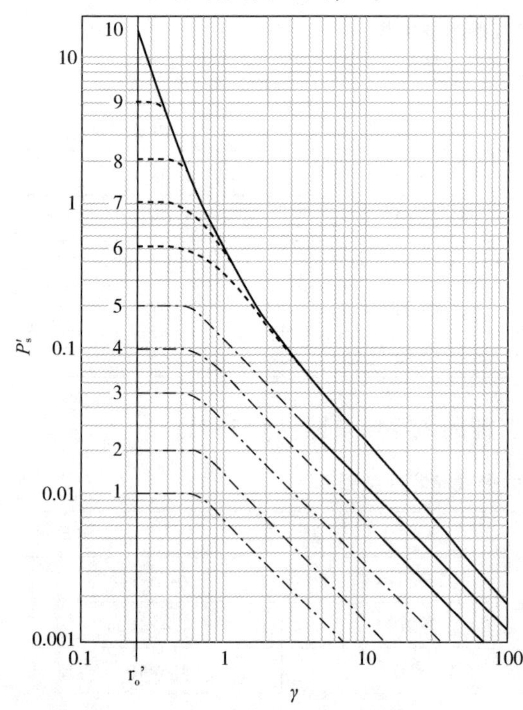

图 1-3-3　TNO 多能模型的 Sachs 比拟超压

3.6.5　点火概率模型与事件树

生产装置和储运设施立即点火概率和延迟点火概率计算采用 BEVI 模型。

事件树及结果发生概率：本项目采用的事件树及各类后果的发生概率见附录 5。

3.6.6　后果模拟

后果模拟包括泄漏计算，后果模拟(气云扩散、池火/喷射火热辐射)，蒸气云爆炸超压和冲量，沸腾液体膨胀蒸气云爆炸(BLEVE)的爆炸载荷和火球热辐射等。

泄漏场景：储罐区、装卸区考虑为无阻挡释放，中等及以上阻塞程度的装置区考虑为有阻挡释放。

蒸气云爆炸计算考虑气云的受约束和受阻碍状况，采用 TNO 多能法进行气体爆炸分析，见图 1-3-3。

QRA 中重要的假设条件和事项说明见附录 5。

3.7　风险控制标准

3.7.1　毒性、热负荷和爆炸影响

采用 SLOD、SLOT 和毒性致死概率等指标来评估毒性物质对人员的生命安全和健康影响。应急计划制定时的毒性物质控制标准宜采用 ERPG 阈值。如果没有 ERPG-3，可采用以下规则替代：

(1) 使用 5 倍的 ERPG-2；

(2) LC_{50}值除于 30。

如果没有 ERPG-2，可采用以下规则替代：

(1) 使用 STEL(短期暴露极限)；

(2) 使用 3 倍 TWA(时间加权平均容许浓度)值。

STEL 和 TWA 值见标准《工作场所有害因素职业接触限值 第 1 部分：化学有害因素》GBZ 2.1—2019。

在最大可信事件下，人员暴露和主要安全功能单元满足的火灾热辐射的影响阈值见表 1-3-12。

表 1-3-12　人员暴露和主要安全功能单元失效准则

参数	可能造成人员死亡	逃生线路不可用	安全区域不可用(如集合区域)
热辐射强度/(kW/m^2)	>12.50	>6.31	>3.20

应急情况下，应急人员工作区域设计的最大热辐射强度应满足表 1-3-13。

表 1-3-13 热辐射等级

辐射热强度/(kW/m^2)	条件
1.58	人员穿有适当衣服可长期停留的地点
4.73	无热辐射屏蔽设施，操作人员穿有适当的防护衣时，最多可停留几分钟的地点
6.31	无热辐射屏蔽设施，操作人员穿有适当的防护衣时，最多可停留 1min 的地点
9.46	在火炬设计流量排放燃烧时，操作人员可能进入的区域，如火炬架根部或火炬附近高耸设备的操作平台处，但暴露时间应限于几秒钟，并有充分的逃离通道。

注 1：以上辐射热不包括太阳辐射热。

注 2：太阳的辐射热强度一般为 0.79～1.04kW/m^2。

不同的热辐射强度下，设计的人员最大暴露时间应满足表 1-3-14 的要求。

表 1-3-14 最大设计热辐射等级

辐射等级 q/(kW/m^2)	暴露时间限制/s	辐射等级 q/(kW/m^2)	暴露时间限制/s
$q>9.46$	少于 5s	$4.73 \geq q>1.89$	$10^{(7.57-q)/1.2}$
$9.46 \geq q>4.73$	$10^{(11.3-q)/2.81}$	$1.89 \geq q$	无限制

火炬系统对周边的热辐射控制标准应执行《石油化工可燃性气体排放系统设计规范》(SH 3009—2013)。

防火堤内池火灾对周边设备的热辐射控制标准见表 1-3-15。

表 1-3-15 界区内允许的热辐射(不包括太阳热辐射)

界区内的设备	最大热辐射/(kW/m^2)
相邻储罐的混凝土外表面：未加保护[a,c]或已加热保护[b]	32
相邻储罐的金属外表面：未加保护[c]或已加热保护[b]	15
相邻压力储存容器和工艺设施的外表面	15
控制室、维修间、实验室、仓库等	8
行政办公楼	5

a 预应力混凝土罐最大辐射通量可根据下列要求确定：混凝土的厚度应满足在火灾的情况下，预应力钢筋的温度足够低，以保证 LNG 储罐和附属设备的完整性，并在最大设计压力下工作。如果没有蓄水系统，储罐设计的完整性应确保在需要的时间内能够从外部水源获得足量的消防水。可用经验公式来确定混凝土的最小厚度。

b 该设施通过水喷淋、防火、辐射屏或类似系统进行保护。

c 通过保持间距加以保护。

爆炸冲击危险区域等级划分标准见表 1-3-16。

表 1-3-16 爆炸冲击危险区域等级划分标准

爆炸超压 p/kPa	作用时间/ms	爆炸冲击危险区域等级
$p<6.9$	—	低
$6.9 \leq p<20$	50～150	中
$20 \leq p<45$	50～150	较高

续表

爆炸超压 p/kPa	作用时间/ms	爆炸冲击危险区域等级
$45 \leqslant p < 65$	50~150	高
$p \geqslant 65$	—	非常高

爆炸多米诺影响控制标准：当储罐区超压超过20kPa时，将可能导致储罐轻微受损，当压力超过45kPa时将可能导致严重的多米诺事故。

3.7.2 特定位置的个人风险和界区外社会风险

《危险化学品生产装置和储存设施风险基准》(GB 36894—2018)于2019年3月1日实施。该标准把防护目标按设施或场所实际使用的主要性质，分为高敏感防护目标、重要防护目标、一般防护目标。

(1) 高敏感防护目标

高敏感防护目标包括下列设施或场所：

(a) 文化设施。包括综合文化活动中心、文化馆、青少年宫、儿童活动中心、老年活动中心等设施。

(b) 教育设施。包括高等院校、中等专业学校、体育训练基地、中学、小学、幼儿园、业余学校、民营培训机构及其附属设施，包括为学校配建的独立地段的学生生活场所。

(c) 医疗卫生场所。包括医疗、保健、卫生、防疫、康复和急救设施。

(d) 社会福利设施。包括为社会提供福利和慈善服务的设施及其附属设施，包括福利院、养老院、孤儿院。

(e) 其他在事故场景下自我保护能力相对较低群体聚集的场所。

(f) 以上设施均为在相应用地类型上规划建设的场所、设施，不包括居住区配套建设的小区及以下级别的以上场所。

(2) 重要防护目标

重要防护目标包括下列设施或场所：

(a) 公共图书展览设施。包括公共图书馆、博物馆、档案馆、科技馆、纪念馆、美术馆和展览馆、会展中心等设施。

(b) 具有保护价值的古遗址、古墓葬、古建筑、石窟寺、近代代表性建筑、革命纪念建筑等。

(c) 宗教场所。包括专门用于宗教活动的庙宇、寺院、道观、教堂等宗教场所。

(d)城市轨道交通设施。包括独立地段的城市轨道交通地面以上部分的线路、站点。

(e) 军事、安保设施。包括专门用于军事目的的设施，不包括部队家属生活区和军民公用设施。监狱、拘留所、劳改场所和安全保卫设施，不包括公安局。

(f) 外事场所。包括外国政府及国际组织驻华使领馆、办事处等。

(g) 其他具有保护价值的或事故场景下人员不便撤离的场所。

(h) 以上设施均为在相应用地类型上规划建设的场所、设施，不包括居住区配套建设的小区及以下级别的以上场所。

(3) 一般防护目标

一般防护目标是除高敏感防护目标、重要防护目标外的防护目标，根据其规模可分为一类、二类和三类防护目标。一般防护目标的分类应符合表1-3-17的规定。

表1-3-17 一般防护目标的分类

防护目标类型	一类防护目标	二类防护目标	三类防护目标
住宅及相应服务设施 住宅包括：农村居民点、低层住区、中层和高层住宅建筑等。 相应服务设施包括：居住小区、及小区级以下的幼托、文化、体育、商业、卫生服务、养老助残设施，不包括中小学	居住户数30户以上，或居住人数100人以上	居住户数10户以上30户以下，或居住人数30人以上100人以下	居住户数10户以下，或居住人数30人以下
行政办公设施 包括：党政机关、社会团体、科研、事业单位等办公楼及其相关设施	县级以上党政机关以及其他办公人数100人以上的行政办公建筑	办公人数100人以下的行政办公建筑	
体育场馆 不包括：学校等机构专用的体育设施	总建筑面积$5000m^2$以上的	总建筑面积$5000m^2$以下的	
商业、餐饮业等综合性商业服务建筑。 包括：以零售功能为主的商铺、商场、超市、市场类商业建筑或场所；以批发功能为主的农贸市场；饭店、餐厅、酒吧等餐饮业场所或建筑。 不包括住宅区域的商业服务设施	总建筑面积$5000m^2$以上的建筑，或高峰时300人以上的露天场所	总建筑面积$1500m^2$以上$5000m^2$以下的建筑，或高峰时100人以上300人以下的露天场所	总建筑面积$1500m^2$以下的建筑，或高峰时100人以下的露天场所
旅馆住宿业建筑。 包括：宾馆、旅馆、招待所、服务型公寓、度假村等建筑	床位数100张以上的	床位数100张以下的	
金融保险、艺术传媒、技术服务等综合性商务办公建筑。 包括：银行、信用社、信托投资公司、证券期货交易所、保险公司以及各类综合性商务办公建筑；文艺团体、影视制作、广告传媒等艺术传媒类办公建筑；贸易、设计、咨询等技术服务类办公建筑	总建筑面积$5000m^2$以上的	总建筑面积$1500m^2$以上$5000m^2$以下的	总建筑面积$1500m^2$以下的
娱乐、康体类建筑或场所。 包括：剧院、音乐厅、电影院、歌舞厅、网吧以及大型游乐等娱乐场所建筑； 赛马场、高尔夫、溜冰场、跳伞场、摩托车场、射击场等康体场所	总建筑面积$3000m^2$以上的建筑，或高峰时100人以上的露天场所	总建筑面积$3000m^2$以下的建筑，或高峰时100人以下的露天场所	
公共设施营业网点		其他公用设施营业网点。包括电信、邮政、供水、燃气、供电、供热等其他公用设施营业网点	加油加气站营业网点

续表

防护目标类型	一类防护目标	二类防护目标	三类防护目标
非同类生产、加工企业内建筑		100人以上或使用层数3层以上的建筑	100人以下或使用层数3层以下的建筑
其他服务设施或场所。 包括：殡葬、汽车维修站等其他服务设施或场所	总建筑面积$5000m^2$以上的	总建筑面积$5000m^2$以下的	
交通枢纽设施。 包括：铁路客货运站、公路长途客货运站、港口客运码头、机场、交通服务设施（不包括交通指挥中心、交通队）等	总建筑面积$5000m^2$以上的	总建筑面积$5000m^2$以下的	
向公众开放的公园广场	总占地面积$5000m^2$以上的	总占地面积$1500m^2$以上$5000m^2$以下的	总占地面积$1500m^2$以下的

危险化学品生产、储存装置（设施）周边防护目标所承受的个人风险应不超过表1-3-18中个人可接受风险标准的要求。

表1-3-18　危险化学品生产、储存装置（设施）个人风险可接受标准表

防护目标	个人风险可接受标准/（次/a）≤	
	新建装置（设施）	在役装置（设施）
一般防护目标中的一类防护目标 重要防护目标 高敏感防护目标	3×10^{-7}	3×10^{-6}
一般防护目标中的二类防护目标	3×10^{-6}	1×10^{-5}
一般防护目标中的三类防护目标	1×10^{-5}	3×10^{-5}

厂区外社会风险控制标准采用国家标准《危险化学品生产装置和储存设施风险基准》（GB 36894—2018）中的$F-N$曲线，见图1-3-4。

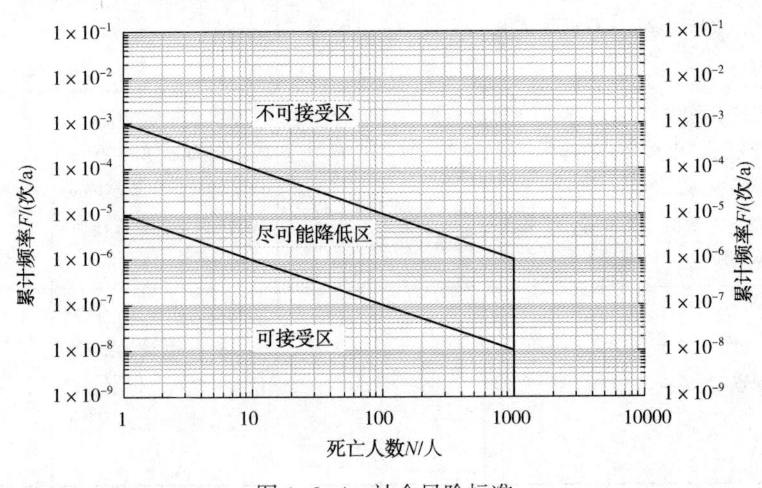

图1-3-4　社会风险标准

企业界区外特定位置的个人风险不应高于危险化学品生产装置和储存设施风险基准（GB 36894—2018）规定的个人风险基准；界区外社会风险不能高于“尽可能降低区”（中风险区域）。

3.7.3 人员集中建筑物的个人年度死亡风险

按照中国石化风险矩阵标准，界区内的个人年度风险不应超过 1×10^{-3}/a，个人年度风险 ALARP 区的范围为 10^{-3}/a～10^{-5}/a。

3.7.4 人员集中建筑物的火灾爆炸与中毒风险控制标准

（1）建筑物受到的爆炸冲击波超压≥6.9kPa 或爆炸冲量≥207kPa·ms 时，建筑物需要采用抗爆设计或进行抗爆治理改造。建筑物抗爆设防荷载应为累积发生频率≤1×10^{-4}/a 的爆炸冲击波参数，或者根据最大可信事故场景确定的爆炸冲击波参数。

（2）人员集中建筑物处闪火发生频率的不应超过 1×10^{-3}/a。

（3）人员集中建筑物火灾热辐射 35kW/m^2的发生频率不应超过 1×10^{-3}/a。

（4）人员集中建筑物内部人员因毒性气体导致的个人年度死亡风险超过 1×10^{-3}/a 时，应进行专门的防毒设计；当最大可信事件下建筑物内的有毒气体剂量超过 SLOT 时或建筑物内部人员的毒性气体导致的个人年度死亡风险超过 1×10^{-5}/a 时，建筑物可采用防毒设计或应急逃生设计。

3.8 定量风险评估示例

3.8.1 界区内人员集中建筑物及人口数据

根据某公司最终提供的界区内防护目标信息，某公司乙烯裂解装置现场人员集中建筑物人口数据统计结果见表 1-3-19。

表 1-3-19 某炼化公司界区内人员集中建筑物人口数据统计

序号	建筑物基本信息			人员情况		是否抗爆设计
	建筑物名称	人员建筑物用途	建筑物结构类型	白天人数	晚上人数	
1	乙烯电站控制室	控制室	B6 砖/承重中等配筋砌体	43	24	否
2	乙烯总变	变电所	B6 砖/承重中等配筋砌体	9	3	否
3	乙烯裂解外操室	外操室	B5 抗爆建筑	9	9	是

3.8.2 泄漏单元划分

乙烯裂解装置泄漏单元划分结果见表 1-3-20。

表 1-3-20 乙烯裂解装置 QRA 泄漏单元划分表

序号	泄漏单元名称	主要危险物料	操作压力/MPa	操作温度/℃	最大可能泄漏量/kg
乙烯裂解装置					
CR-U001	轻烃原料汽化单元	丙烷	0.7	54	423.202
CR-U002	裂解气急冷单元-气相	乙烯	0.038	103	12310.61
CR-U003	裂解气急冷单元-液相	汽油	0.038	103	66974.61

续表

序号	泄漏单元名称	主要危险物料	操作压力/MPa	操作温度/℃	最大可能泄漏量/kg
CR-U004	燃料气单元	甲烷	0.4	30	2238.418
CR-U005	裂解气压缩机一段吸入罐单元	乙烯	0.028	40	11391.76
CR-U006	裂解气压缩机一段增压单元	乙烯	0.3	38	12273.42
CR-U007	裂解气压缩机二段增压单元	乙烯	0.555	90	12600.19
CR-U008	裂解气压缩机三段增压单元	乙烯	1.05	90	17058.23
CR-U009	裂解气压缩机四段增压单元	乙烯	1.89	100	12253.06
CR-U010	裂解气压缩机五段增压及干燥单元	乙烯	3.6	36	12811.22
CR-U011	裂解气压缩机干燥单元	乙烯	3.89	16	15977.08
CR-U012	裂解气凝液干燥单元	乙烯	0.7	17	1315.404
CR-U013	裂解气干燥再生单元	甲烷	0.58	200	3806.377
CR-U014	凝液干燥裂解气冷却单元	乙烯	0.98	17	1163.637
CR-U015	脱甲烷塔第一进料分离罐单元	乙烯	3.4	-37	16553.69
CR-U016	脱甲烷第二进料分离罐	乙烯	3.4	-72	17013.07
CR-U017	脱甲烷塔第三进料分离罐	乙烯	3.4	-99	10300.24
CR-U018	脱甲烷塔第四进料分离罐	氢气	3.4	-130	451.4543
CR-U019	甲烷化干燥单元(反应器)	氢气	3.04	200	158.3634
CR-U020	氢气干燥单元	氢气	0.45	232	149.3448
CR-U021	脱甲烷塔顶单元	甲烷	0.58	-132	11502.26
CR-U022	脱甲烷塔底单元	乙烯	2.8	-15	11526.54
CR-U023	脱乙烷塔顶单元	乙烯	2.6	-17	14924.81
CR-U024	脱乙烷塔底单元	丙烯	2.6	-17	40741.63
CR-U025	碳二加氢单元	乙烯	2.7	140	3176.647
CR-U026	绿油塔单元	乙烯	2.1	140	2544.897
CR-U027	乙烯干燥单元	乙烯	1.8	65	2667.509
CR-U028	乙烯精馏塔顶单元	乙烯	1.8	-34	20295.33
CR-U029	乙烯精馏塔底单元	乙烷	1.8	-32	27694.74
CR-U030	乙烯送出单元	乙烯	4	-33	573081.5
CR-U031	高压脱丙烷塔顶单元	丙烯	1.6	44	19345.13
CR-U032	高脱丙烷塔底单元	丙烷	2	50	53378.21
CR-U033	碳三加氢反应单元	丙烯	2.7	42	22738.95
CR-U034	低压脱丙烷顶单元	丙烷	0.61	37	19493.55
CR-U035	低压脱丙烷底单元	丙烯	0.635	77.6	14562.77
CR-U036	丙烯精馏塔 1 单元	丙烯	1.97	58.7	65560.49
CR-U037	丙烯精馏塔 2 单元	丙烯	1.88	49.3	73411.03

续表

序号	泄漏单元名称	主要危险物料	操作压力/MPa	操作温度/℃	最大可能泄漏量/kg
CR-U038	脱丁烷塔顶单元	丁烷	0.4	46.6	16812.99
CR-U039	脱丁烷塔底单元	丁烷	0.4	111	17460.42
CR-U040	丙烯制冷压缩机 GB-501 单元	丙烯	0.27	-7	74559.69
CR-U041	二元制冷单元	乙烯	3.8	50	13182.61
CR-U042	碱洗塔单元	甲烷	1.17	40	10564.45
CR-U043	水洗塔单元	甲烷	0.996	40	4802.063
CR-U044	汞吸附器单元	甲烷	0.92	16	2815.031
CR-U045	干气脱甲烷单元	甲烷	0.8	-87	1685.7

3.8.3 气体爆炸源识别与划分

气体爆炸阻塞区的确定原则：

（1）当两个设备阻塞区域的最小隔离距离≥20m，划分为两个爆炸阻塞区。

（2）对于两层平台的工艺装置，当隔板采用实心混凝土结构且混凝土地板覆盖80%以上的拥挤区域时，将混凝土地板分隔的两个平台层划分为两个独立的爆炸阻塞区，选择其中最严重的爆炸区进行爆炸分析。

（3）包含多个实心混凝土隔板的多层平台工艺装置，可按照(2)方法进行爆炸阻塞区划分，选择其中最严重的爆炸区进行爆炸分析。

（4）爆炸源强度采用 Kinsella 方法，见表1-3-21。

表1-3-21 爆炸源强度的 Kinsella 确定方法

点火能		受阻塞程度			受约束程度		强度等级
弱	强	强	弱	不存在阻塞	不存在约束	存在约束	
	×	×			×		7~10
	×	×				×	7~10
×		×			×		5~7
	×		×		×		5~7
	×		×			×	4~6
	×			×	×		4~6
×		×				×	4~5
	×			×		×	4~5
×			×		×		3~5
×			×			×	2~3
×				×	×		1~2
×				×		×	1

根据以上爆炸阻塞区和爆炸强度确定原则，确定本次QRA评估的乙烯裂解的爆炸阻塞区和爆炸强度，结果见表1-3-22。

表 1-3-22　乙烯裂解装置爆炸阻塞区

序号	爆炸源名称	TNO-ME 爆炸源强度	阻塞率
1	乙烯裂解装置	7	0.35

3.8.4　点火源分布与强度

3.8.4.1　点火源的点火概率

点燃一般可分为两种，包括立即点燃和延迟点燃。

产生立即点燃最有可能是来自外力撞击、摩擦静电等引起的泄漏事件。立即点火的点火概率主要考虑设备类型、物料种类和泄漏形式。

泄漏后与空气及其他可燃物质混合可能产生飘浮性可燃蒸气云。延迟点火的点火概率应考虑点火特性、泄漏物料特性以及泄漏发生时点火源存在的概率。点火源形式可分为下述三种：

① 点源(如：加热炉等)。

② 线源(如：公路、输电线路等)。

③ 面源(如：界区外的化工厂、居民区等)。

3.8.4.2　点火源产生途径

1) 明火

明火主要是指生产、作业过程中的焊接或切割动火作业、现场吸烟、机动车辆排烟喷火等产生的火星。明火是导致火灾爆炸事故的最常见、最直接点火源。

(1) 焊接、切割动火作业

焊接、切割动火作业引发的火灾爆炸事故占有较大比例，其危险性主要体现在以下几方面。

① 焊接、切割作业本身具有火灾、爆炸危险性。

a) 作业中飞溅的金属熔渣温度很高，若接触到可燃物质，能引起燃烧或爆炸；

b) 作业时产生的热传导，可能引起焊割部件另一端(侧)的可燃物质燃烧或爆炸。

② 违章进行动火作业，往往导致火灾、爆炸事故的发生。

a) 对焊割部件的内部结构、性质未了解清楚，盲目动火；

b) 未按规定办理动火许可证，急于动火；

c) 动火前在现场没有采取有效的安全措施，如隔绝、清洗、置换等；

d) 动火前未按规定进行采样分析和测爆；

e) 动火作业结束后遗留火种等。

(2) 现场吸烟

燃烧的烟头表面温度达 200~300℃，中心温度可高达 700~800℃。打火机、火柴或烟头点燃时散发的能量也大大超过一般可燃物燃烧所需要的点燃能量。

(3) 机动车辆、排烟喷火

在厂区外的汽车和厂区内的汽车罐车在排出的尾气中夹带着火星、火焰。若未装设阻火器或阻火器达不到要求，有可能引发车辆所在或所经过地区的火灾、爆炸事故。

2) 电火花

配电箱、照明灯、电缆和泵等电气设备设施在故障状态时可能产生电火花。当电气设备设施存在质量缺陷(如不防爆或达不到防爆要求、未采取接零接地和漏电保护措施等),或发生故障(如短路、超负荷等),或使用者操作不当时,有可能产生电火花、电弧或高热,其强度足以点燃可燃油气。此外,移动电话的潜在危险性也应引起重视。

3)静电放电

产品在装车、输送作业时,易产生积聚静电。若防静电措施不落实或效果不佳,静电荷易积累。当积聚的静电荷放电能量大于可燃混合气体的最小点燃能量,并在放电间隙中可燃气和空气混合物的浓度正好处于爆炸极限范围时,将引起火灾、爆炸事故。

4)雷击及杂散电流

建(构)筑物(包括灯塔等)的防雷设施(如避雷网、接地等)设计不合理,或存在接地不良等缺陷,有可能在雷雨天因雷击发生火灾爆炸事故。杂散电流窜入危险性作业场所也是火灾、爆炸事故发生的起因之一。

5)机械火花

由于非防爆金属工具、法兰盘、鞋钉等发生摩擦或撞击,有可能产生机械火花。

3.8.4.3 点火源辨识及点火概率

根据以上点火源的产生情形分析,结合现场调研以及与技术人员的讨论,对装置周边点火源进行辨识,并根据点火源类型和特性确定出点火源的点火概率,详见表1-3-23和表1-3-24。

(1)界区内火源分布及强度

表1-3-23 界区内点火源及强度

序号	点火源名称	点火源类型	年运行天数/天	点火概率
1	乙烯裂解炉(12台)	点源-室外锅炉	360	0.45
2	乙烯裂解装置	面源-高密度工艺装置区	365	0.25

(2)界区外点火源分布及强度

表1-3-24 界区外点火源及强度

序号	点火源名称	点火源类型	年运行天数/天	点火概率
1	某公路	线源-公路	365	0.66

3.8.4.4 频率分析

生产装置设备设施可发生的泄漏模式众多,如不同的泄漏孔径、不同的泄漏时间,每种泄漏可产生不同的后果,它们的频率各不相同。因此可按每种泄漏时间进行分类事故模拟及其计算。

泄漏频率计算程序如下:

(1)辨识泄漏单元所涵盖的设备种类,如反应器、工艺容器、换热器、泵、压缩机及工艺管线、阀门法兰等。

(2)确定泄漏单元内某种设备的数量、工艺条件。

(3)提供设备的基本泄漏频率。

(4)根据设备的使用率(如运行时间),调整相关泄漏频率。

（5）为泄漏单元所有设备及各种不同的泄漏孔径，估计泄漏频率。

乙烯裂解装置单元泄漏频率计算结果见表 1-3-25。

表 1-3-25　烯烃部生产装置 QRA 单元泄漏频率表/a^{-1}(部分)

序号	泄漏单元名称	泄漏孔径				
		3~10mm	10~50mm	50~150mm	>150mm	仪表接管 5mm
CR-U001	轻烃原料汽化单元	1.68E-02	1.43E-03	2.37E-04	1.24E-04	1.68E-03
CR-U002	裂解气急冷单元-气相	3.81E-02	3.76E-03	6.53E-04	5.48E-04	6.30E-03
CR-U003	裂解气急冷单元-液相	9.01E-03	6.54E-04	1.67E-04	1.54E-05	4.50E-04
CR-U004	燃料气单元	5.83E-03	5.43E-04	2.21E-04	0.00E+00	7.20E-04
CR-U005	裂解气压缩机一段吸入罐单元	1.08E-02	7.54E-04	6.66E-05	4.82E-05	3.60E-04
CR-U006	裂解气压缩机一段增压单元	5.13E-02	4.01E-03	5.71E-04	5.88E-04	1.28E-03
CR-U007	裂解气压缩机二段增压单元	4.93E-02	3.85E-03	5.47E-04	5.76E-04	1.08E-03
CR-U008	裂解气压缩机三段增压单元	6.62E-02	5.13E-03	6.99E-04	6.86E-04	2.06E-03
CR-U009	裂解气压缩机四段增压单元	4.49E-02	3.57E-03	5.35E-04	5.72E-04	1.08E-03
CR-U010	裂解气压缩机五段增压及干燥单元	4.33E-02	3.48E-03	5.31E-04	5.70E-04	1.08E-03
CR-U011	裂解气压缩机干燥单元	1.85E-02	1.58E-03	2.39E-04	1.82E-04	1.84E-03
CR-U012	裂解气凝液干燥单元	6.26E-03	5.44E-04	8.83E-05	6.29E-05	6.20E-04
CR-U013	裂解气干燥再生单元	1.50E-02	1.21E-03	1.74E-04	1.08E-04	1.14E-03
CR-U014	凝液干燥裂解气冷却单元	1.29E-02	1.49E-03	4.12E-04	1.41E-04	3.20E-04
CR-U015	脱甲烷塔第一进料分离罐单元	3.06E-02	3.59E-03	1.38E-03	0.00E+00	2.40E-03
CR-U016	脱甲烷第二进料分离罐	1.86E-02	2.35E-03	6.70E-04	2.68E-04	6.80E-04
CR-U017	脱甲烷塔第三进料分离罐	9.43E-03	1.14E-03	3.45E-04	1.02E-04	4.80E-04
CR-U018	脱甲烷塔第四进料分离罐	4.02E-02	4.86E-03	2.06E-03	7.10E-05	9.55E-03
CR-U019	甲烷化干燥单元	1.90E-02	2.05E-03	7.58E-04	0.00E+00	2.00E-03
CR-U020	氢气干燥单元	5.83E-03	5.43E-04	2.21E-04	0.00E+00	7.20E-04

3.8.5　地理上的个人风险评估

3.8.5.1　厂区外个人风险等值线

地理上的个人风险是指因危险化学品生产、储存装置各种潜在的火灾、爆炸、有毒气体泄漏事故造成区域内某一固定位置人员的个体死亡概率，即单位时间内(通常为一年)的个体死亡率。地理上的个人风险用个人风险等值线表示。

根据《危险化学品生产装置和储存设施风险基准》(GB 36894—2018)，厂区外防护目标个人风险基准见表 1-3-26。

表 1-3-26　危险化学品生产、储存装置(设施)个人风险可接受标准表

防护目标	个人风险基准/(次/a)≤	
	新建、改建、扩建装置(设施)	在役装置(设施)
高敏感防护目标 重要防护目标 一般防护目标中的一类防护目标	3×10^{-7}	3×10^{-6}
一般防护目标中的二类防护目标	3×10^{-6}	1×10^{-5}
一般防护目标中的三类防护目标	1×10^{-5}	3×10^{-5}

某公司地理上的个人风险计算结果见图 1-3-5 和图 1-3-6。

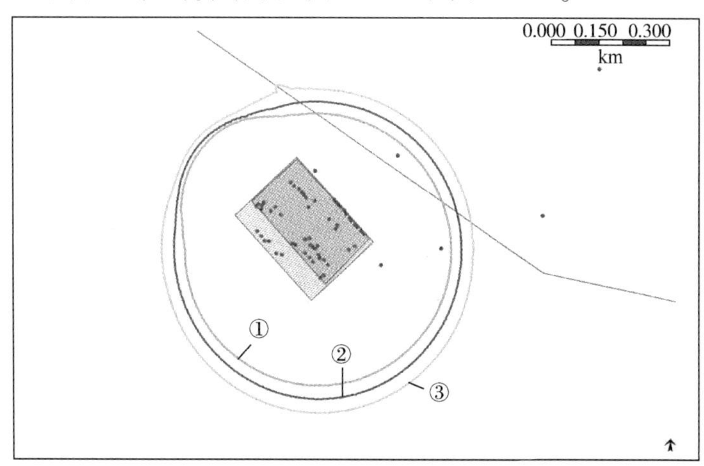

注：①线圈为 1×10^{-5}次/a 个人风险等值线；

②线圈为 3×10^{-6}次/a 个人风险等值线；

③线圈为 3×10^{-7}次/a 个人风险等值线。

图 1-3-5　新建乙烯装置个人风险等值线

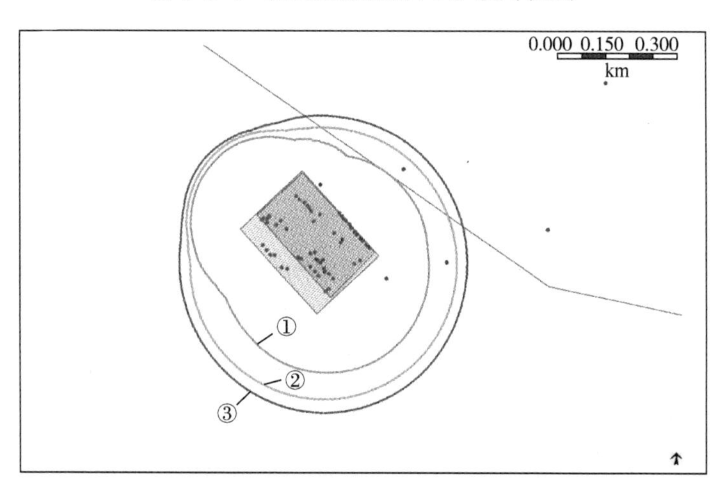

注：①线圈为 3×10^{-5}次/a 个人风险等值线；

②线圈为 1×10^{-5}次/a 个人风险等值线；

③线圈为 3×10^{-6}次/a 个人风险等值线；

图 1-3-6　在役乙烯装置个人风险等值线

乙烯裂解装置模拟的个人风险控制线对应的最远距离如表1-3-27所示。在新建有人员值守的建筑时，应参考《危险化学品生产装置和储存设施风险基准》(GB 36894—2018)中个人风险等高线对应的最远距离。建议新建建筑与乙烯裂解装置边界的最短距离不应小于个人风险等高线对应最远距离。

表1-3-27　乙烯装置个人风险等高线对应最远距离表

个体风险阈值/a	最大距离分析			
	西南侧最大距离/m	西北侧最大距离/m	东北侧最大距离/m	东南侧最大距离/m
3×10^{-5}	270.7	210.7	198.7	259.4
1×10^{-5}	295.2	224.1	276.1	331.6
3×10^{-6}	332.7	239.0	306.5	364.4
3×10^{-7}	373.1	255.1	355.6	400

3.8.5.2　厂区内个人年度风险等值线

按照中国石化风险矩阵标准，界区内的个人年度风险不应超过1×10^{-3}/a，个人年度风险ALARP区的范围为10^{-3}/a～10^{-5}/a。根据当前案例，个人年度风险等值线1×10^{-3}/a基本在装置范围内，西北侧距离装置边界43m左右，即在该范围内不应设置人员集中建筑物。见图1-3-7。

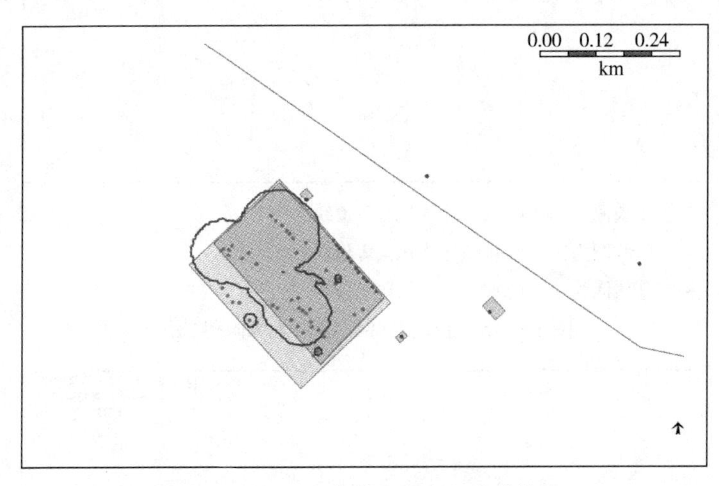

图1-3-7　1×10^{-3}次/a个人风险等值线

3.8.6　乙烯装置危险场景后果分析

某企业100万吨/年乙烯裂解装置裂解炉采用裂解炉技术(裂解炉为SL-Ⅰ、SL-Ⅳ)，回收部分采用深冷顺序分离流程专利技术。通过对富乙烷气、饱和液化气、C_5、石脑油和加氢尾油原料进行热裂解，生产聚合级乙烯和聚合级丙烯为主要产品，以及副产氢气、甲烷尾气、粗混合C_4、粗裂解汽油、轻裂解焦油、重质裂解焦油等副产品。

乙烯裂解装置主要危险物料及化学品事故类型见表1-3-28。

表1-3-28　乙烯裂解装置主要危险物料分布和工艺事故类型

序号	装置名称	主要危险化学品	化学品事故	火灾危险性分类
1	乙烯裂解装置	乙烯、丙烯、氢气、甲烷、乙烷、丙烷、LPG、碳四	火灾、爆炸	甲

根据《重点监管的危险化学品名录(2013 年完整版)》安监总管三〔2013〕12 号，属于国家公布的重点监管的危险化学品有：液化石油气、甲烷、乙烷、硫化氢、乙烯、丙烯、氢、甲苯、环氧乙烷、氨等。

按照《危险化学品目录》(2015 版)，此次 QRA 评估涉及危险化学品危险特性信息见表 1-3-29。

表 1-3-29　危险化学品特性一览表

序号	介质名称	沸点/℃	闪点/℃	自燃点/℃	爆炸极限/%(体积)		爆炸危险类别		火灾危险类别
					下限	上限	类别	组别	
1	甲烷	-161.5	-188	537	5.0	16	ⅡA	T1	甲
2	乙烷	-88.6	<-50	472	3.0	16.0	ⅡA	T1	甲
3	乙烯	-104	-136	425	2.7	34	ⅡB	T2	甲
4	丙烷	-42	-104	470	2.1	9.5	ⅡA	T1	甲$_A$
5	丙烯	-48	-108	460	2.0	11.7	ⅡA	T2	甲$_A$
6	正丁烷	-1	-60	287	1.8	8.5	ⅡA	T2	甲
7	异丁烷	-11.7	-82.8	460	1.8	8.5	—	—	甲$_A$
8	异丁烯	-6.9	-77	465	1.8	9.6	ⅡA	T2	甲$_A$
9	氢气	-253	<-50	400	4.0	75	ⅡC	T1	甲

对乙烯裂解装置进行泄漏单元划分，根据 HAZOP 分析结果，选取后果较为严重的泄漏单元进行后果模拟，选取的乙烯裂解装置 QRA 泄漏单元见表 1-3-30。

表 1-3-30　乙烯裂解装置 QRA 泄漏单元划分表

序号	泄漏单元名称	主要危险物料	操作压力/MPa	操作温度/℃	最大可能泄漏量/kg
U01	裂解气压缩机五段增压及干燥单元	乙烯	3.6	36	12811.22
U02	甲烷化干燥单元(反应器)	氢气	3.04	200	158.3634
U03	乙烯精馏塔顶单元	乙烯	1.8	-34	20295.33
U04	乙烯精馏塔底单元	乙烷	1.8	-32	95284
U05	碳三加氢反应单元	丙烯	2.7	42	22738.95

模拟各危险单元在最不同事故场景下产生的火灾、爆炸超压影响范围。按照风速 1.5m/s，大气稳定度 F，泄漏时间 10min，管道或设备发生泄漏时进行模拟计算分析。

3.8.6.1　U01 裂解气压缩机五段增压及干燥单元

针对裂解气压缩机五段增压及干燥单元，选取 5mm、25mm、100mm 模拟泄漏场景，得到不同孔径泄漏下，不同热辐射强度对应的热辐射影响范围及爆炸超压影响范围。

对于 25mm 泄漏孔径，37.5kW/m^{2}喷射火热辐射影响范围为 20.97m，即该泄漏单元一旦发生泄漏，遇点火源形成喷射火，会导致周围半径 20.97m 范围内人员 100%概率死亡。同理，对于 100mm 泄漏孔径，此影响范围为 72.95m，而 5mm 泄漏孔径在模拟条件下不会发生 37.5kW/m^{2}喷射火事故。见表 1-3-31。

表 1-3-31　热辐射和闪火影响范围

序号	泄漏场景	不同热辐射强度对应的热辐射影响范围/m			LFL 对应的闪火影响范围/m
		$4kW/m^2$	$12.5kW/m^2$	$37.5kW/m^2$	
1	5mm	5.37727	—	—	—
2	25mm	33.289	26.3119	20.9684	16.1
3	100mm	131.833	96.8908	72.9475	124.4

对于 25mm 泄漏孔径，6.9kPa 爆炸超压影响范围为 34.72m，即该设备周围 34.72m 范围内若存在人员集中建筑物应进行抗爆改造或搬移至安全区域。同理，对于 100mm 泄漏孔径，此影响范围分别为 167.34m，而 5mm 泄漏孔径在模拟条件下不会发生可燃气云爆炸事故。见表 1-3-32。

表 1-3-32　爆炸超压影响范围

序号	泄漏孔径	不同爆炸超压对应的影响范围/m			
		3kPa	6.9kPa	21kPa	48kPa
1	5mm	—	—	—	—
2	25mm	72.9059	34.7207	14.7443	8.71419
3	100mm	351.378	167.34	71.0617	41.999

3.8.6.2　U02 甲烷化干燥单元(反应器)单元

针对甲烷化干燥单元(反应器)单元，选取 5mm、25mm、100mm 模拟泄漏场景，得到不同孔径泄漏下，不同热辐射强度对应的热辐射影响范围及爆炸超压影响范围。见表 1-3-33 和表 1-3-34。

表 1-3-33　热辐射和闪火影响范围

序号	泄漏场景	不同热辐射强度对应的热辐射影响范围/m			LFL 对应的闪火影响范围/m
		$4kW/m^2$	$12.5kW/m^2$	$37.5kW/m^2$	
1	5mm	—	—	—	—
2	25mm	14.8504	12.7585	10.9709	18.4552
3	100mm	58.215	47.7473	41.2213	72.3613

表 1-3-34　爆炸超压影响范围

序号	泄漏孔径	不同爆炸超压对应的影响范围/m			
		3kPa	6.9kPa	21kPa	48kPa
1	5mm	—	—	—	—
2	25mm	64.736	30.8299	13.092	7.73767
3	100mm	267.514	127.401	54.1012	31.975

对于 25mm 泄漏孔径，$37.5kW/m^2$喷射火热辐射影响范围为 10.97m，即该泄漏单元一旦发生泄漏，遇点火源形成喷射火，会导致周围半径 10.97m 范围内人员 100%概率死亡。

同理，对于100mm泄漏孔径，此影响范围为41.22m，而5mm泄漏孔径在模拟条件下不会发生37.5kW/m^2喷射火事故。

对于25mm泄漏孔径，6.9kPa爆炸超压影响范围为30.83m，即该设备周围30.83m范围内若存在人员集中建筑物应进行抗爆改造或搬移至安全区域。对于100mm泄漏孔径，此影响范围分别为127.4m，而5mm泄漏孔径在模拟条件下不会发生可燃气云爆炸事故。

3.8.6.3 U03乙烯精馏塔顶单元

针对乙烯精馏塔顶单元，选取5mm、25mm、100mm模拟泄漏场景，得到不同孔径泄漏下，不同热辐射强度对应的热辐射影响范围及爆炸超压影响范围。见表1-3-35和表1-3-36。

表1-3-35　热辐射和闪火影响范围

序号	泄漏场景	不同热辐射强度对应的热辐射影响范围/m			LFL对应的闪火影响范围/m
		4kW/m^2	12.5kW/m^2	37.5kW/m^2	
1	5mm	16.8784	13.4526	11.4225	—
2	25mm	73.2578	57.8279	47.4906	68.6969
3	100mm	257.02	200.937	164.782	315.574

表1-3-36　爆炸超压影响范围

序号	泄漏孔径	不同爆炸超压对应的影响范围/m			
		3kPa	6.9kPa	21kPa	48kPa
1	5mm	29.7015	14.145	6.00673	3.55011
2	25mm	189.468	90.2321	38.3174	22.6464
3	100mm	462.096	220.069	93.453	55.2328

对于5mm泄漏孔径，37.5kW/m^2喷射火热辐射影响范围为11.42m，即该泄漏单元一旦发生泄漏，遇点火源形成喷射火，会导致周围11.42m范围内人员100%概率死亡。同理，对于25mm、100mm泄漏孔径，此影响范围分别为44.49m、164.78m。

对于5mm泄漏孔径，6.9kPa爆炸超压影响范围半径为14.15m，即该设备周围14.15m范围内若存在人员集中建筑物应进行抗爆改造或搬移至安全区域。同理，对于25mm、100mm泄漏孔径，此影响范围分别为90.23m、220.07m。

3.8.6.4 U04乙烯精馏塔底泄漏单元

针对乙烯精馏塔底泄漏单元，选取5mm、25mm、100mm模拟泄漏场景，得到不同孔径泄漏下，不同热辐射强度对应的热辐射影响范围及爆炸超压影响范围。见表1-3-37和表1-3-38。

表1-3-37　热辐射和闪火影响范围

序号	泄漏场景	不同热辐射强度对应的热辐射影响范围/m			LFL对应的闪火影响范围/m
		4kW/m^2	12.5kW/m^2	37.5kW/m^2	
1	5mm	17.75	14.10	11.89	—
2	25mm	76.77	60.35	49.36	52.89
3	100mm	268.74	209.15	170.81	254.38

表 1-3-38 爆炸超压影响范围

序号	泄漏孔径	不同爆炸超压对应的影响范围/m			
		3kPa	6.9kPa	21kPa	48kPa
1	5mm	26.8595	12.7916	5.43198	3.21042
2	25mm	168.405	80.2014	34.0578	20.1289
3	100mm	452.072	215.295	91.4257	54.0346

对于5mm泄漏孔径，37.5kW/m^{2}爆炸超压影响范围为11.89m，即该泄漏单元一旦发生泄漏，遇点火源形成喷射火，会导致周围11.89m范围内人员100%概率死亡。同理，对于25mm、100mm泄漏孔径，此影响范围分别为49.36m、170.81m。

对于5mm泄漏孔径，6.9kPa爆炸超压影响范围半径为12.79m，即该设备周围12.79m范围内若存在人员集中建筑物应进行抗爆改造或移出。同理，对于25mm、100mm泄漏孔径，此影响范围分别为80.20m、215.295m。

3.8.6.5 U05碳三加氢反应单元

针对碳三加氢反应单元，选取5mm、25mm、100mm模拟泄漏场景，得到不同孔径泄漏下，不同热辐射强度对应的热辐射影响范围及爆炸超压影响范围。见表1-3-39和表1-3-40。

表 1-3-39 热辐射和闪火影响范围

序号	泄漏场景	不同热辐射强度对应的热辐射影响范围/m			LFL对应的闪火影响范围/m
		4kW/m^2	12.5kW/m^2	37.5kW/m^2	
1	5mm	18.4759	14.5442	11.8918	—
2	25mm	80.6778	62.7737	51.3389	53.8172
3	100mm	284.309	218.955	178.22	264.033

表 1-3-40 爆炸超压影响范围

序号	泄漏孔径	不同爆炸超压对应的影响范围/m			
		3kPa	6.9kPa	21kPa	48kPa
1	5mm	27.4452	13.0705	5.55044	3.28043
2	25mm	168.978	80.4741	34.1736	20.1974
3	100mm	462.309	220.17	93.4959	55.2581

对于5mm泄漏孔径，37.5kW/m^{2}爆炸超压影响范围为11.89m，即该泄漏单元一旦发生泄漏，遇点火源形成喷射火，会导致周围11.89m范围内人员100%概率死亡。同理，对于25mm、100mm泄漏孔径，此影响范围分别为51.34m、178.22m。

对于5mm泄漏孔径，6.9kPa爆炸超压影响范围为13.07m，即该设备周围13.07m范围内若存在人员集中建筑物应进行抗爆改造或移出。同理，对于25mm、100mm泄漏孔径，此影响范围分别为80.47m、220.17m。

3.8.6.6 不同泄漏场景风险对比

选择25mm泄漏孔径为典型可信事故场景，从喷射火热辐射、闪火及6.9kPa爆炸超压等不同事故类型开展风险对比。分析以下五种泄漏单元中相对较为危险的单元，为乙烯裂解装置火灾爆炸风险提供数据参考。见表 1-3-41 和图 1-3-8。

表 1-3-41　不同类型事故影响范围

序号	泄漏场景	不同类型事故影响范围/m		
		喷射火 37.5kW/m²	闪火	爆炸 6.9kPa
1	U01 裂解气压缩机五段增压及干燥单元	20.9684	16.1	34.7207
2	U02 甲烷化干燥单元(反应器)	10.9709	18.4552	30.8299
3	U03 乙烯精馏塔顶单元	47.4906	68.6969	90.2321
4	U04 乙烯精馏塔底单元	49.36	52.89	80.2014
5	U05 碳三加氢反应单元	51.3389	53.8172	80.4741

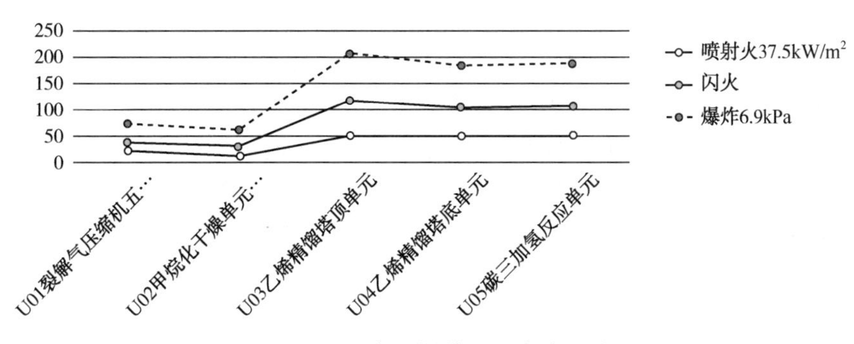

图 1-3-8　各泄漏单元风险对比图

从图 1-3-8 及表 1-3-41 可知，乙烯精馏塔顶单元、乙烯精馏塔底单元、碳三加氢反应单元事故后果影响范围较大。对于 37.5kW/m² 喷射火辐射影响范围最大的是碳三加氢反应单元，乙烯精馏塔顶单元、乙烯精馏塔底单元次之，且影响范围相近；对于闪火及爆炸影响范围最大的是乙烯精馏塔顶单元，碳三加氢反应单元、乙烯精馏塔底单元次之，且影响范围相近。

通过对以上五个泄漏场景进行对比分析，对于乙烯装置，乙烯精馏塔及碳三加氢反应部分发生泄漏后事故影响范围较大，应重点关注。

在对乙烯裂解装置的日常管理中建议针对设备的泄漏事故入手，对事故后果较为严重的重点设备设施加强检测、监控，确保不发生重大泄漏事故。对主要工艺设施按其清单制定相关的检、维修计划，建立完善的工艺设备检测检验机制，定期对生产装置 SIS 系统和 PLC 系统、视频监控系统、可燃气体检测报警仪、火灾检测及报警系统进行检查、维护，确保安全措施的有效投入，降低重大事故发生的可能性。

第4章 作业风险评估

4.1 作业风险简介

作业分为特殊作业和一般作业，不包括生产运行过程中的常规操作。特殊作业是指动火、受限空间(含无氧作业)、盲板抽堵、高处、吊装、临时用电、动土(断路)等7项作业。一般作业是指在生产区域进行的不涉及特殊作业的其他作业。

根据国家应急管理部通报，我国每年均会发生密闭空间作业窒息事故、污水池硫化氢中毒事故、高处作业坠落事故以及带压堵漏泄漏事故等。根据上述事故分析，作业风险是过程安全管理重要环节，因风险变动较大，部分时间段风险高，人员参与作业时直接或间接接触危险源，一旦潜在较大风险场景，会导致人员发生重大伤亡。据统计，约有40%以上的化工生产安全事故与从事特殊作业有关。特殊作业环节已经成为危险化学品企业生产安全事故发生的“重灾区”。《化工和危险化学品生产经营单位重大生产安全事故隐患判定标准(试行)》(安监总管三〔2017〕121号)将“未按照国家标准制定动火、进入受限空间等特殊作业管理制度，或者制度未有效执行”列为重大生产安全事故隐患。

《化学品生产单位特殊作业安全规范》(GB 30871—2014)自2015年6月正式实施后经重新修改为《危险化学品企业特殊作业安全规范》(GB 30871—2022)后于2022年发布实施，规范了化工企业特殊作业环节需要采取的安全措施，加强了作业过程风险控制和作业前的审批，明确了人员监护的重要性，对减少特殊作业环节事故的发生起到了一定作用，但特殊作业环节发生事故的现象并没有得到有效遏制，几乎每年都发生因特殊作业引发的事故，造成人员伤亡。

案例 2015年5月16日，山西某化工公司操作人员未佩戴防护用品进入冷却池内进行维修作业，导致中毒，并盲目施救造成事故扩大。

根据《化工过程安全管理导则》(AQ/T 3034—2022)标准，作业许可是过程安全管理重要要素之一，企业应建立作业许可管理制度，明确作业许可范围、作业许可管理流程、作业风险管控措施、作业许可类别分级和审批权限、作业实施及相关人员培训与资质要求等内容。以中国石化为例，中国石化结合当前安全管理制度要求，形成中国石化“7+1”作业安全管理制度，即《中国石化作业许可管理规定》《中国石化动火作业安全管理规定》《中国石化受限空间作业安全管理规定》《中国石化高处作业安全管理规定》《中国石化盲板抽堵作业安全管理规定》《中国石化吊装作业安全管理规定》《中国石化动土作业安全管理规定》和《中国石化临时用电作业安全管理规定》。

通过“7+1”作业安全管理制度，为加强生产经营过程中作业安全风险管控，预防事故发生。明确作业许可的范围界定、预约、作业安全分析(JSA)、安全交底与风险防控措施确认、作业监护、作业许可的取消和关闭、监督检查等方面的管理内容和要求。

4.2 乙烯装置通用作业风险及要求

4.2.1 管理原则

作业风险管理按照“管业务必须管安全”“风险管控最有利”和“谁签字谁负责，谁审批谁负责”的原则，企业结合实际，确定参与作业许可证的办理人员，按专业制定并落实风险防控措施。开票人对该项作业制定的风险防控措施落实情况具体负责。

所有作业(含企业员工自行开展的作业)未经许可，严禁作业。作业许可证的会签与审批应在作业现场进行。禁止超作业许可时间、范围作业。

危险化学品企业是特殊作业的主体责任单位及安全生产的主体责任单位。

危险化学品企业中，许多特殊作业可以委托承包商完成。承包商对企业厂区内尤其是作业场所周边存在的各种危险因素以及企业配备的应急设施、应急措施、生产工况了解不多，对企业风险认知不够，不能确保在作业实施过程中出现险情时能够进行有效处置。而危险化学品企业作为属地单位，对作业现场存在的危险及作业现场周边生产装置运行状况的熟悉程度比承包商要高，因此由他们来组织开展作业前作业危害分析更为恰当。另外，在承包商有关管理规定中，也早已明确承包商在危险化学品企业内发生的事故属于危险化学品企业的事故。因此危险化学品企业更有责任和义务来承担特殊作业前的危害分析工作。GB 30871—2022 进一步明确了组织开展作业前危害分析的责任要求，同时要求开展作业危害分析时，具体实施作业的一方必须全过程参加，以便做到对风险的预知、预判。

目前，部分企业有自己的维修队伍，日常进行的特殊作业由其自己的维修队伍完成，作业单位和属地单位为同一法人单位，实施特殊作业的安全责任不好区分。建议企业制定属地管理办法，界定属地管理的含义及属地的划分，确定属地主管人及其职责。

企业自己的维修队伍也不是对企业内部各作业场所的风险完全掌握，因此所有作业必须得到属地主管的同意方可实施。在特殊作业期间，应严格落实作业人、审批人及监护人的职责，并接受属地主管的监督和审核。企业自己的维修队伍，相对于属地单位讲，可按“承包商”对待。

装置大检修期间，虽然系统内物料已经清空，但检修现场人员纷杂，多项特殊作业同步开展，再加上个别设备可能仍存有物料或置换不彻底，因此大检修期间开展特殊作业的风险仍不容忽视，对检修过程中的特殊作业应严格执行 GB 30871—2022。

4.2.2 作业安全分析方法

安全分析(JSA)法是作业前开展危害分析最常见的方法之一。

JSA 是将作业活动分解为若干相连的工作步骤，识别每个工作步骤的潜在危害因素，然后通过风险评价，判定风险等级，制定控制措施。

作业安全分析的主要目的是防止从事此项作业的人员受到伤害，也不能使他人受到伤害，同时也不能使设备和其他系统受到影响或受到损害。分析时不能仅分析作业人员工作不规范的危害，还要分析作业环境存在的潜在危害。工作不规范产生的危害和工作本身面临的危害都应识别出来。对识别出的危害制定控制与预防措施，一般从工程控制(能量隔离)、管理措施、个体防护和临时措施等四个方面考虑。作业安全分析完成后，应由所有参与作业的人员进行学习签字。

部分企业在开展作业安全分析时，运用了风险矩阵分析法或作业条件危险性分析法对作业活动每一步进行风险评价。在评价过程中，请注意：如果评价的是在采取了安全措施后的风险大小，假如评价出了较大风险或重大风险，应在采取新的安全措施并把风险降低后方可作业。如果评价的是在采取安全措施前的风险大小，其较大或重大风险等级只是明确了该作业活动的固有危险性大小，不一定需要再采取新的安全措施来降低风险。

企业在做好特殊作业票中的危险有害因素辨识和落实相关安全措施后，具备条件的，可以开展特殊作业前的作业安全分析，或者开展其他方式方法的作业前危险有害因素分析。

如果某一项检修活动同时涉及多项特殊作业，则应针对此项检修活动做总体的作业安全分析，而不是针对各项特殊作业分别做作业安全分析。针对检修活动做总体的作业安全分析即可以简化工作程序，也可以对检修活动中各方面各环节潜在的风险进行总体的分析并进行管控。

4.2.3 工程控制(能量隔离)

作业安全首先应辨识作业存在的风险，根据作业环境中的介质、温度、压力及物性等特性，确定作业时的防范措施，作业前首先考虑做好能量隔离，防止作业时物料泄漏，发生人员伤亡事故。例如2023年9月7日，内蒙古某公司气化车间发生高压气体喷出事故，导致现场多名在高处作业的工作人员被喷射坠落，造成10人死亡、3人受伤。

(1) 能量隔离简介

能量隔离是指将潜在的、可能因失控造成人身伤害、环境损害、设备损坏、财产损失的能量进行有效的控制、隔离和保护。

自然界中存在各种能量，包括热能、化学能、势能、电能、弹性能、机械能、辐射能、放射能、声能等。危险化学品企业生产过程的能量主要以电能、热能和化学能为主。能量是造成伤害的根本原因，发生安全事故的根本原因就是能量的意外释放。因此要保证作业时人身安全，就必须将能量从作业系统中隔离出去。

(2) 能量隔离类型

能量隔离主要包括机械隔离、工艺隔离、电气隔离、放射源隔离等几种方式。

机械隔离是将设备、设施及装置从动力源、气体源头、液体源头物理地隔开。如转动设备检修前将其与电机分开等。

工艺隔离是将流体管道上的阀门关闭和上锁，可能包括管道的泄压、冲洗以及排气措施，是机械隔离的特殊情况。如根据工艺介质理化性质、介质状态、工艺条件、管径大小等采取的单阀加盲板隔离、双阀加排空隔离、双阀排空加盲板隔离等措施。

电气隔离是将电路或设备部件从所有的输电源头安全可靠地分离，包括电气、仪表和通信的隔离。如在配电室将涉及作业的电机停止送电或拆开电机接线等。

放射源隔离是将设备、装置的相关放射源断开或拆离。

作业实施前开展的准备工作，应根据安全风险管控需要采取一种或多种能量隔离措施。

案例 某化肥生产企业在安排操作人员进入造粒机内清理叶片上的料浆结垢时，因没办理停电手续，恰好碰到其他人员误操作，致使造粒机突然运转起来，幸亏发现及时，未造成人员伤亡。

(3) 易燃易爆气体、液体介质的能量隔离措施

对于盛装过易燃易爆气体、液体的设备、设施、管线，在进行特殊作业时，应开展下列前期准备工作：

① 进行能量隔离。采用加盲板的方式断绝物料的进入(或断开管道的方式)。

② 排空系统中物料并进行清洗。对设备、管道中存有的不易清理的积液、残垢，可采用加热水蒸煮，用惰性气体、蒸汽吹疏的办法。尤其要注意在已经满足安全作业条件下但因实施作业又造成安全作业条件变化的情形。

③ 加强通风，按规定开展可燃、有毒气体检测。

④ 必要时可按照 GB 30871—2022 第 6.6 条要求，由人工进入设备内进行清理。

⑤ 配备符合要求的照明灯具，使用防爆工具。

(4) 腐蚀性介质的能量隔离措施

在有腐蚀性介质存在的场所作业，存在作业人员意外接触腐蚀性介质，造成化学灼伤的可能，应增设应急冲洗水源，保护作业人员安全。

(5) 粉尘环境介质的能量隔离措施

涉及可燃性粉尘的设备、设施、场所，在进行特殊作业时，应满足以下安全作业条件：在具有火灾爆炸性粉尘环境下作业，应首先对粉尘进行清理、增湿，尤其是要关注粉尘容易积聚的部位，避免形成爆炸性粉尘环境。粉尘要采取除尘措施，防止扬尘形成爆炸性环境。按照《粉尘防爆安全规程》(GB 15577—2018)要求，动火作业前，应清除动火作业场所 10m 范围内的可燃性粉尘并配备充足的灭火器材，动火作业区段内涉粉作业设备应停止运行，动火作业的区段应与其他区段有效分开或隔断并加强通风。另外，作业人员应正确佩戴个体防护用品，穿防静电工作服。

在粉尘环境下从事其他特殊作业，应尽可能保持作业场所清洁少尘，采用增湿、覆盖措施避免扬尘，同时考虑作业人员的身心健康，佩戴防尘口罩等进行作业。

案例 2014 年 4 月 16 日，江苏某化工公司在硬脂酸造粒塔底部锥体上进行焊接作业时，造粒系统内的硬脂酸粉尘发生爆炸。事故原因之一是企业风险识别不到位，未能认识到硬脂酸粉尘的燃爆风险。

(6) 坑、井、沟、孔洞的能量隔离措施

在动火作业时，焊渣飞溅，会波及动火点周围区域。如果作业现场存在的坑、井、沟、孔洞等未采取有效防护措施，一旦坑、井、沟孔洞内有沉积的油污或积聚的易燃易爆气体，则可能会因动火作业产生的火花而发生火灾或爆炸。油污受热也可能有油气产生，当达到爆炸浓度时也会引发爆炸。

另外，作业过程中，作业人员往往更多地关注作业部位，而忽视对头顶、脚下或周边设施的关注，这些坑、沟会对作业人员的安全造成影响，如发生作业人员失足滑跌、磕碰、踏空等现象，造成人员伤害。

对作业现场可能危及安全的坑、井、沟、孔洞等采取的防护措施包括但不限于以下几种：

① 用阻燃的灭火毯覆盖；

② 用沙土临时填实；

③ 非火灾爆炸场所可采用钢板或水泥盖板予以覆盖；

④ 清理坑、井、沟内的易燃物；

⑤ 在坑、井、沟外设置牢固的护栏；

⑥ 填充孔洞；

⑦ 充水隔离等。

（7）放射源使用前的能量隔离措施

涉及放射源的企业在放射源使用过程中应严格遵守《放射性同位素与射线装置安全和防护条例》的管理要求。存在放射源的作业场所在开展特殊作业前应采取将放射源关闭或将放射源直接移除的方式，做好放射源的能量隔离工作。

将放射源关闭：

① 将放射源关闭并采取隔离防护措施，确保实施特殊作业的人员在防护距离内或允许可接受剂量的条件下作业；

② 在放射源周围设置警戒线，划定警戒区域，悬挂安全警示标志，采取防止作业人员受到意外照射的安全措施，并做好现场交底工作，要求作业人员作业期间不得进入警戒区；

③ 为实施特殊作业的人员配备与辐射类型和辐射水平相适应的检测仪器，并告知紧急情况下的应急处理措施。

将放射源直接移除：

① 放射源的移除和关闭应由掌握放射防护技能，经过良好的放射防护知识培训，具备执行安装、检查及维修工作能力并考核合格的技术人员操作，无关人员不得随意操作；

② 拆除的放射源应按企业管理规定妥善保管，存放于指定位置，发生丢失及时上报。

4.2.4 管理措施

危险化学品企业在特殊作业实施前要对作业人员进行安全措施交底。在危险化学品企业中，许多特殊作业是委托承包商来完成的，即使由企业自有的专业维修力量来承担，内部专业维修人员也不是对厂区每一个场所可能存在的风险都了如指掌。作业人员对企业内作业场所不熟悉，尤其是作业现场周边、地上、地下、窨井、暗沟、坑洞等环境情况了解不够，对作业现场及附近涉及的危险化学品种类、危险性不了解，对作业过程中可能存在的风险不能准确预判，在实施作业时就有可能出现事故或受到伤害，因此有必要在正式开始作业前由作业属地单位向承担作业的人员将作业现场的各种情况逐一交代清楚。

安全措施交底就是交现状、交环境、交风险、交措施、交应急。承担安全措施交底的一般为属地单位生产班长或专职技术人员。

案例 2014 年 4 月 16 日，江苏某化工公司在硬脂酸造粒塔底部锥体上进行焊接作业时。造粒系统内的硬脂酸粉尘发生爆炸。事故原因之一就是没有进行检修作业安全交底。

安全生产标准化有关文件中要求企业要对承包商在进入作业现场前进行安全培训教育，其主要内容为：作业所属基层单位的主要风险及管控措施、安全管理要求、现场处置方案、作业所属工程概况及施工特点、工程主要风险及管控措施、作业人员劳动防护用品佩戴要求等。

特殊作业前的安全措施交底则是要求属地单位人员向准备实施作业的人员针对某一具

体作业类型、具体作业地点可能存在的危险及具体安全防范措施进行详细交代并逐一落实。交底内容要求：

（1）作业现场和作业过程中可能存在的危险、有害因素及采取的具体安全措施与应急措施；

（2）会同作业单位组织作业人员到作业现场，了解和熟悉现场环境，进一步核实安全措施的可靠性，熟悉应急救援器材的位置及分布；

（3）涉及断路、动土作业时，应对作业现场的地下隐蔽工程进行交底。

安全措施交底比安全教育内容更具体，针对性更强。安全教育不能代替安全措施交底。

此外，安全作业票上列出的安全措施主要是依据标准或管理规定制定的，不一定适用于所有场景。企业可以结合实际情况，在安全作业票中的“其他安全措施”中补充作业票未列出的安全措施。如果安全作业票上安全措施（含补充的措施）已经全面了，可以算作安全交底的一部分内容。

一项检修工作如果同时涉及多种特殊作业，如在管廊上进行电焊作业，可能同时涉及高处作业、动火作业、临时用电作业，则可以结合这项检修工作，做总体的安全交底，不必单独针对每一项特殊作业分别进行安全交底。

4.2.5 人员穿戴要求

进入作业现场的人员应正确佩戴满足《个体防护装备配备规范　第1部分：总则》（GB 39800.1—2020）要求的个体防护装备。

案例 2021年3月28日17时许，福建省三明市某再生纸厂在进行白水收集沉淀池清洗作业时发生一起较大中毒和窒息事故，造成4人死亡。

发生原因是：该纸厂第三生产线承包人违反环保部门停产要求，擅自安排人员进行清理作业，1名员工在清理作业时未按照“先通风、再检测、后作业”要求，进入沉淀池进行作业，导致中毒，3名施救人员未穿戴好防护用品进行施救，造成事故扩大。

4.2.6 作业环境监测

特殊作业现场环境复杂多变，在已检测合格的环境下作业仍然会存在有毒可燃气体浓度再次超限的可能。特殊作业时，如果生产装置设备等隔绝不彻底，或周边设备设施发生泄漏，可燃、有毒气体串入作业现场而未被及时发现，就有可能引发火灾、爆炸事故，在受限空间内作业就有可能导致人员中毒事故。而且即便采取了隔离措施，也不能保证隔离措施万无一失。因此为确保作业过程安全，部分特殊作业进行时需连续检测可燃、有毒气体浓度。

对作业现场可燃、有毒气体浓度的连续检测可以通过在作业现场设置移动式或便携式气体检测仪器来实现。

用于连续检测的便携式或移动式气体检测仪需要具备声光报警功能。特殊作业过程中，作业现场一旦有可燃、有毒气体串入作业现场，如果没有声光报警功能，可能会导致监护人员、作业人员不能及时发现作业现场可燃有毒气体浓度的变化，则连续检测有可能失去其作用。

4.2.7 交叉作业风险

两个或两个以上的工种在同一个区域同时施工称为交叉作业。施工现场常会有上下立体交叉的作业。因此，凡在不同层次中，处于空间贯通状态下同时进行的作业，属于交叉作业。常见类型有：

（1）在管廊上实施动火作业时，覆盖区域地面上有动土施工作业；

（2）吊装作业时其下方覆盖区域有人员进入或有其他作业进行；

（3）高处拆除作业时正下方有动火作业等。

在企业从事特殊作业过程中，可能涉及多种作业类型。如在受限空间内动火，可能会涉及受限空间、动火和临时用电等作业；在管廊上焊接管道涉及高处、动火和临时用电等作业类型；在高大塔器里拆卸部件可能会涉及高处、受限空间、动火作业多种作业类型等。

每种作业存在的风险是不同的，所采取的风险管控措施也不一样。建议结合相关标准明确各种作业需要识别的风险及防控措施。当同一作业涉及不同的特殊作业类型时，分别办理相关联安全作业票，目的就是将各种可能的风险全部识别和管控到位。

当同一作业办理了关联的特殊作业票，每个安全作业票要求的安全措施不同时，应同时执行各作业票中的措施要求。对于同一风险的不同管控措施，应以最严格的管控措施为准。

4.2.8 安全作业票

随着工业互联网信息技术的快速发展，许多运用手机端、平板端办理安全作业票审批的 APP 纷纷问世，为企业开展特殊作业审批提供了便利，同时还可以强化对特殊作业的管理及统计分析。但也存在一定的弊端。

采用信息化技术办理电子安全作业票的签批，应注意下列问题：

（1）安全作业票的签批必须由签批人在作业现场办理，不得在办公室或其他位置远程签批；

（2）在火灾爆炸危险场所用于安全作业票签批的移动式设备必须为防爆型；

（3）作业负责人等相关人员应能通过移动式设备客户端及时了解现场动态；

（4）开发用于电子审批的 APP 应具备流程化审批功能和特殊情况下的“作业中止”功能；

（5）电子安全作业票应满足 GB 30871—2022 的相关要求。

在运用手机、平板电脑等移动式设备办理特殊作业票审批过程中，电子安全作业票与纸质安全作业票具有同等效力。使用电子安全作业票的，可不再办理纸质安全作业票。电子安全作业票能满足储存时限要求的，也不必再打印为纸质票证。根据《中华人民共和国电子签名法》（2019 年修订）第三条要求，对于电子化的特殊作业票采用电子签名方式审批的，采用电子签名应符合 GB 30871—2022 要求。电子安全作业票不需要一式三联。

作业内容变更、作业范围扩大、作业地点转移或超过安全作业票有效期限时，应重新办理安全作业票。这是因为出现上述几种情况时，可能会增加新的作业活动或涉及其他类型的特殊作业，导致原有的风险分析与实际不符，可能造成部分危险有害因素辨识不全，所以需要重新办理安全作业票。

工艺条件、作业条件、作业方式或作业环境改变后，可能会产生新的危险有害因素，与原辨识的危险有害因素及管控措施不符，所以需要重新办理安全作业票。

案例 2018年，某石化公司发生较大火灾爆炸事故。承包商在进行苯储罐内浮盘拆除过程中，在确认浮盘已无修复价值后，决定整体更换浮盘。施工内容发生重大变化，施工方案没有进行相应调整，企业对施工方案也审查不严，没有发现承包商施工方案中无浮盘拆除内容的问题，导致风险识别不充分，未识别出浮盘拆除时存在苯液挥发导致燃爆的风险，最终导致事故的发生。

4.2.9 作业监护人

作业期间应设监护人。在风险较大的受限空间作业时，应增设监护人员。监护人应由具有生产(作业)实践经验的人员担任，并经专项培训考试合格，佩戴明显标识，持培训合格证上岗。

企业可选派一线岗位主操、副操、班长、技术人员等人员担任监护人。

对于作业内容复杂、潜在风险大的特殊作业，在危险化学品企业指派了作业监护人员的情况下，作业单位(含承包商)可以再指派监护人实施双监护。危险化学品企业未指派作业监护人员而只有承包商人员指派了作业监护人是不允许的，因承包商人员对作业环境、作业过程中可能潜在的风险及应急处置措施不如危险化学品企业人员更加清楚。

由危险化学品企业自主完成的特殊作业的监护人建议由作业所在单位指派，同样是因为作业单位的监护人对作业环境等更加清楚。

监护人在特殊作业过程中承担着极其重要的作用，主要包括两个方面：一是监督作业人员每一个作业步骤是否符合安全规定，及时制止作业人员在作业过程中的违章行为；二是在作业人员集中精力专注于具体作业过程时，监护人能在第一时间发现险情，采取应急措施进行处置或紧急告知作业人员停止作业，撤出现场。因此作为一名监护人，首先要明确自己的职责和作用，安全作业不仅是保护作业人，也是保护自己。

监护人的职责主要包括：

(1) 作业前检查安全作业票应与作业内容相符并在有效期内，核查作业票中各项安全措施已得到落实；

(2) 相关作业人员持有效资格证书上岗；

(3) 作业人员配备和使用的个体防护装备满足作业要求；

(4) 对作业人员的行为和现场安全作业条件进行检查与监督，负责作业现场的安全协调与联系；

(5) 当作业现场出现异常情况时应中止作业，并采取有效安全措施进行应急处置；当作业人员违章时，应及时制止违章，情节严重时，应收回作业票、中止作业；

(6) 作业期间，监护人不得擅自离开作业现场且不得从事与监护无关的事；确需离开作业现场时，应收回作业票，中止作业。

案例 2015年4月9日，山东某化工公司发生一起硫化氢中毒窒息事故，造成3人死亡。事故原因就是在未安排人员进行监护的情况下，作业人员违规进入受限空间好氧池大棚内，吸入硫化氢中毒晕倒，跌落至好氧池污水中窒息导致死亡。

监护人在特殊作业过程中承担着极其重要的作用，因此监护人必须认真履行好自己的职责，与作业实施人一起，共同确保作业过程安全。作业期间监护人应履行职责，不得随意离开现场。

监护人在监护期间不得从事与监护无关的事，就是针对部分企业随意安排监护人，不能专心履行监护职责的问题提出的严格要求。要求监护人必须专心做好监护工作，不能兼做他事。

并非所有的特殊作业需要监护人全程监护，例如一部分临时用电作业：在爆炸危险区内使用非防爆抽水泵、使用非防爆排风机等，这种情形只需在接电时、设备启动阶段配备监护人，设备正常工作期间可不设专职监护人，定期进行检查即可。

对特殊作业监护人培训工作的组织实施，可由企业自行组织(由企业安全管理部门或培训管理部门具体实施)；或委托地方有培训实力的企业或社会上的专业培训机构集中开设培训班培训。

每一种培训各有优缺点。自行组织培训可以准确识别企业内部的各种风险，但培训力量不足，培训质量不高；委托外培虽然培训师资力量可以保证，但对各企业具体风险的识别不够准确，针对性不强。

一般而言，坚持“谁组织培训，谁负责考核发证”的原则。

特殊作业监护人证书有效期由企业自定。

对特殊作业监护人员培训的内容主要包括：

(1) 企业存在的各种风险及分布；

(2) 国家标准对特殊作业的安全管理要求；

(3) 监护人员的职责要求；

(4) 各项安全措施的确认检查方法；

(5) 特殊作业过程中发生的相关事故案例分析及教训；

(6) 应急救援技能及常用个体装备、应急器材的使用方法；

(7) 气体检测器的使用方法及检测要求；

(8) 其他内容。

4.2.10 作业审批人

作业审批人的通用职责要求有：

(1) 审批人应在作业现场完成审批工作；

(2) 审批人应核查安全作业票审批级别与企业管理制度中规定级别一致情况，各项审批环节符合企业管理要求情况；

(3) 审批人应核查作业票中各项风险识别及管控措施落实情况。

各环节审批人在审批安全作业票时，应重点关注各项审批环节的内容和人员是否符合企业管理制度的规定；审查作业活动的风险分析是否全面、对应的安全管控措施和应急措施是否合理、到位等。

患有职业禁忌证的人员不能从事相应工作。如恐高症、高血压对于电工、高处作业人员等均属职业禁忌证，有心肺功能异常的人员不应从事受限空间作业(缺氧)等。

4.2.11 作业现场照明系统配置要求

(1) 作业现场应设置满足作业要求的照明装备。

(2) 受限空间内使用的照明电压不应超过36V，并满足安全用电的要求。在潮湿容器、狭小容器内作业电压不应超过12V；在盛装过易燃易爆气体、液体等介质的容器内作业应使用防爆灯具；在可燃粉尘爆炸环境作业时应采用符合相应防爆等级要求的灯具。

(3) 作业现场可能危及安全的坑、井、沟、孔洞等周围，夜间应设警示红灯。

(4) 动力和照明线路应分路设置。

“作业现场应设置满足作业要求的照明装备”就是要求需要使用照明的作业现场配置的照明系统不仅要满足安全使用要求，还得满足照度要求。《建筑照明设计标准》(GB 50034—2013)规定了工业场所的照度要求。

“在受限空间内使用36V以下安全电压照明；潮湿容器、狭小容器内使用12V安全电压照明；依据使用环境的防爆要求，选用相应等级的防爆灯具。”要求在容易发生触电的场所作业时，配置的照明电压在常规安全电压限值的基础上再降低1~2个电压等级。《特低电压(ELV)限值》(GB/T 3805—2008)规定了安全电压的最高限值为50V。安全电压一般分为48V、36V、24V、12V等几个等级。

“作业现场可能危及安全的坑、井、沟、孔洞等周围及夜间设置警示红灯”是因为红色容易引起人们的注意。

根据《施工现场临时用电安全技术规范》(JGJ 46—2005)，“动力和照明线路应分路设置”，实现“一机、一闸”。同时动力电一般采用380V供电，照明电为220V供电，电压不一样。虽然有些对照明电要求不高的场所，可以取380V一相，再加一根零线也能形成照明电供电线路，但是容易出现在电机之类启动时照明灯具闪烁现象，影响安全作业。

4.2.12 作业完成后要求

作业完毕后，必须清理、整理现场，将临时挪用的设施恢复原状。

实施作业过程中，可能会临时拆除或暂时移动妨碍作业的设施，如动火作业时需将窨井封盖、受限空间作业时需拆开储罐顶部的通气孔、吊装作业时需拆除旁边的护栏等。作业完毕必须及时恢复相关设施到作业前的状态，避免这些设施的功能不能正常发挥。如盛装可燃液体的储罐在实施了受限空间作业时，拆开了顶部通气孔，作业完毕未恢复封闭，在这种情况下进料，就有可能造成物料与空气接触引起爆炸事故。吊装时拆除护栏造成的防护缺失也可能造成人员高处坠落。

保持施工现场整洁、材料堆放有序，也可以避免施工后由于废料没有及时清理而造成交叉污染及安全隐患，保持各类设备设施功能的完整性。“工完、料净、场地清”一直是企业检维修作业需坚持的基本原则。

4.3 乙烯装置特殊作业要求

乙烯装置主要危险化学品有乙烯、乙烷、丙烯、丙烷等易燃易爆物料，装置存在裂解炉、大型塔器、容器及压缩机动设备。乙烯装置在运行过程中均可以涉及动火、受限空间(含无氧作业)、盲板抽堵、高处、吊装、临时用电、动土(断路)等7项高危作业，建议企业根据《危险化学品企业特殊作业安全规范》(GB 30871—2022)，结合本企业实际管理情况制定本企业动火、受限空间(含无氧作业)、盲板抽堵、高处、吊装、临时用电、动土(断路)作业管理办法。

此外根据部分乙烯装置事故分析，乙烯裂解炉点炉过程可能发生炉膛闪爆风险导致人员伤亡，因此乙烯装置应制定裂解炉点炉操作规程，同时建议采用远程点火方式，减少现场人员暴露概率，降低人员伤亡情况。

4.3.1 动火作业

4.3.1.1 术语和定义

根据《危险化学品企业特殊作业安全规范》(GB 30871—2022)部分术语和定义如下：

(1) 动火作业

动火作业是指在直接或间接产生明火的工艺设施以外的禁火区内从事可能产生火焰、火花或炽热表面的非常规作业。主要包括各类焊接、热切割、明火作业及产生火花的其他作业等。

“禁火区”不等同于“火灾爆炸危险场所”。“禁火区”即为禁止随意动火的区域，包含的范围相对较广泛，一般企业将生产区和其他特殊区域全部列为禁火区，所以禁火区包括“火灾爆炸危险场所”和非火灾爆炸危险场所。

(2) 固定动火区

固定动火区外的动火作业分为特级动火、一级动火和二级动火三个级别；遇节假日、公休日、夜间或其他特殊情况，动火作业应升级管理。

(3) 特级动火作业

在火灾爆炸危险场所处于运行状态下的生产装置设备、管道、储罐、容器等部位上进行的动火作业(包括带压不置换动火作业)；存在易燃易爆介质的重大危险源罐区防火堤内的动火作业。

(4) 一级动火作业

在火灾爆炸危险场所进行的除特级动火作业以外的动火作业，管廊上的动火作业按一级动火作业管理。

(5) 二级动火作业

除特级动火作业和一级动火作业以外的动火作业。凡生产装置或系统全部停车，装置经清洗、置换、分析合格并采取安全隔离措施后，根据其火灾、爆炸危险性大小，经危险化学品企业生产负责人或安全管理负责人批准，动火作业可按二级动火作业管理。

企业动火作业分级时，对于标准已经明确的场景，作业分级应按照标准执行。对于未具体明确的场景，企业可以按照标准的要求，结合企业实际情况进一步细化，但是管理要求不得低于标准的条款要求，其分级后的管控内容不能有缺失，分级后的风险分析不能有遗漏。企业可以根据标准要求，结合本企业实际情况编制本企业作业要求。例如《中国石化动火作业安全管理规定》。

4.3.1.2 动火作业一般管理要求

(1) 动火作业执行“三不动火”原则，即无动火作业许可证不动火、动火监护人不在现场不动火、安全风险防控措施不落实不动火。

(2) 一张动火作业许可证只限一处动火，实行一处(一个动火地点)、一证(动火作业许可证)，不能用一张许可证进行多处动火。

(3) 在正常运行生产区域内，应尽可能减少动火作业。凡能拆除的设备、管线均应拆除移至安全区域动火，凡可不动火的一律不动火。

(4) 爆炸性气体环境0区(连续出现或长期出现爆炸性气体混合物的环境)、爆炸性粉尘环境20区(可燃性粉尘云持续、长期或频繁出现于爆炸性环境中的区域)和储罐内有可燃介质的罐顶、罐壁严禁动火作业。

(5) 作业票有效时间

通常危险化学品企业多为连续化或间歇式生产工艺装置，采用倒班制进行生产作业，一个生产班次通常为 8h。为减少因交接班等不稳定因素导致的作业环境和人员变化带来的作业风险，尽量将一次动火作业控制在一个生产班次范围中，因此规定特级、一级动火作业票的有效期为 8h，对有效期内未完成作业的应重新办理审批手续。

GB 30871—2022 提供的动火作业票样票中列出了“作业申请时间”“气体取样分析时间”和“动火作业实施时间”“审批时间”四个时间点，动火作业票的有效期应从动火作业实施时间(正式动火开始时间)开始算起。

作业期间可能存在的中断时间(如就餐时间等)应计算在 8h 之内，因作业期间中断时间很难在作业票中准确记录。

(6) 遇节假日、夜间或其他特殊情况，动火作业应升级管理。炼化装置停工交付检修首次动火作业按特级动火作业管理。

根据人机工程学和安全心理学研究结果，企业员工在节假日、公休日、夜间等时间段内工作时，由于社会和家庭等外部因素对员工心理的影响，容易出现倦怠心理、疲劳心理和疲惫状态，开展特殊作业的员工易出现反应迟钝、状态疲惫等情形，而这种状态在进行特殊作业时人员操作容易出现失误，风险相对较高，可能导致事故发生。另外，节假日和公休日在厂技术管理人员较少，一旦发生险情，容易出现应急救援力量不足的现象，夜间作业时因场地照明不善，也给应急救援带来不便。此外，如遇恶劣天气、工况不稳等情况，也容易导致在作业期间出现突发情况，进而改变现场作业情况，打乱原有作业计划，影响作业安全。GB 30871—2022 规定上述时间段动火作业应升级管理的目的也是让相关人员引起高度重视，审批人员从严把控各项措施的落实情况，作业人员严格按规范要求精心作业，杜绝险情事故的发生，同时企业可通过优化管理，尽量不要把动火作业安排在节假日、公休日、夜间等特殊时间，确保生产、作业双安全。

4.3.1.3 动火作业风险分析

危险化学品企业生产环境一般为易燃易爆气体、液体、粉尘等环境。通常认为动火作业属于高风险作业，从“可燃物、助燃物、点火源”燃烧三要素角度考虑，动火作业过程直接或间接的产生火焰、火花、高温热表面等构成了“点火源”这一关键要素，动火作业一般在空气环境中进行，因此，动火作业时“助燃物”空气以及“点火源”明火或高温是无法避免的，只能从硬件、管理、软件等诸多角度提出控制措施来对“可燃物”进行管控，防止其发生作业事故。因此“可燃物”控制措施失效风险就是动火作业的最大风险。

案例 2020 年 4 月 30 日，内蒙古某煤焦化公司在检维修过程中，作业人员违反安全作业规定，在 2#电捕焦油器顶部进行作业时，未有效切断煤气来源，仅靠阀门关闭，未加盲板隔离，导致煤气漏入 2#电捕焦油器内部，与空气形成爆炸性混合气体，作业过程中产生明火，发生燃爆，造成 4 人死亡。

动火作业涉及可燃介质的管道、容器时，应对物料特性、能量状况等情况开展安全风险分析，并制定相应的风险防控措施。动火作业前，基层单位应组织施工单位运用 JSA 方法，对现场和作业全过程存在的安全风险进行分析，根据识别出的安全风险，从技术、管理和个体防护等方面制定相应的风险防控措施，并将结果记录在作业许可证中。控制动火作业环境可燃物存量，主要通过隔离、吹扫、检测等措施，将可燃物存量降至安全范围。

(1) 动火作业前对作业设备进行彻底隔离、吹扫

“可燃物”控制措施失效就是动火作业的最大风险。从本质安全策略出发，消除、置换作业环境中的可燃物料是防止动火作业事故的本质安全措施。动火作业时，必须确保物料管道和作业环节彻底隔离。凡在生产、储存、输送可燃物料的设备、容器及管道上动火，应首先切断物料来源并进行可靠能量隔离，系统需彻底吹扫、清洗、置换，经分析合格后方可动火，严禁采用水封或仅关闭阀门代替盲板作为隔断措施。因条件限制无法进行清洗、置换而确需进行动火作业时，应进行充分的风险分析，制定作业方案及应急措施，并按照特级动火管理要求执行。

要实现彻底隔离，关闭阀门是不可靠的，阀门很可能因为内漏而无法做到“彻底”隔离，而此时的阀门内漏这个缺陷又无法被发现。使用盲板隔离、拆除一段管道隔离均为可靠的隔离措施。在确实无法使用盲板进行隔离的管道上，也可以采用“双阀组加导淋阀”的方式进行隔离。使用水封作为隔离措施同样是不可靠的。如果水封液位不足，就可能会导致水封失效。如果工艺介质压力发生大的波动，也可能会使水封失效。

案例 2000年7月2日，山东某石化助剂厂实施动火作业时仅以关闭阀门代替插入盲板，动火点没有与生产系统有效隔绝，能量隔离不到位，致使罐内爆炸性混合气体漏入正在焊接的管道内，电焊明火引起管内气体爆炸，进而引发油罐内混合气体爆炸。

针对上述要求，在作业过程中可能释放出易燃易爆、有毒有害物质的设备上或设备内部进行动火作业，动火作业前可以采取下列相应措施：

① 完全倒空、排净易燃易爆、有毒有害化学品物料。动火点附近没有易燃易爆化学品，无法出现可燃物这一要素，就不可能因为动火而发生火灾、爆炸事故，因此拟进行动火作业的设备、管道内的物料必须完全倒空、排净，要逐一打开每一个低点排放(导淋阀)检查确认物料是否彻底倒空、排净。

② 彻底吹扫、置换。倒空、排净后的设备、管道要用氮气彻底置换合格；存在催化剂、吸附剂以及内件复杂的设备很难置换合格，往往还需要采用蒸汽吹扫(蒸煮)。设备、管道内存在物料结垢、重组分残渣时，置换合格后还需要过一段时间再次确认是否有易燃易爆气体逸出。

③ 采用加装盲板隔离、拆除一段管道隔离等方式对该作业设备进行有效隔离。在生产装置运行不稳定的情况下，严禁进行带压不置换动火作业。

(2) 监测动火作业环境可燃、有毒、有害物质含量

在火灾爆炸危险环境中进行动火作业，必须对可燃气体进行检测分析。在火灾爆炸危险环境的受限空间内开展动火作业，必须再对受限空间中的氧气和有毒气体进行检测，这是为了保障受限空间内作业人员的安全。单纯在露天的火灾爆炸危险环境下动火，可不需要分析氧含量；经风险分析在可能会出现富氧的环境下动火，应进行氧含量分析。是否分析有毒气体含量，取决于现场环境情况。

动火分析的检测点要有代表性，在较大的设备内动火，应对上、中、下(左、中、右)各部位进行检测分析；在较长的物料管线上动火，应在彻底隔绝区域内分段分析。

作业过程随时监测设备内的气体环境，遇有特殊情况及时撤出作业人员。对于盛装酸性物质的储罐也不容忽视，酸性介质容易对钢质设备造成腐蚀产生氢气。动火作业前必须加强通风、置换。

案例 2004年8月13日，大庆市某热电厂的检修人员准备打开卸酸站1#盐酸储罐顶部人孔对罐内进行检查维修时，因人孔紧固螺栓严重锈蚀，无法拧开，使用火焊切割螺栓，引燃罐内气体，发生爆炸。事故原因是：盐酸储罐内衬脱落，造成钢制储罐直接与内存的盐酸发生反应，产生氢气，并与罐内空气形成爆炸型混合气体，遇火源引爆。

在动火前应清除现场一切可燃物，并准备好消防器材。动火期间，距动火点30m内严禁排放各类可燃气体，15m内严禁排放各类可燃液体。距动火点10m范围内不应同时进行可燃溶剂清洗、喷漆和可燃粉尘清扫等作业。

在受限空间内进行动火、临时用电作业时，严禁同时进行刷漆、喷漆作业或使用可燃溶剂清洗等其他可能散发易燃气体、易燃液体的作业。

动火作业前，应对动火点周围的孔洞、窨井、地沟、水封设施、污水井等作业环境的可燃气体进行检测分析，确保动火环境安全风险可控。在不小于动火点15m范围内应对大气环境进行检测分析，确保动火作业环境符合要求。

在管道、储罐、塔器等设备外壁上动火，在动火点10m范围内应进行气体分析。检测设备内气体含量主要是为了防止在设备内出现爆炸性环境，包括爆炸性粉尘环境和爆炸性气体环境。

当可燃气体爆炸下限大于或等于4%时，分析检测数据不大于0.5%(体积分数)为合格；可燃气体爆炸下限小于4%时，分析检测数据不大于0.2%(体积分数)为合格；在生产、使用、储存氧气的设备上进行动火作业，设备内氧含量不应超过23.5%(体积分数)。对采用惰性气体置换的系统检测分析，不得采用触媒燃烧式检测仪直接进行检测。

非可燃易爆设备进行动火作业前，应分析是否存在可燃气体串至作业设备风险。例如水罐动火作业时，存在顶部气相串入可燃气体的可能，如果作业前没有置换分析，可能导致水罐爆炸。例如，2017年2月17日，吉林松原石化有限公司江南厂区在对汽柴油改质联合装置酸性水罐实施动火作业过程中发生闪爆事故，造成3人死亡。经分析，事故直接原因为：事故企业春节后复工，组织新建装置试车，在未检测分析酸性水罐内可燃气体的情况下，在罐顶部进行气焊切割作业，引起酸性水罐内处于爆炸极限内的可燃气体(主要成分为氢气)闪爆。

动火作业前应使用符合《可燃气体探测器》(GB 15322)、《石油化工可燃气体和有毒气体检测报警设计标准》(GB/T 50493)要求且具有声光报警功能的便携式或移动式可燃、有毒气体检测仪、氧气检测仪进行检测。生产装置区固定式可燃气体检测报警器主要监控生产区域内可燃气体浓度，位于生产装置区的固定动火区尽管距离生产装置较远，但仍有可能有易燃易爆气体扩散至固定动火区内。因固定动火区内经常存在点火源，因此特别要求在固定动火区应按照相关标准规范要求装设可燃气体检测报警装置。检测数据作为动火依据，填入作业许可证。

(3) 监控动火作业过程中产生的点火源

动火作业过程中可能产生明火、高温或火花等点火源，当现场存在受热分解产生易燃易爆、有毒有害物质时，受动火作业形成的热源影响，可能逸出可燃气体或有毒气体，或物质受热后发生进一步反应进而带来其他危险。如不对现场进行清理，可能对作业现场气体环境构成影响，危及现场人员安全。

例如动火作业产生的焊渣温度极高，具备点燃一般可燃物的能量，且因在高处作业，掉落的焊渣可能会飞溅，并随风飘散洒落在周围地区，一旦出现焊渣掉落在可燃物上，或掉落在较为干燥的杂草上，极有可能引发火灾爆炸事故。从燃烧三要素管理角度考虑，必须严格控制动火作业过程中伴随产生的新点火源，因此要对焊渣可能掉落的区域进行清理，并在有必要的地方使用防火毯等进行覆盖。

例如，当在管道、储罐、塔器等设备外壁上动火时，作业产生的热量会随着金属管道、储罐塔器外壁沿轴向传递，如果此时塔器内满足可燃物和助燃物条件，此时的热源会直接成为点火源进而引发燃烧或者爆炸，也有可能使罐内物料受热发生相态变化或发生不期望的反应生成遇热不稳定的物质而引发不可控的事故。在设备外部动火时，设备内部可用惰性气体(氮气)、蒸汽或充满水进行保护。

案例 2014年某公司硬脂酸造粒车间，员工在硬脂酸储罐外侧焊装振荡器时，引发罐内硬脂酸粉尘爆炸。原因之一就是罐外焊接产生的高温通过管壁传导到储罐内部，成为罐内硬脂酸粉尘(硬脂酸罐直通大气)爆炸的点火源。

对于受热分解可产生易燃易爆、有毒有害物质的场所，动火作业前应采取清理或封盖等防护措施。

案例 2019年，山东某制药公司，在受限空间内进行动火作业，引燃作业点周边的乙二醇冷媒缓释剂(包装袋无标签)，释放出的有毒烟雾导致施工人员中毒窒息。

4.3.2 受限空间作业

4.3.2.1 术语和定义

根据《危险化学品企业特殊作业安全规范》GB 30871—2022要求，部分术语和定义如下所示：

(1) 受限空间

受限空间是指进出受限，通风不良，可能存在易燃易爆、有毒有害物质或缺氧，对进入人员的身体健康和生命安全构成威胁的封闭、半封闭设施及场所。包括反应器、塔、釜、槽、罐、炉膛、锅筒、管道以及地下室、窨井、坑(池)、管沟或其他封闭、半封闭场所。

(2) 受限空间作业

受限空间作业是指进入或探入本标准定义的受限空间内进行的作业，包括但不限于：

① 人员全身进入或身体局部探入反应器、塔、釜、槽、罐、炉膛、锅筒、管道等密闭设备内作业；

② 进入地下室、窨井、坑(池)、管沟以及其他类似受限空间内作业；

③ 进入或探入其他进出口受限、通风不良、可能存在易燃易爆、有毒有害物质或缺氧、富氧的封闭、半封闭场所内作业；

④ 除此以上受限空间作业之外，至少还有以下常见的在狭窄区域内开展的作业可参照受限空间作业管理：

- 清除、清理作业，如进入污水井进行疏通，进入污水池、发酵池进行清污作业；

• 设备设施的安装、更换、维修等作业，如进入地下管沟敷设线缆、进入污水调节池、阀门井更换、调节设备等；

• 涂装、防腐、防水、焊接等作业，如在料仓内进行焊接作业等；

• 巡查、检修等作业，如进入检查井、热力管沟进行巡检、开关阀门、检维修作业等；

• 反应釜(容器)清理作业，如人员从反应釜(容器)人孔将胳膊探入釜内，进行擦拭或清理的作业；

• 在生产装置区、罐区等危险场所动土时，遇有埋设的易燃易爆、有毒有害介质管线、窨井等可能引起燃烧、爆炸、中毒、窒息危险，且挖掘深度超过 1.2m 时的作业；

• 可能产生高毒、剧毒且通风不良，需设置局部通风的地下室等场所进行检查、操作、维修及应急救援作业。

案例 2018 年 5 月 3 日，某医药化工公司加氢车间 1 号氢化釜撤催化剂过程中，发生釜内闪爆，导致 1 人死亡。现场视频显示，该人员从已打开的反应釜人孔处将胳膊探入釜内，进行擦拭或清理作业，突然发生闪爆。该作业为典型的“探入”受限空间作业，整个身体只有胳膊的一部分探入受限空间内，但不幸的是釜内闪爆，该人员被炸飞。

类似作业是人员不进入受限空间的作业，故风险分析与管控措施极易被忽视，企业务必高度重视类似受限空间作业。

案例 2019 年 4 月 15 日，某制药有限公司在地下室管道改造作业过程中，违规进行动火作业，且未按照受限空间作业进行管理。作业过程中，电焊或切割产生的焊渣或火花引燃现场堆放的冷媒增效剂，瞬间产生爆燃，放出大量氮氧化物等有毒气体，造成现场施工和监护人员 15 人中毒窒息死亡。

4.3.2.2 受限空间作业风险分析

受限空间作业过程中可能存在中毒、缺氧窒息、火灾燃爆及淹溺、高处坠落、触电、物体打击、机械伤害、灼烫、坍塌、高温高湿等各类风险，如：

(1) 进入盛装过有毒、可燃物料的受限空间，在置换、吹扫或蒸煮不彻底，残留或逸出有毒、可燃气体时，可能导致人员中毒、火灾爆炸风险；

(2) 在分析合格的受限空间内实施清理积料作业，翻动、排出积料时造成有毒、可燃气体重新逸出而引起的人员中毒、火灾爆炸风险；

(3) 因与受限空间连通的管道未采用加盲板或拆除一段管道方式隔离、与受限空间连通的孔洞未严密封堵，导致可燃、有毒气体串入受限空间内，带来的作业人员中毒、火灾爆炸风险；

(4) 因未保持受限空间内空气流通良好而使氧含量未达到安全指标范围，可能导致的作业人员窒息风险；

(5) 进入带有电气设施的空间，因对作业设备上的电气电源未采取可靠的断电及电源开关处上锁并加挂警示牌等可靠措施，可能导致的触电风险；

(6) 进入带有搅拌器的设备内作业未办理停电手续，误操作后造成的人员机械伤害风险；

(7) 因作业人员未佩戴必要的个体防护装备，而可能导致的个体伤害风险；

(8) 受限空间内作业使用非防爆的工器具，可能导致火灾爆炸的风险；

(9) 在受限空间内高处作业，因个体防护设施不全造成的高处坠落风险以及脚手架搭设不牢造成的坍塌风险；

(10) 因盲目施救而可能导致事故扩大化的次生风险；

(11) 进入有积水的地下水池清理，因作业不当造成的人员淹溺风险。

案例 2018年6月20日，辽宁某药化有限公司在检修过程中，在未办理受限空间作业票的情况下，擅自组织清理结晶釜内对氯苯胺，仅佩戴防尘面具、未拴安全救护绳，违章进入氮气保护的1#对氯苯胺结晶釜进行清理作业，造成人员窒息。釜外的人员发现异常后，在未进行通风、未佩戴任何防护用具的情况下，依次入釜盲目施救，导致事故扩大，事故共造成3人死亡。

4.3.2.3 受限空间作业风险管控措施

(1) 进行受限空间作业时，采取如下风险管控措施：

进入设备、容器进行检修，应经过加盲板、吹扫、置换、采样分析合格、办理受限空间安全作业票后，才能进入作业。对于有些设备容器在检修前，需进入排除残余的油泥、余渣，清理过程中会散发出硫化氢和油气等有毒有害气体的情形，必须采取相应安全措施。如：

① 制定作业方案，分析作业风险，做好风险预判；

② 作业人员经过安全技术培训；

③ 进设备容器作业前，必须做好气体采样分析；

④ 办理进入受限空间安全作业票；

⑤ 作业期间佩戴防毒用具(空气呼吸器等)，携带好安全带(绳)，并保持连续检测气体浓度；

⑥ 穿戴适应工作环境的劳动防护服装，如易燃易爆场所穿戴防静电服装、酸碱环境穿耐腐蚀服装等；

⑦ 必要时使用防爆工具；

⑧ 施工过程须有专人监护，明确应急救援对策，备好应急器材，必要时应有医务人员在场；

⑨ 严格控制进入受限空间作业的人数(以不超过3人为宜)，认真优化受限空间内作业方案；

⑩ 结合实际作业条件(环境温度、作业强度等)，合理安排或控制受限空间内作业人员连续作业的时间。

(2) 进入下水道(井)、地沟作业的风险管控措施：

① 控制各种物料的切水排凝进入下水道，不排入环境；

② 采用强制通风或自然通风；

③ 对气体进行采样分析，根据测定结果确定作业方案和安全措施，办理好进入受限空间作业票，并保持作业期间连续检测气体浓度；

④ 佩戴防毒用具(空气呼吸器等)，明确应急救援措施；

⑤ 携带好安全带(绳)；

⑥ 进入下水道内作业要设专人监护，并与地面保持密切联系。

(3) 受限空间内作业时，检测受限空间内的氧气浓度。

在受限空间内作业一定要检测氧气含量，以确认氧气含量是否始终处于规定指标范围内。在受限空间内作业，氧气浓度指标规定如下：氧气含量 19.5%~21%(体积分数)，在富氧环境下不应大于 23.5%(体积分数)。如果超出规定指标，将对人员和作业环境构成危险。

① 氧含量低于规定指标为缺氧环境。根据《缺氧危险作业安全规程》(GB 8958—2006)，作业场所氧含量低于 19.5%(体积分数)就属于缺氧环境。在缺氧环境下，人体中枢神经系统、心血管、组织细胞等都会受到影响，长期缺氧脑组织会造成不可逆损害，严重缺氧会造人员死亡。

② 氧含量高于规定指标为富氧环境。富氧环境下，空气中氧量大于 23.5%(体积分数)。在富氧环境下作业，人体自由基会受到影响，直接损害健康，直至死亡；富氧环境下，平时较为稳定的介质易引起火灾爆炸事故，后果也会更加严重。大量实验表明，富氧条件下可燃固体更容易燃烧，固体和液体的着火点降低，爆炸压力增强。因此受限空间作业时，不能向受限空间充纯氧气或富氧空气。如果向受限空间充纯氧气或富氧空气，受限空间内会出现富氧环境，带来富氧风险。

③ 对忌氧环境下的受限空间作业措施要求：

忌氧环境就是在此环境下的物质与氧气可形成爆炸性混合气体或易自燃，要求此环境下不能有氧气(空气)存在，如存放易燃易爆物质的储罐上部空间、储存易在空气中自燃的物质包装容器内等。与氧气性质抵触的危险化学品，因包装容器渗漏等原因，可能与氧发生氧化反应，起火甚至爆炸。因此作业前必须事先对作业环境进行置换，如采用惰性气体置换等，确保可以满足有氧环境下作业的条件。

作业前，应保持受限空间内空气流通良好，在忌氧环境中作业，通风前须对作业环境中与氧性质相抵的物料采取卸放、置换或清洗合格的措施，达到可以通风的安全条件。

向受限空间内通风，保持空气流通，是目前采用的最简捷便利又经济适用的通风方式，既可以保证受限空间内氧气不超限，又能保证有足够的氧气。

(4) 在具有火灾爆炸危险性的受限空间内进行检修作业，还要按照动火作业要求进行可燃气体浓度分析。

① 在具有火灾爆炸危险性的受限空间内进行检修作业，可能涉及动火等交叉作业，此时应严格执行动火作业有关规定，按照动火作业要求进行可燃气体浓度分析。

② 即使不涉及明火，但在作业过程中使用各种工器具，也可能因与受限空间内金属物件摩擦、碰撞、打击等原因产生火花，具备了“着火三要素”之一。如果通过可燃气体浓度分析，确认受限空间内气体未达到爆炸极限浓度，则不会导致严重后果；若达到爆炸极限，则要清理受限空间内部直至满足要求。

③ 在已经通过可燃气体检测合格的受限空间内作业，仍需要使用不产生明火的防爆工具。这是因为即使作业初期可燃气体检测合格，但作业时扰动容器内积料或物料垢层脱落，仍有可能有可燃气体逸出，因而存在火灾爆炸的风险。

案例 2019 年 3 月 14 日，某焦化厂焦炉地下室进行盲板抽堵作业时发生煤气燃爆事故，造成 1 人死亡、6 人受伤，直接经济损失 166.21 万元。事故直接原因是违规在焦炉地下室受限空间内使用铁制工具进行盲板抽堵作业，千斤顶在受力不平衡情况下滑落砸在铁质脚手架平台一边产生火花，大量煤气从法兰处泄漏，与空气形成爆炸性混合气体，导致焦炉地下室受限空间爆炸。

④ 需要连续检测气体浓度的根本原因是基于“风险是动态的”的理念。即使设备交付检修时满足相关作业条件，但在检修过程中可能因隔绝失效、外界气体串入、设备内壁物料垢层脱落使受限空间本身再次存在(发生反应或逸出)有毒、可燃气体，因而导致人员窒息、中毒、火灾爆炸事故的发生。通过连续检测气体浓度，实时掌握作业现场气体浓度变化，如有异常，立刻采取措施，不失为从源头防范事故发生的根本手段。

⑤ 在有人员进入的受限空间内作业，必须检测有毒气体以及氧含量，涉及动火作业，还需检测可燃气体浓度。

(5) 惰性气体置换受限空间风险分析如下：

惰性气体是指在常温常压下性质稳定，很难与其他物质发生化学反应的一类气体。通常化工生产中用于置换可燃、有毒介质环境的惰性气体为氮气，精密环境的置换还可以使用氦气、氖气、氩气等惰性气体。

采用惰性气体置换受限空间，可能存在的风险有：

① 置换过程中，因惰性气体过量而可能导致的人员窒息风险；

② 置换后受限空间内氧气含量低于 19.5%(体积分数)而造成的人员缺氧风险；

③ 与受限空间设备设施所连接的管道及容器未能彻底隔离、隔开、断开或者加设的盲板不可靠造成的物料互串，引起中毒、窒息或爆燃等事故风险；

④ 惰性气体通过管道等串到其他相关设备设施空间或外逸的风险；

⑤ 置换用惰性气体属于压缩气体，一旦泄漏，高压气流冲击人体，给人体造成的伤害风险；

⑥ 气体置换时，高压气流产生的噪声给作业人员的身心健康造成的职业病危害风险。

案例 2018 年 11 月 26 日，某烯烃厂在检修后开车过程中，作业人员在未采取防护措施的情况下进入已投用氮气密封的裂解气压缩机排出罐内，造成缺氧窒息，导致事故发生。其他人员在现场状况不明，未采取防护措施的情况下盲目施救，导致事故扩大。事故共造成 2 人死亡。

⑦ 采取稀释或补给式通风方式，对受限空间进行置换。

稀释通风或补给式通风，是利用清洁的空气稀释受限空间内的有害物(有毒、可燃、导致窒息等)，降低其浓度，并将污染空气排到受限空间外，保持受限空间内空气环境满足受限空间人员作业标准要求。

在通风置换过程中应落实以下措施：

• 对受限空间进行安全隔离：与受限空间连通的可能危及安全作业的管道应采用加盲板或拆除一段管道的方式进行隔离；严密封堵受限空间连通的可能危及安全作业的孔、洞。

• 保持受限空间内空气流通良好：打开人孔、手孔、料孔、风门、烟门等与大气相通的设施进行自然通风；必要时可采用强制通风或管道送风，管道送风前应对管道内介质和风源进行分析确认。

• 确保受限空间内的气体环境满足作业要求：涂刷具有挥发性溶剂的涂料时，应采取强制通风措施。

• 不应向受限空间充纯氧气或富氧空气。

• 新风吸入口不应设置在可能排出有毒、污染气体排风口的下风向，保证通入受限空间的是新鲜空气。

• 新风吸入口和排出口位置设置应根据受限空间内可能存在的气体密度大小和受限空间开孔位置确定。密度比空气大的气体排出应采取“低处进风、低处出风”的方式设置新风出入口，密度比空气小的气体排出应采取“低处进风、高处出风”的方式设置新风出入口。

• 受限空间仅有 1 个进出口时，应将通风设备出风口置于作业区域底部进行送风。受限空间有 2 个或 2 个以上进出口、通风口时，应在临近作业人员处进行送风，远离作业人员处进行排风，且出风口应远离受限空间进出口，防止有害气体循环进入受限空间。新风入口不宜过低，避免吸入灰尘或被污水淹没。

• 在爆炸危险环境下的通风，通风机应采用防爆型，且不应放置在人员经常使用的出入口附近，以免影响人员出入和应急救援。

• 通风机电缆敷设应遵守临时用电安全要求，避免发生触电事故。

（6）在气体分析合格的受限空间内进行检修作业，在作业场所准备应急器材。

在气体分析合格的受限空间内进行检修作业，要求在作业场所准备空气呼吸器等应急器材，主要是基于风险预控考虑。一旦在作业过程中有突发情况出现，可及时使用应急器材采取救援措施。同时监护人员也能在做好自身防护的基础上开展施救，避免因未采取自我保护措施盲目施救而导致事态扩大化。

案例 2021 年 5 月 24 日，四川某食品厂检修作业时，出现水中硫化氢等有毒有害气体逸出现象，致使正在作业的 2 名员工中毒，随后 6 人（企业员工 3 人、厂区周围居民 3 人）相继前往施救导致事故扩大，共造成 8 人中毒，其中 7 人死亡、1 人轻伤。

这是一起典型的因盲目施救而造成的事故扩大化。如果现场有空气呼吸器等应急器材，并有序组织施救，不会造成如此严重的后果。

4.3.3 高处作业

4.3.3.1 术语和定义

坠落基准面的定义为坠落处最低点的水平面。这就明确了坠落基准面不一定是地面，而是高处作业时人员可能坠落范围内的最低处平面。比如，作业人员在装置二层平台的脚手架上作业，如这个脚手架距离二层平台的边缘较远，也即非二层平台的临边作业，则坠落基准面就是二层平台；若脚手架下方有坑洞，能使人员掉入，且坑洞低于一楼地平面，则坠落基准面就是坑洞底部。

GB/T 3608—2008《高处作业分级》给出的坠落基准面定义为：通过可能坠落范围内最低处的水平面。可能坠落范围是指：以作业位置为中心，可能坠落范围半径为半径，划成的与水平面垂直的柱形空间。

可能坠落范围半径大小取决于与作业现场的地形、地势或建筑物分布等有关的基础高度。可能坠落范围半径 R 规定如下：

2m≤基础高度≤5m 时，R 为 3m；

5m<基础高度≤15m 时，R 为 4m；

15m<基础高度≤30m 时，R 为 5m；

基础高度>30m 时，R 为 6m。

基础高度：以作业位置为中心，6m 为半径，划出的垂直水平面的柱形空间内最低处与作业位置面的高度差。

4.3.3.2 高处作业风险分析

高处作业活动面小，四周临空，风力大，且垂直交叉作业多，是一项十分复杂、危险的工作，稍有疏忽，就将造成严重事故。

高处作业过程中，最可能的事故风险是高处坠落，其次是物件打击、机械伤害，根据具体的作业情况，可能的风险还有坍塌、触电、火灾爆炸、中毒窒息、灼烫等。具体分析如下：

(1) 导致高处坠落的危险、有害因素

① 人的不安全行为

a. 不具备高处作业资格(条件)的人员从事高处作业。

b. 从事高处作业的人员没有定期体检，患高血压、心脏病、贫血病、癫痫病以及其他不适合从事高处作业的人员从事高处作业。

c. 未经现场安全人员同意擅自拆除安全防护设施。

d. 不按规定的通道上下进入作业面，而是随意攀爬阳台、吊车臂架等非规定通道。

e. 拆除脚手架、井字架、塔吊或模板支撑系统时无专人监护且未按规定设置可靠防护设施。

f. 高空作业时不按要求穿戴好个人劳动防护用品(安全帽、安全带、防滑鞋)等。

g. 人的操作失误，例如：

- 在洞口、临边作业时因踩空、踩滑而坠落；
- 在转移作业地点时因没有系好安全带或安全带系挂不牢而坠落；
- 在安装建筑构件时，因作业人员配合失误而导致坠落。

h. 注意力不集中，身体条件差或情绪不稳定等。

② 物的不安全状态

高处作业安全防护设施材质强度不够、安装不良、磨损老化等，主要表现为：

a. 防护栏杆的钢管、扣件等材料壁厚不足、腐蚀、扣件不合格而折断、变形。

b. 吊篮脚手架钢丝绳因摩擦、锈蚀而破断导致吊篮倾斜、坠落。

c. 施工脚手板因强度不够而弯曲变形、折断。

③ 管理上的缺陷

a. 选派有高处作业禁忌证的人员进行高处作业。

b. 生产组织过程不合理，存在交叉作业或超时作业现象。

c. 高处作业安全管理规章制度及岗位安全责任制未建立或不完善。

d. 高处作业施工现场无安全生产监督管理人员，未定期进行安全检查。

④ 环境因素

a. 作业现场能见度不足、光线差。

b. 在五级强风或大雨、雪、雾天气从事露天高处作业。

c. 平均气温等于或低于5℃的作业环境。

d. 接触冷水温度等于或低于12℃的作业。

e. 作业场地有冰、雪、霜、油、水等易滑物。

f. 摆动。立足处不是平面或只有很小的平面，即任一边小于500mm的矩形平面、直径小于500mm的圆形平面或具有类似尺寸的其他形状的平面，致使作业者无法维持正常姿势。

g. 存在有毒气体或空气中含氧量低于19.5%(体积分数)的作业环境。

h. 可能引起各种灾害事故的作业环境。

(2) 导致坍塌的危险、有害因素

在作业过程中，脚手架超过自身的强度极限或因结构稳定性破坏，可能导致作业过程中的坍塌事故。

(3) 导致触电的危险、有害因素

① 在作业过程中，作业活动范围与危险电压带电体的距离小于安全距离，存在人员触电的危险。

② 在作业过程中，使用电焊机、电动工具设备，而未遵守有关安全操作规程或使用电气工器具的安全措施不到位，存在人员触电的危险。

(4) 导致火灾爆炸的危险、有害因素

在高处作业过程中，作业环境存在可燃性气体、蒸气、粉尘等与空气混合形成的爆炸性混合物，而作业人员未穿戴防静电的劳动防护用品或使用能产生火花的工、机具产生火花，进而导致火灾爆炸。

(5) 导致中毒窒息的危险、有害因素

在作业过程中，作业点处由于泄漏、放空等产生有毒、有害气体，如氮气、硫化氢、一氧化碳等，且没有可靠的防护措施或人员撤离不及时，会导致高处作业人员中毒、窒息。

(6) 导致灼烫的危险、有害因素

① 在作业过程中，作业人员因距离火焰或高温物体较近，且未采取可靠的安全防护措施，可能导致火焰烧伤、高温物体烫伤。

② 作业过程中，若接触酸、碱、盐、有机物等，可导致化学灼伤。

在高处作业中，如果未采取有效防护、防护不到位或作业不当均可引发高处坠落事故。

案例 2006年4月，重庆某化工企业检修施工中，架子工张某(35岁)在未铺脚手板的脚手架上进行加高脚手架搭设作业。在上下传递钢管时，由于钢管过重没抓牢而滑落，张某伸手去抓该钢管，但脚一滑从20多米的脚手架上摔落，导致张某四肢摔断，住院六个月。

(7) 高处作业和在高大设备平台上巡检的不同

高处作业指的是在高于坠落基准面2m以上的非常规作业，而操作人员到高大设备高处进行的日常巡检属于例行检查工作，属于常规作业。常规作业时，员工的行走路线、动作、程序、工作内容都是相对固定的，可以通过严格管理制度、提高员工个人防范意识来保证常规作业过程中的安全，常规作业是否办理许可由各企业自行决定。非常规作业必须办理许可。

4.3.3.3 高处坠落风险防护措施

防止高处坠落的措施主要有以下方面；

(1) 从事高处作业的人员不应在作业处休息。

(2) 应根据实际需要设置符合安全要求的作业平台、吊笼、梯子、挡脚板、跳板等；脚手架的搭设、拆除和使用应符合《建筑施工脚手架安全技术统一标准》(GB 51210—2016)、《石油化工建设工程施工安全技术标准》(GB/T 50484—2019)等有关标准要求。

(3) 从事高处作业的人员不应站在不牢固的结构物上进行作业；在彩钢板屋顶、石棉瓦、瓦棱板等轻型材料上作业，应铺设牢固的脚手板并加以固定，脚手板上要有防滑措施；不得在未固定、无防护设施的构件及管道上进行作业或通行。

(4) 雨天和雪天作业时，应采取可靠的防滑、防寒措施；遇有五级风(含五级)以上、浓雾等恶劣天气，不应进行高处作业、露天攀登与悬空高处作业；暴风雪、台风、暴雨后，应对作业安全设施进行检查，发现问题立即处理。

(5) 在同一坠落方向上，一般不应进行上下交叉作业，如需进行交叉作业，中间应设置安全防护层，坠落高度超过 24m 的交叉作业，应设双层防护。

(6) 因作业需要，必须临时拆除或变动作业对象的安全防护设施时，应经作业审批人员同意，并采取相应的防护措施，作业后应及时恢复。

(7) 高处作业时应佩戴安全带，安全带不得系挂在尖锐棱角或有可能转动的部位，并应高挂低用，下部应有安全空间和净距；当净距不足时，安全带可短系使用，但不得打结使用。在不具备安全带系挂条件时，应增设生命绳、速差防坠器、安全绳自锁器等安全措施。垂直移动宜使用速差防坠器、安全绳自锁器；水平移动拉设生命绳。安全带的质量标准和检验周期，应符合现行国家标准《坠落防护 安全带》(GB 6095)的规定。安全绳与生命线的质量应符合《坠落防护 安全绳》(GB 38454—2019)的要求。

(8) 安装作业过程中无法进行外架防护时，应搭设安全平网，有火花溅落的地方应使用阻燃安全网。

(9) 30m 以上高处作业人员必须配备通信设备。这是由于在 30m 以上高处作业时，由于作业人员距离地面较远，特别是存在环境噪声影响时，地面作业人员不能有效地和高处作业人员进行联系和沟通，尤其是在出现险情时，一旦高处作业人员不能在第一时间获悉险情并及时逃离，则有可能造成作业人员被困在高处而不能疏散，容易导致事故发生。所以对 30m 以上高处作业配备通信联络工具提出了明确要求，并要求作业时强制配备而不是选择性配备。

(10) 在邻近排放有毒、有害气体、粉尘的放空管线或烟囱等场所进行作业时，应预先与作业属地生产人员取得联系，并采取有效的安全防护措施，作业人员应配备必要的符合国家相关标准的防护装备(如隔绝式呼吸防护装备、过滤式防毒面具或口罩等)，这是因为人员在高处作业时，遇到附近的放空管线或烟囱排放有毒、有害气体或粉尘时，作业人员首当其害且不能及时撤离现场。尤其是在生产状况异常排出有毒气体时，可能会导致高处的作业人员中毒。配隔绝式呼吸防护装备或过滤式防毒面具，可以防范意外出现的险情给高处作业的人员带来的伤害。在有粉尘排出的场所应配备口罩。

(11) 高处作业时，如果作业场所附近有架空电力线路，就有可能当作业人员作业时因身体部位或金属工器具接触到电线而造成人员触电事故。因此高处作业时，作业位置必须要与危险电压带电体保持足够的距离，同时作业人员还应穿绝缘鞋，必要时戴绝缘手套或停电后再作业。

（12）使用移动式登高车作业，需要办理高处作业票。移动式登高作业车一般有两种，一种是机械式，如车载登高梯；另一种是非机械式，如靠人力推动的登高梯。移动式登高作业车尽管人员在站立处设有防护栏或防护筐，大大降低人员坠落的风险，但其他风险仍然不可避免，所以仍需要通过办理作业票进行风险管控。对于专业消防人员在应急救援时使用消防云梯，不在此范围内。

（13）搭设的脚手架满足国家相关标准且按照《高处作业分级》（GB/T 3608—2008）的要求，作业位置至相应坠落基准面的垂直距离中的最大值不到高处作业分级标准的，可以不办理高处作业票，否则应办理作业票。

（14）同一区域内管廊上的同一根管线的高处作业可以办理一张高处作业票，但应在安全作业票上作业地点栏中明确管线的起止位置。如果这条管道跨越多个不同的区域，应视情况分别办理安全作业票。

（15）对于脚手架的搭设、拆除和使用应符合《建筑施工脚手架安全技术统一标准》（GB 51210—2016）及《石油化工工程钢脚手架搭设安全技术规范》（SH/T 3555—2014），并做出具体的要求。

案例 某企业施工时，脚手架扣件滑脱，造成1名工人从15m高处坠落死亡。事故主要原因是脚手架架设不牢固，未按规范要求设置脚手板、安全网等进行防护，未按规定进行检查。

（16）短时间阵风风力五级（风速8.0m/s）以上高处作业应升级，遇有长时间五级风以上（含五级风）、浓雾等恶劣天气，不应进行高处作业、露天攀登与悬空高处作业。

4.3.4 盲板抽堵作业

4.3.4.1 盲板抽堵作业风险分析

盲板抽堵作业过程中，最可能的风险是中毒窒息、灼烫（化学灼伤、烫伤或冻伤）、火灾爆炸、物体打击等，其次是机械伤害、起重伤害，根据具体的作业情况，可能的风险还有高处坠落、触电等。盲板抽堵作业时，设备（管道）内的介质往往难以彻底处理干净，管道内压有时也难以泄至常压，根据介质的不同危险特性，从而会产生相应的中毒窒息、灼烫（化学灼伤、烫伤或冻伤）、火灾爆炸等危害。对使用的工具操作不慎、误操作，也可能导致物体打击、机械伤害、起重伤害等事故的发生，在管廊上或高处平台上作业，也存在高处坠落的风险。盲板抽堵或未加装盲板导致的安全事故时有发生。

案例 1993年6月2日，江苏某氮肥厂硝酸车间发生一起氧化氮中毒事故，造成3人中毒死亡。事故直接原因是：硝酸车间停车大修置换时，作业工人错抽盲板，导致氧化氮气体从碱吸收循环槽逸出，导致中毒。

4.3.4.2 盲板抽堵风险防护措施或要求

（1）同一盲板抽、堵作业不能用同一张盲板作业票

同一盲板的抽、堵作业，应分别办理盲板抽、堵安全作业票，一张安全作业票只能进行一块盲板的一项作业。主要考虑以下两个因素：

① 盲板作业包括抽(堵)和恢复两个步骤，同一块盲板的抽(堵)和恢复的时间很难完全一致，两个作业间隔时间短则数小时，长则数日、数月，甚至永久隔离，如果用同一张安全作业票跟踪和管理，可能一张安全作业票要等待很长时间也迟迟不能归档保存，不利于管理，甚至还有可能致使安全作业票丢失。

② 同一块盲板的抽(堵)和恢复不一定由相同的人员进行，尤其是当两次作业时处于不同的时段时，可能面临的风险不一样。因此通过重新办理安全作业票，对风险重新进行识别，确保作业安全。一张安全作业票只能进行一块盲板的一项作业，就是说同一法兰加盲板要办安全作业票，拆卸盲板时要办理新的安全作业票。

(2) 不同企业共用的管道上进行盲板抽堵作业，作业前要告知上下游相关单位，主要考虑以下三个因素：

① 实施盲板抽堵作业的管道是上下游企业共用的，进行盲板抽堵后，管道内物料流通情况发生了变化，必然会对上下游企业造成影响，因此必须告知上下游单位。

② 防止在盲板抽堵作业过程中上下游单位进行物料流量的调整等操作而对盲板抽堵作业造成不利影响。

③ 在盲板抽堵作业过程中，一旦出现异常情况，便于及时和上下游单位联系、处置。

(3) 不能在同一管道上同时进行两处或两处以上的盲板抽堵作业，主要是考虑到作业过程中的管道或管件的连接安全，避免管道、短接等意外脱落砸伤作业人员或造成物料的泄漏。

(4) 在盲板抽堵作业前，要绘制盲板位置图，要对盲板进行编号，其目的有三个：

① 避免盲板抽堵作业过程中漏抽(堵)、错抽(堵)。盲板抽堵作业完成后，在抽堵的位置还要做明显标记，便于追溯，在交出、作业、验收、开车等环节，不同的人均可准确找到盲板位置。同时也要注意作业票上绘制的盲板位置图应与实际一致。

② 盲板的抽(堵)和恢复也许间隔时间较长，同一盲板的两次作业也许由不同的人员完成，如果没有编号，在现场交底过程中容易出现偏差、甚至造成作业失误，严重时酿成事故。

③ 企业应建立盲板台账，如实记录盲板抽堵情况。为便于管理，台账盲板汇总表中应有盲板编号。

目前，盲板编号没有统一规范，企业可以根据管理方便自行确定。但为了工作方便、准确，一般采用装置单元号+盲板序号的原则。如：“8”字盲板编号原则：装置单元号+×××(三位数字)，例如：常减压蒸馏装置盲板编号：110-001、110-002 等；临时盲板编号原则：装置单元号+1×××(1+三位数字)，例如：渣油加氢脱硫装置临时盲板编号：120-1001、120-1002 等。盲板编号应与盲板位置一一对应。

保持盲板确切位置非常重要，否则容易引发事故。

案例 2012 年 2 月 23 日，某公司 80000m^2 转炉煤气柜大修施工过程中，由于操作失误，一名施工人员误割了煤气管道封堵盲板的螺栓，造成转炉煤气突然泄漏，倒灌进了煤气柜，正在柜内作业的 13 名作业人员猝不及防，纷纷中毒昏倒。由于应急救援装备缺失，此次事故共造成检修施工人员 6 死 7 伤。

案例 2006 年 6 月 16 日，某公司机修班在丙烯腈储罐上进行动火作业。作业前，对丙烯腈计量槽放空管和溢流管分别插装盲板，但作业结束后却没有将插装在放空管和溢流管上的盲板抽掉，再加上没有盲板流程图，没有明显标志，没有指定专人统一登记管理，致使工作交接不清。在后期操作人员输料过程中，由于计量槽上的盲板没有拆除，导致槽内压力不断升高，导致计量槽顶盖被槽内高压顶裂成两片。

(5) 盲板抽堵作业时，要求降低系统压力至常压。

这主要是因为如果系统管道压力高于大气压力，在进行盲板抽堵作业时，介质就会在拆开法兰口的瞬间漏出，会影响盲板抽堵作业人员的安全，如有毒气体喷出会造成人员中毒，高温蒸汽喷出造成人员灼伤，易燃气体液体喷出会引发火灾甚至爆炸。如果系统管道压力为负压，在盲板抽堵作业时，可能导致空气进入。而化工生产系统中，有空气进入会产生很多不良的后果。如在可燃介质工况，会有燃爆的可能。又如，一些化工触媒遇到空气会"中毒"；若系统内存在硫化亚铁，空气漏入后，硫化亚铁与氧接触，就很可能发生硫化亚铁自燃；若系统内存在丁二烯，空气漏入后，因氧的存在，就可能引发丁二烯自聚，导致事故发生。

(6) 盲板抽堵作业时，需要佩戴个体防护装备。

盲板抽堵，一般是在工艺操作或检修过程中，设备和管道内存有物料(气、液和固态)及一定温度和压力情况时的作业。因此存在意外情况下管道内残留物料逸出的可能性，如果是有毒物料或高温物料，就会给作业人员带来风险，因此需要佩戴个体防护装备。

盲板抽堵作业时，对个体防护装备的要求主要有以下几点：

① 在火灾爆炸危险场所进行盲板抽堵作业时，作业人员应穿防静电工作服、工作鞋，并使用防爆工具。

② 在强腐蚀性介质的管道、设备上进行盲板抽堵作业时，作业人员应采取防止酸碱化学灼伤的措施，如防腐蚀液护目镜、耐酸碱手套、耐酸碱鞋、防酸(碱)服等。

③ 在介质温度较高或较低、可能造成人员烫伤或冻伤的管道、设备上进行盲板抽堵作业时，作业人员应采取防烫、防冻措施。如配备防寒手套、防寒鞋、防寒服等防冻装备。

④ 在有毒介质的管道、设备上进行盲板抽堵作业时，作业人员应按《个体防护装备配备规范　第1部分：总则》(GB 39800.1—2020)要求选用防护用具，如正压式空气呼吸器、防腐蚀液护目镜、防化学品手套、化学品防护服等。在涉及硫化氢、氯、氨、一氧化碳及氰化物等毒性气体的管道、设备上进行作业时，除满足上述要求外，还应配备移动式气体检测仪。

案例　2002年6月5日，某煤气公司在对电收尘进口阀门进行加盲板作业时，由于排前压力高，电收尘出口阀关不严，造成煤气大量泄漏，造成1人煤气中毒。

(7) 盲板抽堵作业时，要查明管线内部介质及其走向情况。

盲板抽堵作业时，规定要查明管线内部介质，主要是为了有针对性地识别盲板抽堵作业过程存在的危害因素；查明走向主要是考虑盲板抽(堵)后，管道内介质由原来通过(盲堵)改为盲堵(通过)所带来的变化，并确认对应的风险。另外，根据管线内介质危险性特点，也便于作业前准备对应、适用的个体防护装备，以便在出现险情时，采取针对性措施。

4.3.5　吊装作业

4.3.5.1　吊装作业风险分析

吊装作业是指利用各种吊装机具将设备、工件、器具、材料等吊起，使其发生位置变化的作业。吊装机具多种多样，作业环境复杂，可能潜在的风险有：

(1) 吊装作业现场有含危险物料的设备、管道，如操作不当，吊具或吊物碰撞设备、管道，可能会损坏设备、管道，并导致危险物料泄漏，继而再导致人员中毒、化学灼伤、火灾爆炸等事故。

(2) 靠近高架电力线路进行吊装作业，如操作不当，吊具或吊物碰撞带电线路，存在人员触电、损坏电力线路、供电线路停电的风险。

(3) 遇大雪、暴雨、大雾、六级及以上大风露天吊装作业时，存在因视线不清、湿滑、风大等原因导致多种起重伤害或吊物损坏的风险。

(4) 起重机械、吊具、索具、安全装置等存在问题，吊具、索具未经计算随意使用等原因，存在吊装过程中吊具、索具等损坏，吊物坠落损坏的风险。

(5) 未按规定负荷进行吊装、未进行试吊、吊车支撑不规范不稳，存在导致吊车倾覆的风险。

(6) 利用管道、管架、电杆、机电设备等作吊装锚点，存在导致管道、管架、电杆、机电设备损坏，并可能引发其他次生事故的风险。

(7) 吊物捆绑、紧固、吊挂不牢，吊挂不平衡，索具打结，索具不齐，斜拉重物，棱角吊物与钢丝绳之间无衬垫等情况，存在导致吊物坠落的风险。

(8) 吊装过程中吊物及起重臂移动区域下方有人员经过或停留、吊物上有人，存在吊物坠落、物体打击并造成人员伤亡的风险。

(9) 吊装操作人员、指挥人员不专业，操作不规范，存在导致多种起重事故的风险。

(10) 吊机操作人员位于高处时，因行走不慎，存在高处坠落的风险。

案例　2001 年 7 月 17 日，某公司空压机过滤器到货，用 81t 汽车吊在货车尾部卸车。将第二件空气过滤器主体吊出货车开始下落时，箱体主体在西南角蹭挂货车右边车厢上方，箱体急速向一方偏甩，同时汽车吊车头翘起，吊物迅速下落，将站在吊物旋转半径内的任某砸住，经抢救无效死亡。事故原因是吊车司机对吊物质量确认不清，估计偏轻，违章冒险操作；起重作业管理不善，没有配备专业起重指挥及司索工；卸货位置不当，作业半径内有人员。

4.3.5.2　吊装作业风险防护措施或要求

(1) 采用专用吊具吊装重物，并按照设备操作规程对起重机械进行操作，需要办理吊装作业票。

尽管采用专用吊具，并按操作规程对起重机械进行操作，但吊装作业属于高危作业，在吊装作业过程中潜在诸多的风险和不可控因素，稍有疏忽即可能导致事故的发生，所以要按规定办理安全作业票。对于经常性地采用专用吊具重复吊装重物的作业，可由企业确定吊装作业票的有效期(比如 3 天、5 天等)，在有效期内不必每次吊装重复办理安全作业票。

应结合吊装作业实际情况，对吊装作业进行危险源辨识，并采取相应的安全措施。安全作业票的各级审核、批准人员应对安全措施的落实情况进行逐级的核实确认，以保证作业安全进行。

（2）吊装作业需要编制吊装方案。

根据 GB 30871—2022，规定以下三种情况需要编制吊装方案，吊装作业方案应经审批。

① 一级吊装作业（质量>100t）；

② 二级吊装作业（40t≤质量≤100t）；

③ 吊装物体质量虽不足40t，但形状复杂、刚度小、长径比大、精密贵重，以及在作业条件特殊的情况下的三级吊装作业。

上述三种情形都是作业过程中风险较高、易出现事故的情况，需要在作业过程中引起高度重视。一级、二级吊装作业因吊装物质量大，如果发生意外其后果相对会很严重，所以要编制相应的吊装方案。吊装物体质量虽不足 40t，但形状复杂、刚度小、长径比大、精密贵重，以及在作业条件特殊的情况下的三级吊装作业，因吊装物精密贵重，如果发生意外，将可能会造成较大的经济损失；如果吊装物形状复杂、刚度小、长径比大、作业条件特殊的吊装作业潜在的风险也相对较大，制定吊装方案，就是为了确保吊装作业的安全实施。吊装方案应明确吊装作业程序，对吊装作业过程中可能潜在的风险进行全面的分析，并制定相应的安全管控措施。同时方案中还应明确吊装作业过程中可能发生的意外事故的应对措施，包括人员伤害、吊装设备受损等。制定吊装方案，要经过严格审核批准，以将风险控制在可接受的范围内。

（3）吊装作业的起重机械操作人员、指挥人员、司索人员、监护人员资质要求如下：

依据《特种设备作业人员考核规则》（TSG Z6001—2019）附件 J 起重机械作业人员考试大纲的范围要求，桥式起重机司机、门式起重机司机、塔式起重机司机、流动式起重机司机、门座式起重机司机、升降机司机、缆索式起重机操作人员及相应指挥人员需要取得《特种设备作业人员证》，从事起重机械司索作业人员、起重机械地面操作人员和遥控操作人员、桅杆式起重机和机械式停车设备的司机不需要取得《特种设备作业人员证》。

尽管从事起重机械司索作业人员、起重机械地面操作人员和遥控操作人员、桅杆式起重机和机械式停车设备的司机目前没有资质要求，但因吊装作业潜在风险较大，这些人员也应由固定的人员担任，且应至少经过企业内部吊装作业的有关专项培训并经考核合格后方能担任。

执行 TSG Z6001 从事吊装作业时，指定的监护人员应按照 TSG Z6001 要求经培训合格后，取得相应合格证书。

指挥人员和司索人员是否由同一人担任，取决于吊物质量和作业过程中风险情况。一般而言，吊装质量小于 10t 的作业在确保措施可靠情况下，可以由同一人担任。对于需要编制吊装作业方案的作业，指挥人员与司索人员应各司其职，不应由同一个人担任。

（4）吊装作业前试吊的注意事项如下：

吊装作业前不进行试吊，如果吊装物质量大、吊装物捆绑不牢、起重机械不稳，有可能发生起重机械倾倒、吊装物坠落，造成重大财力损失，甚至人员伤亡。所以大中型设备、构件吊装前应进行试吊。

试吊前参加吊装作业的人员应按岗位分工，严格检查吊耳、起重机械和索具的性能情况，确认符合方案要求后才可试吊。

试吊的程序：重物吊离地面 100mm 后停止提升，检查吊车的稳定性、制动器的可靠性、重物的平衡性、绑扎的牢固性，确认无误后，方可继续提升。试吊时，指挥、司索人员及其他无关人员应远离作业点。

4.3.6 临时用电作业

4.3.6.1 临时用电作业风险分析

(1) 临时用电是指在正式运行的电源上所接的非永久性用电。所包含的情形主要有：在生产装置、厂房内设置的检修配电箱或其他电源接临时用电线路、使用防爆插头在配电箱防爆插座接临时用电线路、在办公场所的配电箱或电源插座接临时用电线路，用于生产区的各种电气设备的作业。

(2) 临时用电作业过程中可能潜在的风险主要有人员触电风险和火灾、爆炸风险。

① 人员触电风险。人员操作不当、违章操作、电气设备绝缘破坏、保护接地失效等情况导致人员触电。如果非专业电工人员进行临时用电的接线、拆线，由于不了解电气设备的操作规程，不了解电气设备的特性，非常容易造成人员触电事故；如果人员使用了不绝缘的设备进行带电操作，也同样可能会造成人员触电；电气设备设施绝缘破坏、未设置保护接地或接地断开，使电气设备意外带电，会引起人员触电事故。

② 火灾、爆炸风险。在防爆区域内使用非防爆电气设备，因电火花、高温表面而引发火灾、爆炸。临时用电所使用的电气设备，一般情况下均是非防爆型的，在使用过程中可能会产生电火花、高温表面，这些足可以使达到爆炸极限的爆炸性混合气体发生燃爆。而往往临时用电线路较长，接线点、检修配电箱、用电设备、作业点等可能会距离较远，这些环节均有可能产生电火花、高温表面，如果临时用电作业前仅是针对某一点进行了可燃气体分析，而未对所有可能产生电火花、高温表面的地点进行可燃气体分析，存在引发可燃气体爆炸的风险。在防爆区接电过程中，如果电气线路及电气设备接触不良，存在送电时发生电气打火引发火灾爆炸的风险。电气设备过载、接触不良导致电气设施过热引发火灾等。临时用电作业线路及作业点周围可燃物没有清理，因过载、线路接触不良等原因，设备、线路连接处等部位会造成局部高温，并引发可燃物，引起火灾。

4.3.6.2 临时用电作业风险防护措施或要求

(1) 临时用电作业全程均应有监护人在场。

临时用电全过程包括两部分；临时用电作业人员在接、拆线路时，需要有配电箱所属单位的监护人员监护。接线完成并送电后，用电人使用电气设施工作过程同样需要监护人在场监护。两阶段的监护人可以由工艺监护人担任，可以是同一监护人。

接、拆电力线路作业过程中监护人的主要职责是一旦作业人员在接线时发生触电等情况时，能及时切断电源，对触电人员进行施救，同时在接线时如果周边环境发生意外情况，监护人可指导接线人员及时安全撤离作业现场。用电人在使用电气设施工作过程中监护人主要职责是监督用电人规范、安全地使用电气设备，在用电人发生触电及其他意外情况时能及时采取相应应对措施。

(2) 在运行的火灾爆炸危险性生产装置、罐区和具有火灾爆炸危险场所内不应接临时电源，确需时应对周围环境进行可燃气体检测分析。临时用电过程包括接(拆)线、使用电气设备设施作业等内容。在接(拆)线作业过程中，可能会产生电火花等点火源，如果恰遇火灾爆炸危险场所发生可燃介质泄漏并已形成爆炸性混合物，则存在引发火灾爆炸的风险。

在火灾爆炸危险场所临时用电应按动火作业的要求，在接(拆)线前进行可燃气体分析，确保不存在可燃介质泄漏和形成爆炸性混合物的环境，以避免火灾爆炸事故的发生。在接线作业完成后，关闭并封严防爆配电箱，可以防止用电作业过程中可燃气体串入配电箱内。

《危险化学品企业特殊作业安全规范》GB 30871—2022临时用电作业票中无可燃气体分析栏，在火灾爆炸危险场所内接电按动火作业管理，需要为临时用电办理专门的动火作业票。在本标准附录临时用电作业票中，增加了可燃气体分析栏，填写接电处、电气设备(如电焊机等)处等地点的可燃气体浓度分析结果。在火灾爆炸危险场所内临时用电如果不涉及动火作业，则不需再专门为临时用电办理动火作业票，有效简化企业的作业票办理程序，缩短作业前准备时间，便于实际操作。临时用电关联动火作业的，则应同时办理动火作业票。

使用防爆插座的用电作业也应按照临时用电管理，有些企业认为在生产装置区设置的防爆插座上用防爆插头接临时线，插座、插头都是完好的，在插接过程中，不会产生电火花，不会造成不良后果，所以不属于临时用电，不用办理临时用电作业票。其实这是不准确或者说是错误的说法。临时用电并不是仅指用电线路接电这一环节，还包括用电线路下游电气设备(配电箱、电焊机、砂轮、照明灯具等)的使用、临时线路的拆除全过程。所以尽管使用防爆插头插座，在配电箱接线这一环节可能不会潜在风险，但下游的用电设备可能存在电气设备不防爆、绝缘不良好等问题，如果对下游各环节疏于管理，有可能会发生火灾爆炸、人员触电等事故。使用防爆插座也需要专业电工接电并对相关电气设备进行检查。如果插座、电气设备全部为防爆型且符合防爆等级要求，可以不需进行可燃气体分析，否则就需要进行可燃气体分析。

(3) 作业设备上的电气电源在办理停电手续后，必须在开关处挂警示牌且还要加锁。

电气电源在办理停电手续后，将在下一级电源处进行临时用电接线作业，如果此时上一级电源突然送电(如：其他不知情人员意外送电、未加锁误操作导致意外送电等)，将导致下一级电源处临时用电接线人员触电。所以必须在开关处挂警示牌，“有人在作业，切勿随意送电”，以警示其他人员。停电同时加锁的目的是防止停电操作人员因疏忽而忘记曾在此处进行过停电作业、设置过警示牌或警示牌脱落，其他人员不知情误送电，导致触电事故发生，可谓是“双保险”。

重点作业前上锁挂牌制度已成为某些企业防范人为失误、避免人身伤害事故的普遍做法。

(4) 临时用电的动力线和照明线分开设置，也可以在发生事故进行救援时，停止动力供电后，仍能保持现场照明，以保证抢险作业的顺利进行。

(5) 临时用电线路沿地面敷设要求如下：

《石油化工建设工程施工安全技术标准》(GB/T 50484—2019)第4.3.5条规定：除通过道路以外，施工电缆不得沿地面直接敷设，不得浸泡在水中。电缆在地面上通过道路时宜采用槽钢等覆盖保护，槽钢等应可靠固定在地面上。沿地面敷设的电缆线路还应符合下列规定：

① 电缆线路敷设路径应有醒目的警告标识。可以告知其他人员此处有临时用电线路，不要破坏、不要堆放可燃物，应远离以避免触电等。

② 沿地面明敷的电缆线路应沿建筑物墙体根部敷设，穿越道路或其他易受机械损伤的区域，应采取防机械损伤的措施，周围环境应保持干燥。主要是为了为防止线路被意外损坏，并避免引发触电、引燃可燃物等。周围环境应保持干燥主要是考虑如果线路绝缘破坏，可能会引发线路短路或造成人员触电。

③ 在电缆敷设路径附近，当有产生明火的作业时，应采取防止明火损伤电缆的措施。这些措施，一是为了防止临时用电线路遭受破坏，二是防止线路破坏后造成影响作业进度、人员触电、引发周边可燃物的风险。

（6）临时用电架空线敷设要求如下：

① 采用绝缘铜芯线，并应架设在专用电杆或支架上。如果临时用电线路搭设在动设备、工艺管线上，存在线路被破坏、高温烘烤的风险。

② 最大弧垂与地面距离，在作业现场不低于 2.5m，穿越机动车道不低于 5m。主要是为避免线路被机动车辆等意外破坏。

（7）临时用电架空线应采用绝缘铜芯线，并应架设在专用电杆或支架上，不能利用现有的工艺管架走线。这是因为工艺管架上敷设的高温、易爆、腐蚀性介质管线，一旦发生泄漏引发火灾，对电气线路可能会造成破坏，同时电气线路也可能会因电火花、高温等对工艺管道的安全运行带来风险，存在引发泄漏介质起火爆炸的可能。

（8）用于动火、受限空间作业的临时用电时间应和相应作业时间一致，主要是考虑动火、受限空间作业是相对风险较高的作业，这两项作业结束后，应及时拆除临时用电线路，以防作业环境发生变化，临时用电线路及有关电气设备会引发人员触电、火灾爆炸等事故。

（9）作业单位是指接引、拆除临时用电线路的单位，其责任是检查确认作业现场是否具备接引临时用电线路的条件、用电单位的电气设备设施是否符合安全用电要求。配电箱所属单位一般是指临时用电作业点所在单位或企业的电气车间，其职责是保证配电箱等设施具备接引临时用电线路的条件，对用电作业进行安全监护。用电单位其责任是保证本单位的电气设备设施完好，安全用电。三方应在临时用电作业票中填写相应内容。

（10）依据《施工现场临时用电安全技术规范》（JGJ 46—2005）第 8.1.9 条的要求，配电箱、开关箱内的电气（含插座）应先安装在金属或非木质阻燃绝缘电气安装板上，然后方可整体紧固在配电箱、开关箱箱体内。依据 JGJ 46—2005 第 8.1.10 条的要求，配电箱、开关箱内的电气（含插座）应按其规定位置紧固在电气安装板上，不得歪斜和松动。

一般不得在生产现场使用可随意移动的插座。在生产现场使用可随意移动的插座，一是经常性地移动可能会对插座及电缆造成摩擦损伤；二是插座机械强度不够，在作业过程中易受外力影响而机械损坏造成短路、产生电火花、带电部分裸露等情况；三是移动式插座一般放置在地面等处，往往缺少防水、防潮措施。

（11）临时用电“三级配电两级保护”和移动电动工具“一机一闸一保护”。

三级配电是指在总配电箱下设分配电箱，分配电箱以下设开关箱。两级配电保护主要指采用漏电保护措施，除在末级开关箱内加装漏电保护器外，还要在上一级分配电箱或总配电箱中再加装一级漏电保护器，总体上形成两级保护。

“一机一闸一保护”是指开关箱中一个空气开关对应一个漏电保护器只能控制一台用电设备，其目的是防止人身伤害事故。手持电动工具有很大的移动性，甚至存在恶劣条件下的非正常移动情况，电源线易损坏而使金属外壳带电，导致触电事故。手持电动工具是在人的紧握之下运行，如果工具外露部分带电，一旦作业人员触电，将有较大的电流通过人体，由于肌肉收缩而难以摆脱带电体，容易造成严重后果。电动工具应做到“一机一闸一保护”，是安全技术规程的硬性要求，也是电工作业必须恪守的准则。

（12）对临时用电的线路安全要求，主要包括：

① 在开关上接引、拆除临时用电线路时，其上级开关应断电、加锁，并挂安全警示标牌，接、拆线路作业时，应有监护人在场。

② 临时用电设备和线路应按供电电压等级和容量正确配置、使用，所用的电气元件应符合国家相关产品标准及作业现场环境要求，临时用电电源施工、安装应符合 GB 50194 的有关要求，并有良好的接地。

③ 临时用电还应满足如下要求：

a）火灾爆炸危险场所应使用相应防爆等级的电气元件，并采取相应的防爆安全措施；

b）临时用电线路及设备应有良好的绝缘，所有的临时用电线路应采用耐压等级不低于500V 的绝缘导线；

c）临时用电线路经过火灾爆炸危险场所以及有高温、振动、腐蚀、积水及产生机械损伤等区域，不应有接头，并应采取相应的保护措施；

d）临时用电架空线应采用绝缘铜芯线，并应架设在专用电杆或支架上，其最大弧垂与地面距离，在作业现场不低于 2.5m，穿越机动车道不低于 5m；

e）沿墙面或地面敷设电缆线路应符合下列规定：

• 电缆线路敷设路径应有醒目的警告标志；

• 沿地面明敷的电缆线路应沿建筑物墙体根部敷设，穿越道路或其他易受机械损伤的区域，应采取防机械损伤的措施，周围环境应保持干燥；

• 在电缆敷设路径附近、当有产生明火的作业时，应采取防止明火损伤电缆的措施；

f）对需埋地敷设的电缆线路应设有走向标志和安全标志；电缆埋地深度不应小于0.7m，穿越道路时应加设防护套管；

g）现场临时用电配电盘、箱应有电压标志和危险标志，应有防雨措施，盘、箱、门应能牢靠关闭并上锁管理；

h）临时用电设施应安装符合规范要求的漏电保护器，移动工具、手持式电动工具应逐个配置漏电保护器和电源开关。

4.3.7 动土与断路作业

4.3.7.1 动土作业风险分析

动土作业过程中，可能存在的风险主要有以下三类：

（1）火灾爆炸、触电、停电、人员中毒等风险。破坏地下的电缆（通信、动力、监控等）、管线（消防水、工艺水、污水、危化品介质等）等地下隐蔽设施，并进而引发触电、区域停电、危险介质泄漏、人员中毒、火灾爆炸、装置停车等事故。

（2）坍塌风险。未设置固壁支撑、水渗入作业层面等情况造成塌方，导致人员受困。

（3）机械伤害风险。使用机械挖掘或两人以上同时挖土时相距较近，造成人员意外机械伤害。

4.3.7.2 动土作业风险防护措施或要求

（1）在生产装置区、罐区等危险场所动土时，遇有埋设的易燃易爆、有毒有害介质管线、窨井等可能引起燃烧、爆炸、中毒、窒息危险，且挖掘深度超过 1.2m 时，应执行受限空间作业相关规定。主要考虑因素有：

① 作业时周边环境如果发生有害介质泄漏，有害介质可能会在动土作业坑中积聚，因作业坑较深，作业时人员头部可能会低于地面，存在人员中毒窒息的风险。

② 作业时如果地下隐蔽工程被破坏或其他情况而导致有害介质泄漏，有害介质可能会在动土作业坑中积聚，存在火灾爆炸或人员中毒、窒息的风险。

企业开展动土作业是否按照受限空间作业进行管理，要结合实际，合理确定深度超过 1.2m 的动土作业按受限空间管理的范围。即满足如下条件时，应执行受限空间作业规定：在生产装置区、罐区等危险场所动土且挖掘深度超过 1.2m 的，无论地下是否有易燃易爆、有毒有害介质管线、窨井等；在非生产装置区、罐区等危险场所动土，但地下有易燃易爆、有毒有害介质管线、窨井等，且挖掘深度超过 1.2m 的。作业点远离生产区可能散发可燃有毒介质的设备设施(比如 30m 以上)或作业点地下不会有可能泄漏可燃有毒介质的管线等，可以不必按受限空间作业进行管理。

（2）危险化学品企业的地下隐蔽工程主要包括地下敷设的管线、电缆等。管线包括循环水管线、新鲜水管线、消防水管线、泡沫管线、污水管线，工艺介质管线等，电缆包括动力电缆、照明电缆、通信电缆、网络光纤等。

动土作业前如果没有查明作业地点地下可能存在的隐蔽工程情况而贸然施工，可能会对地下隐蔽工程造成破坏，并继而导致可燃有毒介质泄漏并引发火灾爆炸、人员中毒，造成企业停电、网络或通信中断等。

（3）动土作业时堆土管理要求：

根据 GB 30871—2022 中的要求，使用的材料、挖出的泥土应堆在距坑、槽、井、沟边沿至少 lm 处，堆土高度不应大于 1.5m；挖出的泥土不应堵塞下水道和窨井。

对距离提出这些要求，主要是考虑到如果堆土过高、距离边沿过近、土量较大，存在堆土滑坡导致将沟内作业人员掩埋的风险。挖出的泥土不应堵塞下水道和窨井也是防止动土作业时顾此失彼，影响正常排水。

（4）采用机械开挖动土要求：

① 机械开挖时，应避开构筑物、管线，在距管道边 1m 范围内应采用人工开挖；在距直埋管线 2m 范围内宜采用人工开挖，避免对管线或电缆造成影响。

② 使用机械挖掘时，人员不应进入机械旋转半径内。

提出这些要求，主要是为了避免机械设备对地下隐蔽工程造成破坏、对作业人员造成伤害。

案例 2010 年 7 月 28 日，某建设公司在南京市一工厂旧址平整拆迁土地过程中，挖掘机挖穿地下丙烯管道，丙烯气体泄漏后遇到明火发生爆燃。事故共造成 13 人死亡、120 人住院治疗(重伤 14 人)。事故还造成周边近 $2km^2$ 范围内的 3000 多户居民住房及部分商店玻璃、门窗不同程度破碎，建筑物外立面受损、部分钢架大棚坍塌。事故原因是：现场施工安全管理缺失，施工队伍盲目施工。现场作业负责人在明知拆除地块内有地下丙烯管道的情况下，没有掌握地下丙烯管道的位置和走向，违章指挥，野蛮操作，造成管道被挖穿。

（5）断路作业要求：

在企业生产区域内，交通主、支路与车间引道上进行工程施工、吊装、吊运等作业，致使道路有效宽度不足，可能会影响正常交通尤其影响消防、急救等救援车辆正常通行时，均应办理断路作业票。

对于作业时占用半幅道路，另半幅能正常通行情况下，如果可供通行的半幅道路有效宽度足以满足消防等救援车辆正常通行时，可不需办理断路作业票。

办理断路作业票的目的，就是要将断路信息及时通知有关部门主要是负有应急救援的部门，这些部门应做好相应的车辆行驶路线安排，一旦厂区内发生紧急情况需要救援车辆出动时，可及时调整应急救援路线，避开占用的道路，采取绕行其他道路的方式，以免影响救援行动。

第5章　岗位危险事件识别分析

为解决基层岗位风险想不到和认不清的问题，指导基层开展岗位风险识别，掌握基层各岗位风险，有效避免和减少事故(事件)的发生，企业基层单位针对岗位危险事件，进一步完善操作规程和相关管理制度，建立乙烯装置基层岗位危险事件清单，具体见本书附录9。乙烯装置的岗位按生产流程功能划分可分为：裂解岗位、急冷岗位、压缩岗位、冷分馏岗位、热分馏岗位和废碱处理岗位等。

(1) 裂解岗位

裂解炉炉膛温度高达上千摄氏度，裂解炉产生的超高压蒸汽温度在500℃以上，裂解气温度在400℃以上。这些介质的管道和设备遍布于裂解区，一旦发生泄漏并直接接触，会对人员造成严重烫伤危害；同时这些物质的泄漏可能导致设备、保温材料、电气元件及电缆的迅速燃烧或严重损坏，直接影响安全生产。

(2) 急冷岗位

急冷油塔、轻燃料油汽提塔和重燃料油气提塔的塔釜温度达195℃以上。塔釜介质一旦泄漏容易发生自燃或燃烧。稀释蒸汽系统温度接近200℃，它的泄漏也易对人员造成严重烫伤危害。

(3) 压缩岗位

裂解气压缩机、丙烯制冷压缩机中的介质如发生泄漏，在适当的条件下会发生恶性爆炸事故。丙烯冷剂和二元冷剂的温度较低，它们的泄漏不但有恶性爆炸的危险，还有严重冻伤的危险。裂解气碱洗系统亦属于该岗位，碱洗以氢氧化钠溶液为洗涤剂，因此该岗位人员具有与碱直接接触并造成人员伤害的可能性。

(4) 冷分馏岗位

甲烷、氢气、乙烯均产自该区，出于分离的目的该区均在低温操作，泄漏后对人员有冻伤的威胁；该区物料多为低闪点、易燃易爆介质。氢气泄漏后如发生燃烧，在白天难以肉眼看出，因此对人员有烧伤的威胁。C_2加氢反应器和甲烷化反应器如发生“飞温”现象极易导致反应器爆炸恶性事故。

(5) 热分馏岗位

该区域主要介质为丙烯、丙炔、丙烷、C_4和裂解汽油。它们的泄漏有可能导致恶性爆炸和燃烧事故。

(6) 废碱处理岗位

该岗位人员具有与碱接触并造成人员腐蚀伤害的可能性。

第三部分

基于风险评估的安全管理

第 1 章　通用性安全管理

1.1　国家层面管理要求

我国已成为危险化学品生产使用大国，自 2010 年开始石油化工产值排名世界第一。当前年产值约占世界总产值的 40%。我国危险化学品行业呈现出“体量大、种类多、分布广”的特点。涉及危险化学品的企业近 21 万家，各级化工园区 850 多个，危险化学品近 3000 种(类)，重大危险源数量近 2.3 万个，且集中分布在我国东部和中部等人口稠密地区。化工(危险化学品)企业(以下简称危险化学品企业)重特大事故多发，暴露出传统安全风险管控手段“看不住、管不全、管不好”等问题突出。

近年来，中办、国办及应急管理部先后印发危险化学品安全领域重要政策文件，在“从源头防范安全风险，从根本消除事故隐患”的行业治理目标引领下，逐步明确并形成了落实企业主体安全责任，健全完善监管体系与能力、构建动态风险监测预警与风险分级管控常态化机制、落实双重预防机制、推进监管模式数字化智能化转型的完整政策体系和风险管控要求及思路。

依靠物联网、大数据、云计算、人工智能(AI)、5G 等新一代信息技术，建设危险化学品企业安全风险智能化管控平台，加强在感知、监测、预警、处置、评估等方面赋能危险化学品企业，破解企业安全生产的痛点、难点、堵点问题，是实现危险化学品企业转型升级的必由之路。

危险化学品企业安全风险智能化管控平台建设坚持以有效防范化解重大安全风险为目标，突出安全基础管理、重大危险源安全管理、安全风险分级管控和隐患排查治理双重预防机制(以下简称“双重预防机制”)、特殊作业许可与作业过程管理、智能巡检、人员定位等基本功能，打造企业“工业互联网+危化安全生产”新基础设施建设，推动企业安全基础管理数字化、风险预警精准化、风险管控系统化、危险作业无人化、运维辅助远程化，为实现危险化学品企业安全风险管控数字化转型智能化升级注入新动能。

1.2　法律法规管理要求

2019 年 8 月 16 日，应急管理部发布〔2019〕78 号文《化工园区安全风险排查治理导则(试行)》(《化工园区安全风险排查治理导则》已于 2023 年 11 月正式发布)和《危险化学品企业安全风险隐患排查治理导则》的通知。导则提出了三项基本原则：即科学规划，合理布局；严格准入，规范管理；系统排查，重点整治。同时对危险化学品企业安全风险隐患排查方式及频次、安全风险隐患排查内容以及安全风险隐患闭环管理提出了详细的要求。

2021 年 2 月 4 日，应急管理部办公厅发布〔2021〕12 号文《危险化学品企业重大危险源安全包保责任制办法(试行)》。通知要求，对于取得应急管理部门安全许可的危险化学品企业每一处重大危险源，企业都要明确重大危险源的主要负责人、技术负责人、操作负责人，从总体管理、技术管理、操作管理三个层面实行安全包保，保障重大危险源安全平稳运行。

2022 年 1 月 29 日，应急管理部办公厅发布应急〔2022〕5 号文《危险化学品企业安全风险智能化管控平台建设指南(试行)》《化工园区安全风险智能化管控平台建设指南(试行)》的通知。要求危险化学品企业建平台、用平台，运用信息数字等先进技术手段强化安全风险防控能力，推动危险化学品安全风险管控数字化转型智能化升级，并且明确了平台功能、基础设施、量化指标等信息。

2022 年 3 月 22 日，应急管理部办公厅发布《危险化学品企业双重预防机制数字化建设工作指南(试行)》，明确应急管理部层面《双重预防机制建设工作程序图》《安全风险清单及隐患排查内容表》《危险化学品企业双重预防机制数字化建设数据交换规范》《危险化学品企业双重预防机制数字化建设运行成效评估标准(试行)》。

2023 年 3 月 19 日，应急管理部危化监管一司发布《危险化学品企业双重预防机制数字化应用管理指南(试行)》和《危险化学品企业双重预防机制数字化建设运行成效评估标准(试行)》，提出将评估标准重点改变为：强化重大危险源三类包保责任人履职应用、强调风险分析对象全面性、进一步强调数字化应用、增加建立提醒预警机制要求、优化调整 6 个否决项。

2023 年 4 月 7 日，关于开展危险化学品重大危险源企业双重预防机制数字化应用提升指导服务的函。明确了电子巡检与隐患排查融合工作、排查任务下发岗位涵盖率等要求。

自 2019 年 8 月 16 日应急管理部第一次印发《化工园区安全风险排查治理导则(试行)》和《危险化学品企业安全风险隐患排查治理导则》开始，截至目前已经印发 9 个通知和 3 个应用提升函，双重预防机制相关文件 8 个。

第2章　基层管理岗位安全管理

2.1　工艺设备管理方面

（1）定期对照最新的安全、环保、工艺设计标准及规范，及时认真开展装置合规性排查，形成不符合项清单，并限期整改。运用HAZOP、LOPA等方法开展风险评估，落实风险管控措施，不断完善保护层，提高装置本质安全水平。

（2）针对同类装置非计划停工及事故中暴露出的设计不完善、设备不可靠等问题，举一反三做好整改。

（3）加强安全联锁全生命周期管理，严格根据HAZOP、LOPA、SIF、SIL的要求进行联锁回路设计、变更、改造和搬迁。注意做好仪表系统更新或升级后联锁回路投用状态确认；明确三取二联锁中最大允许仪表测量偏差，在SIS或DCS系统中做偏差报警(可不参与联锁)，防止联锁拒动或误动。压缩机组紧急停车信号应采用模拟量三取二联锁，老装置压缩机组与紧急停车联锁相关的压力、液位开关应更新为智能压力(差压)变送器。

压缩机组控制系统(CCS)电源应选择符合SH/T 3082—2019《石油化工仪表供电设计规范》相关要求。电磁阀电源应采用24V DC冗余供电，采用双电磁阀(或四个电磁阀)。电磁阀应选用耐高温(H级)绝缘线圈、长期带电、隔爆型(Exd)，防护等级为IP66，并获取SIL3认证。对于前脱丙烷前加氢工艺，高压脱丙烷增设塔顶液位高时自动排液功能，在塔顶液位收集槽底部开孔防止高液位联锁误动作，提高塔顶高液位报警级别，高液位联锁表信号引至裂解气压缩机段间DCS画面并设置报警，实行压缩和分离操作岗位双监控，规范电缆布线施工，不得采用一根电缆内部既有交流电又有直流电。电磁阀信号应有独立接线箱接线，与阀门回讯器的阀位信号分开接线。雨淋系统仪表报警信号与电气220V AC电源线分别接至不同的接线箱内。

（4）高度重视报警管理，努力提高仪表完好率和自控率，科学合理设定工艺报警值，实行分级管理，发生报警后根据报警级别及时处理，杜绝工艺参数长期在报警状态下运行。

（5）密封气系统的管理。对压缩机密封气管路系统设计和现场安装合理性开展专项评估，通过采取消除管线袋型、合理设置管线坡度、安全阀与密封气排放线分开设置、优化仪表引压管安装、阀门减震、增设积液罐、增加管线伴热、合理设置密封气流量联锁值等措施，保证密封系统安全稳定运行。

关键仪表、防喘振控制阀的附件按照设备完整性管理要求及时更换。

2.2　基础管理方面

2.2.1　巡回检查

巡检是及时发现隐患的重要手段，企业必须建立健全各层级巡回检查制度，认真做好落实。

(1) 现场检查：明确定期和日常巡检应检查的内容，重点检查“三机”、裂解炉、加氢反应器、冷箱等系统设备设施完好情况，特别是曾引发非计划停工的关键部位。

(2) 定期检查：检查机泵调速系统运动和连接部件是否完好、易磨损部位的磨损情况；分析润滑油品质，确保黏度、酸值、闪点、机械杂质、水分、漆膜指数等指标在控制范围；检查外部长期结冰或水凝结的设备及管线腐蚀情况，测量厚度；检查裂解气压缩机工艺系统流量和压力表引压管是否堵塞(检查前采取防止联锁误动作等安全措施)；检查安全泄放设施投用和完好情况。

(3) 定期监测：通过取样分析、现场检查，判断循环水和急冷水换热器是否内漏、裂解气干燥器出入口切断阀是否内漏(防止裂解气漏入再生系统造成结焦)、冷箱顶部呼吸阀出口是否含有可燃气以及现场工艺介质泄漏情况。

(4) 日常巡检：比对带联锁的、带液位超驰的液位现场表与远传表；核对压缩机二次油压与透平进汽阀开度对应关系，分析判断是否发生零点漂移。重点检查带联锁的仪表引压管线完好情况，确认是否存在渗漏、腐蚀及振动现象；检查仪表引压管及电缆支撑牢固可靠性，防止引压管和电缆因受力发生故障；检查现场按钮、接线盒防水设施是否完好、仪表和动力电缆是否距离高温设备及管线过近；检查现场管线(含仪表风管)的振动情况，防止因管线振动发生阀门误动、焊口及法兰开裂等问题；检查调节阀气路系统塑料部件是否老化，发现问题及时更换；检查长期关闭的蒸汽减温减压管路是否积水，认真巡检控制系统机柜内各类硬件和关键电磁阀有无出现异常发热情况。监督落实严禁在关键仪表(如磁阻式机组测速探头)附近使用无线对讲设备的要求。

2.2.2 加强室内运行参数监控

室内操作人员注意监控各负荷下关键调节阀阀位，比如裂解炉进料和稀释蒸汽调节阀、锅炉给水调节阀、燃料气调节阀、风门挡板开度，冷剂进各用户调节阀、主工艺流程各调节阀、产品送罐区调节阀等，及时发现系统中出现的流动不畅、堵塞及串料等异常情况。关注压缩机防喘振控制的仪表测量准确性和投用情况。定期组织小幅度调整压缩机防喘振阀、透平进汽阀等开度长期不变化的调节阀(调整前要进行风险评估)，验证是否存在卡涩现象。

2.2.3 原料质量管控

原料(特别是外购原料)首次使用前，要根据其来源，对其裂解性能、可能的杂质含量进行全面分析评价，按照变更管理制度要求开展风险评估，不仅要评估对乙烯装置的影响，也要评估对裂解汽油加氢、丁二烯抽提等下游装置的影响，制定和采取专项风险管控措施。

加强乙烯原料直供料装置的运行监控，发生波动及时组织生产调整，杜绝因此导致乙烯装置非计划停工。

通过健全原料品质(含装置回炼物料)监控制度，完善监控手段，宜设置在线分析仪。对原料中钠、镍、硅、氧、二硫化碳、含氧化合物、氮氧化物等杂质超标问题要高度重视。防止裂解原料烯烃、钠等杂质含量超标引起裂解炉炉管腐蚀、堵塞等问题；防止炼厂干气中硫化氢、一氧化碳等含量超标对乙炔加氢和甲烷化反应器稳定运行造成冲击；防止炼厂干气中氧含量超标引发裂解气压缩系统双烯烃聚合结垢；防止焦化液化气二乙醇胺超标导致蒸发系统排液至急冷系统造成急冷水乳化。

2.2.4 操作指令执行

生产操作原因曾多次导致非计划停工和生产波动，在日常管理中要认真吸取教训，切实举一反三，针对性开展类似作业防误操作专项隐患排查和整治，防止同类问题再次出现。曾出现的典型问题如下：

(1) 裂解炉超高压蒸汽并网时，由于并网阀上下游蒸汽管线排凝、暖管不够，蒸汽带水造成裂解气压缩机透平轴位移高联锁。

(2) 除氧器低液位联锁停锅炉给水泵后，未尽快提高除氧器液位，而是反复启动给水泵，造成裂解炉因给水中断停车。

(3) 压缩机油泵和油过滤器切换时，由于检查确认不到位、泵切换操作不平稳、切换过程中透平速关阀卡扣脱开意外关闭等原因，造成压缩机停车。

(4) 压缩机复水泵切换时，误操作造成空气进入负压系统，复水泵发生气缚不上量。

(5) 压缩机机体排污时，因管路设计不合理、阀门内漏串气等原因，造成密封气泄漏量高联锁误动作。

(6) 干燥器切换时，误操作造成工艺物料进入燃料气系统、干燥器进料中断；在丙烯干燥器未倒液的工况下泄压，造成干燥器温度低于设计值。

(7) 制冷系统换热器投用前，干燥不彻底，死角存有水分，虽然取样分析合格(取样前静置时间不足、取样点少、样品不具有代表性都可能造成分析结果不准)，但换热器投用后发生冻堵，且处置后仍未避免装置停工(投用前应急预案不完善)。

(8) 对于6kV及以上重要机泵切换时，未在配电室、控制室安排专人监控，切泵过程中动力电缆绝缘故障，接地报警未及时发现，电流速断保护动作，晃停油泵造成压缩机停车。

(9) 操作人员对超驰控制原理不掌握，超驰控制误投用或投用条件未确认，造成系统波动和装置停工。比如，丙烯制冷压缩机出口凝液罐低液位超驰投用后，造成丙烯压缩机出口压力高联锁。

(10) 乙烯精馏塔顶冷凝器丙烯冷剂液位指示失常，引发高液位超驰调节，操作人员判断错误，未能及时手动控制，造成系统大幅波动，丙烯机一段吸入压力升高，乙烯机出口压力高联锁停车。

(11) 系统波动时若控制器改手动控制，应做好记录和交接班，避免遗忘。如丙烯压缩机出口凝液罐排出阀改至手动控制后被遗忘，导致丙烯制冷压缩机出口压力高高联锁跳车。

(12) 控制回路投自动时，设定值与实际值偏差大，手动改自动控制后阀门开度大幅波动。如碳二加氢反应器入口温度(分程控制)投自动后，床层温度发生大幅波动。

(13) 关键控制参数调整时，手动直接输入数值失误(比如压缩机转速输入错误)，造成系统波动和非计划停工。

针对操作执行存在的问题，管理人员需认真总结相关教训，完善作业规程和管理要求；针对作业过程中可能发生的波动，加强相关工艺运行参数的日常监控、评比及考核；设置现场操作提示牌，做好管道和关键阀门标识，防止误操作；宜设置并投用防止干燥器切换误操作的联锁，加强非常规作业管理，编写详细的操作规程，内容包括具体操作步骤、风险提示、安全注意事项及应急处置措施；实施非常规作业前，要进行桌面推演和应急演练，并进行现场条件确认。

2.2.5 非计划停工管理

装置非计划停开工期间，操作调整不当易引发次生事故，要结合实际情况，细化监控措施，补充完善相关应急处置程序。如，装置停车期间因系统压力降低，内漏的换热器中循环水或急冷水串至工艺系统，引起冷系统冻堵；裂解炉紧急停车后，因降温速度过快，炉管内焦块剥落，造成炉管堵塞甚至破裂；单台动力锅炉或裂解炉停车后发生汽包满水溢出，造成蒸汽温度低，蒸汽透平损坏。

2.3 激励奖励方面

制定长周期运行奖励办法，例如：每月对装置运行情况进行考核，对实现连续运行的装置进行嘉奖，随装置运行周期延长，每月嘉奖额度递增，使职工及时分享到通过努力所带来的收益。

2.4 专业管理方面

2.4.1 报警管理

根据 IEC 61511 定义的独立保护层(IPL)模型，如图 3-2-1 所示，工艺报警及操作人员正确响应、安全仪表系统是工艺装置降低风险的预防性保护层。乙烯装置属于“两重点一重大”装置，报警及操作人员正确响应是装置降低风险的重要手段，合理的报警设置和及时、正确的人员响应能有效地提高装置的安全性。

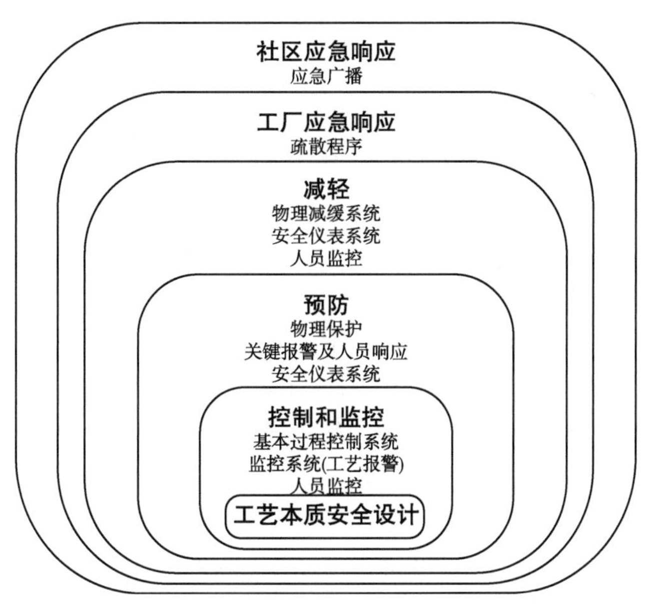

图 3-2-1 独立保护层(IPL)模型

报警是指通过声音和/或可视的手段向操作员指示需要及时响应的设备故障、过程偏差或其他异常情况。报警通常包括三个重要的特征：

① 必须是设备故障、过程偏差或其他异常情况才发生；

② 必须通过声音和/或可视的手段向操作员指示；

③ 必须是操作员可以根据报警进行调整。

特别注意，那些不需要人为干预的工艺过程，如工艺、设备的正常切换；设备的正常开停；液位、压力等工艺参数正常波动等，均不需设置报警，但可以设置 DCS 记录。

(1) 报警全生命周期管理流程

报警管理是对文档、设计、使用和维护程序文件进行合理地配置以建立有效的报警系统。图 3-2-2 是报警管理生命周期模型，这个模型可以应用在全新的或者现存的报警系统中。

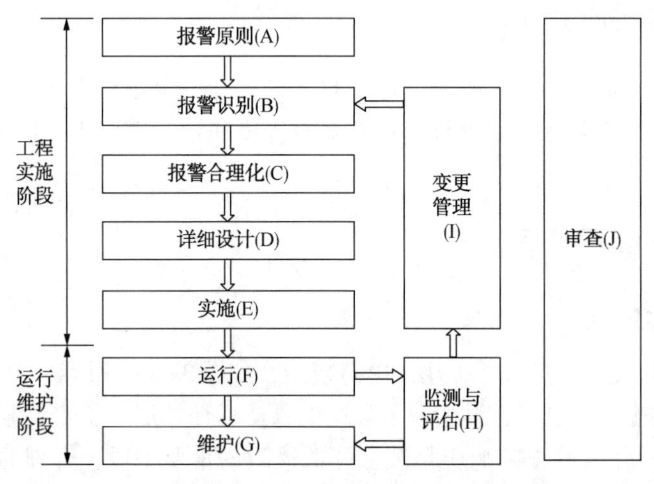

图 3-2-2　报警管理生命周期模型

报警管理生命周期模型的各个阶段详细如下所述：

报警原则(A)：报警原则确定了报警管理生命周期各阶段所使用的流程，化工企业制定了《工艺报警管理程序》，企业根据报警管理的现状，分析企业现有制度与《工艺报警管理程序》的偏差，完善企业报警管理制度。

报警识别(B)：识别阶段是一个信息收集点，收集各种决定是否需要设置报警的方法提出的潜在报警。中国石化要求按照工艺类报警、设备类报警、仪表类报警及安全类报警对报警进行分类，建立报警台账。

报警合理化(C)：合理化阶段将已识别出的新增报警或修改已有报警的需求与报警原则中的原则相协调。中国石化要求按照合理性、唯一性、必要性三原则，以《报警参数设置参考模板》、HAZOP 分析报告、工艺卡片台账、联锁台账等为参考依据，对报警参数设置进行分析梳理，进行报警设置合理性评估。

详细设计(D)：在设计阶段，根据合理化阶段确定的要求细化并设计各报警属性。设计包括三个方面：基本报警设计、人机界面设计和高级报警技术设计。

实施(E)：报警或报警系统的安装及投运均在实施阶段完成。新建报警或报警系统的实施包括系统的物理和逻辑安装以及系统的功能验证。由于报警保护层要求操作员可以正确和及时响应，所以操作员培训是实施过程中的一项重要活动。其次，通常新建报警在投用前必须进行测试。

运行(F)：在运行阶段，报警或报警系统处于运行状态，并执行其预期功能。这个阶段包括报警原则和各报警目的的巩固培训。

维护(G)：在维护阶段，报警或报警系统无法运行，处于测试或修理状态。定期维护(例如：仪器的测试)是必要的，以确保报警系统按设计运行。

监测与评估(H)：在监测与评估阶段，报警系统和各报警的总体性能将根据报警原则中规定的性能目标进行持续监测。中国石化建立报警管理系统，实时获取装置的报警数据(DCS A&E 的原始报警记录)，建立报警性能总览、报警统计、报警分析、报警数据管理、报警评估、报警设置评估和报警调整等七个功能，对运行阶段的数据进行监测和评估。

企业建立报警 KPI 指标，并且定期(每周/月)进行基于时平均报警数、10min 峰值报警数、24h 持续报警数、报警确认及时率、报警处置及时率等 KPI 指标进行报警性能评估，从而反映装置的报警管理水平以及操作员报警处置情况。

企业在评估后，需要进行报警优化工作，优化过程中可能会触发维护工作或识别出对报警系统或操作程序的变更需求。

变更管理(I)：针对报警管理系统评估的问题触发的对报警系统或操作程序的修改在变更管理阶段提出并批准。企业根据《生产变更安全管理规定》，对需要进行方案优化的，通过企业变更流程进行报警优化；针对报警值调整优化的，可以通过工艺平稳性支撑技术系统提出报警调整申请，通过风险分析、审批与实施后，最终完成报警的优化。

审查(J)：在审查阶段，定期进行审查，以维持报警系统和报警管理程序的完整性。乙烯装置正常每年进行一次审查。

(2) 报警系统

报警系统的主要功能是将异常工况或设备故障通知操作员，并支持其做出响应。报警系统既涉及基本过程控制系统(BPCS)，也涉及安全仪表系统(SIS)，每个系统都根据过程状况测量值和逻辑生成报警，见图 3-2-3。为了更好地分析和统计报警系统触发的报警和事件，一般建立报警管理系统。

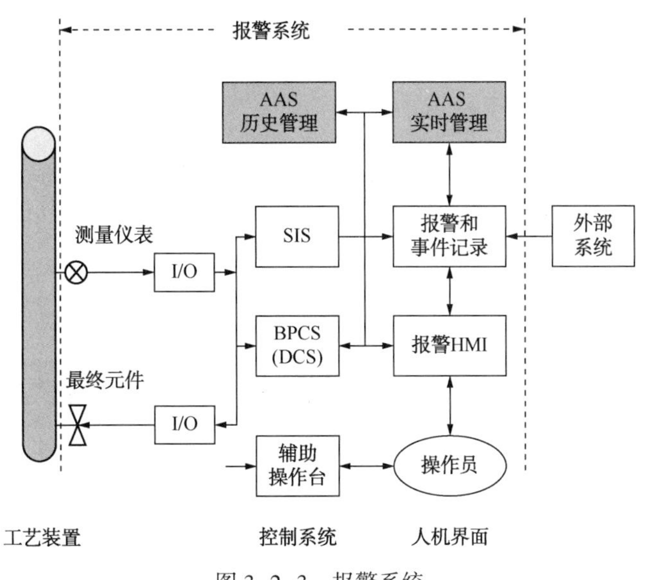

图 3-2-3 报警系统

报警管理系统通过获取 DCS、SIS 系统的报警和事件记录，一般通过采集 OPC 服务器的 A&E 数据，然后通过报警管理系统进行报警评估、评价、分析以及分级。

(3) 报警的统计分析

报警的统计分析使用报警管理系统实现。报警管理系统一般包括报警性能总览、报警统计、报警分析、报警评估、报警设置评估等功能，主要为报警 KPI 进行统计分析。

首先，报警管理系统应该具备报警 KPI 的统计分析功能，KPI 至少包括工艺参数报警率、报警时平均报警、报警确认及时率、报警处置及时率等 KPI。见图 3-2-4。

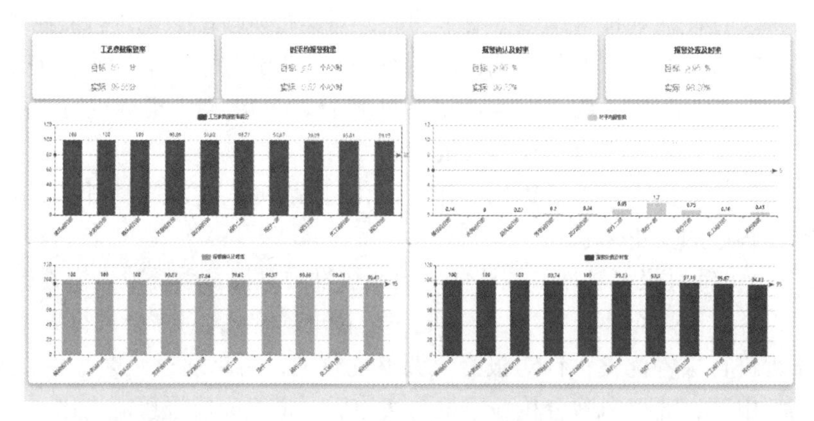

图 3-2-4　报警 KPI 展示

其次，报警管理系统应该具备报警分析功能，分析和统计一段时间范围内报警 TOP 10、报警优先级分布、报警类型分布、报警持续时长报警 TOP、报警时长分布、报警响应分布等功能。见图 3-2-5。

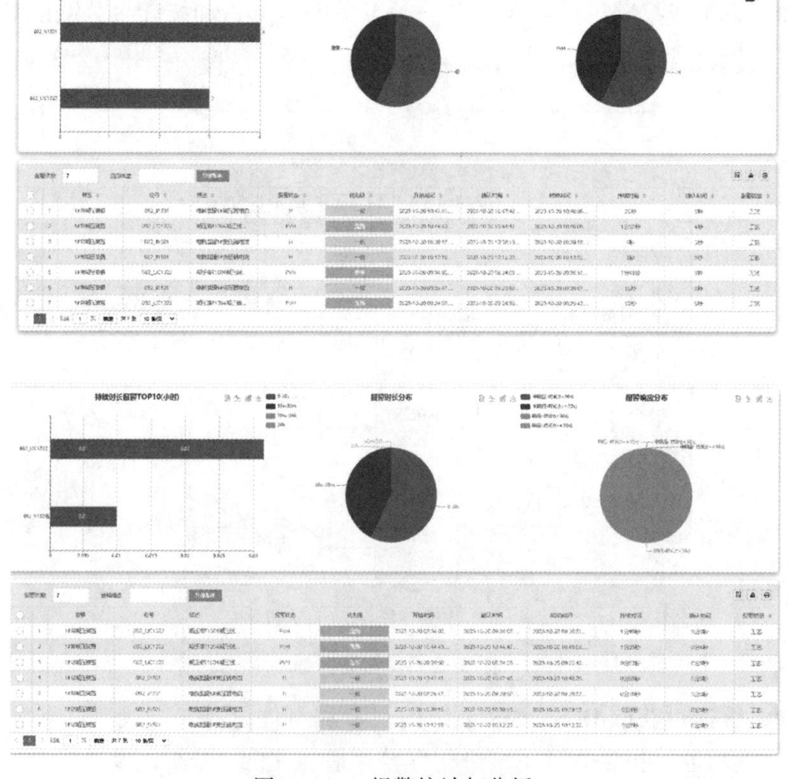

图 3-2-5　报警统计与分析

最后，报警管理系统可以根据企业的管理流程，建立报警原因分析流程、报警阈值合规性分析、报警实时报警台账、报警调整等功能。实现报警管理系统上实现 PDCA 的循环。

① 可以根据系统统计每个班组报警触发情况，由当班人员、工艺技术人员进行报警原因分析、报警处置情况分析以及最后通过管理人员进行报警验证，实现报警的闭环管理。见图 3-2-6。

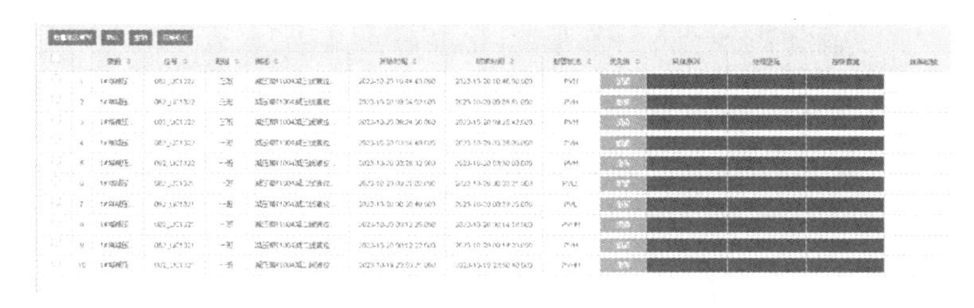

图 3-2-6　报警闭环管理

② 系统可以进行报警调整的闭环管理，包含报警调整的记录、报警调整风险控制以及报警调整的审核。结合报警台账分析，可以分析报警系统值与台账值是否一致。见图 3-2-7。

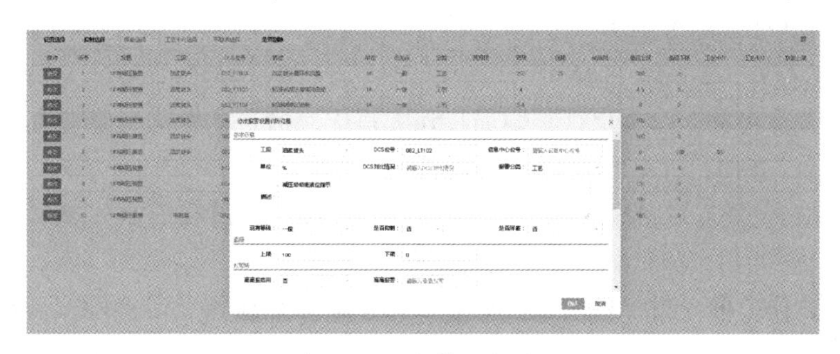

图 3-2-7　报警调整流程

③ 系统进行实时报警台账，主要为审计使用，保证 DCS 系统的报警值与台账值一致。见图 3-2-8。

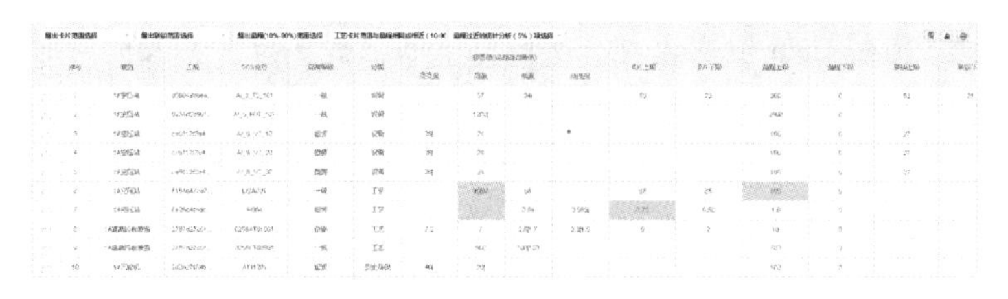

图 3-2-8　实时报警台账

根据以上报警系统的统计、分析，组织操作人员、生产工艺人员、DCS 工程师、仪表工程师和安全工程师等共同参加报警优化会议，对“TOP 10”报警、重复报警等进行评估，并提出改进的实施意见，实现报警性能的提升。

（4）报警 KPI 指标

DCS 报警一般分为工艺报警、设备报警、仪表系统、安全环保类报警。安全环保类的报警一般根据现场和控制情况，由工艺立即进行处置，报警阈值的设置也需要遵循《石油化工可燃气体和有毒气体检测报警设计标准》（GB/T 50493—2019）进行设置，因此正常无阈值等优化空间，最重要的是做好应急响应，但可以根据报警统计情况，进行现场泄漏监控等。报警管理系统的报警优化首先应将仪表系统类报警进行消除，其次进行工艺和设备报警消除。报警消除的目标根据 ISA18.2、EEMUA191 等国际标准，制定如下标准，见表 3-2-1。

表 3-2-1　报警 KPI

KPI 指标	描述	目标值
时平均报警数	在指定时间范围内，每操作员每 10min 的平均报警次数	6
峰值报警数	在指定时间范围内，每操作员每 10min 的最大报警次数	50
报警确认及时率	在指定时间范围内，统计报警确认时长在 30s 以内的报警数占报警总数的百分比，评估操作人员报警确认情况	≥95%
报警处置及时率	在指定时间范围内，统计报警处置时长在 30min 以内并恢复正常的报警数占报警总数的百分比，评估操作人员报警处置及时性情况	≥95%

（5）报警优化

常规报警优化的主要方法为：

工况波动类报警：操作人员根据生产状况调整，离开报警区域。

① 仪表系统类报警：DCS 出现报警而操作人员无法通过工艺参数调整而消除的报警逐一甄别，仪表适时处理，直至 DCS 系统不再报警。

② 仪表故障类报警：清楚原因的仪表故障报警，操作人员利用 DCS 的报警短时切除功能进行切除，并通知仪表处理，在交接班日志中记录。

③ 周期性切换类设备报警：对于诸如裂解炉定期停炉烧焦、切换操作及反应器定期切换操作引起的报警，技术人员与仪表人员讨论制定针对不同工况的操作模式，工艺参数设定不同的报警范围。

④ 预知维护类报警：对诸如在装置运行过程中正常的校表操作，操作前预先采取适当时间的报警短时切除功能，防止不必要的报警出现。

⑤ 重复报警：指在 1min 以内重复三次或以上的报警。与仪表人员沟通，适当增加延迟、滤波处理，对死区的设置进行优化。

⑥ 频繁出现的报警：技术人员召集相关人员攻关讨论，可通过开展 PID 参数优化、更改控制方案、更换控制设施等手段处理。

针对乙烯装置产品切换、设备切换、工艺切换等引起的报警，可以使用手动屏蔽、自动屏蔽、高级报警管理等办法。其中手动屏蔽适合于仪表故障、维修等过程的屏蔽，自动屏蔽适合于不同状态或过程调整的报警屏蔽，自适应报警限值调整适合于不同状态或过程调整的报警管理，对于有顺控的系统，建议优先采用顺序控制的自适应报警。

（6）报警调整(变更管理)

报警调整主要包括报警参数的新增与删除、优先级变化、报警值修改、报警屏蔽等，为了控制报警调整导致报警保护层失效的风险，一般需要通过审批流程进行风险控制。中国石化对紧急报警、重要和一般报警根据后果进行审批流程区分。

紧急报警参数的新增与删除、优先级变化、报警值修改、报警屏蔽等在调整前须进行风险评估，报企业工艺技术管理部门批准后执行。

一般或重要报警参数的新增与删除、优先级变化、报警值修改、报警屏蔽等调整由运行部(车间)主管领导审核后报企业工艺技术管理部门备案后方可执行。

报警调整审批完成后，需要对DCS/SIS系统修订报警值或者逻辑，现场实施通过作业票进行风险控制，调整完成后，投用前应进行验证报警，确认调整后工艺异常报警可以触发，并且操作人员可以及时响应。

2.4.2 电气、仪表系统管理

(1) 变更管理

严格落实变更管理制度，确保HAZOP/SIL分析人员专业结构、业务能力、工作经验满足要求，重点把好变更风险评估和审批关。如：某乙烯装置将下游装置返回的气相物料接入急冷水塔釜，造成急冷水泵发生气缚不上量，导致裂解气压缩机吸入温度高联锁停车。

(2) 重要仪表监控

集中显示装置重要仪表设备和控制系统运行状态，对重要仪表设备和控制系统运行状态实时监控与报警，发现故障24h不间断检查并及时推送信息，确保故障得以及时处理。记录分析重要仪表设备报警信息，针对高发的故障和故障高发的仪表，制定和采取相应措施。

开展仪表、电气设备及配件的使用寿命评估，做好预防性检查、维修及更新。关注压缩机组的测量元件，定期检查现场各类探头接线端子的紧固情况，大修时对机组相关探头进行检查或更换，对密封垫圈进行更换；关注机组振动、位移、键相、转速等测量探头及电缆的屏蔽，禁止在1m之内使用大功率对讲机或进行电焊焊接、电锤等作业，防止信号干扰导致联锁停车；尽量避免测量元件露天布置，防止测量部位锈蚀后测量值失真。

冬季仪表防冻方面，编制关键仪表伴热检查表，采用AMS《报警监控系统)远程监控，现场挂牌等方法，加大关键仪表伴热效果的检查力度。

(3) 制度管理

电气、仪表系统作业要严格执行相关管理制度，关键作业不仅要有作业票，而且要制定详细的作业方案，并进行专题风险评估(相关人员要全部参与)，落实防护措施，电气、仪表人员操作失误曾多次造成非计划停工。

电气人员误操作引起短路，造成锅炉风机停电；电气人员倒闸操作失误造成停电；电气人员作业时电缆沟钢盖板坠入电缆沟，损伤低压电缆保护层，造成控制电源受干扰跳闸。

仪表人员调校压缩机出口压力表时，将该表引压管排放泄压，造成与该表引压管相连的另一台参与压缩机防喘振控制的压力表信号失真，防喘振阀误动作；处理丙烯制冷压缩机出口流量计时，未办理作业票，未通知工艺操作人员，擅自对流量表引压线进行排液，导致防喘振阀快速打开；在未摘除联锁情况下，调校丙烯制冷压缩机汽轮机排气压力表，导致汽轮机排气压力高联锁动作；仪表卡件出现故障更换时，由于备用卡件不完好造成非计划停工。

2.4.3 施工和设备质量把关

施工和设备质量把关不严，易给生产运行埋下安全隐患。加强质量控制，认真做好设备投用前的检查(特别是隐蔽工程)和调试，对防范非计划停工十分重要。

近年来发生的设备和施工质量问题主要有：一是由于焊接或垫片安装质量不符合标准要求发生泄漏；二是电动阀因电缆线绝缘皮破损进水或接线错误误动作；三是电磁阀未采用防爆电缆连接头、防爆软管接头螺纹与电磁阀接口不匹配及安装方向错误(接口向上)导致电磁阀进水；四是机泵因动力线两相接反或电源卡件插入不到位接触不良停车；五是电缆中间接头防水措施不符合要求；六是裂解气压缩机高压缸段间隔板变形；七是法兰螺栓含碳量高发生应力腐蚀断裂；八是换热器泄漏，列管的堵头脱落；九是压缩机房上方检修行车附属配件坠落。

2.4.4 重点设备特护管理

成立由工艺、设备、仪表、电气、信息等跨专业协作的特护团队，定期召开会议，分析裂解炉、关键机组等设备运行存在的问题，制定和采取措施，每月形成长周期运行报告。

为全面掌握关键机组运行状态，加大状态监测设备的投入，建设在线监测与专家诊断系统，实时获取机组运行数据，及时对运行状况进行分析，提前预警，发现异常情况及时找出原因，提出处理意见，及时调整和维修。

2.4.5 波纹膨胀节管理

对照标准要求，加强风险管控。在有关金属波纹管膨胀节的国家标准《金属波纹管膨胀节通用技术条件》(GB/T 12777—2019)、《压力管道用金属波纹管膨胀节》(GB/T 35990—2018)、《金属波纹管膨胀节选用、安装、使用维护技术规范》(GB/T 35979—2018)，对波纹管膨胀节的设计、制造、安装、使用、维护等方面都提出了明确的要求和建议，装置要逐条对照标准规范，继续加强对波纹管膨胀节的安全隐患排查，强化风险管控，进一步提高本质安全水平。

规范日常监控，做好防腐蚀、防超温超压管理。要严格按照相关规范标准，依据服役管线的特征和腐蚀情况确定检查频率，宜每年至少进行一次定期检查，并对其持续安全运行的适宜性做出评判；针对波纹管膨胀节安全风险较高、在线检测手段少的特点，要加强运行参数的监控，防止超温、超压，建立定期检测、更换制度，确保安全。

定期开展风险评估，及时检修更换，确保安装质量。依据波纹管膨胀节的检查结果、预期循环次数、设计疲劳寿命以及服役环境等情况，定期开展风险评估，确定是否需要进行更换。对用于易燃、易爆、有毒介质的无报警装置膨胀节，建议重新委托设计，确保安全可靠；对于已达到使用期限的膨胀节应进行更换。利用大修机会做好膨胀节的系统检查，及时整改存在问题，严把安装质量关，注意做好无应力安装。

完善应急预案，提升应急处置能力。依据装置实际情况及历史事故案例，分析波纹管膨胀节潜在泄漏事故形态和演变规律，根据所处环境、安装部位、内部介质等具体情况，对波纹管膨胀节进行风险分类和分级，评估现有应急响应程序和处置能力，完善处置方案，组织编制高风险波纹管膨胀节泄漏的“一点一案”并定期演练，提高应急处置能力。

2.4.6 作业管理

每天召开由工艺、设备、电气、仪表、安全、施工单位、承包商七位一体作业风险识别管控会，对第二天安排的每一项作业认真进行 JSA 分析，识别出每项作业的风险，制定防范措施，并落实好现场施工交底；在统筹考虑次日工作量、天气状况、生产实际情况等因素的基础上确定作业管控清单，确保作业风险受控。

重大调整或操作前，召开工前会进行桌面推演，对每一步骤再次确认与风险评估，强化安全责任意识，将作业的安全监管提升至“全员、全过程、全装置”无死角的安全监管模式。利用视频监控管理现场作业，及时发现和制止外来人员异常行为。对于易引起非计划停工和生产波动的特殊作业，不但要完善作业规程和管理要求，而且做好管道和关键阀门标识。结合 TnPM(全面规范化生产维护)完善现场标识和风险告知，设立高风险作业提示牌，明确作业风险、操作步骤和关键控制环节，所有现场标识采用中文。

2.4.7 现场作业监管

直接作业环节监管不到位，不仅会发生人身伤害事故，而且也会直接导致非计划停工，特别是边生产边施工的作业场所。比如，作业中碰断工艺或仪表风管线、碰到高压线引起短路；破土作业挖断电缆线和地下管线；变压器附近施工时，异物掉入母线相间发生短路；施工人员误动或误碰现场停车按钮、仪表风阀门、压缩机缓冲气手阀；在业主人员不在场的情况下，施工人员误操作造成锅炉 CPU 停电。

施工作业前，项目负责人要组织工艺、设备、安全、施工单位人员到现场开展 JSA 分析，针对现场具体情况，深入进行风险识别，制定和落实防范措施，做好安全交底，对现场薄弱环节要尽可能硬隔离，对现场可能误触碰发生问题的按钮、手柄阀和电磁阀手柄、带联锁的仪表等重要部位必须采取专门保护措施，并安排专人全程监护。

2.4.8 极端天气应对

要按照预防为主、以人为本的原则，强化现场检查，落实防护措施，细化应急处置预案，加强应急演练，做好极端天气应对。

近年来极端天气情况下发生的典型故障有：台风造成塔压差管线断裂，大风吹脱的保温皮、石棉瓦等物体碰到工艺管线、高压电缆等引发生产波动或非计划停工，强风造成裂解炉炉膛负压剧烈波动。

低温情况下，因仪表引压管线冻堵造成裂解气压缩机油气压差低联锁误动作，冻凝引发压缩机干气密封系统密封气排放流量波动造成联锁跳车，高处坠落的冰块砸中电磁阀复位手柄导致电磁阀误动作。

暴雨情况下，蒸汽压力快速下降，蒸汽管网压力急剧波动，引起大面积生产波动；强雷电情况下，仪表指示失灵引起系统波动。

2.4.9 应急处置

设备运行中出现故障后，在采取针对性应急处置措施、积极组织检维修的同时，要全面深入分析风险，提前做好应对情况恶化的准备。如，循环水换热器发生内漏后，要充分考虑泄漏突然加大，循环水携带大量气体对相关换热器换热效果和循环水场安全运行的影响；制冷系统换热器内漏引发冻堵后，要做好冻堵加剧造成冷剂循环量进一步受限的准备；轻组分进入制冷系统后，要防止轻组分在凝液罐顶累积影响换热效果和冷剂用户流量分配；碳二加氢反应器进料电磁阀异常关闭时，要立即关闭氢气控制阀，防止过量氢气注入，开工时因空速低造成反应器飞温；因处理各种故障，冷箱被迫降低压力运行时，要严格控制冷箱最低压力、各凝液罐最高温度及液位，防止重组分串入深冷系统发生冻堵。

装置发生泄漏着火爆炸事故时，要按照尽快切断泄漏源、泄漏系统隔离、泄漏系统倒料泄压(确保空气不反串、火焰不回火、设备不发生超低温的情况下)、液态烃泄漏根据需要采取注水措施(日常工作中务必要注意完善注水设施，认真做好预案和演练工作)的总体原则积极进行稳妥处理，同时要注意做好泄漏物料稀释、泄漏物料的防爆(特别是进入密闭空间的挥发性物料)、着火区域设备及管线的降温、人员疏散和施救、环境监测等工作。

2.4.10 隐患排查

开展"低头捡黄金"等活动，充分调动全员积极性，完善安全隐患排查治理机制，逐步实现从被动接受检查向主动查找隐患的转变，将隐患排查从治标向治本转变，建立健全安全生产长效机制，把握事故防范和安全生产工作的主动权。

积极推进装置TnPM(全面规范化生产维护)工作，培养全员"清扫就是点检"的理念，通过现场"5S"活动，及时发现现场设备设施的隐患故障，实现设备问题的早发现早处理。通过推进OPL(单点课程)、微课堂等培训形式，提升广大员工技术水平，进而提升发现问题、处理问题的能力。

加强设备和管线的测厚监控，制定定点、定期测厚管理办法，对易冲刷、易腐蚀部位编制测厚计划，有效避免因设备、管线腐蚀和减薄造成的泄漏，甚至停车。应用管道焊缝无损检测和涡流扫查等技术，提早发现泄漏隐患。

2.4.11 全员培训

人是做好安全生产工作的根本，技术能力是做好装置安稳生产的保证，必须始终将人员教育培训作为一项重要工作来抓，教育培训要注意做到全员培训、因人施教、因岗施教、严格考核。扎实开展岗位能力提升活动、新老职工差别化培训、仿真培训、新大学生培训，大修停开工方案学习等针对性培训；专业技术人员培训包括导师带徒、每人一课题、制度学习，见习技术人员培训等内容；要针对同类装置生产操作中暴露的问题开展专项培训，一些安全事故和非计划停工的发生，往往与个别员工业务能力不强、岗位知识不掌握、岗位操作技能不熟练密切相关。

2.4.12 技术攻关

乙烯装置运行中还存在不少突出问题和技术难题，影响装置安全、平稳、长周期运行，亟待解决。如，循环水、急冷水换热器内漏现象普遍存在；压缩机主油泵停运后，虽然辅助油泵自启，但压缩机仍然发生低油压联锁停车；丙烯机防喘振阀打开乙烯机易出现跳车；裂解炉实施低氮烧嘴改造后，烧嘴易发生堵塞现象；环保标准提高后，污水池、储罐等设备VOCs达标治理缺乏成熟可靠的技术；长周期运行末期，分馏塔内出现物料聚合造成压差上升，压缩机及透平因介质结垢效率下降，设备可靠性降低等运行瓶颈。

第3章　基层操作岗位安全管理

3.1　应急工艺处置要点

考虑到装置具体情况不同、生产管理制度也不尽相同、安全环保应急处置已有专业性要求等因素，此处只阐述应急处置的原则性步骤。

3.1.1　装置停电

（1）确认应急柴油发电机正常启动并加强监控。

（2）确认所有联锁停车系统的联锁动作正确。

（3）切断所有不必要的加热。

（4）裂解炉停车后关闭燃料、原料、急冷油手阀及燃烧器考克阀；减少炉膛进风，有条件时维持稀释蒸汽通入，尽可能延缓裂解炉降温速度。

（5）各机组停车后，注意做好机组盘车；及时调整蒸汽系统平衡；加强排凝，防止出现"水锤"现象。

（6）切断各反应器的配氢，有手阀的关闭手阀；严防反应器、干燥器过度泄压，造成火炬气反串反应器、干燥器，保护好催化剂和干燥剂。

（7）各系统保压保液，防止超温(包括高温和低温)超压；停车时间较长时，应采取措施倒空急冷系统中的重质燃料油，防止发生凝固，加强火炬系统监控，控制好湿火炬罐液位，及时投用液态烃汽化器，调整好消烟蒸汽。

（8）做好系统隔离，防止高压串低压，严防因串料造成双烯等产品污染、因换热器内漏急冷水或循环水串入分离或压缩工艺系统、因阀门关闭不严工艺物料串入公用工程及辅助系统、碱洗塔满水串入压缩机及冷分离系统等情况的发生；并注意隔离出的孤立系统要有压力监控和泄放措施，严防出现超压现象。

（9）带自启的泵要处于手动状态，防止来电自启。往复式压缩机负荷调至空载位置。

（10）加强室内监控和现场巡检，包括工艺及设备运行参数、物料是否泄漏、起跳安全阀的回座等情况，发现问题及时处理。

（11）停止化学品注入；通知仪表停用有关在线分析仪，防止仪表损坏。

（12）关注仪表风、氮气、循环水、蒸汽等公用工程供应情况变化，及时采取相应措施。

3.1.2　装置停循环水

（1）确认所有联锁停车系统的联锁动作正确。

（2）切断所有不必要的加热。

（3）投用确保安全停车的重要机泵和换热器事故冷却水；装置无事故冷却水时，可根据情况用消防水、工艺水等替代事故冷却水。

（4）裂解炉停车后关闭燃料、原料、急冷油手阀及燃烧器考克阀；减少炉膛进风，有条件时维持稀释蒸汽通入，尽可能延缓裂解炉降温速度。

（5）各机组停车后，注意做好机组盘车；及时调整蒸汽系统平衡；加强排凝，防止出现“水锤”现象。

（6）切断各反应器的配氢，有手阀的关闭手阀；严防反应器、干燥器过度泄压，造成火炬气反串反应器、干燥器，保护好催化剂和干燥剂。

（7）各系统保压保液，防止超温(包括高温和低温)超压；停车时间较长时，应采取措施倒空急冷系统中的重质燃料油，防止发生凝固。加强火炬系统监控，控制好湿火炬罐液位，及时投用液态烃汽化器，调整好消烟蒸汽。

（8）做好系统隔离，严防因串料造成双烯等产品污染、因换热器内漏急冷水或循环水串入分离或压缩工艺系统、因阀门关闭不严工艺物料串入公用工程及辅助系统、碱洗塔满水串入压缩机及冷分离系统等情况的发生；并注意隔离出的孤立系统要有压力监控和泄放设施，严防出现超压现象。

（9）加强室内监控和现场巡检，包括工艺及设备运行参数、物料是否泄漏、起跳安全阀的回座等情况，发现问题及时处理。

（10）停止化学品注入；通知仪表停用有关在线分析仪，防止仪表损坏。

3.1.3 装置停仪表风

（1）确认所有联锁停车系统的联锁动作正确。

（2）切断所有不必要的加热。

（3）通过控制调节阀手轮、调节阀上下游阀及旁路、安全阀旁路阀等措施确保安全停车。

（4）裂解炉停车后关闭燃料、原料、急冷油手阀及燃烧器考克阀；减少炉膛进风，有条件时维持稀释蒸汽通入，尽可能延缓裂解炉降温速度。

（5）各机组停车后，注意做好机组盘车；及时调整蒸汽系统平衡；加强排凝，防止出现“水锤”现象。

（6）切断各反应器的配氢，有手阀的关闭手阀；严防反应器、干燥器过度泄压，造成火炬气反串反应器、干燥器，保护好催化剂和干燥剂。

（7）各系统保压保液，防止超温(包括高温和低温)超压；停车时间较长时，应采取措施倒空急冷系统中的重质燃料油，防止发生凝固。加强火炬系统监控，控制好湿火炬罐液位，及时投用液态烃汽化器，调整好消烟蒸汽。

（8）做好系统隔离，严防因串料造成双烯等产品污染、因换热器内漏急冷水或循环水串入分离或压缩工艺系统、因阀门关闭不严工艺物料串入公用工程及辅助系统、碱洗塔满水串入压缩机及冷分离系统等情况的发生；并注意隔离出的孤立系统要有压力监控和泄放设施，严防出现超压现象。

（9）加强室内监控和现场巡检，包括工艺及设备运行参数、物料是否泄漏、起跳安全阀的回座等情况，发现问题及时处理。

（10）停止化学品注入；通知仪表停用有关在线分析仪，防止仪表损坏。

（11）有条件的装置，在确保安全情况下，可以用工厂风或氮气应急替代仪表风，尽量避免停工或减小停工范围。

3.1.4 装置外供蒸汽减少或停供(以最高压力等级蒸汽为例)

(1) 各装置应结合各自实际情况，提前评估各压力等级蒸汽不足及中断时对装置生产的影响，按照尽可能减少装置波动的原则，确定各蒸汽用户保供的优先次序，制定应急预案。按照企业生产调度指令调整蒸汽管网平衡。

(2) 如需减少装置蒸汽用量，一般可按照停干燥器再生加热器、蒸汽透平泵切换为电泵(在相应压力等级蒸汽管网间减温减压阀未打开的情况下)、压缩分离系统降负荷、乙烯制冷(二元制冷)压缩机停车、裂解气压缩机停车、丙烯制冷(三元制冷)压缩机停车的先后次序进行，紧急情况下可根据实际调整。压缩机负荷调整时要注意防喘振。裂解气压缩机出口压力不可过度降低，顺序分离流程要控制好洗苯塔顶温度，前脱丙烷分离流程要控制好高压脱丙烷塔塔顶温度，避免重组分进入深冷系统。

(3) 密切监控运行蒸汽透平供汽参数和机组运行参数，不符合设备安全要求时及时停车。关注压缩机油站运行情况，蒸汽驱动的油泵、复水泵可能会发生辅泵自起，注意油压、真空度变化。

(4) 机组停车后，注意及时调整相关蒸汽减温减压器运行，维持蒸汽管网平衡，并按相应程序进行后续处置。

(5) 注意保证火炬系统用汽，防止发生超低温，调整好消烟蒸汽。

3.1.5 DCS 操作站黑屏

(1) 及时通知仪表处理。

(2) 内操可利用机柜间工程师站、SIS 系统进行监控操作。

(3) 外操利用现场表、变送器表头监控关键设备运行参数，利用调节阀手轮、旁路及前后截止阀等进行调节。

(4) 如现场机柜间工程师站无法操作，DCS 故障不能及时排查，经评估后，进行紧急停车。

3.1.6 极端天气应对

按照以人为本、预防为主、密切监控、及时处置的原则应对极端天气。

3.1.6.1 台风或强风

(1) 事前检查。检查建筑物门窗、生产设备及现场物品的安全稳固性，化学品的防风防雨可靠性。检查清理建筑物、各框架、平台、地面等能被刮起坠落伤人毁物的物品。检查确保设备保温层铝皮的严密性和稳固性。检查火炬长明灯和自动点火情况。检查备齐应急物资。

(2) 生产操作。可以根据风力等级预报及生产实际情况，提前降低装置生产负荷或停车，加强现场设备运行情况检查。裂解炉负压波动较大时，应手动控制。调整维修和操作计划，避免台风或强风期间的维修和操作调整，根据风况合理安排现场巡检。

(3) 应急处置。加强工艺参数及调节阀开度变化监控，当工艺参数出现异常波动时，相关控制回路改为手动控制，并注意确认是否参与联锁和压缩机防喘振控制，尽快采取措施，防止误动作发生。当装置出现非计划停工、安全事故、风力超过装置设防等级时，按相应预案进行处置。

3.1.6.2 暴雨雷电

(1) 事前检查。检查和检测防雷、防静电设施。检查装置清污分流设施完好情况，检查排水沟、雨水口、雨水井、雨水提升池、地下污油罐、污水井、污水池、排水泵运行情况，及时清理杂物，并尽可能降低水位，检查建构筑物、机柜室、变电所屋顶防水层完好，清理屋顶排水孔。检查建筑物门窗、电缆穿线孔及穿线管的密封性能。检查现场配电箱、仪表接线盒防水情况。检查修复设备管线保温保冷。及时转移低洼地带人员和物资。检查火炬长明灯和自动点火情况。检查备齐应急物资。

(2) 生产操作。加强工艺参数监控，发现异常及时检查确认。密切关注蒸汽透平进汽参数变化，防止蒸汽带液，不符合设备安全要求时及时停车。

(3) 应急处置。加强工艺参数及调节阀开度变化监控，当工艺参数出现异常波动时，相关控制回路改为手动控制，并注意确认是否参与联锁和压缩机防喘振控制，尽快采取措施，防止误动作发生。当装置出现外供蒸汽不足、非计划停工、安全事故时，按相应预案进行处置。

3.1.6.3 暴雪寒潮

(1) 事前检查。检查水、电、汽、风等公用工程系统防寒保温措施，做好低点、远点、末端、安全阀放空管线疏水排凝，确保通畅。检查仪表(特别是参与联锁的仪表)和工艺管线(特别是燃料油等高凝固点物料)保温伴热情况，防止发生冻凝。检查火炬管线、分液罐、水封罐，防止发生冻凝。检查管线伸缩情况，防止管线上导淋、仪表引压管与管架等固定部位碰撞、挤压发生断裂，防止因管线伸缩受阻导致法兰及薄弱部位开裂。检查处理高处滴水，及时清除建构筑物、设备及巡检路线上积雪结冰，落实防冰凌坠落伤人和砸坏设备仪表措施。检查并及时清理调节阀运动部件周围结冰，防范储罐呼吸阀出口物料冻结。检查火炬长明灯和自动点火情况。检查备齐应急物资。

(2) 生产操作。加强工艺参数监控，发现异常及时检查确认。设备停运检修时，要尽快倒空置换，防止发生冻凝。

(3) 应急处置。加强工艺参数及调节阀开度变化监控，当工艺参数出现异常波动时，相关控制回路改为手动控制，并注意确认是否参与联锁和压缩机防喘振控制，尽快采取措施，防止误动作发生。当装置出现非计划停工、安全事故时，按相应预案进行处置。

3.1.6.4 高温高湿

(1) 事前检查。检查控制室、机柜间、配电室的空调系统，确保温度、湿度符合要求，检查现场机电仪设备设施运行温度、绝缘情况。检查储罐的喷淋设施，必要时对液态烃罐采取强制降温措施，避免罐壁温度超过 50℃，加强对开工线、临时线、不合格线等密闭管线的消压管理，防止憋压泄漏。检查清理现场焦粉、聚合物、油污、危废及空桶等，切换再沸器等设备后及时进行蒸汽蒸煮和氮气保护，防止在高温天气下接触空气自燃。落实助剂桶遮阳防晒降温措施，检查管线伸缩情况，防止管线上导淋、仪表引压管与管架等固定部位碰撞、挤压发生断裂，防止因管线伸缩受阻导致法兰及薄弱部位开裂。检查火炬长明灯和自动点火情况。尽可能提前清理换热效果差的循环水换热器。检查备齐应急物资。

(2) 生产操作。密切监控与循环水温度相关的运行参数，必要时降低装置生产负荷，确保安全生产。

(3) 应急处置。当装置出现非计划停工、安全事故时，按相应预案进行处置。

3.2 典型问题及对策

3.2.1 急冷系统存在问题及对策

乙烯装置急冷系统一般包括急冷油系统、急冷水系统、稀释蒸汽发生系统。急冷油系统主要包括急冷油塔、减黏塔及燃料油汽提塔，主要作用是分离燃料油。通过急冷油和盘油循环回收利用裂解气中较高温位的热量，控制循环急冷油黏度。急冷水系统主要包括急冷水塔、汽油汽提塔及工艺水汽提塔，主要作用是分离重汽油组分和大部分水分，通过急冷水循环回收利用裂解气中较低温位的热量，将急冷水中的少量油脱除后送稀释蒸汽发生系统。稀释蒸汽发生系统主要包括稀释蒸汽发生器、稀释蒸汽罐及稀释蒸汽过热器，主要是利用急冷油加热发生稀释蒸汽，用中压蒸汽发生过热稀释蒸汽。

3.2.1.1 急冷油系统存在问题及对策

裂解气中含有大量易聚合的不饱烃及焦粉，急冷油系统设备易发生堵塞，急冷油塔发生堵塞后塔压差上升，釜温升高，塔釜液位出现波动，急冷油黏度和汽油干点上升。急冷油塔发生堵塞后，可采取分段测压差、射线检测等手段准确判断堵塞部位，分析堵塞原因，及时采取针对性措施。预防急冷油塔堵塞措施如下：

（1）工艺参数控制

确保汽油回流量充足，避免干板和沟流。及时调整急冷油和盘油回流量、轻质燃料油采出量，控制好急冷油塔顶温度，防止重组分上移。适当降低稀释蒸汽压力，增加急冷油循环取热。根据裂解气进料量和组成，调整燃料油采出量。控制减黏塔温度，确保急冷油黏度在合理范围。严格控制裂解原料中的硫含量与金属杂质含量。

（2）减少焦粉生成和积累

控制裂解炉稳定运行，尽可能减少原料切换和负荷调整；合理控制运行周期，优化烧焦管理，降低焦粉产生，裂解炉检修时，尽可能安排急冷锅炉水力清洗。确保急冷油循环量和油冷器喷淋量充足，避免沥青黏壁而结焦。定期清理急冷油系统的过滤器、机泵滤网。

（3）氧含量控制

裂解原料中的氧化物可能对急冷油塔盘结垢造成一定影响，尤其要控制好富乙烷气的氧含量。过滤器、换热器、机泵等检修或清焦作业交回投用前需用氮气彻底置换，并设置氧含量控制指标(根据氮气氧含量确定)，尽可能防止氧气进入系统。

（4）加注阻聚剂

阻聚剂用于消除系统内大部分痕量氧，减少自由基的产生，并在金属设备表面形成保护膜以钝化金属，与溶解在介质中的金属离子结合以阻止金属离子的催化作用；溶解、分散塔盘上已经形成的聚合物并随介质带走，中断苯乙烯、茚以及其他可以发生聚合反应的物质的活性，从而终止聚合反应。

（5）研究引入汽提汽油

有的企业引入部分汽提汽油作为回流返回急冷油塔。汽油汽提塔釜汽油中的茚含量远低于急冷油塔回流汽油，引入汽油汽提塔汽油至急冷油塔可以有效降低回流汽油中茚含量，有利于减少急冷油塔内聚合结焦；但同时会增加碳四、碳五双烯烃在压缩系统的循环，可能会增加压缩系统的结焦倾向。

3.2.1.2 急冷水系统存在问题及对策

1）急冷水乳化

急冷水乳化是急冷水系统常见问题。裂解气进入急冷水塔后，重裂解汽油和大部分水蒸气冷凝，由于油水密度不同，经塔釜及油水分离罐充分停留后可有效将油相与水相分离。急冷水一旦发生乳化，将导致油水两相分离困难。

（1）原因分析

① 粗汽油干点高。原料轻质化、急冷油塔内件破损、塔盘堵塞、操作不当等因素均可能造成急冷油塔顶重组分含量升高，导致粗汽油干点高。过重的粗汽油与水的密度更为接近，油水静置分离效果变差，易产生乳化。

② 急冷水 pH 值过高。由于裂解气含有硫化氢、二氧化碳等酸性气体，为防止急冷水系统设备管道腐蚀，通常采取注入碱或氨的方法控制急冷水和工艺水 pH 值为弱碱性。pH 值控制不当而过高，将导致油水界面张力下降，乳状液稳定性提高，油水两相难以分离。

③ 急冷水温度过高。油水界面张力降低，促使乳状液稳定，造成分层困难。

④ 化学助剂的影响。乙烯及其他装置多股物料返回急冷水塔，物料含有表面活性成分、注入点设置不当会影响油水分离，造成乳化。另外，急冷水换热器内漏，其他系统的化学助剂进入急冷水，也会造成乳化，比如脱乙烷塔再沸器内漏，脱乙烷塔注入的分散剂进入急冷水。

（2）对生产的影响

① 急冷水油含量增加。急冷水用户加热介质比热容下降，影响换热效果，急冷水塔顶温升高，裂解气压缩机负荷增加，影响装置能耗和产量。

② 工艺水油含量增加。工艺水汽提塔内聚合物增加，堵塞塔盘及工艺水泵入口滤网。工艺水换热器结垢速度加快，运行周期缩短，换热效率下降，增加装置能耗。

③ 稀释蒸汽油含量增加，造成裂解炉对流段和辐射段炉管结焦加速，如裂解炉处于烧焦工况，可能出现炉膛超温、烧焦气冒黑烟等问题。换热器效率下降，稀释蒸汽发生量减少，情况严重时导致排污水 COD 超标、污水池 VOC 治理装置停车甚至闪爆（排污水 COD 超标时必须立即通知相关部门）。

④ 汽油回流含水量增加，影响急冷油塔操作稳定，破坏系统平衡，情况严重时急冷油塔顶温度、塔釜液位出现大幅波动，同时造成塔内件腐蚀。

（3）处置及预防措施

一旦发现急冷水乳化应及时分析原因，采取相应调整措施，并向系统补水，增大排污量以置换乳化水；适当增加破乳剂注入；根据粗汽油量变化，补入开工汽油维持急冷系统正常运转；增大工艺水汽提塔汽提量，密切监控稀释蒸汽系统油含量变化，必要时暂停裂解炉烧焦防止次生安全事故。急冷乳化的预防措施有：

① 控制粗汽油干点在合理范围。根据不同工艺专利商推荐值，结合原料结构变化及装置投料负荷情况，调整急冷油塔顶部及中部回流、轻质燃料油采出量，控制粗汽油干点在205℃左右，避免重组分带入急冷水塔。

② 控制急冷水 pH 值，加强急冷水 pH 值监控，及时调整碱或氨注入量，控制急冷水 pH 值在 6.5~7.5，加强碱洗塔监控，避免水洗段水洗效果不好，碱液夹带到压缩机一段吸

入罐返回急冷水塔。设有急冷水加热碱液的装置在急冷水 pH 值上升时，要对换热器内漏情况进行排查。

③ 合理控制急冷水塔釜温度，通过调整急冷水循环量、急冷水冷却器循环水流量和温度等措施控制急冷水塔釜温度。注意做好裂解炉负荷调整、极端天气变化的应对，适当提前调整，避免温度大幅波动。

④ 化学助剂的管控。梳理各类可能返回急冷系统的化学助剂对油水乳化的影响程度，加强返回料的监控；对各注入点位置合理性进行评估；定期检测急冷水换热器是否内漏。

2）工艺水系统结垢

（1）原因分析

① 工艺水水质差。工艺水聚结器、工艺水汽提塔运行不正常，工艺水带油，苯乙烯、茚等易聚合单体含量升高，在工艺水及稀释蒸汽发生系统的操作温度下，苯乙烯、茚等不饱和烃聚合结垢。

② 急冷水乳化。急冷水乳化或油水界位控制不当，造成工艺水中油含量升高，导致苯乙烯等聚合单体浓度增加，进而出现聚合结垢。

（2）预防措施

① 优化工艺水汽提塔操作，确保工艺水汽提塔汽提效果，控制工艺水的油含量；采取汽提塔底用饱和蒸汽加热等措施，适当降低塔内温度，减缓聚合速度。

② 工艺水净化处理。工艺水聚结器使用性能优良的滤芯，必要时定期进行更换，确保滤油效果。研究应用甲苯萃取技术降低工艺水中苯乙烯等聚合单体含量。

③ 加强急冷水水质管控。防止急冷水乳化；稳定油水分离罐操作，避免液位、界位波动过大影响静置分离效果。

④ 加注阻聚剂。注入阻聚剂、分散剂等化学品抑制自由基反应，减缓系统内垢物的生成、累积。

⑤ 换热器清焦。加强工艺水系统换热器温差监控，及时进行水力清焦或化学清洗。

3.2.1.3 稀释蒸汽发生系统存在的问题及对策

稀释蒸汽发生器腐蚀泄漏是乙烯装置运行难题之一。急冷油压力高于稀释蒸汽压力时，急冷油漏入稀释蒸汽系统，出现排污水 COD 超标，稀释蒸汽带油等问题；稀释蒸汽压力高于急冷油压力时，工艺水漏入急冷油系统，水快速汽化后造成急冷油压力波动，甚至部分水带入急冷油塔造成急冷油泵气蚀。

1）原因分析

（1）酸碱腐蚀。工艺水 pH 值控制不当，发生酸碱腐蚀。

（2）氧腐蚀。工艺水中的微量溶解氧会在稀释蒸汽发生器管束表面产生腐蚀。

（3）应力腐蚀。换热器运行时应力易集中在管板和管子的连接部位，可能发生应力腐蚀。

2）预防措施

（1）工艺水水质控制。pH 值是预防腐蚀的主要因素，建议工艺水 pH 值控制在 7~9；加强设备检修、急冷系统补水等环节管控，防止微量氧进入；保持合适的稀释蒸汽排污量防止杂质在系统累积；定期分析铁离子、溶解氧、氯离子、氨氮等与腐蚀密切相关的指标。

（2）加装牺牲阳极块。换热器工艺水侧加装金属镁块进行电化学保护。

（3）稀释蒸汽发生器运行监控。定期检测稀释蒸汽排污水、稀释蒸汽冷凝液（建议在各台稀释蒸汽发生器蒸汽管线导淋处取样）油含量和COD，有条件的设置稀释蒸汽排污水在线监测，发现换热器内漏及时切出检修，防止一台换热器内漏后污染整个系统。

（4）稀释蒸汽发生器检修开停工管理，投用稀释蒸汽发生器过程中，对小浮头和管箱热紧，防止投用急冷油时由于温度变化导致小浮头泄漏。通过增加小浮头法兰厚度，增加螺栓数量，采用柔性石墨波齿复合垫和拉伸螺栓等措施可有效提升密封性能，应用力矩扳手把紧，降低小浮头泄漏的概率。装置大修时，全面清理工艺水管线、换热器、稀释蒸汽发生罐。根据装置情况制定换热器管束更新计划，进行预防性维护。

3.2.2 循环水系统存在问题及对策

乙烯装置循环水换热器超过50台，占装置换热设备的近三分之一，循环水换热器内漏易造成水质恶化、加速腐蚀，带来物料损失、经济损失，制约乙烯装置长周期满负荷高效运行，严重时还会威胁循环水场安全运行、导致乙烯装置停车。

3.2.2.1 循环水系统存在问题

循环水内漏常常起因于设计、操作、设备质量、安装等问题。

（1）设计余量过大

为满足装置夏季高负荷运行需求，换热面积往往留有较大设计余量，造成冬季循环水出口阀门开度过小、流速低。

（2）循环水换热器大型化易内漏

随着乙烯装置大型化、老装置扩能改造，为提高换热器负荷，换热管多采用壁厚较薄的中ϕ19m×2mm无缝钢管，在循环水水质差、流速低的条件下，容易造成换热器结垢、腐蚀，形成内漏。

（3）加工制造质量问题

在制造过程中对管束质量重视不够、保护措施不足，导致表面存在细小缺陷、局部擦伤，甚至出现管束材质、管板材质等问题，都易造成磨损、腐蚀等问题。

（4）安装质量差

施工中装配质量差，如定位线不准、尺寸误差大等问题，造成流通不畅、泄漏、淤堵、应力等，如果基础、支撑等设施质量差，由于存在应力易造成管托脱落、管线振动等问题。

（5）循环水流速低、易结垢

正常运行时，对循环水换热器温差、节能降耗关注多，对循环水流速过低造成的沉积、堵塞和腐蚀问题关注少，如换热器阀门开度过小，造成流速过低，导致循环水中杂质容易沉积，同时因流速过低，药剂无法进行正常的补膜，影响药剂作用正常发挥，造成腐蚀与结垢加剧。

（6）循环水水质差

受乙烯装置所在地区的水源影响，有些乙烯装置循环水来源复杂、水质差、pH值低，个别装置的循环水来自海水淡化（淡化后的海水离子含量较低，特别是钙、硬度、碱度等偏低，水的腐蚀性强，须关注开工过程的缓蚀处理），容易造成腐蚀、内漏。常见的腐蚀类型有均匀腐蚀、垢下腐蚀、电偶腐蚀、缝隙腐蚀、点蚀、应力腐蚀、汽蚀、磨蚀及微生物腐蚀。

（7）工艺操作异常波动

换热器投用过程中冷热流体投用顺序错误或投用速度过快引起冲击，工艺负荷大幅波动或联锁停车对换热器造成冲击，都可能导致换热器管板变形、销子脱落、管束断裂等。若循环水回水管线顶部存在不凝气，会发生水击现象。

（8）中间冷却器受上游循环水用户内漏影响中间冷却器主要是压缩机复水器、急冷水塔中部冷却器等用户，若上游循环水用户内漏，气相介质漏入循环水，会造成中间冷却器循环水侧不凝气聚集，影响中间冷却器换热效果，严重时造成机组因真空度不足联锁停车。

（9）地上循环水总管淤泥沉积

机泵的循环水常来自地上循环水总管，地上循环水总管位置高、用户少、流量小、流速低，淤泥等杂质易沉积，会造成机泵循环水进水或回水不畅。

（10）检修质量不达标

检修质量差，如水力清洗不彻底、泄漏的列管堵头不紧等问题。

3.2.2.2　循环水换热器的设计与维护

（1）抓好设计、制造源头

换热设计余量适中，不宜过大；多台换热器布置要合理，防止偏流(尤其是改造)；必要时可增加备台换热器及相应切断阀，需要时并联运行，发生内漏时可切出检修；严把设备入厂和安装质量关。

（2）合理选择换热器管束尺寸和材质新设计换热器。建议管束采用中 ϕ25mm×5mm；用循环水作为冷却介质，工艺介质温度宜低于 120℃，水侧金属壁温宜低于 58℃。对于容易泄漏或工艺介质特殊的水冷器，建议对水冷器材质进行升级。

（3）预膜处理

新装置或循环水管网进行过检修的装置开车时，循环水系统宜先不带换热器进行管网冲洗，清除施工杂物及泥沙等，冲洗达标后，再将换热器接入系统进行加药清洗、预膜等操作，扩能新增循环水换热器可单独进行预膜。

（4）增设牺牲阳极块

将还原性较强的金属作为保护极，与被保护金属相连构成原电池，还原性较强的金属将作为负极发生氧化反应而消耗，被保护金属作为正极就可以避免腐蚀。目前常用牺牲阳极块材料有铝基、镁基、锌基合金牺牲阳极块，检修时可在换热器水侧封头内壁或隔板上安装牺牲阳极块。

（5）增加防腐涂层

换热器芯子做防腐涂层，检修时检查防腐层有无老化、脱落，根据使用情况及时更换芯子。

（6）加装过滤器

对于单台循环水换热器正常运行切不出来，且易出现堵塞、换热效果差的情况时，可在循环水入口管线增加过滤器，定期清理。

（7）优化工艺操作

细化换热器投用或切出规程，避免对换热器造成冲击；投用时先投冷物料再投热物料，切出时反之。研究脱丁烷塔、脱丙烷塔降压操作，不仅可增加塔顶循环水流量，而且可降低塔底蒸汽消耗、减缓塔内不饱和烃聚合结垢倾向。

（8）加强流速和换热效果监控

定期监测循环水换热器流速（国标：水走管程≥1.0m/s，水走壳程≥0.3m/s），确保流速满足要求。冬季循环水水温低时，多台并联换热器可切出一台或几台备用。定期监测循环进出口温差，流通不畅、换热效果差时，可通过反冲洗操作（循环水入口阀后可增加大尺寸反冲洗导淋），在循环水端头部位排放，减少管束内杂物聚集，减缓垢下腐蚀；反冲洗和端头排放无效时，可研究注入剥离剂。

（9）严格水质管理

根据具体情况，从COD、氯离子、pH值、总碱度、余氯、浊度、铁、氨氮、硫化物、油含量、电导率、药剂浓度、异养菌等参数中研究选取重点监控指标，确保水质良好。

（10）做好日常巡检

每天巡检水冷器运行情况，查看是否有异常声音和水击；定期对设备及管路完整性进行检查；定期对换热器循环水侧放空检查，查看是否有气相物料、是否有异味、循环水颜色是否正常；定期开展水平衡计算。

（11）强化预防性检修和设备更新有条件的企业，入夏前可安排重点换热器检修或清理。根据使用年限、条件、检测分析结果定期进行设备评估，结合检修周期统筹安排设备更新。

（12）增设在线查漏仪

新装置设计时，建议各装置回用管上增设在线查漏仪，在线仪表的种类和型号根据装置中易泄漏换热器介质针对性选择，确保装置运行时能迅速发现水冷器的泄漏并及时处理。

3.3 开停工操作安全管理

装置开停工过程中要严格加强生产操作岗位管理，明确内外操的职责，操作人员要对装置操作进行正常监控和记录，以确保开停工过程中及时发现和处理异常问题。

3.3.1 顺序流程乙烯装置开工

3.3.1.1 开工减排原则

总体思路：乙烯装置分离系统引物料进行深度倒开车，利用天然气（轻烃）循环运转，打通系统流程，提前对低温系统进行预冷降温，使产品尽早合格，减少火炬排放。

（1）C_2、C_3分离系统引液建立液位，乙烯精馏塔、丙烯精馏塔全回流运转。

（2）在裂解炉投料前，打通急冷、压缩、冷箱流程，裂解气压缩机氮气运行，系统查漏、预冷；如有条件，可引天然气、氢气置换并循环运转，冷箱预冷、降温，通过甲烷线、乙炔加氢反应器进出口返回线循环回压缩机。

（3）投用部分裂解炉，达到乙炔加氢反应器运行所需最低负荷，加氢合格后，送至乙烯精馏塔。有条件的企业可提前引入氢气，确保乙炔加氢反应器尽早开车。

（4）火炬气压缩机尽可能多回收火炬气。

3.3.1.2 开工前准备及确认工作

（1）编制详细的组织机构图、开工网络图、开工方案（含应急处置预案）、设备投用方案等，做好人员培训并考试合格。

（2）编制详细的开车盲板拆装台账和盲板图，由专人负责管理。

（3）编制开工各阶段公用工程用量平衡计划。

（4）确认调质油、裂解汽油、乙烯、丙烯等开工物料准备好，天然气、液化气等开工燃料准备好。

（5）确认循环水、工业水、仪表风、工厂风、氮气、蒸汽、电等公用工程具备使用条件。

（6）确认所有检修项目完成，前期停工检修拆下的所有管件、过滤器滤芯等已全部正确回装；检修或更换过的止逆阀、截止阀流向正确；检修或更换过的设备、管线、阀门、垫片经检测合格。确认界区、装置各系统盲板位置正确。

（7）确认机泵润滑油、密封液已加好，轴承夹套冷却水投用，各电动阀、机泵具备供电使用条件。

（8）确认火炬及排放系统已投入正常使用。

（9）确认现场照明、通信系统、消防系统已投入正常使用。

（10）确认前期停工检修时增加的临时管线、临时用电线路已拆除；现场与开工无关的临时设施、物品已全部清理。

（11）确认所有仪表调校、联锁测试已完成，DCS、SIS 系统已投用；现场液位计、压力表、温度计等已投用。确认大机组油运合格，单试、联试完毕，机组控制系统调试完毕，具备投用条件。

（12）确认工艺系统阀门设置好，所有导淋阀、排放阀、放空阀、安全阀旁路阀关闭，安全阀上、下游阀打开并上铅封，备用安全阀上游阀关闭、下游阀打开。

（13）确认系统气密、氮气置换、干燥合格（冷箱和脱甲烷、C_2，分离、制冷及冷物料排放系统露点<-60℃，丙烯精馏、脱丙烷塔系统露点<-40℃），系统氮气保压。

（14）确认化学品注入系统已准备就绪，可根据需要向系统注入助剂。

（15）裂解气、丙烯、氢气等干燥器至少 1 台备用。

（16）编制高风险作业清单，制定专项防控措施，分级现场确认签字。

3.3.1.3　开工注意事项

1）检修管理和验收

（1）安排经验丰富的施工队伍对关键设备进行检修，降低装置设备的故障率，大修期间，加强设备检修质量监控，特别是重要机泵、塔器、（易堵塞、腐蚀的）换热器的检修和清洗，重要阀门的维修等。交回后，对于重要机泵，有条件的要进行试运行；对于影响全局的重要阀门（包括单向阀），比如界区高压蒸汽阀门、超高压蒸汽并网阀和放空阀、锅炉给水阀等，要提前进行调试；对于塔器、换热器、管道等，封闭前要确认内部配件完好，杂物已清理干净。

（2）大修期间，要保护好拆下来的仪表部件，比如调节阀、变送器等，防止损坏；回装时要检查确认，确保安装质量；仪表联校要多方确认签字，某装置碳三加氢反应器丙烯全回流循环开车时，反应器热电偶端子接触不良造成联锁停车。

2）开工准备阶段

（1）注意开工非正常工况时高压串低压问题，做好风险辨识，组织专项隐患排查，落实防护措施。比如在开工期间，针对可能内漏的循环水、急冷水换热器，水侧投用后要进行检查确认，防止工艺系统压力升高前，循环水或急冷水倒串入工艺系统。系统引入氮气前，压力要小于氮气管网压力，防止系统内物料倒串入氮气总管；系统停用氮气后，相关氮气管线要采取加盲板、断开等可靠隔离措施。某乙烯装置开车过程中，乙炔加氢反应器出口循环水冷却器内漏未及时发现，水漏入工艺系统，造成反应器进出料换热器投用时列管冻裂，装置被迫停工处理。

（2）系统引入氮气前，要确认所有相关塔、罐等容器人孔已封闭。某乙烯装置裂解气压缩机密封气系统进氮气后，段间吸入罐人孔未封闭，施工人员进罐后发生氮气窒息。

（3）循环水系统开泵前，所有循环水换热器出入口阀应关闭，避免泵开启后对换热器形成较大冲击，造成泄漏。循环水换热器充液时，要控制充液速度，顶部须排尽不凝气，防止影响投用后的换热效果。

（4）各压力等级蒸汽引入时要注意控制速度，各点必须暖管充分，防止发生水击，损坏设备。蒸汽投用后，须检查低点疏水器投用是否正常。各换热器凝液必须分析合格后，才能并入管网，避免污染整个凝液系统。

（5）做好系统吹扫、干燥和置换，特别关注新更换的、打水压的低温换热设备，吹扫置换要彻底，应提前进行干燥，有条件可以使用热氮（板翅式换热器使用温度不大于60℃，防止损坏设备），减少干燥时间，避免微量水分带入系统，造成冻堵影响开车进度。低温系统干燥后露点分析时，应选取具有代表性的多个点进行分析。某乙烯装置检修中对新更换的丙烯冷凝器的吹扫置换不彻底，导致新设备中微量水分和机油带入丙烯制冷压缩机系统，造成部分换热器冻堵。

（6）在开车准备阶段，系统置换、干燥、气密等工作往往与机组试运、仪表调试等工作同时进行，存在相互影响的风险。一方面要合理安排各项工作进度，尽量避免交叉作业；另一方面对于不可避免的交叉作业，要认真做好风险辨识，加强组织协调，落实防范措施，比如，某乙烯装置裂解气压缩机仪表调校与乙炔加氢反应器气密工作同时进行，期间乙炔加氢反应器排放阀误开启，大量氮气反串到裂解气压缩系统，造成压缩机反转，轴承和干气密封损坏。

3）开工过程

（1）开车初期是仪表问题的高发期，要尽早做好液位、压力、温度等工艺参数室内外仪表指示的比对，确保一致，某乙烯装置裂解气压缩机开车调整过程中，因段间罐液位通信故障导致联锁停车。

（2）开车初期要及时做好关键设备和管线的冷、热把紧，比如冷箱系统、冷区精馏塔再沸器、裂解炉系统、急冷油稀释蒸汽发生器等，严格控制系统升降温、升降压速率。

（3）装置开工过程中，要注意从低到高，将不同负荷时关键设备运行参数与停工过程记录的相应负荷历史数据进行对比，特别是压差、阀开度等参数，发现异常及时处理。

（4）随着裂解气进入分离系统，要注意及时投用裂解气压缩机洗油（注水、阻聚剂）、精馏塔阻聚剂等化学助剂。

（5）装置开工过程中，涉及物料送出和接收时，要通过调度加强与外装置的沟通和联系，防止出现问题。某装置开工阶段，发生因沟通不到位，在装置外送乙烯至低温罐过程中，低温罐超压排放，导致火炬冒黑烟。

（6）统筹氮气使用、火炬排放管理，避免同时大量使用、排放。注意做好火炬系统压力、温度、液位等关键参数的监控。

3.3.2 顺序流程乙烯装置停工

3.3.2.1 停工减排原则

总体思路：装置停工过程低负荷时，裂解气压缩机引入天然气(或轻烃)循环运转，按照尽量采出合格产品、再采出不合格产品、最后回收至燃料气系统(或外系统)的顺序，尽可能多地回收物料，减少火炬排放。

(1) 停车前保持装置最低负荷运行，气相裂解炉安排在最后退料，最大限度回收循环乙烷、丙烷物料。

(2) 各塔罐、冷剂用户在停车前，降低液位运行，减少存量。各冷剂用户停车前尽量通过蒸发倒空。

(3) 装置降负荷过程中，天然气适时补入急冷水塔或裂解气压缩机一段入口，以便回收冷箱、脱甲烷塔及后系统的冷物料。

(4) 各塔罐的蒸煮要密闭排放，处理合格后才可对空排放。排放前要注意充氮保护，防止水蒸气冷凝形成负压。

(5) 污水密闭排放，通过增加临时管线、临时换热器等措施，用氮气吹扫管线和设备内的污水，密闭排放至污水系统或临时储罐内，尽可能回收污水中残油，减少对污水处理系统的影响。

(6) 火炬排放统一指挥，各系统有序排放，控制排放总量。火炬回收压缩机尽可能回收火炬气。

(7) 氮气使用统一指挥，按照系统交出的先后顺序和难易程度安排使用，防止氮气压力过低，影响停车进度。

3.3.2.2 停工前准备及确认工作

(1) 编制详细的组织机构图、停工网络、停工方案(含应急预案、HSE 方案)、吹扫(清洗、蒸煮)交出方案等，经推演完善后，做好人员培训并考试合格。

(2) 识别停工过程及停工检修期间的高风险操作和作业，编制专项操作法、施工方案及应急预案，做好培训及演练。

(3) 编制详细的停工盲板台账和盲板图，由专人管理。

(4) 编制裂解炉停炉烧焦计划，尽量减少停工后裂解炉烧焦台数。提前做好停工各阶段燃料平衡，确保裂解炉烧焦燃料需求；做好烧焦空气平衡。

(5) 做好裂解汽油、急冷油、乙烯、丙烯等开停工物料储备计划。

(6) 做好停工过程各阶段公用工程介质使用量平衡计划。

(7) 确认停工作业所需脚手架已搭好。

(8) 确认所有临时密闭排放管线安装到位，试压、吹扫、气密合格，处于氮气保压状态，需倒空部位临时管线接头匹配到位。

(9) 确认污油、含油污水外排流程畅通，污油、污水排放泵备用，拉低下游单元储罐、水池液位。

(10) 确认蒸汽减温减压器、去消音器压控阀正常，蒸汽管线排凝阀畅通，各等级蒸汽放空管及消音器固定牢固。

(11) 确认火炬系统汽化器完好备用。

(12) 对现场长期未动作的阀门进行检查和预防性检修，特别是界区阀门和导淋，确保停工时好用。

(13) 确认裂解气大阀防焦蒸汽管线畅通，停工期间保持投用状态。

(14) 提前对急冷油系统减黏操作，减少侧线采出，控制急冷油黏度，必要时引调质油减黏。

(15) 提前降低化学品(除炉管硫化剂)罐液位并最终打空。

(16) 提前拉低各塔罐液位，以便停工后尽快倒空。

(17) 停工前加大乙炔加氢反应器的排绿油频次。

(18) 干燥器、反应器备用台已再生、还原完毕，处于氮气保护状态。

(19) 评估易自燃部位，提前落实防自燃措施。

(20) 提前做好施工交底，特别是整理好动火清单。

(21) 提前对接好仪表引压管和在线分析仪管线切出或隔离的时间点，并确认是否同步吹扫。

(22) 编制高风险作业清单，制定专项防控措施，分级现场确认签字。

3.3.2.3 停工注意事项

1) 停车倒空过程

(1) 停工前及停工过程中，要记录装置正常工况和低负荷下主工艺物料、燃料气、锅炉给水、循环水管线调节阀开度及上下游压力差，用于开工过程的比对，以便及时发现和处置开工时可能出现的管路堵塞问题。

(2) 倒空过程中，所有设备内物料尽可能回收，排液次序一般按先低压后高压、先低温后高温、先回收液相后回收气相的原则进行，先制冷系统、冷区，后热区。

(3) 冷区、碳二、碳三、制冷系统要遵循在一定的压力下先排液后泄压的原则，严格控制排液和泄压速度，防止系统温度低于设备管线材质设计的最低温度；排液泄压须有序进行，防止物料互串。

(4) 低温系统如曾注过甲醇，由于甲醇不易汽化，可能在设备及管道低点积存，所以必须确保每个低点倒空，否则甲醇在置换合格后仍缓慢挥发，威胁设备检修安全，烃类管线如有袋形，低点必须放净，如未设置低点排放，吹扫时应作为重点。

(5) 物料回收过程中，注意防止轻质产品进入重质产品罐中造成储罐超压。

(6) 注意巡检湿火炬罐和火炬分液罐液位，及时排掉积液。

(7) 注意巡检火炬汽化器液位，汽化器内有甲醇或重组分积累时，将影响汽化效果，须及时排出。

(8) 冷箱回温速度不得高于规定值，特别是对于炼油装置物料直接进入乙烯装置裂解炉下游系统的情况，因物料中可能含有氧化物以及氮氧化物，存在发生“蓝冰”爆炸的可能性，须特别关注。

(9) 特别关注装置内区域间及装置与外系统的管线吹扫置换，避免遗漏。某装置在急冷系统交付作业后，仍在分离区盘油换热器导淋排出不少汽油，延误交出时间。

(10) 注意非正常工况时高压串低压问题，做好风险辨识，组织专项隐患排查，落实防护措施。比如在停车期间，针对可能内漏的冷却水、急冷水换热器，应注意防止系统压力降低后冷却水或急冷水倒串入工艺系统。建议系统压力降低后，立即对冷却水、急冷水换热器内漏情况进行排查，必要时切断隔离。氮气置换时，要注意氮气总管压力，防止系统内物料倒串入氮气总管。

(11) 停工时需专题统筹优化各单元氮气使用量，避免同时大量使用，影响空分装置平稳运行；统筹管理火炬排放，避免同时大量排放。

2) 蒸煮及吹扫置换过程

(1) 蒸煮的设备和管线要防止超压。蒸煮过程中，注意排凝，防止水锤；检查管线法兰是否泄漏；管线的膨胀移位是否超限。

(2) 为确保各系统蒸煮合格，需确认每个低点见汽，防止因局部低点堵塞导致蒸煮不彻底，系统停用蒸汽后，必须要用氮气降温或连通大气，防止设备内形成负压。

(3) 与仪表引压管、在线分析仪相连的设备和管线，根据停工前对接安排，应及时联系仪表人员进行切出或隔离，避免造成管线堵塞或仪表损坏，如需同步吹扫由仪表人员完成。

(4) 系统置换合格交出前，应打开所有导淋检查，防止死角残存物料，必须置换分析合格。交出后需要动火的，必须严格按规范要求进行检测，绝不可首次置换合格后，后续不再检测。如果设备和管线内存有挥发性残留物，经一段时间回温、挥发后，仍可能形成爆炸空间。某装置丙烯制冷压缩机一段吸入罐由于吹扫置换不彻底，残存丙烯与空气混合，达到爆炸极限，在静电作用下发生闪爆。

(5) 装置内及装置间管线如存有液态烃(比如乙烯、丙烯、液化气)，两端隔离时，管线内介质必须倒空，防止因烃类汽化造成管线超压。无法倒空的管线和设备，必须与带有可靠压力泄放设施的系统相连，以免管线和设备内憋压。

(6) 设备蒸煮产生的凝液外排前要进行降温，并与接收单位联系确认，注意防止高温凝液进入污水池、污水罐后造成油气挥发，导致环境污染甚至闪爆事故。

3) 检修准备过程

(1) 加强反应器、干燥器等卸剂安全管理。催化剂要提前进行烧焦除去表面附着的烃类物质，形成稳定的氧化态(具体与催化剂制造商联系确认)。卸剂前确认床层温度<40℃，现场设置警戒区，作业人员做好防护，甲烷化催化剂离开反应器时应用水浸湿，防止卸剂时自燃。不更换催化剂的反应器，应做好盲板隔离，并充氮气保压。

(2) 严格盲板抽堵作业现场确认，并挂盲板牌。盲板表逐项落实签字，确需取消的盲板，须办理盲板变更手续。

(3) 低温设备检修时，做好防水措施，避免游离水进入，影响开工干燥进度。不检修的低温设备，做好隔离措施，拆卸的管口要做好保护，防止水及杂物进入。某装置在检修期间对冷箱系统部分拆卸调节阀的管口未做好保护，造成管线进水，导致冷箱干燥很难合格，影响开车进度。

(4) 严格把关化学清洗、蒸煮质量，避免塔、罐人孔打开后发生自燃，同时要制定落实防自燃措施。比如，设备打开前，要检查消防水接口位置是否合适、管路是否连接好、消防水压力是否满足要求等；打开后，对易自燃部位可用水湿润，并及时将污油清出。某装置曾发生急冷油塔自燃事件，由于消防水压力低，塔上消防水接口不能正常出水，未能控制初期火势。

3.3.3 前脱丙烷前加氢流程乙烯装置开工

3.3.3.1 开工减排原则

总体思路：乙烯装置分离系统引物料进行深度倒开车，利用天然气(轻烃)循环运转，打通系统流程，提前对低温系统进行预冷降温，使产品尽早合格，减少火炬排放。

（1）C_2、C_3 分离系统引液建立液位，乙烯精馏塔、丙烯精馏塔全回流运转。

（2）在裂解炉投料前，打通急冷、压缩、冷箱流程，裂解气压缩机氮气运行，系统查漏、预冷；如有条件，可引天然气、氢气置换并循环运转，冷箱预冷、降温，通过甲烷线及其他返回线循环回压缩机。

（3）投用部分裂解炉，达到乙炔加氢反应器运行所需最低负荷，裂解气压缩机接收裂解气，乙炔加氢合格后，前冷开始进料，各系统有序开工。

（4）火炬气压缩机尽可能多回收火炬气。

3.3.3.2　开工前准备及确认工作

（1）开工前，编制详细的组织机构图、开工网络图、开工方案（含应急处置预案）、设备投用方案等，做好人员培训并考试合格。

（2）编制详细的开车盲板拆装台账和盲板图，由专人负责管理。

（3）编制开工各阶段公用工程用量平衡计划。

（4）确认调质油、裂解汽油、乙烯、丙烯等开工物料准备好，确认天然气、液化气等开工燃料准备好。

（5）确认循环水、工业水、仪表风、工厂风、氮气、蒸汽、电等公用工程具备使用条件。

（6）确认所有检修项目完成，前期停工检修拆下的所有管件、过滤器滤芯等已全部正确回装；检修或更换过的止逆阀、截止阀流向正确；检修或更换过的设备、管线、阀门、垫片经检测合格。确认界区、装置各系统盲板位置正确。

（7）确认机泵润滑油、密封液已加好，轴承夹套冷却水投用，各电动阀、机泵具备供电使用条件。

（8）确认火炬及排放系统已投入正常使用。

（9）确认现场照明、通信系统、消防系统已投入正常使用。

（10）确认前期停工检修时增加的临时管线、临时用电线路已拆除；现场与开工无关的临时设施、物品已全部清理。

（11）确认所有仪表调校、联锁测试已完成，DCS、S1S 系统已投用；现场液位计、压力表、温度计等已投用。确认大机组油运合格，单试、联试完毕，机组控制系统调试完毕，具备投用条件。

（12）确认工艺系统阀门设置好，所有导淋阀、排放阀、放空阀、安全阀旁路阀关闭，安全阀上、下游阀打开并上铅封，备用安全阀上游阀关闭、下游阀打开。

（13）确认系统气密、氮气置换、干燥合格（冷箱和脱甲烷、C_2，分离、制冷及冷物料排放系统露点 <-60℃，丙烯精馏、脱丙烷塔系统露点 <-40℃），系统氮气保压。

（14）确认化学品注入系统已准备就绪，可根据需要向系统注入助剂。

（15）裂解气、氢气等干燥器至少 1 台备用。

3.3.3.3　其他注意事项

1）检修管理和验收

（1）安排经验丰富的施工队伍对关键设备进行检修，降低装置设备的故障率，大修期间，加强设备检修质量监控，特别是重要机泵、塔器、（易堵塞、腐蚀的）换热器的检修和清洗，重要阀门的维修等。交回后，对于重要机泵，有条件的要进行试运行；对于影响全局的重要阀门(包括单向阀)，比如界区高压蒸汽阀门、超高压蒸汽并网阀和放空阀、锅炉给水阀等，要提前进行调试；对于塔器、换热器、管道等，封闭前要确认内部配件完好，杂物已清理干净。某乙烯装置投料开车后，脱甲烷塔多台塔底泵出现故障，装置被迫较长时间低负荷运行。某乙烯装置开工后提高负荷时，发现裂解炉锅炉给水界区单向截止阀无法完全打开，装置被迫停工处理。

(2) 大修期间，要保护好拆下来的仪表部件，比如调节阀、变送器等，防止损坏；回装时要检查确认，确保安装质量；仪表联校要多方确认签字。某装置碳三加氢反应器丙烯全回流循环开车时，反应器热电偶端子接触不良造成联锁停车，某乙烯装置裂解气压缩机实物料开车后，因透平油泵调速器故障，发生失速，造成裂解气压缩机控制油油压低停车。

2）开工准备阶段

(1) 注意开工非正常工况时高压串低压问题，做好风险辨识，组织专项隐患排查，落实防护措施。比如在开工期间，针对可能内漏的循环水、急冷水换热器，水侧投用后要进行检查确认，防止工艺系统压力升高前，循环水或急冷水倒串入工艺系统，系统引入氮气前，压力要小于氮气管网压力，防止系统内物料倒串入氮气总管；系统停用氮气后，相关氮气管线要采取加盲板、断开等可靠隔离措施。某乙烯装置开车过程中，乙炔加氢反应器出口循环水冷却器内漏未及时发现，水漏入工艺系统，造成反应器进出料换热器投用时列管冻裂，装置被迫停工处理。

(2) 系统引入氮气前，要确认所有相关塔、罐等容器人孔已封闭。某乙烯装置裂解气压缩机密封气系统进氮气后，段间吸入罐人孔未封闭，施工人员进罐后发生氮气窒息。

(3) 循环水系统开泵前，所有循环水换热器出入口阀应关闭，避免泵开启后对换热器形成较大冲击，造成泄漏。循环水换热器充液时，要控制充液速度，顶部须排尽不凝气，防止影响投用后的换热效果，

(4) 各压力等级蒸汽引入时要注意控制速度，各点必须暖管充分，防止发生水击，损坏设备。蒸汽投用后，须检查低点疏水器投用是否正常。各换热器凝液必须分析合格后，才能并入管网，避免污染整个凝液系统。

(5) 做好系统吹扫、干燥和置换，特别关注新更换的、打水压的低温换热设备，吹扫置换要彻底，应提前进行干燥，有条件可以使用热氮(板翅式换热器使用温度不大于60℃，防止损坏设备)，减少干燥时间，避免微量水分带入系统，造成冻堵影响开车进度。低温系统干燥后露点分析时，应选取具有代表性的多个点进行分析。某乙烯装置检修中对新更换的丙烯冷凝器的吹扫置换不彻底，导致新设备中微量水分和机油带入丙烯制冷压缩机系统，造成部分换热器冻堵。

(6) 在开车准备阶段，系统置换、干燥、气密等工作，往往与机组试运、仪表调试等工作同时进行，存在相互影响的风险。一方面要合理安排各项工作进度，尽量避免交叉作业；另一方面对于不可避免的交叉作业，要认真做好风险辨识，加强组织协调，落实防范措施。比如，某乙烯装置裂解气压缩机仪表调校与乙炔加氢反应器气密工作同时进行，期间乙炔加氢反应器排放阀误开启，大量氮气反串到裂解气压缩系统，造成压缩机反转，轴承和干气密封损坏。

3）开工过程

（1）开车初期是仪表问题的高发期，要尽早做好液位、压力、温度等工艺参数室内外仪表指示的比对，确保一致。某乙烯装置裂解气压缩机开车调整过程中，因段间罐液位通信故障导致联锁停车。

（2）开车初期要及时做好关键设备和管线的冷、热把紧，比如冷箱系统、冷区精馏塔再沸器、裂解炉系统、急冷油稀释蒸汽发生器等，严格控制系统升降温、升降压速率。

（3）装置开工过程中，要注意从低到高，将不同负荷时关键设备运行参数与停工过程记录的相应负荷历史数据进行对比，特别是压差、阀开度等参数，发现异常及时处理。

（4）随着裂解气进入分离系统，要注意及时投用裂解气压缩机洗油（注水、阻聚剂）、精馏塔阻聚剂等化学助剂。

（5）装置开工过程中，涉及物料送出和接收时，要通过调度加强与外装置的沟通和联系，防止出现问题。某装置开工阶段，发生因沟通不到位，在装置外送乙烯至低温罐过程中，低温罐超压排放，导致火炬冒黑烟。

（6）统筹氮气使用、火炬排放管理，避免同时大量使用、排放。注意做好火炬系统压力、温度、液位等关键参数的监控。

3.3.4 前脱丙烷前加氢流程乙烯装置停工

3.3.4.1 停工减排原则

总体思路：装置停工过程低负荷时，裂解气压缩机引入天然气（或轻烃）循环运转，按照尽量采出合格产品、再采出不合格产品、最后回收至燃料气系统（或外系统）的顺序，尽可能多地回收物料，减少火炬排放。

（1）停车前保持装置最低负荷运行。气相裂解炉安排在最后退料，最大限度回收循环乙烷、丙烷物料。

（2）各塔罐、冷剂用户在停车前，降低液位运行，减少存量。各冷剂用户停车前尽量通过蒸发倒空。

（3）装置降负荷过程中，天然气适时补入急冷水塔或裂解气压缩机一段入口，以便回收冷箱、脱甲烷塔及后系统的冷物料。

（4）各塔罐的蒸煮要密闭排放，处理合格后才可对空排放。排放前要注意充氮保护，防止水蒸气冷凝形成负压。

（5）污水密闭排放，通过增加临时管线、临时换热器等措施，用氮气吹扫管线和设备内的污水，密闭排放至污水系统或临时储罐内，尽可能回收污水中残油，减少对污水处理系统的影响。

（6）火炬排放统一指挥，各系统有序排放，控制排放总量。火炬回收压缩机尽可能回收火炬气。

（7）氮气使用由调度统一指挥，按照系统交出的先后顺序和难易程度安排使用，防止氮气压力过低，影响停车进度。

3.3.4.2 停工前准备及确认工作

（1）编制详细的组织机构图、停工网络、停工方案（含应急预案、HSE 方案）、吹扫（清洗、蒸煮）交出方案等，经推演完善后，做好人员培训并考试合格。

（2）识别停工过程及停工检修期间的高风险操作和作业，编制专项操作法、施工方案及应急预案，做好培训及演练。

（3）编制详细的停工盲板台账和盲板图，由专人管理。

（4）编制裂解炉停炉烧焦计划，尽量减少停工后裂解炉烧焦台数；提前做好停工各阶段燃料平衡，确保裂解炉烧焦燃料需求；做好烧焦空气平衡。

（5）做好裂解汽油、急冷油、乙烯、丙烯等开停工物料储备计划。

（6）做好停工过程各阶段公用工程介质使用量平衡计划。

（7）确认停工作业所需脚手架已搭好。

（8）确认所有临时密闭排放管线安装到位，试压、吹扫、气密合格，处于氮气保压状态，需倒空部位临时管线接头匹配到位。

（9）确认污油、含油污水外排流程畅通，污油、污水排放泵备用，拉低下游单元储罐、水池液位。

（10）确认蒸汽减温减压器、去消音器压控阀正常，蒸汽管线排凝阀畅通，各等级蒸汽放空管及消音器固定牢固。

（11）确认火炬系统汽化器完好备用。

（12）对现场长期未动作的阀门进行检查和预防性检修，特别是界区阀门和导淋，确保停工时好用。

（13）确认裂解气大阀防焦蒸汽管线畅通，停工期间保持投用状态。

（14）提前对急冷油系统减黏操作，减少侧线采出，控制急冷油黏度，必要时引调质油减黏。

（15）提前降低化学品(除炉管硫化剂)罐液位并最终打空。

（16）提前拉低各塔罐液位，以便停工后尽快倒空。

（17）停工前加大乙炔加氢反应器的排绿油频次。

（18）干燥器、反应器备用台已再生、还原完毕，处于氮气保护状态。

（19）评估易自燃部位，提前落实防自燃措施。

（20）提前做好施工交底，特别是整理好动火清单。

（21）提前对接好仪表引压管和在线分析仪管线切出或隔离的时间点，并确认是否同步吹扫。

（22）编制高风险作业清单，制定专项防控措施，分级现场确认签字。

3.3.4.3 其他注意事项

1）停车倒空过程

（1）停工前及停工过程中，要记录装置正常工况和低负荷下主工艺物料、燃料气、锅炉给水、循环水管线调节阀开度及上下游压力差，用于开工过程的比对，以便及时发现和处置开工时可能出现的管路堵塞问题。

（2）倒空过程中，所有设备内物料尽可能回收，排液次序一般按先低压后高压、先低温后高温、先回收液相后回收气相的原则进行，先制冷系统、冷区，后热区。

（3）冷区、碳二、碳三、制冷系统要遵循在一定的压力下先排液后泄压的原则，严格控制排液和泄压速度，防止系统温度低于设备管线材质设计的最低温度；排液泄压须有序进行，防止物料互串。

（4）低温系统如曾注过甲醇，由于甲醇不易汽化，可能在设备及管道低点积存，所以必须确保每个低点倒空，否则甲醇在置换合格后仍缓慢挥发，威胁设备检修安全，烃类管线如有袋形，低点必须放净，如未设置低点排放，吹扫时应作为重点。

（5）物料回收过程中，注意防止轻质产品进入重质产品罐中造成储罐超压。

（6）注意巡检湿火炬罐和火炬分液罐液位，及时排掉积液。注意巡检火炬汽化器液位，汽化器内有甲醇或重组分积累时，将影响汽化效果，须及时排出。

（7）冷箱回温速度不得高于规定值，特别是对于炼油装置物料直接进入乙烯装置裂解炉下游系统的情况，因物料中可能含有氧化物以及氨氧化物，存在发生“蓝冰”爆炸的可能性，须特别关注。

（8）特别关注装置内区域间及装置与外系统的管线吹扫置换，避免遗漏。某装置在急冷系统交付作业后，仍在分离区盘油换热器导淋处排出不少汽油，延误交出时间。

（9）注意非正常工况时高压串低压问题，做好风险辨识，组织专项隐患排查，落实防护措施，比如在停车期间，针对可能内漏的冷却水、急冷水换热器，应注意防止系统压力降低后冷却水或急冷水倒串入工艺系统；建议系统压力降低后，立即对冷却水、急冷水换热器内漏情况进行排查，必要时切断隔离。氮气置换时，要注意氮气总管压力，防止系统内物料倒串入氮气总管。

（10）停工时需专题统筹优化各单元氮气使用量，避免同时大量使用，影响空分装置平稳运行；统筹管理火炬排放，避免同时大量排放。

2）蒸煮及吹扫置换过程

（1）蒸煮的设备和管线要防止超压。蒸煮过程中，注意排凝，防止水锤；检查管线法兰是否泄漏；管线的膨胀移位是否超限。

（2）为确保各系统蒸煮合格，需确认每个低点见汽，防止因局部低点堵塞导致蒸煮不彻底。系统停用蒸汽后，必须要用氮气降温或连通大气，防止设备内形成负压。

（3）与仪表引压管、在线分析仪相连的设备和管线根据停工前对接安排，应及时联系仪表人员进行切出或隔离，避免造成管线堵塞或仪表损坏，如需同步吹扫由仪表人员完成。

（4）系统置换合格交出前，应打开所有导淋检查，防止死角残存物料，必须置换分析合格。交出后，需要动火的，必须严格按规范要求进行检测，绝不可首次置换合格后，后续不再检测。如果设备和管线内存有挥发性残留物，经一段时间后回温、挥发后，仍可能形成爆炸空间。某装置丙烯制冷压缩机一段吸入罐由于吹扫置换不彻底，残存丙烯与空气混合，达到爆炸极限，在静电作用下发生闪爆，

（5）装置内及装置间管线如存有液态烃（比如乙烯、丙烯、液化气及石脑油等），两端隔离时，管线内介质必须倒空，防止因烃类汽化造成管线超压，无法倒空的管线和设备，必须与带有可靠压力泄放设施的系统相连，以免管线和设备内憋压。

（6）设备蒸煮产生的凝液外排前要进行降温，并与接收单位联系确认，注意防止高温凝液进入污水池、污水罐后造成油气挥发，导致环境污染甚至闪爆事故。

3）检修准备过程

（1）加强反应器、干燥器等卸剂安全管理。催化剂要提前进行烧焦除去表面附着的烃类物质，形成稳定的氧化态（具体与催化剂制造商联系确认）。卸剂前确认床层温度<40℃，现场设置警戒区，作业人员做好防护，甲烷化催化剂离开反应器时应用水浸湿，防止卸剂时自燃。不更换催化剂的反应器，应做好盲板隔离，并充氮气保压。

（2）严格盲板抽堵作业现场确认，并挂盲板牌。盲板表逐项落实签字，确需取消的盲板，须办理盲板变更手续。

（3）低温设备检修时，做好防水措施，避免游离水进入，影响开工干燥进度，不检修的低温设备，做好隔离措施，拆卸的管口要做好保护，防止水及杂物进入。某装置在检修期间对冷箱系统部分拆卸调节阀的管口未做好保护，造成管线进水，导致冷箱干燥很难合格，影响开车进度。

（4）严格把关化学清洗、蒸煮质量，避免塔、罐人孔打开后发生自燃，同时要制定落实防自燃措施。比如，设备打开前，要检查消防水接口位置是否合适、管路是否连接好、消防水压力是否满足要求等；打开后，对易自燃部位可用水湿润，并及时将污油清出，某装置曾发生急冷油塔自燃事件，由于消防水压力低，塔上消防水接口不能正常出水，未能控制初期火势。

第4章　信息化管理

4.1　信息化管理总体要求和建设目标

（1）总体要求

近年来，国家先后印发危险化学品安全生产及风险管控领域重要文件，在“从源头防范安全风险，从根本消除事故隐患”的行业治理目标引领下，逐步明确并形成了构建动态风险监测预警与风险分级管控常态化机制、落实双重预防机制、推进监管模式数字化智能化转型的管理体系和风险管控思路。

工业和信息化部、应急管理部印发《“工业互联网+安全生产”行动计划(2021—2023年)》，提出，到2023年底工业互联网与安全生产协同推进发展格局基本形成，工业企业本质安全水平明显增强。一批重点行业工业互联网安全生产监管平台建成运行，“工业互联网+安全生产”快速感知、实时监测、超前预警、联动处置、系统评估等新型能力体系基本形成，数字化管理、网络化协同、智能化管控水平明显提升，形成较为完善的产业支撑和服务体系，实现更高质量、更有效率、更可持续、更为安全的发展模式。

2019年开始，应急管理部开始建设全国联网的危险化学品安全生产风险监测预警系统，并于2021年底实现全国重大危险源的在线联网和实时监测。提出风险分级管控和隐患排查、风险监测预警、作业风险监控、视频智能分析、人员定位及企业基础安全信息管理等能力与机制的建设要求，打造“工业互联网+危化安全生产”的信息化管控平台。“工业互联网+危化安全生产”整体架构设计上，按照感知层、企业层、园区层、政府层“多层布局、三级联动”的思路，推动企业、园区、行业、政府各主体多级协同、纵向贯通，覆盖危险化学品生产、储存、使用、经营、运输等各环节，实现全要素、全价值横向一体化。

（2）建设目标

坚持系统谋划、试点先行，打造一批应用场景、工业APP和工业机理模型，构建“工业互联网+危化安全生产”的初步框架。

① 企业：以信息化促进企业数字化、智能化转型升级，推动操作控制智能化、风险预警精准化、危险作业无人化、运维辅助远程化，提升安全生产管理的可预测、可管控水平。强化企业快速感知、实时监测、超前预警、动态优化、智能决策、联动处置、系统评估、全局协同能力，实现提质增效、消患固本，打造企业工业互联网新基础设施，建设企业标识节点并与行业二级节点对接，为企业新发展注入新动能。

② 园区：通过打造工业互联网网络、平台、安全三大体系，建设全要素网络化连接、敏捷化响应和自动化调配能力，实现不同企业、不同部门与不同层级之间的协同联动，全面开展安全生产风险研判、应急演练和隐患排查，推动安全生产“三个转变”，推动科技创新、产业生态、配套服务在园区内外的渗透及融合发展，提升政府对园区的高效协作、精准扶持、有效监管，实现新园区建设和已有园区安全、可持续发展。

③ 政府：布局涵盖生产、储存、使用、经营、运输等环节的危险化学品全产业链协

同，向上延伸至卫星、5G 等工业互联网领域，获取地质、水文、气象、精确定位等信息，服务于规划准入和安全监管，向下延伸至能源等其他工业互联网领域，将产业链与供应链深度融合，促进价值链提升，系统构建“工业互联网+危化安全生产”的初步框架，优化产业结构和布局，延伸产业链，提升全过程、全要素的安全生产水平，推进行业转型升级和高质量发展。

4.2 机理模型

① 重大危险源安全生产风险评估和预警模型。以温度、液位、压力、可燃气体浓度、有毒气体浓度、组分、流量等重大危险源重点监控参数以及视频智能分析信息和联锁投用情况为基础，结合周边地理、气象环境条件、人口分布、历史事故信息等，优化完善危险化学品重大危险源安全风险评估模型，实现对危险化学品重大危险源安全风险进行实时评估。

② 安全生产预警指数模型。基于人、物、环境、管理、事故等反映企业和园区生产及事故特征的影响指标，建立安全生产预警指数模型，通过数据统计、计算、分析，定量化表示生产安全状态，得到企业或园区某一时间生产安全状态的数值，对安全生产状况作出科学、综合、定量的判断。

③ 人员异常智能分析模型。建立人员不安全行为样本库，利用人体目标监测、底层特征提取、人体行为建模、人体行为识别等算法，实现对人体目标的追踪和人员不安全行为的识别，并对不安全行为进行分级预警。

④ 作业环境、异常状态识别分析模型。利用远距离红外探测技术、红外热成像分析、可见光分析、激光光谱分析等方法，结合危险化学品领域常见的气体光谱数据，对火灾、烟雾、泄漏等异常情况进行识别。同时结合气体扩散模型、火灾传播模型等，对异常情况的严重程度进行分析判断，并进行分级预警。

4.3 企业安全风险管理平台

根据国家相关要求，企业风险管理平台应包括安全管理基础信息、重大危险源管理、风险监测预警、双重预防机制、特殊作业许可与作业过程管理、智能巡检、人员定位、视频智能分析等主要基础功能，也可对接设备、工艺、安全等相关信息系统。

（1）重大危险源管理

支持查看储罐、装置、仓库等处的液位、温度、压力和气体浓度的实时监测数据、历史数据、报警数据以及 DCS、SIS 系统联锁运行状态，联锁投用、摘除、恢复以及变更历史信息，视频监控画面信息，安全承诺信息；可查看重大危险源物料的最大储量产能和具体实时储量产能分布；支持通过设备名称、编号、重大危险源等级和名称进行精确和模糊查询；可接收各类预警推送信息；也可查看重大危险源的安全评价报告，并支持全文内容查询。

（2）风险监测预警

以工艺风险、设备风险、泄漏风险等维度表征设施动态风险。其中工艺风险可基于设施风险识别与评估结果，设备风险可基于高风险关键设备风险识别结果，泄漏风险基于企业各可燃、有毒气体泄漏报警数据。通过计算方式判断实时值超出各级阈值情况，以异常水平、异常次数、异常时间、异常范围、异常参数个数、周期内异常次数等维度，形成风险监测预警技术的参数异常等级及设施风险状态计算模型并输出结果指标性数据。综合工艺、设备、泄漏、隐患排查情况等数据，形成设施实时风险状态，进一步形成企业各层级风险状态情况。风险监测预警流程见图 3-4-1。

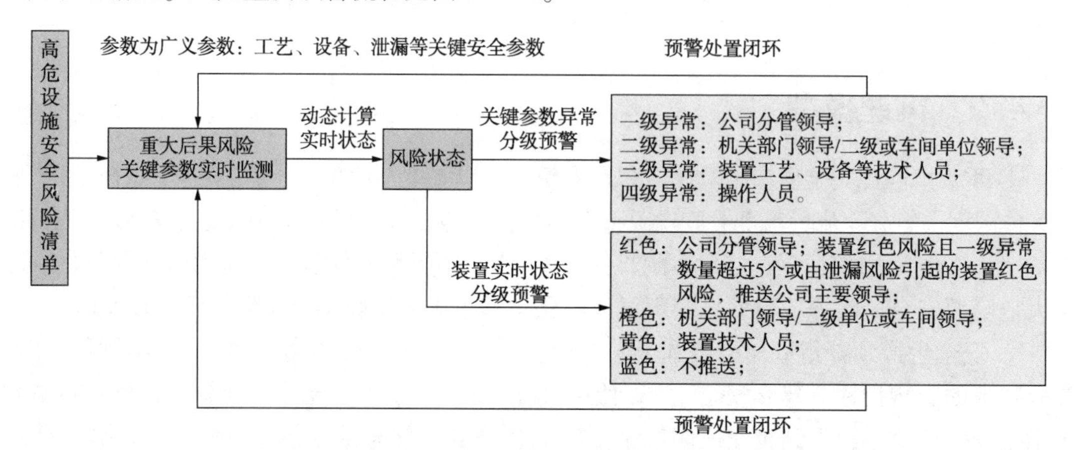

图 3-4-1　风险监测预警流程

（3）双重预防机制

支持按照岗位查看各自责任范围内的风险清单、风险后果、风险防范处置措施、现场巡查内容明细；支持查看责任范围内隐患的处置流程和当前进度，具备隐患处置催办功能；支持上报巡查过程中发现的新隐患及其相应附件材料。

（4）特殊作业许可和作业过程管理

根据角色权限可进行职责范围内特殊作业条目化审批，支持查看特殊作业审批许可流程；支持接收特殊作业不安全行为报警推送信息；支持按照时间、区域维度对特殊作业进行统计分析；支持记录现场监护人员和管理人员对特殊作业的监管意见。

（5）智能巡检

支持管理人员制定巡检路线、巡检标准、巡检操作规范，作业人员自动通过智能巡检终端，获取巡检任务（巡检路线及匹配巡检内容）；支持巡检人员按规定时间、规定位置、规定要求完成数据采集、作业现场环境、作业结果、事件记录等信息实时传输回管理后台，从而实现内外操人员共享生产数据，提升巡检操作数字化、智能化、作业成果知识化水平，提高企业安全生产管理水平。

（6）人员定位

具备人员实时定位功能，支持任一区域人员数量统计、GIS 可视化展示，可联动周边视频监控摄像机，详细查看人员状态；具备区域管控功能，支持对超员、聚集、串岗等违规实时报警；具备人员活动轨迹分析功能，支持人员历史轨迹查询，也可实现巡检人员改变路线、长期停留等异常工况的报警功能。

（7）视频智能分析

基于企业已部署的摄像头和硬盘录像机，建立视频联网平台，采用 AI 算法，对摄像头监控的画面进行智能分析，实现火灾、烟雾、泄漏等进行全方位的识别和记录，并且对相关人员进行提醒。

附　录 ▶▶▶

附录 1　乙烯装置事故案例分析

本书典型事故案例的选择充分考虑事故信息的有效性、材料的种类和数量、事故现场损坏程度等诸多因素。各因素的具体情况如下：

事故分类：工艺类、人因类、其他类。

事故后果：装置停车、闪燃、火灾和爆炸。

事故日期：1985—2022 年。

信息有效性：记录完整的事故和记录不充分的事故。

严重程度：死亡人数和损害程度在案例中差别很大。

1.1　工艺类事故案例

案例 1　锅炉给水调节阀故障导致全装置停车

（1）事故经过

2001 年 5 月 12 日 20 时 11 分，某装置室内操作人员发现 BA-106 炉汽包液位高报（LICA10601=73.1%），当时液面调节阀处于自动调节状态。20 时 14 分，汽包液面高高报（LICA10601=80.2%），当班人员立即现场确认汽包液面，同时室内发现锅炉给水流量达到 32455.3kg/h，仪表状态开路。20 时 16 分，汽包液面 105.9%，现场发现汽包玻璃板液面 100%，锅炉给水进料调节阀现场全开。在当班人员现场关闭该阀下游阀的过程中，BA-106 出口高压蒸汽温度下降。20 时 28 分，室内人员发现丙烯压缩机（GB-501）和裂解气压缩机（GB-201）的驱动透平（GT-501/GT-201）轴位移上升。20 时 31 分，GT-201 轴位移联锁停车。20 时 32 分，GT-501 轴位移联锁停车。GB-501 停车后，乙烯制冷压缩机（GB-601）及分离系统相继停车。21 时 40 分，新裂解炉全部停止进料。

（2）原因分析

BA-106 炉锅炉给水调节阀 FCV-106-26 阀门信号线发生故障，引起汽包液面满，SS（超高压蒸汽）带水，导致总管 SS 温度降低，致使 GT-501/GT-201 轴位移高联锁停车。

（3）整改措施

① 加强联锁管理，投用新裂解炉全部联锁。

② 加强职工培训，提高职工应急应变处理能力。

点评：裂解炉、大型压缩机组等关键设备的联锁保护是确保装置安全生产，避免发生设备事故的重要屏障。特别是一些新上、改造的设备在联锁保护的设计上更为完善，也更趋复杂，一定要在深入研究、仔细领会其联锁设计意图的基础上，认真执行联锁管理制度、程序，坚持对联锁的严格管理。可考虑设计上在 SS 总管适当位置设置温度监测点。

案例2 汽包出口挡板变形引起对流段盘管烧坏

(1) 事故经过

2003年5月13日，某装置6#裂解炉升温至高备状态，7时内操人员发现SS温度持续升高，加大减温水量也无济于事，SS持续升高至裂解炉联锁。裂解炉联锁后，SS温度仍上升，7时40分裂解炉出现爆破声并有明火，随即全部切断裂解炉，灭火。随后订购炉管、更换损坏的裂解炉炉管和SS管线。7月14日在对裂解炉缓慢升温过程中，发现SS没流量，紧急将裂解炉6#降温处理。

(2) 原因分析

造成SS管线损坏的原因是裂解炉停车过程操作不当，造成由于裂解炉汽包SS出口挡板变形，导致出口受阻，造成SS流量瞬间下降，在炉管保护介质没有的情况下，加上炉膛温度过高，SS管线温度上升。而SS测温点因在裂解炉外部却不能正确指示其温升，达联锁温度后，SS管线已承受较长时间的高温，超过材质的限制而爆管。SS管线爆管后，大量减温水外漏，喷射到原料管线上，导致高达670℃的原料管线突然收缩而破裂。裂解炉联锁后，由于炉管破裂，压力下降，以至于从裂解气大阀泄漏的裂解气倒串进入对流段炉管中，与空气混合后在高温下发生爆炸而损坏，爆管后的裂解气进入对流段导致对流段着火。

(3) 整改措施

① 检修期间，应加大对各设备的检查力度，特别是对平时不注意的死角部分更应加以重视。

② 加强操作法培训，严格执行操作规程。

③ 提高操作人员处理事故的应急能力、判断能力，使损失减少到最低程度。

裂解炉发生炉管干烧或汽包干锅，导致设备严重受损。为避免此类事故的发生，一方面对裂解炉的各种操作要严格执行操作规程，同时加强现场巡检，以便及早发现和处理仪表、设备及管线方面出现的故障，迅速采取应对措施；另一方面要强化对仪表、设备的日常维护管理。一旦出现这类事故，必须待降温后，方可恢复供水。

案例3 换热器腐蚀内漏导致稀释蒸汽带油

(1) 事故经过

2002年8月23日15时，某装置稀释蒸汽发生器(EA-118)内漏，DS发生系统带油，严重影响装置安全生产。8月24日10时38分，裂解炉(BA-106)第四组辐射段炉管发生断裂，造成此台裂解炉紧急停车、抢修。于9月7日BA-106恢复正常生产。在设备清洗后检查发现，换热管束表面有腐蚀痕迹，并且管束有减薄现象。

8月23日20时46分，BA-106的废热锅炉(TLEDD组出口温度升高，现场灭D组相对应的侧壁火嘴，以使TLE出口温度有所降低。8月24日10时31分BA-106冒黑烟，辐射段炉管发生断裂。10时38分BA-106紧急停车，并将裂解气切出系统。停炉后，经领导研究决定，先对BA-106进行清焦，并制定了在慢提空气量的情况下，长时间低温清焦方案，以保证炉管安全。8月25日1时30分BA-106开始清焦，通空气。8月26日20时BA-106清焦结束，裂解炉开始降温。8月27日8时BA-106打开炉门，发现BA-106D组辐射段炉管断裂，C组中半组弯曲。8月27日14时TLEA、TLEB、TLEC、TLED打开，对TLE进行检查，发现TLED上有大块焦片，并且TLEA有两根发生泄漏。拆四组DS进料阀，发现第四组DS进料阀完全堵塞。

8月27日至9月1日，更换BA-106炉管，对TLE进行修复和水力清焦。9月1日6时41分启引风机，BA-106开始升温(07时05分)，9月2日02时BA-106至备用状态。在巡检中发现C组中有两根辐射段炉管发红。经领导研究决定，对BA-106进行再次清焦(16时35分)。

9月2日22时41分BA-106第四组进料文丘里前管线发生爆管(在烧焦过程中)。9月3日BA-106开始降温。对BA-106检查中发现对流段炉管有一根出现漏点。9月4日换BA-106对流段炉管。9月7日7时46分22秒BA-106修复后，开始升温。9月8日10时BA-106投料，恢复正常生产。

(2) 原因分析

① 因碱液中含杂质较多，碱泵过滤网堵塞，注碱量产生波动，使水系统PH波动，造成EA-118水侧腐蚀。

② DS带油，加剧炉管及TLE的结焦。

③ BA-106的DS管线处于DS总管的末端，DS中的急冷油都积聚在DS管末端，导致BA-106第四组DS中存有大量急冷油，造成管线严重堵塞，直至DS中断，导致BA-106辐射段炉管发生断裂。

④ 对流段管线吹扫不干净，残存的急冷油在空气烧焦时，释放大量的热量，不能及时排出，导致BA-106对流段盘管断裂。

(3) 整改措施

① 严格控制pH值，避免工艺水系统设备发生腐蚀。

② 对稀释蒸汽中油含量进行监测，及时发现设备内漏。

③ 对稀释蒸汽发生器及其汽包定期排污。

案例4 蒸汽管网压力波动导致压缩机瓦高温联锁

(1) 事故经过

1996年11月5日9时54分，某装置界区外高压蒸汽压力PC-1301突然上升，透平抽汽压力PI-1311上升，抽汽流量FI-1314减少，透平的轴温TI-2054也升高。9时55分，界区处压力从3.2MPa上升到3.87MPa，透平抽气流量由正常的16t/h降为0t/h，轴温由正常70℃左右上升到130℃，透平因止推轴瓦温度高而联锁停车。此次事故造成乙烯装置停车15天，打开压缩机透平大盖取出转子修磨推力盘，更换推力瓦。

(2) 原因分析

界区处HS压力上升，装置内HS管网压力上升，透平背压随之升高，导致透平抽汽流量快速下降，透平轴向力不平衡，轴位移超量，推力盘与止推轴承摩擦，轴瓦温度升高，联锁停车。

(3) 整改措施

① 对轴位移联锁动作进行改进：报警、联锁时间由原设计的延时3s分别减少到0.5s和1s，并将“ABNOR状态送入联锁执行机构，使其在“ABNOR状态下能联锁停车，排除故障前不能再启动。

② 对蒸汽管网控制系统进行改进：对 HS 压力实行单独控制，HS 快速升高时能及时放空，避免损坏透平；将界区处的 HS、MS 压力信号引入装置 DCS 以便及时调节。

案例 5 碱洗不合格导致碳二加氢催化剂硫化氢中毒(其他)

（1）事故经过

1994 年 5 月 6 日 1 时起，某装置碳二加氢反应器 DC-401A 床层温度开始下降，至 5 时，反应器出口在线分析 AR-4011 所指示的乙炔浓度为 10^{-6}，判断为刻度表指示不准。6 时发现乙烯精馏塔 DA-402 塔压上升，7 时，DC-401A、C 均无温升，判断为硫化氢中毒。7 时 40 分以后，加大了碱洗塔的补碱量，碱泵 GA-205A、B 两台运行，开补碱调节阀 FCV-249 的旁通阀。加样分析碱洗塔塔顶裂解气 S-231 的洗合格，分离加紧对 DC-401B 的置换、干燥工作，至 9 时将 DC-401B 切入，DC-401A 切出，注入氢气，入口温度为 TRCA-405 控制在 31℃，至 9 时 37 分，DC-401B 上部床层温度 TUI-417 为 29℃，中部 TUI-418 为 49℃，下部 TUI-419 为 80℃，出口 TUI-420 为 77℃，当时还没有注入粗氢，这说明该台反应器催化剂活性不够，已经中毒，9 时 40 分立即将反应器由 B 切回至 A 台，并投用开工换热器 EA-454，切断 DA-401 与 DA-402 之间的联系，分析裂解气干燥器出口 S-271中硫化氢浓度为 20mL/m^3，分析碱洗塔塔顶 S-231 的硫化氢浓度为 1mL/m^3，分析碳二加氢反应器入口 S-411 中的硫化氢浓度为 20mL/m^3，此时可以认为系统内仍存有大量的硫化氢，硫化氢是强极性分子，其极易被裂解气干燥器 FA-209A 内的分子筛吸收，当裂解气中硫化氢超标时，硫化氢被分子筛吸附，但 8 时以后裂解气中硫化氢≤1mL/m^3 时，裂解气经过 FA-209A 后，被分子筛吸附的硫化氢脱出，所以造成了 FA-209A 后的硫化氢达到 20mL/m^3。10 时加紧对 FA-209B 的降温，于 11 时将 FA-209 由 A 切至 B 运行，再取样分析 S-271 硫化氢≤1mL/m^3，S-231 硫化氢≤1mL/m^3，但 S-411 硫化氢 20mL/m^3，12 时 30 分，开 EA-454 旁通大阀，13 时分析绿油洗涤塔顶 S-402 硫化氢为 5mL/m^3，将 PV401-2 排放火炬置换 DC-401 入口管线后，分析 S-411 硫化氢 2mL/m^3，13 时将 DC-401 再由 A 切至 B 台运行，此时分析 S-411 硫化氢 5mL/m^3，便立即切出 DC-401C，反应器出口乙炔于 14 时 20 分合格。FA-209 切换以后 S-411 硫化氢仍然超的原因是：DC-401AC 仍然在线，催化剂以前也吸附了大量的硫化氢，在进料中硫化氢合格时，催化剂将所吸附的硫化氢脱附出来，随着碳二物料进入 EA-454 部分冷凝，进入绿油洗涤塔 DA-408 回流到 DA-401，硫化氢进入碳二气相从而使 S-411 硫化氢超标。当 EA-454 旁通阀打开以后，物料不经过 DC-401C，故其吸附的硫化氢也无从脱附，所以 13 时分析 S-402 硫化氢 5mL/m^3。13 时 30 分切入 DC-401B，反应器 B、C 运行时，S-411 硫化氢又上升到 5mL/m^3，是因为 DC-401C 在线，仍然在脱附以前吸附的硫化氢。15 时 30 分分析乙烯精馏塔乙烯产品馏出口 S-424 中硫化氢≤1mL/m^3，乙烯精馏塔釜 S-422 硫化氢>50mL/m^3，且 11 时 20 分分析脱乙烷塔釜 S-401 中硫化氢≤1mL/m^3，这说明硫化氢可以用精馏的方法来分离，且其挥发度与乙烷相似，比乙烯的挥发度小。

（2）原因分析

分析数据不准；碱洗系统内黄油较多，油硫乳化，严重降低其对酸性气体的吸收效果；碱洗塔 DA-203 改造成填料塔以后，塔内的持碱量大幅度减少，操作弹性减小；乙醇胺系统吸收剂更换为 *N*-甲基二乙醇胺后，对硫化氢的吸收率明显降低，一般在 40%左右，碱洗塔长期超负荷。

(3) 整改措施

① 增加对碱的分析频次。

② 规定最小补碱量为碱洗塔入口硫化氢浓度(mL/m^3)×2kg/h。

③ 如在一个班内发现反应器床层温度下降≥5℃，必须立即对系统进行检查、调整。

点评：裂解气碱洗不合格，导致下游碳二加氢催化剂中毒或乙烯产品 C_2 含量超标。要严格碱洗塔的操作，特别是在装置运行负荷出现比较大的调整、裂解炉切换原料或原料质量出现比较大的波动、裂解炉进行切换及烧焦操作时，要密切监控进、出碱洗塔裂解气中酸性气体的含量，及时地对碱洗塔的操作进行相应的调整，确保碱洗合格。

案例 6　碱洗不合格导致乙烯产品 CO_2 超标(其他)

(1) 事故经过

1998 年 3 月 19 日 0 时 30 分，某装置碱洗塔(DA-203)出口裂解气中的 CO_2 超标，操作人员未及时发现，使 CO_2 带入后系统，导致乙烯产品中 CO 超标，乙烯产品不合格 72.5h。

经过调整碱洗塔(DA-203)配碱浓度，同时对乙烯精馏塔(DA-402)进行置换，将不合格乙烯置换到不合格乙烯罐中，再将不合格乙烯回炼。

(2) 原因分析

碱洗段上段碱浓度不够，造成裂解气中的 CO 超标。

(3) 整改措施

① 应加强分析控制点的监控。

② 确保配碱量及碱浓度达到规定要求。

③ 加强乙烯产品在线分析仪表的维护。

案例 7　裂解气干燥不合格导致高压脱丙烷塔冻堵事故

(1) 事故经过

1997 年 11 月 10 日，某装置前脱丙烷系统的高压脱丙烷塔出现冻堵，大量 C_4 组分上移，进入前加氢反应器，造成床层温度上升，引发碳二加氢系统联锁(SD-1)动作，乙烯产品不合格 6h。事故发生后采取的措施有：

① 减小了高压脱丙烷塔进料量。

② 在高压脱丙烷塔冻堵部位注入甲醇。

③ 冻堵消除后，高压脱丙烷塔运行状况好转，塔顶 C_4 组分正常后，前加氢反应器开车。

(2) 原因分析

气、液相干燥器干燥剂流失，出口脱水不合格造成高压脱丙烷塔冻堵。

(3) 整改措施

① 加强对裂解气气液分离罐的监控，防止液位过高，气相带液。

② 加强对干燥器的管理，确保干燥器的干燥效果。

案例 8　油滤器滤芯压扁导致制冷压缩机润滑油压力低联锁事故

(1) 事故经过

2001 年 5 月 7 日 19 时 10 分，某装置丙烯压缩机(GB-50)油泵出口压力 PA-5001 低报警，油气压差 PDI-5010 高报警，19 时 26 分 57 秒，GB-501 油滤器压差 PDA-5002 高报警，操作人员立即切换油过滤器，由于前后压差太大，未能切换成功。19 时 39 分，GB-501控制油 PA-5003 压力低报警；19 时 43 分，润滑油总管压力过低导致乙烯制冷压缩机(GB-601)和 GB-501 联锁停车。停车后，用钢管加长阀杆，增加力臂，才将油滤器切换过来。油压稳定后，19 时 58 分 GB-501 开车。

(2) 原因分析

滤芯严重压扁，使 GB-501 油滤器压差升高，造成润滑油管网压力低，最终导致 GB-501、GB-601联锁停车。

(3) 整改措施

定期分析润滑油的质量；定期更换油滤器的滤芯；把好设备质量关。

案例 9　乙烯制冷压缩机浮环密封漏油

(1) 事故经过

1985 年 7 月 27 日，某装置脱甲烷塔(T-301)系统不正常，乙烯不合格。从 T-301 塔顶冷凝器(E-308)排出大量润滑油，脱甲烷塔进料冷却器(E-304)也有油排出。乙烯制冷压缩机(C-401)停机后，系统用氮气吹扫，对压缩机开缸检查，发现浮环密封的梳齿间隙大，而且不圆，最大为 0.67mm/m，实际不能超过 0.35mm/m 更换新的梳齿密封后开车，情况良好。

(2) 原因分析

乙烯制冷压缩机浮环密封漏油。

(3) 整改措施

① 润滑油液面异常下降时，应及时查找原因。

② 加强对压缩机的检修力度。

案例 10　脱甲烷塔冻堵事故

(1) 事故经过

2002 年 10 月 20 日，某装置检修后开车，27 日 10 时 50 分，6#裂解炉投用，新冷箱投用。18 时，装置提至满负荷，脱甲烷塔(DA-301)压差由正常的 22kPa 上升至 55kPa 左右，经分析判断为 DA-301 冻堵。28 日 9 时，停乙烯制冷压缩机(GB-601)、甲烷制冷压缩机(GB-302)。18 时，DA-301 塔顶温度升温到-70℃以上，由 GB-302 出口倒淋配临时管线，至 DA-301 第 1 股进料阀(FV-314)倒淋处，由进料线向塔内吹热甲烷，塔压差仍很高。29 日 4 时，通过热虹吸线将 DA-301 塔顶温度升温到-30℃以上，启动 GB-601、GB-302 问题仍未解决。17 时，停 GB-601、GB-302 配临时管线对 DA-301 进行氮气升温置换，塔顶温度升至 0℃左右。

30 日 1 时，DA-301 开人孔进行检查，在脱甲烷塔进料罐 FA-306、FA-305 和 FA-304 进料口处发现大量水溶纸、海绵、砂轮片等杂物；9 时 30 分，系统恢复后开车，压差仍未好转。11 月 1 日 20 时 30 分，装置退料，停裂解气压缩机(GB-201)、GB-601，分离系统全面停车，配临时氮气管线。氮气由再生气加热器(EA-214)处加热后，经 FF-201 再生线、临时管线，至 DA-301 的 UC 阀处，对 DA-301 进行热氮气升温(升温速度小于 30℃/h，氮气量 4000kg/h，塔压小于 200kPa)，塔顶温度升至 14℃，塔釜温度 60℃。同时，对整个深冷系统进行氮气干燥，至各低点测露点<-70℃。2日17时，装置投料开车。3日2时，投新冷箱，4时装置提至满负荷，DA-301压差在22kPa左右，恢复正常运行。

（2）原因分析

DA-301氮气升温过程中，随着塔内温度的升高，氮气露点不断升高。当塔内温度升至0℃以上并进行氮气干燥后，重新开车系统恢复正常。可判断水分在DA-301内聚集，造成冻堵。水分的来源是：9月8日，GB-201出口温度高联锁停车后恢复开车，出口压力2.3MPa时，就向深冷分离系统进料，裂解气中的水含量高，裂解气干燥器（FF-201）又处于运行末期，导致DA-301冻堵，曾采取升温注甲醇的办法解冻。装置10月份检修后开车，DA-301投用前干燥时间较短，且未检测露点。

（3）整改措施

① 装置开车时，裂解气压缩机出口压力升至操作规程规定的压力后，方可对裂解气干燥器充压；干燥器运行末期要注意排液。

② 合理安排干燥器的再生周期，严格按再生曲线进行升、降温。

③ 加强对干燥器运行期间出口露点的检测。

点评：深冷系统的冷箱、塔器以及管线发生冻堵，几乎所有的乙烯装置都曾经历过。要严格执行有关的操作规程，特别是检修后开车，深冷系统氮气干燥要彻底，达到规定的露点要求，尽可能避免设备和管线发生冻堵。

案例11 脱丁烷塔聚合物堵塞

（1）事故经过

某年3月27日，某装置脱丁烷塔系统波动，操作难度大，碳四产品质量不稳定，经分析确认为脱丁烷塔塔盘及再沸器入口格栅聚合物堵塞，造成碳四产品不合格。事故发生后，采用带压接管技术，增加脱丁烷塔反向冲洗线，对脱丁烷塔塔盘及再沸器入口格栅进行冲洗；为脱丁烷塔增设阻聚剂注入系统。

（2）原因分析

① 脱丁烷塔长周期运行，丁二烯、戊二烯等发生聚合，聚合物积累在塔盘及再沸器入口格栅处，造成堵塞，导致混合碳四产品中碳五组分含量超标。

② 上游脱丙烷塔波动，聚合物脱落，随物流进入脱丁烷塔，造成脱丁烷塔堵塞。

（3）整改措施

① 定期对再沸器入口格栅进行反向冲洗，以吹散、吹松聚合物。

② 稳定上游脱丙烷塔运行，防止聚合物脱落进入脱丁烷塔。

③ 脱丁烷塔更换高效塔盘。

案例12 火炬系统火炬头回火爆炸

（1）事故经过

1988年4月26日15时15分，某装置火炬系统发生了一次火炬头回火爆炸事故，火炬罐被炸开一条300mm的裂口，火炬总管有几处管托移位。事故后工艺采取了关火炬长明线阀断绝可燃气的措施。但因管线太长（千米以上），在熄火尚未成功以前，又于15时45分发生第二次爆炸。

（2）原因分析

此次事故属经验不足，考虑不周所致。本次停车检修属小修，共 7 天。按计划，火炬不熄火，供全厂各生产装置轻烃储罐排放释放气。4 月 26 日前装置已交付检修，有几处与火炬系统相连的设备开口。虽然采取了一些措施，但难免有空气进入。在火炬不熄火的停车检修方案的制定和执行过程中，对检修中可能发生的安全问题考虑不周，安全防范意识不强，没有采取避免火炬系统进入空气的有效措施，导致爆炸事故发生。

（3）整改措施

① 火炬系统往往牵涉多个用户，与之相关联的系统以及排入火炬的物料来源比较复杂。为此，必须由生产调度部门统一管理。火炬系统需要检修时，必须由生产调度部门牵头，所有火炬用户参与，严格按程序制定和审查火炬系统的停车检修方案，力求细致、周全。

② 火炬点燃情况下，不允许在火炬管线上开口，防止空气漏入。

③ 生产装置停车检修，涉及设备多，难免会有空气进入火炬系统时，火炬必须熄火，并禁止可燃气排入火炬系统。

案例 13　水换热器内漏导致循环水水质恶化

（1）事故经过

2000 年 1 月上旬开始，某装置循环水的水质逐渐恶化，COD 异氧菌等主要水质指标超标，系统滋生大量灰色生物黏泥，沉积在凉水塔布水槽、水冷器换热管束及循环水管网中，严重影响换热效率，生产负荷被迫降到 80%维持运行。

从 2 月份开始，使用“舒而果”（Shur-GO）对系统黏泥进行了为期 2 个月共 4 个周期的处理。通过投加“舒而果”以及水稳剂 WP-4D 分散剂 T-225 等，控制有机物浓度 1.5~2.5mg/L，Zne+1~3mg/L，浓缩倍数 2.0~2.5，使换热器黏泥松散、脱落下来，被循环水带走，通过排污不断排出系统，同时，根据部分水冷器循环水流速低，疏松后的黏泥无法带走的情况，各工艺装置根据换热器压力变化情况，对出、入口适时进行反冲洗。

通过采取上述方法，虽在一定程度上缓解了生产危机，但不足以把系统中的黏泥清洗干净，根本的解决办法还是要堵住漏点，根除微生物产生的根源。为此，2000 年 4 月 6 日全厂停车 6 天，对循环水系统进行了大规模的治理，生物黏泥得到清除，循环水的水质明显改善，系统恢复正常。

(2)原因分析

① 循环水换热器泄漏是生物黏泥产生的主要原因。由于换热器制造质量较差，1999 年 12 月下旬在裂解装置丙烯塔顶冷凝器（E-1555A/B）、丙烯机段间换热器（E-1699A/B/C）的检修中竟发现有 200 多根管泄漏，虽经多次修复仍有泄漏。这次加上一段稳定塔塔顶冷凝器（E-1725）和丁二烯第一精馏塔顶冷凝器（E-2301）的大面积泄漏，加剧了循环水出现乳化油的现象，结合水中的絮状物，形成深色黏泥，导致水质变黑。黏泥和油垢沉积在凉水塔布水槽、水冷器换热管束及循环水管网中，严重影响换热效率，迫使装置降低负荷运行甚至停车。

② 循环水杀菌用药单一。日常投加的非氧化性杀菌剂一直沿用低泡沫的 JN-2A，细菌已对其产生抗药性，杀菌效果不明显。

③ 循环水系统投用时预膜效果不太理想。

(3) 整改措施

① 在大修后系统投用时应进行酸洗，置换合格后，进行预膜处理。

② 正常投用后的强化杀菌，严格控制异氧菌和生物黏泥，防止细菌再次大规模繁殖。

③ 强化日常生产管理。一是在保证冷却效果的前提下，对冷却塔逐间停运一段时间进行晾晒，以清除填料上黏附的残余藻类、黏泥。二是加强旁滤，在不影响循环水系统正常运行的情况下，除去水中大部分微生物及微生物黏泥。三是完善循环水换热器出口取样管，实行定期监控，及时发现、消除泄漏点。

案例 14　裂解炉火灾事故

(1) 事故经过

2022 年 12 月 7 日，某乙烯装置区裂解炉 BA-106 的 B 台废锅入口异径管突然断裂，裂解气大量泄漏导致起火，BA-106 紧急停炉，某乙烯装置其余裂解炉安排紧急退料停炉，装置安排全面停车。

(2) 原因分析

① BA-106 炉辐射段第三、第四组炉管出口“Y”形管后的异径管本体开裂，导致高温裂解气泄漏，遇空气自燃着火，引发事故，装置被迫停车，事后检查为异径管本体整体断裂。

② 异径管本体设计、制造存在缺陷。一是异径管内保温设计为“Y”形结构，这种结构导致在内保温层边缘部位(“Y”形外叉圆弧根部)应力集中，容易萌生蠕变裂纹。

③ 对异径管的管理经验不足，重视不够。一是未见国内乙烯装置同类型异径管本体失效案例，公司没有对该异径管损伤模式和失效机理进行有效识别，没有制定异径管的判废依据和更换标准。二是缺乏对异径管现场有效检测手段，检修时仅通过着色渗透检测及外观检查，难以发现本体劣化状况。三是在 2013 年更换急冷换热器、2019 年更换辐射炉管时均未更换该部件。

④ 异径管外保温存在不合理。该异径管已经设置内保温，但现场异径管外部也进行了保温包裹，并用保温铝皮进行了围挡，日常巡检不易及时发现超温、微小泄漏等异常情况。

(3) 整改措施

① 要及时排查、更换不合格异径管，对使用时间超过 9 年的异径管强制更换。在大修时，须对异径管进行检测，如发现裂纹等缺陷，及时更换。

② 分析裂解炉出口异径管结构风险，研究制定裂解炉出口异径管的设计要求、材质选型、制造标准、安装规范，加强使用过程管控，明确设备部件检测方法及判废依据等。

③ 全面开展裂解炉出口异径管保温、电缆等设备设施防火的排查，严格按照设计要求进行保温、防火，缺少相关设计资料的请原设计单位提供。

④ 增加对裂解炉出口异径管检查内容，巡检时要确认表面有无亮斑、裂纹，并进行定期测温，判断内衬是否破损、脱落。及时做好炉管支吊架检查和调整，防止炉管晃动对异径管产生额外应力。

1.2 人因类事故案例

案例 1 投丙烯精馏塔时操作不当引发裂解气压缩机高液位联锁停车

(1) 事故经过

1996 年 4 月 7 日 19 时 30 分，某装置丙烯精馏塔塔顶冷凝器(EA-4250 检修后投用，19 时 40 分离至现场投用 EA-425C 19 时 44 分左右，丙烯精馏塔(DA-406)超压联锁。急冷调整急冷水塔(DA-104 操作，塔顶温度上升到 46℃。19 时 51 分左右，裂解气压缩机(GB-201)一段吸入罐(FA-201)高液位报警。19 时 52 分左右，GB-201 高液位联锁停车。

(2) 原因分析

① 投用 EA-425 时，错误地先投丙烯，后投冷却水，造成 EA-425A/B 丙烯短路，DA-406超压联锁，丙烯精馏塔塔釜再沸器(EA-424A/B)切断急冷水，造成急冷波动。

② DA-104 塔出现波动后，调整幅度过大，造成 QW 大量夹带到 FA-201，GB-201 高液位联锁停车。

(3) 整改措施

① 丙烯精馏塔在投用冷凝器时，要严格执行操作规程，并加强与急冷岗位的联系。

② 急冷系统调整时，要尽可能平稳。

裂解气压缩机因段间罐液位高发生联锁停车的案例比较多，特别是在装置开车过程中更为多见。该系统的烃、水相与上、下游多个工序发生联系，其精心操作以及不同岗位之间的密切协同是避免发生高液位联锁停车的关键。

案例 2 火炬罐返料时调整不及时引发裂解气压缩机高液位联锁跳车

(1) 事故经过

1998 年 2 月 14 日 1 时 53 分，某装置由于裂解气压缩机段间吸入罐(FA-205)液位超高，导致裂解气压缩机(GB-20)联锁停车。

2 月 14 日凌晨，加氢单元当班人员发现湿火炬罐已经满液位。为防止出现火炬下“火雨”现象，0 时 43 分启动湿火炬泵(U-GA701)，将湿火炬罐内物料送回急冷水塔(DA-103 塔。0 时 55 分，凝液汽提塔(DA-202)液位上升，压缩人员通过降低 DA-202 再沸量，开大低压脱丙烷塔(DA-404)进料调节阀进行调节。1 时 10 分，DA-202 塔液位满，为了防止造成分离丙烯不合格，操作人员逐渐提高 DA-202 塔再沸量，降低 DA-202 液位，塔顶返回至 FA-205 的量逐渐增大，FA-205 液位一直上涨，最后罐内满液位，造成 GB-201 联锁停车。

(2) 原因分析

此次事故直接原因是在裂解炉负荷没有过大变化的前提下，由于湿火炬罐内物料返回 DA-103 导致 FA-205 液位过高。当时湿火炬罐内物料基本上都是 C_{4+}组分。因 FA-205 中液体 C_{4+}量过多，在 FA-205 中积存，最终造成压缩机高液位联锁停车。

由于 C_{4+}以设计值的 170%的量进入到系统内，但操作人员对它的调整仍局限于正常操作状态时的调整方法，因此外采量有限，导致 FA-205 积液而使 GB-201 联锁停车。

(3) 整改措施

涉及操作调整时，相关工序之间要加强联系。

案例 3 冷区倒液串入裂解气压缩机吸入罐导致高液位联锁跳车

（1）事故经过

1992 年 4 月 28 日 16 时 20 分，某装置裂解压缩机四段吸入罐液位上升较快，内、外操一起调整，但液位继续上升，裂解气压缩机(GB-201)高液位联锁停车。于 17 时恢复运行，22 时乙烯合格。

（2）原因分析

冷区操作工经验不足，在裂解气干燥器(FA-209)向急冷水塔(DA-104)倒液时，将倒液阀开得过大，由于压缩机四段吸入罐(FA-205)凝液送出与在裂解气干燥器倒液使用同一条管线，FA-205 的凝液不但排不出去，而且串入的液体在罐内闪蒸，使该罐温度在 3min 内下降了 4℃，增加了裂解气的冷凝量，加快了液位上升速度，最终导致 GB-201 高液位联锁停车。

（3）整改措施

① 裂解气干燥器倒液时，阀门开度要合适。

② 冷区倒液时，加强与急冷、压缩等相关岗位的联系。

③ 单独上一条管线，将裂解气干燥器液体返急冷水塔。

案例 4 负荷变化时调整不当引发裂解气压缩机高液位联锁跳车

（1）事故经过

1999 年 1 月 8 日 10 时，某装置投用 BA-1102 时，四段吸入罐(FA-1205)、五段吸入罐(FA-1206)液位出现较大波动，班组人员将液位控制阀 LCV-1218、LCV-1219、LCV-1216 打手动全开，然后，随液位下降慢慢将 FA-1206 罐汽油排出阀(LCV-1218)全关，因 BA-1102 刚投用，系统处调整阶段，操作人员未将 LIC-1218 投自动。13 时 50 分，FA-1206 液位 LSHH-1218A B 同时报警，裂解气压缩机(GB-1201)联锁停车。恢复开车过程中，操作人员在排放 FA-1206 中液体时，倒淋阀开度过大，大量汽油及裂解气排出，险些造成重大恶性事故。40min 后装置恢复正常。

（2）原因分析

① 操作人员经验不足，责任心不强，LIC-1218 打手动全关后，未密切监控，又未及时切回自动，导致 FA-1206 液位超高。

② 裂解炉投油，负荷增加，裂解气量波动较大，压缩工序调整没有及时跟上。

（3）整改措施

正常操作中，尽量将仪表投自动控制，不得已手动时，操作人员应密切监控。

案例 5 投用润滑油备用冷却器时操作不当造成透平推力轴承损坏

（1）事故经过

1998 年 7 月 2 日 16 时，某装置由于工艺气压缩机润滑油温度过高，将压缩机润滑油冷却器(E-252A/B)同时投用，在投用备用冷却器时没有排气，导致润滑油中带气，汽轮机转速 12500r/min 左右，瞬时断油，造成汽轮机推力轴承损坏。由于推力轴承起到平衡汽轮机转子轴向力的作用，巨大的轴向力加剧推力轴承的磨损，至 17 点 45 分手动停机，推力轴承平衡盘磨损 4mm 厚度，汽封、油封严重磨损，装置停工 3 天。

（2）原因分析

操作工在投用备用冷却器时未严格执行操作规程，造成润滑油系统瞬间断油，致使汽轮机推力轴承严重损坏。

（3）整改措施

要严格工艺操作规程，润滑油冷却器投用及切换时必须排气。

案例 6　倒空置换不彻底导致脱丁烷塔爆燃

（1）事故经过

1993 年 3 月 17 日 14 时 12 分，某装置分离热区脱丁烷塔抢修中发生塔内爆燃事故，燃烧的烟火气浪从人孔喷出，将在该塔附近平台上工作的分离工段长、技术员和操作工共 4 人燎伤。

（2）原因分析

此次抢修时间安排过紧，塔内倒空置换不彻底。加之塔釜倒空阀堵，造成釜底剩有少量残留的裂解汽油。在掏装这些残油时，搅动加大了油中轻烃的挥发，使塔内可燃气体含量达到爆炸极限。塔内 C_4 低聚物的化学性质极活跃，在日光照射下环境温度 30℃以上就可自燃，以往检修时就曾发生过低聚物自燃现象，低聚物自燃成为爆炸的明火源。

（3）整改措施

① 安全第一，不可盲目追求进度，容器交出检修前必须进行彻底的倒空、置换。

② 在分离热区容易生成低聚物的塔器，比如在脱丙烷塔、脱丁烷塔和脱戊烷塔的塔顶需配备冷却、灭火用的喷淋水管。

案例 7　人员误操作导致乙烯裂解炉火灾

（1）事故经过

1988 年 1 月 8 日 8 时，某石化公司烯烃厂乙烯车间决定停 7#炉烧焦。当班班长接受任务后，向室外操作工和室内操作工下达降温、降量、停止原料油进炉和停炉的指令。接着室外操作工将炉子从烧油改为烧气运行，并在关闭急冷油的同时开启蒸汽吹扫炉管，控制炉温并降量。9 时，炉管出口温度降至 500℃左右，每组炉管的原料油流量为 1000kg/h。班长到室外观察炉膛燃烧状况，再次通知室外操作工停急冷油和停入炉原料油。当班长回到控制室并判明急冷油已停，通过呼叫系统又通知室外操作工停止原料油进炉。9 时 30 分，班长以为原料油入炉手动截止阀已关，就指示并帮助室内操作工把原料入炉控制阀打开 50%，进行蒸汽吹扫炉管。10 时 20 分，班长和值班主任等 5 人切换烧焦系统阀门，逐步关闭 32″阀，保持压力 0.1~0.125MPa，然后慢慢打开 14″阀。当见 7#炉烟囱冒烟，现场人员误认为同以往一样，是少量油气进入炉膛而冒烟的现象，没有引起充分重视，继续开 14″阀。这时烟囱黑烟增浓，在场人员感到有问题，决定停止烧焦进程，恢复原来状态。但炉子底部南侧已冒火，工段长让操作工重新检查，发现原料油入炉截止阀是全开的，并未关闭，而控制室内已发现炉膛温度超高。12 时 30 分，火被扑灭，设备损坏，直接经济损失 8.9 万元。

（2）事故原因

室外操作工在停炉烧焦过程中没有按操作规程关闭原料油入炉截止阀。当班班长在组织烧焦切阀门时，未验证该阀门是否处于关闭状态即进行切换，导致原料油串入炉膛，使炉膛发生非正常着火事故，造成炉管局部烧坏。

案例 8 丙烷储罐爆炸着火

(1) 事故经过

1990 年 7 月 22 日，韩国蔚山一座年产 40 万吨乙烯的石脑油裂解厂丙烷储罐爆炸着火，损失 300 万美元，300 人被迫搬家，该装置是 1989 年 2 月建立的。

(2) 事故原因

焊接火花点燃了丁烷，丁烷是从有故障的阀门泄漏出来的。

(3) 事故教训

认真巡回检查，发现微漏应及时处理；装置内动火作业要严格遵守相关禁令和规定。

案例 9 乙烯装置爆燃

(1) 事故经过

2021 年 5 月 29 日，某石化公司烯烃部 2#乙烯装置在停车检修期间，施工人员对裂解炉区域盲板进行抽取作业，打开轻石脑油进料界区阀门开始进料(开度约 2 圈)，将轻石脑油引至 7#裂解炉前 45#盲板的上游阀门前。在前往 7#裂解炉区域途中的操作人员发现 7#裂解炉轻石脑油进料管线 45#盲板处呈喷泉状泄漏。8 时 24 分 15 秒，7#裂解炉区域发生爆燃。该事故造成 1 人死亡，5 人重伤，8 人轻伤，直接经济损失共计 839.87 万元。

(2) 事故原因

烯烃部 2#乙烯装置(老区)在停车检修期间，完成管线氮气吹扫置换后，未关闭 7#裂解炉进料管线 45#盲板上、下游阀门。相关人员在未完成“盲板抽堵作业许可证”签发流程，未对 7#裂解炉进料管线 45#盲板上、下游阀门状态进行现场确认的情况下，即开展抽盲板作业。同时，作业人员打开了轻石脑油进料界区阀门，造成轻石脑油自 45#盲板未封闭的法兰处高速泄漏，汽化后发生爆燃。

(3) 事故教训

严格停开车、检修作业管理。针对停开车、检修作业风险高的特点，一要加强技术改造，从提升设备本质安全角度确认阀门安全状态，减少人的不安全行为因素介入；二要强化风险辨识和管控，从方案制定、危险性分析、安全技术交底、作业许可证签发等各个环节全面排查事故隐患，有效落实分级管控，切实做到隐患排查整改工作“五落实”，确保作业过程安全可控。

加强作业现场统一指挥协调要强化协调沟通，统一指挥。在制度层面完善指挥层级，明确指挥责任，确保作业指令能够明晰可靠，合规发出；在作业层面，加强作业协调和衔接，确保作业指令有发出，有回复，确认指令闭环管理，有效沟通并核对作业内容，严格管控作业现场，确保安全防护可落实。

1.3 其他类事故案例

案例 1 切换润滑油泵时裂解气压缩机油压低联锁

(1) 事故经过

2001 年 3 月 19 日 14 时 30 分左右，某装置操作工在检查油系统运行正常的情况下，按正常操作程序切换，启动备用泵，启动后发现管路有较大的振动和噪声，立即对油系统检查，发现主油泵已跳闸，同时，裂解气压缩机(Y-1300)油压低联锁跳车。于是赶紧启动主油泵，系统进行调整，作开车准备，14时50分，Y-1300机组暖机升速，恢复正常。

(2) 原因分析

启动备用油泵，由于自力阀(PCVI-351)动作滞后，油路压力升高，自力阀突然打开，油压骤降，主油泵透平超速跳闸。此时自力阀应马上回关平衡油系统压力，但由于自力阀动作滞后，造成油系统瞬间压力低，Y-1300机组联锁停车。

(3) 整改措施

① 要调整好自力阀阻尼，避免油压出现波动时，阀门动作滞后，跟踪不及时，造成机组联锁停车。

② 检修时，注意检查自力阀膜片是否老化。

③ 应在油路系统中加装蓄压器。

润滑油系统出现故障，特别是在主、辅油泵切换操作时，导致的压缩机组联锁停车较多，对该系统的日常检查、维护很重要。

(1) 事故经过

2000年8月6日20时00分，某装置裂解气压缩机(GB-201)润滑油压力低联锁停车，20时30分仪表检查联锁，发现与实际存在偏差，油泵没有问题，准备立即恢复。22时30分GB-201开车。向后系统进料过程中，由于五段出口放火炬阀(PIC-204)关闭过快，造成冷箱系统波动，乙烯制冷压缩机(GB-601)入口压力高，出口压力超高，23时00分联锁停车。GB-601恢复开车后，向后系统送料。7日4时50分，丙烯压缩机(GB-501)的四段吸入罐(FA-504)液面低，喷淋液体供应不上，致使GB-501二段出口温度超高，联锁停车，系统全部停车。

(2) 原因分析

车间职工日常培训不够，应变能力较差，致使开车过程中大型机组出现两次不应有的联锁停车，使本来局部停车现象变为全部停车事故。

(3) 整改措施

加强职工培训，提高事故分析能力和事故应急处理能力。

案例2 黄油抑制剂加注系统设计问题引发碱洗塔强碱循环线泄漏事故

(1) 事故经过

2002年1月28日，某装置碱洗塔强碱循环线黄油抑制剂注入点管线接缘处出现砂眼泄漏，当时对漏点采取上夹具注胶堵漏处理。2月14日16时47分，夹具处出现泄漏并增大，在向夹具注胶至较大压力时抑制剂管线失效断裂，裂解气压缩机被迫停车处理漏点。至20时5分，裂解气压缩机开车，系统逐渐恢复正常。

(2) 原因分析

① 黄油抑制剂注入点出现电化腐蚀。碳钢管在黄油抑制剂和碱液的电位差高达400mV，若碳钢管同时处于这两种溶液中，在碱液中的部位由于电位低而成为阳极发生腐蚀反应，在黄油抑制剂药剂中的部位成为阴极发生还原反应，形成腐蚀电池，发生强烈的电化学腐蚀。

② 原设计造材有误。碳钢管在黄油抑制剂和碱液两种溶液同时存在的环境下会形成的强烈的电化学腐蚀，而不锈钢在这两种溶液中则无腐蚀现象。

③ 黄油抑制剂对碳钢在碱液中形成的钝化膜有强烈的破坏作用。碳钢在碱液中会形成钝化膜，由于钝化膜的存在，防止了碳钢在碱液中的进一步腐蚀。

试验表明，黄油抑制剂药剂溶液对碳钢在碱液中形成的钝化膜有强烈的破坏作用。在实际操作过程中，因为强碱循环泵是一台计量泵，而黄油抑制剂注入泵性能极不稳定，经常出现故障，黄油抑制剂注入压力不均匀，在碱液管线与抑制剂管线交界处，碱液与黄油抑制剂溶液交替覆盖管内壁，管壁被碱液腐蚀生成钝化膜，钝化膜被抑制剂破坏，之后管壁再被碱液腐蚀，如此反复进行，最终黄油抑制剂注入管线接缘处腐蚀穿孔。

（3）整改措施

① 为防止再次发生腐蚀破坏，将抑制剂注入系统的碳钢管更换为 0Cr18Ni9Ti 不锈钢管。

② 加强管线的测厚检查。

③ 改造注入点，将原注入点由强碱循环泵出口改到泵入口，确保抑制剂注入系统后混合充分，消除电化腐蚀。

案例 3　绿油影响乙烯干燥器效果导致乙烯精馏塔冻堵事故

（1）事故经过

2002 年 3 月 20 日 16 时开始，某装置乙烯精馏塔（DA-403）塔压差开始逐渐上升，至 21 日 2 时 30 分，压差升至 160kPa。虽然操作人员减回流、加大乙烯采出、加大塔釜采出，效果仍然不明显。在塔釜温度很低（-20℃）时，采出乙烯仍然不合格（甲烷+乙烷的含量高达 5756mL/m^3）；同时，塔压、塔罐液位等参数也都异常。

通过采取注甲醇、降低进料量、加大采出、降低塔压、降低塔罐液位等措施，情况逐步好转。随着塔压的降低，塔顶温度、塔压差降低，乙烯采出合格，但塔釜液位居高不下，塔釜温度仍然很低；继续减回流、加大采出，至 21 日 13 时 30 分，塔压差降至正常值。

（2）原因分析

装置挖潜改造时，乙烯干燥器未做改造，处理能力卡边；DC-401（乙炔转化器）运行至末期，绿油产生量增加，且改造后通量增大，绿油在绿油罐中的停留时间短，绿油排放不及时造成分离不充分，带入乙烯干燥器，进一步影响干燥效果。

（3）整改措施

适当调整乙烯干燥器再生周期；增加绿油排放频次。

案例 4　乙烯火灾事故

（1）事故经过

2008 年 6 月 3 日某石化企业 110kV 外电网北线架空线遭受雷击，发生 A 相接地短路故障，引起乙烯北变一路电源失电，经过短时停电后（2s 以内），电源自动切换装置分别自投成功恢复供电，但短时停电导致 1# 聚丙烯、2# 聚丙烯、1# 高压聚乙烯、高密度聚乙烯、2# 丁二烯、乙二醇、2# 加氢、空压机 C-103A/C、热电 A 炉、3# 发电机、2# 裂解甲烷氢压缩机

CB-402、甲烷压缩机 CB-403 跳车，合计约 150t/h 排放量的气体排向设计能力为 910t/h 的 D 火炬。由于 D 火炬分子封制造质量上的缺陷，分子封内的钟罩脱落堵塞火炬筒体，致使火炬排放不畅憋压。18 时 46 分火炬系统压力达到 0.22MPa，引发 2#裂解的裂解气压缩机 CB301 中压缸干气密封排气压力高高联锁停车，使之大约 250t/h 的裂解气排往火炬系统，火炬系统压力随之增至 0.591MPa，超出了裂解炉出口裂解气管线的设计压力（设计压力 0.35MPa），18 时 57 分 2#裂解的 2#炉出口裂解气管线膨胀节失稳泄漏着火，发生火灾事故。

（2）事故原因

① 供配电方面：110kV 线路的防雷措施不完善。

运行中发电机的经济运行与供配电系统安全性存在一定矛盾。

② 火炬排放系统：从现场来看，分子封内件间焊接质量存在严重问题，部分焊缝未焊透，焊缝结构不符合规范要求。制造商未能提供完整的质量控制文件，D 火炬分子封压降、结构设计等方面的计算不完善，与设备本质安全的设计要求尚有一定差距。分子封内的固定筋板与钟罩的连接方式不尽合理，造成连接处成为薄弱环节。

③ 2#炉出口裂解气管线膨胀节 2#炉出口裂解气管线大阀设计开关时间为 195s，试生产操作一段时间后，开关时间短的几十分钟，长的则需要 1~2 天，为解决开关时间过长问题，在裂解气管线上加装了膨胀节，但膨胀节的设置过程不符合有关管理规定。

④ 现有应急预案没有针对火炬系统压力超高内容，没有火炬系统压力超高情况下的处置方案。

附录 2　风险管控流程

风险管控流程图见附图 2-1。

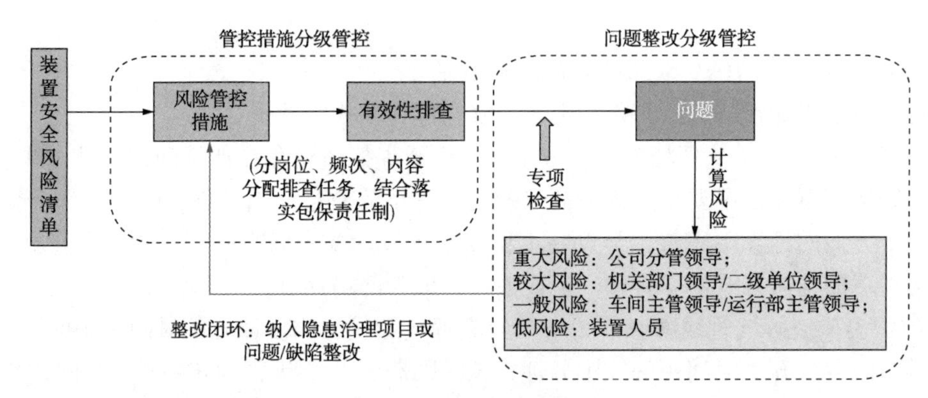

附图 2-1　风险管控流程

安全风险管理的基本程序应至少但不限于以下程序，见附图 2-2。

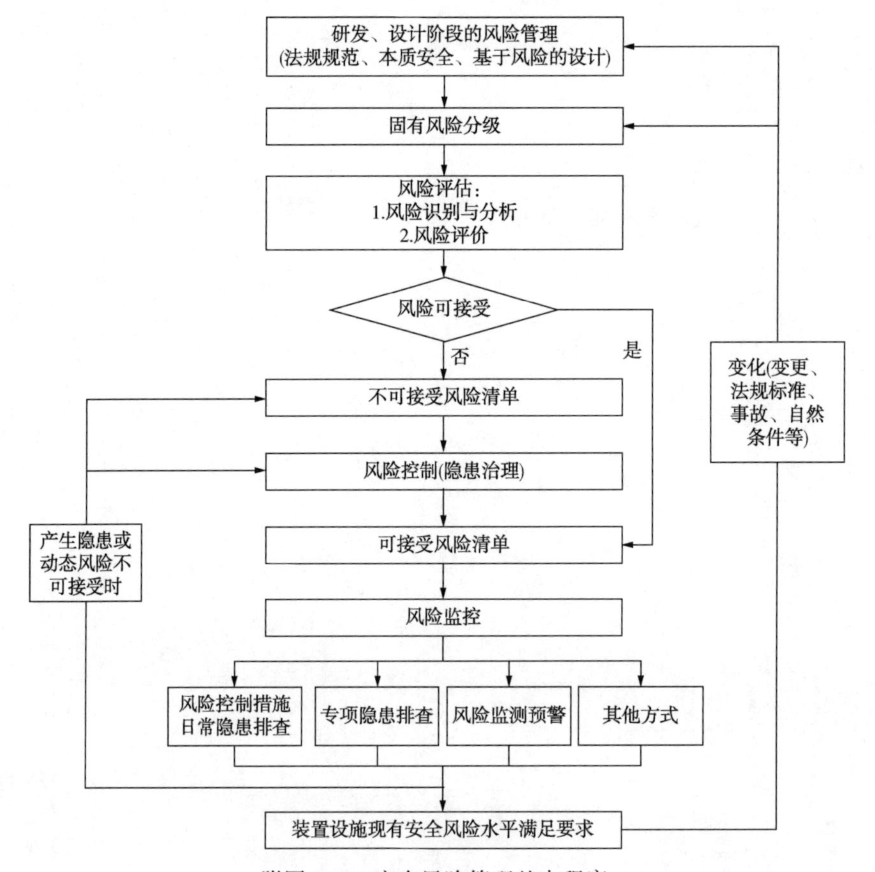

附图 2-2　安全风险管理基本程序

附录3 中国石化风险矩阵标准

安全风险矩阵见附表3-1。

附表3-1 安全风险矩阵

安全风险矩阵		发生的可能性等级—从可能极低到频繁发生							
		1	2	3	4	5	6	7	8
	后果等级	类似的事件没有在石油石化行业发生过，且发生的可能性极低	类似的事件没有在石油石化行业发生过	类似的事件在石油石化行业发生过	类似的事件在中国石化曾经发生过	类似的事件在本企业相似设备设施（使用寿命内）或相似作业活动中发生过	在设备设施（使用寿命内）或相同作业活动中发生过1或2次	在设备设施（使用寿命内）或相同作业中发生过多次	在设备设施或相同作业活动中经常发生（至少每年发生）
		$\leqslant 10^{-6}/a$	$10^{-6} \sim 10^{-5}/a$	$10^{-5} \sim 10^{-4}/a$	$10^{-4} \sim 10^{-3}/a$	$10^{-3} \sim 10^{-2}/a$	$10^{-2} \sim 10^{-1}/a$	$10^{-1} \sim 1/a$	$>1/a$
后果严重性等级—从轻到重	A	1	1	2	3	5	7	10	15
	B	2	2	3	5	7	10	15	23
	C	2	3	5	7	11	16	23	35
	D	5	8	12	17	25	37	55	81
	E	7	10	15	22	32	46	68	100
	F	10	15	20	30	43	64	94	138
	G	15	20	29	43	63	93	136	200

后果严重性等级及说明见附表 3-2，发生的可能性等级及说明见附表 3-3，目标风险降低频率选取可参考附表 3-4。

附表 3-2　后果严重性等级及说明

后果严重性等级	健康和安全影响（人员损害）	财产损失影响	非财务性影响与社会影响
A	轻微影响的健康/安全事故： 1. 急救处理或医疗处理，但不需住院，不会因事故伤害损失工作日； 2. 短时间暴露超标，引起身体不适，但不会造成长期健康影响	事故直接经济损失在 10 万元以下	能够引起周围社区少数居民短期内不满、抱怨或投诉（如抱怨设施噪声超标）
B	中等影响的健康/安全事故： 1. 因事故伤害损失工作日； 2. 1~2 人轻伤	直接经济损失 10 万元及以上，100 万元以下；局部停车	1. 当地媒体的短期报道； 2. 对当地公共设施的日常运行造成干扰（如导致某道路在 24 小时内无法正常通行）
C	较大影响的健康/安全事故： 1. 3 人及以上轻伤，1~2 人重伤（包括急性工业中毒，下同）； 2. 暴露超标，带来长期健康影响或造成职业相关的严重疾病	直接经济损失 100 万元及以上，300 万元以下；1~2 套装置停车	1. 存在合规性问题，不会造成严重的安全后果或不会导致地方政府相关监管部门采取强制性措施； 2. 当地媒体的长期报道； 3. 在当地造成不利的社会影响。对当地公共设施的日常运行造成严重干扰
D	较大的安全事故，导致人员死亡或重伤： 1. 界区内 1~2 人死亡；3~9 人重伤； 2. 界区外 1~2 人重伤	直接经济损失 300 万元及以上，1000 万元以下；3 套及以上装置停车；发生局部区域的火灾爆炸	1. 引起地方政府相关监管部门采取强制性措施； 2. 引起国内或国际媒体的短期负面报道
E	严重的安全事故： 1. 界区内 3~9 人死亡；10 人及以上，50 人以下重伤； 2. 界区外 1~2 人死亡；3~9 人重伤	事故直接经济损失 1000 万元及以上，5000 万以下；发生失控的火灾或爆炸	1. 引起国内或国际媒体长期负面关注； 2. 造成省级范围内的不利社会影响；对省级公共设施的日常运行造成严重干扰； 3. 引起了省级政府相关部门采取强制性措施； 4. 导致失去当地市场的生产、经营和销售许可证
F	非常重大的安全事故，将导致工厂界区内或界区外多人伤亡： 1. 界区内 10 人及以上，30 人以下死亡；50 人及以上，100 人以下重伤； 2. 界区外 3~9 人死亡；10 人及以上，50 人以下重伤	事故直接经济损失 5000 万元及以上，1 亿元以下	1. 引起了国家相关部门采取强制性措施； 2. 在全国范围内造成严重的社会影响； 3. 引起国内国际媒体重点跟踪报道或系列报道

续表

后果严重性等级	健康和安全影响（人员损害）	财产损失影响	非财务性影响与社会影响
G	特别重大的灾难性安全事故，将导致工厂界区内或界区外大量人员伤亡： 1. 界区内 30 人及以上死亡；100 人及以上重伤； 2. 界区外 10 人及以上死亡，50 人及以上重伤	事故直接经济损失 1 亿及以上	1. 引起国家领导人关注，或国务院、相关部委领导作出批示； 2. 导致吊销国际国内主要市场的生产、销售或经营许可证； 3. 引起国际国内主要市场上公众或投资人的强烈愤慨或谴责

注：重伤标准执行原劳动部《关于重伤事故范围的意见》[60]中劳护久字第 56 号）；事故直接经济损失按《中国石化生产安全事故事件管理规定》的相关规定执行。

附表 3-3 可能性等级及说明

可能性分级	定性描述	定量描述
		发生的频率 F/(次/a)
1	类似的事件没有在石油石化行业发生过，且发生的可能性极低	$F \leqslant 10^{-6}$
2	类似的事件没有在石油石化行业发生过	$10^{-5} \geqslant F > 10^{-6}$
3	类似事件在石油石化行业发生过	$10^{-4} \geqslant F > 10^{-5}$
4	类似的事件在中国石化曾经发生过	$10^{-3} \geqslant F > 10^{-4}$
5	类似的事件在本企业相似设备设施（使用寿命内）或相似作业活动中发生过	$10^{-2} \geqslant F > 10^{-3}$
6	在设备设施（使用寿命内）或相同作业活动中发生过 1 或 2 次	$10^{-1} \geqslant F > 10^{-2}$
7	在设备设施（使用寿命内）或相同作业中发生过多次	$1 \geqslant F > 10^{-1}$
8	在设备设施或相同作业活动中经常发生（至少每年发生）	$F > 1$

附表 3-4 风险可接受标准

后果等级	健康和安全影响可容许风险/(次/a)	财产损失影响可容许风险/(次/a)	非财务性影响与社会影响可容许风险/(次/a)	环境影响可容许风险/(次/a)
A	≤1.00E-01	≤1.00E-01	≤1.00E-01	≤1.00E-01
B	≤1.00E-02	≤1.00E-01	≤1.00E-01	≤1.00E-01
C	≤1.00E-03	≤1.00E-02	≤1.00E-02	≤1.00E-02
D	≤1.00E-05	≤1.00E-04	≤1.00E-04	≤1.00E-04
E	≤1.00E-06	≤1.00E-05	≤1.00E-05	≤1.00E-05
F	≤1.00E-07	≤1.00E-06	≤1.00E-06	≤1.00E-06
G	≤1.00E-07	≤1.00E-06	≤1.00E-06	≤1.00E-06

附录4　QRA中重要的假设条件和事项说明

4.1　相关概率

4.1.1　点火概率模型

采用BEVI点火概率模型。见附表4-1。

附表4-1　固定装置可燃物质泄漏后立即点火的概率

物质类别	连续释放/(kg/s)	瞬时释放/kg	立即点火概率
类别0 中/高反应性	<10	<1000	0.2
	10~100	1000~10000	0.5
	> 100	>10000	0.7
类别0 低反应性	<10	<1000	0.02
	10~100	1000~10000	0.04
	>100	>10000	0.09
类别1	任意速率	任意量	0.065
类别2	任意速率	任意量	0.01
类别3，类别4	任意速率	任意量	0

可燃物质分类见附表4-2。

附表4-2　可燃物质分类

物质类别	条　　件
类别0	1)闪点小于0℃，沸点≤35℃的液体 2)暴露于空气中，在正常温度和压力下可以点燃的气体
类别1	闪点<21℃的液体，但不是极度易燃的
类别2	21℃≤闪点≤55℃的液体
类别3	55℃<闪点≤100℃的液体
类别4	闪点>100℃的液体

运输设施的立即点火概率见附表4-3。

附表 4-3　企业内运输设备可燃物质泄漏后立即点火概率

物质类别	运输单元	场景	立即点火概率
类别 0	公路槽车	连续释放	0.1
	公路槽车	瞬时释放	0.4
	铁路槽车	连续释放	0.1
	铁路槽车	瞬时释放	0.8
	运输船舶	连续释放	0.5~0.7
类别 1	公路槽车，铁路槽车	连续释放	0.065
	运输船舶	瞬时释放	
类别 2	公路槽车，铁路槽车	连续释放	0.01
	运输船舶	瞬时释放	
类别 3，类别 4	公路槽车，铁路槽车	连续释放	0
	运输船舶	瞬时释放	

注 1：可燃物质分类见附表 4-2。

注 2：对于装卸站场的槽车，点火概率见附表 4-1。

注 3：如果类别 2，类别 3 和类别 4 物质的工艺温度高于闪点，则使用第 1 类物质的直接点火概率。

注 4：物质的反应性表示物质对火焰加速的敏感性。一般情况下，应使用平均/高反应性的点火概率。

4.1.2　BEVI 延迟点火模型

如果物质为类别 2，类别 3 和类别 4，则延迟点火概率为 0，否则，延迟点火的点火概率应考虑点火源特性、泄漏组分以及点火源处于蒸气云团内的概率，可用如下关系式表示：

$$P(t)=P_{\text{present}}(1-e^{-\omega t})$$

式中　$P(t)$——0-t 时间内发生点火的概率；

P_{present}——当蒸气云经过时点火源存在的概率；

ω——点火效率，单位为 s^{-1}，与点火源特性有关；

t——时间，单位为 s。

4.2　泄漏频率和关断时间

4.2.1　泄漏频率计算

本项目采用的泄漏频率来自《中国石化生产装置和储运设施定量风险评估技术指南》。装置内各种设备、工艺管道、法兰及等量的阀门泄漏频率计算采用下式：

$$F(d)=C(1+aD^{n})d^{m}+F_{\text{rup}}$$

$$F(d_1-d_2)=F(d_1)-F(d_2)$$

式中　$F(d)$——设备发生不小于 d 孔径泄漏的频率，次/a；

$F(d_1-d_2)$——设备发生孔径范围为 d_1 到 d_2 孔径泄漏的频率，次/a；

D——设备直径，对于容器、泵、压缩机等设备，其直径为连接管道的最大直径，mm；

d，d_1，d_2——泄漏孔直径，$d_1 \leq d_2$，mm；

F_{rup}——设备发生灾难性破裂的频率，次/a；

C，a，n，m——与设备和泄漏场景相关的常数，见附表 4-4。

附表 4-4　各设备失效模型泄漏参数

名　称	描　述	参　数					
		C	a	m	n	F_{rup}	D_{min}
		/a	—	—	—	/a	mm
压缩机-离心	离心压缩机	0.00418	0	-1.47914	0	0	1
压缩机-往复	往复式压缩机	0.035503	0	-1.05	0	0.0003	1
过滤器	从液体中过滤固体	0.002081	0	-0.92655	0	0	1
法兰	法兰接头，所有直径	3.15E-05	0.001	-1.16629	1.29	1.5E-06	1
换热器-翅片风扇	换热器翅片散热器	0.001871	0	-0.72542	0	0	1
换热器-板式	板式换热器	0.007679	0	-0.64118	0	0	1
管壳式换热器	烃类介质在壳程	0.001771	0	-1	0	0	1
管壳式换热器	烃类介质在管程	0.00146	0	-0.75488	0	0	1
收发球筒	收发球筒	0.003255	0	-1.08357	0	0	1
管道-工艺	工艺管道(1m)，所有直径	3.27E-05	5000	-1.05825	-2.08	0	1
泵-离心	离心泵，单密封和双密封	0.004806	0	-1.14632	0	0	1
泵-往复	往复式泵，单密封和双密封	0.004525	0	-0.55893	0	0	1
小孔径管件	小孔径管件	0.000284	0	-0.94462	0	0	1
阀门-手动	非驱动阀，所有直径	1.41E-05	0.1	-0.90633	0.64	0.000001	1
容器-工艺	工艺压力容器，包括反应器和柱体	0.000743	0	-0.68798	0	0	1
阀门	驱动非管线阀，所有直径	-0.00046	-2	-1.14336	-0.035	0.000005	1
常压储存容器	常压储存容器	0.00198	0	-0.60719	0	0	1

4.2.2　泄漏关断时间与存量计算原则

应根据现场实际情况，采用可靠性框图、故障树或马尔可夫模型等技术评估自动检测与切断系统的需要时的失效概率和切断时间，当没有详细资料时可采用下列规定。

(1) 自动泄漏检测与切断系统需要时的失效概率一般不应<0.001，切断时间应采用阀门联锁关闭的时间，没有详细资料时，切断时间一般不应小于1min。

(2) 半自动切断系统需要时的失效概率一般不小于0.01，切断时间不应小于5min。

(3) 手动切断系统作为风险消减措施，切断时间可取20min。

主要设备设施内液体存量计算原则见附表4-5。

附表 4-5　主要设备设施内液体存量计算原则

设备类型	构成部分	设备实例	默认液体体积占比
塔器 (可作为二或三部分来处理) —上半部分 —中间部分 —下半部分	—塔上部; —塔中部; —塔底部	(1)蒸馏塔; (2)催化裂化分馏塔; (3)分离塔; (4)去丁烷塔; (5)填料塔[a]; (6)液液塔[b]	塔上部：25% 塔中部：25% 塔下部：37% 这些默认值是针对典型的盘式精馏塔，即塔底部充满液体、上部塔筒内设有塔盘的塔
收集器和容器	容器(圆筒)	(1)电脱盐罐[c]; (2)进料罐；缓冲罐; (3)高压/低压分离器; (4)液氮储罐; (5)蒸汽冷凝器; (6)三相分离器[d]	50% 通常是指液位控制在50%的两相容器
气液分离器和干燥器	气液分离容器	(1)压缩机附带的分液罐; (2)燃料气分液罐; (3)火炬系统分液罐; (4)空气干燥器	10% 在气液分离器内液体的量会更少，取10%
反应器	反应器	(1)流体反应器; (2)固定床反应器; (3)分子筛反应器	15%
		(4)釜式反应器	按照实际的液位来计算
炉子	炉子	炉子	按照炉管的体积量计算

a 填料塔一般比盘式塔含有更少液体，所以填料塔通常液体体积分数为10%~15%。

b 对于液体/液体塔，如硫黄回收装置—溶剂再生部分的富胺液硫化氢再生塔、碱洗塔、润滑油或芳烃萃取塔，当溶剂或其他液体与工艺流体[如芳烃萃取塔中的TEG(三乙二醇)和BTX(苯、甲苯、二甲苯混合物)]，其液相比例(LV %)会高得多。应考虑容器中每种液体的数量，以及液体组成是否包括混合物组成中的两种液体。

c 电脱盐罐取100%容积。

d 对于三相分离器，如带分水器的脱盐器，LV%可能低于50%，这取决于第二液相(通常是水)的含量，以及流体成分是否包括混合物成分中的两种液相。

4.3　暴露影响与人员脆弱度

计算特定地点的个体风险(LSIR)和界区外社会风险时，采用的脆弱度见附表 4-6。

附表 4-6　各种暴露下室内室外人员致死概率(脆弱度)

伤害类型	载　荷	特点地点 个体死亡风险(LSIR)	界区外社会风险	
		室外	室外	室内
毒性气体	—	P_{lethal}	P_{lethal}	$0.1P_{lethal}$

续表

伤害类型	载荷	特点地点 个体死亡风险（LSIR）	界区外社会风险	
		室外	室外	室内
喷射火	火焰区	1	1	1
	≥35kW/m^2	1	1	1
	<35kW/m^2	P_{lethal}	0. 14P_{lethal}	0
池火	火焰区	1	1	1
	≥35kW/m^2	1	1	1
	<35kW/m^2	P_{lethal}	0. 14P_{lethal}	0
火球	火焰区	1	1	1
	≥35kW/m^2	1	1	1
	<35kW/m^2	P_{lethal}	0. 14P_{lethal}	0
闪火	LFL 区域	1	1	1
	小于 LFL 区域	0	0	0
爆炸	≥30kPa	1	1	1
	10≤超压<30kPa	0	0	0. 025

注 1：P_{lethal}表示各种暴露水平下按致死概率方程计算的人员致死概率。

对于厂界内人员集中建筑物内部的人员伤害，采用建筑物超压-致死概率曲线进行分析，见附图 4-1。

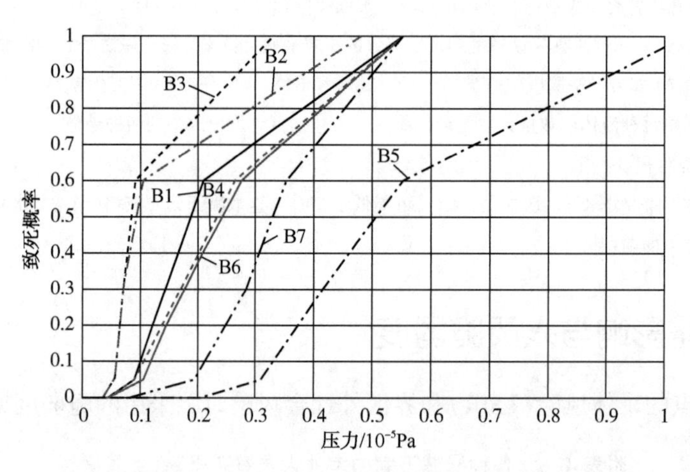

附图 4-1　不同结构类型的建筑物脆弱度

B1—木结构，临时建筑和拖车式活动房屋；B2—金属壁板的钢结构；B3—砖/无筋砌体（自承重墙体）；
B4—带砌体填充墙或外围护的钢框架或混凝土框架结构；B5—抗爆建筑物（钢筋混凝土）；
B6—砖/承重中等配筋砌体；B7—带有预制混凝土墙和现浇混凝土楼板的钢框架结构

4.4　事件树分析

（1）可燃气体（无毒、无液滴）瞬时释放（附图 4–2）

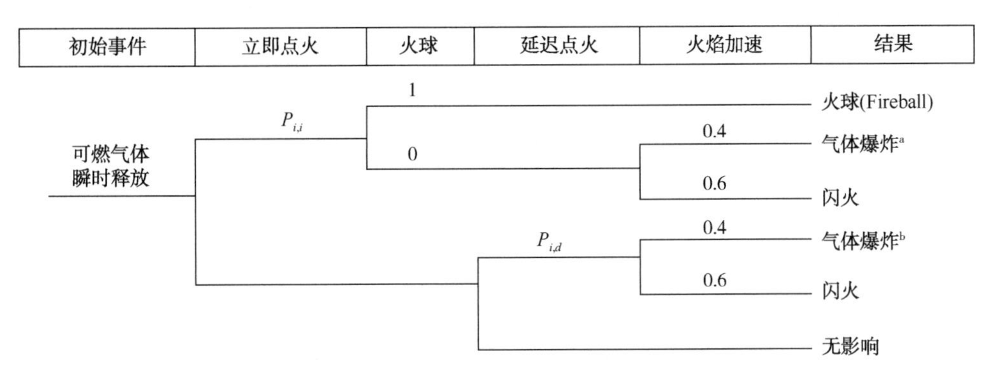

附图 4–2　可燃气体瞬时释放事件树

注 1：图中数字为该结果的发生概率。

注 2：$P_{i,i}$为立即点火概率，$P_{i,d}$为延迟点火概率。

注 3：对于地下储罐，可考虑不发生火球。

注 4：对于移动的槽车设施，火球发生的概率为 1.0。

注 a：当可燃气体瞬时释放并立即点火后，通常只考虑火球发生。如果需要可能发生气体爆炸与闪火现象时可假设气体在空气中自由膨胀到 UFL，然后点火发生爆炸或闪火。火球发生概率取 0.7。

注 b：延迟点火后发生气体爆炸的概率可根据现场实际情况进行调整，也可采用 CCPS 模型进行计算确定。

（2）可燃气体（无毒、无液滴）持续释放（附图 4–3）

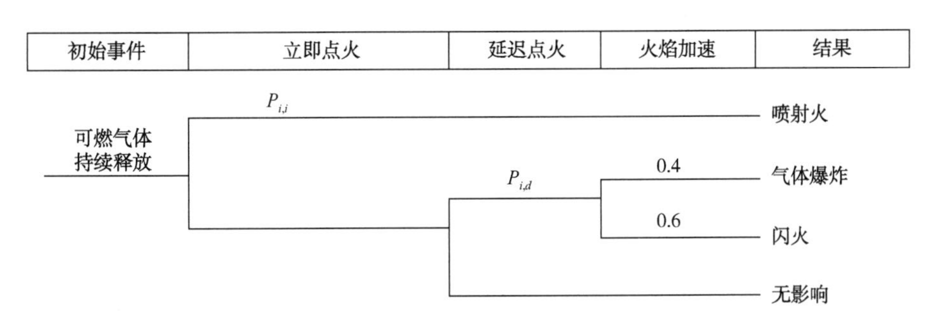

附图 4–3　可燃气体持续释放事件树

注 1：图中数字为该结果的发生概率。

注 2：$P_{i,i}$为立即点火概率，$P_{i,d}$为延迟点火概率。

注 3：延迟点火后发生气体爆炸的概率可根据现场实际情况进行调整，也可采用 CCPS 模型进行计算确定。

注 4：事件树未考虑短时间释放的影响。

注 5：喷射火可考虑为与喷射方向相同，也可考虑将喷射火分为水平喷射火和垂直喷射火，并设置合适的比例。

（3）可燃气体(有毒)瞬时释放(附图 4-4)

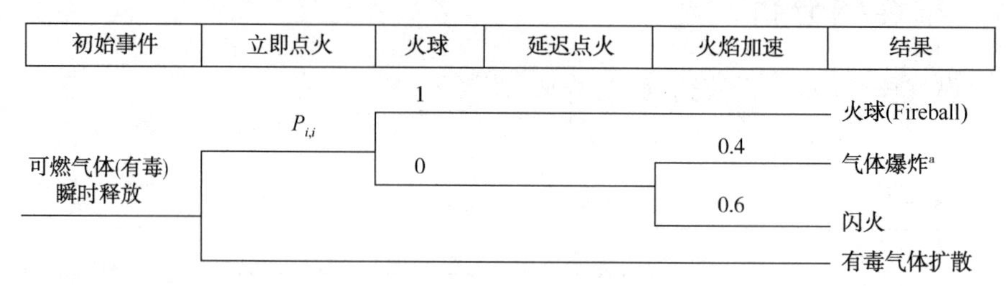

附图 4-4　可燃气体(有毒)瞬时释放事件树

注 1：图中数字为该结果的发生概率。

注 2：$P_{i,i}$为立即点火概率。

注 3：对于低反应物料，可只考虑为有毒气体扩散。

（4）可燃气体(有毒)持续释放(附图 4-5)

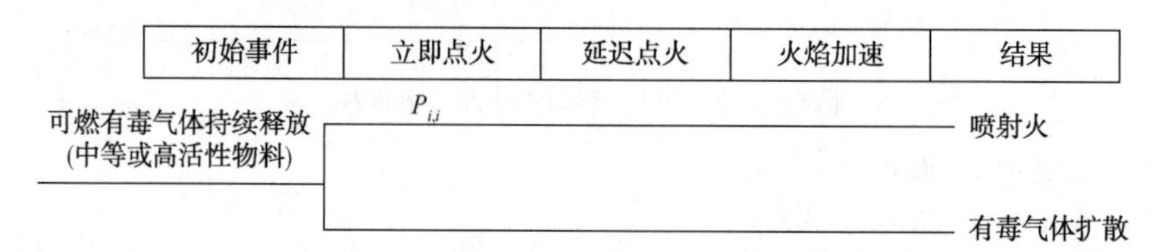

附图 4-5　可燃气体(有毒)持续释放事件树

注 1：图中数字为该结果的发生概率。

注 2：$P_{i,i}$为立即点火概率。

注 3：对于低反应物料，可只考虑为有毒气体扩散。

注 4：喷射火可考虑为与喷射方向相同，也可考虑将喷射火分为水平喷射火和垂直喷射火，并设置合适的比例。

（5）压缩液化可燃气体(无毒)瞬时释放(附图 4-6)

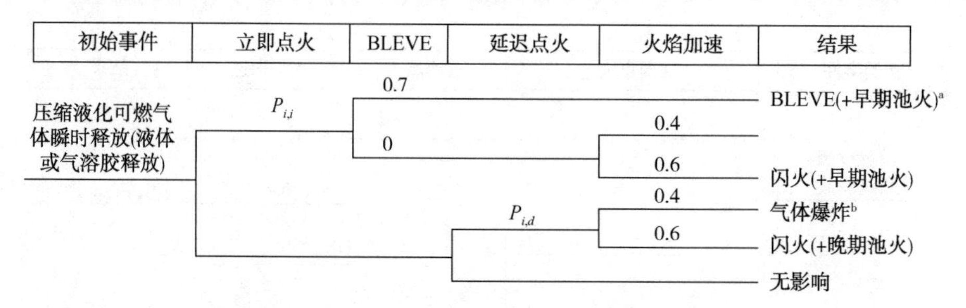

附图 4-6　压缩液化可燃气体(无毒)瞬时释放事件树

注 1：图中数字为该结果的发生概率。

注 2：$P_{i,i}$为立即点火概率，$P_{i,d}$为延迟点火概率。

注 3：对于地下储罐，可考虑不发生火球。

注 4：对于移动的槽车设施，火球发生的概率为 1.0。

注 5：对于压缩液化气体释放，当有 rainout 现象发生形成液池时，立即点火发生 BLEVE 时伴随池火发生。延迟点火闪火后，火焰回燃形成晚期池火。

注 6：当压缩液体可燃气体是有毒物料，且毒性气体将造成严重的急性伤害，则不考虑延迟点火，假设发生立即点火引发的各类事件和有毒气体扩散。

注 a：当压缩液化气体瞬时释放并立即点火后，通常只考虑 BLEVE。如果需要考虑发生气体爆炸与闪火现象。可假设液化气体膨胀到 UFL，然后点火发生爆炸或闪火。BLEVE 发生概率取 0.7。

注 b：延迟点火后发生气体爆炸的概率可根据现场实际情况进行调整，也可采用 CCPS 模型进行计算确定。

（6）压缩液化可燃气体连续释放（附图 4-7）

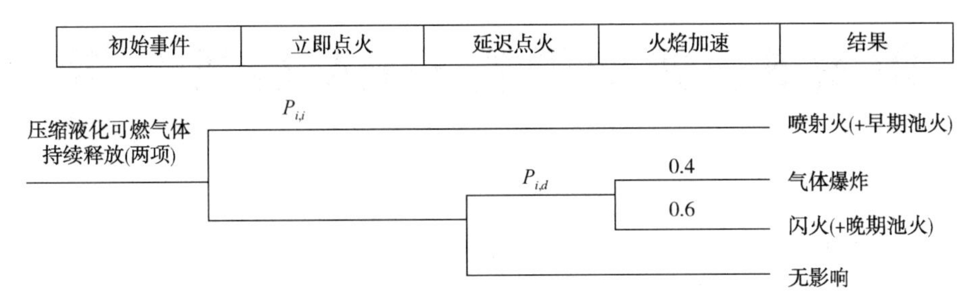

附图 4-7　压缩液化气体连续释放事件树

注 1：可能发生液滴下落到（地）表面，形成液池，立即点火时可能发生早期池火。延迟点火闪火后，火焰回燃形成晚期池火。

注 2：图中的数字为发生概率。

注 3：当压缩液化可燃气体是有毒物料，且毒性气体将造成严重的急性伤害，则不考虑延迟点火，假设发生立即点火引发的各类事件和有毒气体扩散。

注 4：喷射火可考虑为与喷射方向相同，也可考虑将喷射火分为水平喷射火和垂直喷射火，并设置合适的比例。

（7）可燃液体释放（附图 4-8）

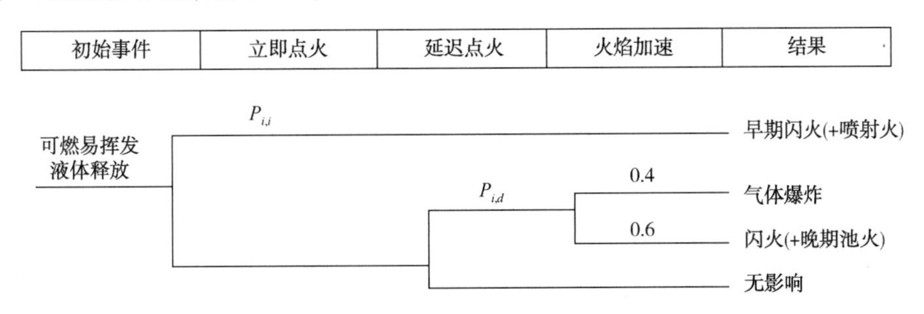

附图 4-8　可燃液体释放事件树

注 1：对于可燃液体释放，在到达地面前可能发生物质的蒸发。如果蒸发气中雨滴落下的比例小于 1 时，立即点火将形成喷射火。喷射火的物质量取决于蒸发气中的物质量。

注 2：在延迟点火时，闪火或爆炸后，火焰将回传引发池火。

注 3：图中的数字为发生概率。

注 4：对于可燃有毒易挥发的液体，可不考虑发生延迟点火（考虑蒸发的有毒气体扩散）。对于挥发性差的有毒可燃液体考虑池火和蒸发的有毒气体扩散两种事件。对于挥发性差的可燃液体考虑池火。

注 5：喷射火可考虑为与喷射方向相同，也可考虑将喷射火分为水平喷射火和垂直喷射火，并设置合适的比例。

（8）其他情况的释放，应根据具体的泄漏工况、物料特性确定合适的事件树。

附录5 典型设备QRA后果分析

模拟各危险单元在最不同事故场景下产生的火灾、爆炸超压影响范围。按照风速1.5m/s，大气稳定度F，泄漏时间10min，管道或设备发生泄漏时进行模拟计算分析，具体计算结果如下。

5.1 U01裂解气压缩机五段增压及干燥单元

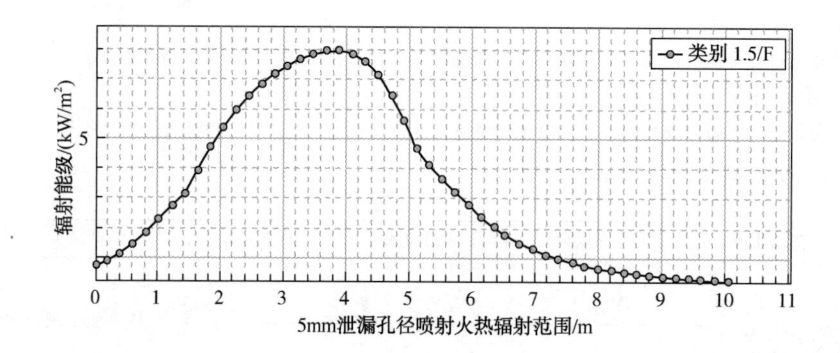

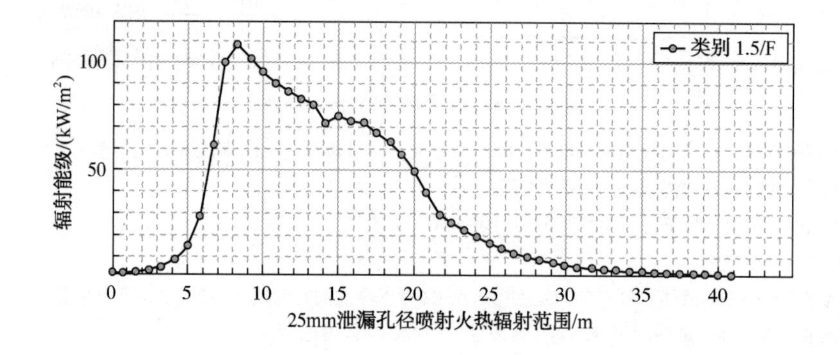

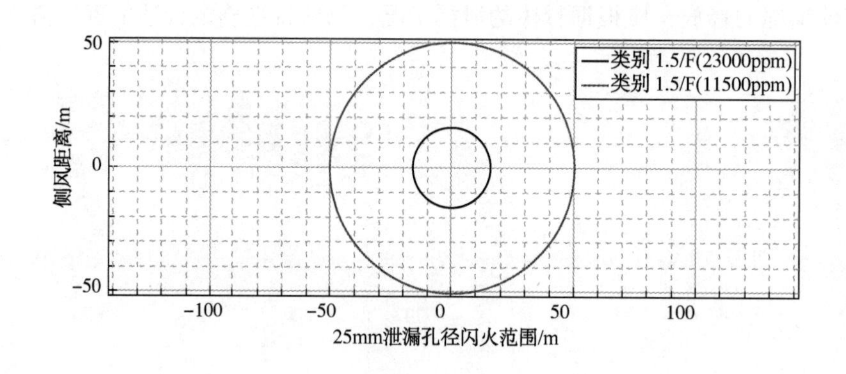

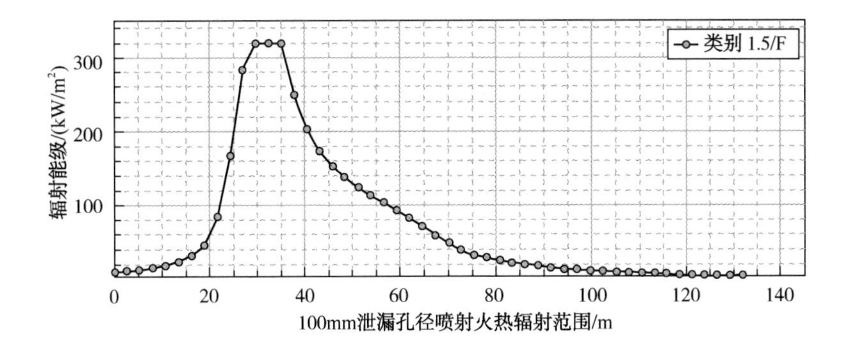

类别 1.5/F
辐射能级/(kW/m²)
300
200
100
0
20
40
60
80
100
120
140
100mm泄漏孔径喷射火热辐射范围/m

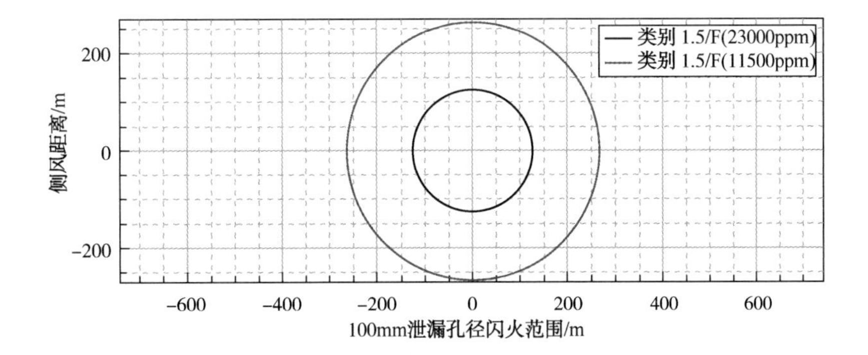

类别 1.5/F(23000ppm)
类别 1.5/F(11500ppm)
侧风距离/m
200
0
−200
−600
−400
−200
0
200
400
600
100mm泄漏孔径闪火范围/m

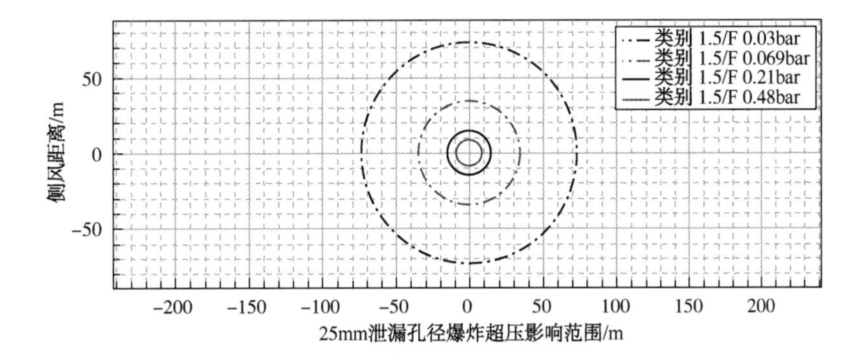

类别 1.5/F 0.03bar
类别 1.5/F 0.069bar
类别 1.5/F 0.21bar
类别 1.5/F 0.48bar
侧风距离/m
50
0
−50
−200
−150
−100
−50
0
50
100
150
200
25mm泄漏孔径爆炸超压影响范围/m

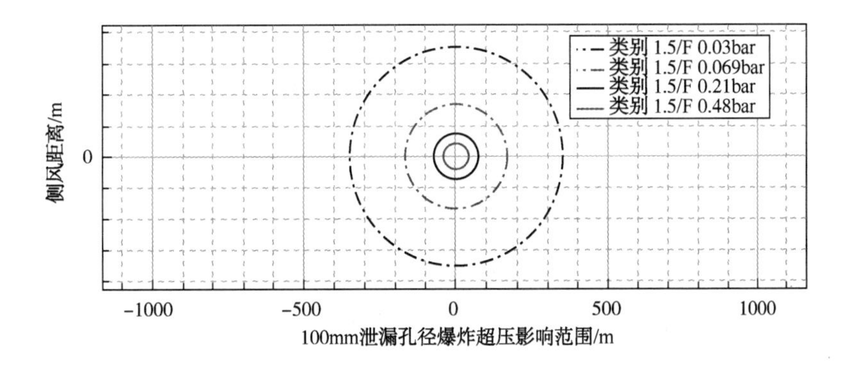

类别 1.5/F 0.03bar
类别 1.5/F 0.069bar
类别 1.5/F 0.21bar
类别 1.5/F 0.48bar
侧风距离/m
0
−1000
−500
0
500
1000
100mm泄漏孔径爆炸超压影响范围/m

5.2 U02 甲烷化干燥单元(反应器)单元

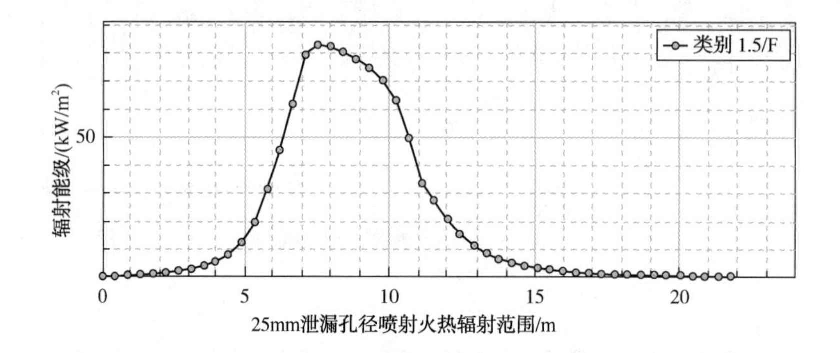

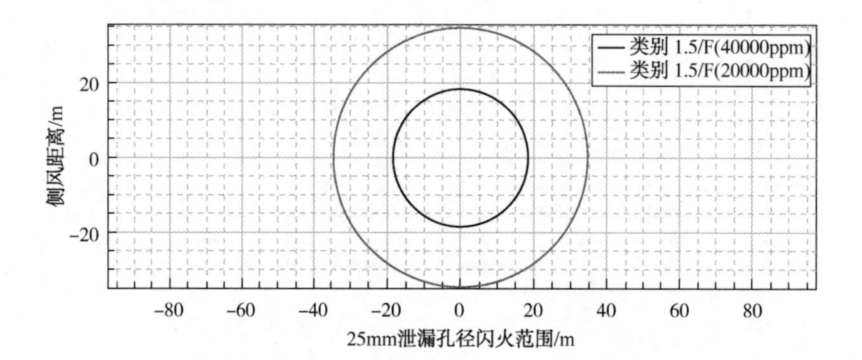

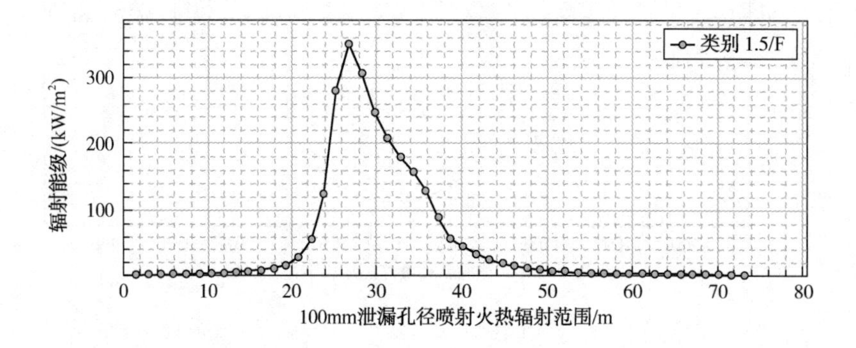

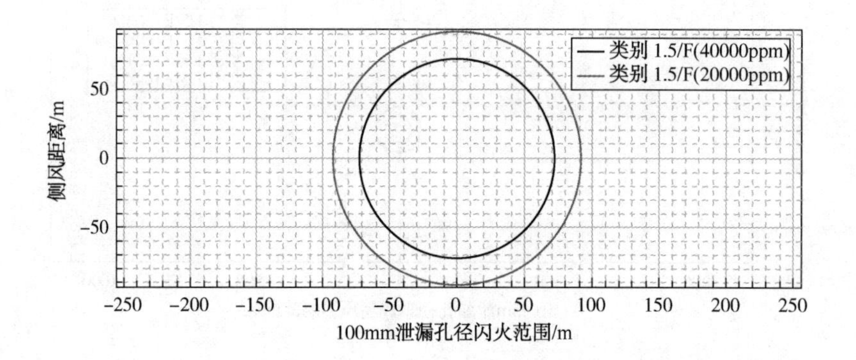

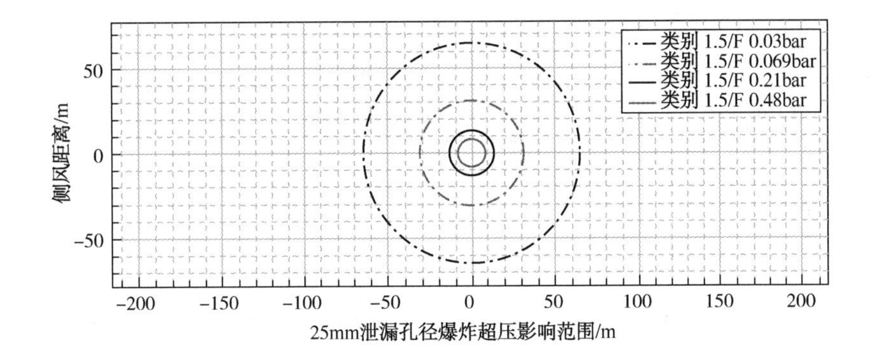

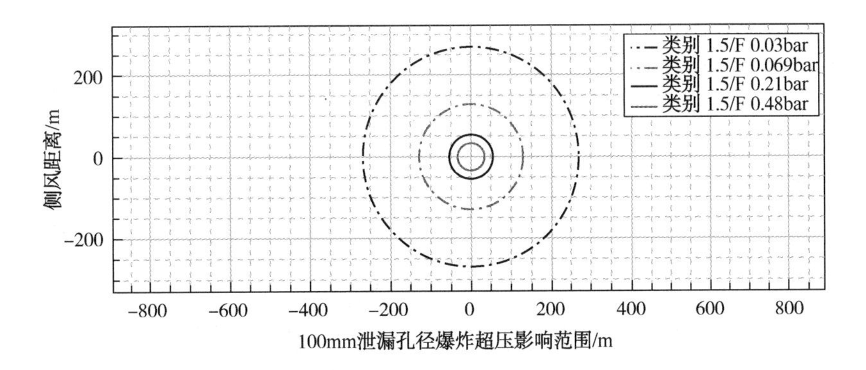

5.3 U03 乙烯精馏塔顶单元

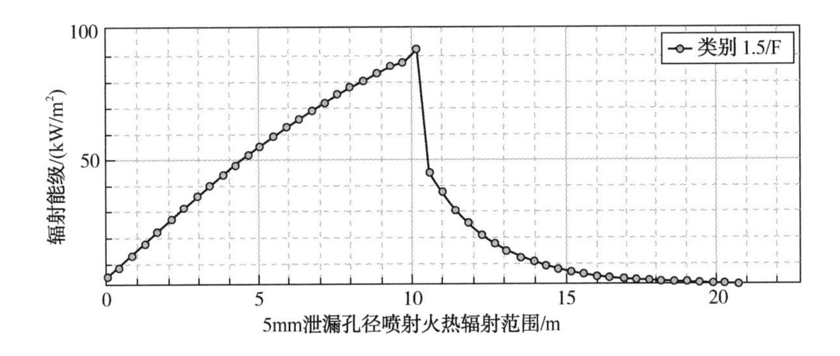

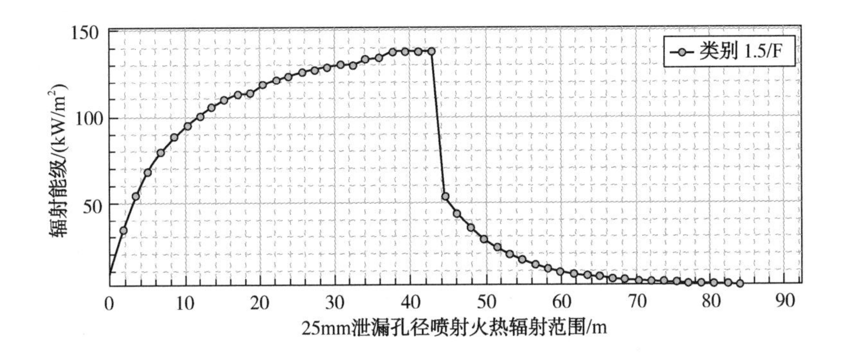

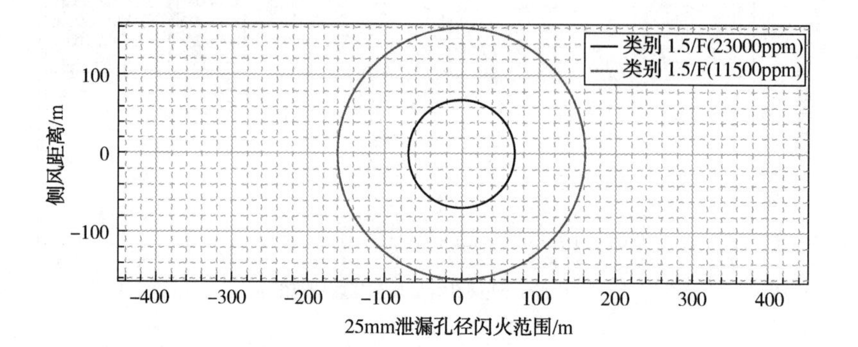
类别 1.5/F(23000ppm)
类别 1.5/F(11500ppm)
侧风距离/m
100
0
−100
−400
−300
−200
−100
0
100
200
300
400
25mm泄漏孔径闪火范围/m

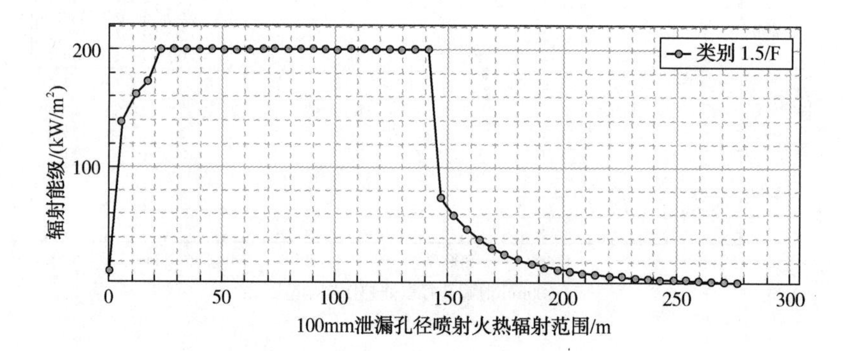
类别 1.5/F
辐射能级/(kW/m²)
200
100
0
50
100
150
200
250
300
100mm泄漏孔径喷射火热辐射范围/m

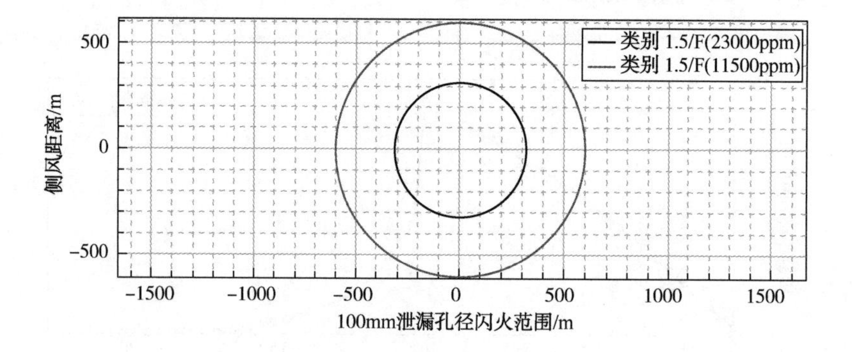
类别 1.5/F(23000ppm)
类别 1.5/F(11500ppm)
侧风距离/m
500
0
−500
−1500
−1000
−500
0
500
1000
1500
100mm泄漏孔径闪火范围/m

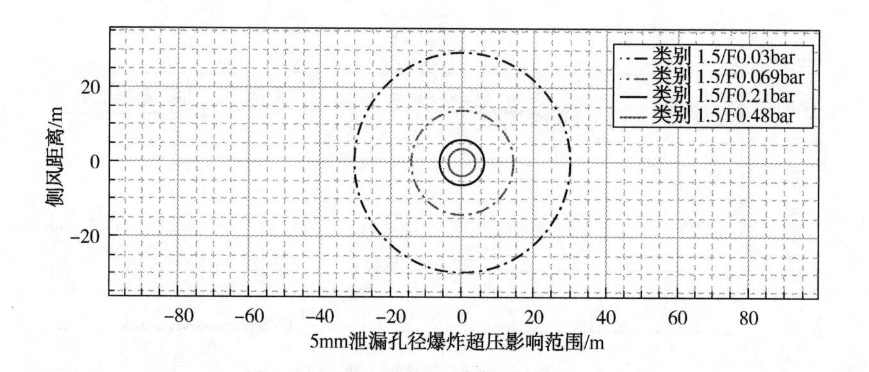
类别 1.5/F0.03bar
类别 1.5/F0.069bar
类别 1.5/F0.21bar
类别 1.5/F0.48bar
侧风距离/m
20
0
−20
−80
−60
−40
−20
0
20
40
60
80
5mm泄漏孔径爆炸超压影响范围/m

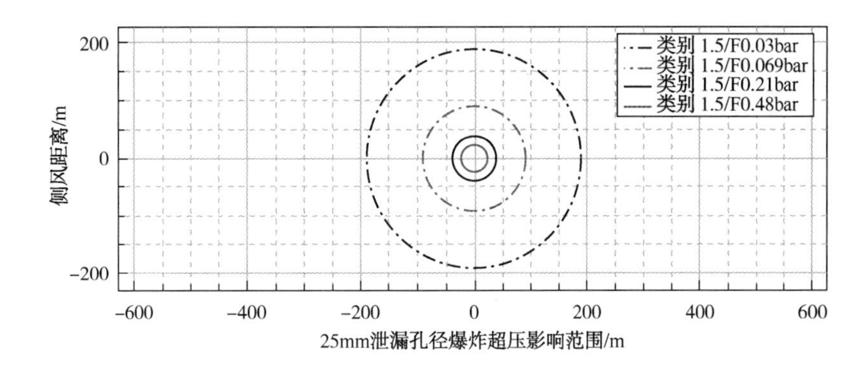

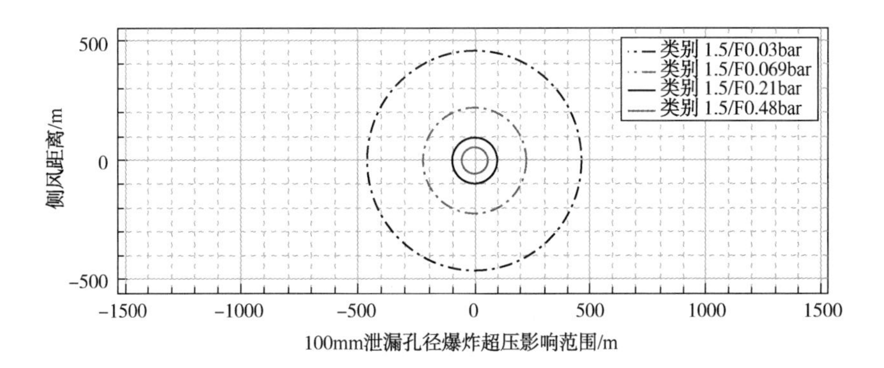

5.4 U04 乙烯精馏塔底泄漏单元

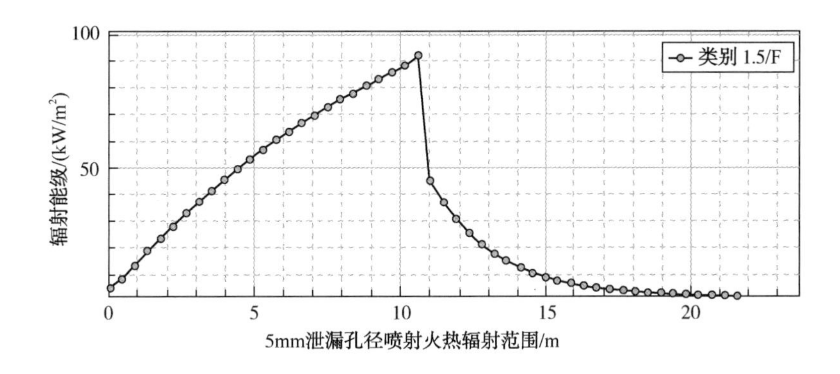

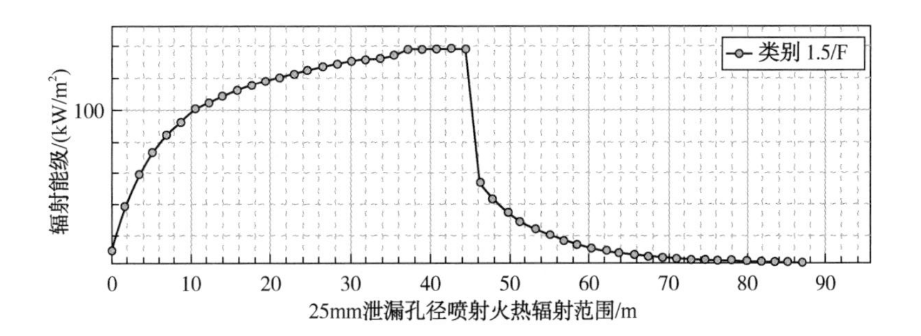

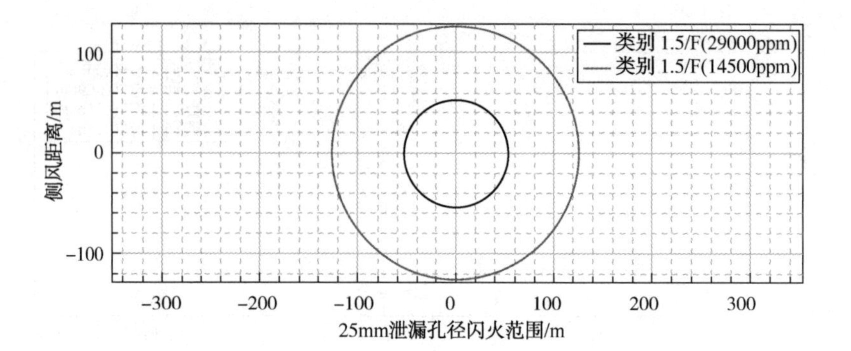
类别 1.5/F(29000ppm)
类别 1.5/F(14500ppm)
侧风距离/m
100
0
−100
−300
−200
−100
0
100
200
300
25mm泄漏孔径闪火范围/m

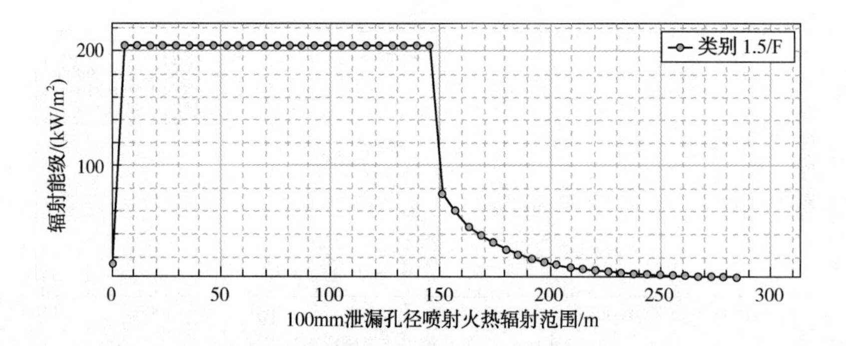
类别 1.5/F
辐射能级/(kW/m²)
200
100
0
50
100
150
200
250
300
100mm泄漏孔径喷射火热辐射范围/m

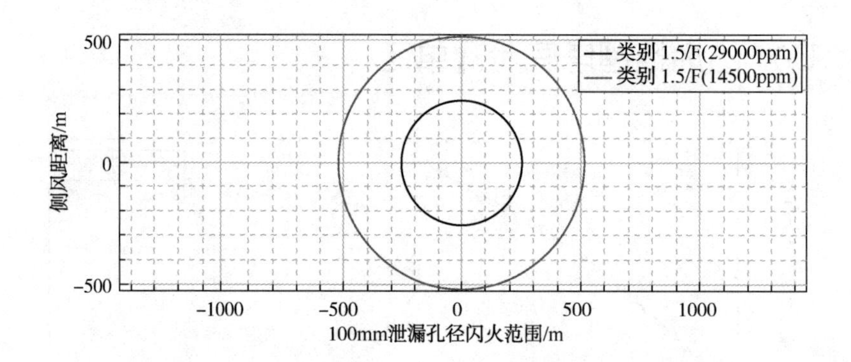
类别 1.5/F(29000ppm)
类别 1.5/F(14500ppm)
侧风距离/m
500
0
−500
−1000
−500
0
500
1000
100mm泄漏孔径闪火范围/m

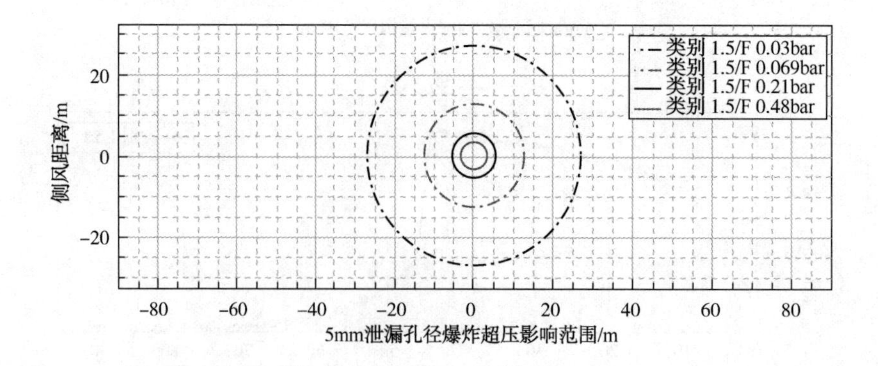
类别 1.5/F 0.03bar
类别 1.5/F 0.069bar
类别 1.5/F 0.21bar
类别 1.5/F 0.48bar
侧风距离/m
20
0
-20
-80
-60
-40
-20
0
20
40
60
80
5mm泄漏孔径爆炸超压影响范围/m

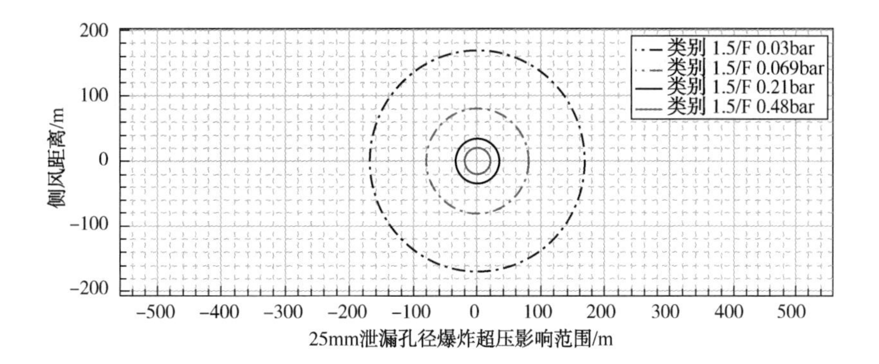

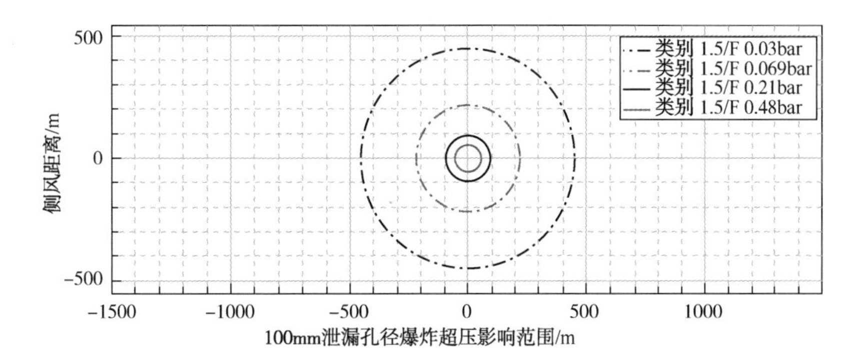

5.5 U05 碳三加氢反应单元

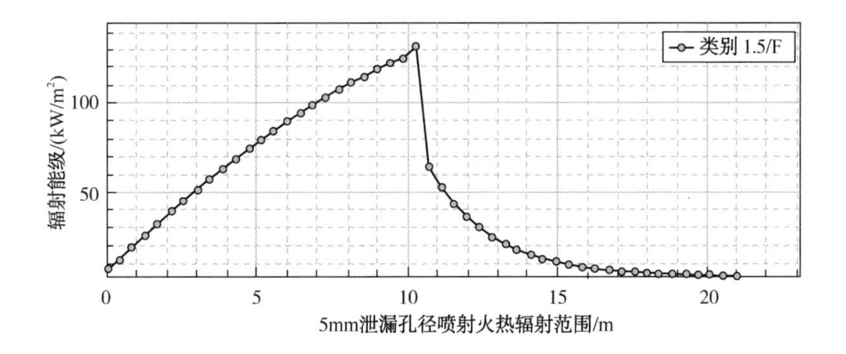

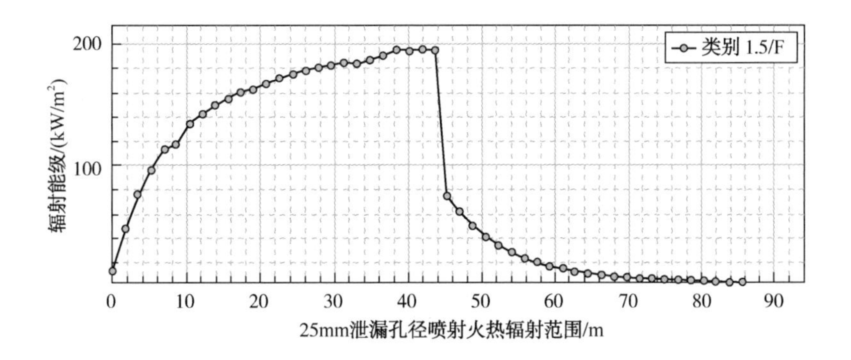

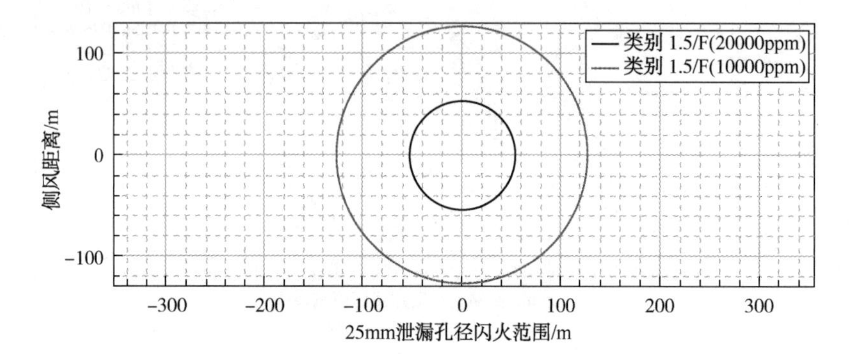
类别 1.5/F(20000ppm)
类别 1.5/F(10000ppm)
100
0
−100
侧风距离/m
−300
−200
−100
0
100
200
300
25mm泄漏孔径闪火范围/m

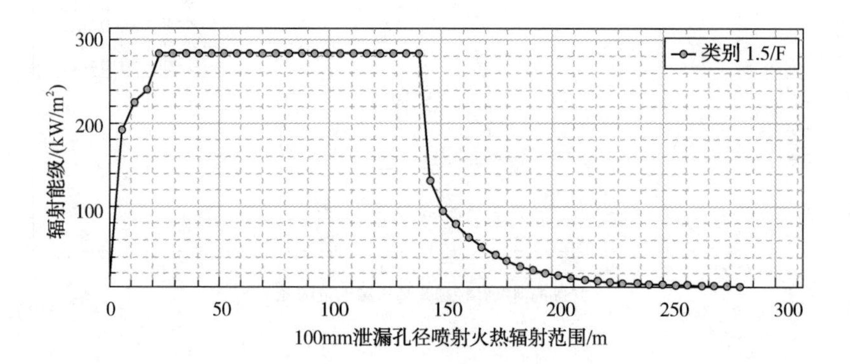
类别 1.5/F
300
200
100
辐射能级/(kW/m²)
0
50
100
150
200
250
300
100mm泄漏孔径喷射火热辐射范围/m

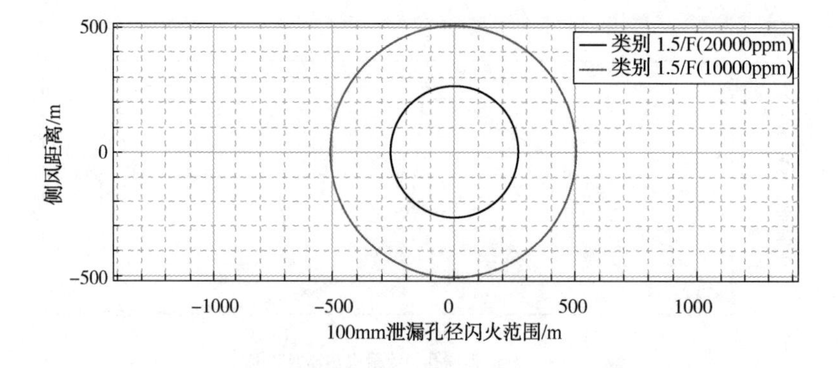
类别 1.5/F(20000ppm)
类别 1.5/F(10000ppm)
500
0
−500
侧风距离/m
−1000
−500
0
500
1000
100mm泄漏孔径闪火范围/m

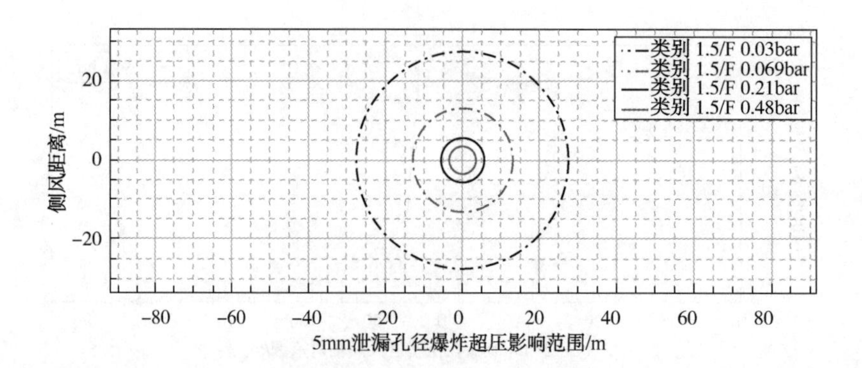
类别 1.5/F 0.03bar
类别 1.5/F 0.069bar
类别 1.5/F 0.21bar
类别 1.5/F 0.48bar
20
0
−20
侧风距离/m
−80
−60
−40
−20
0
20
40
60
80
5mm泄漏孔径爆炸超压影响范围/m

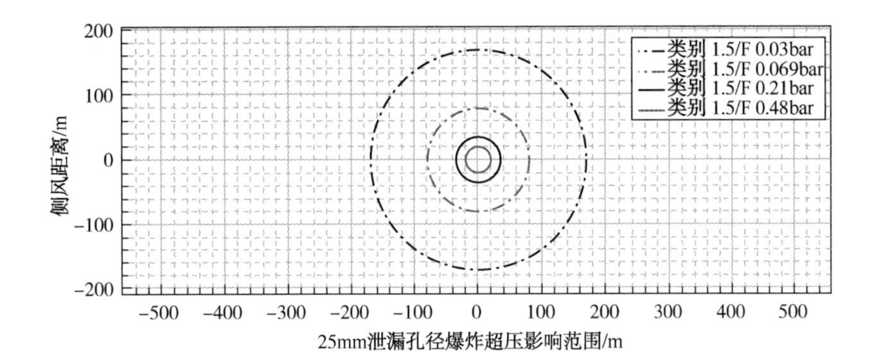

类别 1.5/F 0.03bar
类别 1.5/F 0.069bar
类别 1.5/F 0.21bar
类别 1.5/F 0.48bar
侧风距离/m
200
100
0
−100
−200
−500
−400
−300
−200
−100
0
100
200
300
400
500
25mm泄漏孔径爆炸超压影响范围/m

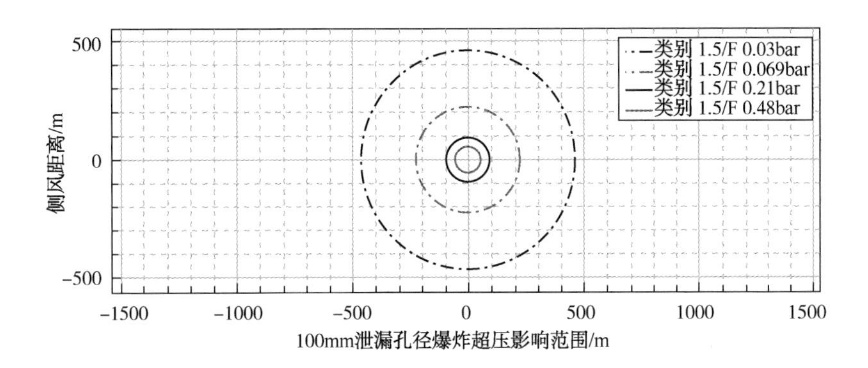

类别 1.5/F 0.03bar
类别 1.5/F 0.069bar
类别 1.5/F 0.21bar
类别 1.5/F 0.48bar
侧风距离/m
500
0
−500
−1500
−1000
−500
0
500
1000
1500
100mm泄漏孔径爆炸超压影响范围/m

附录6　乙烯装置危化品安全技术规格书

1. 乙烯

<table>
<tr><td>特别警示</td><td>极易燃气体，有较强的麻醉作用；火场温度下易发生危险的聚合反应</td></tr>
<tr><td>理化特性</td><td>无色气体，带有甜味。不溶于水，微溶于乙醇，溶于乙醚、丙酮和苯。相对分子质量：28.05，熔点：-169.4℃，沸点：-103.9℃，气体密度：1.260g/L，相对密度(水=1)：0.61，相对蒸气密度(空气=1)：0.98，临界压力：5.04MPa，临界温度：9.2℃，饱和蒸气压：8100kPa(15℃)，爆炸极限：2.7%~36.0%(体积)，自燃温度：425℃，最小点火能：0.096mJ。
主要用途：主要用于制聚乙烯、聚氯乙烯、醋酸等</td></tr>
<tr><td>危害信息</td><td>【燃烧和爆炸危险性】
极易燃，与空气混合能形成爆炸性混合物，遇明火、高热或接触氧化剂，有引起燃烧爆炸的危险。
【活性反应】
与氟、氯等接触会发生剧烈的化学反应。
【健康危害】
具有较强的麻醉作用。
急性中毒：吸入高浓度乙烯可立即引起意识丧失，液态乙烯可致皮肤冻伤。
慢性影响：长期接触，可引起头昏、全身不适、乏力、思维不集中</td></tr>
<tr><td>安全措施</td><td>【一般要求】
操作人员必须经过专门培训，严格遵守操作规程，熟练掌握操作技能，具备应急处置知识。
密闭操作，严防泄漏，工作场所全面通风。
生产、使用及储存场所应设置泄漏检测报警仪，使用防爆型的通风系统和设备。远离火种、热源，工作场所严禁吸烟。操作人员应该穿防静电工作服。
储罐等压力容器和设备应设置安全阀、压力表、液位计、温度计，并应装有带压力、液位、温度远传记录和报警功能的安全装置，输入、输出管线等设置紧急切断装置。
避免与氧化剂、卤素接触。
生产、储存区域应设置安全警示标志。搬运时轻装轻卸，防止钢瓶及附件破损。在传送过程中，钢瓶和容器必须接地和跨接，防止产生静电。配备相应品种和数量的消防器材及泄漏应急处理设备。
【特殊要求】
• 操作安全
(1)乙烯作业场所的乙烯浓度必须定期测定，并及时公布于现场。
(2)生产区域内，严禁明火和可能产生明火、火花的作业(固定动火区必须距离生产区30m以上)。生产需要或检修期间需动火时，必须办理动火审批手续。乙烯设备、容器及管道在动火进行大、小修之前应作充氮吹扫。所用氮气的纯度应大于98%，吹扫口化验乙烯含量低于0.5%时，才能动火修理，并应事先得到有关部门批准，设专人监护和采取必要的防火、防爆措施。
(3)乙烯管道、阀门和水封装置冻结时，只能用热水或蒸汽加热解冻，严禁使用明火烘烤。乙烯系统运行时，不准敲击，不准带压修理和紧固，不得超压，严禁负压。
(4)充装时使用万向节管道充装系统，严防超装。
• 储存安全
(1)储存容器应有正确的标识。保持容器密闭，储存于阴凉、通风的易燃气体专用库房，库房温度不宜超过30℃。</td></tr>
</table>

安全措施	(2)远离热源、点火源和酸类、卤素、氧化剂。储存区电路必须接地以避免产生电火花，采用防爆型照明、通风设施。禁止使用易产生火花的机械设备和工具。 (3)乙烯瓶与盛有易燃、易爆、可燃物质及氧化性气体的容器和气瓶的间距不应小于 8m；与空调装置、空气压缩机和通风设备等吸风口的间距不应小于 20m；与明火或普通电气设备的间距不应小于 10m。 (4)对于储罐，定期校验安全阀、液位计、压力计等，并按标准要求定期对储罐进行耐压试验，同时对罐壁腐蚀情况进行一次系统测试。 (5)注意防雷、防静电，厂(车间)内的储罐应按《建筑物防雷设计规范》(GB 50057—2010)的规定设置防雷设施。 (6)储存区应设置气体检测器以便及时发现物料的泄漏并采取措施。储存区应备有泄漏应急处理设备。 • *运输安全* (1)运输车辆应有危险货物运输标志、安装具有行驶记录功能的卫星定位装置。未经公安机关批准，运输车辆不得进入危险化学品运输车辆限制通行的区域。 (2)槽车运输时要用专用槽车。槽车安装的阻火器(火星熄灭器)必须完好。槽车和运输卡车要有导静电拖线；槽车上要备有 2 只以上干粉或二氧化碳灭火器和防爆工具；要有遮阳措施，防止阳光直射。 (3)车辆运输钢瓶时，瓶口一律朝向车辆行驶方向的右方，堆放高度不得超过车辆的防护栏板，并用三角木垫卡牢，防止滚动，直立排放时，车厢高度不得低于瓶高的 2/3。运输途中远离火种，不准在有明火地点或人多地段停车，停车时要有人看管。发生泄漏或火灾要开到安全地方进行灭火或堵漏。 (4)乙烯采用管道输送时应注意以下事项： ——输气管道不应通过城市水源地、飞机场、军事设施、车站、码头。因条件限制无法避开时，应采取保护措施并经国家有关部门批准； ——输气管道沿线应设置里程桩、转角桩、标志桩和测试桩； ——输气管道采用地上敷设时，应在人员活动较多和易遭车辆、外来物撞击的地段，采取保护措施并设置明显的警示标志；乙烯管道应敷设在非燃烧体的支架或栈桥上。在已敷设的管道下面，不得修建与管道无关的建筑物和堆放易燃物品； ——输气管道管理单位应设专人定期对管道进行巡线检查，及时处理输气管道沿线的异常情况
应急处置原则	【急救措施】 吸入：迅速脱离现场至空气新鲜处。保持呼吸道通畅。如呼吸困难，给氧。如呼吸停止，立即进行人工呼吸。就医。 皮肤接触：如果发生冻伤：将患部浸泡于保持在 38~42℃的温水中复温。不要涂擦。不要使用热水或辐射热。使用清洁、干燥的敷料包扎。如有不适感，就医。 【灭火方法】 切断气源。若不能切断气源，则不允许熄灭泄漏处的火焰。喷水冷却容器，尽可能将容器从火场移至空旷处。 灭火剂：雾状水、泡沫、二氧化碳、干粉。 【泄漏应急处置】 消除所有点火源。根据气体的影响区域划定警戒区，无关人员从侧风、上风向撤离至安全区。建议应急处理人员戴正压自给式空气呼吸器，穿防静电服。作业时使用的所有设备应接地。接触液体时，防止冻伤。禁止接触或跨越泄漏物。尽可能切断泄漏源。若可能翻转容器，使之逸出气体而非液体。喷雾状水抑制蒸气或改变蒸气云流向，避免水流接触泄漏物。禁止用水直接冲击泄漏物或泄漏源。防止气体通过下水道、通风系统和密闭性空间扩散。隔离泄漏区直至气体散尽。 作为一项紧急预防措施，泄漏隔离距离至少为 100m。如果为大量泄漏，下风向的初始疏散距离应至少为 800m

2. 丙烯

特别警示	极易燃气体，火场温度下易发生危险的聚合反应

续表

理化特性	无色气体，略带烃类特有的气味。微溶于水，溶于乙醇和乙醚。熔点：-185.25℃，沸点：-47.7℃，气体密度：1.7885g/L(20℃)，相对密度(水=1)：0.5，相对蒸气密度(空气=1)：1.5，临界压力：4.62MPa，临界温度：91.9℃，饱和蒸气压：61158kPa(25℃)，闪点：-108℃，爆炸极限：1.0%～15.0%(体积)，自燃温度：455℃，最小点火能：0.282mJ，最大爆炸压力：0.882MPa。 主要用途：主要用于制聚丙烯、丙烯腈、环氧丙烷、丙酮等
危害信息	【燃烧和爆炸危险性】 极易燃，与空气混合能形成爆炸性混合物，遇热源或明火有燃烧爆炸危险。比空气重，能在较低处扩散到相当远的地方，遇火源会着火回燃。 【活性反应】 与二氧化氮、四氧化二氮、氧化二氮等易发生剧烈化合反应，与其他氧化剂发生剧烈反应。 【健康危害】 主要经呼吸道侵入人体，有麻醉作用。直接接触液态产品可引起冻伤
安全措施	【一般要求】 操作人员必须经过专门培训，严格遵守操作规程，熟练掌握操作技能，具备应急处置知识。 密闭操作，严防泄漏，全面通风。远离火种、热源，工作场所严禁吸烟。生产、使用及储存场所应设置泄漏检测报警仪，使用防爆型的通风系统和设备。穿防静电工作服。 储罐等压力容器和设备应设置安全阀、压力表、液位计、温度计，并应装有带压力、液位、温度远传记录和报警功能的安全装置，重点储罐需设置紧急切断装置。 避免与氧化剂、酸类接触。 生产、储存区域应设置安全警示标志。搬运时轻装轻卸，防止钢瓶及附件破损。在传送过程中，钢瓶和容器必须接地和跨接，防止产生静电。配备相应品种和数量的消防器材及泄漏应急处理设备。 【特殊要求】 • *操作安全* (1)丙烯系统运行时，不准敲击，不准带压修理和紧固，不得超压，严禁负压。 (2)管道、阀门和水封装置冻结时，只能用热水或蒸汽加热解冻，严禁使用明火烘烤。不准在室内排放丙烯。吹扫置换，应立即切断气源，进行通风，不得进行可能发生火花的一切操作。 (3)使用丙烯瓶时注意以下事项： ——必须使用专用的减压器，开启时，操作者应站在阀口的侧后方，动作要轻缓； ——气瓶的阀门或减压器泄漏时，不得继续使用。阀门损坏时，严禁在瓶内有压力的情况下更换阀门； ——气瓶禁止敲击、碰撞，不得靠近热源，夏季应防止曝晒； ——瓶内气体严禁用尽，应保留规定的余压。 (4)厂(车间)内的丙烯设备、管道应按《化工企业静电接地设计技术规定》要求采取防静电措施，并在避雷保护范围之内。 (5)充装时使用万向节管道充装系统，严防超装。 • *储存安全* (1)储存于阴凉、通风的易燃气体专用库房。远离火种、热源。库房温度不宜超过30℃。 (2)应与氧化剂、酸类分开存放，切忌混储。采用防爆型照明、通风设施。丙烯瓶与盛有易燃、易爆、可燃物质及氧化性气体的容器和气瓶的间距不应小于8m；与空调装置、空气压缩机和通风设备等吸风口的间距不应小于20m；与明火或普通电气设备的间距不应小于10m。 (3)储存室内必须通风良好，保证空气中丙烯最高含量不超过1%(体积)。储存室建筑物顶部或外墙的上部设气窗或排气孔。排气孔应朝向安全地带，室内换气次数每小时不得小于3次，事故通风每小时换气次数不得小于7次。 (4)注意防雷、防静电，厂(车间)内的储罐应按《建筑物防雷设计规范》(GB 50057—2010)的规定设置防雷防静电设施。

安全措施	• *运输安全* (1)运输车辆应有危险货物运输标志、安装具有行驶记录功能的卫星定位装置。未经公安机关批准，运输车辆不得进入危险化学品运输车辆限制通行的区域。 (2)槽车运输时要用专用槽车。槽车安装的阻火器(火星熄灭器)必须完好。槽车和运输卡车要有导静电拖线；槽车上要备有2只以上干粉或二氧化碳灭火器和防爆工具；要有遮阳措施，防止阳光直射。运输途中远离火种，不准在有明火地点或人多地段停车，停车时要有人看管。发生泄漏或火灾要开到安全地方进行灭火或堵漏。 (3)汽车装运丙烯瓶，丙烯瓶头部应朝向车辆行驶的右方，装车高度不得超过车厢高度，直立排放时，车厢高度不得低于瓶高的2/3。 (4)输送丙烯的管道不应靠近热源敷设；管道采用地上敷设时，应在人员活动较多和易遭车辆、外来物撞击的地段，采取保护措施并设置明显的警示标志；丙烯管道架空敷设时，管道应敷设在非燃烧体的支架或栈桥上。在已敷设的丙烯管道下面，不得修建与丙烯管道无关的建筑物和堆放易燃物品；丙烯管道外壁颜色、标志应执行《工业管道的基本识别色、识别符号和安全标识》(GB 7231—2003)的规定
应急处置原则	【急救措施】 吸入：迅速脱离现场至空气新鲜处。保持呼吸道通畅。如呼吸困难，给氧。如呼吸停止，立即进行人工呼吸。就医。 【灭火方法】 切断气源。若不能切断气源，则不允许熄灭泄漏处的火焰。喷水冷却容器，尽可能将容器从火场移至空旷处。灭火剂：雾状水、泡沫、二氧化碳、干粉。 【泄漏应急处置】 消除所有点火源。根据气体的影响区域划定警戒区，无关人员从侧风、上风向撤离至安全区。建议应急处理人员戴正压自给式空气呼吸器，穿防静电服。作业时使用的所有设备应接地。处理液体时，应防止冻伤。禁止接触或跨越泄漏物。尽可能切断泄漏源。喷雾状水抑制蒸气或改变蒸气云流向，避免水流接触泄漏物。禁止用水直接冲击泄漏物或泄漏源。防止气体通过下水道、通风系统和密闭性空间扩散。隔离泄漏区直至气体散尽。 作为一项紧急预防措施，泄漏隔离距离至少为100m。如果为大量泄漏，下风向的初始疏散距离应至少为800m

3. 氢气

特别警示	极易燃气体
理化特性	无色、无臭的气体。很难液化。液态氢无色透明。极易扩散和渗透。微溶于水，不溶于乙醇、乙醚。相对分子质量：2.02，熔点：-259.2℃，沸点：-252.8℃，气体密度：0.0899g/L，相对密度(水=1)：0.07(-252℃)，相对蒸气密度(空气=1)：0.07，临界压力：1.30MPa，临界温度：-240℃，饱和蒸气压：13.33kPa(-257.9℃)，爆炸极限：4%~75%(体积)，自燃温度：500℃，最小点火能：0.019mJ，最大爆炸压力：0.720MPa。 主要用途：主要用于合成氨和甲醇等，石油精制，有机物氢及作火箭燃料
危害信息	【燃烧和爆炸危险性】 极易燃，与空气混合能形成爆炸性混合物，遇热或明火即发生爆炸。比空气轻，在室内使用和储存时，漏气上升滞留屋顶不易排出，遇火星会引起爆炸。在空气中燃烧时，火焰呈蓝色，不易被发现。 【活性反应】 与氟、氯、溴等卤素会剧烈反应。 【健康危害】 为单纯性窒息性气体，仅在高浓度时，由于空气中氧分压降低才引起缺氧性窒息。在很高的分压下，呈现出麻醉作用

续表

安全措施	【一般要求】 操作人员必须经过专门培训，严格遵守操作规程，熟练掌握操作技能，具备应急处置知识。 密闭操作，严防泄漏，工作场所加强通风。远离火种、热源，工作场所严禁吸烟。生产、使用氢气的车间及储氢场所应设置氢气泄漏检测报警仪，使用防爆型的通风系统和设备。建议操作人员穿防静电工作服。储罐等压力容器和设备应设置安全阀、压力表、温度计，并应装有带压力、温度远传记录和报警功能的安全装置。避免与氧化剂、卤素接触。 生产、储存区域应设置安全警示标志。在传送过程中，钢瓶和容器必须接地和跨接，防止产生静电。搬运时轻装轻卸，防止钢瓶及附件破损。配备相应品种和数量的消防器材及泄漏应急处理设备。 【特殊要求】 • *操作安全* (1)氢气系统运行时，不准敲击，不准带压修理和紧固，不得超压，严禁负压。制氢和充灌人员工作时，不可穿戴易产生静电的服装及带钉的鞋作业，以免产生静电和撞击起火。 (2)当氢气作焊接、切割、燃料和保护气等使用时，每台(组)用氢设备的支管上应设阻火器。因生产需要，必须在现场(室内)使用氢气瓶时，其数量不得超过5瓶，并且氢气瓶与盛有易燃、易爆、可燃物质及氧化性气体的容器或气瓶的间距不应小于8m，与空调装置、空气压缩机和通风设备等吸风口的间距不应小于20m。 (3)管道、阀门和水封装置冻结时，只能用热水或蒸汽加热解冻，严禁使用明火烘烤。不准在室内排放氢气。吹洗置换，应立即切断气源，进行通风，不得进行可能发生火花的一切操作。 (4)使用氢气瓶时注意以下事项： ——必须使用专用的减压器，开启时，操作者应站在阀口的侧后方，动作要轻缓； ——气瓶的阀门或减压器泄漏时，不得继续使用。阀门损坏时，严禁在瓶内有压力的情况下更换阀门； ——气瓶禁止敲击、碰撞，不得靠近热源，夏季应防止曝晒； ——瓶内气体严禁用尽，应留有0.5MPa的剩余压力。 • *储存安全* (1)储存于阴凉、通风的易燃气体专用库房。远离火种、热源。库房温度不宜超过30℃。 (2)应与氧化剂、卤素分开存放，切忌混储。采用防爆型照明、通风设施。禁止使用易产生火花的机械设备和工具。储存区应备有泄漏应急处理设备。储存室内必须通风良好，保证空气中氢气最高含量不超过1%(体积比)。储存室建筑物顶部或外墙的上部设气窗或排气孔。排气孔应朝向安全地带，室内换气次数每小时不得小于3次，事故通风每小时换气次数不得小于7次。 (3)氢气瓶与盛有易燃、易爆、可燃物质及氧化性气体的容器或气瓶的间距不应小于8m；与空调装置、空气压缩机或通风设备等吸风口的间距不应小于20m；与明火或普通电气设备的间距不应小于10m。 • *运输安全* (1)运输车辆应有危险货物运输标志、安装具有行驶记录功能的卫星定位装置。未经公安机关批准，运输车辆不得进入危险化学品运输车辆限制通行的区域。 (2)槽车运输时要用专用槽车。槽车安装的阻火器(火星熄灭器)必须完好。槽车和运输卡车要有导静电拖线；槽车上要备有2只以上干粉或二氧化碳灭火器和防爆工具；要有遮阳措施，防止阳光直射。 (3)在使用汽车、手推车运输氢气瓶时，应轻装轻卸。严禁抛、滑、滚、碰。严禁用电磁起重机和链绳吊装搬运。装运时，应妥善固定。汽车装运时，氢气瓶头部应朝向同一方向，装车高度不得超过车厢高度，直立排放时，车厢高度不得低于瓶高的2/3。不能和氧化剂、卤素等同车混运。夏季应早晚运输，防止日光曝晒。中途停留时应远离火种、热源。 (4)氢气管道输送时，管道敷设应符合下列要求： ——氢气管道宜采用架空敷设，其支架应为非燃烧体。架空管道不应与电缆、导电线敷设在同一支架上； ——氢气管道与燃气管道、氧气管道平行敷设时，中间宜有不燃物料管道隔开，或净距不小于250mm。分层敷设时，氢气管道应位于上方。氢气管道与建筑物、构筑物或其他管线的最小净距可参照有关规定执行； ——室内管道不应敷设在地沟中或直接埋地，室外地沟敷设的管道，应有防止氢气泄漏、积聚或串入其他沟道的措施。埋地敷设的管道埋深不宜小于0.7m。含湿氢气的管道应敷设在冰冻层以下； ——管道应避免穿过地沟、下水道及铁路汽车道路等，必须穿过时应设套管保护； ——氢管道外壁颜色、标志应执行《工业管道的基本识别色、识别符号和安全标识》(GB 7231—2003)的规定

应急处置原则	【急救措施】 吸入：迅速脱离现场至空气新鲜处。保持呼吸道通畅。如呼吸困难，给氧。如呼吸停止，立即进行人工呼吸。就医。 【灭火方法】 切断气源。若不能切断气源，则不允许熄灭泄漏处的火焰。喷水冷却容器，尽可能将容器从火场移至空旷处。氢火焰肉眼不易察觉，消防人员应佩戴自给式呼吸器，穿防静电服进入现场，注意防止外露皮肤烧伤。 灭火剂：雾状水、泡沫、二氧化碳、干粉。 【泄漏应急处置】 消除所有点火源。根据气体的影响区域划定警戒区，无关人员从侧风、上风向撤离至安全区。建议应急处理人员戴正压自给式空气呼吸器，穿防静电服。作业时使用的所有设备应接地。尽可能切断泄漏源。喷雾状水抑制蒸气或改变蒸气云流向。防止气体通过下水道、通风系统和密闭性空间扩散。若泄漏发生在室内，宜采用吸风系统或将泄漏的钢瓶移至室外，以避免氢气四处扩散。隔离泄漏区直至气体散尽。 作为一项紧急预防措施，泄漏隔离距离至少为100m。如果为大量泄漏，下风向的初始疏散距离应至少为800m

4. 甲烷

特别警示	极易燃气体
理化特性	无色、无臭、无味气体。微溶于水，溶于醇、乙醚等有机溶剂。相对分子质量：16.04，熔点：-182.5℃，沸点：-161.5℃，气体密度：0.7163g/L，相对蒸气密度（空气=1）：0.6，相对密度（水=1）：0.42（-164℃），临界压力：4.59MPa，临界温度：-82.6℃，饱和蒸气压：53.32kPa（-168.8℃），爆炸极限：5.0%~16%（体积），自燃温度：537℃，最小点火能：0.28mJ，最大爆炸压力：0.717MPa。 主要用途：主要用作燃料和用于炭黑、氢、乙炔、甲醛等的制造
危害信息	【燃烧和爆炸危险性】 极易燃，与空气混合能形成爆炸性混合物，遇热源和明火有燃烧爆炸危险。 【活性反应】 与五氧化溴、氯气、次氯酸、三氟化氮、液氧、二氟化氧及其他强氧化剂剧烈反应。 【健康危害】 纯甲烷对人基本无毒，只有在极高浓度时成为单纯性窒息剂。皮肤接触液化气体可致冻伤。天然气主要组分为甲烷，其毒性因其他化学组成的不同而异
安全措施	【一般要求】 操作人员必须经过专门培训，严格遵守操作规程，熟练掌握操作技能，具备应急处置知识。 密闭操作，严防泄漏，工作场所全面通风，远离火种、热源，工作场所严禁吸烟。在生产、使用、储存场所设置可燃气体监测报警仪，使用防爆型的通风系统和设备，配备两套以上重型防护服。穿防静电工作服，必要时戴防护手套，接触高浓度时应戴化学安全防护眼镜，佩戴供气式呼吸器。进入罐或其他高浓度区作业，须有人监护。储罐等压力容器和设备应设置安全阀、压力表、液位计、温度计，并应装有带压力、液位、温度远传记录和报警功能的安全装置，重点储罐需设置紧急切断装置。 避免与氧化剂接触。 生产、储存区域应设置安全警示标志。在传送过程中，钢瓶和容器必须接地和跨接，防止产生静电。搬运时轻装轻卸，防止钢瓶及附件破损。禁止使用电磁起重机和用链绳捆扎、或将瓶阀作为吊运着力点。配备相应品种和数量的消防器材及泄漏应急处理设备。 【特殊要求】 • *操作安全* （1）天然气系统运行时，不准敲击，不准带压修理和紧固，不得超压，严禁负压。

安全措施	(2)生产区域内，严禁明火和可能产生明火、火花的作业(固定动火区必须距离生产区30m以上)。生产需要或检修期间需动火时，必须办理动火审批手续。配气站严禁烟火，严禁堆放易燃物，站内应有良好的自然通风并应有事故排风装置。 (3)天然气配气站中，不准独立进行操作。非操作人员未经许可，不准进入配气站。 (4)含硫化氢的天然气生产作业现场应安装硫化氢监测系统。进行硫化氢监测，应符合以下要求： ——含硫化氢作业环境应配备固定式和携带式硫化氢监测仪； ——重点监测区应设置醒目的标志； ——硫化氢监测仪报警值设定：阈限值为1级报警值；安全临界浓度为2级报警值；危险临界浓度为3级报警值； ——硫化氢监测仪应定期校验，并进行检定。 (5)充装时，使用万向节管道充装系统，严防超装。 • *储存安全* (1)储存于阴凉、通风的易燃气体专用库房。远离火种、热源。库房温度不宜超过30℃。 (2)应与氧化剂等分开存放，切忌混储。采用防爆型照明、通风设施。禁止使用易产生火花的机械设备和工具。储存区应备有泄漏应急处理设备。 (3)天然气储气站中： ——与相邻居民点、工矿企业和其他公用设施安全距离及站场内的平面布置，应符合国家现行标准； ——天然气储气站内建(构)筑物应配置灭火器，其配置类型和数量应符合建筑灭火器配置的相关规定； ——注意防雷、防静电，应按《建筑物防雷设计规范》(GB 50057—2010)的规定设置防雷设施，工艺管网、设备、自动控制仪表系统应按标准安装防雷、防静电接地设施，并定期进行检查和检测。 • *运输安全* (1)运输车辆应有危险货物运输标志、安装具有行驶记录功能的卫星定位装置。未经公安机关批准，运输车辆不得进入危险化学品运输车辆限制通行的区域。 (2)槽车和运输卡车要有导静电拖线；槽车上要备有2只以上干粉或二氧化碳灭火器和防爆工具。 (3)车辆运输钢瓶时，瓶口一律朝向车辆行驶方向的右方，堆放高度不得超过车辆的防护栏板，并用三角木垫卡牢，防止滚动。不准同车混装有抵触性质的物品和让无关人员搭车。运输途中远离火种，不准在有明火地点或人多地段停车，停车时要有人看管。发生泄漏或火灾时要把车开到安全地方进行灭火或堵漏。 (4)采用管道输送时： ——输气管道不应通过城市水源地、飞机场、军事设施、车站、码头。因条件限制无法避开时，应采取保护措施并经国家有关部门批准； ——输气管道沿线应设置里程桩、转角桩、标志桩和测试桩； ——输气管道采用地上敷设时，应在人员活动较多和易遭车辆、外来物撞击的地段，采取保护措施并设置明显的警示标志； ——输气管道管理单位应设专人定期对管道进行巡线检查，及时处理输气管道沿线的异常情况，并依据天然气管道保护的有关法律法规保护管道
应急处置原则	【急救措施】 吸入：迅速脱离现场至空气新鲜处。保持呼吸道通畅。如呼吸困难，给氧。如呼吸停止，立即进行人工呼吸。就医。 皮肤接触：如果发生冻伤：将患部浸泡于保持在38~42℃的温水中复温。不要涂擦。不要使用热水或辐射热。使用清洁、干燥的敷料包扎。如有不适感，就医。 【灭火方法】 切断气源。若不能切断气源，则不允许熄灭泄漏处的火焰。喷水冷却容器，尽可能将容器从火场移至空旷处。 灭火剂：雾状水、泡沫、二氧化碳、干粉。 【泄漏应急处置】 消除所有点火源。根据气体的影响区域划定警戒区，无关人员从侧风、上风向撤离至安全区。应急处理人员戴正压自给式空气呼吸器，穿防静电服。作业时使用的所有设备应接地。禁止接触或跨越泄漏物。尽可能切断泄漏源。若可能翻转容器，使之逸出气体而非液体。喷雾状水抑制蒸气或改变蒸气云流向，避免水流接触泄漏物。禁止用水直接冲击泄漏物或泄漏源。防止气体通过下水道、通风系统和密闭性空间扩散。隔离泄漏区直至气体散尽。 作为一项紧急预防措施，泄漏隔离距离至少为100m。如果为大量泄漏，下风向的初始疏散距离应至少为800m

5. 乙烷

特别警示	极易燃气体
理化特性	无色无臭气体。微溶于水和丙酮，溶于苯。相对分子质量：30.08，熔点：-183.3℃，沸点：-88.6℃，气体密度：1.36g/L，相对密度(水=1)：0.45，相对蒸气密度(空气=1)：1.05，临界压力：4.87MPa，临界温度：32.2℃，饱和蒸气压：3850kPa(20℃)，爆炸极限：3.0%~16.0%(体积比)，自燃温度：472℃，最小点火能：0.31mJ。 主要用途：主要用于制乙烯、氯乙烯、氯乙烷、冷冻剂等
危害信息	【燃烧和爆炸危险性】 极易燃，与空气混合能形成爆炸性混合物，遇热源和明火有燃烧爆炸危险。 【活性反应】 与氟、氯等接触会发生剧烈的化学反应。 【健康危害】 高浓度有窒息和轻度麻醉作用。空气中浓度大于6%时，出现眩晕、恶心和轻度麻醉作用
安全措施	【一般要求】 操作人员必须经过专门培训，严格遵守操作规程。熟练掌握操作技能，具备应急处置知识。 生产过程密闭。全面通风。工作现场严禁吸烟。 设置固定式可燃气体报警器，或配备便携式可燃气体报警器，使用防爆型通风系统和设备。高浓度环境中，佩戴供气式呼吸器。戴化学安全防护眼镜。穿工作服。戴防护手套。避免长期反复接触。进入罐、限制性空间或其他高浓度区作业，须有人监护。 储罐等压力容器和设备应设置安全阀、压力表、温度计，并应装有带压力、温度远传记录和报警功能的安全装置。 避免与强氧化剂、卤化物接触。 生产、储存区域应设置安全警示标志。 【特殊要求】 • *操作安全* (1)严禁用铁器敲击管道与阀体，以免引起火花。 (2)防止气体泄漏到工作场所空气中。 • *储存安全* (1)储存于阴凉、通风的库房。远离火种、热源。库房内温度不宜超过30℃。 (2)应与氧化剂、卤素分开存放，切忌混储。采用防爆型照明、通风设施。禁止使用易产生火花的机械设备和工具。储存区应备有泄漏应急处理设备。 • *运输安全* (1)运输车辆应有危险货物运输标志、安装具有行驶记录功能的卫星定位装置。未经公安机关批准，运输车辆不得进入危险化学品运输车辆限制通行的区域。 (2)采用钢瓶运输时必须戴好钢瓶上的安全帽。在传送过程中，钢瓶和容器必须接地和跨接，防止产生静电。搬运时轻装轻卸，防止钢瓶及附件破损。 钢瓶一般平放，并应将瓶口朝车辆行驶的右方向，堆放高度不得超过车辆的防护栏板，并用三角木垫卡牢，防止滚动。运输时运输车辆应配备相应品种和数量的消防器材。装运该物品的车辆排气管必须配备阻火装置，禁止使用易产生火花的机械设备和工具装卸。严禁与氧化剂、卤素等混装混运。高温季节应早晚运输，防止日光曝晒。中途停留时应远离火种、热源，勿在居民区和人口稠密区停留。 (3)输送管道不应靠近热源敷设；管道采用地上敷设时，应在人员活动较多和易遭车辆、外来物撞击的地段，采取保护措施并设置明显的警示标志；管道架空敷设时，管道应敷设在非燃烧体的支架或栈桥上。在已敷设的管道下面，不得修建与管道无关的建筑物和堆放易燃物品；管道外壁颜色、标志应执行《工业管道的基本识别色、识别符号和安全标识》(GB 7231—2003)的规定

续表

应急处置原则	【急救措施】 吸入：迅速脱离现场至空气新鲜处。保持呼吸道通畅。如呼吸困难，给氧。如呼吸停止，立即进行人工呼吸。就医。 【灭火方法】 切断气源。若不能切断气源，则不允许熄灭泄漏处的火焰。喷水冷却容器，尽可能将容器从火场移至空旷处。灭火剂：雾状水、泡沫、二氧化碳、干粉。 【泄漏应急处置】 消除所有点火源。根据气体的影响区域划定警戒区，无关人员从侧风、上风向撤离至安全区。建议应急处理人员戴正压自给式空气呼吸器，穿防静电服。作业时使用的所有设备应接地。禁止接触或跨越泄漏物。尽可能切断泄漏源。若可能翻转容器，使之逸出气体而非液体。喷雾状水抑制蒸气或改变蒸气云流向，避免水流接触泄漏物。禁止用水直接冲击泄漏物或泄漏源。防止气体向下水道、通风系统和密闭性空间扩散。隔离泄漏区直至气体散尽

6. 正丁烷

理化特性	中文名称：正丁烷，英文名称：*n*-butane，外观与性状：无色压缩或液化气体，有轻微的不愉快气味，纯品无味。熔点：-138.4℃，沸点：-0.5℃，闪点：-60℃，引燃温度：405℃，相对密度：0.6(水=1)、2.1(空气=1)，爆炸极限(V%)：1.8~8.4，溶解性：易溶于水、醇、氯仿。毒物侵入途径：吸入，物质危险性类别：第2.1类易燃气体，火灾危险类别：甲，爆炸物质级别及组别，级别：ⅡA，组别：T_2，危险货物编号：21012，UN编号：1011，CAS No.：106-97-8，包装类别：Ⅱ类包装，包装标志：易燃气体，包装方法：钢质气瓶等
危险特性	易燃，与空气混合能形成爆炸性混合物，遇热源和明火有燃烧爆炸的危险。与氧化剂接触猛烈反应。气体比空气重，沿地面扩散并易积存于低洼处，遇火源会着火回燃
消防措施	灭火方法：用雾状水、泡沫、二氧化碳、干粉灭火。切断气源。若不能切断气源，则不允许熄灭泄漏处的火焰。 灭火注意事项及措施：消防人员必须佩戴空气呼吸器、穿全身防火防毒服，在上风向灭火。尽可能将容器从火场移至空旷处。喷水保持火场容器冷却，直至灭火结束
健康危害	高浓度有窒息和麻醉作用。急性中毒：主要症状有头晕、头痛、嗜睡和酒醉状态、严重者可昏迷。慢性影响：接触以丁烷为主的工人有头晕、头痛、睡眠不佳、疲倦等
泄漏紧急处理	消除所有点火源。根据气体的影响区域划定警戒区，无关人员从侧风、上风向撤离至安全区。建议应急处理人员戴正压自给式呼吸器，穿防静电服。液化气体泄漏时穿防静电、防寒服。作业时使用的所有设备应接地。禁止接触或跨越泄漏物。尽可能切断泄漏源。若可能翻转容器，使之逸出气体而非液体。喷雾状水抑制蒸气或改变蒸气云流向，避免水流接触泄漏物。禁止用水直接冲击泄漏物或泄漏源。防止气体通过下水道、通风系统和密闭性空间扩散。隔离泄漏区直至气体散尽
运输注意事项	本品铁路运输时限使用耐压液化气企业自备罐车装运，装运前需报有关部门批准。采用钢瓶运输时必须戴好钢瓶上的安全帽。钢瓶一般平放，并应将瓶口朝同一方向，不可交叉；高度不得超过车辆的防护栏板，并用三角木垫卡牢，防止滚动。运输时运输车辆应配备相应品种和数量的消防器材。装运该物品的车辆排气管必须配备阻火装置，禁止使用易产生火花的机械设备和工具装卸。严禁与氧化剂、卤素、等混装混运。夏季应早晚运输，防止日光曝晒。中途停留时应远离火种、热源。公路运输时要按规定路线行驶，勿在居民区和人口稠密区停留。铁路运输时要禁止溜放
储存注意事项	储存于阴凉、通风的易燃气体专用库房。远离火种、热源。库温不宜超过30℃。应与氧化剂、卤素分开存放，切忌混储。采用防爆型照明、通风设施。禁止使用易产生火花的机械设备和工具。储区应备有泄漏应急处理设备

7. 异丁烷

理化特性	中文名称：异丁烷、2-甲基丙烷，英文名称：isobutane，外观与性状：无色、稍有气味的气体，熔点：-159.6℃，沸点：-11.8℃，闪点：-82.8℃，引燃温度：460℃，相对密度：0.56（水=1）、2.01（空气=1），爆炸极限（V%）：1.8~8.5，溶解性：微溶于水，溶于乙醚，毒物侵入途径：吸入，物质危险性类别：第2.1类易燃气体，火灾危险类别：甲，爆炸物质级别及组别，级别：-，组别：-，危险货物编号：21012，UN编号：1969，CAS No.：75-28-5，包装类别：Ⅱ类包装，包装标志：易燃气体，包装方法：钢质气瓶等
危险特性	易燃气体。与空气混合能形成爆炸性混合物，遇热源和明火有燃烧爆炸的危险。与氧化剂接触猛烈反应。蒸气比空气重，沿地面扩散并易积存于低洼处，遇火源会着火回燃
消防措施	灭火方法：用雾状水、泡沫、二氧化碳、干粉灭火。切断气源。若不能切断气源，则不允许熄灭泄漏处的火焰。 灭火注意事项及措施：消防人员必须佩戴空气呼吸器、穿全身防火防毒服，在上风向灭火。尽可能将容器从火场移至空旷处。喷水保持火场容器冷却，直至灭火结束
健康危害	具有弱刺激和麻醉作用。急性中毒主要表现为头痛、头晕、嗜睡、恶心、酒醉状态， 严重者可出现昏迷。慢性影响出现头痛、头晕、睡眠不佳、易疲倦
泄漏紧急处理	消除所有点火源。根据气体的影响区域划定警戒区，无关人员从侧风、上风向撤离至安全区。建议应急处理人员戴正压自给式呼吸器，穿防静电服。液化气体泄漏时穿防静电、防寒服。作业时使用的所有设备应接地。禁止接触或跨越泄漏物。尽可能切断泄漏源。若可能翻转容器，使之逸出气体而非液体。喷雾状水抑制蒸气或改变蒸气云流向，避免水流接触泄漏物。禁止用水直接冲击泄漏物或泄漏源。防止气体通过下水道、通风系统和密闭性空间扩散。隔离泄漏区直至气体散尽
运输注意事项	采用钢瓶运输时必须戴好钢瓶上的安全帽。钢瓶一般平放，并应将瓶口朝同一方向，不可交叉；高度不得超过车辆的防护栏板，并用三角木垫卡牢，防止滚动。运输时运输车辆应配备相应品种和数量的消防器材。装运该物品的车辆排气管必须配备阻火装置，禁止使用易产生火花的机械设备和工具装卸。严禁与氧化剂、等混装混运。夏季应早晚运输，防止日光曝晒。中途停留时应远离火种、热源。公路运输时要按规定路线行驶，勿在居民区和人口稠密区停留。铁路运输时要禁止溜放
储存注意事项	储存于阴凉、通风的易燃气体专用库房。远离火种、热源。库温不宜超过30℃。应与氧化剂分开存放，切忌混储。采用防爆型照明、通风设施。禁止使用易产生火花的机械设备和工具。储区应备有泄漏应急处理设备

8. 液化石油气

特别警示	极易燃气体
理化特性	由石油加工过程中得到的一种无色挥发性液体，主要组分为丙烷、丙烯、丁烷、丁烯，并含有少量戊烷、戊烯和微量硫化氢等杂质。不溶于水。熔点：-160~-107℃，沸点：-12~4℃，闪点：-80~-60℃，相对密度（水=1）：0.5~0.6，相对蒸气密度（空气=1）：1.5~2.0，爆炸极限：5%~33%（体积比），自燃温度：426~537℃。 主要用途：主要用作民用燃料、发动机燃料、制氢原料、加热炉燃料以及打火机的气体燃料等，也可用作石油化工的原料
危害信息	【燃烧和爆炸危险性】 极易燃，与空气混合能形成爆炸性混合物，遇热源或明火有燃烧爆炸危险。比空气重，能在较低处扩散到相当远的地方，遇点火源会着火回燃。 【活性反应】 与氟、氯等接触会发生剧烈的化学反应。 【健康危害】 主要侵犯中枢神经系统。急性液化气轻度中毒主要表现为头昏、头痛、咳嗽、食欲减退、乏力、失眠等；重者失去知觉、小便失禁、呼吸变浅变慢。 职业接触限值：PC-TWA（时间加权平均容许浓度）（mg/m^3）：1000；PC-STEL（短时间接触容许浓度）（mg/m^3）：1500

续表

安全措施	【一般要求】 操作人员必须经过专门培训，严格遵守操作规程，熟练掌握操作技能，具备应急处置知识。 密闭操作，避免泄漏，工作场所提供良好的自然通风条件。远离火种、热源，工作场所严禁吸烟。 生产、储存、使用液化石油气的车间及场所应设置泄漏检测报警仪，使用防爆型的通风系统和设备，配备两套以上重型防护服。穿防静电工作服，工作场所浓度超标时，建议操作人员应该佩戴过滤式防毒面具。可能接触液体时，应防止冻伤。储罐等压力容器和设备应设置安全阀、压力表、液位计、温度计，并应装有带压力、液位、温度远传记录和报警功能的安全装置，设置整流装置与压力机、动力电源、管线压力、通风设施或相应的吸收装置的联锁装置。储罐等设置紧急切断装置。 避免与氧化剂、卤素接触。 生产、储存区域应设置安全警示标志。在传送过程中，钢瓶和容器必须接地和跨接，防止产生静电。搬运时轻装轻卸，防止钢瓶及附件破损。禁止使用电磁起重机和用链绳捆扎、或将瓶阀作为吊运着力点。配备相应品种和数量的消防器材及泄漏应急处理设备。 【特殊要求】 • *操作安全* (1)充装液化石油气钢瓶，必须在充装站内按工艺流程进行。禁止槽车、储罐、或大瓶向小瓶直接充装液化气。禁止漏气、超重等不合格的钢瓶运出充装站。 (2)用户使用装有液化石油气钢瓶时：不准擅自更改钢瓶的颜色和标记；不准把钢瓶放在曝日下、卧室和办公室内及靠近热源的地方；不准用明火、蒸汽、热水等热源对钢瓶加热或用明火检漏；不准倒卧或横卧使用钢瓶；不准摔碰、滚动液化气钢瓶；不准钢瓶之间互充液化气；不准自行处理液化气残液。 (3)液化石油气的储罐在首次投入使用前，要求罐内含氧量小于3%。首次灌装液化石油气时，应先开启气相阀门待两罐压力平衡后，进行缓慢灌装。 (4)液化石油气槽车装卸作业时，凡有以下情况之一时，槽车应立即停止装卸作业，并妥善处理： ——附近发生火灾； ——检测出液化气体泄漏； ——液压异常； ——其他不安全因素。 (5)充装时，使用万向节管道充装系统，严防超装。 • *储存安全* (1)储存于阴凉、通风的易燃气体专用库房。远离火种、热源。库房温度不宜超过30℃。 (2)应与氧化剂、卤素分开存放，切忌混储。照明线路、开关及灯具应符合防爆规范，地面应采用不产生火花的材料或防静电胶垫，管道法兰之间应用导电跨接。压力表必须有技术监督部门有效的检定合格证。储罐站必须加强安全管理。站内严禁烟火。进站人员不得穿易产生静电的服装和穿带钉鞋。入站机动车辆排气管出口应有消火装置，车速不得超过5km/h。液化石油气供应单位和供气站点应设有符合消防安全要求的专用钢瓶库；建立液化石油气实瓶入库验收制度，不合格的钢瓶不得入库；空瓶和实瓶应分开放置，并应设置明显标志。储存区应备有泄漏应急处理设备。 (3)液化石油气储罐、槽车和钢瓶应定期检验。 (4)注意防雷、防静电，厂(车间)内的液化石油气储罐应按《建筑物防雷设计规范》(GB 50057—2010)的规定设置防雷、防静电设施。 • *运输安全* (1)运输车辆应有危险货物运输标志、安装具有行驶记录功能的卫星定位装置。未经公安机关批准，运输车辆不得进入危险化学品运输车辆限制通行的区域。 (2)槽车运输时要用专用槽车。槽车安装的阻火器(火星熄灭器)必须完好。槽车和运输卡车要有导静电拖线；槽车上要备有2只以上干粉或二氧化碳灭火器和防爆工具。 (3)车辆运输钢瓶时，瓶口一律朝向车辆行驶方向的右方，堆放高度不得超过车辆的防护栏板，并用三角木垫卡牢，防止滚动。不准同车混装有抵触性质的物品和让无关人员搭车。运输途中远离火种，不准在有明火地点或人多地段停车，停车时要有人看管。发生泄漏或火灾要开到安全地方进行灭火或堵漏。 (4)输送液化石油气的管道不应靠近热源敷设；管道采用地上敷设时，应在人员活动较多和易遭车辆、外来物撞击的地段，采取保护措施并设置明显的警示标志；液化石油气管道架空敷设时，管道应敷设在非燃烧体的支架或栈桥上。在已敷设的液化石油气管道下面，不得修建与液化石油气管道无关的建筑物和堆放易燃物品；液化石油气管道外壁颜色、标志应执行《工业管道的基本识别色、识别符号和安全标识》(GB 7231—2003)的规定

续表

应急处置原则	【急救措施】 吸入：迅速脱离现场至空气新鲜处。保持呼吸道通畅。如呼吸困难，立即输氧。如呼吸停止，立即进行人工呼吸并就医。 皮肤接触：如果发生冻伤，将患部浸泡于保持在38~42℃的温水中复温。不要涂擦。不要使用热水或辐射热。使用清洁、干燥的敷料包扎。如有不适感，就医。 【灭火方法】 切断气源。若不能切断气源，则不允许熄灭泄漏处的火焰。喷水冷却容器，尽可能将容器从火场移至空旷处。 灭火剂：泡沫、二氧化碳、雾状水。 【泄漏应急处置】 消除所有点火源。根据气体的影响区域划定警戒区，无关人员从侧风、上风向撤离至安全区；静风泄漏时，液化石油气沉在底部并向低洼处流动，无关人员应向高处撤离。建议应急处理人员戴正压自给式空气呼吸器，穿防静电、防寒服。作业时使用的所有设备应接地。禁止接触或跨越泄漏物。尽可能切断泄漏源。若可能翻转容器，使之逸出气体而非液体。喷雾状水抑制蒸气或改变蒸气云流向，避免水流接触泄漏物。禁止用水直接冲击泄漏物或泄漏源。防止气体通过下水道、通风系统和密闭性空间扩散。隔离泄漏区直至气体散尽。 作为一项紧急预防措施，泄漏隔离距离至少为100m。如果为大量泄漏，下风向的初始疏散距离应至少为800m

9. 汽油，石脑油

特别警示	高度易燃液体；不得使用直流水扑救(用水灭火无效)
理化特性	无色到浅黄色的透明液体。 相对密度(水=1)：0.70~0.80，相对蒸气密度(空气=1)：3~4，闪点：-46℃，爆炸极限：1.4~7.6%(体积)，自燃温度：415~530℃，最大爆炸压力：0.813MPa；石脑油主要成分为：C_4~C_6的烷烃，相对密度：0.78~0.97，闪点：-2℃，爆炸极限：1.1%~8.7%(体积)。 主要用途：汽油主要用作汽油机的燃料，可用于橡胶、制鞋、印刷、制革、颜料等行业，也可用作机械零件的去污剂；石脑油主要用作裂解、催化重整和制氨原料，也可作为化工原料或一般溶剂，在石油炼制方面是制作清洁汽油的主要原料
危害信息	【燃烧和爆炸危险性】 高度易燃，蒸气与空气能形成爆炸性混合物，遇明火、高热能引起燃烧爆炸。高速冲击、流动、激荡后可因产生静电火花放电引起燃烧爆炸。蒸气比空气重，能在较低处扩散到相当远的地方，遇火源会着火回燃和爆炸。 【健康危害】 汽油为麻醉性毒物，高浓度吸入出现中毒性脑病，极高浓度吸入引起意识突然丧失、反射性呼吸停止。误将汽油吸入呼吸道可引起吸入性肺炎。 职业接触限值：PC-TWA(时间加权平均容许浓度)(mg/m^3)：300(汽油)
安全措施	【一般要求】 操作人员必须经过专门培训，严格遵守操作规程，熟练掌握操作技能，具备应急处置知识。 密闭操作，防止泄漏，工作场所全面通风。远离火种、热源，工作场所严禁吸烟。配备易燃气体泄漏监测报警仪，使用防爆型通风系统和设备，配备两套以上重型防护服。操作人员穿防静电工作服，戴耐油橡胶手套。储罐等容器和设备应设置液位计、温度计，并应装有带液位、温度远传记录和报警功能的安全装置。 避免与氧化剂接触。 生产、储存区域应设置安全警示标志。灌装时应控制流速，且有接地装置，防止静电积聚。搬运时要轻装轻卸，防止包装及容器损坏。配备相应品种和数量的消防器材及泄漏应急处理设备。 【特殊要求】 • *操作安全* (1)油罐及储存桶装汽油附近要严禁烟火。禁止将汽油与其他易燃物放在一起。

续表

<table>
<tr><td>安全措施</td><td>(2)往油罐或油罐汽车装油时，输油管要插入油面以下或接近罐的底部，以减少油料的冲击和与空气的摩擦。沾油料的布、油棉纱头、油手套等不要放在油库、车库内，以免自燃。不要用铁器工具敲击汽油桶，特别是空汽油桶更危险。因为桶内充满汽油与空气的混合气，而且经常处于爆炸极限之内，一遇明火，就能引起爆炸。
(3)当进行灌装汽油时，邻近的汽车、拖拉机的排气管要戴上防火帽后才能发动，存汽油地点附近严禁检修车辆。
(4)汽油油罐和储存汽油区的上空，不应有电线通过。油罐、库房与电线的距离要为电杆长度的1.5倍以上。
(5)注意仓库及操作场所的通风，使油蒸气容易逸散。
• 储存安全
(1)储存于阴凉、通风的库房。远离火种、热源。库房温度不宜超过30℃。炎热季节应采取喷淋、通风等降温措施。
(2)应与氧化剂分开存放，切忌混储。用储罐、铁桶等容器盛装，不要用塑料桶来存放汽油。盛装时，切不可充满，要留出必要的安全空间。
(3)采用防爆型照明、通风设施。禁止使用易产生火花的机械设备和工具。储存区应备有泄漏应急处理设备和合适的收容材料。罐储时要有防火防爆技术措施。对于1000m^{3}及以上的储罐顶部应有泡沫灭火设施等。
• 运输安全
(1)运输车辆应有危险货物运输标志、安装具有行驶记录功能的卫星定位装置。未经公安机关批准，运输车辆不得进入危险化学品运输车辆限制通行的区域。
(2)汽油装于专用的槽车(船)内运输，槽车(船)应定期清理；用其他包装容器运输时，容器须用盖密封。运送汽油的油罐汽车，必须有导静电拖线。对有每分钟0.5m^{3}以上的快速装卸油设备的油罐汽车，在装卸油时，除了保证铁链接地外，更要将车上油罐的接地线插入地下并不得浅于100mm。运输时运输车辆应配备相应品种和数量的消防器材。装运该物品的车辆排气管必须配备阻火装置，禁止使用易产生火花的机械设备和工具装卸。汽车槽罐内可设孔隔板以减少震荡产生静电。
(3)严禁与氧化剂等混装混运。夏季最好早晚运输，运输途中应防曝晒、防雨淋、防高温。中途停留时应远离火种、热源、高温区及人口密集地段。
(4)输送汽油的管道不应靠近热源敷设；管道采用地上敷设时，应在人员活动较多和易遭车辆、外来物撞击的地段，采取保护措施并设置明显的警示标志；汽油管道架空敷设时，管道应敷设在非燃烧体的支架或栈桥上。在已敷设的汽油管道下面，不得修建与汽油管道无关的建筑物和堆放易燃物品；汽油管道外壁颜色、标志应执行《工业管道的基本识别色、识别符号和安全标识》(GB 7231—2003)的规定。
(5)输油管道地下铺设时，沿线应设置里程桩、转角桩、标志桩和测试桩，并设警示标志。运行应符合有关法律法规规定</td></tr>
<tr><td>应急处置原则</td><td>【急救措施】
吸入：迅速脱离现场至空气新鲜处。保持呼吸道通畅。如呼吸困难，给氧。如呼吸停止，立即进行人工呼吸。就医。
食入：给饮牛奶或用植物油洗胃和灌肠。就医。
皮肤接触：立即脱去污染的衣着，用肥皂水和清水彻底冲洗皮肤。就医。
眼睛接触：立即提起眼睑，用大量流动清水或生理盐水彻底冲洗至少15min。就医。
【灭火方法】
喷水冷却容器，尽可能将容器从火场移至空旷处。
灭火剂：泡沫、干粉、二氧化碳。用水灭火无效。
【泄漏应急处置】
消除所有点火源。根据液体流动和蒸气扩散的影响区域划定警戒区，无关人员从侧风、上风向撤离至安全区。建议应急处理人员戴正压自给式空气呼吸器，穿防毒、防静电服。作业时使用的所有设备应接地。禁止接触或跨越泄漏物。尽可能切断泄漏源。防止泄漏物进入水体、下水道、地下室或密闭性空间。
小量泄漏：用砂土或其他不燃材料吸收。使用洁净的无火花工具收集吸收材料。
大量泄漏：构筑围堤或挖坑收容。用泡沫覆盖，减少蒸发。喷水雾能减少蒸发，但不能降低泄漏物在受限制空间内的易燃性。用防爆泵转移至槽车或专用收集器内。
作为一项紧急预防措施，泄漏隔离距离至少为50m。如果为大量泄漏，下风向的初始疏散距离应至少为300m</td></tr>
</table>

10. 苯

特别警示	确认人类致癌物；易燃液体，不得使用直流水扑救(闪点很低，用水灭火无效)
理化特性	无色透明液体，有强烈芳香味。微溶于水，与乙醇、乙醚、丙酮、四氯化碳、二硫化碳和乙酸混溶。相对分子质量：78.11，熔点：5.51℃，沸点：80.1℃，相对密度(水=1)：0.88，相对蒸气密度(空气=1)：2.77，临界压力：4.92MPa，临界温度：288.9℃，饱和蒸气压：10kPa(20℃)，折射率：1.4979(25℃)，闪点：-11℃，爆炸极限：1.2%~8.0%(体积比)，自燃温度：560℃，最小点火能：0.20mJ，最大爆炸压力：0.880MPa。 主要用途：主要用作溶剂及合成苯的衍生物、香料、染料、塑料、医药、炸药、橡胶等
危害信息	【燃烧和爆炸危险性】 高度易燃，蒸气与空气能形成爆炸性混合物，遇明火、高热能引起燃烧爆炸。蒸气比空气重，能在较低处扩散到相当远的地方，遇火源会着火回燃和爆炸。 【健康危害】 吸入高浓度苯对中枢神经系统有麻醉作用，引起急性中毒；长期接触苯对造血系统有损害，引起白细胞和血小板减少，重者导致再生障碍性贫血。可引起白血病。具有生殖毒性。皮肤损害有脱脂、干燥、皲裂、皮炎。 职业接触限值：PC-TWA(时间加权平均容许浓度)(mg/m^3)：6(皮)；PC-STEL(短时间接触容许浓度)(mg/m^3)：10(皮)。 IARC：确认人类致癌物
安全措施	【一般要求】 操作人员必须经过专门培训，严格遵守操作规程，熟练掌握操作技能，具备应急处置知识。 密闭操作，防止泄漏，加强通风。远离火种、热源，工作场所严禁吸烟。生产、使用苯的车间及储苯场所应设置泄漏检测报警仪，使用防爆型的通风系统和设备，配备两套以上重型防护服。戴化学安全防护眼镜，穿防静电工作服，戴橡胶手套，建议操作人员佩戴过滤式防毒面具(半面罩)。 储罐等容器和设备应设置液位计、温度计，并应装有带液位、温度远传记录和报警功能的安全装置，重点储罐等应设置紧急切断装置。 避免与氧化剂、酸类、碱金属接触。 生产、储存区域应设置安全警示标志。灌装时应控制流速，且有接地装置，防止静电积聚。配备相应品种和数量的消防器材及泄漏应急处理设备。 【特殊要求】 • *操作安全* (1)一旦发生物品着火，应用干粉灭火器、二氧化碳灭火器、砂土灭火。 (2)苯生产和使用过程中注意以下事项： 必须穿戴好劳动保护用品； 系统漏气时要站在上风口，同时佩戴好防毒面具进行作业； 接触高温设备时要防止烫伤； 设备的水压、油压保持正常，有关管线要畅通。 (3)生产设备的清洗污水及生产车间内部地坪的冲洗水须收入应急池，经处理合格后才可排放。 (4)充装时使用万向节管道充装系统，严防超装。 • *储存安全* (1)储存于阴凉、通风良好的专用库房或储罐内，远离火种、热源。库房温度不宜超过37℃，保持容器密封。 (2)应与氧化剂、酸类、碱金属等分开存放，切忌混储。采用防爆型照明、通风设施。禁止使用易产生火花的机械设备和工具。在苯储罐四周设置围堰，围堰的容积等于储罐的容积。储存区应备有泄漏应急处理设备和合适的收容材料。 (3)注意防雷、防静电，厂(车间)内的储罐应按《建筑物防雷设计规范》(GB 50057—2010)的规定设置防雷防静电设施。

续表

<table>
<tr><td>安全措施</td><td>(4)每天不少于两次对各储罐进行巡检，并做好记录，发现跑、冒、滴、漏等隐患要及时联系处理，重大隐患要及时上报。
• *运输安全*
(1)运输车辆应有危险货物运输标志、安装具有行驶记录功能的卫星定位装置。未经公安机关批准，运输车辆不得进入危险化学品运输车辆限制通行的区域。
(2)苯装于专用的槽车(船)内运输，槽车(船)应定期清理；用其他包装容器运输时，容器须用盖密封。槽车安装的阻火器(火星熄灭器)必须完好。槽车上要备有2只以上干粉或二氧化碳灭火器和防爆工具。禁止使用易产生火花的机械设备和工具装卸。运输车辆进入厂区，必须安装静电接地装置和阻火器，车速不超过5km/h。
(3)严禁与氧化剂、酸类、碱金属等混装混运。运输时运输车辆应配备泄漏应急处理设备。不得在人口稠密区和有明火等场所停靠。高温季节应早晚运输，防止日光暴晒。运输苯容器时，应轻装轻卸。严禁抛、滑、滚、碰。严禁用电磁起重机和链绳吊装搬运。装运时，应妥善固定。
(4)苯管道输送时，注意以下事项：
苯管道架空敷设时，苯管道应敷设在非燃烧体的支架或栈桥上。在已敷设的苯管道下面，不得修建与苯管道无关的建筑物和堆放易燃物品；
管道不应穿过非生产苯所使用的建筑物；
管道消除静电接地装置和防雷接地线，单独接地。防雷的接地电阻值不大于10Ω，防静电的接地电阻值不大于100Ω；
苯管道不应靠近热源敷设；
管道采用地上敷设时，应在人员活动较多和易遭车辆、外来物撞击的地段，采取保护措施并设置明显的警示标志；
苯管道外壁颜色、标志应执行《工业管道的基本识别色、识别符号和安全标识》(GB 7231—2003)的规定；
室内管道不应敷设在地沟中或直接埋地，室外地沟敷设的管道，应有防止泄漏、积聚或窜入其他沟道的措施</td></tr>
<tr><td>应急处置原则</td><td>【急救措施】
吸入：迅速脱离现场至空气新鲜处。保持呼吸道通畅。如呼吸困难，给氧。如呼吸停止，立即进行人工呼吸。就医。
食入：饮足量温水，催吐。就医。
皮肤接触：脱去污染的衣着，用肥皂水或清水彻底冲洗皮肤。
眼睛接触：提起眼睑，用流动清水或生理盐水冲洗。就医。
【灭火方法】
喷水冷却容器，尽可能将容器从火场移至空旷处。处在火场中的容器若已变色或从安全泄压装置中产生声音，必须马上撤离。
灭火剂：泡沫、干粉、二氧化碳、砂土。用水灭火无效。
【泄漏应急处置】
消除所有点火源。根据液体流动和蒸气扩散的影响区域划定警戒区，无关人员从侧风、上风向撤离至安全区。建议应急处理人员戴正压自给式空气呼吸器，穿防毒、防静电服。作业时使用的所有设备应接地。禁止接触或跨越泄漏物。尽可能切断泄漏源。防止泄漏物进入水体、下水道、地下室或密闭性空间。
小量泄漏：用砂土或其他不燃材料吸收。使用洁净的无火花工具收集吸收材料。
大量泄漏：构筑围堤或挖坑收容。用泡沫覆盖，减少蒸发。喷水雾能减少蒸发，但不能降低泄漏物在受限制空间内的易燃性。用防爆泵转移至槽车或专用收集器内。作为一项紧急预防措施，泄漏隔离距离至少为50m。如果为大量泄漏，下风向的初始疏散距离应至少为300m</td></tr>
</table>

11. 甲苯

特别警示	高度易燃液体，用水灭火无效，不能使用直流水扑救
理化特性	无色透明液体，有芳香气味。不溶于水，与乙醇、乙醚、丙酮、氯仿等混溶。相对分子质量：92.14，熔点：-94.9℃，沸点：110.6℃，相对密度(水=1)：0.87，相对蒸气密度(空气=1)：3.14，临界压力：4.11MPa，临界温度：318.6℃，饱和蒸气压：3.8kPa(25℃)，折射率：1.4967，闪点：4℃，爆炸极限：1.2%~7.0%(体积比)，自燃温度：535℃，最小点火能：2.5mJ，最大爆炸压力：0.784MPa。 主要用途：主要用于掺和汽油组成及作为生产甲苯衍生物、炸药、染料中间体、药物等的主要原料
危害信息	【燃烧和爆炸危险性】 高度易燃，蒸气与空气能形成爆炸性混合物，遇明火、高热能引起燃烧爆炸。蒸气比空气重，能在较低处扩散到相当远的地方，遇火源会着火回燃和爆炸。 【健康危害】 短时间内吸入较高浓度本品表现为麻醉作用，重症者可有躁动、抽搐、昏迷。对眼和呼吸道有刺激作用。直接吸入肺内可引起吸入性肺炎。可出现明显的心脏损害。 职业接触限值：PC-TWA(时间加权平均容许浓度)(mg/m^3)，50(皮)；PC-STEL(短时间接触容许浓度)(mg/m^3)，100(皮)
安全措施	【一般要求】 操作人员必须经过专门培训，严格遵守操作规程。熟练掌握操作技能，具备应急处置知识。 操作应严加密闭。要求有局部排风设施和全面通风。 设置固定式可燃气体报警器，或配备便携式可燃气体报警器、宜增设有毒气体报警仪。采用防爆型的通风系统和设备。穿防静电工作服，戴橡胶防护手套。空气中浓度超标时，佩戴防毒面具。紧急事态抢救或撤离时，佩戴自给式呼吸器。选用无泄漏泵来输送本介质，如屏蔽泵或磁力泵输送。甲苯储罐采取人工脱水方式时，应增配检测有毒气体检测报警仪(固定式或便携式)。采样宜采用循环密闭采样系统。在作业现场应提供安全淋浴和洗眼设备。安全喷淋和洗眼器应在生产装置开车时进行校验。操作现场严禁吸烟。进入罐、限制性空间或其他高浓度区作业，须有人监护。 储罐等容器和设备应设置液位计、温度计，并应装有带液位、温度远传记录和报警功能的安全装置。 禁止与强氧化剂接触。 生产、储存区域应设置安全警示标志。在传送过程中，容器、管道必须接地和跨接，防止产生静电。输送过程中易产生静电积聚，相关防护知识应加强培训。 【特殊要求】 • *操作安全* (1)选用无泄漏泵来输送本介质，如屏蔽泵或磁力泵输送。甲苯储罐采取人工脱水方式时，应增配检测有毒气体检测报警仪(固定式的或便携式的)。采样宜采用循环密闭采样系统。设置必要的安全联锁及紧急排放系统，通风设施应每年进行一次检查。 (2)在生产企业设置DCS集散控制系统，同时设置安全联锁、紧急停车系统(ESD)以及正常及事故通风设施并独立设置。 (3)装置内配备防毒面具等防护用品，操作人员在操作、取样、检维修时宜佩戴防毒面具。装置区所有设备、泵以及管线的放净均排放到密闭排放系统，保证职工健康不受损害。 (4)介质为高温、有毒或强腐蚀性的设备及管线上的压力表与设备之间应有能隔离介质的装置或切断阀。另外，装置中的设备和管道应有惰性气体置换设施。 (5)充装时使用万向节管道充装系统，严防超装。 • *储存安全* (1)储存于阴凉、通风仓库内。远离火种、热源。库房温度不宜超过30℃。防止阳光直射，保持容器密封。 (2)应与氧化剂分开存放。储存间内的照明、通风等设施应采用防爆型。罐储时要有防火防爆技术措施。禁止使用易产生火花的机械设备和工具。灌装时应注意流速(不超过3m/s)，且有接地装置，防止静电积聚。搬运时要轻装轻卸，防止包装及容器损坏。

安全措施	(3)储罐采用金属浮舱式的浮顶或内浮顶罐。储罐应设固定或移动式消防冷却水系统。 (4)生产装置重要岗位如罐区设置工业电视监控。 (5)介质为高温、有毒或强腐蚀性的设备及管线上的压力表与设备之间应有能隔离介质的装置或切断阀。另外，装置中的甲、乙类设备和管道应有惰性气体置换设施。 • *运输安全* (1)运输车辆应有危险货物运输标志、安装具有行驶记录功能的卫星定位装置。未经公安机关批准，运输车辆不得进入危险化学品运输车辆限制通行的区域。 (2)槽车和运输卡车要有导静电拖线；槽车上要备有2只以上干粉或二氧化碳灭火器和防爆工具；要有遮阳措施，防止阳光直射。 (3)车辆运输钢瓶时，瓶口一律朝向车辆行驶方向的右方，堆放高度不得超过车辆的防护栏板，并用三角木垫卡牢，防止滚动。不准同车混装有抵触性质的物品和让无关人员搭车。运输途中远离火种，不准在有明火地点或人多地段停车，停车时要有人看管。发生泄漏或火灾要开到安全地方进行灭火或堵漏
应急处置原则	【急救措施】 吸入：迅速脱离现场至空气新鲜处。保持呼吸道通畅。如呼吸困难，给氧。 如呼吸停止，立即进行人工呼吸。就医。 食入：饮足量温水，催吐。就医。 皮肤接触：脱去污染的衣着，用肥皂水和清水彻底冲洗皮肤。 眼睛接触：提起眼睑，用流动清水或生理盐水冲洗。就医。 【灭火方法】 喷水冷却容器，尽可能将容器从火场移至空旷处。处在火场中的容器若已变色或从安全泄压装置中产生声音，必须马上撤离。 灭火剂：泡沫、干粉、二氧化碳、砂土。用水灭火无效。 【泄漏应急处置】 消除所有点火源。根据液体流动和蒸气扩散的影响区域划定警戒区，无关人员从侧风、上风向撤离至安全区。建议应急处理人员戴正压自给式空气呼吸器，穿防毒、防静电服。作业时使用的所有设备应接地。禁止接触或跨越泄漏物。尽可能切断泄漏源。防止泄漏物进入水体、下水道、地下室或密闭性空间。 小量泄漏：用砂土或其他不燃材料吸收。使用洁净的无火花工具收集吸收材料。 大量泄漏：构筑围堤或挖坑收容。用石灰粉吸收大量液体。用泡沫覆盖，减少蒸发。喷水雾能减少蒸发，但不能降低泄漏物在受限制空间内的易燃性。用防爆泵转移至槽车或专用收集器内。 作为一项紧急预防措施，泄漏隔离距离至少为50m。如果为大量泄漏，下风向的初始疏散距离应至少为300m

12. 1-丁烯

理化特性	中文名称：1-丁烯，英文名称：1-butylene；1-butene，外观与性状：无色无味压缩或液化气体，熔点：185.3℃，沸点：-6.47℃，闪点：-80℃，引燃温度：385℃，相对密度：0.577(25℃)(水=1)、1.93(空气=1)，毒性危害：级别、危害程度，爆炸极限(V%)：1.6~10.0，溶解性：不溶于水，微溶于苯，易溶于乙醇、乙醚，工作场所空气中容许浓度(mg/m^3)：MAC100，毒物侵入途径：吸入，物质危险性类别：第2.1类易燃气体，火灾危险类别：甲，组别：T2，危险货物编号：21019，UN编号：1012，CAS No.：106-98-9，包装类别：Ⅱ类包装，包装标志：易燃气体，包装方法：钢质气瓶；安瓿瓶外普通木箱
危险特性	易燃，与空气混合能形成爆炸性混合物，遇热源和明火有燃烧爆炸的危险。若遇高热，可发生聚合反应，放出大量热量而引起容器破裂和爆炸事故。与氧化剂接触猛烈反应。气体比空气重，沿地面扩散并易积存于低洼处，遇火源会着火回燃
消防措施	灭火方法：用雾状水、泡沫、二氧化碳、干粉灭火。 灭火注意事项及措施：切断气源。若不能切断气源，则不允许熄灭泄漏处的火焰。消防人员必须佩戴空气呼吸器、穿全身防火防毒服，在上风向灭火。尽可能将容器从火场移至空旷处。喷水保持火场容器冷却，直至灭火结束

健康危害	有轻度麻醉和刺激作用，并可引起窒息。 急性中毒出现黏膜刺激症状、嗜睡、血压稍升高、心率增快。高浓度吸入可引起窒息、昏迷
泄漏紧急处理	消除所有点火源。根据气体的影响区域划定警戒区，无关人员从侧风、上风向撤离至安全区。建议应急处理人员戴正压自给式呼吸器，穿防静电服。液化气体泄漏时穿防静电、防寒服。作业时使用的所有设备应接地。禁止接触或跨越泄漏物。尽可能切断泄漏源。若可能翻转容器，使之逸出气体而非液体。喷雾状水抑制蒸气或改变蒸气云流向，避免水流接触泄漏物。禁止用水直接冲击泄漏物或泄漏源。防止气体通过下水道、通风系统和密闭性空间扩散。隔离泄漏区直至气体散尽
运输注意事项	铁路运输时限使用耐压液化气企业自备罐车装运，装运前需报有关部门批准。采用钢瓶运输时必须戴好钢瓶上的安全帽。钢瓶一般平放，并应将瓶口朝同一方向，不可交叉；高度不得超过车辆的防护栏板，并用三角木垫卡牢，防止滚动。运输时运输车辆应配备相应品种和数量的消防器材。装运该物品的车辆排气管必须配备阻火装置，禁止使用易产生火花的机械设备和工具装卸。严禁与氧化剂、酸类、等混装混运。夏季应早晚运输，防止日光曝晒。中途停留时应远离火种、热源。公路运输时要按规定路线行驶，勿在居民区和人口稠密区停留。铁路运输时要禁止溜放
储存注意事项	储存于阴凉、通风的易燃气体专用库房。远离火种、热源。库温不宜超过30℃。应与氧化剂、酸类分开存放，切忌混储。采用防爆型照明、通风设施。禁止使用易产生火花的机械设备和工具。储区应备有泄漏应急处理设备

13. 戊烷

理化特性	中文名称：正戊烷；戊烷，英文名称：*n*-pentane；pentane，外观与性状：无色液体，有微弱的薄荷香味，熔点：-129.8℃，沸点：36.1℃，闪点：-49℃，引燃温度：260℃，相对密度0.63(水=1)、2.48(空气=1)，爆炸极限(V%)：1.5~7.8，溶解性：微溶于水，溶于乙醇、乙醚、丙酮、苯、氯仿、等多数有机溶剂，工作场所空气中容许浓度(mg/m^3)：MAC，PC-TWA：500，PC-STEL：1000，毒物侵入途径：吸入、食入，物质危险性类别：第3.1类低闪点易燃液体，火灾危险类别：甲$_B$，爆炸物质级别及组别：级别：ⅡA，组别：T3，危险货物编号：31002，UN编号：1265，CAS No.：109-66-0，包装类别：Ⅰ类包装，包装标志：易燃液体，包装方法：钢质气瓶；小开口钢桶；安瓿瓶外普通木箱；螺纹口玻璃瓶、铁盖压口玻璃瓶、塑料瓶或金属桶(罐)外普通木箱
危险特性	极易燃，其蒸气与空气可形成爆炸性混合物，遇明火、高热极易燃烧爆炸。与氧化剂接触发生强烈反应，甚至引起燃烧。液体比水轻，不溶于水，可随水漂流扩散到远处，遇明火即引起燃烧。在火场中，受热的容器有爆炸危险。蒸气比空气重，沿地面扩散并易积存于低洼处，遇火源会着火回燃
消防措施	灭火方法：用泡沫、二氧化碳、干粉、砂土灭火。 灭火注意事项及措施：消防人员必须佩戴空气呼吸器、穿全身防火防毒服，在上风向灭火。喷水冷却容器，可能的话将容器从火场移至空旷处。处在火场中的容器若已变色或从安全泄压装置中产生声音，必须马上撤离。用水灭火无效
健康危害	高浓度可引起眼与呼吸道黏膜轻度刺激症状和麻醉状态，甚至意识丧失。慢性作用为眼和呼吸道的轻度刺激。可引起轻度皮炎
泄漏紧急处理	消除所有点火源。根据液体流动和蒸气扩散的影响区域划定警戒区，无关人员从侧风、上风向撤离至安全区。建议应急处理人员戴正压自给式呼吸器，穿防静电服。作业时使用的所有设备应接地。禁止接触或跨越泄漏物。尽可能切断泄漏源。防止泄漏物进入水体、下水道、地下室或密闭性空间。小量泄漏：用砂土或其他不燃材料吸收。使用洁净的无火花工具收集吸收材料。大量泄漏：构筑围堤或挖坑收容。用飞尘或石灰粉吸收大量液体。用泡沫覆盖，减少蒸发。用防爆泵转移至槽车或专用收集器内

运输注意事项	运输时运输车辆应配备相应品种和数量的消防器材及泄漏应急处理设备。夏季最好早晚运输。运输时所用的槽(罐)车应有接地链，槽内可设孔隔板以减少震荡产生静电。严禁与氧化剂等混装混运。运输途中应防曝晒、雨淋，防高温。中途停留时应远离火种、热源、高温区。装运该物品的车辆排气管必须配备阻火装置，禁止使用易产生火花的机械设备和工具装卸。公路运输时要按规定路线行驶，勿在居民区和人口稠密区停留。铁路运输时要禁止溜放。严禁用木船、水泥船散装运输
储存注意事项	储存于阴凉、通风的库房。远离火种、热源。库温不宜超过29℃，保持容器密封。应与氧化剂分开存放，切忌混储。采用防爆型照明、通风设施。禁止使用易产生火花的机械设备和工具。储区应备有泄漏应急处理设备和合适的收容材料

14. 甲醇

特别警示	有毒液体，可引起失明、死亡
理化特性	无色透明的易挥发液体，有刺激性气味。溶于水，可混溶于乙醇、乙醚、酮类、苯等有机溶剂。相对分子质量：32.04，熔点：-97.8℃，沸点：64.7℃，相对密度(水=1)：0.79，相对蒸气密度(空气=1)：1.1，临界压力：7.95MPa，临界温度：240℃，饱和蒸气压：12.26kPa(20℃)，折射率：1.3288，闪点：11℃，爆炸极限：5.5%~44.0%(体积比)，自燃温度：464℃，最小点火能：0.215mJ。 主要用途：主要用于制甲醛、香精、染料、医药、火药、防冻剂、溶剂等
危害信息	【燃烧和爆炸危险性】 高度易燃，蒸气与空气能形成爆炸性混合物，遇明火、高热能引起燃烧爆炸。蒸气比空气重，能在较低处扩散到相当远的地方，遇火源会着火回燃和爆炸。 【健康危害】 易经胃肠道、呼吸道和皮肤吸收。 急性中毒：表现为头痛、眩晕、乏力、嗜睡和轻度意识障碍等，重者出现昏迷和癫痫样抽搐，直至死亡。引起代谢性酸中毒。甲醇可致视神经损害，重者引起失明。 慢性影响：主要为神经系统症状，有头晕、无力、眩晕、震颤性麻痹及视觉损害。皮肤反复接触甲醇溶液，可引起局部脱脂和皮炎。 解毒剂：口服乙醇或静脉输乙醇、碳酸氢钠、叶酸、4-甲基吡唑。 职业接触限值：PC-TWA(时间加权平均容许浓度)(mg/m^3)，25(皮)；PC-STEL(短时间接触容许浓度)(mg/m^3)：50(皮)
安全措施	【一般要求】 操作人员必须经过专门培训，严格遵守操作规程，熟练掌握操作技能，具备应急处置知识。 密闭操作，防止泄漏，加强通风。远离火种、热源，工作场所严禁吸烟。 使用防爆型的通风系统和设备。戴化学安全防护眼镜，穿防静电工作服，戴橡胶手套，建议操作人员佩戴过滤式防毒面具(半面罩)。 储罐等压力设备应设置压力表、液位计、温度计，并应装有带压力、液位、温度远传记录和报警功能的安全装置，避免与氧化剂、酸类、碱金属接触。 生产、储存区域应设置安全警示标志。灌装时应控制流速，且有接地装置，防止静电积聚。配备相应品种和数量的消防器材及泄漏应急处理设备。 【特殊要求】 • *操作安全* (1)打开甲醇容器前，应确定工作区通风良好且无火花或引火源存在；避免让释出的蒸气进入工作区的空气中。生产、储存甲醇的车间要有可靠的防火、防爆措施。一旦发生物品着火，应用干粉灭火器、二氧化碳灭火器、砂土灭火。

续表

<table>
<tr><td>安全措施</td><td>(2)设备罐内作业时注意以下事项：
——进入设备内作业，必须办理罐内作业许可证。入罐作业前必须严格执行安全隔离、清洗、置换的规定。做到物料不切断不进入；清洗置换不合格不进入；行灯不符合规定不进入；没有监护人员不进入；没有事故抢救后备措施不进入；
——入罐作业前30min取样分析，易燃易爆、有毒有害物质浓度及氧含量合格方可进入作业。视具体条件加强罐内通风；对通风不良环境，应采取间歇作业；
——在罐内动火作业，除了执行动火规定外，还必须符合罐内作业条件，有毒气体浓度低于国家规定值，严禁向罐内充氧。焊工离开作业罐时不准将焊(割)具留在罐内。
(3)生产设备的清洗污水及生产车间内部地坪的冲洗水须收入应急池，经处理合格后才可排放。
• 储存安全
(1)储存于阴凉、通风良好的专用库房或储罐内，远离火种、热源。库房温度不宜超过37℃，保持容器密封。
(2)应与氧化剂、酸类、碱金属等分开存放，切忌混储。采用防爆型照明、通风设施。禁止使用易产生火花的机械设备和工具。在甲醇储罐四周设置围堰，围堰的容积等于储罐的容积。储存区应备有泄漏应急处理设备和合适的收容材料。
(3)注意防雷、防静电，厂(车间)内的储罐应按《建筑物防雷设计规范》(GB 50057—2010)的规定设置防雷防静电设施。
• 运输安全
(1)运输车辆应有危险货物运输标志、安装具有行驶记录功能的卫星定位装置。未经公安机关批准，运输车辆不得进入危险化学品运输车辆限制通行的区域。
(2)甲醇装于专用的槽车(船)内运输，槽车(船)应定期清理；用其他包装容器运输时，容器须用盖密封。严禁与氧化剂、酸类、碱金属等混装混运。运输时运输车辆应配备2只以上干粉或二氧化碳灭火器和防爆工具。运输途中应防曝晒、防雨淋、防高温。不准在有明火地点或人多地段停车，高温季节应早晚运输。
(3)在使用汽车、手推车运输甲醇容器时，应轻装轻卸。严禁抛、滑、滚、碰。严禁用电磁起重机和链绳吊装搬运。装运时，应妥善固定。
(4)甲醇管道输送时，注意以下事项：
——甲醇管道架空敷设时，甲醇管道应敷设在非燃烧体的支架或栈桥上；在已敷设的甲醇管道下面，不得修建与甲醇管道无关的建筑物和堆放易燃物品；
——管道消除静电接地装置和防雷接地线，单独接地。防雷的接地电阻值不大于10Ω，防静电的接地电阻值不大于100Ω；
——甲醇管道不应靠近热源敷设；
——管道采用地上敷设时，应在人员活动较多和易遭车辆、外来物撞击的地段，采取保护措施并设置明显的警示标志；
——甲醇管道外壁颜色、标志应执行《工业管道的基本识别色、识别符号和安全标识》(GB 7231—2003)的规定；
——室内管道不应敷设在地沟中或直接埋地，室外地沟敷设的管道，应有防止泄漏、积聚或窜入其他沟道的措施</td></tr>
<tr><td>应急处置原则</td><td>【急救措施】
吸入：迅速脱离现场至空气新鲜处。保持呼吸道通畅。如呼吸困难，给氧。如呼吸停止，立即进行人工呼吸。就医。
食入：饮足量温水，催吐。用清水或1%硫代硫酸钠溶液洗胃。就医。
皮肤接触：脱去污染的衣着，用肥皂水和清水彻底冲洗皮肤。
眼睛接触：提起眼睑，用流动清水或生理盐水冲洗。就医。
【灭火方法】
尽可能将容器从火场移至空旷处。喷水保持火场容器冷却，直至灭火结束。处在火场中的容器若已变色或从安全泄压装置中产生声音，必须马上撤离。
灭火剂：抗溶性泡沫、干粉、二氧化碳、砂土。</td></tr>
</table>

续表

应急处置原则	【泄漏应急处置】 消除所有点火源。根据液体流动和蒸气扩散的影响区域划定警戒区，无关人员从侧风、上风向撤离至安全区。建议应急处理人员戴正压自给式空气呼吸器，穿防毒、防静电服。作业时使用的所有设备应接地。禁止接触或跨越泄漏物。尽可能切断泄漏源。防止泄漏物进入水体、下水道、地下室或密闭性空间。 小量泄漏：用砂土或其他不燃材料吸收。使用洁净的无火花工具收集吸收材料。 大量泄漏：构筑围堤或挖坑收容。用抗溶性泡沫覆盖，减少蒸发。喷水雾能减少蒸发，但不能降低泄漏物在受限制空间内的易燃性。用防爆泵转移至槽车或专用收集器内。喷雾状水驱散蒸气、稀释液体泄漏物。 作为一项紧急预防措施，泄漏隔离距离至少为50m。如果为大量泄漏，在初始隔离距离的基础上加大下风向的疏散距离

15. 硫化氢

特别警示	强烈的神经毒物，高浓度吸入可发生猝死，谨慎进入工业下水道(井)、污水井、取样点、化粪池、密闭容器，下敞开式、半敞开式坑、槽、罐、沟等危险场所；极易燃气体
理化特性	无色气体，低浓度时有臭鸡蛋味，高浓度时使嗅觉迟钝。溶于水、乙醇、甘油、二硫化碳。相对分子质量：34.08，熔点：-85.5℃，沸点：-60.7℃，相对密度(水=1)：1.539g/L，相对蒸气密度(空气=1)：1.19，临界压力：9.01MPa，临界温度：100.4℃，饱和蒸气压：2026.5kPa(25.5℃)，闪点：-60℃，爆炸极限：4.0%~46.0%(体积比)，自燃温度：260℃，最小点火能：0.077mJ，最大爆炸压力：0.490MPa。 主要用途：主要用于制造无机硫化物，还用作化学分析如鉴定金属离子
危害信息	【燃烧和爆炸危险性】 极易燃，与空气混合能形成爆炸性混合物，遇明火、高热能引起燃烧爆炸。气体比空气重，能在较低处扩散到相当远的地方，遇火源会着火回燃。 【活性反应】 与浓硝酸、发烟硝酸或其他强氧化剂剧烈反应可发生爆炸。 【健康危害】 本品是强烈的神经毒物，对黏膜有强烈刺激作用。 急性中毒：高浓度(1000mg/m^3上)吸入可发生闪电型死亡。严重中毒可留有神经、精神后遗症。急性中毒出现眼和呼吸道刺激症状，急性气管-支气管炎或支气管周围炎，支气管肺炎，头痛，头晕，乏力，恶心，意识障碍等。重者意识障碍程度达深昏迷或呈植物状态，出现肺水肿、多脏器衰竭。对眼和呼吸道有刺激作用。 慢性影响：长期接触低浓度的硫化氢，可引起神经衰弱综合征和植物神经功能紊乱等。 职业接触限值：MAC(最高容许浓度)(mg/m^3)：10
安全措施	【一般要求】 操作人员必须经过专门培训，严格遵守操作规程，熟练掌握操作技能，具备应急处置知识。 严加密闭，防止泄漏，工作场所建立独立的局部排风和全面通风，远离火种、热源。工作场所严禁吸烟。 硫化氢作业环境空气中硫化氢浓度要定期测定，并设置硫化氢泄漏检测报警仪，使用防爆型的通风系统和设备，配备两套以上重型防护服。戴化学安全防护眼镜，穿防静电工作服，戴防化学品手套，工作场所浓度超标时，操作人员应该佩戴过滤式防毒面具。 储罐等压力设备应设置压力表、液位计、温度计，并应装有带压力、液位、温度远传记录和报警功能的安全装置。设置整流装置与压力机、动力电源、管线压力、通风设施或相应的吸收装置的联锁装置。重点储罐等设置紧急切断设施。 避免与强氧化剂、碱类接触。 生产、储存区域应设置安全警示标志。防止气体泄漏到工作场所空气中。搬运时轻装轻卸，防止钢瓶及附件破损。配备相应品种和数量的消防器材及泄漏应急处理设备。 【特殊要求】 • *操作安全* (1)产生硫化氢的生产设备应尽量密闭。对含有硫化氢的废水、废气、废渣，要进行净化处理，达到排放标准后方可排放。

<table>
<tr><td>安全措施</td><td>(2)进入可能存在硫化氢的密闭容器、坑、窑、地沟等工作场所，应首先测定该场所空气中的硫化氢浓度，采取通风排毒措施，确认安全后方可操作。操作时做好个人防护措施，佩戴正压自给式空气呼吸器，使用便携式硫化氢检测报警仪，作业工人腰间缚以救护带或绳子。要设监护人员做好互保，发生异常情况立即救出中毒人员。
(3)脱水作业过程中操作人员不能离开现场，防止脱出大量的酸性气。脱出的酸性气要用氢氧化钙或氢氧化钠溶液中和，并有隔离措施，防止过路行人中毒。
• 储存安全
储存于阴凉、通风仓库内，库房温度不宜超过30℃。储罐远离火种、热源，防止阳光直射，保持容器密封。采用防爆型照明、通风设施。禁止使用易产生火花的机械设备和工具。储存区应备有泄漏应急处理设备。
• 运输安全
(1)运输车辆应有危险货物运输标志、安装具有行驶记录功能的卫星定位装置。未经公安机关批准，运输车辆不得进入危险化学品运输车辆限制通行的区域。夏季应早晚运输，防止日光曝晒。
(2)运输时运输车辆应配备相应品种和数量的消防器材。装运该物品的车辆排气管必须配备阻火装置，禁止使用易产生火花的机械设备和工具装卸。
(3)采用钢瓶运输时必须戴好钢瓶上的安全帽。钢瓶一般平放，瓶口一律朝向车辆行驶方向的右方，堆放高度不得超过车辆的防护栏板，并用三角木垫卡牢，防止滚动。严禁与氧化剂、碱类、食用化学品等混装混运。运输途中远离火种，不准在有明火地点或人多地段停车，停车时要有人看管。
(4)输送硫化氢的管道不应靠近热源敷设；管道采用地上敷设时，应在人员活动较多和易遭车辆、外来物撞击的地段，采取保护措施并设置明显的警示标志；硫化氢管道架空敷设时，管道应敷设在非燃烧体的支架或栈桥上。在已敷设的硫化氢管道下面，不得修建与硫化氢管道无关的建筑物和堆放易燃物品。硫化氢管道外壁颜色、标志应执行《工业管道的基本识别色、识别符号和安全标识》(GB 7231—2003)的规定</td></tr>
<tr><td>应急处置原则</td><td>【急救措施】
吸入：迅速脱离现场至空气新鲜处。保持呼吸道通畅。如呼吸困难，给氧。呼吸心跳停止时，立即进行人工呼吸和胸外心脏按压术。就医。
【灭火方法】
切断气源。若不能切断气源，则不允许熄灭泄漏处的火焰。喷水冷却容器，尽可能将容器从火场移至空旷处。灭火剂：雾状水、泡沫、二氧化碳、干粉。
【泄漏应急处置】
根据气体扩散的影响区域划定警戒区，无关人员从侧风、上风向撤离至安全区。消除所有点火源(泄漏区附近禁止吸烟、消除所有明火、火花或火焰)。
作业时所有设备应接地。应急处理人员戴正压自给式空气呼吸器，泄漏、未着火时应穿全封闭防化服。在保证安全的情况下堵漏。隔离泄漏区直至气体散尽。
隔离与疏散距离：小量泄漏，初始隔离30m，下风向疏散白天100m、夜晚100m；大量泄漏，初始隔离600m，下风向疏散白天3500m、夜晚8000m</td></tr>
</table>

16. 氨

特别警示	与空气能形成爆炸性混合物；吸入可引起中毒性肺水肿
理化特性	常温常压下为无色气体，有强烈的刺激性气味。20℃、891kPa下即可液化，并放出大量的热。液氨在温度变化时，体积变化的系数很大。溶于水、乙醇和乙醚。相对分子质量：17.03，熔点：-77.7℃，沸点：-33.5℃，气体密度：0.7708g/L，相对蒸气密度(空气=1)：0.59，相对密度(水=1)：0.7(-33℃)，临界压力：11.40MPa，临界温度：132.5℃，饱和蒸气压：1013kPa(26℃)，爆炸极限：15%~30.2%(体积比)，自燃温度：630℃，最大爆炸压力：0.580MPa。 主要用途：主要用作制冷剂及制取铵盐和氮肥

危害信息	【燃烧和爆炸危险性】 极易燃，能与空气形成爆炸性混合物，遇明火、高热引起燃烧爆炸。 【活性反应】 与氟、氯等接触会发生剧烈的化学反应。 【健康危害】 对眼、呼吸道黏膜有强烈刺激和腐蚀作用。急性氨中毒引起眼和呼吸道刺激症状，支气管炎或支气管周围炎、肺炎，重度中毒者可发生中毒性肺水肿。高浓度氨可引起反射性呼吸和心搏停止。可致眼和皮肤灼伤。 PC-TWA(时间加权平均容许浓度)(mg/m^3)：20；PC-STEL(短时间接触容许浓度)(mg/m^3)：30
安全措施	【一般要求】 操作人员必须经过专门培训，严格遵守操作规程，熟练掌握操作技能，具备应急处置知识。 严加密闭，防止泄漏，工作场所提供充分的局部排风和全面通风，远离火种、热源，工作场所严禁吸烟。 生产、使用氨气的车间及储氨场所应设置氨气泄漏检测报警仪，使用防爆型的通风系统和设备，应至少配备两套正压式空气呼吸器、长管式防毒面具、重型防护服等防护器具。戴化学安全防护眼镜，穿防静电工作服，戴橡胶手套。工作场所浓度超标时，操作人员应该佩戴过滤式防毒面具。可能接触液体时，应防止冻伤。 储罐等压力容器和设备应设置安全阀、压力表、液位计、温度计，并应装有带压力、液位、温度远传记录和报警功能的安全装置，设置整流装置与压力机、动力电源、管线压力、通风设施或相应的吸收装置的联锁装置。重点储罐需设置紧急切断装置。 避免与氧化剂、酸类、卤素接触。 生产、储存区域应设置安全警示标志。在传送过程中，钢瓶和容器必须接地和跨接，防止产生静电。搬运时轻装轻卸，防止钢瓶及附件破损。禁止使用电磁起重机和用链绳捆扎、或将瓶阀作为吊运着力点。配备相应品种和数量的消防器材及泄漏应急处理设备。 【特殊要求】 • *操作安全* (1)严禁利用氨气管道做电焊接地线。严禁用铁器敲击管道与阀体，以免引起火花。 (2)在含氨气环境中作业应采用以下防护措施： ——根据不同作业环境配备相应的氨气检测仪及防护装置，并落实人员管理，使氨气检测仪及防护装置处于备用状态； ——作业环境应设立风向标； ——供气装置的空气压缩机应置于上风侧； ——进行检修和抢修作业时，应携带氨气检测仪和正压式空气呼吸器。 (3)充装时，使用万向节管道充装系统，严防超装。 • *储存安全* (1)储存于阴凉、通风的专用库房。远离火种、热源。库房温度不宜超过30℃。 (2)与氧化剂、酸类、卤素、食用化学品分开存放，切忌混储。储罐远离火种、热源。采用防爆型照明、通风设施。禁止使用易产生火花的机械设备和工具。储存区应备有泄漏应急处理设备。 (3)液氨气瓶应放置在距工作场地至少5m以外的地方，并且通风良好。 (4)注意防雷、防静电，厂(车间)内的氨气储罐应按《建筑物防雷设计规范》(GB 50057—2010)的规定设置防雷、防静电设施。 • *运输安全* (1)运输车辆应有危险货物运输标志、安装具有行驶记录功能的卫星定位装置。未经公安机关批准，运输车辆不得进入危险化学品运输车辆限制通行的区域。 (2)槽车运输时要用专用槽车。槽车安装的阻火器(火星熄灭器)必须完好。槽车和运输卡车要有导静电拖线；槽车上要备有2只以上干粉或二氧化碳灭火器和防爆工具；防止阳光直射。

续表

安全措施	(3)车辆运输钢瓶时，瓶口一律朝向车辆行驶方向的右方，堆放高度不得超过车辆的防护栏板，并用三角木垫卡牢，防止滚动。不准同车混装有抵触性质的物品和让无关人员搭车。运输途中远离火种，不准在有明火地点或人多地段停车，停车时要有人看管。发生泄漏或火灾时要把车开到安全地方进行灭火或堵漏。 (4)输送氨的管道不应靠近热源敷设；管道采用地上敷设时，应在人员活动较多和易遭车辆、外来物撞击的地段，采取保护措施并设置明显的警示标志；氨管道架空敷设时，管道应敷设在非燃烧体的支架或栈桥上。在已敷设的氨管道下面，不得修建与氨管道无关的建筑物和堆放易燃物品；氨管道外壁颜色、标志应执行《工业管道的基本识别色、识别符号和安全标识》(GB 7231—2003)的规定
应急处置原则	【急救措施】 吸入：迅速脱离现场至空气新鲜处。保持呼吸道通畅。如呼吸困难，给氧。如呼吸停止，立即进行人工呼吸。就医。 皮肤接触：立即脱去污染的衣着，应用2%硼酸液或大量清水彻底冲洗。就医。 眼睛接触：立即提起眼睑，用大量流动清水或生理盐水彻底冲洗至少15min。就医。 【灭火方法】 消防人员必须穿全身防火防毒服，在上风向灭火。切断气源。若不能切断气源，则不允许熄灭泄漏处的火焰。喷水冷却容器，尽可能将容器从火场移至空旷处。 灭火剂：雾状水、抗溶性泡沫、二氧化碳、砂土。 【泄漏应急处置】 消除所有点火源。根据气体的影响区域划定警戒区，无关人员从侧风、上风向撤离至安全区。建议应急处理人员穿内置正压自给式空气呼吸器的全封闭防化服。如果是液化气体泄漏，还应注意防冻伤。禁止接触或跨越泄漏物。尽可能切断泄漏源。防止气体通过下水道、通风系统和密闭性空间扩散。若可能翻转容器，使之逸出气体而非液体。构筑围堤或挖坑收容液体泄漏物。用醋酸或其他稀酸中和。也可以喷雾状水稀释、溶解，同时构筑围堤或挖坑收容产生的大量废水。如有可能，将残余气或漏出气用排风机送至水洗塔或与塔相连的通风橱内。如果钢瓶发生泄漏，无法封堵时可浸入水中。储罐区最好设水或稀酸喷洒设施。隔离泄漏区直至气体散尽。漏气容器要妥善处理，修复、检验后再用。 隔离与疏散距离：小量泄漏，初始隔离30m，下风向疏散白天100m、夜晚200m；大量泄漏，初始隔离150m，下风向疏散白天800m、夜晚2300m

附录 7　安全仪表系统 SIL 定级分析记录表(参考)

7.1　乙烯裂解单元

(1) SIF1001 裂解炉炉膛原料进料压力低低联锁关燃料气切断阀

安全完整性等级定级表					
1. SIF 回路定级结果					
最终 SIL 级别	SIL1	风险降低倍数		15	
2. 危险事件评估					
分组 1					
后果描述(分组 1)	辐射段炉管出口温度上升，炉管结焦，严重时炉管烧坏破裂，物料泄漏发生炉膛火灾				
后果等级	健康与安全(S)	财产损失(A)	非财产性与社会影响(R)	环境影响(E)	
	D	D	C	C	
名称	**描述**	**频率/概率值**			
初始事件(1)	上游原料进料中断	0.1			
修正因子		S	A	R	E
使能条件					
条件概率	考虑点火概率				
	考虑人员暴露概率				
独立保护层					
裂解炉炉管出口设温度控制回路		0.1	0.1	0.1	0.1
裂解炉辐射段设原料进料压力报警、裂解炉横跨段温度报警、裂解炉出口 COT 温度报警、裂解炉炉膛原料进料流量报警		0.1	0.1	0.1	0.1
裂解炉炉管设稀释蒸汽进料		0.1	0.1	0.1	0.1
名称	**描述**	**频率/概率值**			
初始事件(2)	原料进料切断阀故障关闭	0.05			
修正因子		S	A	R	E
使能条件					
条件概率	考虑点火概率				
	考虑人员暴露概率				
独立保护层					
裂解炉辐射段设原料进料压力报警、裂解炉横跨段温度报警、裂解炉出口 COT 温度报警、裂解炉炉膛原料进料流量报警		0.1	0.1	0.1	0.1
裂解炉炉管出口设温度控制回路		0.1	0.1	0.1	0.1
裂解炉炉管设稀释蒸汽进料		0.1	0.1	0.1	0.1
SIF 回路频率计算					
未减缓前的累积发生频率		1.50E-004	1.50E-004	1.50E-004	1.50E-004
未减缓前的风险等级		**D4**	**D4**	**B4**	**B4**
目标风险等级		**D2**	**D3**	**B4**	**B4**
风险降低倍数(RRF≥)		15	1.5	0.15	0.15
SIL 级别		SIL1	SIL0	SIL0	SIL0
分组 1 SIL 级别		SIL1			
SIF 回路最终 SIL 级别		SIL1			

（2）SIF1002 裂解炉炉膛主燃料气压力低低联锁切断底部燃料气切断阀

安全完整性等级定级表					
1. SIF 回路定级结果					
最终 SIL 级别	SIL1		风险降低倍数	20	
2. 危险事件评估					
分组 1					
后果描述(分组 1)	燃料气火嘴熄灭，燃料气进入炉膛形成爆炸性混合气体，发生炉膛闪爆				
后果等级	健康与安全（S）	财产损失（A）	非财产性与社会影响(R)	环境影响（E）	
	D	C	B	B	
名称	**描述**	**频率/概率值**			
初始事件(1)	燃料气温度/压力控制回路故障	0.1			
修正因子		S	A	R	E
使能条件					
条件概率	考虑点火概率				
	考虑人员暴露概率				
独立保护层					
燃料气管线设压力低报警		0.1	0.1	0.1	0.1
裂解炉炉膛设置防爆门		0.1	0.1	0.1	0.1
裂解炉炉膛设长明灯		0.1	0.1	0.1	0.1
名称	**描述**	**频率/概率值**			
初始事件(2)	燃料气管网压力过低	0.01			
修正因子		S	A	R	E
使能条件					
条件概率	考虑点火概率				
	考虑人员暴露概率				
独立保护层					
主燃料气管线设压力低报警		0.1	0.1	0.1	0.1
裂解炉炉膛设置防爆门		0.1	0.1	0.1	0.1
SIF 回路频率计算					
未减缓前的累积发生频率		2.00E-004	2.00E-004	2.00E-004	2.00E-004
未减缓前的风险等级		**D4**	**C4**	**B4**	**B4**
目标风险等级		**D2**	**C4**	**B4**	**B4**
风险降低倍数(RRF≥)		20	0.2	0.2	0.2
SIL 级别		SIL1	SIL0	SIL0	SIL0
分组 1 SIL 级别		SIL1			

续表

分组 2					
后果描述(分组 2)	燃料气流量不足，燃料气管线发生回火				
后果等级	健康与安全(S)	财产损失(A)	非财产性与社会影响(R)	环境影响(E)	
	C	C	B	B	
名称	**描述**	**频率/概率值**			
初始事件(1)	燃料气管网压力过低	0.01			
修正因子		S	A	R	E
使能条件					
条件概率	考虑点火概率				
	考虑人员暴露概率				
独立保护层					
主燃料气管线设压力低报警		0.1	0.1	0.1	0.1
名称	**描述**	**频率/概率值**			
初始事件(2)	燃料气温度/压力控制回路故障	0.1			
修正因子		S	A	R	E
使能条件					
条件概率	考虑点火概率				
	考虑人员暴露概率				
独立保护层					
燃料气管线设压力低报警		0.1	0.1	0.1	0.1
SIF 回路频率计算					
未减缓前的累积发生频率		1.10E-002	1.10E-002	1.10E-002	1.10E-002
未减缓前的风险等级		**C6**	**C6**	**B6**	**B6**
目标风险等级		**C4**	**C5**	**B6**	**B6**
风险降低倍数(RRF≥)		11	1.1	0.11	0.11
SIL 级别		SIL1	SIL0	SIL0	SIL0
分组 2 SIL 级别		SIL1			
SIF 回路最终 SIL 级别		SIL1			

（3）SIF1003 裂解炉炉膛长明灯管线压力低低且炉膛横跨段温度低低联锁切断底部燃料气切断阀、长明灯燃料气切断阀

<table>
<tr><th colspan="6">安全完整性等级定级表</th></tr>
<tr><td colspan="6">1. SIF 回路定级结果</td></tr>
<tr><td>最终 SIL 级别</td><td colspan="2">SIL0</td><td>风险降低倍数</td><td colspan="2">10</td></tr>
<tr><td colspan="6">2. 危险事件评估</td></tr>
<tr><td colspan="6">分组 1</td></tr>
<tr><td>后果描述(分组 1)</td><td colspan="5">裂解炉炉膛火焰熄灭，严重时发生炉膛闪爆</td></tr>
<tr><td rowspan="2">后果等级</td><td>健康与安全
(S)</td><td>财产损失
(A)</td><td>非财产性与社会
影响(R)</td><td colspan="2">环境影响
(E)</td></tr>
<tr><td>D</td><td>C</td><td>B</td><td colspan="2">B</td></tr>
<tr><td>名称</td><td colspan="2">描述</td><td colspan="3">频率/概率值</td></tr>
<tr><td>初始事件(1)</td><td colspan="2">燃料气管网压力过低</td><td colspan="3">0.01</td></tr>
<tr><td colspan="2">修正因子</td><td>S</td><td>A</td><td>R</td><td>E</td></tr>
<tr><td colspan="2">使能条件</td><td></td><td></td><td></td><td></td></tr>
<tr><td rowspan="2">条件概率</td><td>考虑点火概率</td><td></td><td></td><td></td><td></td></tr>
<tr><td>考虑人员暴露概率</td><td></td><td></td><td></td><td></td></tr>
<tr><td colspan="6">独立保护层</td></tr>
<tr><td colspan="2">裂解炉炉膛设置防爆门</td><td>0.1</td><td>0.1</td><td>0.1</td><td>0.1</td></tr>
<tr><td colspan="2">裂解炉长明灯管线设压力报警</td><td>0.1</td><td>0.1</td><td>0.1</td><td>0.1</td></tr>
<tr><td colspan="6">SIF 回路频率计算</td></tr>
<tr><td colspan="2">未减缓前的累积发生频率</td><td>1.00E-004</td><td>1.00E-004</td><td>1.00E-004</td><td>1.00E-004</td></tr>
<tr><td colspan="2">未减缓前的风险等级</td><td>D3</td><td>C3</td><td>B3</td><td>B3</td></tr>
<tr><td colspan="2">目标风险等级</td><td>D2</td><td>C3</td><td>B3</td><td>B3</td></tr>
<tr><td colspan="2">风险降低倍数(RRF≥)</td><td>10</td><td>1</td><td>1</td><td>1</td></tr>
<tr><td colspan="2">SIL 级别</td><td>SIL0</td><td>SIL0</td><td>SIL0</td><td>SIL0</td></tr>
<tr><td colspan="2">分组 1 SIL 级别</td><td colspan="4">SIL0</td></tr>
<tr><td colspan="2">SIF 回路最终 SIL 级别</td><td colspan="4">SIL0</td></tr>
</table>

（4）SIF1004 裂解炉炉膛负压高高联锁切断底部燃料气切断阀

安全完整性等级定级表					
1. SIF 回路定级结果					
最终 SIL 级别	SIL2		风险降低倍数	110	
2. 危险事件评估					
分组 1					
后果描述(分组 1)	裂解炉炉膛负压升高，炉膛内火焰喷出，造成人员伤亡				
后果等级	健康与安全（S）	财产损失（A）	非财产性与社会影响(R)	环境影响（E）	
	D	C	B	B	
名称	**描述**	**频率/概率值**			
初始事件(1)	引风机压力控制回路故障导致变频转速过慢	0.1			
修正因子		S	A	R	E
使能条件					
条件概率	考虑点火概率				
	考虑人员暴露概率	0.1		0.1	
独立保护层					
裂解炉设炉膛氧含量报警/裂解炉炉膛设负压高报警		0.1	0.1	0.1	0.1
名称	**描述**	**频率/概率值**			
初始事件(2)	裂解炉炉管泄漏	0.01			
修正因子		S	A	R	E
使能条件					
条件概率	考虑点火概率				
	考虑人员暴露概率	0.1		0.1	
独立保护层					
裂解炉设炉膛氧含量报警/裂解炉炉膛设负压高报警		0.1	0.1	0.1	0.1
SIF 回路频率计算					
未减缓前的累积发生频率		1.10E-003	1.10E-002	1.10E-003	1.10E-002
未减缓前的风险等级		D5	C6	B5	B6
目标风险等级		D2	C5	B5	B6
风险降低倍数(RRF≥)		110	1.1	0.11	0.11
SIL 级别		SIL2	SIL0	SIL0	SIL0
分组 1 SIL 级别		SIL2			
SIF 回路最终 SIL 级别		SIL2			

（5）SIF1005 裂解炉炉膛急冷器出口温度高高联锁切断底部燃料气切断阀

<table>
<tr><th colspan="6">安全完整性等级定级表</th></tr>
<tr><td colspan="6">1. SIF 回路定级结果</td></tr>
<tr><td>最终 SIL 级别</td><td>SIL2</td><td colspan="2">风险降低倍数</td><td colspan="2">210</td></tr>
<tr><td colspan="6">2. 危险事件评估</td></tr>
<tr><td colspan="6">分组 1</td></tr>
<tr><td>后果描述(分组 1)</td><td colspan="5">造成急冷器后续管线及设备(燃料油汽提塔)超温损坏，裂解气泄漏，发生火灾，造成人员伤亡</td></tr>
<tr><td rowspan="2">后果等级</td><td>健康与安全
(S)</td><td>财产损失
(A)</td><td colspan="2">非财产性与社会
影响(R)</td><td>环境影响
(E)</td></tr>
<tr><td>D</td><td>C</td><td colspan="2">B</td><td>B</td></tr>
<tr><td>名称</td><td colspan="2">描述</td><td colspan="3">频率/概率值</td></tr>
<tr><td>初始事件(1)</td><td colspan="2">急冷油泵故障停机</td><td colspan="3">0.1</td></tr>
<tr><td colspan="3">修正因子</td><td>S</td><td>A</td><td>R</td></tr>
</table>

名称	描述	S	A	R	E
修正因子		S	A	R	E
使能条件					
条件概率	考虑点火概率				
	考虑人员暴露概率	0.1		0.1	
独立保护层					
急冷器急冷油进料流量低报警		0.1	0.1	0.1	0.1
名称	**描述**	**频率/概率值**			
初始事件(2)	自急冷换热器来的裂解气温度过高	0.01			
修正因子		S	A	R	E
使能条件					
条件概率	考虑点火概率				
	考虑人员暴露概率	0.1		0.1	
独立保护层					
急冷换热器出口设温度报警		0.1	0.1	0.1	0.1
名称	**描述**	**频率/概率值**			
初始事件(3)	急冷器出口温度控制回路故障	0.1			
修正因子		S	A	R	E
使能条件					
条件概率	考虑点火概率				
	考虑人员暴露概率	0.1		0.1	
独立保护层					
急冷器急冷油进料流量低报警		0.1	0.1	0.1	0.1
SIF 回路频率计算					
未减缓前的累积发生频率		2.10E-003	2.10E-002	2.10E-003	2.10E-002
未减缓前的风险等级		**D5**	**C6**	**B5**	**B6**
目标风险等级		**D2**	**C5**	**B5**	**B6**
风险降低倍数(RRF≥)		210	2.1	0.21	0.21
SIL 级别		SIL2	SIL0	SIL0	SIL0
分组 1 SIL 级别		SIL2			
SIF 回路最终 SIL 级别		SIL2			

(6) SIF1006 裂解炉对流段 SCR 反应器设温度低低联锁切断氨气进料阀

安全完整性等级定级表					
1. SIF 回路定级结果					
最终 SIL 级别	SIL0		风险降低倍数	1	
2. 危险事件评估					
分组 1					
后果描述(分组 1)	SCR 反应器反应不充分，排放烟气 NH_3 超标，造成环境污染，经济损失				
后果等级	健康与安全(S)	财产损失(A)	非财产性与社会影响(R)	环境影响(E)	
	A	B	A	A	
名称	**描述**	**频率/概率值**			
初始事件(1)	催化剂失活	0.1			
修正因子		S	A	R	E
使能条件					
条件概率	考虑点火概率				
	考虑人员暴露概率				
独立保护层					
裂解炉排放烟气设 NH_3 超限报警		0.1	0.1	0.1	0.1
名称	**描述**	**频率/概率值**			
初始事件(2)	烟气温度过低	0.1			
修正因子		S	A	R	E
使能条件					
条件概率	考虑点火概率				
	考虑人员暴露概率				
独立保护层					
裂解炉排放烟气设 NH_3 超限报警		0.1	0.1	0.1	0.1
SIF 回路频率计算					
未减缓前的累积发生频率		2.00E-002	2.00E-002	2.00E-002	2.00E-002
未减缓前的风险等级		A6	B6	A6	A6
目标风险等级		A6	B6	A6	A6
风险降低倍数(RRF≥)		0.2	0.2	0.2	0.2
SIL 级别		SIL0	SIL0	SIL0	SIL0
分组 1 SIL 级别		SIL0			
SIF 回路最终 SIL 级别		SIL0			

（7）SIF1007 裂解炉氨空混合器设工厂风进料流量低低联锁切断氨气进料阀

安全完整性等级定级表				
1. SIF 回路定级结果				
最终 SIL 级别	SIL0		风险降低倍数	1
2. 危险事件评估				
分组 1				
后果描述(分组 1)	SCR 反应器反应不充分，排放烟气 NH_3 超标，造成环境污染，经济损失			
后果等级	健康与安全(S)	财产损失(A)	非财产性与社会影响(R)	环境影响(E)
	A	B	A	A
名称	**描述**		**频率/概率值**	
初始事件(1)	工厂风进料流量控制回路故障		0.1	
修正因子	S	A	R	E
使能条件				
条件概率：考虑点火概率				
条件概率：考虑人员暴露概率				
独立保护层				
裂解炉排放烟气设 NH_3 超限报警	0.1	0.1	0.1	0.1
SIF 回路频率计算				
未减缓前的累积发生频率	1.00E-002	1.00E-002	1.00E-002	1.00E-002
未减缓前的风险等级	**A5**	**B5**	**A5**	**A5**
目标风险等级	**A5**	**B5**	**A5**	**A5**
风险降低倍数(RRF≥)	1	1	1	1
SIL 级别	SIL0	SIL0	SIL0	SIL0
分组 1 SIL 级别	SIL0			
SIF 回路最终 SIL 级别	SIL0			

（8）SIF1008 裂解炉 NH_3 管线周边设有毒气体检测高高联锁关闭氨气进料阀

安全完整性等级定级表						
1. SIF 回路定级结果						
最终 SIL 级别	SIL0		风险降低倍数		10	
2. 危险事件评估						
分组 1						
后果描述(分组 1)	NH_3 泄漏造成环境污染，人员伤害					
后果等级	健康与安全（S）	财产损失（A）	非财产性与社会影响(R)		环境影响（E）	
	C	C	B		B	
名称	**描述**		**频率/概率值**			
初始事件(1)	阀门本体泄漏、管线法兰及垫片腐蚀泄漏		0.01			
修正因子			S	A	R	E
使能条件						
条件概率	考虑点火概率					
	考虑人员暴露概率					
独立保护层						
SIF 回路频率计算						
未减缓前的累积发生频率			1.00E-002	1.00E-002	1.00E-002	1.00E-002
未减缓前的风险等级			**C5**	**C5**	**B5**	**B5**
目标风险等级			**C4**	**C5**	**B5**	**B5**
风险降低倍数(RRF≥)			10	1	1	1
SIL 级别			SIL0	SIL0	SIL0	SIL0
分组 1 SIL 级别			SIL0			
SIF 回路最终 SIL 级别			SIL0			

（9）SIF1009 裂解炉汽包液位低低联锁关闭底部燃料气切断阀

<table>
<tr><th colspan="6">安全完整性等级定级表</th></tr>
<tr><td colspan="6">1. SIF 回路定级结果</td></tr>
<tr><td>最终 SIL 级别</td><td>SIL2</td><td colspan="2">风险降低倍数</td><td colspan="2">160</td></tr>
<tr><td colspan="6">2. 危险事件评估</td></tr>
<tr><td colspan="6">分组 1</td></tr>
<tr><td>后果描述(分组 1)</td><td colspan="5">急冷换热器高温干锅，使废热锅炉损坏，二次进水时易导致汽包撕裂爆炸</td></tr>
<tr><td rowspan="2">后果等级</td><td>健康与安全
(S)</td><td>财产损失
(A)</td><td colspan="2">非财产性与社会
影响(R)</td><td>环境影响
(E)</td></tr>
<tr><td>D</td><td>C</td><td colspan="2">B</td><td>B</td></tr>
<tr><td>名称</td><td colspan="2">描述</td><td colspan="3">频率/概率值</td></tr>
<tr><td>初始事件(1)</td><td colspan="2">管网锅炉给水流量过低</td><td colspan="3">0.01</td></tr>
<tr><td colspan="3">修正因子</td><td>S</td><td>A</td><td>R</td></tr>
</table>

<table>
<tr><td colspan="2">修正因子</td><td>S</td><td>A</td><td>R</td><td>E</td></tr>
<tr><td colspan="2">使能条件：高温条件下二次进水概率</td><td>0.5</td><td>0.5</td><td>0.5</td><td>0.5</td></tr>
<tr><td rowspan="2">条件概率</td><td>考虑点火概率</td><td></td><td></td><td></td><td></td></tr>
<tr><td>考虑人员暴露概率</td><td></td><td></td><td></td><td></td></tr>
<tr><td colspan="6">独立保护层</td></tr>
<tr><td colspan="2">高压汽包设液位报警</td><td>0.1</td><td>0.1</td><td>0.1</td><td>0.1</td></tr>
<tr><td>名称</td><td>描述</td><td colspan="4">频率/概率值</td></tr>
<tr><td>初始事件(2)</td><td>急冷换热器或对流段锅炉给水管线泄漏</td><td colspan="4">0.01</td></tr>
<tr><td colspan="2">修正因子</td><td>S</td><td>A</td><td>R</td><td>E</td></tr>
<tr><td colspan="2">使能条件：高温条件下二次进水概率</td><td>0.5</td><td>0.5</td><td>0.5</td><td>0.5</td></tr>
<tr><td rowspan="2">条件概率</td><td>考虑点火概率</td><td></td><td></td><td></td><td></td></tr>
<tr><td>考虑人员暴露概率</td><td></td><td></td><td></td><td></td></tr>
<tr><td colspan="6">独立保护层</td></tr>
<tr><td colspan="2">高压汽包设液位报警</td><td>0.1</td><td>0.1</td><td>0.1</td><td>0.1</td></tr>
<tr><td>名称</td><td>描述</td><td colspan="4">频率/概率值</td></tr>
<tr><td>初始事件(3)</td><td>急冷换热器管程因腐蚀、热应力损坏等
原因导致大量泄漏</td><td colspan="4">0.001</td></tr>
<tr><td colspan="2">修正因子</td><td>S</td><td>A</td><td>R</td><td>E</td></tr>
<tr><td colspan="2">使能条件</td><td></td><td></td><td></td><td></td></tr>
<tr><td rowspan="2">条件概率</td><td>考虑点火概率</td><td></td><td></td><td></td><td></td></tr>
<tr><td>考虑人员暴露概率</td><td></td><td></td><td></td><td></td></tr>
<tr><td colspan="6">独立保护层</td></tr>
<tr><td colspan="2">急冷换热器入口材质及渗碳检测</td><td>1</td><td>1</td><td>1</td><td>1</td></tr>
</table>

续表

裂解炉炉膛出口高压汽包设液位报警		0.1	0.1	0.1	0.1
名称	**描述**	**频率/概率值**			
初始事件(4)	锅炉给水流量控制回路故障	0.01			
修正因子		S	A	R	E
使能条件：高温条件下二次进水概率		0.5	0.5	0.5	0.5
条件概率	考虑点火概率				
	考虑人员暴露概率				
独立保护层					
高压汽包设液位报警		0.1	0.1	0.1	0.1
锅炉给水阀最小流量限位保护		0.1	0.1	0.1	0.1
名称	**描述**	**频率/概率值**			
初始事件(5)	高压汽包液位控制回路故障	0.01			
修正因子		S	A	R	E
使能条件：高温条件下二次进水概率		0.5	0.5	0.5	0.5
条件概率	考虑点火概率				
	考虑人员暴露概率				
独立保护层					
高压汽包设液位报警		0.1	0.1	0.1	0.1
SIF 回路频率计算					
未减缓前的累积发生频率		1.60E-003	1.60E-003	1.60E-003	1.60E-003
未减缓前的风险等级		**D5**	**C5**	**B5**	**B5**
目标风险等级		**D2**	**C5**	**B5**	**B5**
风险降低倍数(RRF≥)		160	0.16	0.16	0.16
SIL 级别		SIL2	SIL0	SIL0	SIL0
分组 1 SIL 级别		SIL2			
SIF 回路最终 SIL 级别		SIL2			

（10）SIF1010 裂解炉超高压蒸汽过热段出口温度高高联锁关闭燃料气进料阀

安全完整性等级定级表					
1. SIF 回路定级结果					
最终 SIL 级别	SIL2		风险降低倍数	210	
2. 危险事件评估					
分组 1					
后果描述(分组 1)	高压汽包压力及温度升高，严重汽包及管线超压损坏，高温蒸汽泄漏，造成人员死亡				
后果等级	健康与安全（S）	财产损失（A）	非财产性与社会影响(R)	环境影响（E）	
	D	C	B	B	
名称	**描述**	**频率/概率值**			
初始事件(1)	人为误操作，超高压蒸汽并网阀未正常开启	0.1			
修正因子		S	A	R	E
使能条件					
条件概率	考虑点火概率				
	考虑人员暴露概率				
独立保护层					
高压汽包设安全阀		0.01	0.01	0.01	0.01
高压汽包设压力报警		0.1	0.1	0.1	0.1
名称	**描述**	**频率/概率值**			
初始事件(2)	炉膛烟气温度过高	0.1			
修正因子		S	A	R	E
使能条件					
条件概率	考虑点火概率				
	考虑人员暴露概率				
独立保护层					
超高压蒸汽过热段Ⅱ出口设温度报警		0.1	0.1	0.1	0.1
减温增湿器设锅炉补水温度控制回路		0.1	0.1	0.1	0.1
名称	**描述**	**频率/概率值**			
初始事件(3)	温度控制回路故障	0.1			
修正因子		S	A	R	E
使能条件					
条件概率	考虑点火概率				
	考虑人员暴露概率	0.1		0.1	
独立保护层					
超高压蒸汽流量/锅炉补水流量比例控制回路		0.1	0.1	0.1	0.1
SIF 回路频率计算					
未减缓前的累积发生频率		2.10E-003	1.10E-002	2.10E-003	1.10E-002
未减缓前的风险等级		**D5**	**C6**	**B5**	**B6**
目标风险等级		**D2**	**C5**	**B5**	**B6**
风险降低倍数(RRF≥)		210	1.1	0.21	0.11
SIL 级别		SIL2	SIL0	SIL0	SIL0
分组 1 SIL 级别		SIL2			
SIF 回路最终 SIL 级别		SIL2			

（11）SIF1011 裂解炉清焦空气管线设压力低低联锁调节稀释蒸汽进料阀

<table>
<tr><th colspan="6">安全完整性等级定级表</th></tr>
<tr><td colspan="6">1. SIF 回路定级结果</td></tr>
<tr><td>最终 SIL 级别</td><td colspan="2">SIL0</td><td colspan="1">风险降低倍数</td><td colspan="2">1</td></tr>
<tr><td colspan="6">2. 危险事件评估</td></tr>
<tr><td colspan="6">分组 1</td></tr>
<tr><td>后果描述(分组 1)</td><td colspan="5">炉管烧焦不充分，严重时裂解炉炉管内部超温，导致炉管损坏</td></tr>
<tr><td rowspan="2">后果等级</td><td>健康与安全
(S)</td><td>财产损失
(A)</td><td>非财产性与社会
影响(R)</td><td colspan="2">环境影响
(E)</td></tr>
<tr><td>A</td><td>B</td><td>A</td><td colspan="2">A</td></tr>
<tr><th>名称</th><th>描述</th><th colspan="4">频率/概率值</th></tr>
<tr><td>初始事件(1)</td><td>管网来的清焦空气压力低</td><td colspan="4">0.1</td></tr>
<tr><td colspan="2">修正因子</td><td>S</td><td>A</td><td>R</td><td>E</td></tr>
<tr><td colspan="2">使能条件</td><td></td><td></td><td></td><td></td></tr>
<tr><td rowspan="2">条件概率</td><td>考虑点火概率</td><td></td><td></td><td></td><td></td></tr>
<tr><td>考虑人员暴露概率</td><td></td><td></td><td></td><td></td></tr>
<tr><td>独立保护层</td><td colspan="5"></td></tr>
<tr><td colspan="2">裂解炉横跨段温度报警/裂解炉出口 COT 温度报警</td><td>0.1</td><td>0.1</td><td>0.1</td><td>0.1</td></tr>
<tr><th>名称</th><th>描述</th><th colspan="4">频率/概率值</th></tr>
<tr><td>初始事件(2)</td><td>清焦空气流量控制回路故障</td><td colspan="4">0.1</td></tr>
<tr><td colspan="2">修正因子</td><td>S</td><td>A</td><td>R</td><td>E</td></tr>
<tr><td colspan="2">使能条件</td><td></td><td></td><td></td><td></td></tr>
<tr><td rowspan="2">条件概率</td><td>考虑点火概率</td><td></td><td></td><td></td><td></td></tr>
<tr><td>考虑人员暴露概率</td><td></td><td></td><td></td><td></td></tr>
<tr><td>独立保护层</td><td colspan="5"></td></tr>
<tr><td colspan="2">裂解炉横跨段温度报警/裂解炉出口 COT 温度报警</td><td>0.1</td><td>0.1</td><td>0.1</td><td>0.1</td></tr>
<tr><td colspan="6">SIF 回路频率计算</td></tr>
<tr><td colspan="2">未减缓前的累积发生频率</td><td>2.00E-002</td><td>2.00E-002</td><td>2.00E-002</td><td>2.00E-002</td></tr>
<tr><td colspan="2">未减缓前的风险等级</td><td>A6</td><td>B6</td><td>A6</td><td>A6</td></tr>
<tr><td colspan="2">目标风险等级</td><td>A6</td><td>B6</td><td>A6</td><td>A6</td></tr>
<tr><td colspan="2">风险降低倍数(RRF≥)</td><td>0.2</td><td>0.2</td><td>0.2</td><td>0.2</td></tr>
<tr><td colspan="2">SIL 级别</td><td>SIL0</td><td>SIL0</td><td>SIL0</td><td>SIL0</td></tr>
<tr><td colspan="2">分组 1 SIL 级别</td><td colspan="4">SIL0</td></tr>
<tr><td colspan="2">SIF 回路最终 SIL 级别</td><td colspan="4">SIL0</td></tr>
</table>

7.2 急冷单元

（1）SIF2001 盘油循环泵出口设压力低低联锁启动备用泵

<table>
<tr><th colspan="6">安全完整性等级定级表</th></tr>
<tr><td colspan="6">1. SIF 回路定级结果</td></tr>
<tr><td>最终 SIL 级别</td><td colspan="2">SIL1</td><td>风险降低倍数</td><td colspan="2">11</td></tr>
<tr><td colspan="6">2. 危险事件评估</td></tr>
<tr><td colspan="6">分组 1</td></tr>
<tr><td>后果描述(分组 1)</td><td colspan="5">急冷油盘油段运行异常，急冷油塔顶出口裂解气温度高，影响急冷水塔正常运行</td></tr>
<tr><td rowspan="2">后果等级</td><td>健康与安全
(S)</td><td>财产损失
(A)</td><td>非财产性与社会
影响(R)</td><td colspan="2">环境影响
(E)</td></tr>
<tr><td>A</td><td>C</td><td>A</td><td colspan="2">A</td></tr>
<tr><td>名称</td><td colspan="2">描述</td><td colspan="3">频率/概率值</td></tr>
<tr><td>初始事件(1)</td><td colspan="2">盘油循环泵过滤器堵塞</td><td colspan="3">0.1</td></tr>
<tr><td colspan="2">修正因子</td><td>S</td><td>A</td><td>R</td><td>E</td></tr>
<tr><td colspan="2">使能条件</td><td></td><td></td><td></td><td></td></tr>
<tr><td rowspan="2">条件概率</td><td>考虑点火概率</td><td></td><td></td><td></td><td></td></tr>
<tr><td>考虑人员暴露概率</td><td></td><td></td><td></td><td></td></tr>
<tr><td colspan="6">独立保护层</td></tr>
<tr><td colspan="2">盘油循环泵过滤器设压差报警</td><td>0.1</td><td>0.1</td><td>0.1</td><td>0.1</td></tr>
<tr><td>名称</td><td colspan="2">描述</td><td colspan="3">频率/概率值</td></tr>
<tr><td>初始事件(2)</td><td colspan="2">盘油循环泵故障停机</td><td colspan="3">0.1</td></tr>
<tr><td colspan="2">修正因子</td><td>S</td><td>A</td><td>R</td><td>E</td></tr>
<tr><td colspan="2">使能条件</td><td></td><td></td><td></td><td></td></tr>
<tr><td rowspan="2">条件概率</td><td>考虑点火概率</td><td></td><td></td><td></td><td></td></tr>
<tr><td>考虑人员暴露概率</td><td></td><td></td><td></td><td></td></tr>
<tr><td colspan="6">独立保护层</td></tr>
<tr><td colspan="2">SIF 回路频率计算</td><td></td><td></td><td></td><td></td></tr>
<tr><td colspan="2">未减缓前的累积发生频率</td><td>1.10E-001</td><td>1.10E-001</td><td>1.10E-001</td><td>1.10E-001</td></tr>
<tr><td colspan="2">未减缓前的风险等级</td><td>A7</td><td>C7</td><td>A7</td><td>A7</td></tr>
<tr><td colspan="2">目标风险等级</td><td>A6</td><td>C5</td><td>A6</td><td>A6</td></tr>
<tr><td colspan="2">风险降低倍数(RRF≥)</td><td>1.1</td><td>11</td><td>1.1</td><td>1.1</td></tr>
<tr><td colspan="2">SIL 级别</td><td>SIL0</td><td>SIL1</td><td>SIL0</td><td>SIL0</td></tr>
<tr><td colspan="2">分组 1 SIL 级别</td><td colspan="4">SIL1</td></tr>
<tr><td colspan="2">SIF 回路最终 SIL 级别</td><td colspan="4">SIL1</td></tr>
</table>

（2）SIF2002 急冷油循环泵出口压力低联锁启动备用泵

安全完整性等级定级表					
1. SIF 回路定级结果					
最终 SIL 级别	SIL1		风险降低倍数	22	
2. 危险事件评估					
分组 1					
后果描述(分组 1)	急冷油循环中断，影响乙烯装置正常运行				
后果等级	健康与安全（S）	财产损失（A）	非财产性与社会影响（R）	环境影响（E）	
	A	C	A	A	
名称	**描述**	**频率/概率值**			
初始事件(1)	急冷油过滤器堵塞	0.1			
修正因子		S	A	R	E
使能条件					
条件概率	考虑点火概率				
	考虑人员暴露概率				
独立保护层					
名称	**描述**	**频率/概率值**			
初始事件(2)	急冷油循环泵入口烃隔离阀故障关闭	0.01			
修正因子		S	A	R	E
使能条件					
条件概率	考虑点火概率				
	考虑人员暴露概率				
独立保护层					
名称	**描述**	**频率/概率值**			
初始事件(3)	急冷油副过滤器堵塞	0.1			
修正因子		S	A	R	E
使能条件					
条件概率	考虑点火概率				
	考虑人员暴露概率				
独立保护层					
名称	**描述**	**频率/概率值**			
初始事件(4)	急冷油循环泵出口电动阀故障关闭	0.01			
修正因子		S	A	R	E
使能条件					
条件概率	考虑点火概率				
	考虑人员暴露概率				
独立保护层					
SIF 回路频率计算					
未减缓前的累积发生频率		2.20E-001	2.20E-001	2.20E-001	2.20E-001
未减缓前的风险等级		**A7**	**C7**	**A7**	**A7**
目标风险等级		**A6**	**C5**	**A6**	**A6**
风险降低倍数(RRF≥)		2.2	22	2.2	2.2
SIL 级别		SIL0	SIL1	SIL0	SIL0
分组 1 SIL 级别		SIL1			
SIF 回路最终 SIL 级别		SIL1			

（3）SIF2003 急冷水塔设压力低低联锁开启补压阀

安全完整性等级定级表					
1. SIF 回路定级结果					
最终 SIL 级别	SIL0		风险降低倍数	10	
2. 危险事件评估					
分组 1					
后果描述(分组 1)	急冷水塔负压，严重时空气进入急冷水塔或管线，内部形成爆炸性气体环境，遇点火源发生火灾爆炸				
后果等级	健康与安全(S)	财产损失(A)	非财产性与社会影响(R)	环境影响(E)	
	D	E	C	C	
名称	**描述**	**频率/概率值**			
初始事件(1)	裂解炉故障停炉，导致负荷降低	0.1			
修正因子		S	A	R	E
使能条件					
条件概率	考虑点火概率				
	考虑人员暴露概率				
独立保护层					
压缩机设自身机组保护		0.1	0.1	0.1	0.1
急冷水塔设压力低控制回路		0.1	0.1	0.1	0.1
急冷水(急冷油等塔)采用半真空设计		0.1	0.1	0.1	0.1
SIF 回路频率计算					
未减缓前的累积发生频率		1.00E-004	1.00E-004	1.00E-004	1.00E-004
未减缓前的风险等级		**D3**	**E3**	**C3**	**C3**
目标风险等级		**D2**	**E2**	**C3**	**C3**
风险降低倍数(RRF≥)		10	10	1	1
SIL 级别		SIL0	SIL0	SIL0	SIL0
分组 1 SIL 级别		SIL0			
分组 2					
后果描述(分组 2)	裂解气压缩机入口压力低，导致压缩机损坏				
后果等级	健康与安全(S)	财产损失(A)	非财产性与社会影响(R)	环境影响(E)	
	A	D	A	A	
名称	**描述**	**频率/概率值**			
初始事件(1)	裂解炉故障停炉，导致负荷降低	0.1			
修正因子		S	A	R	E

续表

使能条件					
条件概率	考虑点火概率				
	考虑人员暴露概率				
独立保护层					
压缩机设自身机组保护		0.1	0.1	0.1	0.1
急冷水塔设压力低控制回路		0.1	0.1	0.1	0.1
SIF 回路频率计算					
未减缓前的累积发生频率		1.00E-003	1.00E-003	1.00E-003	1.00E-003
未减缓前的风险等级		**A4**	**D4**	**A4**	**A4**
目标风险等级		**A4**	**D3**	**A4**	**A4**
风险降低倍数(RRF≥)		1	10	1	1
SIL 级别		SIL0	SIL0	SIL0	SIL0
分组 2 SIL 级别		SIL0			
SIF 回路最终 SIL 级别		SIL0			

（4）SIF2004 急冷水循环泵出口设压力低联锁启备泵

<table>
<tr><td colspan="6">安全完整性等级定级表</td></tr>
<tr><td colspan="6">1. SIF 回路定级结果</td></tr>
<tr><td>最终 SIL 级别</td><td>SIL0</td><td colspan="2">风险降低倍数</td><td colspan="2">1</td></tr>
<tr><td colspan="6">2. 危险事件评估</td></tr>
<tr><td colspan="6">分组 1</td></tr>
<tr><td>后果描述(分组 1)</td><td colspan="5">急冷水循环泵抽空损坏，影响急冷水循环系统正常运行</td></tr>
<tr><td rowspan="2">后果等级</td><td>健康与安全
(S)</td><td>财产损失
(A)</td><td colspan="2">非财产性与社会
影响(R)</td><td>环境影响
(E)</td></tr>
<tr><td>A</td><td>C</td><td colspan="2">A</td><td>A</td></tr>
<tr><td>名称</td><td colspan="2">描述</td><td colspan="3">频率/概率值</td></tr>
<tr><td>初始事件(1)</td><td colspan="2">急冷水循环泵入口电动阀故障关闭</td><td colspan="3">0.01</td></tr>
<tr><td colspan="3">修正因子</td><td>S</td><td>A</td><td>R</td><td>E</td></tr>
<tr><td colspan="3">使能条件</td><td></td><td></td><td></td><td></td></tr>
<tr><td rowspan="2">条件概率</td><td colspan="2">考虑点火概率</td><td></td><td></td><td></td><td></td></tr>
<tr><td colspan="2">考虑人员暴露概率</td><td></td><td></td><td></td><td></td></tr>
<tr><td colspan="7">独立保护层</td></tr>
<tr><td colspan="3">泵入口阀门铅封开设计</td><td>0.1</td><td>0.1</td><td>0.1</td><td>0.1</td></tr>
<tr><td colspan="7">SIF 回路频率计算</td></tr>
<tr><td colspan="3">未减缓前的累积发生频率</td><td>1.00E-003</td><td>1.00E-003</td><td>1.00E-003</td><td>1.00E-003</td></tr>
<tr><td colspan="3">未减缓前的风险等级</td><td>A4</td><td>C4</td><td>A4</td><td>A4</td></tr>
<tr><td colspan="3">目标风险等级</td><td>A4</td><td>C4</td><td>A4</td><td>A4</td></tr>
<tr><td colspan="3">风险降低倍数(RRF≥)</td><td>1</td><td>1</td><td>1</td><td>1</td></tr>
<tr><td colspan="3">SIL 级别</td><td>SIL0</td><td>SIL0</td><td>SIL0</td><td>SIL0</td></tr>
<tr><td colspan="3">分组 1 SIL 级别</td><td colspan="4">SIL0</td></tr>
<tr><td colspan="3">SIF 回路最终 SIL 级别</td><td colspan="4">SIL0</td></tr>
</table>

(5) SIF2005 急冷油塔回流泵出口设压力低联锁启备泵

<table>
<tr><th colspan="6">安全完整性等级定级表</th></tr>
<tr><td colspan="6">**1. SIF 回路定级结果**</td></tr>
<tr><td>最终 SIL 级别</td><td>SIL0</td><td colspan="2">风险降低倍数</td><td colspan="2">1</td></tr>
<tr><td colspan="6">**2. 危险事件评估**</td></tr>
<tr><td colspan="6">**分组 1**</td></tr>
<tr><td>后果描述(分组 1)</td><td colspan="5">急冷水沉降槽满液，急冷水沉降槽油水分离效果差，工艺水带油，影响工艺水系统正常运行</td></tr>
<tr><td rowspan="2">后果等级</td><td>健康与安全
(S)</td><td>财产损失
(A)</td><td>非财产性与社会
影响(R)</td><td colspan="2">环境影响
(E)</td></tr>
<tr><td>A</td><td>B</td><td>A</td><td colspan="2">A</td></tr>
<tr><td>**名称**</td><td colspan="2">**描述**</td><td colspan="3">**频率/概率值**</td></tr>
<tr><td>初始事件(1)</td><td colspan="2">急冷油塔回流泵故障关闭</td><td colspan="3">0.1</td></tr>
<tr><td colspan="2">修正因子</td><td>S</td><td>A</td><td>R</td><td>E</td></tr>
<tr><td colspan="2">使能条件</td><td></td><td></td><td></td><td></td></tr>
<tr><td rowspan="2">条件概率</td><td>考虑点火概率</td><td></td><td></td><td></td><td></td></tr>
<tr><td>考虑人员暴露概率</td><td></td><td></td><td></td><td></td></tr>
<tr><td colspan="6">独立保护层</td></tr>
<tr><td colspan="2">急冷水沉降槽设油相液位报警</td><td>0.1</td><td>0.1</td><td>0.1</td><td>0.1</td></tr>
<tr><td colspan="6">**SIF 回路频率计算**</td></tr>
<tr><td colspan="2">未减缓前的累积发生频率</td><td>1.00E-002</td><td>1.00E-002</td><td>1.00E-002</td><td>1.00E-002</td></tr>
<tr><td colspan="2">未减缓前的风险等级</td><td>A5</td><td>B5</td><td>A5</td><td>A5</td></tr>
<tr><td colspan="2">目标风险等级</td><td>A5</td><td>B5</td><td>A5</td><td>A5</td></tr>
<tr><td colspan="2">风险降低倍数(RRF≥)</td><td>1</td><td>1</td><td>1</td><td>1</td></tr>
<tr><td colspan="2">**SIL 级别**</td><td>SIL0</td><td>SIL0</td><td>SIL0</td><td>SIL0</td></tr>
<tr><td colspan="2">分组 1 SIL 级别</td><td colspan="4">SIL0</td></tr>
<tr><td colspan="2">**SIF 回路最终 SIL 级别**</td><td colspan="4">SIL0</td></tr>
</table>

（6）SIF2006 工艺水泵出口压力低低联锁启备用泵

<table>
<tr><th colspan="6">安全完整性等级定级表</th></tr>
<tr><td colspan="6">**1. SIF 回路定级结果**</td></tr>
<tr><td>最终 SIL 级别</td><td>SIL0</td><td colspan="2">风险降低倍数</td><td colspan="2">1</td></tr>
<tr><td colspan="6">**2. 危险事件评估**</td></tr>
<tr><td colspan="6">**分组 1**</td></tr>
<tr><td>后果描述(分组 1)</td><td colspan="5">急冷水沉降槽满液，水相进入急冷水沉降槽汽油侧，造成急冷油塔回流泵运行波动，工艺水进料异常，影响工艺水汽提塔正常运行</td></tr>
<tr><td rowspan="2">后果等级</td><td>健康与安全
(S)</td><td>财产损失
(A)</td><td colspan="2">非财产性与社会影响(R)</td><td>环境影响
(E)</td></tr>
<tr><td>A</td><td>C</td><td colspan="2">A</td><td>A</td></tr>
<tr><td>**名称**</td><td colspan="2">**描述**</td><td colspan="3">**频率/概率值**</td></tr>
<tr><td>初始事件(1)</td><td colspan="2">工艺水泵故障停机(水相界位高)</td><td colspan="3">0.1</td></tr>
<tr><td colspan="2">修正因子</td><td>S</td><td>A</td><td>R</td><td>E</td></tr>
<tr><td colspan="2">使能条件</td><td></td><td></td><td></td><td></td></tr>
<tr><td rowspan="2">条件概率</td><td>考虑点火概率</td><td></td><td></td><td></td><td></td></tr>
<tr><td>考虑人员暴露概率</td><td></td><td></td><td></td><td></td></tr>
<tr><td colspan="6">独立保护层</td></tr>
<tr><td colspan="2">急冷水沉降槽汽油抽出段设界位报警</td><td>0.1</td><td>0.1</td><td>0.1</td><td>0.1</td></tr>
<tr><td colspan="6">**SIF 回路频率计算**</td></tr>
<tr><td colspan="2">未减缓前的累积发生频率</td><td>1.00E-002</td><td>1.00E-002</td><td>1.00E-002</td><td>1.00E-002</td></tr>
<tr><td colspan="2">未减缓前的风险等级</td><td>**A5**</td><td>**C5**</td><td>**A5**</td><td>**A5**</td></tr>
<tr><td colspan="2">目标风险等级</td><td>**A5**</td><td>**C5**</td><td>**A5**</td><td>**A5**</td></tr>
<tr><td colspan="2">风险降低倍数(RRF≥)</td><td>1</td><td>1</td><td>1</td><td>1</td></tr>
<tr><td colspan="2">**SIL 级别**</td><td>SIL0</td><td>SIL0</td><td>SIL0</td><td>SIL0</td></tr>
<tr><td colspan="2">分组 1 SIL 级别</td><td colspan="4">SIL0</td></tr>
<tr><td colspan="2">**SIF 回路最终 SIL 级别**</td><td colspan="4">SIL0</td></tr>
</table>

(7) SIF2007 稀释蒸汽发生器进料泵设压力低低联锁启备泵

<table>
<tr><th colspan="6">安全完整性等级定级表</th></tr>
<tr><td colspan="6">1. SIF 回路定级结果</td></tr>
<tr><td>最终 SIL 级别</td><td colspan="2">SIL0</td><td colspan="2">风险降低倍数</td><td>1</td></tr>
<tr><td colspan="6">2. 危险事件评估</td></tr>
<tr><td colspan="6">分组 1</td></tr>
<tr><td>后果描述(分组 1)</td><td colspan="5">稀释蒸汽发生量低，严重时稀释蒸汽中断，影响裂解炉正常运行</td></tr>
<tr><td rowspan="2">后果等级</td><td>健康与安全
(S)</td><td>财产损失
(A)</td><td colspan="2">非财产性与社会
影响(R)</td><td>环境影响
(E)</td></tr>
<tr><td>A</td><td>C</td><td colspan="2">A</td><td>A</td></tr>
<tr><td>名称</td><td colspan="2">描述</td><td colspan="3">频率/概率值</td></tr>
<tr><td>初始事件(1)</td><td colspan="2">稀释蒸汽发生器进料泵故障停机</td><td colspan="3">0.1</td></tr>
<tr><td colspan="2">修正因子</td><td>S</td><td>A</td><td>R</td><td>E</td></tr>
<tr><td colspan="2">使能条件</td><td></td><td></td><td></td><td></td></tr>
<tr><td rowspan="2">条件概率</td><td>考虑点火概率</td><td></td><td></td><td></td><td></td></tr>
<tr><td>考虑人员暴露概率</td><td></td><td></td><td></td><td></td></tr>
<tr><td colspan="6">独立保护层</td></tr>
<tr><td colspan="2">稀释蒸汽发生罐设液位报警</td><td>0.1</td><td>0.1</td><td>0.1</td><td>0.1</td></tr>
<tr><td colspan="2">稀释蒸汽出口管线设压力控制回路</td><td>0.1</td><td>0.1</td><td>0.1</td><td>0.1</td></tr>
<tr><td colspan="6">SIF 回路频率计算</td></tr>
<tr><td colspan="2">未减缓前的累积发生频率</td><td>1.00E-003</td><td>1.00E-003</td><td>1.00E-003</td><td>1.00E-003</td></tr>
<tr><td colspan="2">未减缓前的风险等级</td><td>A4</td><td>C4</td><td>A4</td><td>A4</td></tr>
<tr><td colspan="2">目标风险等级</td><td>A4</td><td>C4</td><td>A4</td><td>A4</td></tr>
<tr><td colspan="2">风险降低倍数(RRF≥)</td><td>1</td><td>1</td><td>1</td><td>1</td></tr>
<tr><td colspan="2">SIL 级别</td><td>SIL0</td><td>SIL0</td><td>SIL0</td><td>SIL0</td></tr>
<tr><td colspan="2">分组 1 SIL 级别</td><td colspan="4">SIL0</td></tr>
<tr><td colspan="2">SIF 回路最终 SIL 级别</td><td colspan="4">SIL0</td></tr>
</table>

（8）SIF2008 冲洗油泵出口设压力低低联锁启备泵

安全完整性等级定级表					
1. SIF 回路定级结果					
最终 SIL 级别	SIL0		风险降低倍数	10	
2. 危险事件评估					
分组 1					
后果描述(分组 1)	冲洗油中断，导致机泵运行异常，严重时乙烯装置停车				
后果等级	健康与安全（S）	财产损失（A）	非财产性与社会影响(R)	环境影响（E）	
	A	C	A	A	
名称	**描述**		**频率/概率值**		
初始事件(1)	冲洗油泵故障停机		0. 1		
修正因子			S	A	R	E
使能条件						
条件概率	考虑点火概率					
	考虑人员暴露概率					
独立保护层						
SIF 回路频率计算						
未减缓前的累积发生频率		1. 00E-001	1. 00E-001	1. 00E-001	1. 00E-001
未减缓前的风险等级		**A6**	**C6**	**A6**	**A6**
目标风险等级		**A6**	**C5**	**A6**	**A6**
风险降低倍数(RRF≥)		1	10	1	1
SIL 级别		SIL0	SIL0	SIL0	SIL0
分组 1 SIL 级别		SIL0			
SIF 回路最终 SIL 级别		SIL0			

7.3 压缩单元

(1) SIF3001 裂解气压缩机一段出口管线温度高高联锁停压缩机

安全完整性等级定级表						
1. SIF 回路定级结果						
最终 SIL 级别	SIL1		风险降低倍数		100	
2. 危险事件评估						
分组 1						
后果描述(分组 1)	如压缩机继续运行可能会造成压缩机一段轴瓦损坏					
后果等级	健康与安全(S)	财产损失(A)	非财产性与社会影响(R)		环境影响(E)	
	A	D	A		A	
名称	**描述**		**频率/概率值**			
初始事件(1)	上游来的裂解气温度高		0.1			
修正因子			S	A	R	E
使能条件						
条件概率	考虑点火概率					
	考虑人员暴露概率					
独立保护层						
裂解气压缩机一段出口管线温度报警及人员响应			0.1	0.1	0.1	0.1
SIF 回路频率计算						
未减缓前的累积发生频率			1.00E-002	1.00E-002	1.00E-002	1.00E-002
未减缓前的风险等级			A5	D5	A5	A5
目标风险等级			A5	D3	A5	A5
风险降低倍数(RRF≥)			1	100	1	1
SIL 级别			SIL0	SIL1	SIL0	SIL0
分组 1 SIL 级别			SIL1			
SIF 回路最终 SIL 级别			SIL1			

(2) SIF3002 裂解气压缩机一段吸入罐液位高高联锁停压缩机

安全完整性等级定级表					
1. SIF 回路定级结果					
最终 SIL 级别	SIL2		风险降低倍数	120	
2. 危险事件评估					
分组 1					
后果描述(分组 1)	严重时可能会导致裂解气压缩机一段吸入罐液位过高或满罐，可能造成压缩机一段带液损坏，造成经济损失				
后果等级	健康与安全(S)	财产损失(A)	非财产性与社会影响(R)	环境影响(E)	
	A	D	A	A	
名称	**描述**		**频率/概率值**		
初始事件(1)	一段吸入罐液位控制回路故障		0.1		
修正因子		S	A	R	E
使能条件					
条件概率	考虑点火概率				
	考虑人员暴露概率				
独立保护层					
压缩机一段吸入罐液位高报警		0.1	0.1	0.1	0.1
名称	**描述**		**频率/概率值**		
初始事件(2)	上游来料量大		0.1		
修正因子		S	A	R	E
使能条件					
条件概率	考虑点火概率				
	考虑人员暴露概率				
独立保护层					
裂解气压缩机一段液位高，启动备用泵		0.1	0.1	0.1	0.1
压缩机一段吸入罐液位高报警		0.1	0.1	0.1	0.1
名称	**描述**		**频率/概率值**		
初始事件(3)	一段吸入罐底泵故障停运		0.1		
修正因子		S	A	R	E
使能条件					
条件概率	考虑点火概率				
	考虑人员暴露概率				
独立保护层					
裂解气压缩机一段液位高，启动备用泵		0.1	0.1	0.1	0.1
压缩机一段吸入罐液位高报警		0.1	0.1	0.1	0.1
SIF 回路频率计算					
未减缓前的累积发生频率		1.20E-002	1.20E-002	1.20E-002	1.20E-002
未减缓前的风险等级		**A6**	**D6**	**A6**	**A6**
目标风险等级		**A6**	**D3**	**A6**	**A6**
风险降低倍数(RRF≥)		0.12	120	0.12	0.12
SIL 级别		SIL0	SIL2	SIL0	SIL0
分组 1 SIL 级别		SIL2			
SIF 回路最终 SIL 级别		SIL2			

（3）SIF3003 裂解气压缩机二段排出温度高高联锁停压缩机

<table>
<tr><th colspan="7">安全完整性等级定级表</th></tr>
<tr><td colspan="7">1. SIF 回路定级结果</td></tr>
<tr><td>最终 SIL 级别</td><td colspan="2">SIL1</td><td colspan="2">风险降低倍数</td><td colspan="2">100</td></tr>
<tr><td colspan="7">2. 危险事件评估</td></tr>
<tr><td colspan="7">分组 1</td></tr>
<tr><td>后果描述(分组 1)</td><td colspan="6">如压缩机继续运行可能会造成压缩机二段轴瓦损坏</td></tr>
<tr><td rowspan="2">后果等级</td><td>健康与安全
(S)</td><td>财产损失
(A)</td><td colspan="2">非财产性与社会
影响(R)</td><td colspan="2">环境影响
(E)</td></tr>
<tr><td>A</td><td>D</td><td colspan="2">A</td><td colspan="2">A</td></tr>
<tr><td>名称</td><td colspan="2">描述</td><td colspan="4">频率/概率值</td></tr>
<tr><td>初始事件(1)</td><td colspan="2">裂解气压缩机一段后冷器换热效果差或
冷却循环水故障中断</td><td colspan="4">0. 1</td></tr>
<tr><td colspan="3">修正因子</td><td>S</td><td>A</td><td>R</td><td>E</td></tr>
<tr><td colspan="3">使能条件</td><td></td><td></td><td></td><td></td></tr>
<tr><td rowspan="2">条件概率</td><td colspan="2">考虑点火概率</td><td></td><td></td><td></td><td></td></tr>
<tr><td colspan="2">考虑人员暴露概率</td><td></td><td></td><td></td><td></td></tr>
<tr><td colspan="7">独立保护层</td></tr>
<tr><td colspan="3">裂解气压缩机二段排出流程设置有温度远传指示及报警</td><td>0. 1</td><td>0. 1</td><td>0. 1</td><td>0. 1</td></tr>
<tr><td colspan="7">SIF 回路频率计算</td></tr>
<tr><td colspan="3">未减缓前的累积发生频率</td><td>1. 00E-002</td><td>1. 00E-002</td><td>1. 00E-002</td><td>1. 00E-002</td></tr>
<tr><td colspan="3">未减缓前的风险等级</td><td>A5</td><td>D5</td><td>A5</td><td>A5</td></tr>
<tr><td colspan="3">目标风险等级</td><td>A5</td><td>D3</td><td>A5</td><td>A5</td></tr>
<tr><td colspan="3">风险降低倍数(RRF≥)</td><td>1</td><td>100</td><td>1</td><td>1</td></tr>
<tr><td colspan="3">SIL 级别</td><td>SIL0</td><td>SIL1</td><td>SIL0</td><td>SIL0</td></tr>
<tr><td colspan="3">分组 1 SIL 级别</td><td colspan="4">SIL1</td></tr>
<tr><td colspan="3">SIF 回路最终 SIL 级别</td><td colspan="4">SIL1</td></tr>
</table>

（4）SIF3004 裂解气压缩机二段吸入罐液位高高联锁停压缩机

安全完整性等级定级表					
1. SIF 回路定级结果					
最终 SIL 级别	SIL2	风险降低倍数		110	
2. 危险事件评估					
分组 1					
后果描述(分组 1)	严重时可能会导致裂解气压缩机二段吸入罐液位过高或满罐，可能造成压缩机二段带液损坏，造成经济损失				
后果等级	健康与安全(S)	财产损失(A)	非财产性与社会影响(R)	环境影响(E)	
	A	D	A	A	
名称	**描述**	**频率/概率值**			
初始事件(1)	裂解气压缩机二段吸入罐液位控制回路故障	0.1			
修正因子		S	A	R	E
使能条件					
条件概率	考虑点火概率				
	考虑人员暴露概率				
独立保护层					
压缩机二段吸入罐液位高报警		0.1	0.1	0.1	0.1
名称	**描述**	**频率/概率值**			
初始事件(2)	二段吸入罐底泵故障停运	0.1			
修正因子		S	A	R	E
使能条件					
条件概率	考虑点火概率				
	考虑人员暴露概率				
独立保护层	是否满足：是				
二段吸入罐罐液位高联锁，备用泵自启		0.1	0.1	0.1	0.1
压缩机二段吸入罐液位高报警		0.1	0.1	0.1	0.1
SIF 回路频率计算					
未减缓前的累积发生频率		1.10E-002	1.10E-002	1.10E-002	1.10E-002
未减缓前的风险等级		**A6**	**D6**	**A6**	**A6**
目标风险等级		**A6**	**D3**	**A6**	**A6**
风险降低倍数(RRF≥)		0.11	110	0.11	0.11
SIL 级别		SIL0	SIL2	SIL0	SIL0
分组 1 SIL 级别		SIL2			
SIF 回路最终 SIL 级别		SIL2			

（5）SIF3005 裂解气压缩机三段出口管线温度高高联锁停压缩机

<table>
<tr><th colspan="7">安全完整性等级定级表</th></tr>
<tr><td colspan="7">1. SIF 回路定级结果</td></tr>
<tr><td>最终 SIL 级别</td><td colspan="2">SIL1</td><td colspan="2">风险降低倍数</td><td colspan="2">100</td></tr>
<tr><td colspan="7">2. 危险事件评估</td></tr>
<tr><td colspan="7">分组 1</td></tr>
<tr><td>后果描述(分组 1)</td><td colspan="6">如压缩机继续运行可能会造成压缩机三段轴瓦损坏</td></tr>
<tr><td rowspan="2">后果等级</td><td>健康与安全
(S)</td><td>财产损失
(A)</td><td colspan="2">非财产性与社会
影响(R)</td><td colspan="2">环境影响
(E)</td></tr>
<tr><td>A</td><td>D</td><td colspan="2">A</td><td colspan="2">A</td></tr>
<tr><td>名称</td><td colspan="2">描述</td><td colspan="4">频率/概率值</td></tr>
<tr><td>初始事件(1)</td><td colspan="2">裂解气压缩机二段后冷器换热效果差或
冷却循环水故障中断</td><td colspan="4">0. 1</td></tr>
<tr><td colspan="3">修正因子</td><td>S</td><td>A</td><td>R</td><td>E</td></tr>
<tr><td colspan="3">使能条件</td><td></td><td></td><td></td><td></td></tr>
<tr><td rowspan="2">条件概率</td><td colspan="2">考虑点火概率</td><td></td><td></td><td></td><td></td></tr>
<tr><td colspan="2">考虑人员暴露概率</td><td></td><td></td><td></td><td></td></tr>
<tr><td colspan="7">独立保护层</td></tr>
<tr><td colspan="3">裂解气压缩机三段出口管线温度报警</td><td>0. 1</td><td>0. 1</td><td>0. 1</td><td>0. 1</td></tr>
<tr><td colspan="7">SIF 回路频率计算</td></tr>
<tr><td colspan="3">未减缓前的累积发生频率</td><td>1. 00E-002</td><td>1. 00E-002</td><td>1. 00E-002</td><td>1. 00E-002</td></tr>
<tr><td colspan="3">未减缓前的风险等级</td><td>A5</td><td>D5</td><td>A5</td><td>A5</td></tr>
<tr><td colspan="3">目标风险等级</td><td>A5</td><td>D3</td><td>A5</td><td>A5</td></tr>
<tr><td colspan="3">风险降低倍数(RRF≥)</td><td>1</td><td>100</td><td>1</td><td>1</td></tr>
<tr><td colspan="3">SIL 级别</td><td>SIL0</td><td>SIL1</td><td>SIL0</td><td>SIL0</td></tr>
<tr><td colspan="3">分组 1 SIL 级别</td><td colspan="4">SIL1</td></tr>
<tr><td colspan="3">SIF 回路最终 SIL 级别</td><td colspan="4">SIL1</td></tr>
</table>

（6）SIF3006 裂解气压缩机三段吸入罐液位高高联锁停压缩机

<table>
<tr><th colspan="6">安全完整性等级定级表</th></tr>
<tr><td colspan="6">1. SIF 回路定级结果</td></tr>
<tr><td>最终 SIL 级别</td><td>SIL1</td><td colspan="2">风险降低倍数</td><td colspan="2">100</td></tr>
<tr><td colspan="6">2. 危险事件评估</td></tr>
<tr><td colspan="6">分组 1</td></tr>
<tr><td>后果描述(分组 1)</td><td colspan="5">严重时可能会导致裂解气压缩机三段吸入罐液位过高或满罐，可能造成压缩机三段带液损坏，造成经济损失</td></tr>
<tr><td rowspan="2">后果等级</td><td>健康与安全
(S)</td><td>财产损失
(A)</td><td colspan="2">非财产性与社会影响(R)</td><td>环境影响
(E)</td></tr>
<tr><td>A</td><td>D</td><td colspan="2">A</td><td>A</td></tr>
<tr><td>名称</td><td colspan="2">描述</td><td colspan="3">频率/概率值</td></tr>
<tr><td>初始事件(1)</td><td colspan="2">裂解气压缩机三段吸入罐液位控制回路故障</td><td colspan="3">0.1</td></tr>
<tr><td colspan="2">修正因子</td><td>S</td><td>A</td><td>R</td><td>E</td></tr>
<tr><td colspan="2">使能条件</td><td></td><td></td><td></td><td></td></tr>
<tr><td rowspan="2">条件概率</td><td>考虑点火概率</td><td></td><td></td><td></td><td></td></tr>
<tr><td>考虑人员暴露概率</td><td></td><td></td><td></td><td></td></tr>
<tr><td colspan="6">独立保护层</td></tr>
<tr><td colspan="2">裂解气压缩机三段吸入罐液位报警</td><td>0.1</td><td>0.1</td><td>0.1</td><td>0.1</td></tr>
<tr><td colspan="6">SIF 回路频率计算</td></tr>
<tr><td colspan="2">未减缓前的累积发生频率</td><td>1.00E-002</td><td>1.00E-002</td><td>1.00E-002</td><td>1.00E-002</td></tr>
<tr><td colspan="2">未减缓前的风险等级</td><td>A5</td><td>D5</td><td>A5</td><td>A5</td></tr>
<tr><td colspan="2">目标风险等级</td><td>A5</td><td>D3</td><td>A5</td><td>A5</td></tr>
<tr><td colspan="2">风险降低倍数(RRF≥)</td><td>1</td><td>100</td><td>1</td><td>1</td></tr>
<tr><td colspan="2">SIL 级别</td><td>SIL0</td><td>SIL1</td><td>SIL0</td><td>SIL0</td></tr>
<tr><td colspan="2">分组 1 SIL 级别</td><td colspan="4">SIL1</td></tr>
<tr><td colspan="2">SIF 回路最终 SIL 级别</td><td colspan="4">SIL1</td></tr>
</table>

（7）SIF3007 裂解气压缩机四段出口管线温度高高联锁停压缩机

<table>
<tr><td colspan="6">安全完整性等级定级表</td></tr>
<tr><td colspan="6">1. SIF 回路定级结果</td></tr>
<tr><td>最终 SIL 级别</td><td colspan="2">SIL1</td><td colspan="2">风险降低倍数</td><td>100</td></tr>
<tr><td colspan="6">2. 危险事件评估</td></tr>
<tr><td colspan="6">分组 1</td></tr>
<tr><td>后果描述(分组 1)</td><td colspan="5">如压缩机继续运行可能会造成压缩机四段轴瓦损坏</td></tr>
<tr><td rowspan="2">后果等级</td><td>健康与安全
(S)</td><td>财产损失
(A)</td><td colspan="2">非财产性与社会
影响(R)</td><td>环境影响
(E)</td></tr>
<tr><td>A</td><td>D</td><td colspan="2">A</td><td>A</td></tr>
<tr><td>名称</td><td colspan="2">描述</td><td colspan="3">频率/概率值</td></tr>
<tr><td>初始事件(1)</td><td colspan="2">裂解气压缩机三段后冷器换热效果差或
冷却循环水故障中断</td><td colspan="3">0.1</td></tr>
</table>

<table>
<tr><td colspan="2">修正因子</td><td>S</td><td>A</td><td>R</td><td>E</td></tr>
<tr><td colspan="2">使能条件</td><td></td><td></td><td></td><td></td></tr>
<tr><td rowspan="2">条件概率</td><td>考虑点火概率</td><td></td><td></td><td></td><td></td></tr>
<tr><td>考虑人员暴露概率</td><td></td><td></td><td></td><td></td></tr>
<tr><td colspan="6">独立保护层</td></tr>
<tr><td colspan="2">裂解气压缩机四段出口管线温度报警及人员响应</td><td>0.1</td><td>0.1</td><td>0.1</td><td>0.1</td></tr>
<tr><td colspan="6">SIF 回路频率计算</td></tr>
<tr><td colspan="2">未减缓前的累积发生频率</td><td>1.00E-002</td><td>1.00E-002</td><td>1.00E-002</td><td>1.00E-002</td></tr>
<tr><td colspan="2">未减缓前的风险等级</td><td>A5</td><td>D5</td><td>A5</td><td>A5</td></tr>
<tr><td colspan="2">目标风险等级</td><td>A5</td><td>D3</td><td>A5</td><td>A5</td></tr>
<tr><td colspan="2">风险降低倍数(RRF≥)</td><td>1</td><td>100</td><td>1</td><td>1</td></tr>
<tr><td colspan="2">SIL 级别</td><td>SIL0</td><td>SIL1</td><td>SIL0</td><td>SIL0</td></tr>
<tr><td colspan="2">分组 1 SIL 级别</td><td colspan="4">SIL1</td></tr>
<tr><td colspan="2">SIF 回路最终 SIL 级别</td><td colspan="4">SIL1</td></tr>
</table>

（8）SIF3008 裂解气压缩机四段吸入罐液位高高联锁停压缩机

<table>
<tr><th colspan="6">安全完整性等级定级表</th></tr>
<tr><td colspan="6">1. SIF 回路定级结果</td></tr>
<tr><td>最终 SIL 级别</td><td>SIL1</td><td colspan="2">风险降低倍数</td><td colspan="2">100</td></tr>
<tr><td colspan="6">2. 危险事件评估</td></tr>
<tr><td colspan="6">分组 1</td></tr>
<tr><td>后果描述(分组 1)</td><td colspan="5">严重时可能会导致裂解气压缩机四段吸入罐液位过高或满罐，可能造成压缩机四段带液损坏，造成经济损失</td></tr>
<tr><td rowspan="2">后果等级</td><td>健康与安全
(S)</td><td>财产损失
(A)</td><td colspan="2">非财产性与社会影响(R)</td><td>环境影响
(E)</td></tr>
<tr><td>A</td><td>D</td><td colspan="2">A</td><td>A</td></tr>
<tr><td>名称</td><td colspan="2">描述</td><td colspan="3">频率/概率值</td></tr>
<tr><td>初始事件(1)</td><td colspan="2">裂解气压缩机四段吸入罐液位控制回路故障</td><td colspan="3">0.1</td></tr>
<tr><td colspan="2">修正因子</td><td>S</td><td>A</td><td>R</td><td>E</td></tr>
<tr><td colspan="2">使能条件</td><td></td><td></td><td></td><td></td></tr>
<tr><td rowspan="2">条件概率</td><td>考虑点火概率</td><td></td><td></td><td></td><td></td></tr>
<tr><td>考虑人员暴露概率</td><td></td><td></td><td></td><td></td></tr>
<tr><td colspan="6">独立保护层</td></tr>
<tr><td colspan="2">裂解气压缩机四段吸入罐液位报警</td><td>0.1</td><td>0.1</td><td>0.1</td><td>0.1</td></tr>
<tr><td colspan="6">SIF 回路频率计算</td></tr>
<tr><td colspan="2">未减缓前的累积发生频率</td><td>1.00E-002</td><td>1.00E-002</td><td>1.00E-002</td><td>1.00E-002</td></tr>
<tr><td colspan="2">未减缓前的风险等级</td><td>A5</td><td>D5</td><td>A5</td><td>A5</td></tr>
<tr><td colspan="2">目标风险等级</td><td>A5</td><td>D3</td><td>A5</td><td>A5</td></tr>
<tr><td colspan="2">风险降低倍数(RRF≥)</td><td>1</td><td>100</td><td>1</td><td>1</td></tr>
<tr><td colspan="2">SIL 级别</td><td>SIL0</td><td>SIL1</td><td>SIL0</td><td>SIL0</td></tr>
<tr><td colspan="2">分组 1 SIL 级别</td><td colspan="4">SIL1</td></tr>
<tr><td colspan="2">SIF 回路最终 SIL 级别</td><td colspan="4">SIL1</td></tr>
</table>

（9）SIF3009 裂解气压缩机五段出口管线温度高高联锁停压缩机

<table>
<tr><th colspan="5">安全完整性等级定级表</th></tr>
<tr><td colspan="5">**1. SIF 回路定级结果**</td></tr>
<tr><td>最终 SIL 级别</td><td>SIL2</td><td colspan="2">风险降低倍数</td><td>200</td></tr>
<tr><td colspan="5">**2. 危险事件评估**</td></tr>
<tr><td colspan="5">**分组 1**</td></tr>
<tr><td>后果描述(分组 1)</td><td colspan="4">压缩机超温，压力升高，导致压缩机损坏</td></tr>
<tr><td rowspan="2">后果等级</td><td>健康与安全
(S)</td><td>财产损失
(A)</td><td>非财产性与社会
影响(R)</td><td>环境影响
(E)</td></tr>
<tr><td>C</td><td>D</td><td>A</td><td>A</td></tr>
<tr><td>**名称**</td><td>**描述**</td><td colspan="3">**频率/概率值**</td></tr>
<tr><td>初始事件(1)</td><td>丙烯冷量回收器出口温度控制
回路故障，冷剂量大</td><td colspan="3">0.1</td></tr>
<tr><td colspan="2">修正因子</td><td>S</td><td>A</td><td>R</td><td>E</td></tr>
<tr><td colspan="2">使能条件</td><td></td><td></td><td></td><td></td></tr>
<tr><td rowspan="2">条件概率</td><td>考虑点火概率</td><td></td><td></td><td></td><td></td></tr>
<tr><td>考虑人员暴露概率</td><td></td><td></td><td></td><td></td></tr>
<tr><td colspan="6">独立保护层</td></tr>
<tr><td colspan="2">压缩机五段温度报警及人员响应</td><td>0.1</td><td>0.1</td><td>0.1</td><td>0.1</td></tr>
<tr><td>**名称**</td><td>**描述**</td><td colspan="4">**频率/概率值**</td></tr>
<tr><td>初始事件(2)</td><td>压缩机五段出口返回五段入口量大</td><td colspan="4">0.1</td></tr>
<tr><td colspan="2">修正因子</td><td>S</td><td>A</td><td>R</td><td>E</td></tr>
<tr><td colspan="2">使能条件</td><td></td><td></td><td></td><td></td></tr>
<tr><td rowspan="2">条件概率</td><td>考虑点火概率</td><td></td><td></td><td></td><td></td></tr>
<tr><td>考虑人员暴露概率</td><td></td><td></td><td></td><td></td></tr>
<tr><td colspan="6">独立保护层</td></tr>
<tr><td colspan="2">压缩机五段温度报警及人员响应</td><td>0.1</td><td>0.1</td><td>0.1</td><td>0.1</td></tr>
<tr><td colspan="6">**SIF 回路频率计算**</td></tr>
<tr><td colspan="2">未减缓前的累积发生频率</td><td>2.00E-002</td><td>2.00E-002</td><td>2.00E-002</td><td>2.00E-002</td></tr>
<tr><td colspan="2">未减缓前的风险等级</td><td>C6</td><td>D6</td><td>A6</td><td>A6</td></tr>
<tr><td colspan="2">目标风险等级</td><td>C4</td><td>D3</td><td>A6</td><td>A6</td></tr>
<tr><td colspan="2">风险降低倍数(RRF≥)</td><td>20</td><td>200</td><td>0.2</td><td>0.2</td></tr>
<tr><td colspan="2">**SIL 级别**</td><td>SIL1</td><td>SIL2</td><td>SIL0</td><td>SIL0</td></tr>
<tr><td colspan="2">分组 1 SIL 级别</td><td colspan="4">SIL2</td></tr>
<tr><td colspan="2">**SIF 回路最终 SIL 级别**</td><td colspan="4">SIL2</td></tr>
</table>

（10）SIF3010压缩机轴承振动高高联锁停机

安全完整性等级定级表					
1. SIF 回路定级结果					
最终 SIL 级别	SIL0		风险降低倍数	2.5	
2. 危险事件评估					
分组 1					
后果描述(分组 1)	动静部件磨损，机组转子等部件剧烈振动，造成机组损坏				
后果等级	健康与安全(S)	财产损失(A)	非财产性与社会影响(R)	环境影响(E)	
	A	C	A	A	
名称	**描述**		**频率/概率值**		
初始事件(1)	转子不平衡(叶轮结垢、轴弯曲)		0.01		
修正因子		S	A	R	E
使能条件					
条件概率	考虑点火概率				
	考虑人员暴露概率				
独立保护层					
名称	**描述**		**频率/概率值**		
初始事件(2)	润滑油压力低造成润滑效果差		0.1		
修正因子		S	A	R	E
使能条件					
条件概率	考虑点火概率				
	考虑人员暴露概率				
独立保护层					
压缩机润滑油总管压力低/联锁启备泵		0.05	0.05	0.05	0.05
名称	**描述**		**频率/概率值**		
初始事件(3)	叶轮或轴承安装不到位		0.01		
修正因子		S	A	R	E
使能条件					
条件概率	考虑点火概率				
	考虑人员暴露概率				
独立保护层					
SIF 回路频率计算					
未减缓前的累积发生频率		2.50E-002	2.50E-002	2.50E-002	2.50E-002
未减缓前的风险等级		**A6**	**C6**	**A6**	**A6**
目标风险等级		**A6**	**C5**	**A6**	**A6**
风险降低倍数(RRF≥)		0.25	2.5	0.25	0.25
SIL 级别		SIL0	SIL0	SIL0	SIL0
分组 1 SIL 级别		SIL0			
SIF 回路最终 SIL 级别		SIL0			

（11）SIF3011 压缩机轴承位移高高联锁停机

安全完整性等级定级表				
1. SIF 回路定级结果				
最终 SIL 级别	SIL0		风险降低倍数	3
2. 危险事件评估				
分组 1				
后果描述(分组 1)	机组油封泄漏，污染环境，机组停机			
后果等级	健康与安全(S)	财产损失(A)	非财产性与社会影响(R)	环境影响(E)
	A	C	A	A
名称	**描述**	**频率/概率值**		
初始事件(1)	止推轴承故障	0.01		
修正因子		S	A	R	E
使能条件					
条件概率	考虑点火概率				
	考虑人员暴露概率				
独立保护层					
名称	**描述**	**频率/概率值**		
初始事件(2)	止推轴承或推力瓦安装不到位	0.01		
修正因子		S	A	R	E
使能条件					
条件概率	考虑点火概率				
	考虑人员暴露概率				
独立保护层					
名称	**描述**	**频率/概率值**		
初始事件(3)	轴向力过大	0.01		
修正因子		S	A	R	E
使能条件					
条件概率	考虑点火概率				
	考虑人员暴露概率				
独立保护层					
SIF 回路频率计算					
未减缓前的累积发生频率		3.00E-002	3.00E-002	3.00E-002	3.00E-002
未减缓前的风险等级		**A6**	**C6**	**A6**	**A6**
目标风险等级		**A6**	**C5**	**A6**	**A6**
风险降低倍数(RRF≥)		0.3	3	0.3	0.3
SIL 级别		SIL0	SIL0	SIL0	SIL0
分组 1 SIL 级别		SIL0			
SIF 回路最终 SIL 级别		SIL0			

（12）SIF3012 压缩机润滑油压力低低联锁停机

<table>
<tr><th colspan="6">安全完整性等级定级表</th></tr>
<tr><td colspan="6">1. SIF 回路定级结果</td></tr>
<tr><td>最终 SIL 级别</td><td colspan="2">SIL0</td><td colspan="2">风险降低倍数</td><td>1</td></tr>
<tr><td colspan="6">2. 危险事件评估</td></tr>
<tr><td colspan="6">分组 1</td></tr>
<tr><td>后果描述(分组 1)</td><td colspan="5">润滑油压力下降，造成设备动静部件磨损，轴承温度高，设备损坏</td></tr>
<tr><td rowspan="2">后果等级</td><td>健康与安全
(S)</td><td>财产损失
(A)</td><td colspan="2">非财产性与社会影响(R)</td><td>环境影响
(E)</td></tr>
<tr><td>A</td><td>C</td><td colspan="2">A</td><td>A</td></tr>
<tr><td>名称</td><td colspan="2">描述</td><td colspan="3">频率/概率值</td></tr>
<tr><td>初始事件(1)</td><td colspan="2">润滑油压力低联锁启动备泵故障，未及时启动辅助油泵</td><td colspan="3">0.1</td></tr>
<tr><td colspan="2">修正因子</td><td>S</td><td>A</td><td>R</td><td>E</td></tr>
<tr><td colspan="2">使能条件</td><td></td><td></td><td></td><td></td></tr>
<tr><td rowspan="2">条件概率</td><td>考虑点火概率</td><td></td><td></td><td></td><td></td></tr>
<tr><td>考虑人员暴露概率</td><td></td><td></td><td></td><td></td></tr>
<tr><td colspan="6">独立保护层</td></tr>
<tr><td colspan="2">润滑油压力低报警</td><td>0.1</td><td>0.1</td><td>0.1</td><td>0.1</td></tr>
<tr><td colspan="6">SIF 回路频率计算</td></tr>
<tr><td colspan="2">未减缓前的累积发生频率</td><td>1.00E-002</td><td>1.00E-002</td><td>1.00E-002</td><td>1.00E-002</td></tr>
<tr><td colspan="2">未减缓前的风险等级</td><td>A5</td><td>C5</td><td>A5</td><td>A5</td></tr>
<tr><td colspan="2">目标风险等级</td><td>A5</td><td>C5</td><td>A5</td><td>A5</td></tr>
<tr><td colspan="2">风险降低倍数(RRF≥)</td><td>1</td><td>1</td><td>1</td><td>1</td></tr>
<tr><td colspan="2">SIL 级别</td><td>SIL0</td><td>SIL0</td><td>SIL0</td><td>SIL0</td></tr>
<tr><td colspan="2">分组 1 SIL 级别</td><td colspan="4">SIL0</td></tr>
<tr><td colspan="2">SIF 回路最终 SIL 级别</td><td colspan="4">SIL0</td></tr>
</table>

（13）SIF3013 压缩机转速高高联锁停机

安全完整性等级定级表						
1. SIF 回路定级结果						
最终 SIL 级别	SIL1		风险降低倍数		20	
2. 危险事件评估						
分组 1						
后果描述(分组 1)	机组超速，造成飞车，设备损坏，人员伤亡					
后果等级	健康与安全(S)	财产损失(A)	非财产性与社会影响(R)		环境影响(E)	
	D	C	C		B	
名称	**描述**		**频率/概率值**			
初始事件(1)	液力透平调节阀故障开大		0.1			
修正因子			S	A	R	E
使能条件						
条件概率	考虑点火概率		1	1	1	
	考虑人员暴露概率		0.1		0.1	
独立保护层						
液力透平转速高报警			0.1	0.1	0.1	0.1
机械限速器			0.1	0.1	0.1	0.1
名称	**描述**		**频率/概率值**			
初始事件(2)	机组调速器故障		0.1			
修正因子			S	A	R	E
使能条件						
条件概率	考虑点火概率		1	1	1	
	考虑人员暴露概率		0.1		0.1	
独立保护层						
液力透平转速高报警			0.1	0.1	0.1	0.1
机械限速器			0.1	0.1	0.1	0.1
SIF 回路频率计算						
未减缓前的累积发生频率			2.00E-004	2.00E-003	2.00E-004	2.00E-003
未减缓前的风险等级			**D4**	**C5**	**C4**	**B5**
目标风险等级			**D2**	**C5**	**C4**	**B5**
风险降低倍数(RRF≥)			20	0.2	0.2	0.2
SIL 级别			SIL1	SIL0	SIL0	SIL0
分组 1 SIL 级别			SIL1			
SIF 回路最终 SIL 级别			SIL1			

（14）SIF3014 压缩机主密封泄漏压力高高联锁停机

<table>
<tr><th colspan="6">安全完整性等级定级表</th></tr>
<tr><td colspan="6">1. SIF 回路定级结果</td></tr>
<tr><td>最终 SIL 级别</td><td>SIL0</td><td colspan="2">风险降低倍数</td><td colspan="2">10</td></tr>
<tr><td colspan="6">2. 危险事件评估</td></tr>
<tr><td colspan="6">分组 1</td></tr>
<tr><td>后果描述(分组 1)</td><td colspan="5">可燃物料泄漏至火炬系统，物料损失，严重时机组密封失效可能发生火灾爆炸事故</td></tr>
<tr><td rowspan="2">后果等级</td><td>健康与安全
(S)</td><td>财产损失
(A)</td><td colspan="2">非财产性与社会
影响(R)</td><td>环境影响
(E)</td></tr>
<tr><td>D</td><td>C</td><td colspan="2">C</td><td>B</td></tr>
<tr><td>名称</td><td colspan="2">描述</td><td colspan="3">频率/概率值</td></tr>
<tr><td>初始事件(1)</td><td colspan="2">主密封泄漏</td><td colspan="3">0.1</td></tr>
<tr><td colspan="2">修正因子</td><td>S</td><td>A</td><td>R</td><td>E</td></tr>
<tr><td colspan="2">使能条件</td><td></td><td></td><td></td><td></td></tr>
<tr><td rowspan="2">条件概率</td><td>考虑点火概率</td><td></td><td></td><td></td><td></td></tr>
<tr><td>考虑人员暴露概率</td><td>0.1</td><td></td><td>0.1</td><td></td></tr>
<tr><td colspan="6">独立保护层</td></tr>
<tr><td colspan="2">机组密封系统</td><td>0.01</td><td>0.01</td><td>0.01</td><td>0.01</td></tr>
<tr><td colspan="6">SIF 回路频率计算</td></tr>
<tr><td colspan="2">未减缓前的累积发生频率</td><td>1.00E-004</td><td>1.00E-003</td><td>1.00E-004</td><td>1.00E-003</td></tr>
<tr><td colspan="2">未减缓前的风险等级</td><td>D3</td><td>C4</td><td>C3</td><td>B4</td></tr>
<tr><td colspan="2">目标风险等级</td><td>D2</td><td>C4</td><td>C3</td><td>B4</td></tr>
<tr><td colspan="2">风险降低倍数(RRF≥)</td><td>10</td><td>1</td><td>1</td><td>1</td></tr>
<tr><td colspan="2">SIL 级别</td><td>SIL0</td><td>SIL0</td><td>SIL0</td><td>SIL0</td></tr>
<tr><td colspan="2">分组 1 SIL 级别</td><td colspan="4">SIL0</td></tr>
<tr><td colspan="2">SIF 回路最终 SIL 级别</td><td colspan="4">SIL0</td></tr>
</table>

(15) SIF3015 压缩机润滑油总管压力低联锁启备泵

安全完整性等级定级表				
1. SIF 回路定级结果				
最终 SIL 级别	SIL0		风险降低倍数	2.1
2. 危险事件评估				
分组 1				
后果描述(分组 1)	未及时恢复润滑油系统压力，造成机组联锁，装置停车			
后果等级	健康与安全(S)	财产损失(A)	非财产性与社会影响(R)	环境影响(E)
	A	C	A	A
名称	**描述**	**频率/概率值**		
初始事件(1)	润滑油泵故障停	0.1		
修正因子		S	A	R	E
使能条件					
条件概率	考虑点火概率				
	考虑人员暴露概率				
独立保护层					
润滑油压力低报警		0.1	0.1	0.1	0.1
名称	**描述**	**频率/概率值**			
初始事件(2)	润滑油泵出口过滤器堵塞	0.1			
修正因子		S	A	R	E
使能条件					
条件概率	考虑点火概率				
	考虑人员暴露概率				
独立保护层					
润滑油压力低报警		0.1	0.1	0.1	0.1
名称	**描述**	**频率/概率值**			
初始事件(3)	润滑油泵系统泄漏	0.01			
修正因子		S	A	R	E
使能条件					
条件概率	考虑点火概率				
	考虑人员暴露概率				
独立保护层					
润滑油压力低报警		0.1	0.1	0.1	0.1
SIF 回路频率计算					
未减缓前的累积发生频率		2.10E-002	2.10E-002	2.10E-002	2.10E-002
未减缓前的风险等级		A6	C6	A6	A6
目标风险等级		A6	C5	A6	A6
风险降低倍数(RRF≥)		0.21	2.1	0.21	0.21
SIL 级别		SIL0	SIL0	SIL0	SIL0
分组 1 SIL 级别		SIL0			
SIF 回路最终 SIL 级别		SIL0			

7.4 分离单元

(1) SIF4001 甲烷汽提塔压力高高联锁关闭再沸器热源进料阀

安全完整性等级定级表					
1. SIF 回路定级结果					
最终 SIL 级别	SIL1	风险降低倍数		100	
2. 危险事件评估					
分组 1					
后果描述(分组 1)	甲烷汽提塔温度过高，甲烷汽提效果变差，塔顶重组分含量过高，严重时甲烷汽提塔和脱甲烷塔可能超温超压，薄弱环节泄漏，物料泄漏至外界，遇点火源发生火灾爆炸事故				
后果等级	健康与安全(S)	财产损失(A)	非财产性与社会影响(R)	环境影响(E)	
	D	D	D	B	
名称	**描述**	**频率/概率值**			
初始事件(1)	甲烷汽提塔温度控制回路故障，阀门开度过大	0.1			
修正因子		S	A	R	E
使能条件					
条件概率	考虑点火概率				
	考虑人员暴露概率				
独立保护层					
脱甲烷塔安全阀		0.01	0.01	0.01	0.01
SIF 回路频率计算					
未减缓前的累积发生频率		1.00E-003	1.00E-003	1.00E-003	1.00E-003
未减缓前的风险等级		**D4**	**D4**	**D4**	**B4**
目标风险等级		**D2**	**D3**	**D3**	**B4**
风险降低倍数(RRF≥)		100	10	10	1
SIL 级别		SIL1	SIL0	SIL0	SIL0
分组 1 SIL 级别		SIL1			
SIF 回路最终 SIL 级别		SIL1			

（2）SIF4002 脱甲烷塔尾气洗涤器液位高高联锁停甲烷膨胀机和甲烷再压缩机

<table>
<tr><th colspan="6">安全完整性等级定级表</th></tr>
<tr><td colspan="6">1. SIF 回路定级结果</td></tr>
<tr><td>最终 SIL 级别</td><td>SIL1</td><td colspan="2">风险降低倍数</td><td colspan="2">11</td></tr>
<tr><td colspan="6">2. 危险事件评估</td></tr>
<tr><td colspan="6">分组 1</td></tr>
<tr><td>后果描述(分组 1)</td><td colspan="5">脱甲烷塔尾气洗涤器液位过高，气相带液至甲烷膨胀机，导致甲烷膨胀机损坏</td></tr>
<tr><td rowspan="2">后果等级</td><td>健康与安全
(S)</td><td>财产损失
(A)</td><td colspan="2">非财产性与社会
影响(R)</td><td>环境影响
(E)</td></tr>
<tr><td>B</td><td>C</td><td colspan="2">B</td><td>B</td></tr>
<tr><th>名称</th><th>描述</th><th colspan="4">频率/概率值</th></tr>
<tr><td>初始事件(1)</td><td>脱甲烷塔回流泵故障停</td><td colspan="4">0.1</td></tr>
<tr><td colspan="2">修正因子</td><td>S</td><td>A</td><td>R</td><td>E</td></tr>
<tr><td colspan="2">使能条件</td><td></td><td></td><td></td><td></td></tr>
<tr><td rowspan="2">条件概率</td><td>考虑点火概率</td><td></td><td></td><td></td><td></td></tr>
<tr><td>考虑人员暴露概率</td><td></td><td></td><td></td><td></td></tr>
<tr><td colspan="6">独立保护层</td></tr>
<tr><td colspan="2">脱甲烷塔回流泵出口管线流量报警及人员响应</td><td>0.1</td><td>0.1</td><td>0.1</td><td>0.1</td></tr>
<tr><th>名称</th><th>描述</th><th colspan="4">频率/概率值</th></tr>
<tr><td>初始事件(2)</td><td>脱甲烷塔尾气洗涤器液位控制回路故障，
阀门开度过小或关闭</td><td colspan="4">0.1</td></tr>
<tr><td colspan="2">修正因子</td><td>S</td><td>A</td><td>R</td><td>E</td></tr>
<tr><td colspan="2">使能条件</td><td></td><td></td><td></td><td></td></tr>
<tr><td rowspan="2">条件概率</td><td>考虑点火概率</td><td></td><td></td><td></td><td></td></tr>
<tr><td>考虑人员暴露概率</td><td></td><td></td><td></td><td></td></tr>
<tr><td colspan="6">独立保护层</td></tr>
<tr><td colspan="6">SIF 回路频率计算</td></tr>
<tr><td colspan="2">未减缓前的累积发生频率</td><td>1.10E-001</td><td>1.10E-001</td><td>1.10E-001</td><td>1.10E-001</td></tr>
<tr><td colspan="2">未减缓前的风险等级</td><td>B7</td><td>C7</td><td>B7</td><td>B7</td></tr>
<tr><td colspan="2">目标风险等级</td><td>B5</td><td>C5</td><td>B6</td><td>B6</td></tr>
<tr><td colspan="2">风险降低倍数(RRF≥)</td><td>11</td><td>11</td><td>1.1</td><td>1.1</td></tr>
<tr><td colspan="2">SIL 级别</td><td>SIL1</td><td>SIL1</td><td>SIL0</td><td>SIL0</td></tr>
<tr><td colspan="2">分组 1 SIL 级别</td><td colspan="4">SIL1</td></tr>
<tr><td colspan="2">SIF 回路最终 SIL 级别</td><td colspan="4">SIL1</td></tr>
</table>

（3）SIF4003 高压甲烷进甲烷压缩机入口管线温度低低联锁关闭甲烷压缩机的进口切断阀和甲烷膨胀机的进口切断阀

安全完整性等级定级表					
1. SIF 回路定级结果					
最终 SIL 级别	SIL0		风险降低倍数	10	
2. 危险事件评估					
分组 1					
后果描述(分组 1)	高压甲烷管线温度过低，导致甲烷压缩机低温损坏，影响压缩机使用寿命				
后果等级	健康与安全(S)	财产损失(A)	非财产性与社会影响(R)	环境影响(E)	
	B	C	B	B	
名称	**描述**	**频率/概率值**			
初始事件(1)	高压甲烷在冷箱中换热温度过低	0.1			
修正因子		S	A	R	E
使能条件					
条件概率	考虑点火概率				
	考虑人员暴露概率				
独立保护层					
SIF 回路频率计算					
未减缓前的累积发生频率		1.00E-001	1.00E-001	1.00E-001	1.00E-001
未减缓前的风险等级		**B6**	**C6**	**B6**	**B6**
目标风险等级		**B5**	**C5**	**B6**	**B6**
风险降低倍数(RRF≥)		10	10	1	1
SIL 级别		SIL0	SIL0	SIL0	SIL0
分组 1 SIL 级别		SIL0			
SIF 回路最终 SIL 级别		SIL0			

（4）SIF4004 氢/甲烷分离罐出口管线温度高高联锁关闭去甲烷化反应器切断阀

<table>
<tr><th colspan="6">安全完整性等级定级表</th></tr>
<tr><td colspan="6">1. SIF 回路定级结果</td></tr>
<tr><td>最终 SIL 级别</td><td colspan="2">SIL1</td><td>风险降低倍数</td><td colspan="2">66. 7</td></tr>
<tr><td colspan="6">2. 危险事件评估</td></tr>
<tr><td colspan="6">分组 1</td></tr>
<tr><td>后果描述(分组 1)</td><td colspan="5">氢/甲烷分离罐温度过高，甲烷冷凝效果变差，影响甲烷化效果，导致乙烯进入甲烷化反应器，反应器飞温，甲烷化反应器超温超压，设备损坏，物料泄漏至外界，遇点火源发生火灾爆炸事故</td></tr>
<tr><td rowspan="2">后果等级</td><td>健康与安全
(S)</td><td>财产损失
(A)</td><td>非财产性与社会
影响(R)</td><td colspan="2">环境影响
(E)</td></tr>
<tr><td>D</td><td>E</td><td>D</td><td colspan="2">A</td></tr>
<tr><td>名称</td><td colspan="2">描述</td><td colspan="3">频率/概率值</td></tr>
<tr><td>初始事件(1)</td><td colspan="2">冷箱换热器换热效果差或
冷剂温度过高</td><td colspan="3">0. 1</td></tr>
</table>

项目	描述	S	A	R	E
修正因子		S	A	R	E
使能条件					
条件概率	考虑点火概率				
	考虑人员暴露概率	1		1	
独立保护层					
甲烷化反应器温度报警及人员响应		0. 1	0. 1	0. 1	0. 1
甲烷化反应器温度高高联锁		0. 05	0. 05	0. 05	0. 05
SIF 回路频率计算					
未减缓前的累积发生频率		5. 00E-004	5. 00E-004	5. 00E-004	5. 00E-004
未减缓前的风险等级		D4	E4	D4	A4
目标风险等级		D2	E2	D3	A4
风险降低倍数(RRF≥)		66. 7	66. 7	6. 7	0. 7
SIL 级别		SIL1	SIL1	SIL0	SIL0
分组 1 SIL 级别		SIL1			
SIF 回路最终 SIL 级别		SIL1			

（5）SIF4005 冷箱系统中压甲烷出口管线温度低低联锁关闭甲烷去再生系统切断阀

<table>
<tr><th colspan="6">安全完整性等级定级表</th></tr>
<tr><td colspan="6">1. SIF 回路定级结果</td></tr>
<tr><td>最终 SIL 级别</td><td>SIL1</td><td colspan="2">风险降低倍数</td><td colspan="2">100</td></tr>
<tr><td colspan="6">2. 危险事件评估</td></tr>
<tr><td colspan="6">分组 1</td></tr>
<tr><td>后果描述(分组 1)</td><td colspan="5">冷箱系统中压甲烷出口管线温度过低，导致部分过冷物料进入常规的碳钢管道系统，导致碳钢管线低温损坏，严重时可能管线泄漏，低温物料泄漏至外界，遇点火源发生火灾爆炸事故</td></tr>
<tr><td rowspan="2">后果等级</td><td>健康与安全
(S)</td><td>财产损失
(A)</td><td colspan="2">非财产性与社会影响(R)</td><td>环境影响
(E)</td></tr>
<tr><td>D</td><td>D</td><td colspan="2">D</td><td>B</td></tr>
<tr><td>名称</td><td colspan="2">描述</td><td colspan="3">频率/概率值</td></tr>
<tr><td>初始事件(1)</td><td colspan="2">冷箱系统内温度过低</td><td colspan="3">0.01</td></tr>
<tr><td colspan="2">修正因子</td><td>S</td><td>A</td><td>R</td><td>E</td></tr>
<tr><td colspan="2">使能条件</td><td></td><td></td><td></td><td></td></tr>
<tr><td rowspan="2">条件概率</td><td>考虑点火概率</td><td></td><td></td><td></td><td></td></tr>
<tr><td>考虑人员暴露概率</td><td>1</td><td></td><td>1</td><td></td></tr>
<tr><td colspan="6">独立保护层</td></tr>
<tr><td colspan="2">冷箱系统中压甲烷出口管线温度报警及人员响应</td><td>0.1</td><td>0.1</td><td>0.1</td><td>0.1</td></tr>
<tr><td colspan="6">SIF 回路频率计算</td></tr>
<tr><td colspan="2">未减缓前的累积发生频率</td><td>1.00E-003</td><td>1.00E-003</td><td>1.00E-003</td><td>1.00E-003</td></tr>
<tr><td colspan="2">未减缓前的风险等级</td><td>D4</td><td>D4</td><td>D4</td><td>B4</td></tr>
<tr><td colspan="2">目标风险等级</td><td>D2</td><td>D3</td><td>D3</td><td>B4</td></tr>
<tr><td colspan="2">风险降低倍数(RRF≥)</td><td>100</td><td>10</td><td>10</td><td>1</td></tr>
<tr><td colspan="2">SIL 级别</td><td>SIL1</td><td>SIL0</td><td>SIL0</td><td>SIL0</td></tr>
<tr><td colspan="2">分组 1 SIL 级别</td><td colspan="4">SIL1</td></tr>
<tr><td colspan="2">SIF 回路最终 SIL 级别</td><td colspan="4">SIL1</td></tr>
</table>

（6）SIF4006 高压脱丙烷塔压力高高联锁切断去再沸器低压脱过热蒸汽控制阀

<table>
<tr><th colspan="6">安全完整性等级定级表</th></tr>
<tr><td colspan="6">1. SIF 回路定级结果</td></tr>
<tr><td>最终 SIL 级别</td><td>SIL1</td><td colspan="2">风险降低倍数</td><td colspan="2">42</td></tr>
<tr><td colspan="6">2. 危险事件评估</td></tr>
<tr><td colspan="6">分组 1</td></tr>
<tr><td>后果描述(分组 1)</td><td colspan="5">高压脱丙烷塔温度、压力升高，塔顶重组分含量增加，塔釜结焦，影响长周期操作，严重时塔可能超压，薄弱环节泄漏，物料泄漏至外界，遇点火源发生火灾爆炸事故</td></tr>
<tr><td rowspan="2">后果等级</td><td>健康与安全
(S)</td><td>财产损失
(A)</td><td colspan="2">非财产性与社会影响(R)</td><td colspan="2">环境影响
(E)</td></tr>
<tr><td>D</td><td>D</td><td colspan="2">D</td><td colspan="2">A</td></tr>
<tr><th>名称</th><th>描述</th><th colspan="4">频率/概率值</th></tr>
<tr><td>初始事件(1)</td><td>高压脱丙烷塔冷凝器换热效果差或循环水中断</td><td colspan="4">0.01</td></tr>
<tr><td colspan="2">修正因子</td><td>S</td><td>A</td><td>R</td><td>E</td></tr>
<tr><td colspan="2">使能条件</td><td></td><td></td><td></td><td></td></tr>
<tr><td rowspan="2">条件概率</td><td>考虑点火概率</td><td></td><td></td><td></td><td></td></tr>
<tr><td>考虑人员暴露概率</td><td></td><td></td><td></td><td></td></tr>
<tr><td colspan="6">独立保护层</td></tr>
<tr><td colspan="2">高压脱丙烷塔安全阀</td><td>0.01</td><td>0.01</td><td>0.01</td><td>0.01</td></tr>
<tr><td colspan="2">高压脱丙烷塔塔顶气相温度报警及人员响应</td><td>0.1</td><td>0.1</td><td>0.1</td><td>0.1</td></tr>
<tr><th>名称</th><th>描述</th><th colspan="4">频率/概率值</th></tr>
<tr><td>初始事件(2)</td><td>高压脱丙烷塔压力控制回路故障</td><td colspan="4">0.1</td></tr>
<tr><td colspan="2">修正因子</td><td>S</td><td>A</td><td>R</td><td>E</td></tr>
<tr><td colspan="2">使能条件</td><td></td><td></td><td></td><td></td></tr>
<tr><td rowspan="2">条件概率</td><td>考虑点火概率</td><td></td><td></td><td></td><td></td></tr>
<tr><td>考虑人员暴露概率</td><td></td><td></td><td></td><td></td></tr>
<tr><td colspan="6">独立保护层</td></tr>
<tr><td colspan="2">高压脱丙烷塔安全阀</td><td>0.01</td><td>0.01</td><td>0.01</td><td>0.01</td></tr>
<tr><td colspan="2">高压脱丙烷塔塔顶气相温度报警及人员响应</td><td>0.1</td><td>0.1</td><td>0.1</td><td>0.1</td></tr>
<tr><th>名称</th><th>描述</th><th colspan="4">频率/概率值</th></tr>
<tr><td>初始事件(3)</td><td>高压脱丙烷塔回流流量控制回路故障，开度过小或关闭</td><td colspan="4">0.1</td></tr>
<tr><td colspan="2">修正因子</td><td>S</td><td>A</td><td>R</td><td>E</td></tr>
<tr><td colspan="2">使能条件</td><td></td><td></td><td></td><td></td></tr>
<tr><td rowspan="2">条件概率</td><td>考虑点火概率</td><td></td><td></td><td></td><td></td></tr>
<tr><td>考虑人员暴露概率</td><td></td><td></td><td></td><td></td></tr>
<tr><td colspan="6">独立保护层</td></tr>
<tr><td colspan="2">高压脱丙烷塔安全阀</td><td>0.01</td><td>0.01</td><td>0.01</td><td>0.01</td></tr>
<tr><td colspan="2">高压脱丙烷塔塔顶气相温度报警及人员响应</td><td>0.1</td><td>0.1</td><td>0.1</td><td>0.1</td></tr>
</table>

续表

名称	描述	频率/概率值			
初始事件(4)	高压脱丙烷塔温度控制回路故障，蒸汽阀门开度过大	0.1			
修正因子		S	A	R	E
使能条件					
条件概率	考虑点火概率				
	考虑人员暴露概率				
独立保护层					
高压脱丙烷塔安全阀		0.01	0.01	0.01	0.01
高压脱丙烷塔塔顶气相温度报警及人员响应		0.1	0.1	0.1	0.1
名称	**描述**	**频率/概率值**			
初始事件(5)	高压脱丙烷塔回流泵故障停	0.1			
修正因子		S	A	R	E
使能条件					
条件概率	考虑点火概率				
	考虑人员暴露概率				
独立保护层					
高压脱丙烷塔安全阀		0.01	0.01	0.01	0.01
高压脱丙烷塔塔顶气相温度报警及人员响应		0.1	0.1	0.1	0.1
名称	**描述**	**频率/概率值**			
初始事件(6)	上游来料中碳二组分含量过高	0.01			
修正因子		S	A	R	E
使能条件					
条件概率	考虑点火概率				
	考虑人员暴露概率				
独立保护层					
高压脱丙烷塔安全阀		0.01	0.01	0.01	0.01
高压脱丙烷塔塔顶气相温度报警及人员响应		0.1	0.1	0.1	0.1
SIF 回路频率计算					
未减缓前的累积发生频率		4.20E-004	4.20E-004	4.20E-004	4.20E-004
未减缓前的风险等级		D4	D4	D4	A4
目标风险等级		D2	D3	D3	A4
风险降低倍数(RRF≥)		42	4.2	4.2	0.42
SIL 级别		SIL1	SIL0	SIL0	SIL0
分组 1 SIL 级别		SIL1			
SIF 回路最终 SIL 级别		SIL1			

（7）SIF4007 碳二加氢反应器床层温度高高联锁关闭反应器氢气进料阀

<table>
<tr><th colspan="6">安全完整性等级定级表</th></tr>
<tr><td colspan="6">**1. SIF 回路定级结果**</td></tr>
<tr><td>最终 SIL 级别</td><td colspan="2">SIL2</td><td>风险降低倍数</td><td colspan="2">200</td></tr>
<tr><td colspan="6">**2. 危险事件评估**</td></tr>
<tr><td colspan="6">**分组 1**</td></tr>
<tr><td>后果描述(分组 1)</td><td colspan="5">碳二加氢反应器碳二加氢进料流量过低，反应器中氢气比例过高，反应器床层温度、压力升高，催化剂超温损坏，严重时反应器可能飞温损坏，物料泄漏至外界，遇点火源发生火灾爆炸事故</td></tr>
<tr><td rowspan="2">后果等级</td><td>健康与安全
(S)</td><td>财产损失
(A)</td><td>非财产性与社会影响(R)</td><td colspan="2">环境影响
(E)</td></tr>
<tr><td>D</td><td>D</td><td>D</td><td colspan="2">B</td></tr>
<tr><td>**名称**</td><td colspan="2">**描述**</td><td colspan="3">**频率/概率值**</td></tr>
<tr><td>初始事件(1)</td><td colspan="2">碳二加氢反应器二段氢气进料流量控制回路故障，氢气阀门开度过大</td><td colspan="3">0.1</td></tr>
<tr><td colspan="2">修正因子</td><td>S</td><td>A</td><td>R</td><td>E</td></tr>
<tr><td colspan="2">使能条件</td><td></td><td></td><td></td><td></td></tr>
<tr><td rowspan="2">条件概率</td><td>考虑点火概率</td><td></td><td></td><td></td><td></td></tr>
<tr><td>考虑人员暴露概率</td><td>0.1</td><td></td><td>0.1</td><td></td></tr>
<tr><td colspan="6">独立保护层</td></tr>
<tr><td colspan="2">碳二加氢反应器二段出口管线温度报警及人员响应</td><td>0.1</td><td>0.1</td><td>0.1</td><td>0.1</td></tr>
<tr><td>**名称**</td><td colspan="2">**描述**</td><td colspan="3">**频率/概率值**</td></tr>
<tr><td>初始事件(2)</td><td colspan="2">碳二加氢反应器三段氢气进料流量控制回路故障，氢气阀门 FV 开度过大</td><td colspan="3">0.1</td></tr>
<tr><td colspan="2">修正因子</td><td>S</td><td>A</td><td>R</td><td>E</td></tr>
<tr><td colspan="2">使能条件</td><td></td><td></td><td></td><td></td></tr>
<tr><td rowspan="2">条件概率</td><td>考虑点火概率</td><td></td><td></td><td></td><td></td></tr>
<tr><td>考虑人员暴露概率</td><td>0.1</td><td></td><td>0.1</td><td></td></tr>
<tr><td colspan="6">独立保护层</td></tr>
<tr><td colspan="2">碳二加氢反应器三段出口管线温度报警及人员响应</td><td>0.1</td><td>0.1</td><td>0.1</td><td>0.1</td></tr>
<tr><td colspan="6">**SIF 回路频率计算**</td></tr>
<tr><td colspan="2">未减缓前的累积发生频率</td><td>2.00E-003</td><td>2.00E-002</td><td>2.00E-003</td><td>2.00E-002</td></tr>
<tr><td colspan="2">未减缓前的风险等级</td><td>**D5**</td><td>**D6**</td><td>**D5**</td><td>**B6**</td></tr>
<tr><td colspan="2">目标风险等级</td><td>**D2**</td><td>**D3**</td><td>**D3**</td><td>**B6**</td></tr>
<tr><td colspan="2">风险降低倍数(RRF≥)</td><td>200</td><td>200</td><td>20</td><td>0.2</td></tr>
<tr><td colspan="2">**SIL 级别**</td><td>SIL2</td><td>SIL2</td><td>SIL1</td><td>SIL0</td></tr>
<tr><td colspan="2">分组 1 SIL 级别</td><td colspan="4">SIL2</td></tr>
</table>

续表

分组 2				
后果描述(分组 2)	碳二加氢反应器一段碳二加氢进料，反应器床层温度、压力升高，催化剂超温损坏，严重时反应器可能飞温损坏，物料泄漏至外界，遇点火源发生火灾爆炸事故			
后果等级	健康与安全(S)	财产损失(A)	非财产性与社会影响(R)	环境影响(E)
	D	D	D	A
名称	**描述**	**频率/概率值**		
初始事件(1)	碳二加氢反应器一段碳二加氢进料温度控制回路故障	0.1		
修正因子		S	A	R	E
使能条件					
条件概率	考虑点火概率				
	考虑人员暴露概率	0.1		0.1	
独立保护层					
碳二加氢反应器一段出口管线温度报警及人员响应		0.1	0.1	0.1	0.1
SIF 回路频率计算					
未减缓前的累积发生频率		1.00E-003	1.00E-002	1.00E-003	1.00E-002
未减缓前的风险等级		**D4**	**D5**	**D4**	**A5**
目标风险等级		**D2**	**D3**	**D3**	**A5**
风险降低倍数(RRF≥)		100	100	10	1
SIL 级别		SIL1	SIL1	SIL0	SIL0
分组 2 SIL 级别		SIL1			
SIF 回路最终 SIL 级别		SIL2			

（8）SIF4008 碳二加氢反应系统压力低低联锁关闭紧急泄放阀

<table>
<tr><th colspan="7">安全完整性等级定级表</th></tr>
<tr><td colspan="7">1. SIF 回路定级结果</td></tr>
<tr><td>最终 SIL 级别</td><td colspan="2">SIL0</td><td colspan="2">风险降低倍数</td><td colspan="2">1</td></tr>
<tr><td colspan="7">2. 危险事件评估</td></tr>
<tr><td colspan="7">分组 1</td></tr>
<tr><td>后果描述(分组 1)</td><td colspan="6">停车后紧急泄放阀保持开启，持续泄压，低于火炬气压力，可能导致火炬气系统串压至碳二加氢反应系统，污染碳二加氢反应系统</td></tr>
<tr><td rowspan="2">后果等级</td><td>健康与安全
(S)</td><td>财产损失
(A)</td><td colspan="2">非财产性与社会影响(R)</td><td colspan="2">环境影响
(E)</td></tr>
<tr><td>A</td><td>B</td><td colspan="2">A</td><td colspan="2">A</td></tr>
<tr><td>名称</td><td colspan="2">描述</td><td colspan="4">频率/概率值</td></tr>
<tr><td>初始事件(1)</td><td colspan="2">停车后紧急泄放阀保持开启，持续泄压</td><td colspan="4">0. 1</td></tr>
<tr><td colspan="3">修正因子</td><td>S</td><td>A</td><td>R</td><td>E</td></tr>
<tr><td colspan="3">使能条件</td><td></td><td></td><td></td><td></td></tr>
<tr><td rowspan="2">条件概率</td><td colspan="2">考虑点火概率</td><td></td><td></td><td></td><td></td></tr>
<tr><td colspan="2">考虑人员暴露概率</td><td></td><td></td><td></td><td></td></tr>
<tr><td colspan="7">独立保护层</td></tr>
<tr><td colspan="7">SIF 回路频率计算</td></tr>
<tr><td colspan="3">未减缓前的累积发生频率</td><td>1. 00E-001</td><td>1. 00E-001</td><td>1. 00E-001</td><td>1. 00E-001</td></tr>
<tr><td colspan="3">未减缓前的风险等级</td><td>A6</td><td>B6</td><td>A6</td><td>A6</td></tr>
<tr><td colspan="3">目标风险等级</td><td>A6</td><td>B6</td><td>A6</td><td>A6</td></tr>
<tr><td colspan="3">风险降低倍数(RRF≥)</td><td>1</td><td>1</td><td>1</td><td>1</td></tr>
<tr><td colspan="3">SIL 级别</td><td>SIL0</td><td>SIL0</td><td>SIL0</td><td>SIL0</td></tr>
<tr><td colspan="3">分组 1 SIL 级别</td><td colspan="4">SIL0</td></tr>
<tr><td colspan="3">SIF 回路最终 SIL 级别</td><td colspan="4">SIL0</td></tr>
</table>

（9）SIF4009 碳二加氢反应器床层再生温度高高联锁关闭再生用装置空气进料阀

<table>
<tr><th colspan="6">安全完整性等级定级表</th></tr>
<tr><td colspan="6">1. SIF 回路定级结果</td></tr>
<tr><td>最终 SIL 级别</td><td>SIL0</td><td colspan="2">风险降低倍数</td><td colspan="2">1</td></tr>
<tr><td colspan="6">2. 危险事件评估</td></tr>
<tr><td colspan="6">分组 1</td></tr>
<tr><td>后果描述(分组 1)</td><td colspan="5">碳二加氢反应器再生时，反应器温度过高，反应器催化剂高温损坏，影响催化剂使用寿命</td></tr>
<tr><td rowspan="2">后果等级</td><td>健康与安全
(S)</td><td>财产损失
(A)</td><td>非财产性与社会
影响(R)</td><td colspan="2">环境影响
(E)</td></tr>
<tr><td>B</td><td>C</td><td>B</td><td colspan="2">A</td></tr>
<tr><td>名称</td><td colspan="2">描述</td><td colspan="3">频率/概率值</td></tr>
<tr><td>初始事件(1)</td><td colspan="2">上游来碳二加氢反应器再生气体温度过高</td><td colspan="3">0.1</td></tr>
<tr><td colspan="2">修正因子</td><td>S</td><td>A</td><td>R</td><td>E</td></tr>
<tr><td colspan="2">使能条件</td><td></td><td></td><td></td><td></td></tr>
<tr><td rowspan="2">条件概率</td><td>考虑点火概率</td><td></td><td></td><td></td><td></td></tr>
<tr><td>考虑人员暴露概率</td><td></td><td></td><td></td><td></td></tr>
<tr><td colspan="6">独立保护层</td></tr>
<tr><td colspan="2">碳二加氢反应器一段出口管线温度报警及人员响应</td><td>0.1</td><td>0.1</td><td>0.1</td><td>0.1</td></tr>
<tr><td colspan="6">SIF 回路频率计算</td></tr>
<tr><td colspan="2">未减缓前的累积发生频率</td><td>1.00E-002</td><td>1.00E-002</td><td>1.00E-002</td><td>1.00E-002</td></tr>
<tr><td colspan="2">未减缓前的风险等级</td><td>B5</td><td>C5</td><td>B5</td><td>A5</td></tr>
<tr><td colspan="2">目标风险等级</td><td>B5</td><td>C5</td><td>B5</td><td>A5</td></tr>
<tr><td colspan="2">风险降低倍数(RRF≥)</td><td>1</td><td>1</td><td>1</td><td>1</td></tr>
<tr><td colspan="2">SIL 级别</td><td>SIL0</td><td>SIL0</td><td>SIL0</td><td>SIL0</td></tr>
<tr><td colspan="2">分组 1 SIL 级别</td><td colspan="4">SIL0</td></tr>
<tr><td colspan="2">SIF 回路最终 SIL 级别</td><td colspan="4">SIL0</td></tr>
</table>

(10）SIF4010 碳二加氢反应器流出物温度低低联锁关闭去下游碳二物料阀

<table>
<tr><th colspan="5">安全完整性等级定级表</th></tr>
<tr><td colspan="5">1. SIF 回路定级结果</td></tr>
<tr><td>最终 SIL 级别</td><td>SIL1</td><td>风险降低倍数</td><td colspan="2">20</td></tr>
<tr><td colspan="5">2. 危险事件评估</td></tr>
<tr><td colspan="5">分组 1</td></tr>
<tr><td>后果描述(分组 1)</td><td colspan="4">碳二加氢反应器系统流出物温度过低，过冷物料进入低温碳钢管道系统，导致管线可能低温损坏，影响设备管线使用寿命</td></tr>
<tr><td rowspan="2">后果等级</td><td>健康与安全
(S)</td><td>财产损失
(A)</td><td>非财产性与社会影响(R)</td><td>环境影响
(E)</td></tr>
<tr><td>D</td><td>C</td><td>C</td><td>A</td></tr>
</table>

<table>
<tr><th>名称</th><th>描述</th><th colspan="4">频率/概率值</th></tr>
<tr><td>初始事件(1)</td><td>上游来反应气温度过低</td><td colspan="4">0.1</td></tr>
<tr><td colspan="2">修正因子</td><td>S</td><td>A</td><td>R</td><td>E</td></tr>
<tr><td colspan="2">使能条件：开车期间使用 0.01</td><td>0.01</td><td>0.01</td><td>0.01</td><td>0.01</td></tr>
<tr><td rowspan="2">条件概率</td><td>考虑点火概率</td><td></td><td></td><td></td><td></td></tr>
<tr><td>考虑人员暴露概率</td><td></td><td></td><td></td><td></td></tr>
<tr><td colspan="6">独立保护层</td></tr>
<tr><td colspan="2">碳二加氢反应器一段出口管线温度报警及人员响应</td><td>0.1</td><td>0.1</td><td>0.1</td><td>0.1</td></tr>
<tr><th>名称</th><th>描述</th><th colspan="4">频率/概率值</th></tr>
<tr><td>初始事件(2)</td><td>上游来反应气温度过低</td><td colspan="4">0.1</td></tr>
<tr><td colspan="2">修正因子</td><td>S</td><td>A</td><td>R</td><td>E</td></tr>
<tr><td colspan="2">使能条件：开车期间使用 0.01</td><td>0.01</td><td>0.01</td><td>0.01</td><td>0.01</td></tr>
<tr><td rowspan="2">条件概率</td><td>考虑点火概率</td><td></td><td></td><td></td><td></td></tr>
<tr><td>考虑人员暴露概率</td><td></td><td></td><td></td><td></td></tr>
<tr><td colspan="6">独立保护层</td></tr>
<tr><td colspan="2">碳二加氢反应器一段出口管线温度报警及人员响应</td><td>0.1</td><td>0.1</td><td>0.1</td><td>0.1</td></tr>
<tr><td colspan="6">SIF 回路频率计算</td></tr>
<tr><td colspan="2">未减缓前的累积发生频率</td><td>2.00E-004</td><td>2.00E-004</td><td>2.00E-004</td><td>2.00E-004</td></tr>
<tr><td colspan="2">未减缓前的风险等级</td><td>D4</td><td>C4</td><td>C4</td><td>A4</td></tr>
<tr><td colspan="2">目标风险等级</td><td>D2</td><td>C4</td><td>C4</td><td>A4</td></tr>
<tr><td colspan="2">风险降低倍数(RRF≥)</td><td>20</td><td>0.2</td><td>0.2</td><td>0.2</td></tr>
<tr><td colspan="2">SIL 级别</td><td>SIL1</td><td>SIL0</td><td>SIL0</td><td>SIL0</td></tr>
<tr><td colspan="2">分组 1 SIL 级别</td><td colspan="4">SIL1</td></tr>
<tr><td colspan="2">SIF 回路最终 SIL 级别</td><td colspan="4">SIL1</td></tr>
</table>

（11）SIF4011 乙烯塔压力高高联锁切断丙烯控制阀和冷侧控制阀

<table>
<tr><th colspan="6">安全完整性等级定级表</th></tr>
<tr><td colspan="6">1. SIF 回路定级结果</td></tr>
<tr><td>最终 SIL 级别</td><td colspan="2">SIL1</td><td colspan="2">风险降低倍数</td><td>42</td></tr>
<tr><td colspan="6">2. 危险事件评估</td></tr>
<tr><td colspan="6">分组 1</td></tr>
<tr><td>后果描述(分组 1)</td><td colspan="5">乙烯塔温度、压力升高，塔顶重组分含量增加，严重时塔可能超压，薄弱环节泄漏，物料泄漏至外界，遇点火源发生火灾爆炸事故</td></tr>
<tr><td rowspan="2">后果等级</td><td>健康与安全
（S）</td><td>财产损失
（A）</td><td colspan="2">非财产性与社会影响(R)</td><td>环境影响
（E）</td></tr>
<tr><td>D</td><td>D</td><td colspan="2">D</td><td>A</td></tr>
<tr><td>名称</td><td>描述</td><td colspan="4">频率/概率值</td></tr>
<tr><td>初始事件(1)</td><td>乙烯塔温度控制回路故障，阀门开度过大</td><td colspan="4">0.1</td></tr>
<tr><td colspan="2">修正因子</td><td>S</td><td>A</td><td>R</td><td>E</td></tr>
<tr><td colspan="2">使能条件</td><td></td><td></td><td></td><td></td></tr>
<tr><td rowspan="2">条件概率</td><td>考虑点火概率</td><td></td><td></td><td></td><td></td></tr>
<tr><td>考虑人员暴露概率</td><td></td><td></td><td></td><td></td></tr>
<tr><td colspan="6">独立保护层</td></tr>
<tr><td colspan="2">乙烯塔温度报警及人员响应</td><td>0.1</td><td>0.1</td><td>0.1</td><td>0.1</td></tr>
<tr><td colspan="2">乙烯塔安全阀</td><td>0.01</td><td>0.01</td><td>0.01</td><td>0.01</td></tr>
<tr><td>名称</td><td>描述</td><td colspan="4">频率/概率值</td></tr>
<tr><td>初始事件(2)</td><td>乙烯塔压力控制回路故障，开度过小或关闭</td><td colspan="4">0.1</td></tr>
<tr><td colspan="2">修正因子</td><td>S</td><td>A</td><td>R</td><td>E</td></tr>
<tr><td colspan="2">使能条件</td><td></td><td></td><td></td><td></td></tr>
<tr><td rowspan="2">条件概率</td><td>考虑点火概率</td><td></td><td></td><td></td><td></td></tr>
<tr><td>考虑人员暴露概率</td><td></td><td></td><td></td><td></td></tr>
<tr><td colspan="6">独立保护层</td></tr>
<tr><td colspan="2">乙烯塔温度报警及人员响应</td><td>0.1</td><td>0.1</td><td>0.1</td><td>0.1</td></tr>
<tr><td colspan="2">乙烯塔安全阀</td><td>0.01</td><td>0.01</td><td>0.01</td><td>0.01</td></tr>
<tr><td>名称</td><td>描述</td><td colspan="4">频率/概率值</td></tr>
<tr><td>初始事件(3)</td><td>乙烯塔侧线采出流量控制回路故障，阀门开度过小或关闭</td><td colspan="4">0.1</td></tr>
<tr><td colspan="2">修正因子</td><td>S</td><td>A</td><td>R</td><td>E</td></tr>
<tr><td colspan="2">使能条件</td><td></td><td></td><td></td><td></td></tr>
<tr><td rowspan="2">条件概率</td><td>考虑点火概率</td><td></td><td></td><td></td><td></td></tr>
<tr><td>考虑人员暴露概率</td><td></td><td></td><td></td><td></td></tr>
<tr><td colspan="6">独立保护层</td></tr>
<tr><td colspan="2">乙烯塔压力控制回路</td><td>0.1</td><td>0.1</td><td>0.1</td><td>0.1</td></tr>
<tr><td colspan="2">乙烯塔温度报警及人员响应</td><td>0.1</td><td>0.1</td><td>0.1</td><td>0.1</td></tr>
</table>

续表

乙烯塔安全阀		0.01	0.01	0.01	0.01
名称	**描述**	**频率/概率值**			
初始事件(4)	乙烯塔回流罐流量控制回路故障，阀门开度过小或关闭	0.1			
修正因子		S	A	R	E
使能条件					
条件概率	考虑点火概率				
	考虑人员暴露概率				
独立保护层					
乙烯塔温度报警及人员响应		0.1	0.1	0.1	0.1
乙烯塔安全阀		0.01	0.01	0.01	0.01
名称	**描述**	**频率/概率值**			
初始事件(5)	乙烯塔冷凝器换热效果差或冷剂中断	0.1			
修正因子		S	A	R	E
使能条件					
条件概率	考虑点火概率				
	考虑人员暴露概率				
独立保护层					
乙烯塔温度报警及人员响应		0.1	0.1	0.1	0.1
乙烯塔安全阀		0.01	0.01	0.01	0.01
名称	**描述**	**频率/概率值**			
初始事件(6)	乙烯塔回流流量控制回路故障，阀门开度过小或关闭	0.1			
修正因子		S	A	R	E
使能条件					
条件概率	考虑点火概率				
	考虑人员暴露概率				
独立保护层					
乙烯塔压力控制回路		0.1	0.1	0.1	0.1
乙烯塔温度报警及人员响应		0.1	0.1	0.1	0.1
乙烯塔安全阀		0.01	0.01	0.01	0.01
SIF 回路频率计算					
未减缓前的累积发生频率		4.20E-004	4.20E-004	4.20E-004	4.20E-004
未减缓前的风险等级		**D4**	**D4**	**D4**	**A4**
目标风险等级		**D2**	**D3**	**D3**	**A4**
风险降低倍数(RRF≥)		42	4.2	4.2	0.42
SIL 级别		SIL1	SIL0	SIL0	SIL0
分组 1 SIL 级别		SIL1			
SIF 回路最终 SIL 级别		SIL1			

（12）SIF4012 冷箱系统循环乙烷出口管线温度低低联锁关闭循环乙烷出料阀

<table>
<tr><th colspan="6">安全完整性等级定级表</th></tr>
<tr><td colspan="6">1. SIF 回路定级结果</td></tr>
<tr><td>最终 SIL 级别</td><td>SIL1</td><td colspan="2">风险降低倍数</td><td colspan="2">100</td></tr>
<tr><td colspan="6">2. 危险事件评估</td></tr>
<tr><td colspan="6">分组 1</td></tr>
<tr><td>后果描述(分组 1)</td><td colspan="5">冷箱系统循环乙烷管线温度过低，导致部分过冷物料进入常规的碳钢管道系统，导致碳钢管线低温损坏，严重时可能管线泄漏，低温物料泄漏至外界，遇点火源发生火灾爆炸事故</td></tr>
<tr><td rowspan="2">后果等级</td><td>健康与安全
(S)</td><td>财产损失
(A)</td><td colspan="2">非财产性与社会
影响(R)</td><td>环境影响
(E)</td></tr>
<tr><td>D</td><td>D</td><td colspan="2">D</td><td>A</td></tr>
<tr><td>名称</td><td>描述</td><td colspan="4">频率/概率值</td></tr>
<tr><td>初始事件(1)</td><td>冷箱系统温度过低</td><td colspan="4">0.01</td></tr>
<tr><td colspan="2">修正因子</td><td>S</td><td>A</td><td>R</td><td>E</td></tr>
<tr><td colspan="2">使能条件</td><td></td><td></td><td></td><td></td></tr>
<tr><td rowspan="2">条件概率</td><td>考虑点火概率</td><td></td><td></td><td></td><td></td></tr>
<tr><td>考虑人员暴露概率</td><td>1</td><td></td><td>1</td><td></td></tr>
<tr><td colspan="6">独立保护层</td></tr>
<tr><td colspan="2">冷箱循环乙烷出口管线温度报警及人员响应</td><td>0.1</td><td>0.1</td><td>0.1</td><td>0.1</td></tr>
<tr><td colspan="6">SIF 回路频率计算</td></tr>
<tr><td colspan="2">未减缓前的累积发生频率</td><td>1.00E-003</td><td>1.00E-003</td><td>1.00E-003</td><td>1.00E-003</td></tr>
<tr><td colspan="2">未减缓前的风险等级</td><td>D4</td><td>D4</td><td>D4</td><td>A4</td></tr>
<tr><td colspan="2">目标风险等级</td><td>D2</td><td>D3</td><td>D3</td><td>A4</td></tr>
<tr><td colspan="2">风险降低倍数(RRF≥)</td><td>100</td><td>10</td><td>10</td><td>1</td></tr>
<tr><td colspan="2">SIL 级别</td><td>SIL1</td><td>SIL0</td><td>SIL0</td><td>SIL0</td></tr>
<tr><td colspan="2">分组 1 SIL 级别</td><td colspan="4">SIL1</td></tr>
<tr><td colspan="2">SIF 回路最终 SIL 级别</td><td colspan="4">SIL1</td></tr>
</table>

（13）SIF4013 甲烷化反应器温度高高联锁关闭进料阀及热源阀

<table>
<tr><th colspan="6">安全完整性等级定级表</th></tr>
<tr><td colspan="6">1. SIF 回路定级结果</td></tr>
<tr><td>最终 SIL 级别</td><td colspan="2">SIL2</td><td>风险降低倍数</td><td colspan="2">150</td></tr>
<tr><td colspan="6">2. 危险事件评估</td></tr>
<tr><td colspan="6">分组 1</td></tr>
<tr><td>后果描述(分组 1)</td><td colspan="5">甲烷化反应器进料温度过高，催化剂超温损坏，严重时反应器可能飞温，反应器超温损坏，物料泄漏，遇点火源发生火灾爆炸事故</td></tr>
<tr><td rowspan="2">后果等级</td><td>健康与安全（S）</td><td>财产损失（A）</td><td>非财产性与社会影响(R)</td><td colspan="2">环境影响（E）</td></tr>
<tr><td>D</td><td>D</td><td>D</td><td colspan="2">A</td></tr>
<tr><td>名称</td><td colspan="2">描述</td><td colspan="3">频率/概率值</td></tr>
<tr><td>初始事件(1)</td><td colspan="2">甲烷化反应器进料温度控制回路故障，阀门开度过大</td><td colspan="3">0.1</td></tr>
<tr><td colspan="3">修正因子</td><td>S</td><td>A</td><td>R</td><td>E</td></tr>
<tr><td colspan="3">使能条件</td><td></td><td></td><td></td><td></td></tr>
<tr><td rowspan="2">条件概率</td><td colspan="2">考虑点火概率</td><td></td><td></td><td></td><td></td></tr>
<tr><td colspan="2">考虑人员暴露概率</td><td>0.1</td><td></td><td>0.1</td><td></td></tr>
<tr><td colspan="7">独立保护层</td></tr>
<tr><td colspan="3">甲烷化反应器出口管线温度高高联锁</td><td>0.05</td><td>0.05</td><td>0.05</td><td>0.05</td></tr>
<tr><td>名称</td><td colspan="2">描述</td><td colspan="4">频率/概率值</td></tr>
<tr><td>初始事件(2)</td><td colspan="2">甲烷化进料加热器中压蒸汽温度过高</td><td colspan="4">0.1</td></tr>
<tr><td colspan="3">修正因子</td><td>S</td><td>A</td><td>R</td><td>E</td></tr>
<tr><td colspan="3">使能条件</td><td></td><td></td><td></td><td></td></tr>
<tr><td rowspan="2">条件概率</td><td colspan="2">考虑点火概率</td><td></td><td></td><td></td><td></td></tr>
<tr><td colspan="2">考虑人员暴露概率</td><td>0.1</td><td></td><td>0.1</td><td></td></tr>
<tr><td colspan="7">独立保护层</td></tr>
<tr><td colspan="3">甲烷化反应器出口管线温度高高联锁</td><td>0.05</td><td>0.05</td><td>0.05</td><td>0.05</td></tr>
<tr><td>名称</td><td colspan="2">描述</td><td colspan="4">频率/概率值</td></tr>
<tr><td>初始事件(3)</td><td colspan="2">甲烷化进料中含量过高</td><td colspan="4">0.1</td></tr>
<tr><td colspan="3">修正因子</td><td>S</td><td>A</td><td>R</td><td>E</td></tr>
<tr><td colspan="3">使能条件</td><td></td><td></td><td></td><td></td></tr>
<tr><td rowspan="2">条件概率</td><td colspan="2">考虑点火概率</td><td></td><td></td><td></td><td></td></tr>
<tr><td colspan="2">考虑人员暴露概率</td><td>0.1</td><td></td><td>0.1</td><td></td></tr>
<tr><td colspan="7">独立保护层</td></tr>
<tr><td colspan="3">甲烷化反应器出口管线温度高高联锁</td><td>0.05</td><td>0.05</td><td>0.05</td><td>0.05</td></tr>
<tr><td colspan="7">SIF 回路频率计算</td></tr>
<tr><td colspan="3">未减缓前的累积发生频率</td><td>1.50E-003</td><td>1.50E-002</td><td>1.50E-003</td><td>1.50E-002</td></tr>
<tr><td colspan="3">未减缓前的风险等级</td><td>D5</td><td>D6</td><td>D5</td><td>A6</td></tr>
<tr><td colspan="3">目标风险等级</td><td>D2</td><td>D3</td><td>D3</td><td>A6</td></tr>
<tr><td colspan="3">风险降低倍数(RRF≥)</td><td>150</td><td>150</td><td>15</td><td>0.15</td></tr>
<tr><td colspan="3">SIL 级别</td><td>SIL2</td><td>SIL2</td><td>SIL1</td><td>SIL0</td></tr>
<tr><td colspan="3">分组 1 SIL 级别</td><td colspan="4">SIL2</td></tr>
<tr><td colspan="3">SIF 回路最终 SIL 级别</td><td colspan="4">SIL2</td></tr>
</table>

（14）SIF4014 甲烷化反应器出口管线温度高高联锁关闭进料阀及热源阀

<table>
<tr><th colspan="6">安全完整性等级定级表</th></tr>
<tr><td colspan="6">1. SIF 回路定级结果</td></tr>
<tr><td>最终 SIL 级别</td><td>SIL1</td><td colspan="2">风险降低倍数</td><td colspan="2">50</td></tr>
<tr><td colspan="6">2. 危险事件评估</td></tr>
<tr><td colspan="6">分组 1</td></tr>
<tr><td>后果描述(分组 1)</td><td colspan="5">甲烷化反应器进料温度过高，催化剂超温损坏，严重时反应器可能飞温，反应器超温损坏，物料泄漏，遇点火源发生火灾爆炸事故</td></tr>
<tr><td rowspan="2">后果等级</td><td>健康与安全
(S)</td><td>财产损失
(A)</td><td colspan="2">非财产性与社会影响(R)</td><td>环境影响
(E)</td></tr>
<tr><td>D</td><td>D</td><td colspan="2">D</td><td>A</td></tr>
<tr><td>名称</td><td colspan="2">描述</td><td colspan="3">频率/概率值</td></tr>
<tr><td>初始事件(1)</td><td colspan="2">甲烷化反应器进料温度控制回路故障，阀门开度过大</td><td colspan="3">0. 1</td></tr>
<tr><td colspan="2">修正因子</td><td>S</td><td>A</td><td>R</td><td>E</td></tr>
<tr><td colspan="2">使能条件</td><td></td><td></td><td></td><td></td></tr>
<tr><td rowspan="2">条件概率</td><td>考虑点火概率</td><td></td><td></td><td></td><td></td></tr>
<tr><td>考虑人员暴露概率</td><td>0. 1</td><td></td><td>0. 1</td><td></td></tr>
<tr><td colspan="6">独立保护层</td></tr>
<tr><td colspan="2">甲烷化反应器温度高高联锁</td><td>0. 05</td><td>0. 05</td><td>0. 05</td><td>0. 05</td></tr>
<tr><td colspan="6">SIF 回路频率计算</td></tr>
<tr><td colspan="2">未减缓前的累积发生频率</td><td>5. 00E-004</td><td>5. 00E-003</td><td>5. 00E-004</td><td>5. 00E-003</td></tr>
<tr><td colspan="2">未减缓前的风险等级</td><td>D4</td><td>D5</td><td>D4</td><td>A5</td></tr>
<tr><td colspan="2">目标风险等级</td><td>D2</td><td>D3</td><td>D3</td><td>A5</td></tr>
<tr><td colspan="2">风险降低倍数(RRF≥)</td><td>50</td><td>50</td><td>5</td><td>0. 5</td></tr>
<tr><td colspan="2">SIL 级别</td><td>SIL1</td><td>SIL1</td><td>SIL0</td><td>SIL0</td></tr>
<tr><td colspan="2">分组 1 SIL 级别</td><td colspan="4">SIL1</td></tr>
<tr><td colspan="2">SIF 回路最终 SIL 级别</td><td colspan="4">SIL1</td></tr>
</table>

（15）SIF4015 甲烷化反应器入口管线温度低低联锁关闭进料阀

<table>
<tr><th colspan="6">安全完整性等级定级表</th></tr>
<tr><td colspan="6">1. SIF 回路定级结果</td></tr>
<tr><td>最终 SIL 级别</td><td>SIL0</td><td colspan="2">风险降低倍数</td><td colspan="2">2</td></tr>
<tr><td colspan="6">2. 危险事件评估</td></tr>
<tr><td colspan="6">分组 1</td></tr>
<tr><td>后果描述(分组 1)</td><td colspan="5">甲烷化反应器进料温度过低，甲烷化反应器产品不合格，低温下生产剧毒物羰基镍，乙烯、丙烯产品不合格，甲烷化反应器催化剂中毒</td></tr>
<tr><td rowspan="2">后果等级</td><td>健康与安全
(S)</td><td>财产损失
(A)</td><td>非财产性与社会
影响(R)</td><td colspan="2">环境影响
(E)</td></tr>
<tr><td>B</td><td>C</td><td>B</td><td colspan="2">A</td></tr>
<tr><td>名称</td><td colspan="2">描述</td><td colspan="3">频率/概率值</td></tr>
<tr><td>初始事件(1)</td><td colspan="2">甲烷化进料加热器中压蒸汽温度过低</td><td colspan="3">0.1</td></tr>
<tr><td colspan="2">修正因子</td><td>S</td><td>A</td><td>R</td><td>E</td></tr>
<tr><td colspan="2">使能条件</td><td></td><td></td><td></td><td></td></tr>
<tr><td rowspan="2">条件概率</td><td>考虑点火概率</td><td></td><td></td><td></td><td></td></tr>
<tr><td>考虑人员暴露概率</td><td></td><td></td><td></td><td></td></tr>
<tr><td colspan="6">独立保护层</td></tr>
<tr><td colspan="2">甲烷化反应器出口温度报警及人员响应</td><td>0.1</td><td>0.1</td><td>0.1</td><td>0.1</td></tr>
<tr><td>名称</td><td colspan="2">描述</td><td colspan="3">频率/概率值</td></tr>
<tr><td>初始事件(2)</td><td colspan="2">甲烷化反应器进料温度控制回路故障，
阀门开度过小或关闭</td><td colspan="3">0.1</td></tr>
<tr><td colspan="2">修正因子</td><td>S</td><td>A</td><td>R</td><td>E</td></tr>
<tr><td colspan="2">使能条件</td><td></td><td></td><td></td><td></td></tr>
<tr><td rowspan="2">条件概率</td><td>考虑点火概率</td><td></td><td></td><td></td><td></td></tr>
<tr><td>考虑人员暴露概率</td><td></td><td></td><td></td><td></td></tr>
<tr><td colspan="6">独立保护层</td></tr>
<tr><td colspan="2">甲烷化反应器出口温度报警及人员响应</td><td>0.1</td><td>0.1</td><td>0.1</td><td>0.1</td></tr>
<tr><td colspan="6">SIF 回路频率计算</td></tr>
<tr><td colspan="2">未减缓前的累积发生频率</td><td>2.00E-002</td><td>2.00E-002</td><td>2.00E-002</td><td>2.00E-002</td></tr>
<tr><td colspan="2">未减缓前的风险等级</td><td>B6</td><td>C6</td><td>B6</td><td>A6</td></tr>
<tr><td colspan="2">目标风险等级</td><td>B5</td><td>C5</td><td>B6</td><td>A6</td></tr>
<tr><td colspan="2">风险降低倍数(RRF≥)</td><td>2</td><td>2</td><td>0.2</td><td>0.2</td></tr>
<tr><td colspan="2">SIL 级别</td><td>SIL0</td><td>SIL0</td><td>SIL0</td><td>SIL0</td></tr>
<tr><td colspan="2">分组 1 SIL 级别</td><td colspan="4">SIL0</td></tr>
<tr><td colspan="2">SIF 回路最终 SIL 级别</td><td colspan="4">SIL0</td></tr>
</table>

（16）SIF4016 低压乙烯产品紧急汽化器乙烯产品管线温度低低联锁关闭低压乙烯进料阀

<table>
<tr><th colspan="6">安全完整性等级定级表</th></tr>
<tr><td colspan="6">1. SIF 回路定级结果</td></tr>
<tr><td>最终 SIL 级别</td><td>SIL1</td><td colspan="2">风险降低倍数</td><td colspan="2">100</td></tr>
<tr><td colspan="6">2. 危险事件评估</td></tr>
<tr><td colspan="6">分组 1</td></tr>
<tr><td>后果描述(分组 1)</td><td colspan="5">低压乙烯产品紧急汽化器出口管线乙烯产品温度过低，乙烯汽化不完全，低温导致未汽化的低压乙烯产品进入管网，下游管道可能低温损坏，物料泄漏至外界，遇点火源发生火灾爆炸事故</td></tr>
<tr><td rowspan="2">后果等级</td><td>健康与安全
(S)</td><td>财产损失
(A)</td><td colspan="2">非财产性与社会影响(R)</td><td>环境影响
(E)</td></tr>
<tr><td>D</td><td>C</td><td colspan="2">D</td><td>A</td></tr>
<tr><td>名称</td><td colspan="2">描述</td><td colspan="3">频率/概率值</td></tr>
<tr><td>初始事件(1)</td><td colspan="2">低压乙烯产品紧急汽化器出口管线乙烯产品温度控制回路故障，阀门开度过大</td><td colspan="3">0.1</td></tr>
<tr><td colspan="2">修正因子</td><td>S</td><td>A</td><td>R</td><td>E</td></tr>
<tr><td colspan="2">使能条件</td><td></td><td></td><td></td><td></td></tr>
<tr><td rowspan="2">条件概率</td><td>考虑点火概率</td><td></td><td></td><td></td><td></td></tr>
<tr><td>考虑人员暴露概率</td><td>0.1</td><td></td><td>0.1</td><td></td></tr>
<tr><td colspan="6">独立保护层</td></tr>
<tr><td colspan="2">低压乙烯产品紧急汽化器出口管线乙烯产品温度报警及人员响应</td><td>0.1</td><td>0.1</td><td>0.1</td><td>0.1</td></tr>
<tr><td colspan="6">SIF 回路频率计算</td></tr>
<tr><td colspan="2">未减缓前的累积发生频率</td><td>1.00E-003</td><td>1.00E-002</td><td>1.00E-003</td><td>1.00E-002</td></tr>
<tr><td colspan="2">未减缓前的风险等级</td><td>D4</td><td>C5</td><td>D4</td><td>A5</td></tr>
<tr><td colspan="2">目标风险等级</td><td>D2</td><td>C5</td><td>D3</td><td>A5</td></tr>
<tr><td colspan="2">风险降低倍数(RRF≥)</td><td>100</td><td>1</td><td>10</td><td>1</td></tr>
<tr><td colspan="2">SIL 级别</td><td>SIL1</td><td>SIL0</td><td>SIL0</td><td>SIL0</td></tr>
<tr><td colspan="2">分组 1 SIL 级别</td><td colspan="4">SIL1</td></tr>
<tr><td colspan="2">SIF 回路最终 SIL 级别</td><td colspan="4">SIL1</td></tr>
</table>

（17）SIF4017 高压乙烯产品紧急汽化器乙烯产品管线温度低低联锁关闭高压乙烯进料阀

<table>
<tr><th colspan="7">安全完整性等级定级表</th></tr>
<tr><td colspan="7">1. SIF 回路定级结果</td></tr>
<tr><td>最终 SIL 级别</td><td colspan="2">SIL1</td><td colspan="2">风险降低倍数</td><td colspan="2">100</td></tr>
<tr><td colspan="7">2. 危险事件评估</td></tr>
<tr><td colspan="7">分组 1</td></tr>
<tr><td>后果描述(分组 1)</td><td colspan="6">高压乙烯产品紧急汽化器出口管线乙烯产品温度过低，乙烯汽化不完全，低温导致未汽化的高压乙烯产品进入管网，下游管道可能低温损坏，物料泄漏至外界，遇点火源发生火灾爆炸事故</td></tr>
<tr><td rowspan="2">后果等级</td><td>健康与安全
(S)</td><td>财产损失
(A)</td><td colspan="2">非财产性与社会
影响(R)</td><td colspan="2">环境影响
(E)</td></tr>
<tr><td>D</td><td>C</td><td colspan="2">D</td><td colspan="2">A</td></tr>
<tr><th>名称</th><th colspan="2">描述</th><th colspan="4">频率/概率值</th></tr>
<tr><td>初始事件(1)</td><td colspan="2">高压乙烯产品紧急汽化器出口管线乙烯产品温度控制回路故障，阀门开度过大</td><td colspan="4">0.1</td></tr>
<tr><td colspan="3">修正因子</td><td>S</td><td>A</td><td>R</td><td>E</td></tr>
<tr><td colspan="3">使能条件</td><td></td><td></td><td></td><td></td></tr>
<tr><td rowspan="2">条件概率</td><td colspan="2">考虑点火概率</td><td></td><td></td><td></td><td></td></tr>
<tr><td colspan="2">考虑人员暴露概率</td><td>0.1</td><td></td><td>0.1</td><td></td></tr>
<tr><td colspan="7">独立保护层</td></tr>
<tr><td colspan="3">高压乙烯产品紧急汽化器乙烯产品出口温度报警及人员响应</td><td>0.1</td><td>0.1</td><td>0.1</td><td>0.1</td></tr>
<tr><td colspan="7">SIF 回路频率计算</td></tr>
<tr><td colspan="3">未减缓前的累积发生频率</td><td>1.00E-003</td><td>1.00E-002</td><td>1.00E-003</td><td>1.00E-002</td></tr>
<tr><td colspan="3">未减缓前的风险等级</td><td>D4</td><td>C5</td><td>D4</td><td>A5</td></tr>
<tr><td colspan="3">目标风险等级</td><td>D2</td><td>C5</td><td>D3</td><td>A5</td></tr>
<tr><td colspan="3">风险降低倍数(RRF≥)</td><td>100</td><td>1</td><td>10</td><td>1</td></tr>
<tr><td colspan="3">SIL 级别</td><td>SIL1</td><td>SIL0</td><td>SIL0</td><td>SIL0</td></tr>
<tr><td colspan="3">分组 1 SIL 级别</td><td colspan="4">SIL1</td></tr>
<tr><td colspan="3">SIF 回路最终 SIL 级别</td><td colspan="4">SIL1</td></tr>
</table>

（18）SIF4018 低压脱丙烷塔压力高高联锁关闭蒸汽进料阀

安全完整性等级定级表					
1. SIF 回路定级结果					
最终 SIL 级别	SIL1		风险降低倍数	41	
2. 危险事件评估					
分组 1					
后果描述(分组 1)	低压脱丙烷塔回流流量过低，塔温度、压力升高，塔顶重组分含量增加，严重时塔可能超压，薄弱环节泄漏，物料泄漏至外界，遇点火源发生火灾爆炸事故				
后果等级	健康与安全（S）	财产损失（A）		非财产性与社会影响(R)	环境影响（E）
	D	D		D	A
名称	**描述**	**频率/概率值**			
初始事件(1)	低压脱丙烷塔回流泵故障停	0.1			
修正因子		S	A	R	E
使能条件					
条件概率	考虑点火概率				
	考虑人员暴露概率				
独立保护层					
低压脱丙烷塔安全阀		0.01	0.01	0.01	0.01
低压脱丙烷塔压力控制回路		0.1	0.1	0.1	0.1
名称	**描述**	**频率/概率值**			
初始事件(2)	低压脱丙烷塔温度控制回路故障，阀门开度过大	0.1			
修正因子		S	A	R	E
使能条件					
条件概率	考虑点火概率				
	考虑人员暴露概率				
独立保护层					
低压脱丙烷塔安全阀		0.01	0.01	0.01	0.01
低压脱丙烷塔塔釜温度报警及人员响应		0.1	0.1	0.1	0.1
名称	**描述**	**频率/概率值**			
初始事件(3)	低压脱丙烷塔压力控制回路故障，阀门开度过小或关闭	0.1			
修正因子		S	A	R	E
使能条件					
条件概率	考虑点火概率				
	考虑人员暴露概率				

续表

独立保护层					
低压脱丙烷塔安全阀		0.01	0.01	0.01	0.01
低压脱丙烷塔塔釜温度报警及人员响应		0.1	0.1	0.1	0.1
名称	**描述**	**频率/概率值**			
初始事件(4)	低压脱丙烷塔回流流量控制回路故障,开度过小或关闭	0.1			
修正因子		S	A	R	E
使能条件					
条件概率	考虑点火概率				
	考虑人员暴露概率				
独立保护层					
低压脱丙烷塔安全阀		0.01	0.01	0.01	0.01
低压脱丙烷塔压力控制回路		0.1	0.1	0.1	0.1
名称	**描述**	**频率/概率值**			
初始事件(5)	低压脱丙烷塔冷凝器换热效果差或丙烯冷剂中断	0.01			
修正因子		S	A	R	E
使能条件					
条件概率	考虑点火概率				
	考虑人员暴露概率				
独立保护层					
低压脱丙烷塔安全阀		0.01	0.01	0.01	0.01
低压脱丙烷塔塔釜温度报警及人员响应		0.1	0.1	0.1	0.1
SIF 回路频率计算					
未减缓前的累积发生频率		4.10E-004	4.10E-004	4.10E-004	4.10E-004
未减缓前的风险等级		**D4**	**D4**	**D4**	**A4**
目标风险等级		**D2**	**D3**	**D3**	**A4**
风险降低倍数(RRF≥)		41	4.1	4.1	0.41
SIL 级别		SIL1	SIL0	SIL0	SIL0
分组 1 SIL 级别		SIL1			
SIF 回路最终 SIL 级别		SIL1			

（19）SIF4019 丙烯干燥器再生气系统出口管线设置温度低低联锁关闭再生气系统出口管线紧急切断阀

<table>
<tr><th colspan="5">安全完整性等级定级表</th></tr>
<tr><td colspan="5">1. SIF 回路定级结果</td></tr>
<tr><td>最终 SIL 级别</td><td colspan="2">SIL1</td><td>风险降低倍数</td><td>100</td></tr>
<tr><td colspan="5">2. 危险事件评估</td></tr>
<tr><td colspan="5">分组 1</td></tr>
<tr><td>后果描述(分组 1)</td><td colspan="4">丙烯干燥器液相丙烯串至再生气系统，导致丙烯汽化，再生气系统出口管线可能低温超压，碳钢管线低温损坏，物料泄漏至外界，遇点火源发生火灾爆炸事故</td></tr>
<tr><td rowspan="2">后果等级</td><td>健康与安全
(S)</td><td>财产损失
(A)</td><td>非财产性与社会影响(R)</td><td>环境影响
(E)</td></tr>
<tr><td>D</td><td>D</td><td>D</td><td>A</td></tr>
</table>

<table>
<tr><th>名称</th><th>描述</th><th colspan="4">频率/概率值</th></tr>
<tr><td>初始事件(1)</td><td>丙烯干燥器丙烯和再生气控制阀同时打开</td><td colspan="4">0.01</td></tr>
<tr><td colspan="2">修正因子</td><td>S</td><td>A</td><td>R</td><td>E</td></tr>
<tr><td colspan="2">使能条件</td><td></td><td></td><td></td><td></td></tr>
<tr><td rowspan="2">条件概率</td><td>考虑点火概率</td><td></td><td></td><td></td><td></td></tr>
<tr><td>考虑人员暴露概率</td><td></td><td></td><td></td><td></td></tr>
<tr><td colspan="6">独立保护层</td></tr>
<tr><td colspan="2">再生气系统返回线温度报警及人员响应</td><td>0.1</td><td>0.1</td><td>0.1</td><td>0.1</td></tr>
<tr><td colspan="6">SIF 回路频率计算</td></tr>
<tr><td colspan="2">未减缓前的累积发生频率</td><td>1.00E-003</td><td>1.00E-003</td><td>1.00E-003</td><td>1.00E-003</td></tr>
<tr><td colspan="2">未减缓前的风险等级</td><td>D4</td><td>D4</td><td>D4</td><td>A4</td></tr>
<tr><td colspan="2">目标风险等级</td><td>D2</td><td>D3</td><td>D3</td><td>A4</td></tr>
<tr><td colspan="2">风险降低倍数(RRF≥)</td><td>100</td><td>10</td><td>10</td><td>1</td></tr>
<tr><td colspan="2">SIL 级别</td><td>SIL1</td><td>SIL0</td><td>SIL0</td><td>SIL0</td></tr>
<tr><td colspan="2">分组 1 SIL 级别</td><td colspan="4">SIL1</td></tr>
<tr><td colspan="2">SIF 回路最终 SIL 级别</td><td colspan="4">SIL1</td></tr>
</table>

（20）SIF4020 碳三加氢反应器床层温度高高联锁关闭进料阀

<table>
<tr><th colspan="6">安全完整性等级定级表</th></tr>
<tr><td colspan="6">1. SIF 回路定级结果</td></tr>
<tr><td>最终 SIL 级别</td><td colspan="2">SIL2</td><td>风险降低倍数</td><td colspan="2">130</td></tr>
<tr><td colspan="6">2. 危险事件评估</td></tr>
<tr><td colspan="6">分组 1</td></tr>
<tr><td>后果描述(分组 1)</td><td colspan="5">碳三加氢反应器床层温度、压力升高，催化剂超温损坏，严重时反应器可能飞温，反应器超温超压，薄弱环节泄漏，物料泄漏至外界，遇点火源发生火灾爆炸事故</td></tr>
<tr><td rowspan="2">后果等级</td><td>健康与安全
(S)</td><td>财产损失
(A)</td><td>非财产性与社会影响(R)</td><td colspan="2">环境影响
(E)</td></tr>
<tr><td>D</td><td>E</td><td>D</td><td colspan="2">B</td></tr>
<tr><td>名称</td><td>描述</td><td colspan="4">频率/概率值</td></tr>
<tr><td>初始事件(1)</td><td>碳三加氢反应器碳三进料温度控制回路故障，阀门开度过大</td><td colspan="4">0.1</td></tr>
<tr><td colspan="2">修正因子</td><td>S</td><td>A</td><td>R</td><td>E</td></tr>
<tr><td colspan="2">使能条件</td><td></td><td></td><td></td><td></td></tr>
<tr><td rowspan="2">条件概率</td><td>考虑点火概率</td><td></td><td></td><td></td><td></td></tr>
<tr><td>考虑人员暴露概率</td><td></td><td></td><td></td><td></td></tr>
<tr><td colspan="6">独立保护层</td></tr>
<tr><td colspan="2">碳三加氢反应器出口温度报警及人员响应</td><td>0.1</td><td>0.1</td><td>0.1</td><td>0.1</td></tr>
<tr><td colspan="2">碳三加氢反应器安全阀</td><td>0.01</td><td>0.01</td><td>0.01</td><td>0.01</td></tr>
<tr><td>名称</td><td>描述</td><td colspan="4">频率/概率值</td></tr>
<tr><td>初始事件(2)</td><td>泵故障停</td><td colspan="4">0.1</td></tr>
<tr><td colspan="2">修正因子</td><td>S</td><td>A</td><td>R</td><td>E</td></tr>
<tr><td colspan="2">使能条件</td><td></td><td></td><td></td><td></td></tr>
<tr><td rowspan="2">条件概率</td><td>考虑点火概率</td><td></td><td></td><td></td><td></td></tr>
<tr><td>考虑人员暴露概率</td><td></td><td></td><td></td><td></td></tr>
<tr><td colspan="6">独立保护层</td></tr>
<tr><td colspan="2">碳三加氢反应器出口温度报警及人员响应</td><td>0.1</td><td>0.1</td><td>0.1</td><td>0.1</td></tr>
<tr><td colspan="2">碳三加氢反应器安全阀</td><td>0.01</td><td>0.01</td><td>0.01</td><td>0.01</td></tr>
<tr><td>名称</td><td>描述</td><td colspan="4">频率/概率值</td></tr>
<tr><td>初始事件(3)</td><td>碳三加氢反应器氢气进料流量控制回路故障，阀门开度过大</td><td colspan="4">0.1</td></tr>
<tr><td colspan="2">修正因子</td><td>S</td><td>A</td><td>R</td><td>E</td></tr>
<tr><td colspan="2">使能条件</td><td></td><td></td><td></td><td></td></tr>
</table>

续表

条件概率	考虑点火概率				
	考虑人员暴露概率				
独立保护层					
碳三加氢反应器安全阀		0.01	0.01	0.01	0.01
名称	**描述**	**频率/概率值**			
初始事件(4)	碳三加氢反应器碳三加氢进料流量控制回路故障，阀门开度过小或关闭	0.1			
修正因子		S	A	R	E
使能条件					
条件概率	考虑点火概率				
	考虑人员暴露概率				
独立保护层					
碳三加氢反应器安全阀		0.01	0.01	0.01	0.01
碳三加氢反应器出口温度报警及人员响应		0.1	0.1	0.1	0.1
SIF 回路频率计算					
未减缓前的累积发生频率		1.30E-003	1.30E-003	1.30E-003	1.30E-003
未减缓前的风险等级		**D5**	**E5**	**D5**	**B5**
目标风险等级		**D2**	**E2**	**D3**	**B5**
风险降低倍数(RRF≥)		130	130	13	0.13
SIL 级别		SIL2	SIL2	SIL1	SIL0
分组 1 SIL 级别		SIL2			
SIF 回路最终 SIL 级别		SIL2			

（21）SIF4021 碳三加氢反应器碳三进料流量低低联锁关闭进料阀

安全完整性等级定级表					
1. SIF 回路定级结果					
最终 SIL 级别	SIL1	风险降低倍数		30	
2. 危险事件评估					
分组 1					
后果描述(分组 1)	碳三加氢反应器碳三加氢进料流量过低，反应器中氢气比例过高，反应器床层温度、压力升高，催化剂超温损坏，严重时反应器可能飞温，反应器超温超压，薄弱环节泄漏，物料泄漏至外界，遇点火源发生火灾爆炸事故				
后果等级	健康与安全（S）	财产损失（A）	非财产性与社会影响(R)	环境影响（E）	
	D	D	D	B	
名称	**描述**	**频率/概率值**			
初始事件(1)	碳三加氢反应器碳三加氢进料流量控制回路故障，阀门开度过小或关闭	0.1			
修正因子		S	A	R	E
使能条件					
条件概率	考虑点火概率				
	考虑人员暴露概率				
独立保护层					
碳三加氢反应器安全阀		0.01	0.01	0.01	0.01
碳三加氢反应器出口温度报警及人员响应		0.1	0.1	0.1	0.1
名称	**描述**	**频率/概率值**			
初始事件(2)	碳三加氢反应器出口管线阀门误关闭	0.01			
修正因子		S	A	R	E
使能条件					
条件概率	考虑点火概率				
	考虑人员暴露概率				
独立保护层					
碳三加氢反应器安全阀		0.01	0.01	0.01	0.01
名称	**描述**	**频率/概率值**			
初始事件(3)	泵故障停	0.1			
修正因子		S	A	R	E
使能条件					
条件概率	考虑点火概率				
	考虑人员暴露概率				
独立保护层					
碳三加氢反应器出口温度报警及人员响应		0.1	0.1	0.1	0.1
碳三加氢反应器安全阀		0.01	0.01	0.01	0.01
SIF 回路频率计算					
未减缓前的累积发生频率		3.00E-004	3.00E-004	3.00E-004	3.00E-004
未减缓前的风险等级		D4	D4	D4	B4
目标风险等级		D2	D3	D3	B4
风险降低倍数(RRF≥)		30	3	3	0.3
SIL 级别		SIL1	SIL0	SIL0	SIL0
分组 1 SIL 级别		SIL1			
SIF 回路最终 SIL 级别		SIL1			

（22）SIF4022 碳三加氢反应器再生温度高高联锁关闭再生用装置空气进料阀

安全完整性等级定级表					
1. SIF 回路定级结果					
最终 SIL 级别	SIL0	风险降低倍数		2	
2. 危险事件评估					
分组 1					
后果描述(分组 1)	碳三加氢反应器再生时，反应器温度过高，反应器和催化剂高温损坏，影响反应器使用寿命				
后果等级	健康与安全(S)	财产损失(A)	非财产性与社会影响(R)	环境影响(E)	
	B	C	B	A	
名称	**描述**	**频率/概率值**			
初始事件(1)	碳三加氢反应器再生烧焦空气流量过大	0.1			
修正因子		S	A	R	E
使能条件					
条件概率	考虑点火概率				
	考虑人员暴露概率				
独立保护层					
碳三加氢反应器出口温度报警及人员响应		0.1	0.1	0.1	0.1
名称	**描述**	**频率/概率值**			
初始事件(2)	上游来碳三加氢反应器再生气体温度过高	0.1			
修正因子		S	A	R	E
使能条件					
条件概率	考虑点火概率				
	考虑人员暴露概率				
独立保护层					
碳三加氢反应器出口温度报警及人员响应		0.1	0.1	0.1	0.1
SIF 回路频率计算					
未减缓前的累积发生频率		2.00E-002	2.00E-002	2.00E-002	2.00E-002
未减缓前的风险等级		**B6**	**C6**	**B6**	**A6**
目标风险等级		**B5**	**C5**	**B6**	**A6**
风险降低倍数(RRF≥)		2	2	0.2	0.2
SIL 级别		SIL0	SIL0	SIL0	SIL0
分组 1 SIL 级别		SIL0			
SIF 回路最终 SIL 级别		SIL0			

（23）SIF4023 丙烯精馏塔压力高高联锁切断急冷水切断阀和蒸汽切断阀

安全完整性等级定级表					
1. SIF 回路定级结果					
最终 SIL 级别	SIL1		风险降低倍数	71	
2. 危险事件评估					
分组 1					
后果描述(分组 1)	丙烯精馏塔温度、压力升高，塔顶重组分含量增加，严重时塔可能超压，薄弱环节泄漏，物料泄漏至外界，遇点火源发生火灾爆炸事故				
后果等级	健康与安全(S)	财产损失(A)	非财产性与社会影响(R)	环境影响(E)	
	D	D	D	A	
名称	**描述**		**频率/概率值**		
初始事件(1)	丙烯精馏塔再沸器流量控制回路故障，阀门开度过大		0.1		
修正因子			S	A	R	E
使能条件						
条件概率	考虑点火概率					
	考虑人员暴露概率					
独立保护层						
丙烯精馏温度报警及人员响应			0.1	0.1	0.1	0.1
丙烯精馏塔系统安全阀			0.01	0.01	0.01	0.01
名称	**描述**		**频率/概率值**		
初始事件(2)	丙烯精馏塔压力控制回路故障，阀门开度过大		0.1		
修正因子			S	A	R	E
使能条件						
条件概率	考虑点火概率					
	考虑人员暴露概率					
独立保护层						
丙烯精馏塔压力报警及人员相应			0.1	0.1	0.1	0.1
丙烯精馏塔系统安全阀			0.01	0.01	0.01	0.01
名称	**描述**		**频率/概率值**		
初始事件(3)	丙烯精馏塔回流泵故障停		0.1		
修正因子			S	A	R	E
使能条件						
条件概率	考虑点火概率					
	考虑人员暴露概率					

续表

独立保护层					
丙烯精馏塔回流流量低报警及人员相应		0.1	0.1	0.1	0.1
丙烯精馏塔系统安全阀		0.01	0.01	0.01	0.01
名称	**描述**	**频率/概率值**			
初始事件(4)	丙烯精馏塔冷凝器换热效果差或循环水中断	0.01			
修正因子		S	A	R	E
使能条件					
条件概率	考虑点火概率				
	考虑人员暴露概率				
独立保护层					
丙烯精馏塔压力报警及人员相应		0.1	0.1	0.1	0.1
丙烯精馏塔系统安全阀		0.01	0.01	0.01	0.01
SIF 回路频率计算					
未减缓前的累积发生频率		3.10E-004	3.10E-004	3.10E-004	3.10E-004
未减缓前的风险等级		**D4**	**D4**	**D4**	**A4**
目标风险等级		**D2**	**D3**	**D3**	**A4**
风险降低倍数(RRF≥)		31	3.1	3.1	0.31
SIL 级别		SIL1	SIL0	SIL0	SIL0
分组 1 SIL 级别		SIL1			
SIF 回路最终 SIL 级别		SIL1			

（24）SIF4024 脱丁烷塔压力高高联锁关闭低压蒸汽切断阀

<table>
<tr><th colspan="6">安全完整性等级定级表</th></tr>
<tr><td colspan="6">1. SIF 回路定级结果</td></tr>
<tr><td>最终 SIL 级别</td><td colspan="2">SIL1</td><td>风险降低倍数</td><td colspan="2">50</td></tr>
<tr><td colspan="6">2. 危险事件评估</td></tr>
<tr><td colspan="6">分组 1</td></tr>
<tr><td>后果描述(分组 1)</td><td colspan="5">脱丁烷塔温度、压力升高，塔顶重组分含量增加，严重时塔可能超压，薄弱环节泄漏，物料泄漏至外界，遇点火源发生火灾爆炸事故</td></tr>
<tr><td rowspan="2">后果等级</td><td>健康与安全
(S)</td><td>财产损失
(A)</td><td>非财产性与社会影响(R)</td><td colspan="2">环境影响
(E)</td></tr>
<tr><td>D</td><td>D</td><td>D</td><td colspan="2">A</td></tr>
<tr><td>名称</td><td colspan="2">描述</td><td colspan="3">频率/概率值</td></tr>
<tr><td>初始事件(1)</td><td colspan="2">脱丁烷塔温度控制回路故障，阀门开度过大</td><td colspan="3">0.1</td></tr>
<tr><td colspan="2">修正因子</td><td>S</td><td>A</td><td>R</td><td>E</td></tr>
<tr><td colspan="2">使能条件</td><td></td><td></td><td></td><td></td></tr>
<tr><td rowspan="2">条件概率</td><td>考虑点火概率</td><td></td><td></td><td></td><td></td></tr>
<tr><td>考虑人员暴露概率</td><td></td><td></td><td></td><td></td></tr>
<tr><td colspan="6">独立保护层</td></tr>
<tr><td colspan="2">脱丁烷塔温度报警及人员响应</td><td>0.1</td><td>0.1</td><td>0.1</td><td>0.1</td></tr>
<tr><td colspan="2">脱丁烷塔安全阀</td><td>0.01</td><td>0.01</td><td>0.01</td><td>0.01</td></tr>
<tr><td>名称</td><td colspan="2">描述</td><td colspan="3">频率/概率值</td></tr>
<tr><td>初始事件(2)</td><td colspan="2">脱丁烷塔冷凝器换热效果差或循环水中断</td><td colspan="3">0.1</td></tr>
<tr><td colspan="2">修正因子</td><td>S</td><td>A</td><td>R</td><td>E</td></tr>
<tr><td colspan="2">使能条件</td><td></td><td></td><td></td><td></td></tr>
<tr><td rowspan="2">条件概率</td><td>考虑点火概率</td><td></td><td></td><td></td><td></td></tr>
<tr><td>考虑人员暴露概率</td><td></td><td></td><td></td><td></td></tr>
<tr><td colspan="6">独立保护层</td></tr>
<tr><td colspan="2">脱丁烷塔温度报警及人员响应</td><td>0.1</td><td>0.1</td><td>0.1</td><td>0.1</td></tr>
<tr><td colspan="2">脱丁烷塔安全阀</td><td>0.01</td><td>0.01</td><td>0.01</td><td>0.01</td></tr>
<tr><td>名称</td><td colspan="2">描述</td><td colspan="3">频率/概率值</td></tr>
<tr><td>初始事件(3)</td><td colspan="2">脱丁烷塔回流流量控制回路故障，
开度过小或关闭</td><td colspan="3">0.1</td></tr>
<tr><td colspan="2">修正因子</td><td>S</td><td>A</td><td>R</td><td>E</td></tr>
<tr><td colspan="2">使能条件</td><td></td><td></td><td></td><td></td></tr>
<tr><td rowspan="2">条件概率</td><td>考虑点火概率</td><td></td><td></td><td></td><td></td></tr>
<tr><td>考虑人员暴露概率</td><td></td><td></td><td></td><td></td></tr>
</table>

续表

独立保护层					
脱丁烷塔温度报警及人员响应		0.1	0.1	0.1	0.1
脱丁烷塔安全阀		0.01	0.01	0.01	0.01
名称	**描述**	**频率/概率值**			
初始事件(4)	脱丁烷塔压力控制回路故障，开度过小或关闭	0.1			
修正因子		S	A	R	E
使能条件					
条件概率	考虑点火概率				
	考虑人员暴露概率				
独立保护层					
脱丁烷塔温度报警及人员响应		0.1	0.1	0.1	0.1
脱丁烷塔安全阀		0.01	0.01	0.01	0.01
名称	**描述**	**频率/概率值**			
初始事件(5)	脱丁烷塔回流泵故障停	0.1			
修正因子		S	A	R	E
使能条件					
条件概率	考虑点火概率				
	考虑人员暴露概率				
独立保护层					
脱丁烷塔温度报警及人员响应		0.1	0.1	0.1	0.1
脱丁烷塔安全阀		0.01	0.01	0.01	0.01
SIF 回路频率计算					
未减缓前的累积发生频率		5.00E-004	5.00E-004	5.00E-004	5.00E-004
未减缓前的风险等级		**D4**	**D4**	**D4**	**A4**
目标风险等级		**D2**	**D3**	**D3**	**A4**
风险降低倍数(RRF≥)		50	5	5	0.5
SIL 级别		SIL1	SIL0	SIL0	SIL0
分组 1 SIL 级别		SIL1			
SIF 回路最终 SIL 级别		SIL1			

（25）SIF4025 甲醇排放罐液位高高联锁启动甲醇排放泵

<table>
<tr><th colspan="5">安全完整性等级定级表</th></tr>
<tr><td colspan="5">1. SIF 回路定级结果</td></tr>
<tr><td>最终 SIL 级别</td><td>SIL0</td><td>风险降低倍数</td><td colspan="2">1</td></tr>
<tr><td colspan="5">2. 危险事件评估</td></tr>
<tr><td colspan="5">分组 1</td></tr>
<tr><td>后果描述(分组 1)</td><td colspan="4">甲醇排放罐液位过高，严重时储罐满罐，影响甲醇排放</td></tr>
<tr><td rowspan="2">后果等级</td><td>健康与安全
(S)</td><td>财产损失
(A)</td><td>非财产性与社会影响(R)</td><td>环境影响
(E)</td></tr>
<tr><td>B</td><td>C</td><td>A</td><td>A</td></tr>
</table>

<table>
<tr><th>名称</th><th colspan="2">描述</th><th colspan="4">频率/概率值</th></tr>
<tr><td>初始事件(1)</td><td colspan="2">人员误操作，甲醇排放罐未及时排放</td><td colspan="4">0.01</td></tr>
<tr><td colspan="3">修正因子</td><td>S</td><td>A</td><td>R</td><td>E</td></tr>
<tr><td colspan="3">使能条件</td><td></td><td></td><td></td><td></td></tr>
<tr><td rowspan="2">条件概率</td><td colspan="2">考虑点火概率</td><td></td><td></td><td></td><td></td></tr>
<tr><td colspan="2">考虑人员暴露概率</td><td></td><td></td><td></td><td></td></tr>
<tr><td colspan="7">独立保护层</td></tr>
<tr><td colspan="3">SIF 回路频率计算</td><td></td><td></td><td></td><td></td></tr>
<tr><td colspan="3">未减缓前的累积发生频率</td><td>1.00E-002</td><td>1.00E-002</td><td>1.00E-002</td><td>1.00E-002</td></tr>
<tr><td colspan="3">未减缓前的风险等级</td><td>B5</td><td>C5</td><td>A5</td><td>A5</td></tr>
<tr><td colspan="3">目标风险等级</td><td>B5</td><td>C5</td><td>A5</td><td>A5</td></tr>
<tr><td colspan="3">风险降低倍数(RRF≥)</td><td>1</td><td>1</td><td>1</td><td>1</td></tr>
<tr><td colspan="3">SIL 级别</td><td>SIL0</td><td>SIL0</td><td>SIL0</td><td>SIL0</td></tr>
<tr><td colspan="3">分组 1 SIL 级别</td><td colspan="4">SIL0</td></tr>
<tr><td colspan="3">SIF 回路最终 SIL 级别</td><td colspan="4">SIL0</td></tr>
</table>

（26）SIF4026 冷箱低压乙烯管线温度低低联锁关闭低压乙烯阀门

安全完整性等级定级表					
1. SIF 回路定级结果					
最终 SIL 级别	SIL1		风险降低倍数	100	
2. 危险事件评估					
分组 1					
后果描述(分组 1)	低压乙烯产品汽化器壳程液位过高，乙烯汽化不完全，影响冷箱换热，低温导致未汽化的低压乙烯产品进入管网，下游管道可能低温损坏，物料泄漏至外界，遇点火源发生火灾爆炸事故				
后果等级	健康与安全(S)	财产损失(A)	非财产性与社会影响(R)	环境影响(E)	
	D	C	D	A	
名称	**描述**	**频率/概率值**			
初始事件(1)	低压乙烯产品汽化器壳程液位控制回路故障，阀门开度过大	0.1			
修正因子		S	A	R	E
使能条件					
条件概率	考虑点火概率				
	考虑人员暴露概率	0.1		0.1	
独立保护层					
低压乙烯产品汽化器乙烯产品出口温度报警及人员响应		0.1	0.1	0.1	0.1
SIF 回路频率计算					
未减缓前的累积发生频率		1.00E-003	1.00E-002	1.00E-003	1.00E-002
未减缓前的风险等级		**D4**	**C5**	**D4**	**A5**
目标风险等级		**D2**	**C5**	**D3**	**A5**
风险降低倍数(RRF≥)		100	1	10	1
SIL 级别		SIL1	SIL0	SIL0	SIL0
分组 1 SIL 级别		SIL1			
SIF 回路最终 SIL 级别		SIL1			

（27）SIF4027 冷箱高压乙烯管线温度低低联锁关闭高压乙烯阀门

<table>
<tr><th colspan="6">安全完整性等级定级表</th></tr>
<tr><td colspan="6">1. SIF 回路定级结果</td></tr>
<tr><td>最终 SIL 级别</td><td>SIL1</td><td colspan="2">风险降低倍数</td><td colspan="2">100</td></tr>
<tr><td colspan="6">2. 危险事件评估</td></tr>
<tr><td colspan="6">分组 1</td></tr>
<tr><td>后果描述(分组 1)</td><td colspan="5">高压乙烯产品汽化器壳程液位过高，乙烯汽化不完全，影响冷箱换热，低温导致未汽化的低压乙烯产品进入管网，下游管道可能低温损坏，物料泄漏至外界，遇点火源发生火灾爆炸事故</td></tr>
<tr><td rowspan="2">后果等级</td><td>健康与安全
(S)</td><td>财产损失
(A)</td><td colspan="2">非财产性与社会
影响(R)</td><td>环境影响
(E)</td></tr>
<tr><td>D</td><td>C</td><td colspan="2">D</td><td>A</td></tr>
<tr><th>名称</th><th>描述</th><th colspan="4">频率/概率值</th></tr>
<tr><td>初始事件(1)</td><td>高压乙烯产品汽化器壳程液位控制
回路故障，阀门开度过大</td><td colspan="4">0.1</td></tr>
<tr><td colspan="2">修正因子</td><td>S</td><td>A</td><td>R</td><td>E</td></tr>
<tr><td colspan="2">使能条件</td><td></td><td></td><td></td><td></td></tr>
<tr><td rowspan="2">条件概率</td><td>考虑点火概率</td><td></td><td></td><td></td><td></td></tr>
<tr><td>考虑人员暴露概率</td><td>0.1</td><td></td><td>0.1</td><td></td></tr>
<tr><td colspan="6">独立保护层</td></tr>
<tr><td colspan="2">冷箱高压乙烯管线温度报警及人员响应</td><td>0.1</td><td>0.1</td><td>0.1</td><td>0.1</td></tr>
<tr><td colspan="6">SIF 回路频率计算</td></tr>
<tr><td colspan="2">未减缓前的累积发生频率</td><td>1.00E-003</td><td>1.00E-002</td><td>1.00E-003</td><td>1.00E-002</td></tr>
<tr><td colspan="2">未减缓前的风险等级</td><td>D4</td><td>C5</td><td>D4</td><td>A5</td></tr>
<tr><td colspan="2">目标风险等级</td><td>D2</td><td>C5</td><td>D3</td><td>A5</td></tr>
<tr><td colspan="2">风险降低倍数(RRF≥)</td><td>100</td><td>1</td><td>10</td><td>1</td></tr>
<tr><td colspan="2">SIL 级别</td><td>SIL1</td><td>SIL0</td><td>SIL0</td><td>SIL0</td></tr>
<tr><td colspan="2">分组 1 SIL 级别</td><td colspan="4">SIL1</td></tr>
<tr><td colspan="2">SIF 回路最终 SIL 级别</td><td colspan="4">SIL1</td></tr>
</table>

7.5　公用工程单元

（1）SIF5001 干火炬过热器凝液罐设液位高高联锁开排凝阀

安全完整性等级定级表					
1. SIF 回路定级结果					
最终 SIL 级别	SIL0		风险降低倍数	1	
2. 危险事件评估					
分组 1					
后果描述(分组 1)	低温物料进入干火炬碳钢排气管线，严重时造成管线低温损坏				
后果等级	健康与安全（S）	财产损失（A）	非财产性与社会影响(R)	环境影响（E）	
	C	D	B	B	
名称	**描述**	**频率/概率值**			
初始事件(1)	干火炬过热器凝液罐液位控制回路故障，导致阀门关小或关闭	0.1			
修正因子		S	A	R	E
使能条件：干火炬泄放频次低		0.1	0.1	0.1	0.1
条件概率	考虑点火概率				
	考虑人员暴露概率				
独立保护层					
干火炬过热器出口设温度报警		0.1	0.1	0.1	0.1
干火炬设汽化器		0.1	0.1	0.1	0.1
SIF 回路频率计算					
未减缓前的累积发生频率		1.00E-004	1.00E-004	1.00E-004	1.00E-004
未减缓前的风险等级		**C3**	**D3**	**B3**	**B3**
目标风险等级		**C3**	**D3**	**B3**	**B3**
风险降低倍数(RRF≥)		1	1	1	1
SIL 级别		SIL0	SIL0	SIL0	SIL0
分组 1 SIL 级别		SIL0			
SIF 回路最终 SIL 级别		SIL0			

（2）SIF5002 火炬气压缩机入口压力低低联锁停火炬气压缩机

<table>
<tr><th colspan="6">安全完整性等级定级表</th></tr>
<tr><td colspan="6">1. SIF 回路定级结果</td></tr>
<tr><td>最终 SIL 级别</td><td colspan="2">SIL0</td><td colspan="2">风险降低倍数</td><td>10</td></tr>
<tr><td colspan="6">2. 危险事件评估</td></tr>
<tr><td colspan="6">分组 1</td></tr>
<tr><td>后果描述(分组 1)</td><td colspan="5">火炬气压缩机不上量，造成压缩机损坏</td></tr>
<tr><td rowspan="2">后果等级</td><td>健康与安全
(S)</td><td>财产损失
(A)</td><td colspan="2">非财产性与社会
影响(R)</td><td>环境影响
(E)</td></tr>
<tr><td>A</td><td>C</td><td colspan="2">A</td><td>A</td></tr>
<tr><td>名称</td><td colspan="2">描述</td><td colspan="3">频率/概率值</td></tr>
<tr><td>初始事件(1)</td><td colspan="2">压缩机入口火炬气量不足</td><td colspan="3">0.1</td></tr>
<tr><td colspan="2">修正因子</td><td>S</td><td>A</td><td>R</td><td>E</td></tr>
<tr><td colspan="2">使能条件</td><td></td><td></td><td></td><td></td></tr>
<tr><td rowspan="2">条件概率</td><td>考虑点火概率</td><td></td><td></td><td></td><td></td></tr>
<tr><td>考虑人员暴露概率</td><td></td><td></td><td></td><td></td></tr>
<tr><td colspan="6">独立保护层</td></tr>
<tr><td colspan="2">SIF 回路频率计算</td><td></td><td></td><td></td><td></td></tr>
<tr><td colspan="2">未减缓前的累积发生频率</td><td>1.00E-001</td><td>1.00E-001</td><td>1.00E-001</td><td>1.00E-001</td></tr>
<tr><td colspan="2">未减缓前的风险等级</td><td>A6</td><td>C6</td><td>A6</td><td>A6</td></tr>
<tr><td colspan="2">目标风险等级</td><td>A6</td><td>C5</td><td>A6</td><td>A6</td></tr>
<tr><td colspan="2">风险降低倍数(RRF≥)</td><td>1</td><td>10</td><td>1</td><td>1</td></tr>
<tr><td colspan="2">SIL 级别</td><td>SIL0</td><td>SIL0</td><td>SIL0</td><td>SIL0</td></tr>
<tr><td colspan="2">分组 1 SIL 级别</td><td colspan="4">SIL0</td></tr>
<tr><td colspan="2">SIF 回路最终 SIL 级别</td><td colspan="4">SIL0</td></tr>
</table>

(3) SIF5003 火炬气压缩机入口设温度高高联锁停火炬气压缩机

<table>
<tr><th colspan="6">安全完整性等级定级表</th></tr>
<tr><td colspan="6">1. SIF 回路定级结果</td></tr>
<tr><td>最终 SIL 级别</td><td colspan="2">SIL0</td><td>风险降低倍数</td><td colspan="2">10</td></tr>
<tr><td colspan="6">2. 危险事件评估</td></tr>
<tr><td colspan="6">分组 1</td></tr>
<tr><td>后果描述(分组 1)</td><td colspan="5">火炬气压缩机出口超温，造成压缩机损坏</td></tr>
<tr><td rowspan="2">后果等级</td><td>健康与安全
(S)</td><td>财产损失
(A)</td><td>非财产性与社会
影响(R)</td><td colspan="2">环境影响
(E)</td></tr>
<tr><td>C</td><td>C</td><td>B</td><td colspan="2">B</td></tr>
<tr><td>名称</td><td colspan="2">描述</td><td colspan="3">频率/概率值</td></tr>
<tr><td>初始事件(1)</td><td colspan="2">自上游来的火炬气温度高</td><td colspan="3">0.1</td></tr>
</table>

<table>
<tr><td colspan="2">修正因子</td><td>S</td><td>A</td><td>R</td><td>E</td></tr>
<tr><td colspan="2">使能条件</td><td></td><td></td><td></td><td></td></tr>
<tr><td rowspan="2">条件概率</td><td>考虑点火概率</td><td></td><td></td><td></td><td></td></tr>
<tr><td>考虑人员暴露概率</td><td></td><td></td><td></td><td></td></tr>
<tr><td colspan="6">独立保护层</td></tr>
<tr><td></td><td>火炬气压缩机出口设温度报警</td><td>0.1</td><td>0.1</td><td>0.1</td><td>0.1</td></tr>
<tr><td colspan="6">SIF 回路频率计算</td></tr>
<tr><td colspan="2">未减缓前的累积发生频率</td><td>1.00E-002</td><td>1.00E-002</td><td>1.00E-002</td><td>1.00E-002</td></tr>
<tr><td colspan="2">未减缓前的风险等级</td><td>C5</td><td>C5</td><td>B5</td><td>B5</td></tr>
<tr><td colspan="2">目标风险等级</td><td>C4</td><td>C5</td><td>B5</td><td>B5</td></tr>
<tr><td colspan="2">风险降低倍数(RRF≥)</td><td>10</td><td>1</td><td>1</td><td>1</td></tr>
<tr><td colspan="2">SIL 级别</td><td>SIL0</td><td>SIL0</td><td>SIL0</td><td>SIL0</td></tr>
<tr><td colspan="2">分组 1 SIL 级别</td><td colspan="4">SIL0</td></tr>
<tr><td colspan="2">SIF 回路最终 SIL 级别</td><td colspan="4">SIL0</td></tr>
</table>

（4）SIF5004 火炬气压缩机入口设温度低低联锁停压缩机

安全完整性等级定级表					
1. SIF 回路定级结果					
最终 SIL 级别	SIL0		风险降低倍数	10	
2. 危险事件评估					
分组 1					
后果描述(分组 1)	火炬气压缩机内部低温损坏				
后果等级	健康与安全(S)	财产损失(A)	非财产性与社会影响(R)	环境影响(E)	
	C	C	B	B	
名称	**描述**		**频率/概率值**		
初始事件(1)	自上游来的火炬气温度低		0.01		
修正因子			S	A	R	E
使能条件						
条件概率	考虑点火概率					
	考虑人员暴露概率					
独立保护层						
SIF 回路频率计算						
未减缓前的累积发生频率			1.00E-002	1.00E-002	1.00E-002	1.00E-002
未减缓前的风险等级			**C5**	**C5**	**B5**	**B5**
目标风险等级			**C4**	**C5**	**B5**	**B5**
风险降低倍数(RRF≥)			10	1	1	1
SIL 级别			SIL0	SIL0	SIL0	SIL0
分组 1 SIL 级别			SIL0			
SIF 回路最终 SIL 级别			SIL0			

(5) SIF5005 火炬气压缩机出口设氧含量高联停火炬气压缩机

安全完整性等级定级表						
1. SIF 回路定级结果						
最终 SIL 级别	SIL0		风险降低倍数		10	
2. 危险事件评估						
分组 1						
后果描述(分组 1)	火炬气压缩机内部形成爆炸性混合气体，遇点火源发生火灾爆炸					
后果等级	健康与安全(S)	财产损失(A)	非财产性与社会影响(R)		环境影响(E)	
	D	D	C		C	
名称	**描述**		**频率/概率值**			
初始事件(1)	自上游来的火炬气氧含量高		0.01			
修正因子			S	A	R	E
使能条件：达到爆炸极限概率						
条件概率	考虑点火概率		0.1	0.1	0.1	
	考虑人员暴露概率		0.1		0.1	
独立保护层						
SIF 回路频率计算						
未减缓前的累积发生频率			1.00E-004	1.00E-003	1.00E-004	1.00E-002
未减缓前的风险等级			D3	D4	C3	C5
目标风险等级			D2	D3	C3	C5
风险降低倍数(RRF≥)			10	10	1	1
SIL 级别			SIL0	SIL0	SIL0	SIL0
分组 1 SIL 级别			SIL0			
SIF 回路最终 SIL 级别			SIL0			

（6）SIF5006 除氧器设液位高高联锁开排水阀

安全完整性等级定级表						
1. SIF 回路定级结果						
最终 SIL 级别	SIL0		风险降低倍数		2	
2. 危险事件评估						
分组 1						
后果描述(分组 1)	除氧器包满液，工艺水溢出，除氧器除氧效果差，可能造成人员烫伤					
后果等级	健康与安全（S）	财产损失（A）	非财产性与社会影响（R）		环境影响（E）	
	B	A	A		A	
名称	**描述**		**频率/概率值**			
初始事件(1)	超高压锅炉给水泵故障停机		0.1			
修正因子			S	A	R	E
使能条件						
条件概率	考虑点火概率					
	考虑人员暴露概率					
独立保护层						
超高压锅炉给水泵出口设流量低报警			0.1	0.1	0.1	0.1
名称	**描述**		**频率/概率值**			
初始事件(2)	液位控制回路故障，导致阀门开大或全开		0.1			
修正因子			S	A	R	E
使能条件						
条件概率	考虑点火概率					
	考虑人员暴露概率					
独立保护层						
除氧器包设液位报警			0.1	0.1	0.1	0.1
SIF 回路频率计算						
未减缓前的累积发生频率			2.00E-002	2.00E-002	2.00E-002	2.00E-002
未减缓前的风险等级			**B6**	**A6**	**A6**	**A6**
目标风险等级			**B5**	**A6**	**A6**	**A6**
风险降低倍数(RRF≥)			2	0.2	0.2	0.2
SIL 级别			SIL0	SIL0	SIL0	SIL0
分组 1 SIL 级别			SIL0			
SIF 回路最终 SIL 级别			SIL0			

（7）SIF5007 超高压锅炉给水母管压力低联锁启备泵

<table>
<tr><th colspan="6">安全完整性等级定级表</th></tr>
<tr><td colspan="6">1. SIF 回路定级结果</td></tr>
<tr><td>最终 SIL 级别</td><td colspan="2">SIL0</td><td>风险降低倍数</td><td colspan="2">1</td></tr>
<tr><td colspan="6">2. 危险事件评估</td></tr>
<tr><td colspan="6">分组 1</td></tr>
<tr><td>后果描述（分组 1）</td><td colspan="5">导致超高压蒸汽包补水管线流量过低，影响超高压蒸汽包正常运行</td></tr>
<tr><td rowspan="2">后果等级</td><td>健康与安全
（S）</td><td>财产损失
（A）</td><td>非财产性与社会
影响（R）</td><td colspan="2">环境影响
（E）</td></tr>
<tr><td>A</td><td>C</td><td>A</td><td colspan="2">A</td></tr>
<tr><td>名称</td><td colspan="2">描述</td><td colspan="3">频率/概率值</td></tr>
<tr><td>初始事件（1）</td><td colspan="2">超高压锅炉给水泵故障停机</td><td colspan="3">0.1</td></tr>
<tr><td colspan="2">修正因子</td><td>S</td><td>A</td><td>R</td><td>E</td></tr>
<tr><td colspan="2">使能条件</td><td></td><td></td><td></td><td></td></tr>
<tr><td rowspan="2">条件概率</td><td>考虑点火概率</td><td></td><td></td><td></td><td></td></tr>
<tr><td>考虑人员暴露概率</td><td></td><td></td><td></td><td></td></tr>
<tr><td colspan="6">独立保护层</td></tr>
<tr><td colspan="2">超高压锅炉给水泵出口设流量低报警</td><td>0.1</td><td>0.1</td><td>0.1</td><td>0.1</td></tr>
<tr><td colspan="6">SIF 回路频率计算</td></tr>
<tr><td colspan="2">未减缓前的累积发生频率</td><td>1.00E-002</td><td>1.00E-002</td><td>1.00E-002</td><td>1.00E-002</td></tr>
<tr><td colspan="2">未减缓前的风险等级</td><td>A5</td><td>C5</td><td>A5</td><td>A5</td></tr>
<tr><td colspan="2">目标风险等级</td><td>A5</td><td>C5</td><td>A5</td><td>A5</td></tr>
<tr><td colspan="2">风险降低倍数（RRF≥）</td><td>1</td><td>1</td><td>1</td><td>1</td></tr>
<tr><td colspan="2">SIL 级别</td><td>SIL0</td><td>SIL0</td><td>SIL0</td><td>SIL0</td></tr>
<tr><td colspan="2">分组 1 SIL 级别</td><td colspan="4">SIL0</td></tr>
<tr><td colspan="2">SIF 回路最终 SIL 级别</td><td colspan="4">SIL0</td></tr>
</table>

（8）SIF5008 蒸汽管网设置温度高高联锁关蒸汽阀门

<table>
<tr><th colspan="6">安全完整性等级定级表</th></tr>
<tr><td colspan="6">1. SIF 回路定级结果</td></tr>
<tr><td>最终 SIL 级别</td><td colspan="2">SIL1</td><td>风险降低倍数</td><td colspan="2">11</td></tr>
<tr><td colspan="6">2. 危险事件评估</td></tr>
<tr><td colspan="6">分组 1</td></tr>
<tr><td>后果描述(分组 1)</td><td colspan="5">蒸汽管网超温损坏，蒸汽泄漏，严重时造成人员伤亡</td></tr>
<tr><td rowspan="2">后果等级</td><td>健康与安全
(S)</td><td>财产损失
(A)</td><td>非财产性与社会
影响(R)</td><td colspan="2">环境影响
(E)</td></tr>
<tr><td>D</td><td>C</td><td>B</td><td colspan="2">B</td></tr>
<tr><td>名称</td><td colspan="2">描述</td><td colspan="3">频率/概率值</td></tr>
<tr><td>初始事件(1)</td><td colspan="2">温度控制回路故障，导致阀门关小或关闭</td><td colspan="3">0.1</td></tr>
<tr><td colspan="2">修正因子</td><td>S</td><td>A</td><td>R</td><td>E</td></tr>
<tr><td colspan="2">使能条件：只有当汽轮机停机时用到减温减压器</td><td>0.1</td><td>0.1</td><td>0.1</td><td>0.1</td></tr>
<tr><td rowspan="2">条件概率</td><td>考虑点火概率</td><td></td><td></td><td></td><td></td></tr>
<tr><td>考虑人员暴露概率</td><td>0.1</td><td></td><td>0.1</td><td></td></tr>
<tr><td colspan="6">独立保护层</td></tr>
<tr><td colspan="2">高压蒸汽管网设温度报警</td><td>0.1</td><td>0.1</td><td>0.1</td><td>0.1</td></tr>
<tr><td>名称</td><td colspan="2">描述</td><td colspan="3">频率/概率值</td></tr>
<tr><td>初始事件(2)</td><td colspan="2">管网来的锅炉给水中断</td><td colspan="3">0.01</td></tr>
<tr><td colspan="2">修正因子</td><td>S</td><td>A</td><td>R</td><td>E</td></tr>
<tr><td colspan="2">使能条件：汽轮机跳车时用</td><td>0.1</td><td>0.1</td><td>0.1</td><td>0.1</td></tr>
<tr><td rowspan="2">条件概率</td><td>考虑点火概率</td><td></td><td></td><td></td><td></td></tr>
<tr><td>考虑人员暴露概率</td><td>0.1</td><td></td><td>0.1</td><td></td></tr>
<tr><td colspan="6">独立保护层</td></tr>
<tr><td colspan="2">高压蒸汽管网设温度报警</td><td>0.1</td><td>0.1</td><td>0.1</td><td>0.1</td></tr>
<tr><td colspan="6">SIF 回路频率计算</td></tr>
<tr><td colspan="2">未减缓前的累积发生频率</td><td>1.10E-004</td><td>1.10E-003</td><td>1.10E-004</td><td>1.10E-003</td></tr>
<tr><td colspan="2">未减缓前的风险等级</td><td>D4</td><td>C5</td><td>B4</td><td>B5</td></tr>
<tr><td colspan="2">目标风险等级</td><td>D2</td><td>C5</td><td>B4</td><td>B5</td></tr>
<tr><td colspan="2">风险降低倍数(RRF≥)</td><td>11</td><td>0.11</td><td>0.11</td><td>0.11</td></tr>
<tr><td colspan="2">SIL 级别</td><td>SIL1</td><td>SIL0</td><td>SIL0</td><td>SIL0</td></tr>
<tr><td colspan="2">分组 1 SIL 级别</td><td colspan="4">SIL1</td></tr>
<tr><td colspan="2">SIF 回路最终 SIL 级别</td><td colspan="4">SIL1</td></tr>
</table>

（9）SIF5009 除氧器设液位低低联锁停锅炉给水泵

<table>
<tr><th colspan="6">安全完整性等级定级表</th></tr>
<tr><td colspan="6">1. SIF 回路定级结果</td></tr>
<tr><td>最终 SIL 级别</td><td>SIL1</td><td colspan="2">风险降低倍数</td><td colspan="2">11</td></tr>
<tr><td colspan="6">2. 危险事件评估</td></tr>
<tr><td colspan="6">分组 1</td></tr>
<tr><td>后果描述(分组 1)</td><td colspan="5">超高压锅炉给水泵抽空损坏，影响裂解炉锅炉正常运行</td></tr>
<tr><td rowspan="2">后果等级</td><td>健康与安全
(S)</td><td>财产损失
(A)</td><td colspan="2">非财产性与社会
影响(R)</td><td>环境影响
(E)</td></tr>
<tr><td>A</td><td>C</td><td colspan="2">A</td><td>A</td></tr>
<tr><td>名称</td><td colspan="2">描述</td><td colspan="3">频率/概率值</td></tr>
<tr><td>初始事件(1)</td><td colspan="2">液位控制回路故障，导致阀门关小或关闭</td><td colspan="3">0.1</td></tr>
<tr><td colspan="2">修正因子</td><td>S</td><td>A</td><td>R</td><td>E</td></tr>
<tr><td colspan="2">使能条件</td><td></td><td></td><td></td><td></td></tr>
<tr><td rowspan="2">条件概率</td><td>考虑点火概率</td><td></td><td></td><td></td><td></td></tr>
<tr><td>考虑人员暴露概率</td><td></td><td></td><td></td><td></td></tr>
<tr><td colspan="6">独立保护层</td></tr>
<tr><td>名称</td><td colspan="2">描述</td><td colspan="3">频率/概率值</td></tr>
<tr><td>初始事件(2)</td><td colspan="2">除氧器包下游工艺水负荷(用量)增大</td><td colspan="3">0.1</td></tr>
<tr><td colspan="2">修正因子</td><td>S</td><td>A</td><td>R</td><td>E</td></tr>
<tr><td colspan="2">使能条件</td><td></td><td></td><td></td><td></td></tr>
<tr><td rowspan="2">条件概率</td><td>考虑点火概率</td><td></td><td></td><td></td><td></td></tr>
<tr><td>考虑人员暴露概率</td><td></td><td></td><td></td><td></td></tr>
<tr><td colspan="6">独立保护层</td></tr>
<tr><td colspan="2">除氧器包设液位控制回路</td><td>0.1</td><td>0.1</td><td>0.1</td><td>0.1</td></tr>
<tr><td colspan="6">SIF 回路频率计算</td></tr>
<tr><td colspan="2">未减缓前的累积发生频率</td><td>1.10E-001</td><td>1.10E-001</td><td>1.10E-001</td><td>1.10E-001</td></tr>
<tr><td colspan="2">未减缓前的风险等级</td><td>A7</td><td>C7</td><td>A7</td><td>A7</td></tr>
<tr><td colspan="2">目标风险等级</td><td>A6</td><td>C5</td><td>A6</td><td>A6</td></tr>
<tr><td colspan="2">风险降低倍数(RRF≥)</td><td>1.1</td><td>11</td><td>1.1</td><td>1.1</td></tr>
<tr><td colspan="2">SIL 级别</td><td>SIL0</td><td>SIL1</td><td>SIL0</td><td>SIL0</td></tr>
<tr><td colspan="2">分组 1 SIL 级别</td><td colspan="4">SIL1</td></tr>
<tr><td colspan="2">SIF 回路最终 SIL 级别</td><td colspan="4">SIL1</td></tr>
</table>

（10）SIF5010 循环冷却水设流量低低联锁停丙烯制冷压缩机

安全完整性等级定级表					
1. SIF 回路定级结果					
最终 SIL 级别	SIL1		风险降低倍数	30	
2. 危险事件评估					
分组 1					
后果描述(分组 1)	乙烯装置循环冷却水中断，导致乙烯装置冷却效果异常，严重时装置发生多处超压泄漏，物料遇点火源发生火灾爆炸				
后果等级	健康与安全(S)	财产损失(A)	非财产性与社会影响(R)	环境影响(E)	
	E	F	D	D	
名称	**描述**	**频率/概率值**			
初始事件(1)	循环冷却水泵故障停机	0.1			
修正因子		S	A	R	E
使能条件					
条件概率	考虑点火概率				
	考虑人员暴露概率				
独立保护层					
循环冷却水泵故障停机联锁		0.1	0.1	0.1	0.1
循环冷却水泵出口设压力报警		0.1	0.1	0.1	0.1
安全阀		0.01	0.01	0.01	0.01
名称	**描述**	**频率/概率值**			
初始事件(2)	循环冷却水管线堵塞(如蝶阀本体故障等)	0.01			
修正因子		S	A	R	E
使能条件					
条件概率	考虑点火概率				
	考虑人员暴露概率				
独立保护层					
循环冷却水泵出口设压力报警		0.1	0.1	0.1	0.1
安全阀		0.01	0.01	0.01	0.01
名称	**描述**	**频率/概率值**			
初始事件(3)	循环冷却水管线发生大量泄漏	0.01			
修正因子		S	A	R	E
使能条件					
条件概率	考虑点火概率				
	考虑人员暴露概率				
独立保护层					
循环冷却水泵出口设压力报警		0.1	0.1	0.1	0.1
安全阀		0.01	0.01	0.01	0.01
SIF 回路频率计算					
未减缓前的累积发生频率		3.00E-005	3.00E-005	3.00E-005	3.00E-005
未减缓前的风险等级		**E3**	**F3**	**D3**	**D3**
目标风险等级		**E1**	**F1**	**D3**	**D3**
风险降低倍数(RRF≥)		30	30	0.3	0.3
SIL 级别		SIL1	SIL1	SIL0	SIL0
分组 1 SIL 级别		SIL1			
SIF 回路最终 SIL 级别		SIL1			

（11）SIF5011 循环冷却水上水设温度高高联锁停丙烯制冷压缩机

安全完整性等级定级表				
1. SIF 回路定级结果				
最终 SIL 级别	SIL2		风险降低倍数	110
2. 危险事件评估				
分组 1				
后果描述(分组 1)	乙烯装置冷却效果异常，严重时装置发生多处超压泄漏，物料遇点火源发生火灾爆炸			
后果等级	健康与安全(S)	财产损失(A)	非财产性与社会影响(R)	环境影响(E)
	E	E	D	D
名称	**描述**	**频率/概率值**		
初始事件(1)	循环冷却水塔部分电机故障停机	0.1		
修正因子		S	A	R	E
使能条件					
条件概率	考虑点火概率				
	考虑人员暴露概率				
独立保护层					
安全阀		0.01	0.01	0.01	0.01
冷却水回收设温度报警		0.1	0.1	0.1	0.1
名称	**描述**	**频率/概率值**			
初始事件(2)	高温物料泄漏进入循环冷却水管线（暂不考虑火灾爆炸危险性）	0.01			
修正因子		S	A	R	E
使能条件：外界环境温度达到极端温度		0.1	0.1	0.1	0.1
条件概率	考虑点火概率				
	考虑人员暴露概率				
独立保护层					
安全阀	安全阀均考虑停水超压工况	0.01	0.01	0.01	0.01
TI92001	冷却水回收设温度报警	0.1	0.1	0.1	0.1
名称	**描述**	**频率/概率值**			
初始事件(3)	外界环境温度过高	0.1			
修正因子		S	A	R	E
使能条件：外界环境温度达到极端温度		0.1	0.1	0.1	0.1
条件概率	考虑点火概率				
	考虑人员暴露概率				
独立保护层					
安全阀		0.01	0.01	0.01	0.01
冷却水回收设温度报警		0.1	0.1	0.1	0.1
SIF 回路频率计算					
未减缓前的累积发生频率		1.10E-004	1.10E-004	1.10E-004	1.10E-004
未减缓前的风险等级		**E4**	**E4**	**D4**	**D4**
目标风险等级		**E1**	**E2**	**D3**	**D3**
风险降低倍数(RRF≥)		110	11	1.1	1.1
SIL 级别		SIL2	SIL1	SIL0	SIL0
分组 1 SIL 级别		SIL2			
SIF 回路最终 SIL 级别		SIL2			

附录8　乙烯装置工艺检查表

8.1　乙烯装置裂解与顺序分离工艺检查表

(1) 乙烯裂解单元

子项名称	子项范围与描述	主要风险	初始风险后果等级	初始风险发生可能性	主要保护措施
裂解炉	液相进料：从界区来的原料接到原料储罐中，然后由进料泵加压后，经预热器加热后进入乙烯各裂解炉； 气相进料：由乙烯分离工序返回的循环乙烷经预热器，经急冷水加热后在流量控制下进入裂解炉裂解； 液化气进料：外部液化气（LPG）经急冷水加热气化、过热进入气相炉； 干气进料：裂解干气经加压后送至乙烯装置； 经对流段炉管换热后物料在辐射段炉管内迅速升温进行裂解反应，裂解气送往TLE与高压锅炉给水换热迅速冷却以终止二次反应，同时副产超高压蒸汽	上游原料流量少或压力低，原料调节阀故障关闭，或紧急切断阀故障关闭，可使辐射炉管温度上升，炉管结焦，严重时炉管烧坏破裂，物料泄漏着火爆炸	D	5	进料原料压力、流量低报警； 裂解炉横跨温度高报警； 裂解炉COT温度高报警 原料管线压力低低联锁部分停炉(进料阀关闭)
		炉膛负压指示错误，炉管泄漏，挡板故障可使炉膛负压高，当人员巡检开火孔时，炉膛内火焰喷出，造成人员受伤	C	5	炉膛负压高报警 炉膛负压高高联锁停炉
		风机故障停机可使炉膛负压高，损坏炉管，裂解炉内火焰喷出，严重时炉膛发生闪爆	D	5	炉膛负压高报警； 炉膛温度高报警 排气风机故障联锁停炉
		人员切水不及时或操作不规范，原料组分变化，进料原料中水含量高，裂解炉出口温度过高，后续分离单元波动，可能造成装置停车	D	5	进料流量计设密度高报警； 裂解炉COT温度高报警 上游罐区优化切水操作
		进料中含有杂质，炉管材质差或升降温操作故障，原料品质差，排烟温度低露点腐蚀使对流段炉管腐蚀导致原料泄漏排入大气，泄漏黑烟污染环境，遇点火源发生火灾	C	5	炉膛设氧含量低报警； 炉膛负压高报警； 设CEMS在线监测报警，用于检测烟气中的CO及烃含量 炉管定期检测
		调节阀失效，热源中断，原料重组分含量多等导致液态烃原料进入气相裂解炉，导致气相裂解炉管爆裂泄漏，发生炉膛火灾	D	5	液态烃汽化器液位高报警； 汽化器出料温度低报警 汽化器液位高高联锁停液态烃进料泵

续表

子项名称	子项范围与描述	主要风险	初始风险后果等级	初始风险发生可能性	主要保护措施
		设计，制造，安装，长期运行（减薄、蠕变、渗碳、腐蚀等）使对流段、辐射段炉管泄漏，发生火灾爆炸，导致人员伤亡	D	5	炉膛氧含量低报警； 炉膛负压高报警； 裂解炉 COT 温度高报警； 进料原料流量高报警
					裂解炉设炉膛负压高高联锁停炉
					横跨管、裂解气管线、辐射段炉管、对流段炉管定期测厚，渗碳检测
		炉管内焦块脱落造成炉管处堵塞，裂解气出口 COT 温度过高使裂解炉炉管结焦，严重时炉管局部过热损坏，裂解气泄漏引发火灾	C	5	炉膛氧含量低报警； 炉膛负压高报警； 裂解炉 COT 温度高、低报警； 裂解炉进料流量低报警
		风机挡板执行机构故障，风机变频器故障，炉膛负压假指示，使裂解炉炉膛压力过低，炉膛烧嘴脱火，可燃气积聚，严重时发生闪爆	D	4	炉膛氧含量高报警； 裂解炉设炉膛压力低报警
		炉膛内部衬里脱落，造成炉墙局部过热，严重时炉膛坍塌，造成裂解炉损坏，装置停车	D	4	人员定期巡检
					开工严格按照操作规程控制烘炉升降温速率
高压汽包及超高压蒸汽发生系统	锅炉给水在对流段预热后进入汽包，汽包中的锅炉给水与高温裂解气在废热锅炉中换热至饱和蒸汽，饱和蒸汽在裂解炉对流段过热进入超高压蒸汽管网	锅炉给水系统故障，液位假指示等导致汽包液位低，废热锅炉干烧，致使废热锅炉损坏，二次进水时易导致汽包撕裂爆炸	D	6	汽包液位低报警； 汽包进水流量低报警
					汽包设三冲量控制
					汽包液位低低联锁停炉
					锅炉给水调节阀最小流量机械限位
		减温水调节阀故障关闭，减温水流量低致使超高压蒸汽出口温度高，导致管线超温损坏	C	5	超高压蒸汽出口温度高报警； 减温水流量低报警
					超高压蒸汽出口温度高高联锁部分停炉
		注药泵故障，或药剂罐液位过低，导致磷酸盐注入不足，影响汽包水质，急冷换热器结垢，影响蒸汽品质，汽轮机结垢	B	5	汽包连排管线 pH 及电导率分析仪指示及报警

续表

子项名称	子项范围与描述	主要风险	初始风险后果等级	初始风险发生可能性	主要保护措施
		高压汽包液位高导致满罐，超高压蒸汽带水，蒸汽管线水击，压缩机透平叶轮损坏，装置停车	D	5	汽包设独立于液位计用于液位高报警 超高压蒸汽温度低报警；压缩机透平入口温度低报警 汽包设有液位控制回路
		超高压蒸汽并网阀误关，使高压汽包压力及温度高，导致汽包及管线破裂	D	6	汽包压力高报警 超高压蒸汽出口温度高高联锁部分停炉 汽包本体和出口管线设安全阀
		急冷换热器长期使用条件下冲刷减薄，超过材料允许限制；入口高温引起渗碳裂纹，长期操作存在破损泄漏风险	C	5	按要求进行定期检测入口段材质及渗碳情况
裂解炉急冷器与大阀	自TLE出来裂解气经油冷器冷却降温后经过裂解气大阀进入急冷单元	急冷油中断导致急冷器出口裂解气温度高，造成管线及大阀损坏，裂解气泄漏，发生局部火灾爆炸，导致人员伤亡	D	5	急冷油进料流量低报警；急冷器出口裂解气温度高报警 急冷器出口温度高高联锁部分停炉
		大阀故障关闭导致裂解炉炉管压力过高，严重时裂解气泄漏，发生失控火灾爆炸，导致人员伤亡	E	5	设文丘里压力高报警；裂解炉COT温度高报警；炉膛氧含量低报警；炉膛负压高报警 裂解气大阀阀位联锁停炉
燃料气系统	自产甲烷、外部 C_4 液化气及其他气相燃料气进入燃料气缓冲罐，送至燃料气用户	燃料气流量、压力低，调节阀故障关闭等导致燃料气流量不足，燃料气管线回火，燃料气管线发生火灾爆炸，导致人员伤亡	D	5	燃料气压力低报警 裂解炉燃料气压力低低联锁停炉
		清焦时伴烧蒸汽导致火嘴熄火，可燃气体在炉膛内积聚闪爆	D	4	炉膛氧含量高报警；炉膛负压低报警 控制蒸汽注入量
		人为误操作导致点火前炉膛发生闪爆	D	4	裂解炉再次点火前需进行可燃气体检测

续表

子项名称	子项范围与描述	主要风险	初始风险后果等级	初始风险发生可能性	主要保护措施
		燃料气压力高、流量高，燃料气调节阀故障全开，炉出口温度过高，裂解炉炉管超温损坏，裂解气泄漏，发生火灾爆炸，导致人员伤亡	D	5	裂解炉横跨温度高报警； 裂解炉 COT 温度高报警； 裂解炉燃料气进料设压力、流量高报警
					裂解炉出口设温度控制回路
		燃料气带液使辐射段炉管损坏，严重时裂解气泄漏，发生火灾爆炸，导致人员伤亡	D	4	燃料气系统自带脱液设施
清焦空气系统	裂解炉烧焦时，原料进料阀关闭并进行管线吹扫、裂解气大阀关闭、烧焦阀同步打开，自稀释蒸汽管线通入空气对裂解炉烧焦，烧焦气进入烧焦罐，焦粉落入清焦池内，气相排入大气	清焦空气调节阀故障全开，使清焦空气流量高，稀释蒸汽带油，导致辐射段炉管烧焦速度加快，有可能引起炉管超温，严重时烧断炉管	C	5	裂解炉 COT 温度高报警； 烧焦空气流量高报警
		清焦时裂解气大阀内漏，导致裂解气大阀前盲端管线烧穿损坏	C	5	裂解气大阀前盲端管线设温度高报警
					裂解气大阀前盲端管线设蒸汽吹扫线

(2) 急冷单元

子项名称	子项范围与描述	主要风险	初始风险后果等级	初始风险发生可能性	主要保护措施
除氧器	用于脱除锅炉给水系统中的氧	液位过高，除氧器憋压损坏	C	5	除氧器设液位报警和高高联锁开除氧器溢流管线的开关阀
		液位过低，锅炉给水泵气蚀损坏，裂解炉大面积停炉，乙烯装置停工	D	5	除氧器设有独立液位计用于液位低和液位低低报警
					除氧器设置液位低低联锁停锅炉给水泵

续表

子项名称	子项范围与描述	主要风险	初始风险后果等级	初始风险发生可能性	主要保护措施
急冷油塔系统	裂解气进入急冷油塔进行传质传热，急冷油塔顶出来的裂解气进入急冷水塔，塔中部设盘油循环，换热，令采出柴油作为产品外送。 塔釜采出急冷油经急冷油循环泵分为多路，一部分经换热冷却后返回裂解炉进行急冷冷却，另一部分加热稀释蒸汽汽包工艺水进料，一部分进入燃料油汽提塔	急冷油内部焦粒对管线冲刷腐蚀，稀释蒸汽发生器损坏	C	5	设急冷油过滤器和旋液分离器，用于消除急冷油内的焦粒
					急冷油设黏度高报警
					过滤器定期清焦； 管线定期测厚； 稀释蒸汽发生器检漏器； 稀释蒸汽总管盲端导淋定期排液； 工艺调整控制急冷油黏度
		急冷油循环泵故障，急冷油循环泵进出口过滤器堵塞，采出故障，急冷器出口高温，所有裂解炉联锁部分停车	D	5	急冷油循环泵出口压力低报警； 急冷油循环管线设流量低报警； 急冷油塔应设液位高报警
					急冷油循环泵出口压力低联锁启备泵
		液位过低，急冷油泵抽空损坏，物料泄漏，造成环境污染	C	5	急冷油塔设液位低报警
		急冷油塔负压，急冷油塔损坏，空气进入急冷油塔，塔内形成爆炸性混合气体，遇点火源发生火灾爆炸，导致人员伤亡	D	5	急冷油塔设压力低报警
					急冷油塔设压力低联锁开启开关阀补充燃料气或者氮气
					急冷油塔采用半真空设计
		急冷油泵轴承损坏，密封失效等导致物料大量泄漏，造成环境污染，人员烫伤，遇点火源发生火灾	D	5	泵体应采用可靠密封(如双端面机械密封、干气密封)
					可燃气体报警仪(或火焰探测器)； 急冷油塔与急冷油循环泵之间设紧急切断阀。 注：为防止事故工况下危险物料大量释放到环境中，造成严重危害。符合以下要求的容器与泵之间应设置紧急切断阀，后续紧急切断阀设置也应参照此处。

续表

子项名称	子项范围与描述	主要风险	初始风险后果等级	初始风险发生可能性	主要保护措施
					1. 体积超过 $50m^3$ 液化烃工艺设备和泵入口之间，应考虑在工艺设备和泵入口之间设远程切断阀。 2. 满足下列条件之一的可燃液体工艺设备和泵入口之间，应设紧急切断阀，且宜设远程切断阀： a)体积超过 $8m^3$ 并且装有超过自燃温度或者操作温度大于316℃可燃液体的工艺设备； b)体积超过 $16m^3$ 并且装有闪点小于28℃可燃液体的工艺设备； c)在释放入大气时有超过40%(质量)闪蒸可燃气体的可燃液体。 紧急切断阀应既可以从现场远程位置操控，也可以从中控室操控
					泵区设有视频监控； 泵区定期巡检，定期检查
		盘油循环泵轴承损坏，密封失效等导致物料大量泄漏，造成环境污染，人员烫伤，遇点火源发生火灾	D	5	泵体应采用可靠密封(如双端面机械密封、干气密封)
					可燃气体报警仪(或火焰探测器)； 急冷油塔与急冷油循环泵之间设紧急切断阀
					泵区设有视频监控； 泵区定期巡检，定期检查
急冷水塔系统	急冷油塔塔顶来的裂解气经急冷水塔冷却后，分离出裂解汽油和急冷水，塔顶轻组分送入裂解气压缩系统，裂解汽油作为急冷油塔的顶部回流和产品	急冷水塔汽油液位控制回路故障，导致回流中断，急冷油塔顶温度高，急冷水塔温度高，裂解气压缩机联锁停车，急冷水乳化，稀释蒸汽带油，炉管结焦，损坏	D	6	急冷水塔设油相液位高报警； 裂解炉COT温度高报警； 急冷油塔、急冷水塔温度高报警； 急冷油塔回流线流量低报警
					急冷油回流泵出口管线压力低联锁启备泵
					急冷水塔汽油槽设液位控制回路

续表

子项名称	子项范围与描述	主要风险	初始风险后果等级	初始风险发生可能性	主要保护措施
	采出，塔釜急冷水为装置部分用户提供热源循环使用，工艺水进入工艺水汽提塔	急冷水泵故障停，导致急冷水塔水相液位高，回流汽油中带水，导致急冷油塔爆沸，装置运行波动	C	5	急冷水塔水相液位高报警； 急冷油塔温度低报警； 急冷水泵出口压力低报警
		急冷水塔负压，急冷水塔损坏，空气进入急冷水塔，塔内形成爆炸性混合气体，遇点火源发生火灾爆炸，导致人员伤亡	D	5	急冷水塔设压力低报警
					急冷水塔设压力低联锁开启开关阀补充燃料气或者氮气
					急冷水塔采用半真空设计
		裂解气压缩机故障停机，使急冷水塔压力过高，急冷水塔超压损坏，裂解气泄漏，造成环境污染，遇点火源发生火灾爆炸，导致人员伤亡	D	6	急冷水塔应设压力高报警
					急冷水塔设放火炬压力自动控制回路
					急冷水塔应设 n+1 个安全阀（n 开 1 备）； 安全阀泄放应考虑急冷水故障，冷却水故障工况。 注：安全阀若作为风险降低措施应满足以下要求，后续涉及安全阀保护措施也应参照执行： 1. 安全阀选型时充分考虑可能出现的各种超压工况，用于在超压时起到应有的泄放作用； 2. 安全阀选型时考虑介质工况，对于涉及导致安全阀堵塞的介质，应考虑选用安全阀及爆破片组合设计； 3. 安全阀定期校验，确保安全阀运行满足要求
		需急冷水富热的石脑油、气相原料、LPG 等原料加热（汽化）器内漏，高压急冷水串入低压系统，造成低压侧设备、管线薄弱环节泄漏，遇点火源发生火灾爆炸，导致人员伤亡	D	5	原料加热（汽化）器低压侧设安全阀

续表

子项名称	子项范围与描述	主要风险	初始风险后果等级	初始风险发生可能性	主要保护措施
工艺水汽提塔及稀释蒸汽发生系统	急冷水塔的塔底水相经聚结器进入工艺水汽提塔，塔底出料预热后进入稀释蒸汽发生罐，罐底经稀释蒸汽发生器产汽送回至稀释蒸汽发生罐，排污水冷却后送往下游；稀释蒸汽发生罐顶产汽经稀释蒸汽过热器送至稀释蒸汽各用户	下游发生堵塞导致稀释蒸汽发生罐超压，设备及管线损坏，蒸汽泄漏，造成人员伤害，下游稀释蒸汽不足，裂解炉损坏	D	6	稀释蒸汽发生罐设压力高报警
					稀释蒸汽发生罐设压力控制系统
					稀释蒸汽发生罐设 $n+1$ 个安全阀(n 开 1 备)
		补入中压蒸汽的调节阀故障全开，导致稀释蒸汽发生罐超压，设备及管线损坏，蒸汽泄漏，造成人员伤害	C	6	稀释蒸汽发生罐设压力高报警
					稀释蒸汽发生罐设压力控制系统
					稀释蒸汽发生罐设 $n+1$ 个安全阀(n 开 1 备)
		稀释蒸汽调节阀故障关闭，导致稀释蒸汽流量低，使辐射炉管温度上升，炉管结焦，严重时炉管烧坏破裂，物料泄漏着火	C	5	设稀释蒸汽流量低报警； 裂解炉 COT 温度高报警； 裂解炉横跨温度高报警
					炉膛负压高高联锁停炉
		稀释蒸汽罐进水管线流量过小，稀释蒸汽发生器进料泵故障停，稀释蒸汽排污流量自动控制回路开大或全开等导致稀释蒸汽发生罐液位低，造成稀释蒸汽发生器干锅，设备损坏	C	6	稀释蒸汽发生罐设液位低报警
					稀释蒸汽发生罐设液位控制回路
		工艺水汽提塔负压，工艺水汽提塔损坏，空气进入工艺水汽提塔，塔内形成爆炸性混合气体，遇点火源发生火灾爆炸，导致人员伤亡	D	5	工艺水汽提塔设压力低报警
					工艺水汽提塔设压力低联锁开启开关阀补充燃料气或者氮气
					工艺水汽提塔采用半真空设计
轻燃料油汽提塔系统	急冷油塔中部采出至轻燃料油汽提塔，通过蒸汽汽提控制轻燃料油闪点，塔顶气相返回至急冷油塔，塔釜产品冷却后去界外	轻燃料油汽提塔汽提效果差，导致轻燃料油闪点不合格，进入下游储罐后可能发生爆炸	D	5	轻燃料油汽提塔设汽提蒸汽流量低报警； 轻燃料油冷却器出口设温度低报警
		轻燃料油塔液位过低，泵抽空，密封损坏，物料泄漏，造成环境污染	C	6	轻燃料油塔应设液位低报警

续表

子项名称	子项范围与描述	主要风险	初始风险后果等级	初始风险发生可能性	主要保护措施
		轻燃料油产品泵轴承损坏，密封失效等导致物料大量泄漏，造成环境污染，人员烫伤，遇点火源发生火灾	D	5	泵体应采用可靠密封(如双端面机械密封、干气密封)
					可燃气体报警仪(或火焰探测器)； 轻燃料油汽提塔与轻燃料油产品泵之间设紧急切断阀
					泵区设有视频监控； 泵区定期巡检，定期检查
		轻燃料油汽提塔负压，轻燃料油汽提塔损坏，空气进入轻燃料油汽提塔，塔内形成爆炸性混合气体，遇点火源发生火灾爆炸，导致人员伤亡	D	5	轻燃料油汽提塔设压力低报警
					轻燃料油汽提塔设压力低联锁开启开关阀补充燃料气或者氮气
					轻燃料油汽提塔采用半真空设计
重燃料油汽提塔系统	急冷油塔塔釜采出至重燃料油汽提塔，通过蒸汽或气相炉裂解气汽提控制重燃料油黏度，塔顶气相返回至急冷油塔，塔釜产品冷却后去界外	液位自动控制回路故障，上游进料中断等导致重燃料油汽提塔液位低，重燃料油泵抽空损坏，物料泄漏，造成环境污染	C	6	重燃料汽提塔液位低报警； 重燃料泵出口压力低报警； 重燃料油冷却器出口设温度高报警
		重燃料油汽提塔超压，安全阀故障无法正常泄放	D	5	由于燃料油黏度较大，此位置宜设爆破片与安全阀联合使用
		重燃料油产品泵轴承损坏，密封失效等导致物料大量泄漏，造成环境污染，人员烫伤，遇点火源发生火灾	D	5	泵体应采用可靠密封(如双端面机械密封、干气密封)
					可燃气体报警仪(或火焰探测器)； 重燃料油汽提塔与重燃料油产品泵之间设紧急切断阀
					泵区设有视频监控； 泵区定期巡检，定期检查

续表

子项名称	子项范围与描述	主要风险	初始风险后果等级	初始风险发生可能性	主要保护措施
		重燃料油汽提塔负压，重燃料油汽提塔损坏，空气进入重燃料油汽提塔，塔内形成爆炸性混合气体，遇点火源发生火灾爆炸，导致人员伤亡	D	5	重燃料油汽提塔设压力低报警 重燃料油汽提塔设压力低联锁开启开关阀补充燃料气或者氮气 重燃料油汽提塔采用半真空设计
汽油汽提塔系统	来自急冷水塔的汽油和裂解气压缩机返回汽油进入汽油汽提塔，通过蒸汽汽提轻组分返急冷水塔或压缩机Ⅰ段入口，塔釜产品冷却后去界外	采出故障等使汽油汽提塔液位过高导致淹塔，液相进入裂解气压缩机一段吸入罐，造成压缩机带液损坏	C	5	汽油汽提塔应设液位高报警
		液位过低，汽油汽提塔产品泵抽空损坏，物料泄漏，造成环境污染	C	6	汽油汽提塔应设液位低报警； 裂解汽油外送泵设流量低报警
		汽油汽提塔底产品泵轴承损坏，密封失效等导致物料大量泄漏，造成环境污染，人员烫伤，遇点火源发生火灾	D	5	泵体应采用可靠密封(如双端面机械密封、干气密封) 可燃气体报警仪(或火焰探测器)； 汽油汽提塔与汽油汽提塔底产品泵之间设紧急切断阀 泵区设有视频监控； 泵区定期巡检，定期检查
		汽油汽提塔负压，汽油汽提塔损坏，空气进入汽油汽提塔，塔内形成爆炸性混合气体，遇点火源发生火灾爆炸，导致人员伤亡	D	5	汽油汽提塔设压力低报警 汽油汽提塔设压力低联锁开启开关阀补充燃料气或者氮气 汽油汽提塔采用半真空设计

（3）裂解气压缩单元

子项名称	子项范围与描述	主要风险	初始风险后果等级	初始风险发生可能性	主要保护措施
裂解气压缩机系统	从急冷水塔顶裂解气经过裂解气吸入罐缓冲后进入压缩机压缩、冷却，脱酸性气体后进一步增压后分离单元(顺序流程)。 从急冷水塔顶裂解气经过裂解气吸入罐缓冲后进入压缩机压缩、冷却，脱酸性气体后干燥进入脱丙烷塔，塔顶进入V段压缩(前脱丙烷流程)	各段段间吸入罐液位过高，存在压缩机带液、损坏叶轮风险	D	6	裂解气压缩机各段段间吸入罐(前脱丙烷流程含高压脱丙烷塔顶)设液位高报警
					裂解气压缩机一段吸入罐液位高时自动启动一段吸入罐备用凝液泵
					裂解气压缩机各段段间吸入罐(高压脱丙烷塔顶)设液位高高联锁
		一段吸入压力低，造成压缩机一段吸入罐负压损坏，空气进入系统，形成爆炸性混合气体，遇点火源发生火灾爆炸，导致人员伤亡	D	5	压缩机一段吸入管线设压力低报警
					裂解气压缩机入口管线流量低联锁开启喘振阀
		后续系统流程不畅或堵塞，导致压缩机出口憋压，压缩机损坏，管线薄弱环节泄漏，裂解气泄漏至环境，遇点火源发生火灾爆炸，导致人员伤亡	D	5	压缩机各段入口及出口设压力高报警
					裂解气压缩机V段出口设放火炬压力调节回路
					裂解气压缩机各段出口设 $n+1$ 安全阀(n 开1备)
		段间循环水中断或换热效果差，各段吸入温度高等导致压缩机出口超温，压缩机内部结焦，堵塞管线，导致装置停车	D	5	裂解气压缩机各段出入口设温度高报警
					裂解气压缩机各段出口设温度高高联锁停车
		裂解气压缩机段间分液罐温度过低，造成段间分液罐内底部水相冻凝，严重时设备及管道损坏，裂解气泄漏至环境，遇点火源发生火灾爆炸	D	5	裂解气压缩机段间分液罐设置保温伴热措施
					乙烯装置制定物料泄漏应急预案，并定期演练
					乙烯装置周边设置可燃气体检测报警
		压缩机各段入口管线流量低，压缩机发生喘振，损坏压缩机	D	5	裂解气压缩机各段入口管线设流量低报警
					裂解气压缩机入口管线流量低联锁开启喘振阀

续表

子项名称	子项范围与描述	主要风险	初始风险后果等级	初始风险发生可能性	主要保护措施
裂解气压缩机系统碱洗单元	压缩机三段或四段出口裂解气进入碱洗塔脱除酸性气体，塔釜碱液经过预处理后去废碱氧化，塔顶气相进入下游系统	碱液循环泵故障，碱洗效果差，导致碱洗塔顶气相物料酸性气含量超标，后续系统催化剂中毒，冷箱冻堵，产品不合格	C	5	碱洗塔顶气相管线设酸性气在线监测及报警。 碱液循环泵出口压力低报警
新鲜碱储罐	新鲜碱储罐内用于储存从外系统来的20%浓度碱液	新鲜碱储罐压力过高，导致储罐损坏，碱液泄漏	C	5	新鲜碱储罐设呼吸阀和泄压人孔
					新鲜碱储罐设围堰
		呼吸阀堵塞，持续出料，储罐负压，导致储罐损坏	C	5	新鲜碱储罐设自力式补氮调压阀
					呼吸阀定期检查
		液位过高，新鲜碱储罐满罐，碱液泄漏，造成人员伤害	C	5	新鲜碱储罐设高液位报警
					新鲜碱液罐设溢流口，当液位高过溢流口时，从溢流口流出，不会造成满罐
					新鲜碱液罐设围堰，防止储罐破裂碱液泄漏
		液位过低导致新鲜碱泵汽蚀，损坏设备，碱液泄漏，造成人员伤害	C	5	新鲜碱液罐设液位低报警
					新鲜碱液罐设围堰，防止储罐破裂碱液泄漏
气/液相干燥器	脱除酸性气后的裂解气经冷却后气相进入气相干燥器干燥，液相进入液相干燥器，干燥脱除其中的水分，进入后续分离系统	干燥与再生相互切换时误操作，使物料和再生气阀门同时打开，导致物料互串超压，导致燃料气系统超压，裂解炉超温，炉管损坏	D	6	干燥器整个过程采用顺序控制程序
					物料和再生气进出料阀门设置允许开的压力限制
					物料管线和再生气管线上阀门设阀位联锁
		干燥器出口水含量过高，水带入下游冷区造成冻堵，上游压缩机系统憋压，装置停车	D	5	干燥器床层和出口管线设水含量在线监测及高报警

续表

子项名称	子项范围与描述	主要风险	初始风险后果等级	初始风险发生可能性	主要保护措施
烃地下罐	停车时收集设备内残留存烃液	烃地下罐满罐，烃液泄漏，遇点火源发生火灾爆炸，导致人员伤亡	D	5	设液位高报警；烃地下罐附近设可燃气体报警
					烃地下罐液位高时联锁启泵
		泵外输时，烃地下罐空罐，导致泵汽蚀损坏，烃液泄漏，遇点火源发生火灾爆炸，导致人员伤亡	D	5	烃地下罐设液位低报警
					烃地下罐液位低时联锁停泵

(4) 裂解气分离单元

子项名称	子项范围与描述	主要风险	初始风险后果等级	初始风险发生可能性	主要保护措施
高压脱丙烷塔	脱除裂解气中的碳四以上重组分	高压脱丙烷塔超压，造成设备损坏，物料泄漏，遇点火源发生火灾爆炸，导致人员伤亡	D	6	高压脱丙烷塔设压力高报警
					高压脱丙烷塔设压力高高联锁关闭塔底再沸器热源调节阀和关断阀
					高压脱丙烷塔设 $n+1$ 个安全阀(n 开 1 备)
		高压脱丙烷塔液位高导致气相去裂解气压缩机五段带液，损坏压缩机。(前脱丙烷流程)	D	5	高压脱丙烷塔设液位高报警
					高压脱丙烷塔设液位高高联锁停裂解气压缩机
		高压脱丙烷塔回流罐液位过低，回流泵气蚀损坏，物料泄漏，遇点火源发生火灾爆炸，导致人员伤亡	D	5	高压脱丙烷塔回流罐设液位低报警
					高压脱丙烷塔回流罐至泵入口管线设紧急切断阀
碳二加氢反应器	把高压脱丙烷塔顶中乙炔加氢生成乙烯和乙烷，另外该过程也将一些甲基乙炔(MA)和丙二烯(PD)加氢生成丙烯或丙烷	反应器温度高会引起飞温，损坏催化剂及设备	D	6	碳二加氢反应器各床层设多点温度高报警
					反应器床层温度高联锁关闭进料加热管线，打开冷却旁路管线
					反应器床层温度高高联锁引发碳二加氢反应器停车

续表

子项名称	子项范围与描述	主要风险	初始风险后果等级	初始风险发生可能性	主要保护措施
		当催化剂处于再生或活化状态时，床层及出口温度高，催化剂失活	D	5	碳二加氢反应器各床层及出口设温度高报警
					碳二加氢反应器设温度高高联锁切断再生用装置空气
低压丙烷塔	来自高压脱丙烷塔的塔釜液进入低压脱丙烷塔，脱除裂解气中的碳四以上重组分，塔顶回流和采出，塔釜液相至脱丁烷塔	低压脱丙烷塔压力高，设备超压损坏，物料泄漏，遇点火源发生火灾爆炸，导致人员伤亡	E	5	低压脱丙烷塔设压力高报警
					低压丙烷塔设压力高高联锁关闭塔底再沸器热源调节阀和关断阀
					低压脱丙烷塔设 $n+1$ 个安全阀（n 开 1 备）
		脱丙烷塔返回泵轴承损坏，密封失效等导致物料大量泄漏，造成环境污染，人员烫伤，遇点火源发生火灾	D	5	泵体应采用可靠密封（如双端面机械密封、干气密封）
					可燃气体报警仪（或火焰探测器）； 低压脱丙烷塔回流罐与脱丙烷塔返回泵之间设紧急切断阀
					泵区设有视频监控； 泵区定期巡检，定期检查
脱丁烷塔	完成混合碳四与裂解汽油的分离	脱丁烷塔压力高，分离效果差，可能造成设备损坏，物料泄漏，遇点火源发生火灾爆炸，导致人员伤亡	D	6	脱丁院塔设压力高报警
					脱丁烷塔设压力高高联锁关闭塔底再沸器热源调节阀和关断阀
					脱丁烷塔设 $n+1$ 个安全阀（n 开 1 备）
		脱丁烷塔重组分结焦，塔盘阻塞，影响脱丁烷塔及再沸器的正常运行	C	6	脱丁烷塔设压差报警
					设阻聚剂注入包，防止塔釜重组分聚合
		脱丁烷塔釜液泵轴承损坏，密封失效等导致物料大量泄漏，造成环境污染，人员烫伤，遇点火源发生火灾	D	5	泵体应采用可靠密封（如双端面机械密封、干气密封）
					可燃气体报警仪（或火焰探测器） 脱丁烷塔与脱丁烷塔釜液泵之间设紧急切断阀
					泵区设有视频监控； 泵区定期巡检，定期检查

续表

子项名称	子项范围与描述	主要风险	初始风险后果等级	初始风险发生可能性	主要保护措施
		脱丁烷塔回流/产品泵轴承损坏，密封失效等导致物料大量泄漏，造成环境污染，人员烫伤，遇点火源发生火灾	D	5	泵体应采用可靠密封(如双端面机械密封、干气密封)
					可燃气体报警仪(或火焰探测器)； 脱丁烷塔回流罐与脱丁烷塔回流/产品泵之间设紧急切断阀
					泵区设有视频监控； 泵区定期巡检，定期检查
冷箱系统	上游来的裂解气进入冷箱系统逐级冷却，液相进入脱甲烷塔系统分离，气相依靠节流自冷分离出甲烷和氢气，冷箱由一系列板翅换热器组成，设在填满珠光砂的壳体内	操作异常或波动可能造成低温气体未回热的情况下进入下游碳钢管道，造成管线破裂	D	6	冷箱出口设温度低报警
					冷箱出口设压力控制回路
					冷箱出口设温度低低联锁切断冷物料出口阀
					冷箱出口设 $n+1$ 个安全阀(n 开 1 备)
		循环乙烷炉子跳车，再生系统憋压，后系统不畅	D	6	冷箱出口设压力高报警
					冷箱出口设压力控制回路
					冷箱出口设 $n+1$ 个安全阀(n 开 1 备)
		板翅换热器破损泄漏，造成工艺物料泄漏，遇点火源发生火灾爆炸，造成人员伤亡	D	5	冷箱壳体设压力高报警； 冷箱壳体放空口设可燃气体报警
					冷箱壳体设充氮系统； 冷箱壳体设压力释放设施
		低温阀门存在填料、法兰泄漏，内部憋压等使介质泄漏至环境，可燃气积聚，严重时发生闪爆的风险	C	5	对于有严格泄漏要求的低温阀门应采用波纹管密封形式
					低温系统的不锈钢阀门纳入管道安全附件； 核实阀门选型满足工况要求； 定期检测阀门泄漏情况； 有泄压孔低温阀门泄压方向应朝向高压侧(阀门入口侧)

续表

子项名称	子项范围与描述	主要风险	初始风险后果等级	初始风险发生可能性	主要保护措施
		临氢管线薄弱环节泄漏，遇点火源发生火灾爆炸，导致人员伤亡	D	4	乙烯装置易泄漏点设可燃气体检测仪 关键设备或管线定期测厚； 临氢管线闭灯检测； LDAR 检测； 日常巡检 现场设水幕、汽幕、消防栓、消防水炮、灭火器等消防器材； 现场设视频监控
预脱甲烷塔	从冷箱来的裂解气进入预脱甲烷塔，将甲烷从塔顶分离，塔顶气相去脱甲烷塔，塔釜物料去脱乙烷塔，使得塔釜碳二及碳三组分中不含甲烷(前脱丙烷流程中含)	预脱甲烷塔压力高，超压损坏，物料泄漏至环境，遇点火源发生火灾爆炸，导致人员伤亡	D	6	预脱甲烷塔顶气相管线设压力高报警 预脱甲烷塔设压力控制系统 预脱甲烷塔设压力高高联锁关闭塔底再沸器热源调节阀和关断阀 预脱甲烷塔设 $n+1$ 个安全阀(n 开 1 备)
		当设备材质选型不当时，可能发生冷脆等现象	D	5	对于预脱甲烷塔塔釜系统，需考虑开工或特殊工况下轻组分富集造成的低温环境，对设备材质进行核查
		低温阀门存在填料、法兰泄漏，内部憋压等使介质泄漏至环境，可燃气积聚，严重时发生闪爆	C	5	对于有严格泄漏要求的低温阀门应采用波纹管密封形式 低温系统的不锈钢阀门纳入管道安全附件； 核实阀门选型满足工况要求； 定期检测阀门泄漏情况； 有泄压孔低温阀门泄压方向应朝向高压侧(阀门入口侧)

续表

子项名称	子项范围与描述	主要风险	初始风险后果等级	初始风险发生可能性	主要保护措施
脱甲烷塔	从预脱甲烷塔顶来和冷箱来的物料分别进入脱甲烷塔，将甲烷从塔顶分离，塔釜得到碳二组分 未冷凝的气相从脱甲烷塔回流罐顶进入膨胀机再压缩机，给冷箱提供冷量(前脱丙烷流程) 从冷箱来的物料分别进入脱甲烷塔，将物料进行分离，塔顶气相得到甲烷去燃料气系统，塔釜得到碳二及以上组分经脱甲烷塔釜泵增压去脱乙烷塔(顺序流程)	脱甲烷塔压力高，超压损坏，物料泄漏至环境，遇点火源发生火灾爆炸，导致人员伤亡	E	6	脱甲院塔顶气相管线应设压力高报警 脱甲烷塔设压力控制回路 脱甲烷塔设压力高高联锁关闭塔底再沸器热源调节阀和关断阀 脱甲烷塔设 $n+1$ 个安全阀(n 开1备)
		当设备材质选型不当时，可能发生冷脆等现象	D	5	对于脱甲烷塔塔釜系统，需考虑开工或特殊工况下轻组分富集塔釜造成的低温环境，对设备材质进行核查
		脱甲烷塔回流罐液位高，造成气相带液进入膨胀机，损坏叶轮(前脱丙烷流程)	D	5	脱甲烷塔回流罐设液位高报警 回流罐液位高高联锁切断膨胀机入口阀
		脱甲烷塔回流泵轴承损坏，密封失效等导致物料大量泄漏，造成环境污染，人员烫伤，遇点火源发生火灾	D	5	泵体应采用可靠密封(如双端面机械密封、干气密封) 可燃气体报警仪(或火焰探测器)； 脱甲烷塔回流罐与脱甲烷塔回流泵之间设紧急切断阀 泵区设有视频监控； 泵区定期巡检，定期检查
		低温阀门存在填料、法兰泄漏，内部憋压等使介质泄漏至环境，可燃气积聚，严重时发生闪爆的风险	C	5	对于有严格泄漏要求的低温阀门应采用波纹管密封形式 低温系统的不锈钢阀门纳入管道安全附件； 核实阀门选型满足工况要求； 定期检测阀门泄漏情况； 有泄压孔低温阀门泄压方向应朝向高压侧(阀门入口侧)

续表

<table>
<tr><th>子项名称</th><th>子项范围与描述</th><th>主要风险</th><th>初始风险后果等级</th><th>初始风险发生可能性</th><th>主要保护措施</th></tr>
<tr><td rowspan="10">脱乙烷塔</td><td rowspan="10">从预脱甲烷塔塔釜的物料进入脱乙烷塔，完成碳二组分与碳三组分的分离（前脱丙烷流程）
从脱甲烷塔釜来的物料进入脱乙烷塔，塔顶得到碳二组分去碳二加氢反应器，塔底碳三及以上组分进入高低压脱丙烷塔（顺序流程）</td><td rowspan="4">脱乙烷塔压力高，超压损坏，物料泄漏，遇点火源发生火灾爆炸，导致人员伤亡</td><td rowspan="4">E</td><td rowspan="4">6</td><td>脱乙烷塔塔顶压力高报警</td></tr>
<tr><td>脱乙烷塔设压力控制回路</td></tr>
<tr><td>脱乙烷塔设压力高高联锁关闭塔底再沸器热源调节阀和关断阀</td></tr>
<tr><td>脱乙烷塔设 n+1 个安全阀（n 开 1 备）</td></tr>
<tr><td>当设备材质选型不当时，可能发生冷脆等现象</td><td>D</td><td>5</td><td>根据脱乙烷塔系统的操作温度与操作压力，脱乙烷塔、脱乙烷塔冷凝器、脱乙烷塔回流罐的材质宜选用低温碳钢</td></tr>
<tr><td rowspan="3">脱乙烷塔回流泵轴承损坏，密封失效等导致物料大量泄漏，造成环境污染，遇点火源发生火灾</td><td rowspan="3">D</td><td rowspan="3">5</td><td>泵体应采用可靠密封（如双端面机械密封、干气密封）</td></tr>
<tr><td>可燃气体报警仪（或火焰探测器）
脱乙烷塔回流罐与脱乙烷塔回流泵之间设紧急切断阀</td></tr>
<tr><td>泵区设有视频监控；
泵区定期巡检，定期检查</td></tr>
<tr><td rowspan="2">低温阀门存在填料、法兰泄漏，内部憋压等使介质泄漏至环境，可燃气积聚，严重时发生闪爆</td><td rowspan="2">C</td><td rowspan="2">5</td><td>对于有严格泄漏要求的低温阀门应采用波纹管密封形式</td></tr>
<tr><td>低温系统的不锈钢阀门纳入管道安全附件；
核实阀门选型满足工况要求；
定期检测阀门泄漏情况；
有泄压孔低温阀门泄压方向应朝向高压侧（阀门入口侧）</td></tr>
</table>

续表

<table>
<tr><th>子项名称</th><th>子项范围与描述</th><th>主要风险</th><th>初始风险后果等级</th><th>初始风险发生可能性</th><th>主要保护措施</th></tr>
<tr><td rowspan="10">碳三加氢反应器</td><td rowspan="10">自脱乙烷塔塔釜来的物料进入碳三加氢系统，使其中含有的MA、PD与H_2反应生成丙烯和丙烷。(前脱丙烷流程)
自高压脱丙烷塔顶来的碳三经干燥后进入碳三加氢反应器使其中含有的MA、PD与H_2反应生成丙烯和丙烷。(顺序流程)</td><td rowspan="5">反应器温度高会引起飞温，损坏催化剂及设备</td><td rowspan="5">E</td><td rowspan="5">6</td><td>反应器各床层设多点温度高报警</td></tr>
<tr><td>温度高开循环冷却水阀门，开稀释线进料阀(顺序流程)</td></tr>
<tr><td>碳三加氢反应器设温度高高联锁，切断氢气进料、切断反应器进料与出料、开启旁路阀(顺序流程)</td></tr>
<tr><td>碳三加氢反应器温度高高联锁切断氢气进料、开启循环泵、脱乙烷塔塔釜循环水控制阀全开(前脱丙烷流程)</td></tr>
<tr><td>温度高高高联锁，切断氢气进料、切断反应器进料与出料、停止循环泵、开启旁路阀；(前脱丙烷流程)</td></tr>
<tr><td rowspan="2">当催化剂处于再生或活化状态时，床层及出口温度高，催化剂失活</td><td rowspan="2">D</td><td rowspan="2">6</td><td>反应器各床层及出口设温度高报警</td></tr>
<tr><td>反应器设温度高高高联锁，切断再生用装置空气</td></tr>
<tr><td rowspan="3">碳三加氢反应循环泵轴承损坏，密封失效等导致物料大量泄漏，造成环境污染，遇点火源发生火灾</td><td rowspan="3">D</td><td rowspan="3">5</td><td>泵体应采用可靠密封(如双端面机械密封、干气密封)</td></tr>
<tr><td>可燃气体报警仪(或火焰探测器)碳三加氢出料分离罐与碳三加氢反应循环泵之间设紧急切断阀</td></tr>
<tr><td>泵区设有视频监控；
泵区定期巡检，定期检查</td></tr>
</table>

续表

子项名称	子项范围与描述	主要风险	初始风险后果等级	初始风险发生可能性	主要保护措施
丙烯精馏塔	来自碳三加氢反应器的物料进入丙烯精馏塔，完成丙烯与丙烷的分离，得到聚合级丙烯产品，循环丙烷进气相炉	丙烯精馏塔压力高，严重时丙烯精馏塔超压损坏，物料泄漏，遇点火源发生火灾爆炸，导致人员伤亡	E	6	1#和2#丙烯精馏塔塔顶设压力高报警
					丙烯精馏塔设超压泄放去火炬控制回路
					1#和2#丙烯精馏塔设压力高高联锁关闭塔底再沸器热源调节阀和关断阀
					丙烯精馏塔设 $n+1$ 个安全阀(n 开 1 备)
		开工时物料循环，塔内 MA、PD 积聚到一定浓度产生物理爆炸	E	3	控制反应器出口 MA、PD 浓度合格； 人工定期取样； 减少全回流操作时间，避免物料积聚
		丙烯塔回流泵轴承损坏，密封失效等导致物料大量泄漏，造成环境污染，遇点火源发生火灾	D	5	泵体应采用可靠密封(如双端面机械密封、干气密封)
					可燃气体报警仪(或火焰探测器)； 丙烯塔回流罐与丙烯塔回流泵之间设紧急切断阀
					泵区设有视频监控； 泵区定期巡检，定期检查
		丙烯塔输送泵轴承损坏，密封失效等导致物料大量泄漏，造成环境污染，遇点火源发生火灾	D	5	泵体应采用可靠密封(如双端面机械密封、干气密封)
					可燃气体报警仪(或火焰探测器)； 丙烯塔与丙烯塔输送泵之间设紧急切断阀
					泵区设有视频监控； 泵区定期巡检，定期检查

续表

子项名称	子项范围与描述	主要风险	初始风险后果等级	初始风险发生可能性	主要保护措施
		管线、法兰等气相丙烯泄漏至环境，遇点火源发生火灾爆炸，导致人员伤亡	D	4	丙烯易泄漏设备及管线设可燃气体检测仪 关键设备或管线定期测厚； LDAR检测； 日常巡检 现场设水幕、汽幕、消防栓、消防水炮、灭火器等消防器材； 现场设视频监控
乙烯塔	自碳二加氢反应器来的物料进入乙烯塔进行乙烯、乙烷分离(顺序流程) 从脱甲烷塔塔釜和脱乙烷塔塔顶来的物料进入乙烯塔进行乙烯、乙烷分离(与脱丙烷流程)	乙烯塔压力高，严重时超压损坏，物料泄漏至环境，遇点火源发生火灾爆炸，导致人员伤亡	E	6	乙烯塔顶气相管线设压力高报警 乙烯塔设压力控制回路 乙烯塔设 $n+1$ 个安全阀(n 开1备)
		循环乙烷泵轴承损坏，密封失效等导致物料大量泄漏，造成环境污染，遇点火源发生火灾	D	5	泵体应采用可靠密封(如双端面机械密封、干气密封) 可燃气体报警仪(或火焰探测器)； 乙烯塔与循环乙烷泵之间设紧急切断阀 泵区设有视频监控； 泵区定期巡检，定期检查
		管线、法兰等气相乙烯泄漏至环境，遇点火源发生火灾爆炸，导致人员伤亡	D	4	乙烯易泄漏设备及管线设可燃气体检测仪 关键设备或管线定期测厚； LDAR检测； 日常巡检 现场设水幕、汽幕、消防栓、消防水炮、灭火器等消防器材； 现场设视频监控

续表

子项名称	子项范围与描述	主要风险	初始风险后果等级	初始风险发生可能性	主要保护措施
甲烷制冷压缩机	自脱甲烷塔顶来的甲烷进入压缩机进出料换热器，出口的高压气相甲烷经进出料换热器冷凝后，进入脱甲烷塔回流罐进行闪蒸，闪蒸罐的液相作为脱甲烷塔回流，气相并入燃料气系统。(顺序流程)	压缩机两段入口温度高或压缩机段间冷却器故障，导致压缩机出口超温	D	5	压缩机出口设温度高报警 压缩机两段出口均设温度高高联锁停车
		压缩机入口流量低时导致压缩机发生喘振，严重时损坏压缩机。(离心式压缩机)	D	5	压缩机入口管线设流量低报警 压缩机入口管线流量低联锁开启喘振阀
		操作异常或波动可能造成低温气体未回热的情况下进入甲烷制冷机入口，造成压缩机入口管线破裂(小冷箱泄漏)	D	5	压缩机入口管线设温度低报警 压缩机入口管线温度切断压缩机入口阀及停压缩机
		后续系统流程不畅或堵塞，导致压缩机出口憋压，压缩机损坏，管线薄弱环节泄漏，甲烷泄漏至环境，遇点火源发生火灾爆炸，导致人员伤亡	D	5	压缩机出口设压力高报警 压缩机出口设放火炬压力调节回路 压缩机各段出口设 $n+1$ 安全阀(n 开 1 备)
甲烷尾气增压机	从深冷分离来的甲烷尾气进入甲烷尾气增压机以降低节流膨胀背压，同时进行升压，到达燃料气所需压力	压缩机两段入口温度高或压缩机段间冷却器故障，导致压缩机出口超温	D	5	压缩机出入口设温度高报警 压缩机出口设温度高高联锁停车
		压缩机入口管线流量低，压缩机发生喘振，损坏压缩机。(离心压缩机)	D	5	压缩机入口管线设流量低报警 压缩机入口管线设流量低联锁开启喘振阀(离心压缩机)
		后续系统流程不畅或堵塞，导致压缩机出口憋压，压缩机损坏，管线薄弱环节泄漏，甲烷泄漏至环境，遇点火源发生火灾爆炸，导致人员伤亡	D	5	压缩机出口设压力高报警 压缩机出口设放火炬压力调节回路 压缩机各段出口设 $n+1$ 安全阀(n 开 1 备)
甲烷化反应器	氢气自冷箱进入甲烷化反应器，氢气中的CO反应生成甲烷和水	甲烷化反应器温度高，引起飞温，损坏催化剂及设备	E	6	反应器出口及床侧设温度高高联锁停车 上游甲烷氢分离罐罐顶气相温度高高联锁停车

续表

子项名称	子项范围与描述	主要风险	初始风险后果等级	初始风险发生可能性	主要保护措施
		反应器床层温度低，反应生成剧毒副产物羰基镍	C	5	反应器床层温度低报警
					反应器入口温度控制回路
					反应器入口设温度低低联锁停车
		当催化剂处于再生或活化状态时，床层及出口温度高，催化剂失活	D	5	各床层及出口设温度高报警
					反应器设温度高高高联锁，切断再生用装置空气
氢气干燥器	氢气自甲烷化反应器进入氢气干燥器脱出水分	干燥与再生相互切换时误操作，使物料和再生气阀门同时打开，导致物料互串超压，导致燃料气系统超压，裂解炉超温，炉管损坏	D	5	整个过程采用顺序控制程序
					对物料管线和再生气管线上的阀门设置阀位联锁
					分别对氢气和再生气进出料阀门设允许开的压力限制
乙烯冷剂收集罐	乙烯制冷压缩机最后一段出口的气相凝变为液相后的收集罐	乙烯冷剂收集罐液位过高，导致压缩机出口憋压，严重时造成压缩机停车	C	5	乙烯冷剂收集罐应设液位高报警
					乙烯冷剂收集罐设液位控制回路(前脱丙烷流程)
		乙烯冷剂收集罐液位过低，乙烯产品泵抽空损坏，物料泄漏至环境，遇点火源发生火灾爆炸，导致人员伤亡(前脱丙烷流程)	D	5	乙烯冷剂收集罐应设液位低报警
					乙烯冷剂收集罐设液位控制回路
					乙烯冷剂收集罐与乙烯产品泵之前设紧急切断阀
		压缩机出口冷却器出口乙烯温度过低，乙烯冷剂收集罐冷脆，物料泄漏至环境，遇点火源发生火灾爆炸，导致人员伤亡	D	5	乙烯冷剂收集罐入口管线上应设温度低报警
					乙烯制冷压缩机出口冷却器出口乙烯管线设温度控制回路
		乙烯冷剂收集罐压力过高，超压损坏，物料泄漏，遇点火源发生火灾爆炸，导致人员伤亡	D	5	乙烯冷剂收集罐设压力高报警
					乙烯冷剂收集罐设压力控制系统
					乙烯冷剂收集罐入口管线设压力高高联锁停车(顺序流程)
					乙烯冷剂收集罐设 n+1 个安全阀(n 开 1 备)

续表

子项名称	子项范围与描述	主要风险	初始风险后果等级	初始风险发生可能性	主要保护措施
乙烯制冷压缩机系统	来自吸入罐乙烯经压缩机增压、冷凝后膨胀制冷给各用户提供冷量	各段段间吸入罐液位过高，存在压缩机带液、损坏叶轮风险	D	5	乙烯气压缩机各段段间吸入罐设液位高报警
					乙烯气压缩机各段吸入罐设液位控制回路
					乙烯气压缩机各段间吸入罐设液位高高联锁
		一段吸入压力低，造成压缩机一段吸入罐负压损坏，空气进入系统，形成爆炸性混合气体，遇点火源发生火灾爆炸，导致人员伤亡	D	5	压缩机一段吸入管线设压力低报警
					乙烯气压缩机入口管线流量低联锁开启喘振阀
		后续系统流程不畅或堵塞，导致压缩机出口憋压，压缩机损坏，管线薄弱环节泄漏，裂解气泄漏至环境，遇点火源发生火灾爆炸，导致人员伤亡	D	5	压缩机各段入口及出口设压力高报警
					乙烯气压缩机出口设放火炬压力调节回路
					乙烯气压缩机各段出口设 n+1安全阀(n 开 1 备)
		段间循环水中断或换热效果差，各段吸入温度高等导致压缩机出口超温，压缩机内部结焦，堵塞管线，导致装置停车	D	5	乙烯气压缩机各段出入口设温度高报警
					乙烯气压缩机出口设温度高高联锁停车
		压缩机各段入口管线流量低，压缩机发生喘振，损坏压缩机	D	5	乙烯气压缩机各段入口管线设流量低报警
					乙烯气压缩机入口管线流量低联锁开启喘振阀
		低温阀门存在填料、法兰泄漏，内部憋压等使介质泄漏至环境，可燃气积聚，严重时发生闪爆的风险	C	5	对于有严格泄漏要求的低温阀门应采用波纹管密封形式
					低温系统的不锈钢阀门纳入管道安全附件； 核实阀门选型满足工况要求； 定期检测阀门泄漏情况； 有泄压孔低温阀门泄压方向应朝向高压侧(阀门入口侧)

续表

子项名称	子项范围与描述	主要风险	初始风险后果等级	初始风险发生可能性	主要保护措施
乙烯产品低温自冷器(低温罐流程)	乙烯产品通过自身冷却降温至-98℃	乙烯产品低温自冷器出口温度过高，导致下游低温罐超压损坏，物料泄漏，遇点火源发生火灾爆炸，导致人员伤亡	E	6	乙烯产品低温自冷器出口设温度高报警
					乙烯产品低温自冷器出口设温度控制回路
					乙烯产品低温自冷器出口应设温度高高联锁关闭乙烯产品进料阀
					下游乙烯产品低温罐设安全阀
		低温阀门存在填料、法兰泄漏，内部憋压等使介质泄漏至环境，可燃气积聚，严重时发生闪爆的风险	C	5	对于有严格泄漏要求的低温阀门应采用波纹管密封形式
					低温系统的不锈钢阀门纳入管道安全附件； 核实阀门选型满足工况要求； 定期检测阀门泄漏情况； 有泄压孔低温阀门泄压方向应朝向高压侧(阀门入口侧)
乙烯产品过热器系统	乙烯产品去往下游装置前经过换热升温至30℃	乙烯产品过热器出口温度过低，导致管线冷脆，物料泄漏，遇点火源发生火灾爆炸，导致人员伤亡	D	5	乙烯产品过热器出口设低报警
					乙烯产品过热器出口设温度控制回路
					乙烯产品过热器出口设温度低低联锁关闭去往下游装置的乙烯产品切断阀
		低温阀门存在填料、法兰泄漏，内部憋压等使介质泄漏至环境，可燃气积聚，严重时发生闪爆的风险	C	5	对于有严格泄漏要求的低温阀门应采用波纹管密封形式
					低温系统的不锈钢阀门纳入管道安全附件； 核实阀门选型满足工况要求； 定期检测阀门泄漏情况； 有泄压孔低温阀门泄压方向应朝向高压侧(阀门入口侧)

续表

子项名称	子项范围与描述	主要风险	初始风险后果等级	初始风险发生可能性	主要保护措施
乙烯产品紧急汽化器系统或不合格乙烯产品汽化器系统	当热源中断时，乙烯产品通过紧急汽化器汽化送出界区	当换热器选型与材质不合理、进出口温差过大时，导致物料泄漏，遇点火源发生火灾爆炸，导致人员伤亡	D	5	检查汽化器的型式，采用蒸汽直接加热或甲醇间接加热，设备材质应满足设计温度与设计压力要求
丙烯冷剂罐系统	丙烯制冷压缩机最后一段出口的气相凝变为液相后的收集罐	液位过高，压缩机出口憋压，影响压缩机正常运行	C	6	丙烯冷剂罐应设液位高报警
					丙烯冷剂罐设液位控制回路
		压力过高，丙烯冷剂罐压力超压，设备损坏，物料泄漏，遇点火源发生火灾爆炸，导致人员伤亡	D	6	丙烯冷剂罐应设压力高报警
					丙烯冷剂罐设压力控制回路
					丙烯冷剂罐设 n+1 个安全阀（n 开 1 备）
丙烯制冷压缩机系统	来自吸入罐丙烯经压缩机增压、冷凝后膨胀制冷给各用户提供冷量	各段段间吸入罐液位过高，存在压缩机带液、损坏叶轮风险	D	5	丙烯制冷压缩机各段段间吸入罐设液位高报警
					丙烯制冷压缩机各段吸入罐设液位控制回路
					丙烯制冷压缩机各段间吸入罐设液位高高联锁停车
		丙烯制冷压缩机一段吸入压力低，造成压缩机一段吸入罐负压损坏，空气进入系统，形成爆炸性混合气体，遇点火源发生火灾爆炸，导致人员伤亡	D	5	丙烯制冷压缩机一段吸入管线设压力低报警
					丙烯制冷压缩机入口管线流量低联锁开启喘振阀
		后续系统流程不畅或堵塞，导致压缩机出口憋压，压缩机损坏，管线薄弱环节泄漏，裂解气泄漏至环境，遇点火源发生火灾爆炸，导致人员伤亡	D	5	丙烯制冷压缩机段入口及出口设压力高报警
					丙烯制冷压缩机出口设放火炬压力调节回路
					丙烯制冷压缩机各段出口设 n+1 安全阀（n 开 1 备）

续表

子项名称	子项范围与描述	主要风险	初始风险后果等级	初始风险发生可能性	主要保护措施
		段间循环水中断或换热效果差，各段吸入温度高等导致压缩机出口超温，压缩机内部结焦，堵塞管线，导致装置停车	D	5	丙烯制冷压缩机各段出入口设温度高报警
					丙烯制冷压缩机各段间入口设温度控制回路
					丙烯制冷压缩机出口设温度高高联锁停车
		压缩机各段入口管线流量低，压缩机发生喘振，损坏压缩机	D	5	丙烯制冷压缩机各段入口管线设流量低报警
					丙烯制冷压缩机入口管线流量低联锁开启喘振阀
二元制冷压缩机系统	将二元气体经压缩、冷凝、膨胀、蒸发形成一个制冷循环，为深冷分离系统分别提供一系列冷量，自身吸收用户的热量，蒸发生成气体，再次进入压缩机压缩	各段段间吸入罐液位过高，存在压缩机带液、损坏叶轮风险	D	6	二元制冷压缩机各段段间吸入罐设液位高报警
					二元制冷压缩机各段吸入罐设液位控制回路
					丙烯制冷压缩机各段间吸入罐设液位高高联锁停车
		二元制冷压缩机一段吸入压力低，造成压缩机一段吸入罐负压损坏，空气进入系统，形成爆炸性混合气体，遇点火源发生火灾爆炸，导致人员伤亡	D	5	二元制冷压缩机一段吸入管线设压力低报警
					二元制冷压缩机入口管线流量低联锁开启喘振阀
		后续系统流程不畅或堵塞，导致压缩机出口憋压，压缩机损坏，管线薄弱环节泄漏，裂解气泄漏至环境，遇点火源发生火灾爆炸，导致人员伤亡	D	5	二元制冷压缩机段入口及出口设压力高报警
					二元制冷压缩机出口设放火炬压力调节回路
					二元制冷压缩机各段出口设 n+1 安全阀(n 开 1 备)
		段间循环水中断或换热效果差，各段吸入温度高等导致压缩机出口超温，压缩机内部结焦，堵塞管线，导致装置停车	D	5	二元制冷压缩机各段出入口设温度高报警
					二元制冷压缩机各段间入口设温度控制回路
					二元制冷压缩机出口设温度高高联锁停车

续表

子项名称	子项范围与描述	主要风险	初始风险后果等级	初始风险发生可能性	主要保护措施
		压缩机各段入口管线流量低，压缩机发生喘振，损坏压缩机	D	5	二元制冷压缩机各段入口管线设流量低报警
					二元制冷压缩机入口管线流量低联锁开启喘振阀

（5）公用工程单元

子项名称	子项范围与描述	主要风险	初始风险后果等级	初始风险发生可能性	主要保护措施
低压工艺凝结水管线系统	低压工艺凝结水管线	TOC值过高，会污染下游凝结水收集装置的水质	C	5	工艺凝结水泵的泵后设TOC在线监测，并联锁下游自动切换阀
表面冷凝器系统	透平乏汽进入表面冷凝器冷凝为液相，降低透平背压，液相回收循环利用	电导率过高，下游透平凝结水收集装置无法处理	C	5	在透平凝结水泵的泵后设电导率在线监测，电导率在线监测，并联锁下游透平凝结水自动切换阀
		表面冷凝器液位高，使汽轮机排汽压力升高，透平设备损坏	C	5	表面冷凝器的液位高报警
					表面冷凝器液位控制回路
					表面冷凝器液位高联锁启动透平凝结水水泵
		表面冷凝器液位低，透平凝结水泵气蚀损坏	C	5	表面冷凝器的液位低报警
					表面冷凝器液位低控制回路
低压凝结水闪蒸罐系统	用于回收凝结水中闪蒸蒸汽	低压凝结水闪蒸罐液位过高，凝结水罐憋压，造成设备损坏	C	6	低段凝结水罐的液位高报警
					低压凝结水闪蒸罐设$n+1$台安全阀（n用1备）
		低压凝结水闪蒸罐液位过低，低压凝结水水泵气蚀	C	6	低压凝结水罐设液位低报警

续表

子项名称	子项范围与描述	主要风险	初始风险后果等级	初始风险发生可能性	主要保护措施
减温减压器系统	平衡各等级蒸汽管网压力	减温减压器故障、设计等导致减温减压器出口的蒸汽管网温度和压力超过管材的设计温度和设计压力，蒸汽泄漏，造成人员烫伤，装置停车	D	6	在减温减压器出口至温度测点间的蒸汽管道材料等级应与上游温度一致
					减温减压器出口直管段设温度高报警
					减温减压器出口直管段设温度高高联锁
					减温减压器出口设 n+1 台安全阀(n 用 1 备)
压缩机透平	用蒸汽驱动压缩机系统做功	透平在小流量抽汽时，抽汽温度超温，且超过管道的设计温度	C	6	核查管道材质是否满足设计温度与设计压力
					透平抽汽管线设温度高报警
					透平抽汽管线设温度高联锁汽轮机停车
					减温减压器出口设 n+1 台安全阀(n 开 1 备)
凝液系统	蒸汽温度降低后产生凝液需通过疏水阀进行排液	高压凝液疏水阀损坏泄漏，高压凝液罐超压损坏，薄弱环节处泄漏，喷出的高压凝液造成人员烫伤	C	6	高压凝液罐设安全阀
火炬系统	自各单元来的泄放物料分别进入冷、热火炬系统，再经燃烧后排放	火炬过热器工作异常，使低温介质进入后续碳钢火炬管线，导致火炬管线低温冷脆，泄放气泄漏至环境，遇点火源发生火灾爆炸，导致人员伤亡	E	5	火炬过热器出口设置温度低报警
					干火炬罐设汽化器，对低温气(液)介质进行富热
		急冷油排入火炬管线中当环境温度较低时冷凝，严重时管线堵塞，系统无法正常泄压，造成设备管线超压损坏，可燃气体泄漏，遇点火源发生火灾爆炸	D	5	急冷油进入火炬管网前设置急冷油排放罐
					泄放管线应采取步步低低设计，坡向火炬分液罐斜接 45°进入急冷油排放罐
					急冷油排放管线设置保温
		湿火炬分液罐液位高时，液相物料进入火炬，导致火炬周边出现火雨	C	5	湿火炬分液罐设液位高报警； 湿火炬分液罐设置温度低报警
					火炬分液罐设加热盘管

续表

子项名称	子项范围与描述	主要风险	初始风险后果等级	初始风险发生可能性	主要保护措施
		干火炬放空分液罐液位过高，液相物料进入火炬，导致火炬周边出现火雨	C	5	干火炬放空分液罐设液位高报警
					干火炬放空系统设汽化器
循环冷却水系统	换热器泄漏、设备、管线等薄弱环节泄漏	换热器内漏，物料泄漏至循环水系统，循环水凉水塔发生闪爆	C	5	凉水塔附近设可燃气体报警仪
					循环水系统水质监测
中控室	中央控制室在现代大型化工厂发挥着中枢作用，所有重要的控制指令都需要从中央控制室发出	乙烯装置中控室在事故工况下收到冲击，存在人员死亡风险	E	4	中控室应根据爆炸风险评估确定是否需要抗爆设计

8.2 乙烯装置分离部分前脱丙烷前加氢工艺检查表

裂解气分离单元：

子项名称	子项范围与描述	主要风险	初始风险后果等级	初始风险发生可能性	主要保护措施
高压脱丙烷塔	脱除裂解气中的碳四以上重组分	高压脱丙烷塔超压，造成设备损坏，物料泄漏，遇点火源发生火灾爆炸，导致人员伤亡	D	6	高压脱丙烷塔设压力高报警
					高压脱丙烷塔设压力高高联锁关闭塔底再沸器热源调节阀和关断阀
					高压脱丙烷塔设安全阀
					监控分离区域关键设备运行参数并定期记录
					定期巡检确定分离区域关键设备运行状态
					分离区域关键设备设可燃气体报警仪
					视频监控系统覆盖分离区域关键设备及时发现危险事故

续表

<table>
<tr><th>子项名称</th><th>子项范围与描述</th><th>主要风险</th><th>初始风险后果等级</th><th>初始风险发生可能性</th><th>主要保护措施</th></tr>
<tr><td rowspan="2"></td><td rowspan="2"></td><td rowspan="2"></td><td rowspan="2"></td><td rowspan="2"></td><td>制定分离区域关键设备火灾爆炸事故应急预案并组织演练</td></tr>
<tr><td>分离区域关键设备设置消防灭火设施</td></tr>
<tr><td rowspan="4">碳二加氢反应器</td><td rowspan="4">高压脱丙烷塔顶中乙炔加氢生成乙烯和乙烷，另外该过程也将一些甲基乙炔(MA)和丙二烯(PD)加氢生成丙烯或丙烷</td><td rowspan="3">反应器温度高会引起飞温，损坏催化剂及设备</td><td rowspan="3">D</td><td rowspan="3">6</td><td>碳二加氢反应器各床层设多点温度高报警</td></tr>
<tr><td>反应器床层温度高联锁关闭进料加热管线，打开冷却旁路管线</td></tr>
<tr><td>反应器床层温度高高联锁引发碳二加氢反应器停车</td></tr>
<tr><td>当催化剂处于活化状态时，床层及出口温度高，催化剂失活</td><td>D</td><td>5</td><td>碳二加氢反应器各床层及出口设温度高报警</td></tr>
<tr><td rowspan="6">低压丙烷塔</td><td rowspan="6">来自高压脱丙烷塔的塔釜液进入低压脱丙烷塔，脱除裂解气中的碳四以上重组分，塔顶回流和采出，塔釜液相至脱丁烷塔</td><td rowspan="3">低压脱丙烷塔压力高，设备超压损坏，物料泄漏，遇点火源发生火灾爆炸，导致人员伤亡</td><td rowspan="3">D</td><td rowspan="3">5</td><td>低压脱丙烷塔设压力高报警</td></tr>
<tr><td>低压丙烷塔设压力高高联锁关闭塔底再沸器热源调节阀和关断阀</td></tr>
<tr><td>低压脱丙烷塔设安全阀</td></tr>
<tr><td rowspan="3">脱丙烷塔返回泵轴承损坏，密封失效等导致物料大量泄漏，造成环境污染，人员烫伤，遇点火源发生火灾</td><td rowspan="3">D</td><td rowspan="3">5</td><td>泵体应采用可靠密封(如双端面机械密封、干气密封)</td></tr>
<tr><td>泵区周边设可燃气体报警仪</td></tr>
<tr><td>低压脱丙烷塔回流罐与脱丙烷塔返回泵之间设紧急切断阀</td></tr>
<tr><td rowspan="5">脱丁烷塔</td><td rowspan="5">完成混合碳四与裂解汽油的分离</td><td rowspan="3">脱丁烷塔压力高，分离效果差，可能造成设备损坏，物料泄漏，遇点火源发生火灾爆炸，导致人员伤亡</td><td rowspan="3">D</td><td rowspan="3">6</td><td>脱丁院塔设压力高报警</td></tr>
<tr><td>脱丁烷塔设压力高高联锁关闭塔底再沸器热源调节阀和关断阀</td></tr>
<tr><td>脱丁烷塔设安全阀</td></tr>
<tr><td rowspan="2">脱丁烷塔重组分结焦，塔盘阻塞，影响脱丁烷塔及再沸器的正常运行</td><td rowspan="2">C</td><td rowspan="2">6</td><td>脱丁烷塔设压差报警</td></tr>
<tr><td>设阻聚剂注入包，防止塔釜重组分聚合</td></tr>
</table>

续表

子项名称	子项范围与描述	主要风险	初始风险后果等级	初始风险发生可能性	主要保护措施
		脱丁烷塔釜液泵轴承损坏，密封失效等导致物料大量泄漏，造成环境污染，人员烫伤，遇点火源发生火灾	D	5	泵体应采用可靠密封(如双端面机械密封、干气密封)
					泵区周边设可燃气体报警仪
					脱丁烷塔与脱丁烷塔釜液泵之间设紧急切断阀
		脱丁烷塔回流/产品泵轴承损坏，密封失效等导致物料大量泄漏，造成环境污染，人员烫伤，遇点火源发生火灾	D	5	泵体应采用可靠密封(如双端面机械密封、干气密封)
					泵区周边设可燃气体报警仪
					脱丁烷塔回流罐与脱丁烷塔回流/产品泵之间设紧急切断阀
冷箱系统	上游来的裂解气进入冷箱系统逐级冷却，液相进入脱甲烷塔系统分离，气相依靠节流自冷分离出甲烷和氢气，冷箱由一系列板翅换热器组成，设在填满珠光砂的壳体内	操作异常或波动可能造成低温气体未回热的情况下进入下游碳钢管道，造成管线破裂	D	6	冷箱出口设温度低报警
					冷箱出口设压力控制回路
					冷箱出口设温度低低联锁切断冷物料出口阀
					冷箱出口设安全阀
		循环乙烷炉子跳车，再生系统憋压，后系统不畅	D	6	冷箱出口设压力高报警
					冷箱出口设压力控制回路
					冷箱出口设安全阀
		板翅换热器破损泄漏，造成工艺物料泄漏，遇点火源发生火灾爆炸，造成人员伤亡	D	5	冷箱壳体设压力高报警
					冷箱壳体设充氮系统
					冷箱壳体放空口设可燃气体报警
预脱甲烷塔	从冷箱来的裂解气进入预脱甲烷塔，将甲烷及碳二从塔顶分离，塔顶气相去脱甲烷塔，塔釜物料去脱乙烷塔，使得塔釜碳二及碳三组分中不含甲烷，塔顶甲烷及碳二组分中不含碳三	预脱甲烷塔压力高，超压损坏，物料泄漏至环境，遇点火源发生火灾爆炸，导致人员伤亡	D	6	预脱甲烷塔顶气相管线设压力高报警
					预脱甲烷塔设压力控制系统
					预脱甲烷塔设压力高高联锁关闭塔底再沸器热源调节阀和关断阀
					预脱甲烷塔设安全阀

续表

子项名称	子项范围与描述	主要风险	初始风险后果等级	初始风险发生可能性	主要保护措施
		当设备材质选型不当时，可能发生冷脆等现象，低温阀门存在填料、法兰泄漏，内部憋压等使介质泄漏至环境，可燃气积聚，严重时发生闪爆	D	5	对于预脱甲烷塔塔釜系统，需考虑开工或特殊工况下轻组分富集塔造成的低温环境，对设备材质进行核查
					对于有严格泄漏要求的低温阀门应采用波纹管密封形式
					定期检测阀门泄漏情况
脱甲烷塔	从预脱甲烷塔顶及冷箱来的物料分别进入脱甲烷塔，将物料进行分离，塔顶气相得到甲烷去再生气系统，塔釜得到不含甲烷的碳二组分经换热后去乙烯精馏塔	脱甲烷塔压力高，超压损坏，物料泄漏至环境，遇点火源发生火灾爆炸，导致人员伤亡	D	6	脱甲院塔顶气相管线应设压力高报警
					脱甲烷塔设压力控制回路
					脱甲烷塔设安全阀
		脱甲烷塔回流泵轴承损坏，密封失效等导致物料大量泄漏，造成环境污染，人员烫伤，遇点火源发生火灾	D	5	泵体应采用可靠密封(如双端面机械密封、干气密封)或机泵(屏蔽泵)
					泵区周边设可燃气体报警仪
					脱甲烷塔回流罐与脱甲烷塔回流泵之间设紧急切断阀
脱乙烷塔	从预脱甲烷塔塔釜的物料进入脱乙烷塔，完成碳二组分与碳三组分的分离，使得塔顶不含碳三组分去乙烯塔，塔釜不含碳二组分去碳三加氢反应器	脱乙烷塔压力高，超压损坏，物料泄漏，遇点火源发生火灾爆炸，导致人员伤亡	D	6	脱乙烷塔塔顶压力高报警
					脱乙烷塔设压力控制回路
					脱乙烷塔设压力高高联锁关闭塔底再沸器热源调节阀和关断阀
					脱乙烷塔设安全阀
		脱乙烷塔回流泵轴承损坏，密封失效等导致物料大量泄漏，造成环境污染，遇点火源发生火灾	D	5	泵体应采用可靠密封(如双端面机械密封、干气密封)
					泵区周边设可燃气体报警仪
					脱乙烷塔回流罐与脱乙烷塔回流泵之间设紧急切断阀
碳三加氢反应器	自脱乙烷塔釜来的碳三进入碳三加氢反应器，使其中含有的MA、PD与H_2反应生成丙烯和丙烷	反应器温度高会引起飞温，损坏催化剂及设备	D	6	反应器各床层设多点温度高报警
					温度高全开循环冷却水阀门，开稀释线进料阀

续表

子项名称	子项范围与描述	主要风险	初始风险后果等级	初始风险发生可能性	主要保护措施
					碳三加氢反应器设温度高高联锁，切断氢气进料、切断反应器进料与出料、开启旁路阀
					编制碳三加氢反应器泄漏应急预案并定期组织演练
		当催化剂处于再生或活化状态时，床层及出口温度高，催化剂失活	D	6	反应器各床层及出口设温度高报警
					反应器设温度高高高联锁，切断再生用装置空气
		碳三加氢反应循环泵轴承损坏，密封失效等导致物料大量泄漏，造成环境污染，遇点火源发生火灾	D	5	泵体应采用可靠密封(如双端面机械密封、干气密封)
					泵区周边设可燃气体报警仪
					碳三加氢出料分离罐与碳三加氢反应循环泵之间设紧急切断阀
丙烯精馏塔	来自碳三加氢反应器的物料进入丙烯精馏塔，完成丙烯与丙烷的分离，得到聚合级丙烯产品，循环丙烷进气相炉	丙烯精馏塔压力高，严重时丙烯精馏塔超压损坏，物料泄漏，遇点火源发生火灾爆炸，导致人员伤亡	D	6	1#和2#丙烯精馏塔塔顶设压力高报警
					丙烯精馏塔设超压泄放去火炬控制回路
					1#和2#丙烯精馏塔设压力高高联锁关闭塔底再沸器热源调节阀和关断阀
					丙烯精馏塔设安全阀
		开工时物料循环，塔内MA、PD积聚到一定浓度产生物理爆炸	D	4	控制反应器出口MA、PD浓度合格
					减少全回流操作时间，避免物料积聚
					在线分析，人工定期取样
		丙烯塔回流泵轴承损坏，密封失效等导致物料大量泄漏，造成环境污染，遇点火源发生火灾	D	5	泵体应采用可靠密封(如双端面机械密封、干气密封)
					丙烯塔回流罐与丙烯塔回流泵之间设紧急切断阀
					泵区周边设可燃气体报警仪

续表

子项名称	子项范围与描述	主要风险	初始风险后果等级	初始风险发生可能性	主要保护措施
		丙烯塔输送泵轴承损坏，密封失效等导致物料大量泄漏，造成环境污染，遇点火源发生火灾	D	5	泵体应采用可靠密封(如双端面机械密封、干气密封) 丙烯塔与丙烯塔输送泵之间设紧急切断阀
乙烯塔	从脱甲烷塔塔釜和脱乙烷塔塔顶来的物料进入乙烯塔进行乙烯、乙烷分离	乙烯塔压力高，严重时超压损坏，物料泄漏至环境，遇点火源发生火灾爆炸，导致人员伤亡	D	6	乙烯塔顶气相管线设压力高报警 乙烯塔设超压泄放去火炬控制回路 乙烯塔设安全阀
		循环乙烷泵轴承损坏，密封失效等导致物料大量泄漏，造成环境污染，遇点火源发生火灾	D	5	泵体应采用可靠密封(如双端面机械密封、干气密封) 泵区周边设可燃气体报警仪 乙烯塔与循环乙烷泵之间设紧急切断阀
		管线、法兰等气相乙烯泄漏至环境，遇点火源发生火灾爆炸，导致人员伤亡	D	4	乙烯易泄漏设备及管线设可燃气体检测仪 关键设备或管线定期测厚
膨胀再压缩机	自脱甲烷塔顶来的甲烷进入膨胀再压缩机膨胀端制冷后经过冷箱换热，然后再进入膨胀再压缩机压缩端压缩后，经冷箱去再生气系统	压缩端入口流量低时导致压缩机发生喘振，严重时损坏压缩机	D	5	压缩机入口管线设流量低报警 压缩机入口管线流量低开启喘振阀
		操作异常或波动可能造成低温气体未回热的情况下进入膨胀再压缩机压缩端入口，造成压缩机入口管线破裂	D	5	压缩机入口管线设温度低报警 压缩机入口管线温度切断压缩机入口阀及停压缩机
		后续系统流程不畅或堵塞，导致膨胀端出口或压缩端入口憋压，压缩机损坏，管线薄弱环节泄漏，甲烷泄漏至环境，遇点火源发生火灾爆炸，导致人员伤亡	D	5	压缩端进出口设压力高报警 压缩段入口设放火炬压力调节回路 膨胀端出口及压缩端出口设安全阀 监控冷区区域关键设备运行参数并定期记录

续表

子项名称	子项范围与描述	主要风险	初始风险后果等级	初始风险发生可能性	主要保护措施
					定期巡检确定冷区区域关键设备运行状态
					冷区区域关键设备设可燃气体报警仪
					视频监控系统覆盖冷区区域关键设备及时发现危险事故
					制定冷区区域关键设备火灾爆炸事故应急预案并组织演练
					冷区区域关键设备设置消防灭火设施
甲烷尾气增压机	从深冷分离来的甲烷尾气进入甲烷尾气增压机以降低节流膨胀背压，同时进行升压，到达燃料气所需压力	压缩机两段入口温度高或压缩机段间冷却器故障，导致压缩机出口超温	D	5	压缩机出入口设温度高报警
					压缩机出口设温度高高联锁停车
		压缩机入口管线流量低，压缩机发生喘振，损坏压缩机。(离心压缩机)	D	5	压缩机出口管线设流量低报警
					压缩机出口管线设流量低开启喘振阀(离心压缩机)
		后续系统流程不畅或堵塞，导致压缩机出口憋压，压缩机损坏，管线薄弱环节泄漏，甲烷泄漏至环境，遇点火源发生火灾爆炸，导致人员伤亡	D	5	压缩机出口设压力高报警
					压缩机各段出口设安全阀
甲烷化反应器	氢气自冷箱进入甲烷化反应器，氢气中的CO反应生成甲烷和水	甲烷化反应器温度高，引起飞温，损坏催化剂及设备	D	6	反应器床层及出口设多点温度高报警
					反应器床层温度高高联锁停车，同一床层内三个之间任一偏离将会报警
					反应器出口及床侧设温度高高联锁停车
					上游甲烷氢分离罐罐顶气相温度高高联锁停车

续表

子项名称	子项范围与描述	主要风险	初始风险后果等级	初始风险发生可能性	主要保护措施
		反应器床层温度低，反应生成剧毒副产物羰基镍	C	5	反应器床层温度低报警 反应器入口温度控制回路 反应器入口设温度低低联锁停车
		当催化剂处于钝化或活化状态时，床层及出口温度高，催化剂失活	D	5	各床层及出口设温度高报警 反应器设温度高高联锁停车
		临氢管线薄弱环节泄漏，遇点火源发生火灾爆炸，导致人员伤亡	D	4	乙烯装置易泄漏点设可燃气体检测仪 关键设备或管线定期测厚 临氢管线闭灯检查
氢气干燥器	氢气自甲烷化反应器进入氢气干燥器脱出水分	干燥与再生相互切换时误操作，使物料和再生气阀门同时打开，导致物料互串超压，导致燃料气系统超压，裂解炉超温，炉管损坏	D	5	整个过程采用顺序控制程序 对物料管线和再生气管线上的阀门设置阀位联锁 分别对氢气和再生气进出料阀门设允许开的压力限制 燃料气管线设安全阀
乙烯冷剂收集罐	乙烯制冷压缩机最后一段出口的气相凝变为液相后的收集罐	乙烯冷剂收集罐液位过高，导致压缩机出口憋压，严重时造成压缩机停车	C	5	乙烯冷剂收集罐应设液位高报警
		乙烯冷剂收集罐液位过低，乙烯产品泵抽空损坏，物料泄漏至环境，遇点火源发生火灾爆炸，导致人员伤亡	D	5	乙烯冷剂收集罐应设液位低报警 乙烯冷剂收集罐设液位控制回路 乙烯冷剂收集罐与乙烯产品泵之前设紧急切断阀
		压缩机出口冷却器出口乙烯温度过低，乙烯冷剂收集罐冷脆，物料泄漏至环境，遇点火源发生火灾爆炸，导致人员伤亡	D	5	乙烯冷剂收集罐入口管线上应设温度低报警 乙烯制冷压缩机出口冷却器出口乙烯管线设温度控制回路

续表

子项名称	子项范围与描述	主要风险	初始风险后果等级	初始风险发生可能性	主要保护措施
		乙烯冷剂收集罐压力过高，超压损坏，物料泄漏，遇点火源发生火灾爆炸，导致人员伤亡	D	5	乙烯冷剂收集罐设压力高报警
					乙烯冷剂收集罐设压力控制系统
					乙烯冷剂收集罐入口管线设压力高高联锁停车(顺序流程)
					乙烯冷剂收集罐设安全阀
乙烯制冷压缩机系统	来自吸入罐乙烯经压缩机增压、冷凝后膨胀制冷给各用户提供冷量	各段段间吸入罐液位过高，存在压缩机带液、损坏叶轮风险	D	5	乙烯气压缩机各段段间吸入罐设液位高报警
					乙烯气压缩机各段吸入罐设液位控制回路
					乙烯气压缩机各段间吸入罐设液位高高联锁
		一段吸入压力低，造成压缩机一段吸入罐负压损坏，空气进入系统，形成爆炸性混合气体，遇点火源发生火灾爆炸，导致人员伤亡	D	5	压缩机一段吸入管线设压力低报警
					乙烯气压缩机入口管线流量低联锁开启喘振阀
		后续系统流程不畅或堵塞，导致压缩机出口憋压，压缩机损坏，管线薄弱环节泄漏，裂解气泄漏至环境，遇点火源发生火灾爆炸，导致人员伤亡	D	5	压缩机各段入口及出口设压力高报警
					乙烯气压缩机出口设放火炬压力调节回路
					乙烯气压缩机各段出口设安全阀
		段间循环水中断或换热效果差，各段吸入温度高等导致压缩机出口超温，压缩机内部结焦，堵塞管线，导致装置停车	D	5	乙烯气压缩机各段出入口设温度高报警
					乙烯气压缩机出口设温度高高联锁停车
		压缩机各段入口管线流量低，压缩机发生喘振，损坏压缩机	D	5	乙烯气压缩机各段入口管线设流量低报警
					乙烯气压缩机入口管线流量低联锁开启喘振阀

续表

子项名称	子项范围与描述	主要风险	初始风险后果等级	初始风险发生可能性	主要保护措施
乙烯产品低温自冷器(低温罐流程)	乙烯产品通过自身冷却降温至-98℃	乙烯产品低温自冷器出口温度过高，导致下游低温罐超压损坏，物料泄漏，遇点火源发生火灾爆炸，导致人员伤亡	D	6	乙烯产品低温自冷器出口设温度高报警
					乙烯产品低温自冷器出口设温度控制回路
					乙烯产品低温自冷器出口应设温度高高联锁关闭乙烯产品进料阀
					下游乙烯产品低温罐设安全阀
乙烯产品过热器系统	乙烯产品去往下游装置前经过换热升温至30℃	乙烯产品过热器出口温度过低，导致管线冷脆，物料泄漏，遇点火源发生火灾爆炸，导致人员伤亡	D	5	乙烯产品过热器出口设低报警
					乙烯产品过热器出口设温度控制回路
					乙烯产品过热器出口设温度低低联锁关闭去往下游装置的乙烯产品切断阀
乙烯产品紧急汽化器系统或不合格乙烯产品汽化器系统	当热源中断时，乙烯产品通过紧急汽化器汽化送出界区	当换热器选型与材质不合理、进出口温差过大时，导致物料泄漏，遇点火源发生火灾爆炸，导致人员伤亡	D	5	检查汽化器的型式，采用蒸汽直接加热或甲醇间接加热，设备材质应满足设计温度与设计压力要求
丙烯冷剂罐系统	丙烯制冷压缩机最后一段出口的气相凝变为液相后的收集罐	液位过高，压缩机出口憋压，影响压缩机正常运行	C	6	丙烯冷剂罐应设液位高报警
					丙烯冷剂罐设液位控制回路
		压力过高，丙烯冷剂罐压力超压，设备损坏，物料泄漏，遇点火源发生火灾爆炸，导致人员伤亡	D	6	丙烯冷剂罐应设压力高报警
					丙烯冷剂罐设压力控制回路
					丙烯冷剂罐设安全阀

续表

子项名称	子项范围与描述	主要风险	初始风险后果等级	初始风险发生可能性	主要保护措施
丙烯制冷压缩机系统	来自吸入罐丙烯经压缩机增压、冷凝后膨胀制冷给各用户提供冷量	各段段间吸入罐液位过高，存在压缩机带液、损坏叶轮风险	D	5	丙烯制冷压缩机各段段间吸入罐设液位高报警
					丙烯制冷压缩机各段吸入罐设液位控制回路
					丙烯制冷压缩机各段间吸入罐设液位高高联锁停车
		丙烯制冷压缩机一段吸入压力低，造成压缩机一段吸入罐负压损坏，空气进入系统，形成爆炸性混合气体，遇点火源发生火灾爆炸，导致人员伤亡	D	5	丙烯制冷压缩机一段吸入管线设压力低报警
					丙烯制冷压缩机入口管线流量低联锁开启喘振阀
		后续系统流程不畅或堵塞，导致压缩机出口憋压，压缩机损坏，管线薄弱环节泄漏，裂解气泄漏至环境，遇点火源发生火灾爆炸，导致人员伤亡	D	5	丙烯制冷压缩机段入口及出口设压力高报警
					丙烯制冷压缩机出口设放火炬压力调节回路
					丙烯制冷压缩机各段出口设安全阀
		段间循环水中断或换热效果差，各段吸入温度高等导致压缩机出口超温，压缩机内部结焦，堵塞管线，导致装置停车	D	5	丙烯制冷压缩机各段出入口设温度高报警
					丙烯制冷压缩机各段间入口设温度控制回路
					丙烯制冷压缩机出口设温度高高联锁停车
		压缩机各段入口管线流量低，压缩机发生喘振，损坏压缩机	D	5	丙烯制冷压缩机各段入口管线设流量低报警
					丙烯制冷压缩机入口管线流量低联锁开启喘振阀

8.3 乙烯装置仪表检查表

子项内容	检查项	检查依据
一般要求	设备和管道应根据其内部物料的火灾危险性和操作条件，设置相应的仪表、自动联锁保护系统或紧急停车措施	《石油化工企业设计防火标准(2018年版)》GB 50160—2008
	在使用或产生甲类气体或甲、乙$_A$类液体的工艺装置、系统单元和储运设施区内，应按区域控制和重点控制相结合的原则，设置可燃气体报警系统	《石油化工企业设计防火标准(2018年版)》GB 50160—2008
	对产生危险和有害因素的过程，应配置监控检测仪器、仪表，必要时配置自动联锁、自动报警装置。危险性较大的生产装置或系统，应设置能保证人员安全、设备紧急停止运行的安全监控系统	《生产过程安全卫生要求总则》GB 12801—2008第5.3.1条
	在现场安装的电子式仪表应根据危险区域的等级划分，来选择满足该危险区域的相应仪表，防爆设计应符合现行国家标准《爆炸性环境 第1部分：设备 通用要求》(GB 3836.1—2021)，所选择的防爆产品应具有防爆合格证	《自动化仪表选型设计规范》HG/T 20507—2014第3.0.2条
	企业应建立仪表设备管理、自动化控制系统管理、安全仪表系统管理、可燃有毒气体检测报警系统管理、控制回路管理、报警管理、仪表变更管理、仪表巡检管理、仪表日常维护保养、仪表检维修规程等制度	《关于加强化工过程安全管理的指导意见》(安监总管三〔2013〕88号)
	企业应建立各类仪表台账，包括： 1. 报警联锁仪表规格书； 2. 联锁仪表台账(含设备编号、量程、设计参数、安装位置等)； 3. 控制回路台账； 4. 报警台账； 5. 联锁台账	《关于加强化工过程安全管理的指导意见》(安监总管三〔2013〕88号)
	仪表巡检，包括： 1. 巡检记录 2. 仪表故障处理记录 3. 故障待处理记录 4. 特护记录	《关于加强化工过程安全管理的指导意见》(安监总管三〔2013〕88号)

续表

子项内容	检查项	检查依据
	控制回路、报警、联锁保护系统管理应满足： 1. 联锁逻辑图、定期维修校验记录、临时停用记录等技术资料齐全； 2. 应对工艺和设备联锁回路定期调试，测试周期依据 SIL 评估报告确定； 3. 应对控制系统定期维护检修(点检)； 4. 联锁保护系统(设定值、联锁程序、联锁方式、取消)变更应办理审批表，有部门会签和领导签批手续； 5. 联锁摘除和恢复应办理工作票，临时摘除应有风险分析及管理人员审批记录；长期摘除联锁应有防范措施及整改方案；主管部门是否定期对联锁运行情况进行统计考核，定期统计联锁摘除情况并发布； 6. 装置停工检修时联锁调试记录，开工前联锁联合确认记录； 7. 报警管理情况，是否存在无效、高频、错误报警，是否定期组织报警统计、分析、考核，是否定期消除频繁报警； 8. 报警发生时的响应、处置情况，报警记录的建立情况； 9. 是否定期开展控制回路性能分析，是否组织对控制性能较差、长期处于手动状态的进行诊断、分析； 10. 是否定期考核装置自控率，是否存在阀门限位和旁路等非安全措施	《关于加强化工过程安全管理的指导意见》(安监总管三〔2013〕88 号)、《自动化仪表工程施工及质量验收规范》(GB 50093—2013)、《关于加强化工安全仪表系统管理的指导意见》(安监总管三〔2014〕116 号)、《石油化工安全仪表系统设计规范》(GB/T 50770—2013)、《石油化工设备检修维护规程》
	建立仪表变更管理记录，包括： 1. 仪表设备更换有相应的变更记录； 2. 控制系统软件、控制方案、控制回路、联锁逻辑、报警联锁设定值的变更记录； 3. 安全联锁回路的永久摘除及新增，应有风险分析文档及管理人员审批记录，且通过具有设计资质的单位出具设计资料	《过程工业领域安全仪表系统的功能安全》(GB/T 21109—2022)
	1. 根据工艺过程危险和安全风险分析结果，确定配备安全仪表系统； 2. 对涉及毒性气体、液化气体、剧毒液体的一级或者二级重大危险源，应设置独立安全仪表系统(SIS、ESD、BMS、HIPPS、F&GS 等)； 3. 安全仪表系统应符合 GB/T 50770 要求，安全完整性等级为 SIL2 级及以上的，应独立设置； 4. 精细化工企业的较高危险度等级的反应工艺过程(反应工艺过程危险度等级为 4 级和 5 级的)应配置独立的安全仪表系统； 5. 处于备用状态的有毒气体应急处置系统应设置联锁启动和一键启动功能，备用泵应具有自启功能；	《关于进一步加强危险化学品建设项目安全设计管理的通知》(安监总管三〔2013〕76 号)第十九条、《危险化学品重大危险源企业专项检查督导指南》、《石油化工安全仪表系统设计规范》(GB/T 50770—2013)

续表

子项内容	检查项	检查依据
	6. 紧急停车按钮应有可靠防护措施； 7. 安全仪表系统应设计为故障安全型，当安全仪表系统内部产生故障时，安全仪表系统应能按设计预定方式，将过程转入安全状态	
	1. 配备的安全仪表系统应处于投用状态； 2. 安全仪表功能回路投用率100%，未投用联锁应有风险分析文档及管理人员审批记录，并采取等效的安全措施	《危险化学品重大危险源企业专项检查督导指南》
	1. 配备的安全仪表系统应处于投用状态； 2. 安全仪表功能回路投用率100%，未投用联锁应有风险分析文档及管理人员审批记录，并采取等效的安全措施	《石油化工可燃气体和有毒气体检测报警设计标准》(GB 50493—2019)、《安全生产法》第三十六条、《关于加强化工安全仪表系统管理的指导意见》(安监总管三〔2014〕116号)、《气体检测报警仪安全使用及维护规程》(T/CCSAS 015—2022)
	可燃气体和有毒气体检测报警系统管理应满足： 1. 可燃气体和有毒气体检测报警系统应独立于基本过程控制系统；现场环境噪声超过85dBA应在现场设置区域报警； 2. 绘制可燃、有毒气体检测报警器检测点布置图； 3. 可燃、有毒气体检测报警器按规定周期进行检定或校准，周期一般不超过一年； 4. 可燃、有毒气体检测报警器应完好并处于正常投用状态，投用率100%，现场每套装置抽查3~5个检测点； 5. 报警与处警记录，对报警原因进行分析	《石油化工可燃气体和有毒气体检测报警设计标准》(GB 50493—2019)、《安全生产法》第三十六条、《关于加强化工安全仪表系统管理的指导意见》(安监总管三〔2014〕116号)、《气体检测报警仪安全使用及维护规程》(T/CCSAS 015—2022)
现场检查	基本过程控制系统、安全仪表系统、可燃有毒气体检测报警系统等的供电按照一级负荷中特别重要负荷供电，采用两回路独立电源供电，其中一路宜采用不间断电源供电，后备电池的供电时间不小于30min	《仪表供电设计规范》(HG/T 20509—2014)、《石油化工可燃气体和有毒气体检测报警设计标准》(GB 50493—2019)
	仪表气源应符合下列要求： 1. 采用清洁、干燥的空气； 2. 应设置备用气源。备用气源可采用备用压缩机组、储气罐或第二气源(也可用干燥的氮气)	《仪表供气设计规范》(HG/T 20510—2014)第3.0.1、3.0.2、3.0.3、4.4.1、4.4.2条 《石油化工仪表供气设计规范》(SH 3020—2013)第3.0.1、4.3.1条

续表

子项内容	检查项	检查依据
	安装DCS、PLC、SIS、GDS等系统的控制室、机柜室、过程控制计算机的机房，应考虑防静电接地。其室内的导静电地面、活动地板、工作台等应进行防静电接地；机房的环境、温度、湿度应符合要求；机房防小动物、防静电、防尘及电缆进出口防水措施完好	GB 50160、GB 51283、HG/T 20508或SH/T 3006、《仪表系统接地设计规范》(HG/T 20513—2014)第5.3.1条 《石油化工仪表接地设计规范》(SH/T 3081—2019)第4.1.2条
	爆炸危险场所的电子式仪表设备、接线箱(盒)、电缆密封接头等仪表材料的防爆等级应满足区域的防爆等级要求并取得国家授权机构颁发的《防爆合格证》。凡列入强制性认证产品范围的防爆电气产品，必须提供《中国国家强制性产品认证证书》。爆炸危险场所的仪表、仪表线路的防爆等级应满足区域的防爆要求	《爆炸危险环境电力装置设计规范》(GB 50058—2014)第5.2.3、5.4.3条 《石油化工自动化仪表选型设计规范》(SH/T 3005—2016)第4.9条 《自动化仪表工程施工及质量验收规范》(GB 50093—2013)第6.2.6条
	现场仪表安装应符合设计规范要求。保护管与检测元件或现场仪表之间应采取相应的防水措施。防爆场合应采取相应防爆级别的密封措施	《爆炸危险环境电力装置设计规范》(GB 50058—2014)第5.4.3条 《自动化仪表工程施工及质量验收规范》(GB 50093—2013)第7.4.8条 《石油化工仪表管道线路设计规范》(SH/T 3019—2003)第8.4.6条
	危险化学品重大危险源配备的温度、压力、液位、流量、组分等信息应不间断采集和监测，并具备信息远传、连续记录、事故预警、信息存储等功能；记录的电子数据的保存时间不少于30天	《危险化学品重大危险源监督管理暂行规定》(国家安全监管总局令第40号)第十三条
	SIS应具备SOE(联锁动作原因追溯)功能，且具有实时报警功能。BPCS、SIS、CCS、GDS、PLC等系统应具备时钟同步功能	石油化工安全仪表系统设计规范》(GB/T 50770—2013)第8.4.3条
	罐区储罐高高、低低液位报警信号的液位测量仪表应采用单独的液位连续测量仪表或液位开关，报警信号应传送至自动控制系统	《石油化工储运系统罐区设计规范》(SH/T 3007—2014)第5.4.5条
仪表动力保障(供气/供电)	4.2.1仪表及控制系统供电属于一级负荷中特别重要的负荷，应采用UPS供电	《石油化工仪表供电设计规范》SH/T 3082—2019第4.2.1条
	6.1.1仪表UPS的容量应按仪表及控制系统(包括：系统机柜、网络柜、安全栅柜、继电器柜、远程/O柜、现场仪表等)额定负荷总和的0.8~1.2倍确定；仪表GPS的容量应按仪表辅助设施(包括：仪表盘柜照明、排风扇、仪表维护及检修插座等)额定负荷总和的1.2~1.5倍确定	《石油化工仪表供电设计规范》SH/T 3082—2019第6.1.1条

续表

子项内容	检查项	检查依据
	7.1.4 仪表及控制系统交电源采用非冗余配置时，冗余电源应均衡接自两个不同的交流电源的输出回路	《石油化工仪表供电设计规范》SH/T 3082—2019 第 7.1.4 条
	7.2.2 同一配电柜内不同种类供电电源（UPS、GPS 和直流电源）的仪表配电系统应分别设置，不同种类仪表配电系统间应采取隔离措施	《石油化工仪表供电设计规范》SH/T 3082—2019 第 7.2.2 条
	7.1.5 仪表交流电供电系统应采用 TN-S 接地方式	《石油化工仪表供电设计规范》SH/T 3082—2019 第 7.1.5 条
	4.1.1 仪表气源应采用清洁、干燥的空气。当采用氮气作为备用气源时，封闭厂房应设置低氧检测报警等安全设施	《石油化工仪表供气设计规范》SH/T 3020—2013 第 4.1.1 条
	4.4.1 气源装置应设置备用气源。备用气源可采用备用压缩机组、储气罐或第二气源	《石油化工仪表供气设计规范》SH/T 3020—2013 第 4.4.1 条
	5.1.2 控制室应设置供气系统的监视与报警功能，包括气源总管压力指示、低限压力报警或联锁	《石油化工仪表供气设计规范》SH/T 3020—2013 第 5.1.2 条
	6.3.6 供气管路采用镀锌钢管时，应采用螺纹连接，不得采用焊接连接	《石油化工仪表供气设计规范》SH/T 3020—2013 第 6.3.6 条
仪表接地	4.2.1 仪表及控制系统需要进行接地的仪表信号回路，应进行工作接地	《石油化工仪表接地设计规范》SH/T 3081—2019 第 4.2.1 条
	4.5.1 对于需要防静电的设备，应连接到保护接地	《石油化工仪表接地设计规范》SH/T 3081—2019 第 4.5.1 条
	5.1.5 仪表供电应采用 TN-S 形式，从电气引过来的 PE 线应接到总接地板或网型结构接地排	《石油化工仪表接地设计规范》SH/T 3081—2019 第 5.1.5 条
	6.1.3 接地系统的标识颜色应为黄、绿相间两色或绿色	《石油化工仪表接地设计规范》SH/T 3081—2019 第 6.1.3 条
安全仪表	用于安全保护功能测量的一次取源阀应独立设置；在存在腐蚀、聚合、结晶等易堵塞工艺测量环境下，SIS 系统的压力联锁变送器与过程控制系统的压力控制变送器、现场压力表不得共用取源口、根部阀和引压管	关于印发《危险化学品生产使用企业老旧装置安全风险评估指南（试行）》的通知、参考有关炼化企业仪控预防性工作经验做法
	DCS 显示的工艺流程应与 P&ID 图和现场一致，SIS 显示的逻辑图应与 P&ID 图和现场相符。自动化控制系统及安全仪表系统的参数设置必须与操作规程一致	关于印发《硝化工艺装置的上下游配套装置自动化控制改造指南（试行）》等 5 个指南的通知
	对涉及“两重点一重大”的需要配置安全仪表系统的化工装置应开展安全仪表功能评估	《关于加强化工安全仪表系统管理的指导意见》（安监总管三〔2014〕116 号）

续表

子项内容	检查项	检查依据
	SIL 评估报告应完整，必须包含 SIF 辨识、SIL 定级、SIL 验证	《过程工业领域安全仪表系统功能安全》(GB/T 21109—2022)
	SIL 评估报告应准确，评估内容应与联锁台账一致，联锁逻辑应正确	《过程工业领域安全仪表系统功能安全》(GB/T 21109—2022)
	3.0.1 在生产或使用可燃气体及有毒气体的生产设施及储运设施的区域内，泄漏气体中可燃气体浓度可能达到报警设定值时，应设置可燃气体探测器；泄漏气体中有毒气体浓度可能达到报警设定值时，应设置有毒气体探测器；既属于可燃气体又属于有毒气体的单组分气体介质，应设有毒气体探测器；可燃气体与有毒气体同时存在的多组分混合气体，泄漏时可燃气体浓度和有毒气体浓度有可能同时达到报警设定值，应分别设置可燃气体探测器和有毒气体探测器	《石油化工可燃气体和有毒气体检测报警设计标准》GB/T 50493—2019 第 3.0.1 条
	3.0.2 可燃气体和有毒气体的检测报警应采用两级报警。同级别的有毒气体和可燃气体同时报警时，有毒气体的报警级别应优先	《石油化工可燃气体和有毒气体检测报警设计标准》GB/T 50493—2019 第 3.0.2 条
	3.0.3 可燃气体和有毒气体检测报警信号应送至有人值守的现场控制室、中心控制室等进行显示报警；可燃气体二级报警信号、可燃气体和有毒气体检测报警系统报警控制单元的故障信号应送至消防控制室	《石油化工可燃气体和有毒气体检测报警设计标准》GB/T 50493—2019 第 3.0.2 条
	3.0.4 控制室操作区应设置可燃气体和有毒气体声、光报警；现场区域警报器宜根据装置占地的面积、设备及建构筑物的布置、释放源的理化性质和现场空气流动特点进行设置，现场区域警报器应有声、光报警功能	《石油化工可燃气体和有毒气体检测报警设计标准》GB/T 50493—2019 第 3.0.4 条
	3.0.8 可燃气体和有毒气体检测报警系统应独立于其他系统单独设置	《石油化工可燃气体和有毒气体检测报警设计标准》GB/T 50493—2019 第 3.0.8 条
	3.0.9 可燃气体和有毒气体检测报警系统的气体探测器、报警控制单元、现场警报器等的供电负荷，应按一级用电负荷中特别重要的负荷考虑，宜采用 UPS 电源装置供电	《石油化工可燃气体和有毒气体检测报警设计标准》GB/T 50493—2019 第 3.0.9 条
	联锁安装率、便用率、完好率达到 100%	
	联锁摘除与恢复，有申请和领导签批与恢复的手续	
	传感器探头应定期检查和校验，做到无腐、无灰尘	

续表

子项内容	检查项	检查依据
其他	核辐射式测量仪表的选用、安装和使用应符合有关规范，安全剂量应符合规定，否则应充分考虑隔离屏蔽等防护措施	《自动化仪表选型设计规范》HG/T 20507
	机房防小动物、防静电、防尘及电缆进出口防水措施完好	
	公称通径 *DN*>80mm 的控制阀，其阀前后管道应设有永久性支架	《自动化仪表选型设计规范》HG/T 20507
	现场仪表设备应有明显的固定的位号标识	《自动化仪表工程施工及质量验收规范》GB 50093
	金属供电箱应有明显的接地标志，接地连接应牢固可靠	《自动化仪表工程施工及质量验收规范》GB 50093
	在控制室应有可燃气体和有毒气体检测器所在位置的指示标牌或检测器分布图	《自动化仪表选型设计规范》HG/T 20507
	控制室门窗设置和使用合理，有防止可燃气体或有毒气体串入的措施，当有可能出现时，应设置监测报警器	《自动化仪表选型设计规范》HG/T 20507
	压力测量宜选用压力变送器。测量微小压力（小于500Pa）时，宜选用差压变送器	《自动化仪表选型设计规范》HG/T 20507

8.4 乙烯装置设备检查表

子项名称	检查项目及内容	检查依据
通用要求	生产经营单位采用新工艺、新技术、新材料或者使用新设备，必须了解、掌握其安全技术特性，采取有效的安全防护措施，并对从业人员进行专门的安全生产教育和培训	《安全生产法》第二十六条
	安全设备的设计、制造、安装、使用、检测、维修、改造和报废，应当符合国家标准或者行业标准。生产经营单位必须对安全设备进行经常性维护、保养，并定期检测，保证正常运转。维护、保养、检测应当作好记录，并由有关人员签字	《安全生产法》第三十三条
	生产经营单位不得使用应当淘汰的危及生产安全的工艺、设备	《安全生产法》第三十五条
	特种设备使用单位对其使用的特种设备应当进行自行检测和维护保养，对国家规定实行检验的特种设备应当及时申报并接受检验	《特种设备安全法》第十五条
	特种设备使用单位应当使用取得许可生产并经检验合格的特种设备。禁止使用国家明令淘汰和已经报废的特种设备	《特种设备安全法》第三十二条

续表

子项名称	检查项目及内容	检查依据
	特种设备的使用应当具有规定的安全距离、安全防护措施。与特种设备安全相关的建筑物、附属设施，应当符合有关法律、行政法规的规定	《特种设备安全法》第三十七条
	特种设备使用单位应当对其使用的特种设备进行经常性维护保养和定期自行检查，并作出记录。特种设备使用单位应当对其使用的特种设备的安全附件、安全保护装置进行定期校验、检修，并作出记录	《特种设备安全法》第三十九条
	特种设备使用单位应当将定期检验标志置于该特种设备的显著位置。未经定期检验或者检验不合格的特种设备，不得继续使用	《特种设备安全法》第四十条
	特种设备使用单位应当对在用特种设备进行经常性日常维护保养，并定期自行检查。特种设备使用单位对在用特种设备应当至少每月进行一次自行检查，并作出记录。特种设备使用单位在对在用特种设备进行自行检查和日常维护保养时发现异常情况的，应当及时处理。特种设备使用单位应当对在用特种设备的安全附件、安全保护装置、测量调控装置及有关附属仪器仪表进行定期校验、检修，并作出记录。锅炉使用单位应当按照安全技术规范的要求进行锅炉水(介)质处理，并接受特种设备检验检测机构实施的水(介)质处理定期检验	《特种设备安全监察条例》第二十七条
	生产、储存危险化学品的单位，应当对其铺设的危险化学品管道设置明显标志，并对危险化学品管道定期检查、检测	《危险化学品安全管理条例》第十三条
	生产、储存危险化学品的单位，应当在其作业场所和安全设施、设备上设置明显的安全警示标志	《危险化学品安全管理条例》第二十条
安全防护	设备本身应具备必要的防护、净化、减振、消音、保险、联锁、信号、检测等可靠的安全、卫生装置。对有突然超压或瞬间爆炸危险的设备，还必须设置符合标准要求的泄压、防爆灯安全装置	《生产过程安全卫生要求总则》第5.6.5条
	对毒物泄漏可能造成重大事故的设备，应有应急防护措施	《生产过程安全卫生要求总则》第6.4.2条
	对生产中难以避免的生产性粉尘，应采取有效的防护、除尘、净化等措施和监测装置	《生产过程安全卫生要求总则》第6.4.3条
	对封闭性放射源外照射的防护，应根据剂量强度、照射时间以及与照射源的距离，采取有效的防护措施	《生产过程安全卫生要求总则》第6.5.3条
	对内照射的防护，应制订必要的规章制度，采用生产过程密封化、自动化或远距离操作	《生产过程安全卫生要求总则》第6.5.4条

续表

子项名称	检查项目及内容	检查依据
	放射源库、放射性物料及废料堆放处理场所，应有安全防护措施，并应设有明显的标志，警示牌和禁区范围	《生产过程安全卫生要求总则》第6.5.6条
	紧急开关必须有足够的数量，应在所有控制点和给料点都能迅速而无危险地触及到。紧急开关的形状应有别于一般开关，其颜色应为红色或有鲜明的红色标记	《生产设备安全卫生设计总则》GB 5083—1999 5.6.2.2条
	对操作人员在设备运行时可能触及的可动零部件，必须配置必要的安全防护装置	《生产设备安全卫生设计总则》GB 5083—1999 6.1.2条
	若可动零部件(含其载荷)所具有的动能或势能可能引起危险时，则必须配置限速、防坠落或防逆转装置	《生产设备安全卫生设计总则》GB 5083—1999 6.1.4条
	具有火灾爆炸危险的工艺设备、储罐和管道，应根据介质性质，选用氮气、二氧化碳、水等介质置换及保护系统	《化工企业安全卫生设计规范》HG 20571—2014第44.7条
	输送可燃性物料并有可能产生火焰蔓延的放空管和管道间应设置阻火器、水封等阻火设施	《化工企业安全卫生设计规范》HG 20571—2014第4.1.11条
	危险化学品仓库、罐区、储存场所应根据危险化学品性质设计相应的防火、防爆、防腐、泄压、通风、调节温度、防漏、防雨等设施，并应配备通信报警装置和工作人员防护物	《化工企业安全卫生设计规范》HG 20571—2014第4.5.1条
	化工装置区、油库、罐区、化学危险品仓库等危险区应设施永久性“严禁烟火”标志	《化工企业安全卫生设计规范》HG 20571—2014 M 6.2.2条
	在有毒有害的化工生产区域，应设置风向标	《化工企业安全卫生设计规范》HG 20571—2014第6.2.3条
	应尽量选用自动化程度高的设备。危险性较大的、重要的关键性生产设备，必须由持有专业许可证的单位进行设计、制造和检验	《生产过程安全卫生要求总则》GB/T 12801—2008第5.6.1条
	锅炉及压力容器的设计、制造、安装和检验，必须按国家现行锅炉及压力容器安全监察条例进行，符合国家标准和有关规定	《生产过程安全卫生要求总则》GB/T 12801—2008第5.6.3条
	设备本身应具备必要的防护、净化、减振、消音、保险、联锁、信号、监测等可靠的安全、卫生装置。对有突然超压或瞬间爆炸危险的设备，还必须设置符合标准要求的泄压、防爆等安全装置	《生产过程安全卫生要求总则》GB/T 12801—2008第5.6.5条
	在设备、设施、管线上需要人员操作、检察和维修，并有发生高处坠落危险的部位，应配置扶梯、平台、围栏和系挂装置等附属设施	《生产过程安全卫生要求总则》GB/T 12801—2008第5.7.1条

续表

子项名称	检查项目及内容	检查依据
设备火灾危险性	布置具有潜在危险的设备时，应根据有关规定进行分散和隔离，并设置必要的提示、标志和警告信号	《生产过程安全卫生要求总则》GB/T 12801—2008 第 5.7.2 条
	生产设备正常生产和使用过程中，不应向工作场所和大气排放超过国家标准规定的有害物质，不应产生超过国家标准规定的噪声、振动、辐射和其他污染。对可能产生的有害因素，必须在设计上采取有效措施加以防护	《生产设备安全卫生设计总则》GB 5083—1999 第 4.2 条
	易被腐蚀或空蚀的生产设备及其零部件应选用耐腐蚀或耐空蚀材料制造，并应采取防蚀措施。同时，应规定检查和更换周期	《生产设备安全卫生设计总则》GB 5083—1999 第 5.2.4 条
	禁止使用能与工作介质发生反应而造成危害(爆炸或生成有害物质等)的材料	《生产设备安全卫生设计总则》GB 5083—1999 第 5.2.5 条
	生产设备不应在振动、风载或其他可预见的外载荷作用下倾覆或产生允许范围外的运动	《生产设备安全卫生设计总则》GB 5083—1999 第 5.3.1 条
	处理可燃气体、易燃和可燃液体的设备，其基础和本体应使用非燃烧材料制造	《生产设备安全卫生设计总则》GB 5083—1999 第 5.2.6 条
	对有抗震要求的生产设备，应在设计上采取特殊抗震安全卫生措施，并在说明书中明确指出该设备所能达到的抗地震烈度能力及有关要求	《生产设备安全卫生设计总则》GB 5083—1999 第 5.3.5 条
	生产设备应具有良好的防渗漏性能。对有可能产生渗漏的生产设备，应有适宜的收集和排放装置，必要时，应设有特殊防滑地板	《生产设备安全卫生设计总则》GB 5083—1999 第 5.7.4 条
	人员易触及的可动零部件，应尽可能封闭或隔离	《生产设备安全卫生设计总则》GB 5083—1999 第 6.1.1 条
	生产设备必须保证操作点和操作区域有足够的照度，但要避免各种频闪效应和眩光现象。对可移动式设备，其灯光设计按有关专业标准执行。其他设备，照明设计按 GB 50034 执行	《生产设备安全卫生设计总则》GB 5083—1999 第 5.8.1 条
	需要进行检查和维修的部位，必须能处于安全状态。需要定期更换的部件，必须保证其装配和拆卸没有危险	《生产设备安全卫生设计总则》GB 5083—1999 第 5.10.2 条
	需进入内部检查、维修的生产设备，特别是缺氧和含有毒介质的设备，必须设有明显的提示操作人员采用安全措施的标志	《生产设备安全卫生设计总则》GB 5083—1999 第 5.10.3 条
	对操作人员在设备运行时可能触及的可动零部件，必须配置必要的安全防护装置	《生产设备安全卫生设计总则》GB 5083—1999 第 6.1.2 条

续表

子项名称	检查项目及内容	检查依据
	以操作人员的操作位置所在平面为基准，凡高度在2m之内的所有传动带、转轴、传动链、联轴节、带轮、齿轮、飞轮、链轮、电锯等外露危险零部件及危险部位，都必须设置安全防护装置	《生产设备安全卫生设计总则》GB 5083—1999第6.1.6条
	高速旋转零部件必须配置具有足够强度、刚度和合适形态、尺寸的防护罩，必要时，应在设计中规定此类零部件的检查周期和更换标准	《生产设备安全卫生设计总则》GB 5083—1999第6.2.1条
	生产设备运行过程中或突然中断动力源时，若运动部位的紧固联接件或被加工物料等有松脱或飞甩的可能性，则应在设计中采取防松脱措施，配置防护罩或防护网等安全防护装置	《生产设备安全卫生设计总则》GB 5083—1999第6.2.2条
	生产、使用、储存和运输易燃易爆物质和可燃物质的生产设备，应根据其燃点、闪点、爆炸极限等不同性质采取相应预防措施	《生产设备安全卫生设计总则》GB 5083—1999第6.4.1条
	凡工艺过程中能产生粉尘、有害气体和其他毒物的生产设备，应尽量采用自动加料、自动卸料和密闭装置，并必须设置吸收、净化、排放装置或能与净化、排放系统联接的接口，以保证工作场所和排放的有害物浓度符合国家标准规定	《生产设备安全卫生设计总则》GB 5083—1999第6.7.1条
	对于有毒、有害物质的密闭系统，应避免跑、冒、滴、漏。必要时，应配置监测、报警装置。对生产过程中尘、毒危害严重的生产设备，必须设计、安装可靠的事故处理装置及应急防护设施	《生产设备安全卫生设计总则》GB 5083—1999第6.7.2条
	凡能产生放(辐)射的生产设备，必须采取有效的屏蔽措施，并应尽量采用远距离操作或自动化作业。同时，应设有监测、报警和联锁装置	《生产设备安全卫生设计总则》GB 5083—1999第6.8条
	在使用过程中有可能遭受雷击的生产设备，必须采取适当的防护措施，以使雷击时产生的电荷被安全、迅速导入大地	《生产设备安全卫生设计总则》GB 5083—1999第6.10条
	生产设备易发生危险的部位必须有安全标志。安全标志的图形、符号、文字、颜色等均必须符合GB 2893、GB 2894、GB 6527.2、GB 15052等标准规定	《生产设备安全卫生设计总则》GB 5083—1999第7.1条
	设备和管道应根据其内部物料的火灾危险性和操作条件，设置相应的仪表、自动联锁保护系统或紧急停车措施	《石油化工企业设计防火标准(2018年版)》GB 50160—2008第5.1.2条
	在使用或产生甲类气体或甲、乙$_A$类液体的工艺装置、系统单元和储运设施区内，应按区域控制和重点控制相结合的原则，设置可燃气体报警系统	《石油化工企业设计防火标准(2018年版)》GB50160—2008第5.1.3条

续表

子项名称	检查项目及内容	检查依据
	布置在爆炸危险区的在线分析仪表间内设备为非防爆型时，在线分析仪表间应正压通风	《石油化工企业设计防火标准(2018年版)》GB 50160—2008第5.2.7条
	在非正常条件下，可能超压的下列设备应设安全阀：1. 顶部最高操作压力大于等于0.1MPa的压力容器；2. 顶部最高操作压力大于0.03MPa的蒸储塔、蒸发塔和汽提塔(汽提塔顶蒸汽通入另一蒸播塔者除外)；3. 往复式压缩机各段出口或电动往复泵、齿轮泵、螺杆泵等容积式泵的出口(设备本身已有安全阀者除外)；4. 凡与鼓风机、离心式压缩机、离心泵或蒸汽往复泵出口连接的设备不能承受其最高压力时，鼓风机、离心式压缩机、离心泵或蒸汽往复泵的出口；5. 可燃气体或液体受热膨胀，可能超过设计压力的设备；6. 顶部最高操作压力为0.03~0.1MPa的设备应根据工艺要求设置	《石油化工企业设计防火标准(2018年版)》GB 50160—2008第5.5.1条
	单个安全阀的开启压力(定压)，不应大于设备的设计压力。当一台设备安装多个安全阀时，其中一个安全阀的开启压力(定压)不应大于设备的设计压力；其他安全阀的开启压力可以提高，但不应大于设备设计压力的1.05倍	《石油化工企业设计防火标准(2018年版)》GB 50160—2008第5.5.2条
	可燃气体、可燃液体设备的安全阀出口连接应符合下列规定：1. 可燃液体设备的安全阀出口泄放管应接入储罐或其他容器，泵的安全阀出口泄放管宜接至泵的入口管道、塔或其他容器；2. 可燃气体设备的安全阀出口泄放管应接至火炬系统或其他安全泄放设施；3. 泄放后可能立即燃烧的可燃气体或可燃液体应经冷却后接至放空设施；4. 泄放可能携带液滴的可燃气体应经分液罐后接至火炬系统	《石油化工企业设计防火标准(2018年版)》GB 50160—2008第5.5.4
	两端阀门关闭且因外界影响可能造成介质压力升高的液化烃、甲$_B$、乙$_A$类液体管道应采取泄压安全措施	《石汕化工企业设计防火标准(2018年版)》GB 50160—2008第5.5.6条
	甲、乙、丙类的设备应有事故紧急排放设施，并应符合下列规定：1. 对液化烃或可燃液体设备，应能将设备内的液化烃或可燃液体排放至安全地点，剩余的液化烃应排入火炬；2. 对可燃气体设备，应能将设备内的可燃气体排入火炬或安全放空系统	《石油化工企业设计防火标准(2018年版)》GB 50160—2008第5.5.7条
	常减压蒸储装置的初储塔顶、常压塔顶、减压塔顶的不凝气不应直接排入大气	《石油化工企业设计防火标准(2018年版)》GB 50160—2008第5.5.8条

续表

子项名称	检查项目及内容	检查依据
	氨的安全阀排放气应经处理后放空	《石油化工企业设计防火标准(2018 年版)》GB 50160—2008 第5.5.10 条
	有突然超压或发生瞬时分解爆炸危险物料的反应设备，如设安全阀不能满足要求时，应装爆破片或爆破片和导爆管，导爆管口必须朝向无火源的安全方向；必要时应采取防止二次爆炸、火灾的措施	《石油化工企业设计防火标准(2018 年版)》GB 50160—2008 第5.5.12 条
	因物料爆聚、分解造成超温、超压，可能引起火灾、爆炸的反应设备应设报警信号和泄压排放设施，以及自动或手动遥控的紧急切断进料设施	《石油化工企业设计防火标准(2018 年版)》GB 50160—2008 第5.5.13 条
	严禁将混合后可能发生化学反应并形成爆炸性混合气体的几种气体混合排放	《石油化工企业设计防火标准(2018 年版)》GB 50160—2008 第5.5.14
	可燃气体放空管道在接入火炬前，应设置分液和阻火等设备	《石油化工企业设计防火标准(2018 年版)》GB 50160—2008 第5.5.16 条
	可燃气体放空管道内的凝结液应密闭回收，不得随地排放	《石油化工企业设计防火标准(2018 年版)》GB 50160—2008 第5.5.17 条
	火炬应设长明灯和可靠的点火系统	《石油化工企业设计防火标准(2018 年版)》GB 50160—2008 第5.5.20 条
	装置内高架火炬的设置应符合下列规定：1. 严禁排入火炬的可燃气体携带可燃液体；2. 火炬的辐射热不应影响人身及设备的安全；3. 距火炬筒 30m 范围内，不应设置可燃气体放空	《石油化工企业设计防火标准(2018 年版)》GB 50160—2008 第5.5.21 条
	永久性的地上、地下管道不得穿越或跨越与其无关的工艺装置、系统单元或储罐组；在跨越罐区泵房的可燃气体、液化燃和可燃液体的管道上不应设置阀门及易发生泄漏的管道附件	《石油化工企业设计防火标准(2018 年版)》GB 50160—2008 第7.1.4 条
	可燃气体、液化燃和可燃液体的管道不得穿过与其无关的建筑物	《石油化工企业设计防火标准(2018 年版)》GB 50160—2008 第7.2.2 条

续表

子项名称	检查项目及内容	检查依据
其他要求	当平台、通道及作业场所距基准面高度小于2m时，防护栏杆高度应不低于900mm。在距基准面高度大于等于2m并小于20m的平台、通道及作业场所的防护栏杆高度应不低于1050mm。在距基准面高度不小于20m的平台、通道及作业场所的防护栏杆高度应不低于1200mm	《固定式钢梯及平台安全要求第三部分：工业防护栏杆及钢平台》GB 4053.3—2009第5.2.1~第5.2.3条
	钢直梯是否按照要求设置	《固定式钢梯及平台安全要求第一部分：钢直梯》GB 4053.1—2009
	钢斜梯是否按照要求设置	《固定式钢梯及平台安全要求第二部分：钢斜梯》GB 4053.2—2009
	使用单位应当及时安排管道的定期检验工作，并且将管道全面检验的年度检验计划上报使用登记机关与承担相应检验工作任务的检验机构。全面检验到期时，由使用单位向检验机构申报全面检验	《压力管道安全技术监察规程—工业管道》TSGD0001—2009M 118条
	防爆电气设备的选型原则：a)防爆电气设备的选型原则是安全可靠，经济合理。b)防爆电气设备应根据爆炸危险区域的等级和爆炸危险物质的类别、级别和组别选型	《危险场所电气防爆安全规范》(AQ 3009—2007)第5.1条

附录9　乙烯装置基层岗位危险事件清单

9.1　裂解炉区

作业活动：巡检+常规操作；

作业区域：裂解炉区；

主要设备设施：裂解炉、鼓风机等。

设备及设施名称	危险源描述	存在位置	导致危险源释放的因素	可能发生的危险事件	主要保护措施和管理程序	初期应急处置程序
裂解炉	火焰喷出	观火孔，底部火嘴，侧壁火嘴	观火孔附近微正压	人员从观火孔查看火焰时，火焰喷出，造成人员烧伤	1. 严格按照从观火孔看火的操作规程进行看火操作； 2. 人员佩戴防护面罩等个人防护用品	针对受伤人员进行初步紧急处理，跟踪观察监护，如病情较重及时就医
	烫伤	1. 观火孔，炉壁等高温部位； 2. 高温管线	1. 内部耐火砖之间缝隙过大或耐火材料脱落； 2. 高温管线保温层损坏或缺失	人员意外触碰高温部位时导致烫伤	1. 内部耐火材料定期检查； 2. 巡检时穿戴好个人防护用品； 3. 对于缺失保温层及时修复	针对受伤人员进行初步紧急处理，跟踪观察监护，如病情较重及时就医
	裂解气	裂解气相关设备、管线及法兰	1. 热应力变形； 2. 设备缺陷或腐蚀泄漏，连接处法兰泄漏； 3. 烧焦阀或裂解气大阀处结焦，裂解气从阀门处内漏； 4. 管线弯头处冲刷减薄导致泄漏	裂解气泄漏，发生火灾，管线烧穿，物料大量泄漏	1. 巡检时重点关注废锅封头、裂解气大阀法兰、阀门是否存在泄漏； 2. 裂解气大阀及烧焦阀配置防焦蒸汽	1. 紧急停炉，切断原料进料； 2. 控制火情，及时上报火警
	高温稀释蒸汽	废锅及进出口管线	1. 废锅及进出口管线法兰泄漏； 2. 热紧不严	1. 高温稀释蒸汽/裂解气造成人员烫伤； 2. 可能在废锅下封头法兰处发生火灾	按照热紧规程进行热紧	1. 外接氮气进行吹扫保护； 2. 通知施工单位再次热紧； 3. 泄漏严重停炉处理

续表

设备及设施名称	危险源描述	存在位置	导致危险源释放的因素	可能发生的危险事件	主要保护措施和管理程序	初期应急处置程序
裂解炉	中压蒸汽（1.5MPa，290℃）	蒸汽管线及法兰等位置	蒸汽管线法兰泄漏	人员烫伤	1. 蒸汽管线外设置保温层；2. 巡检时重点关注法兰、阀门泄漏情况	1. 少量泄漏时拆除保温层，使用卡具消漏等措施处理；2. 大量泄漏时停泵，关蒸汽线，降温泄压，消漏；3. 汽封大量泄漏时，停工检修处理
	噪声	风机电机、叶轮等转动部件	叶轮转动过快或风机振动过大	长时间在高噪声环境停留，对人员听力造成损伤	1. 佩戴护耳器；2. 无工作需要避免长时间停留	对于异常声响，查找原因，确定是停风机还是消除噪声
		高压蒸汽管线排放	1. 高压蒸汽暖管；2. 开停工时高压蒸汽管线放空	长时间在高噪声环境停留，对人员听力造成损伤	暖管过程中佩戴护耳器	针对受伤人员进行观察监护，如病情较重及时就医
	高空坠落/跌倒	裂解炉或风机、高压蒸汽并网阀平台	人员意外失足或平台地面湿滑	人员跌落受伤，严重时死亡	1. 巡检时按规定穿戴劳保用品；2. 及时修复存在缺陷的平台和楼梯	针对受伤人员进行初步紧急处理，跟踪观察监护，如病情较重及时就医
	转动部件	风机转动轴、联轴器等位置	在转动部位附近进行测振、测温、清理卫生等工作(2次/天)	1. 接触距离过近导致衣物、头发、抹布卷入运转设备，造成人员伤害；2. 转动部件破损飞出伤人	1. 相关规定严禁触碰在运设备转动部位；2. 相关规定规范现场作业时着装、人员活动举止等内容；3. 巡检时重点关注轮罩完好性	1. 紧急停风机；2. 更换或修复联轴器护罩
	380V高压电	风机电机接线部位、连接电缆	绝缘层失效导致漏电	检查设备时接触漏电部位，导致人员触电	1. 电机设有保护接地；2. 电机设漏电保护器，漏电时机泵自动跳停；3. 人员穿戴劳保着装(劳保绝缘鞋)	遇人员触电，用绝缘物体将触电人员与漏电部位分开
	超高压蒸汽(SS)	裂解炉汽包，蒸汽管线等位置	1. 裂解炉汽包或蒸汽管线及法兰泄漏；2. 高压蒸汽并网与切出操作	人员烫伤，严重时导致人员死亡	1. 蒸汽管线外设置保温层；2. 巡检时重点关注法兰、阀门泄漏情况	1. 少量泄漏时，设置警示标识和围栏，待停炉后处理；2. 大量泄漏时紧急停炉，消漏

续表

设备及设施名称	危险源描述	存在位置	导致危险源释放的因素	可能发生的危险事件	主要保护措施和管理程序	初期应急处置程序
裂解炉	燃料气	燃气管线，活接头及法兰等	底部火嘴和侧壁火嘴活接头、连接法兰及管线等泄漏	燃料气泄漏导致发生炉膛外燃烧，形成明火	1. 局部区域设置可燃气体报警仪； 2. 侧壁燃料气火嘴采用法兰连接	切断泄漏的火嘴，进行消漏处理
	高压凝液	汽包、连续/间断排污罐及管线	汽包连续/间断排污罐管线法兰泄漏	人员烫伤	巡检时按规定穿戴劳保用品	针对受伤人员进行观察监护，如病情较重及时就医
	石脑油、轻烃等液体原料	裂解炉进料管线	进料管线、阀门、法兰等泄漏	1. 石脑油、轻烃等原料泄漏遇点火源引起火灾爆炸； 2. 石脑油中硫化氢含量高，易造成人员中毒	1. 巡检时按规定穿戴劳保用品，携带硫化氢报警仪； 2. 现场设置可燃气体报警仪	1. 控制周边点火源； 2. 通过吸油毡防止泄漏范围扩大； 3. 少量泄漏时使用卡具消漏等措施处理； 4. 大量泄漏时停炉消漏
	乙烷、丙烷等气体原料	裂解炉进料管线	进料管线、阀门、法兰等泄漏	乙烷、丙烷等原料泄漏遇点火源引起火灾爆炸	1. 巡检时按规定穿戴劳保用品； 2. 现场设置可燃气体报警仪	1. 控制周边点火源； 2. 少量泄漏时使用卡具消漏等措施处理； 3. 大量泄漏时停炉，关闭原料进料，消漏。紧急情况下采用消防水稀释泄漏的可燃气体
炉膛(内部维护检查)	缺氧环境	炉膛	空气流动性差	造成人员缺氧、窒息	1. 受限空间作业需按规定办理相关作业票证； 2. 受限空间作业需人员进行监护； 3. 人员按规定穿戴劳保用品，佩戴三合一报警器	炉膛外人员通过救生绳进行救援
	高空坠落	炉膛	炉膛内耐火砖松动或人员意外失足	炉膛内人员跌落受伤，严重时死亡	人员高空作业时在炉膛内搭架子	炉膛外人员通过救生绳进行救援
	粉尘	炉膛	炉膛内壁粉尘附着	导致人员呼吸不畅，造成身体损失	人员进入炉膛前按规定穿戴防护口罩等劳保用品	针对受伤人员进行观察监护，如病情较重及时就医
烧焦罐(烧焦操作)	高温蒸汽/粉尘/焦块等	烧焦罐	烧焦罐腐蚀严重	烧焦操作时，高温蒸汽/粉尘/焦块等从烧焦罐侧壁喷溅，造成人员烫伤	1. 烧焦时按规定穿戴劳保用品； 2. 烧焦时减少在烧焦罐附近停留	针对受伤人员进行观察监护，如病情较重及时就医

续表

设备及设施名称	危险源描述	存在位置	导致危险源释放的因素	可能发生的危险事件	主要保护措施和管理程序	初期应急处置程序
炉膛（点火）	燃料气	炉膛	燃料气管线阀门内漏	点火时炉膛闪爆，造成人员伤亡	1. 点火前确认各火嘴及燃料气阀门状态； 2. 点火前按规程进行炉膛内测爆	针对受伤人员进行及时救护，并跟观察监护，如病情较重及时就医

9.2 急冷区

作业活动：巡检及常规作业；

作业区域：老区急冷区域；

主要设备设施：急冷油塔、急冷水塔、机泵等。

设备及设施名称	危险源描述	存在位置	导致危险源释放的因素	可能发生的危险事件	主要保护措施和管理程序	初期应急处置程序
加氢尾油进料罐	加氢尾油	加氢尾油进料罐内部	1. 设备缺陷或腐蚀泄漏； 2. 仪表接管泄漏	加氢尾油泄漏遇点火源引起火灾	1. 储罐进出料设紧急切断阀； 2. 罐区周边设置可燃气体报警仪； 3. 罐区设置围堰	1. 控制周边点火源； 2. 通知内操关闭储罐进出料切断阀，现场关闭手阀； 3. 打开储罐周边消防水炮，稀释泄漏可燃气体
	硫化氢	加氢尾油进料罐上部气相空间	呼吸阀排气时硫化氢释放	人员巡检时，储罐呼吸阀排放硫化氢致使人员受到毒害	1. 随身佩带硫化氢报警仪； 2. 罐区周边设置硫化氢报警仪	硫化氢浓度高时离开释放区域
加氢尾油进料泵（蒸汽驱动）	加氢尾油	加氢尾油进料及附属管件	1. 泵机封泄漏； 2. 泵壳及进出口管线及阀门法兰泄漏	1. 物料飞溅，造成人员伤害； 2. 加氢尾油泄漏遇点火源引起火灾	1. 泵区周边设置可燃气体报警仪； 2. 人员佩戴护目镜，防毒面具等个人防护措施	1. 现场停泵，关闭泵进出口手阀； 2. 控制周边点火源； 3. 通过吸油毡防止泄漏范围扩大
	中压蒸汽（1.5MPa，290℃左右）	蒸汽管线，透平汽封等位置	蒸汽管线法兰及汽封泄漏	人员烫伤	1. 蒸汽管线外设置保温层； 2. 汽封外设置吹扫线吹扫泄漏蒸汽； 3. 巡检时重点关注法兰、阀门泄漏情况	1. 少量泄漏时拆除保温层，使用卡具消漏等措施处理； 2. 大量泄漏时停泵，关蒸汽线，降温泄压，消漏； 3. 汽封大量泄漏时，停泵检修处理

续表

设备及设施名称	危险源描述	存在位置	导致危险源释放的因素	可能发生的危险事件	主要保护措施和管理程序	初期应急处置程序
加氢尾油进料泵（蒸汽驱动）	转动部件	泵转动轴、联轴器等位置	在转动部位附近进行测振、测温、清理卫生等工作（2次/天）	1. 接触距离过近导致衣物、头发、抹布卷入运转设备，造成人员伤害； 2. 转动部件破损飞出伤人	1. 相关规定严禁触碰在运设备转动部位； 2. 相关规定规范现场作业时着装、人员活动举止等内容； 3. 巡检时重点关注轮罩完好性	1. 紧急停泵、切换备泵； 2. 更换或修复联轴器护罩
加氢尾油进料泵（电机驱动）	加氢尾油	加氢尾油进料及附属管件	1. 泵机封泄漏； 2. 泵壳及进出口管线及阀门法兰泄漏	1. 物料飞溅，造成人员伤害； 2. 加氢尾油泄漏遇点火源引起火灾	1. 泵区周边设置可燃气体报警仪； 2. 人员佩戴护目镜，防毒面具等个人防护措施	1. 现场停泵，关闭泵进出口手阀； 2. 控制周边点火源； 3. 通过吸油毡防止泄漏范围扩大
	380V高压电	加氢尾油进料泵主电机接线部位、连接电缆	绝缘层失效导致漏电	检查设备时接触漏电部位，导致人员触电	1. 电机设有保护接地； 2. 电机设漏电保护器，漏电时机泵自动跳停； 3. 人员穿戴劳保着装（劳保绝缘鞋）	遇人员触电，用绝缘物体将触电人员与漏电部位分开，并及时送医处理
	转动部件	泵转动轴、联轴器等位置	在转动部位附近进行测振、测温、清理卫生等工作（2次/天）	1. 接触距离过近导致衣物、头发、抹布卷入运转设备，造成人员伤害； 2. 转动部件破损飞出伤人	1. 相关规定严禁触碰在运设备转动部位； 2. 相关规定规范现场作业时着装、人员活动举止等内容； 3. 巡检时重点关注轮罩完好性	1. 紧急停泵、切换备泵； 2. 更换或修复联轴器护罩
急冷油塔阻聚剂泵	阻聚剂	阻聚剂进料及附属管件	泵壳及进出口管线及阀门法兰泄漏	1. 物料喷射，造成人员伤害； 2. 阻聚剂泄漏遇点火源引起火灾	人员佩戴护目镜，防毒面具等个人防护措施	1. 现场停泵，关闭泵进出口手阀； 2. 控制周边点火源； 3. 通过吸油毡防止泄漏范围扩大
	220V高压电	阻聚剂泵主电机接线部位、连接电缆	绝缘层失效导致漏电	检查设备时接触漏电部位，导致人员触电	1. 电机设有保护接地； 2. 电机设漏电保护器，漏电时机泵自动跳停； 3. 人员穿戴劳保着装（劳保绝缘鞋）	遇人员触电，用绝缘物体将触电人员与漏电部位分开，并及时送医处理

续表

设备及设施名称	危险源描述	存在位置	导致危险源释放的因素	可能发生的危险事件	主要保护措施和管理程序	初期应急处置程序
稀释蒸汽汽包、凝液罐、蒸汽分离罐	稀释蒸汽（170℃）	稀释蒸汽包、蒸汽分离罐	1. 设备缺陷或腐蚀泄漏； 2. 仪表接管泄漏	稀释蒸汽泄漏，导致人员烫伤	1. 蒸汽管线外设置保温层； 2. 巡检时重点关注法兰、阀门泄漏情况	1. 泄漏时拆除保温层，使用卡具消漏等措施处理； 2. 无法通过卡具在线消漏处理时，降低负荷或装置停车处理
	稀释蒸汽汽包凝液（196℃）	凝液罐	1. 设备缺陷或腐蚀泄漏； 2. 仪表接管泄漏	凝液泄漏，导致人员烫伤	1. 巡检时重点关注法兰、阀门泄漏情况； 2. 凝液管线外设置保温层	1. 泄漏时拆除保温层，使用卡具消漏等措施处理； 2. 无法通过卡具在线消漏处理时，将凝液罐旁路，离线消漏
吹扫油泵	轻柴油	轻柴油进料及附属管件	1. 泵机封泄漏； 2. 泵壳及进出口管线及阀门法兰泄漏	1. 物料飞溅，造成人员伤害； 2. 轻柴油泄漏遇点火源引起火灾	人员佩戴护目镜，防毒面具等个人防护措施	1. 现场停泵，关闭泵进出口手阀； 2. 控制周边点火源； 3. 通过吸油毡防止泄漏范围扩大
	380V高压电	主电机接线部位、连接电缆	绝缘层失效导致漏电	检查设备时接触漏电部位，导致人员触电	1. 电机设有保护接地； 2. 电机设漏电保护器，漏电时机泵自动跳停； 3. 人员穿戴劳保着装（劳保绝缘鞋）	遇人员触电，用绝缘物体将触电人员与漏电部位分开，并及时送医处理
	转动部件	泵转动轴、联轴器等位置	在转动部位附近进行测振、测温、清理卫生等工作（2次/天）	1. 接触距离过近导致衣物、头发、抹布卷入运转设备，造成人员伤害； 2. 转动部件破损飞出伤人	1. 相关规定严禁触碰在运设备转动部位； 2. 相关规定规范现场作业时着装、人员活动举止等内容； 3. 巡检时重点关注轮罩完好性	1. 紧急停泵、切换备泵； 2. 更换或修复联轴器护罩

续表

设备及设施名称	危险源描述	存在位置	导致危险源释放的因素	可能发生的危险事件	主要保护措施和管理程序	初期应急处置程序
燃料油/柴油汽提塔	燃料油/柴油	燃料油/柴油汽提塔及附属管线	1. 设备缺陷或腐蚀泄漏； 2. 仪表接管泄漏	高温燃料油/柴油泄漏，造成人员烫伤，遇点火源发生火灾	1. 设备周边设可燃气体报警仪； 2. 巡检时重点关注法兰、阀门泄漏情况	1. 少泄漏时使用卡具消漏等措施处理； 2. 无法通过卡具在线消漏处理时，切出燃料油/柴油汽提塔离线消漏； 3. 打开燃料油/柴油汽提塔周边消防水炮，稀释泄漏可燃气体； 4. 使用消防沙进行围堵
燃料油产品泵、轻柴油产品泵	燃料油/柴油	燃料油/柴油进料及附属管件	1. 泵机封泄漏； 2. 泵壳及进出口管线及阀门法兰泄漏	1. 物料飞溅，造成人员烫伤； 2. 高温燃料油/柴油泄漏，遇点火源发生火灾	人员佩戴护目镜，防毒面具等个人防护措施	1. 现场停泵，关闭泵进出口手阀； 2. 控制周边点火源； 3. 通过吸油毡、消防沙等防止泄漏范围扩大
	380V高压电	燃料油/柴油进料泵主电机接线部位、连接电缆	绝缘层失效导致漏电	检查设备时接触漏电部位，导致人员触电	1. 电机设有保护接地； 2. 电机设漏电保护器，漏电时机泵自动跳停； 3. 人员穿戴劳保着装(劳保绝缘鞋)	遇人员触电，用绝缘物体将触电人员与漏电部位分开，并及时送医处理
	转动部件	泵转动轴、联轴器等位置	在转动部位附近进行测振、测温、清理卫生等工作(2次/天)	1. 接触距离过近导致衣物、头发、抹布卷入运转设备，造成人员伤害； 2. 转动部件破损飞出伤人	1. 相关规定严禁触碰在运设备转动部位； 2. 相关规定规范现场作业时着装、人员活动举止等内容； 3. 巡检时重点关注轮罩完好性	1. 紧急停泵、切换备泵； 2. 更换或修复联轴器护罩
急冷油循环泵(电驱动泵)	急冷油	急冷油进料及附属管件	1. 泵机封泄漏； 2. 泵壳及进出口管线及阀门法兰泄漏	1. 物料飞溅，造成人员伤害； 2. 急冷油泄漏引起火灾	1. 泵区周边设置可燃气体报警仪； 2. 人员佩戴护目镜，防毒面具等个人防护措施	1. 现场停泵，关闭泵进出口手阀； 2. 控制周边点火源； 3. 通过吸油毡防止泄漏范围扩大

续表

设备及设施名称	危险源描述	存在位置	导致危险源释放的因素	可能发生的危险事件	主要保护措施和管理程序	初期应急处置程序
急冷油循环泵（电驱动泵）	380V高压电	急冷油进料泵主电机接线部位、连接电缆	绝缘层失效导致漏电	检查设备时接触漏电部位，导致人员触电	1. 电机设有保护接地； 2. 电机设漏电保护器，漏电时机泵自动跳停； 3. 人员穿戴劳保着装（劳保绝缘鞋）	遇人员触电，用绝缘物体将触电人员与漏电部位分开，并及时送医处理
	转动部件	泵转动轴、联轴器等位置	在转动部位附近进行测振、测温、清理卫生等工作（2次/天）	1. 接触距离过近导致衣物、头发、抹布卷入运转设备，造成人员伤害； 2. 转动部件破损飞出伤人	1. 相关规定严禁触碰在运设备转动部位； 2. 相关规定规范现场作业时着装、人员活动举止等内容； 3. 巡检时重点关注轮罩完好性	1. 紧急停泵、切换备泵； 2. 更换或修复联轴器护罩
急冷油循环泵/透平（蒸汽驱动）	急冷油	急冷油进料及附属管件	1. 泵机封泄漏； 2. 泵壳及进出口管线及阀门法兰泄漏	1. 物料飞溅，造成人员伤害； 2. 急冷油泄漏引起火灾	1. 泵区周边设置可燃气体报警仪； 2. 人员佩戴护目镜，防毒面具等个人防护措施	1. 现场停泵，关闭泵进出口手阀； 2. 控制周边点火源； 3. 通过吸油毡防止泄漏范围扩大
	中压蒸汽（1.5MPa，290℃左右）	蒸汽管线，透平汽封等位置	蒸汽管线法兰及汽封泄漏	人员烫伤	1. 蒸汽管线外设置保温层； 2. 汽封外设置吹扫线吹扫泄漏蒸汽； 3. 巡检时重点关注法兰、阀门泄漏情况	1. 少量泄漏时拆除保温层，使用卡具消漏等措施处理； 2. 大量泄漏时停泵，关蒸汽线，降温泄压，消漏； 3. 汽封大量泄漏时，停泵检修处理
	转动部件	泵转动轴、联轴器等位置	在转动部位附近进行测振、测温、清理卫生等工作（2次/天）	1. 接触距离过近导致衣物、头发、抹布卷入运转设备，造成人员伤害； 2. 转动部件破损飞出伤人	1. 相关规定严禁触碰在运设备转动部位； 2. 相关规定规范现场作业时着装、人员活动举止等内容； 3. 巡检时重点关注轮罩完好性	1. 紧急停泵、切换备泵； 2. 更换或修复联轴器护罩

续表

设备及设施名称	危险源描述	存在位置	导致危险源释放的因素	可能发生的危险事件	主要保护措施和管理程序	初期应急处置程序
急冷油排出罐	急冷油	急冷油排出罐内部	急冷油排油操作时管线及法兰泄漏	急冷油泄漏引起火灾	储罐周边设置可燃气体报警仪	1. 控制周边点火源; 2. 通过吸油毡或沙土防止泄漏范围扩大
	物料突沸	急冷油排出罐内部	急冷油排油操作时急冷油排入储罐，储罐内存在水、汽油等冷媒	急冷油从急冷油排出罐中排气孔喷溅，造成人员烫伤	急冷油排液时提前检查，确定储罐液位满足进料要求	停止急冷油进料，通过排出泵降低储罐液位
急冷塔	裂解气	急冷塔内部	1. 设备缺陷或腐蚀泄漏，连接处法兰泄漏; 2. 仪表接管泄漏	裂解气泄漏，发生火灾爆炸	轻微泄漏不易察觉，大量泄漏人员可通过巡检发现	1. 少量泄漏，通过卡具带压消漏; 2. 大量泄漏乙烯装置停车，离线消漏; 3. 打开消防设施，稀释泄漏裂解气
	裂解汽油	急冷塔内部	1. 设备缺陷或腐蚀泄漏，连接处法兰泄漏; 2. 仪表接管泄漏	裂解汽油泄漏，发生火灾爆炸	设备周边设置可燃气体报警仪	1. 控制周边点火源; 2. 少量泄漏，通过卡具带压消漏; 3. 大量泄漏乙烯装置停车，离线消漏; 4. 打开消防设施，稀释泄漏裂解气
	急冷水	急冷塔内部	1. 设备缺陷或腐蚀泄漏，连接处法兰泄漏; 2. 仪表接管泄漏	1. 急冷水泄漏，污染环境，人员烫伤; 2. 大量泄漏时可能导致闪爆	设备周边设置可燃气体报警仪	1. 控制周边点火源; 2. 少量泄漏，通过卡具带压消漏; 3. 大量泄漏乙烯装置停车，离线消漏; 4. 打开消防设施，稀释泄漏裂解气
	高空坠物	急冷塔外部保温管线	保温层脱落	保温层高空坠落，人员砸伤	1. 关键区域设置风向标，风速过大时提示巡检人员注意闪避; 2. 大检修时定期更坏或加固保温层	针对受伤人员进行观察监护，如病情较重及时就医
	负压	急冷塔内部	压缩机运行异常	急冷塔内负压，设备本体变形，空气可能进入急冷塔内形成爆炸性混合气体，严重时发生火灾爆炸	1. 急冷塔压力低时补充燃料气和氮气; 2. 急冷塔压力低报警; 3. 压缩机机组运行异常联锁停机	按照应急预案将装置停车，查找事件原因

续表

设备及设施名称	危险源描述	存在位置	导致危险源释放的因素	可能发生的危险事件	主要保护措施和管理程序	初期应急处置程序
急冷水泵（电驱动泵）	急冷水	急冷水进料及附属管件	1. 泵机封泄漏； 2. 泵壳及进出口管线及阀门法兰泄漏	急冷水泄漏，污染环境，人员烫伤	设备周边设置可燃气体报警仪	使用沙土控制泄漏范围，打开消防设施，稀释泄漏急冷水
	380V高压电	急冷水进料泵主电机接线部位、连接电缆	绝缘层失效导致漏电	检查设备时接触漏电部位，导致人员触电	1. 电机设有保护接地； 2. 电机设漏电保护器，漏电时机泵自动跳停； 3. 人员穿戴劳保着装(劳保绝缘鞋)	遇人员触电，用绝缘物体将触电人员与漏电部位分开，并及时送医处理
	转动部件	泵转动轴、联轴器等位置	在转动部位附近进行测振、测温、清理卫生等工作(2次/天)	1. 接触距离过近导致衣物、头发、抹布卷入运转设备，造成人员伤害； 2. 转动部件破损飞出伤人	1. 相关规定严禁触碰在运设备转动部位； 2. 相关规定规范现场作业时着装、人员活动举止等内容； 3. 巡检时重点关注轮罩完好性	1. 紧急停泵、切换备泵； 2. 更换或修复联轴器护罩
急冷水泵/透平（蒸汽驱动）	急冷水	急冷水进料及附属管件	1. 泵机封泄漏； 2. 泵壳及进出口管线及阀门法兰泄漏	急冷水泄漏，污染环境，人员烫伤	设备周边设置可燃气体报警仪	使用沙土控制泄漏范围，打开消防设施，稀释泄漏急冷水
	中压蒸汽（1.5MPa，290℃左右）	蒸汽管线，透平汽封等位置	蒸汽管线法兰及汽封泄漏	人员烫伤	1. 蒸汽管线外设置保温层； 2. 汽封外设置吹扫线吹扫泄漏蒸汽； 3. 巡检时重点关注法兰、阀门泄漏情况	1. 少量泄漏时拆除保温层，使用卡具消漏等措施处理； 2. 大量泄漏时停泵，关蒸汽线，降温泄压，消漏； 3. 汽封大量泄漏时，停泵检修处理
	转动部件	泵转动轴、联轴器等位置	在转动部位附近进行测振、测温、清理卫生等工作(2次/天)	1. 接触距离过近导致衣物、头发、抹布卷入运转设备，造成人员伤害； 2. 转动部件破损飞出伤人	1. 相关规定严禁触碰在运设备转动部位； 2. 相关规定规范现场作业时着装、人员活动举止等内容； 3. 巡检时重点关注轮罩完好性	1. 紧急停泵、切换备泵； 2. 更换或修复联轴器护罩

续表

设备及设施名称	危险源描述	存在位置	导致危险源释放的因素	可能发生的危险事件	主要保护措施和管理程序	初期应急处置程序
汽油分馏回流泵（电驱动泵）	裂解汽油	裂解汽油进料及附属管件	1. 泵机封泄漏； 2. 泵壳及进出口管线及阀门法兰泄漏	裂解汽油泄漏，发生火灾爆炸	设备周边设置可燃气体报警仪	1. 控制周边点火源； 2. 打开消防设施，稀释泄漏裂解汽油
	380V高压电	裂解汽油进料泵主电机接线部位、连接电缆	绝缘层失效导致漏电	检查设备时接触漏电部位，导致人员触电	1. 电机设有保护接地； 2. 电机设漏电保护器，漏电时机泵自动跳停； 3. 人员穿戴劳保着装（劳保绝缘鞋）	遇人员触电，用绝缘物体将触电人员与漏电部位分开，并及时送医处理
	转动部件	泵转动轴、联轴器等位置	在转动部位附近进行测振、测温、清理卫生等工作（2次/天）	1. 接触距离过近导致衣物、头发、抹布卷入运转设备，造成人员伤害； 2. 转动部件破损飞出伤人	1. 相关规定严禁触碰在运设备转动部位； 2. 相关规定规范现场作业时着装、人员活动举止等内容； 3. 巡检时重点关注轮罩完好性	1. 紧急停泵、切换备泵； 2. 更换或修复联轴器护罩
工艺水汽提塔进料泵（电驱动泵）	工艺水	工艺水进料及附属管件	1. 泵机封泄漏； 2. 泵壳及进出口管线及阀门法兰泄漏	工艺水泄漏，污染环境，人员烫伤	人员可通过巡检发现	通过装置周边排水沟将工艺水引流排放
	380V高压电	工艺水进料泵主电机接线部位、连接电缆	绝缘层失效导致漏电	检查设备时接触漏电部位，导致人员触电	1. 电机设有保护接地； 2. 电机设漏电保护器，漏电时机泵自动跳停； 3. 人员穿戴劳保着装（劳保绝缘鞋）	遇人员触电，用绝缘物体将触电人员与漏电部位分开，并及时送医处理
	转动部件	泵转动轴、联轴器等位置	在转动部位附近进行测振、测温、清理卫生等工作（2次/天）	1. 接触距离过近导致衣物、头发、抹布卷入运转设备，造成人员伤害； 2. 转动部件破损飞出伤人	1. 相关规定严禁触碰在运设备转动部位； 2. 相关规定规范现场作业时着装、人员活动举止等内容； 3. 巡检时重点关注轮罩完好性	1. 紧急停泵、切换备泵； 2. 更换或修复联轴器护罩

续表

设备及设施名称	危险源描述	存在位置	导致危险源释放的因素	可能发生的危险事件	主要保护措施和管理程序	初期应急处置程序
工艺水汽提塔	裂解气	工艺水汽提塔内部	1. 设备缺陷或腐蚀泄漏，连接处法兰泄漏； 2. 仪表接管泄漏	裂解气泄漏，发生火灾爆炸	轻微泄漏不易察觉，大量泄漏人员可通过巡检发现	1. 乙烯装置停车，设备维修； 2. 打开消防设施，稀释泄漏裂解气
	工艺水	工艺水进料及附属管件	1. 设备缺陷或腐蚀泄漏，连接处法兰泄漏； 2. 仪表接管泄漏	工艺水泄漏，污染环境，人员烫伤	人员可通过巡检发现	通过装置周边排水沟将工艺水引流排放
稀释蒸汽发生进料泵(电驱动泵)	工艺水	工艺水进料及附属管件	1. 泵机封泄漏； 2. 泵壳及进出口管线及阀门法兰泄漏	工艺水泄漏，污染环境，人员烫伤	人员可通过巡检发现	通过装置周边排水沟将工艺水引流排放
	380V高压电	工艺水进料泵主电机接线部位、连接电缆	绝缘层失效导致漏电	检查设备时接触漏电部位，导致人员触电	1. 电机设有保护接地； 2. 电机设漏电保护器，漏电时机泵自动跳停； 3. 人员穿戴劳保着装(劳保绝缘鞋)	遇人员触电，用绝缘物体将触电人员与漏电部位分开，并及时送医处理
	转动部件	泵转动轴、联轴器等位置	在转动部位附近进行测振、测温、清理卫生等工作(2次/天)	1. 接触距离过近导致衣物、头发、抹布卷入运转设备，造成人员伤害； 2. 转动部件破损飞出伤人	1. 相关规定严禁触碰在运设备转动部位； 2. 相关规定规范现场作业时着装、人员活动举止等内容； 3. 巡检时重点关注轮罩完好性	1. 紧急停泵、切换备泵； 2. 更换或修复联轴器护罩
注硫泵	二甲基二硫	注硫泵进料及附属管件	泵壳及进出口管线及阀门法兰泄漏	1. 物料喷射，造成人员伤害、中毒； 2. 二甲基二硫泄漏遇点火源引起火灾	1. 人员佩戴护目镜，防毒面具等个人防护措施； 2. 注硫泵设有围堰	1. 现场停泵，关闭泵进出口手阀； 2. 控制周边点火源； 3. 使用桶接泄漏物料
	220V高压电	注硫泵主电机接线部位、连接电缆	绝缘层失效导致漏电	检查设备时接触漏电部位，导致人员触电	1. 电机设有保护接地； 2. 电机设漏电保护器，漏电时机泵自动跳停； 3. 人员穿戴劳保着装(劳保绝缘鞋)	遇人员触电，用绝缘物体将触电人员与漏电部位分开，并及时送医处理

续表

设备及设施名称	危险源描述	存在位置	导致危险源释放的因素	可能发生的危险事件	主要保护措施和管理程序	初期应急处置程序
消防泡剂注入泵	消泡剂	消防泡剂注入泵进料及附属管件	泵壳及进出口管线及阀门法兰泄漏	1. 物料喷射，造成人员伤害、中毒； 2. 防泡剂泄漏遇点火源引起火灾	人员佩戴护目镜，防毒面具等个人防护措施	1. 现场停泵，关闭泵进出口手阀； 2. 控制周边点火源； 3. 使用桶接泄漏物料
	220V高压电	消防泡剂注入泵主电机接线部位、连接电缆	绝缘层失效导致漏电	检查设备时接触漏电部位，导致人员触电	1. 电机设有保护接地； 2. 电机设漏电保护器，漏电时机泵自动跳停； 3. 人员穿戴劳保着装(劳保绝缘鞋)	遇人员触电，用绝缘物体将触电人员与漏电部位分开，并及时送医处理
缓蚀剂注入泵	缓蚀剂	缓蚀剂注入泵进料及附属管件	泵壳及进出口管线及阀门法兰泄漏	1. 物料喷射，造成人员伤害、中毒； 2. 缓蚀剂泄漏遇点火源引起火灾	人员佩戴护目镜，防毒面具等个人防护措施	1. 现场停泵，关闭泵进出口手阀； 2. 控制周边点火源； 3. 使用桶接泄漏物料
	220V高压电	缓蚀剂注入泵主电机接线部位、连接电缆	绝缘层失效导致漏电	检查设备时接触漏电部位，导致人员触电	1. 电机设有保护接地； 2. 电机设漏电保护器，漏电时机泵自动跳停； 3. 人员穿戴劳保着装(劳保绝缘鞋)	遇人员触电，用绝缘物体将触电人员与漏电部位分开，并及时送医处理
石脑油罐	石脑油	石脑油罐内部	1. 设备缺陷或腐蚀泄漏； 2. 仪表接管泄漏	石脑油泄漏遇点火源发生火灾爆炸	1. 储罐进出料设紧急切断阀； 2. 罐区周边设置可燃气体报警仪； 3. 罐区设置围堰	1. 控制周边点火源； 2. 通知内操关闭储罐进出料切断阀，现场关闭手阀； 3. 打开储罐周边消防水炮，稀释泄漏可燃气体
	硫化氢	石脑油罐上部气相空间	呼吸阀排气时硫化氢释放	人员巡检时，储罐呼吸阀排放硫化氢致使人员受到毒害	1. 随身佩戴硫化氢报警仪； 2. 罐区周边设置硫化氢报警仪	硫化氢浓度高时离开释放区域

续表

设备及设施名称	危险源描述	存在位置	导致危险源释放的因素	可能发生的危险事件	主要保护措施和管理程序	初期应急处置程序
丙烷/LPG气化罐	丙烷/LPG	丙烷/LPG气化罐内部及进料管线	1. 设备缺陷或腐蚀泄漏，连接处法兰泄漏； 2. 仪表接管泄漏	丙烷/LPG泄漏后发生火灾爆炸	1. 储罐进料设紧急切断阀； 2. 罐区周边设置可燃气体报警仪	1. 控制周边点火源； 2. 通知内操关闭储罐进料切断阀，现场关闭手阀； 3. 打开储罐周边消防水炮，稀释泄漏可燃气体
石脑油进料泵（蒸汽驱动）	石脑油	石脑油管线及附属管件	1. 泵机封泄漏； 2. 泵壳及进出口管线及阀门法兰泄漏	1. 物料飞溅，造成人员伤害； 2. 石脑油泄漏遇点火源引起火灾	1. 泵区周边设置可燃气体报警仪； 2. 人员佩戴护目镜，防毒面具等个人防护措施	1. 现场停泵，关闭泵进出口手阀； 2. 控制周边点火源； 3. 通过吸油毡防止泄漏范围扩大
	中压蒸汽（1.5MPa，290℃左右）	蒸汽管线，透平汽封等位置	蒸汽管线法兰及汽封泄漏	人员烫伤	1. 蒸汽管线外设置保温层； 2. 汽封外设置吹扫线吹扫泄漏蒸汽； 3. 巡检时重点关注法兰、阀门泄漏情况	1. 少量泄漏时拆除保温层，使用卡具消漏等措施处理； 2. 大量泄漏时停泵，关蒸汽线，降温泄压，消漏； 3. 汽封大量泄漏时，停泵检修处理
	转动部件	泵转动轴、联轴器等位置	在转动部位附近进行测振、测温、清理卫生等工作(2次/天)	1. 接触距离过近导致衣物、头发、抹布卷入运转设备，造成人员伤害； 2. 转动部件破损飞出伤人	1. 相关规定严禁触碰在运设备转动部位； 2. 相关规定规范现场作业时着装、人员活动举止等内容； 3. 巡检时重点关注轮罩完好性	1. 紧急停泵、切换备泵； 2. 更换或修复联轴器护罩
石脑油进料泵（电机驱动）	石脑油	石脑油进料及附属管件	1. 泵机封泄漏； 2. 泵壳及进出口管线及阀门法兰泄漏	1. 物料飞溅，造成人员伤害； 2. 石脑油泄漏遇点火源引起火灾	1. 泵区周边设置可燃气体报警仪； 2. 人员佩戴护目镜，防毒面具等个人防护措施	1. 现场停泵，关闭泵进出口手阀； 2. 控制周边点火源； 3. 通过吸油毡防止泄漏范围扩大
	380V高压电	石脑油进料泵主电机接线部位、连接电缆	绝缘层失效导致漏电	检查设备时接触漏电部位，导致人员触电	1. 电机设有保护接地； 2. 电机设漏电保护器，漏电时机泵自动跳停； 3. 人员穿戴劳保着装(劳保绝缘鞋)	遇人员触电，用绝缘物体将触电人员与漏电部位分开，并及时送医处理

续表

设备及设施名称	危险源描述	存在位置	导致危险源释放的因素	可能发生的危险事件	主要保护措施和管理程序	初期应急处置程序
石脑油进料泵（电机驱动）	转动部件	泵转动轴、联轴器等位置	在转动部位附近进行测振、测温、清理卫生等工作(2次/天)	1. 接触距离过近导致衣物、头发、抹布卷入运转设备，造成人员伤害； 2. 转动部件破损飞出伤人	1. 相关规定严禁触碰在运设备转动部位； 2. 相关规定规范现场作业时着装、人员活动举止等内容； 3. 巡检时重点关注轮罩完好性	1. 紧急停泵、切换备泵； 2. 更换或修复联轴器护罩
燃料气混合罐	燃料气	燃料气混合罐	1. 设备缺陷或腐蚀泄漏，连接处法兰泄漏； 2. 仪表接管泄漏	燃料气泄漏至环境，发生火灾爆炸	燃料气混合罐周边设置可燃气体报警仪	1. 控制周边点火源； 2. 通知内操关闭燃料气混合罐进料切断阀，现场关闭手阀； 3. 打开储罐周边消防水炮，稀释泄漏可燃气体
碱注入泵（电机驱动）	碱液	碱注入泵进料及附属管件	1. 泵机封泄漏； 2. 泵壳及进出口管线及阀门法兰泄漏	1. 物料飞溅，造成人员伤害； 2. 碱液泄漏造成土壤污染	1. 人员佩戴护目镜，耐酸碱手套等个人防护措施； 2. 泵区基础采取防渗处理	现场停泵，关闭泵进出口手阀
	220V高压电	碱注入泵主电机接线部位、连接电缆	绝缘层失效导致漏电	检查设备时接触漏电部位，导致人员触电	1. 电机设有保护接地； 2. 电机设漏电保护器，漏电时机泵自动跳停； 3. 人员穿戴劳保着装(劳保绝缘鞋)	遇人员触电，用绝缘物体将触电人员与漏电部位分开，并及时送医处理
	转动部件	泵转动轴、联轴器等位置	在转动部位附近进行测振、测温、清理卫生等工作(2次/天)	1. 接触距离过近导致衣物、头发、抹布卷入运转设备，造成人员伤害； 2. 转动部件破损飞出伤人	1. 相关规定严禁触碰在运设备转动部位； 2. 相关规定规范现场作业时着装、人员活动举止等内容； 3. 巡检时重点关注轮罩完好性	1. 紧急停泵、切换备泵； 2. 更换或修复联轴器护罩

续表

设备及设施名称	危险源描述	存在位置	导致危险源释放的因素	可能发生的危险事件	主要保护措施和管理程序	初期应急处置程序
低压凝液回收泵（电机驱动）	低压凝液	低压凝液回收泵进料及附属管件	1. 泵机封泄漏； 2. 泵壳及进出口管线及阀门法兰泄漏	凝液飞溅，造成人员伤害	人员佩戴护目镜等个人防护措施	现场停泵，关闭泵进出口手阀
	220V高压电	低压凝液回收泵主电机接线部位、连接电缆	绝缘层失效导致漏电	检查设备时接触漏电部位，导致人员触电	1. 电机设有保护接地； 2. 电机设漏电保护器，漏电时机泵自动跳停； 3. 人员穿戴劳保着装（劳保绝缘鞋）	遇人员触电，用绝缘物体将触电人员与漏电部位分开，并及时送医处理
	转动部件	泵转动轴、联轴器等位置	在转动部位附近进行测振、测温、清理卫生等工作（2次/天）	1. 接触距离过近导致衣物、头发、抹布卷入运转设备，造成人员伤害； 2. 转动部件破损飞出伤人	1. 相关规定严禁触碰在运设备转动部位； 2. 相关规定规范现场作业时着装、人员活动举止等内容； 3. 巡检时重点关注轮罩完好性	1. 紧急停泵、切换备泵； 2. 更换或修复联轴器护罩
除氧器进料泵（电机驱动）	低压凝液	低压凝液回收泵进料及附属管件	1. 泵机封泄漏； 2. 泵壳及进出口管线及阀门法兰泄漏	凝液飞溅，造成人员伤害	人员佩戴护目镜等个人防护措施	现场停泵，关闭泵进出口手阀
	220V高压电	低压凝液回收泵主电机接线部位、连接电缆	绝缘层失效导致漏电	检查设备时接触漏电部位，导致人员触电	1. 电机设有保护接地； 2. 电机设漏电保护器，漏电时机泵自动跳停； 3. 人员穿戴劳保着装（劳保绝缘鞋）	遇人员触电，用绝缘物体将触电人员与漏电部位分开，并及时送医处理
	转动部件	泵转动轴、联轴器等位置	在转动部位附近进行测振、测温、清理卫生等工作（2次/天）	1. 接触距离过近导致衣物、头发、抹布卷入运转设备，造成人员伤害； 2. 转动部件破损飞出伤人	1. 相关规定严禁触碰在运设备转动部位； 2. 相关规定规范现场作业时着装、人员活动举止等内容； 3. 巡检时重点关注轮罩完好性	1. 紧急停泵、切换备泵； 2. 更换或修复联轴器护罩

9.3　裂解气压缩区

作业活动：巡检+常规操作；

作业区域：裂解气压缩区；

主要设备设施：裂解气压缩机、碱洗塔。

设备及设施名称	危险源描述	存在位置	导致危险源释放的因素	可能发生的危险事件	主要保护措施和管理程序	初期应急处置程序
碱罐	碱液	碱罐	碱罐，输送泵及管线泄漏	碱液泄漏至环境，造成人员灼伤，土壤污染	1. 碱罐和碱泵周边设有围堰； 2. 碱罐周边设置洗眼器； 3. 按规定佩戴劳保防护用品	1. 碱液喷溅到身上时及时用洗眼器进行清洗； 2. 大量泄漏现场停泵，关闭泵进出口手阀； 3. 采用桶装等形式回收泄漏碱液
水洗塔	裂解气	水洗塔上部	1. 碱/水洗塔缺陷或腐蚀泄漏； 2. 仪表接管泄漏	裂解气泄漏，发生火灾爆炸	1. 轻微泄漏不易察觉，大量泄漏人员可通过巡检发现 2. 现场设置可燃气体报警仪	1. 少量泄漏，通过卡具带压消漏； 2. 大量泄漏乙烯装置停车，离线消漏； 3. 打开消防设施，稀释泄漏裂解气
	碱液	新区碱/水洗塔	1. 碱/水洗塔缺陷或腐蚀泄漏； 2. 仪表接管泄漏	碱液泄漏至环境，造成人员灼伤，土壤污染	1. 巡检时重点关注法兰、阀门泄漏情况； 2. 碱罐周边设置洗眼器； 3. 按规定佩戴劳保防护用品	1. 碱液喷溅到身上时及时用洗眼器进行清洗； 2. 现场停泵，关闭泵进出口手阀； 3. 新区裂解气压缩机停车，进行设备消漏处理
裂解气压缩机	超高压蒸汽/中压蒸汽（SS/MS）	蒸汽管线，透平等位置	蒸汽管线法兰及透平泄漏	人员烫伤，严重时导致人员死亡	1. 蒸汽管线外设置保温层； 2. 巡检时重点关注法兰、阀门泄漏情况； 3. 大量泄漏时可通过蒸汽管线压力检测发现	1. 少量泄漏时拆除保温层，使用卡具消漏等措施处理； 2. 大量泄漏时停裂解气压缩机，关蒸汽线，降温泄压，消漏
	裂解气	裂解气压缩机各段	1. 裂解气压缩机进出口超压泄漏； 2. 设备、管线、法兰缺陷或腐蚀泄漏	裂解气泄漏，发生火灾爆炸	轻微泄漏不易察觉，大量泄漏人员可通过巡检发现	1. 少量泄漏，通过卡具带压消漏； 2. 大量泄漏，乙烯装置停车，离线消漏； 3. 打开消防设施，稀释泄漏裂解气

续表

设备及设施名称	危险源描述	存在位置	导致危险源释放的因素	可能发生的危险事件	主要保护措施和管理程序	初期应急处置程序
裂解气压缩机	裂解气	裂解气压缩机壳体	裂解气压缩机壳体排污	裂解气压缩机不同级增压段壳体内压力不一致，排污过程中可能存在高压段物料进入低压段物料，导致裂解气泄漏，发生火灾爆炸	严格按照裂解气压缩机壳体排污的规程进行排污	及时关闭裂解气压缩机壳体各排污阀
	转动部件	压缩机转动轴、联轴器等位置	在转动部位附近进行测振、测温、清理卫生等工作(2次/天)	接触距离过近导致衣物、头发、抹布卷入运转设备，造成人员伤害	1. 相关规定严禁触碰在运设备转动部位； 2. 相关规定规范现场作业时着装、人员活动举止等内容； 3. 巡检时重点关注轮罩完好性	1. 紧急停压缩机； 2. 更换或修复联轴器护罩
	转动部件脱落	裂解气压缩机调速器	调速器故障	调速器异常使叶轮运转异常，严重时转动部件飞出，可能造成人员死亡	1. 调速器设置调速油压力报警； 2. 大检修时定期对联轴器进行维护	1. 裂解气压缩机停机； 2. 受伤人员及时就医
	噪声	裂解气压缩机电机，叶轮等转动部件	叶轮转动过快或裂解气压缩机振动过大	长时间在高噪声环境停留，对人员听力造成损伤	1. 佩戴护耳器； 2. 无工作需要避免长时间停留； 3. 压缩机厂房周边降噪处理	对于异常声响，查找原因，确定是停压缩机还是消除噪声
	噪声	设备安全阀或压力释放阀	系统超压安全阀起跳或调节阀开启	对人员听力造成损伤	1. 佩戴护耳器； 2. 压缩机厂房周边降噪处理	查找超压原因，及时消除隐患
	润滑油/调速油	润滑油泵，压缩机调速阀，腔体内部	相关设备，管线及法兰泄漏	润滑油/调速油泄漏喷溅，造成人员伤害，严重时遇点火源发生火灾	1. 压缩机润滑油/调速油设压力低报警； 2. 巡检时按规定佩戴劳保用品	1. 少量泄漏，通过卡具带压消漏； 2. 大量泄漏，乙烯装置停车，离线消漏

续表

设备及设施名称	危险源描述	存在位置	导致危险源释放的因素	可能发生的危险事件	主要保护措施和管理程序	初期应急处置程序
裂解气压缩机	高空跌落	裂解气压缩机巡检平台	人员意外失足或平台地面湿滑	人员跌落受伤，严重时死亡	1. 巡检时按规定穿戴劳保用品； 2. 及时修复存在缺陷的平台和楼梯	针对受伤人员进行观察监护，如病情较重及时就医
	裂解气	裂解气压缩机注水口	人员清洗注水喷嘴时裂解气泄漏	裂解气泄漏，发生火灾爆炸	人员现场将喷嘴拔出时，及时关闭阀门	关闭第二道手阀，待压缩机检修时处理
隔油池	污油/可燃气	隔油池上部及气相空间	隔油池进料温度高或组分异常	隔油池内形成爆炸性混合气体，遇点火源发生闪爆	1. 控制隔油池进料污水温度； 2. 控制隔油池周边点火源	1. 及时撤离爆炸区域； 2. 采用消防水炮稀释隔油池周围可燃气体浓度
	硫化氢	隔油池上部及气相空间	隔油池进料温度高或组分异常	高浓度硫化氢从隔油池外漏，造成人员中毒伤亡	1. 隔油池周边设有毒气体报警仪； 2. 隔油池设有抽废气的风机； 3. 人员佩戴硫化氢报警及劳保用品	启动硫化氢中毒应急预案开始救援，及时上报事故
稀释蒸汽罐	稀释蒸汽	稀释蒸汽罐	1. 设备缺陷或腐蚀泄漏； 2. 仪表接管泄漏	稀释蒸汽泄漏，导致人员烫伤	1. 蒸汽管线外设置保温层； 2. 巡检时重点关注法兰、阀门泄漏情况	1. 泄漏时拆除保温层，使用卡具消漏等措施处理； 2. 无法通过卡具在线消漏处理时，降低负荷或装置停车处理
主风机	VOCs 废气	主风机及进出口管线	高浓度废气中含有空气	主风机内部发生火灾爆炸	主风机进出口设阻火器	1. 及时撤离爆炸区域； 2. 采用消防水炮稀释主风机周围可燃气体浓度
	转动部件	风机转动轴、联轴器等位置	在转动部位附近进行测振、测温、清理卫生等工作(2 次/天)	1. 接触距离过近导致衣物、头发、抹布卷入运转设备，造成人员伤害； 2. 转动部件破损飞出伤人	1. 相关规定严禁触碰在运设备转动部位； 2. 相关规定规范现场作业时着装、人员活动举止等内容； 3. 巡检时重点关注护罩完好性	1. 紧急停风机； 2. 更换或修复联轴器护罩

续表

设备及设施名称	危险源描述	存在位置	导致危险源释放的因素	可能发生的危险事件	主要保护措施和管理程序	初期应急处置程序
急冷油循环泵（蒸汽驱动）	急冷油	急冷油进料及附属管件	1. 泵机封泄漏； 2. 泵壳及进出口管线及阀门法兰泄漏	1. 物料飞溅，造成人员伤害； 2. 急冷油泄漏引起火灾	1. 泵区周边设置可燃气体报警仪； 2. 人员佩戴护目镜，防毒面具等个人防护措施	1. 现场停泵，关闭泵进出口手阀，进行倒空消漏； 2. 控制周边点火源； 3. 通过吸油毡防止泄漏范围扩大
	中压蒸汽（1.5MPa，290℃左右）	蒸汽管线，透平汽封等位置	蒸汽管线法兰及汽封泄漏	人员烫伤	1. 蒸汽管线外设置保温层； 2. 汽封外设置吹扫线吹扫泄漏蒸汽； 3. 巡检时重点关注法兰、阀门泄漏情况	1. 少量泄漏时拆除保温层，使用卡具消漏等措施处理； 2. 大量泄漏时停泵，关蒸汽线，降温泄压，消漏； 3. 汽封大量泄漏时，停泵检修处理
	转动部件	泵转动轴、联轴器等位置	在转动部位附近进行测振、测温、清理卫生等工作（2次/天）	1. 接触距离过近导致衣物、头发、抹布卷入运转设备，造成人员伤害； 2. 转动部件破损飞出伤人	1. 相关规定严禁触碰在运设备转动部位； 2. 相关规定规范现场作业时着装、人员活动举止等内容； 3. 巡检时重点关注轮罩完好性	1. 紧急停泵、切换备泵； 2. 更换或修复联轴器护罩
急冷油循环泵（电驱动）	急冷油	急冷油进料及附属管件	1. 泵机封泄漏； 2. 泵壳及进出口管线及阀门法兰泄漏	1. 物料飞溅，造成人员伤害； 2. 急冷油泄漏引起火灾	1. 泵区周边设置可燃气体报警仪； 2. 人员佩戴护目镜，防毒面具等个人防护措施	1. 现场停泵，关闭泵进出口手阀； 2. 控制周边点火源； 3. 通过吸油毡防止泄漏范围扩大
	6kV高压电	急冷油进料泵主电机接线部位、连接电缆	绝缘层失效导致漏电	检查设备时接触漏电部位，导致人员触电	1. 电机设有保护接地； 2. 电机设漏电保护器，漏电时机泵自动跳停； 3. 人员穿戴劳保着装（劳保绝缘鞋）	遇人员触电，用绝缘物体将触电人员与漏电部位分开，并及时送医处理
	转动部件	泵转动轴、联轴器等位置	在转动部位附近进行测振、测温、清理卫生等工作（2次/天）	1. 接触距离过近导致衣物、头发、抹布卷入运转设备，造成人员伤害； 2. 转动部件破损飞出伤人	1. 相关规定严禁触碰在运设备转动部位； 2. 相关规定规范现场作业时着装、人员活动举止等内容； 3. 巡检时重点关注轮罩完好性	1. 紧急停泵、切换备泵； 2. 更换或修复联轴器护罩

续表

设备及设施名称	危险源描述	存在位置	导致危险源释放的因素	可能发生的危险事件	主要保护措施和管理程序	初期应急处置程序
渣油泵	热渣油	渣油进料及附属管件	1. 泵机封泄漏； 2. 泵壳及进出口管线及阀门法兰泄漏	1. 渣油飞溅，造成人员伤害； 2. 渣泄漏造成环境污染	人员佩戴护目镜，防毒面具等个人防护措施	1. 现场停泵，关闭泵进出口手阀； 2. 通过消防沙防止泄漏范围扩大
	380V高压电	渣油泵主电机接线部位、连接电缆	绝缘层失效导致漏电	检查设备时接触漏电部位，导致人员触电	1. 电机设有保护接地； 2. 电机设漏电保护器，漏电时机泵自动跳停； 3. 人员穿戴劳保着装(劳保绝缘鞋)	遇人员触电，用绝缘物体将触电人员与漏电部位分开，并及时送医处理
	转动部件	泵转动轴、联轴器等位置	在转动部位附近进行测振、测温、清理卫生等工作(2次/天)	1. 接触距离过近导致衣物、头发、抹布卷入运转设备，造成人员伤害； 2. 转动部件破损飞出伤人	1. 相关规定严禁触碰在运设备转动部位； 2. 相关规定规范现场作业时着装、人员活动举止等内容； 3. 巡检时重点关注轮罩完好性	1. 紧急停泵、切换备泵； 2. 更换或修复联轴器护罩
急冷水循环泵(蒸汽驱动)	急冷水	急冷水进料及附属管件	1. 泵机封泄漏； 2. 泵壳及进出口管线及阀门法兰泄漏	急冷水泄漏，污染环境，人员烫伤	设备周边设置可燃气体报警仪	使用沙土控制泄漏范围，打开消防设施，稀释泄漏急冷水
	中压蒸汽(1.5MPa，290℃左右)	蒸汽管线，透平汽封等位置	蒸汽管线法兰及汽封泄漏	人员烫伤	1. 蒸汽管线外设置保温层； 2. 汽封外设置吹扫线吹扫泄漏蒸汽； 3. 巡检时重点关注法兰、阀门泄漏情况	1. 少量泄漏时拆除保温层，使用卡具消漏等措施处理； 2. 大量泄漏时停泵，关蒸汽线，降温泄压，消漏； 3. 汽封大量泄漏时，停泵检修处理
	转动部件	泵转动轴、联轴器等位置	在转动部位附近进行测振、测温、清理卫生等工作(2次/天)	1. 接触距离过近导致衣物、头发、抹布卷入运转设备，造成人员伤害； 2. 转动部件破损飞出伤人	1. 相关规定严禁触碰在运设备转动部位； 2. 相关规定规范现场作业时着装、人员活动举止等内容； 3. 巡检时重点关注轮罩完好性	1. 紧急停泵、切换备泵； 2. 更换或修复联轴器护罩

续表

设备及设施名称	危险源描述	存在位置	导致危险源释放的因素	可能发生的危险事件	主要保护措施和管理程序	初期应急处置程序
急冷水循环泵	急冷水	急冷水进料及附属管件	1. 泵机封泄漏； 2. 泵壳及进出口管线及阀门法兰泄漏	急冷水泄漏，污染环境，人员烫伤	设备周边设置可燃气体报警仪	使用沙土控制泄漏范围，打开消防设施，稀释泄漏急冷水
	6kV高压电	急冷水进料泵主电机接线部位、连接电缆	绝缘层失效导致漏电	检查设备时接触漏电部位，导致人员触电	1. 电机设有保护接地； 2. 电机设漏电保护器，漏电时机泵自动跳停； 3. 人员穿戴劳保着装(劳保绝缘鞋)	遇人员触电，用绝缘物体将触电人员与漏电部位分开，并及时送医处理
	转动部件	泵转动轴、联轴器等位置	在转动部位附近进行测振、测温、清理卫生等工作(2次/天)	1. 接触距离过近导致衣物、头发、抹布卷入运转设备，造成人员伤害； 2. 转动部件破损飞出伤人	1. 相关规定严禁触碰在运设备转动部位； 2. 相关规定规范现场作业时着装、人员活动举止等内容； 3. 巡检时重点关注轮罩完好性	1. 紧急停泵、切换备泵； 2. 更换或修复联轴器护罩
汽油分馏塔回流泵	汽油	汽油进料机泵及附属管件	1. 泵机封泄漏； 2. 泵壳及进出口管线及阀门法兰泄漏	1. 物料飞溅，造成人员伤害； 2. 汽油泄漏引起火灾	1. 泵区周边设置可燃气体报警仪； 2. 人员佩戴护目镜，防毒面具等个人防护措施	1. 现场停泵，关闭泵进出口手阀； 2. 控制周边点火源； 3. 通过吸油毡防止泄漏范围扩大
	380V高压电	急冷油进料泵主电机接线部位、连接电缆	绝缘层失效导致漏电	检查设备时接触漏电部位，导致人员触电	1. 电机设有保护接地； 2. 电机设漏电保护器，漏电时机泵自动跳停； 3. 人员穿戴劳保着装(劳保绝缘鞋)	遇人员触电，用绝缘物体将触电人员与漏电部位分开，并及时送医处理
	转动部件	泵转动轴、联轴器等位置	在转动部位附近进行测振、测温、清理卫生等工作(2次/天)	1. 接触距离过近导致衣物、头发、抹布卷入运转设备，造成人员伤害； 2. 转动部件破损飞出伤人	1. 相关规定严禁触碰在运设备转动部位； 2. 相关规定规范现场作业时着装、人员活动举止等内容； 3. 巡检时重点关注轮罩完好性	1. 紧急停泵、切换备泵； 2. 更换或修复联轴器护罩

续表

设备及设施名称	危险源描述	存在位置	导致危险源释放的因素	可能发生的危险事件	主要保护措施和管理程序	初期应急处置程序
工艺水气提塔加料泵	工艺水	工艺水进料及附属管件	1. 泵机封泄漏； 2. 泵壳及进出口管线及阀门法兰泄漏	工艺水泄漏，污染环境，人员烫伤	人员可通过巡检发现	通过装置周边排水沟将工艺水引流排放
	380V高压电	工艺水进料泵主电机接线部位、连接电缆	绝缘层失效导致漏电	检查设备时接触漏电部位，导致人员触电	1. 电机设有保护接地； 2. 电机设漏电保护器，漏电时机泵自动跳停； 3. 人员穿戴劳保着装(劳保绝缘鞋)	遇人员触电，用绝缘物体将触电人员与漏电部位分开，并及时送医处理
	转动部件	泵转动轴、联轴器等位置	在转动部位附近进行测振、测温、清理卫生等工作(2次/天)	1. 接触距离过近导致衣物、头发、抹布卷入运转设备，造成人员伤害； 2. 转动部件破损飞出伤人	1. 相关规定严禁触碰在运设备转动部位； 2. 相关规定规范现场作业时着装、人员活动举止等内容； 3. 巡检时重点关注轮罩完好性	1. 紧急停泵、切换备泵； 2. 更换或修复联轴器护罩
稀释蒸汽发生器进料泵	工艺水	工艺水进料泵及附属管件	1. 泵机封泄漏； 2. 泵壳及进出口管线及阀门法兰泄漏	工艺水泄漏，污染环境，人员烫伤	人员可通过巡检发现	通过装置周边排水沟将工艺水引流排放
	380V高压电	工艺水进料泵主电机接线部位、连接电缆	绝缘层失效导致漏电	检查设备时接触漏电部位，导致人员触电	1. 电机设有保护接地； 2. 电机设漏电保护器，漏电时机泵自动跳停； 3. 人员穿戴劳保着装(劳保绝缘鞋)	遇人员触电，用绝缘物体将触电人员与漏电部位分开，并及时送医处理
	转动部件	泵转动轴、联轴器等位置	在转动部位附近进行测振、测温、清理卫生等工作(2次/天)	1. 接触距离过近导致衣物、头发、抹布卷入运转设备，造成人员伤害； 2. 转动部件破损飞出伤人	1. 相关规定严禁触碰在运设备转动部位； 2. 相关规定规范现场作业时着装、人员活动举止等内容； 3. 巡检时重点关注轮罩完好性	1. 紧急停泵、切换备泵； 2. 更换或修复联轴器护罩

续表

设备及设施名称	危险源描述	存在位置	导致危险源释放的因素	可能发生的危险事件	主要保护措施和管理程序	初期应急处置程序
急冷油排放泵	急冷油	急冷油排放泵进料及附属管线	1. 泵机封泄漏； 2. 泵壳及进出口管线及阀门法兰泄漏	1. 物料飞溅，造成人员伤害； 2. 急冷油泄漏引起火灾	1. 泵区周边设置可燃气体报警仪； 2. 人员佩戴护目镜，防毒面具等个人防护措施	1. 现场停泵，关闭泵进出口手阀； 2. 控制周边点火源； 3. 通过吸油毡防止泄漏范围扩大
	380V高压电	急冷油进料泵主电机接线部位、连接电缆	绝缘层失效导致漏电	检查设备时接触漏电部位，导致人员触电	1. 电机设有保护接地； 2. 电机设漏电保护器，漏电时机泵自动跳停； 3. 人员穿戴劳保着装(劳保绝缘鞋)	遇人员触电，用绝缘物体将触电人员与漏电部位分开，并及时送医处理
	转动部件	泵转动轴、联轴器等位置	在转动部位附近进行测振、测温、清理卫生等工作(2次/天)	1. 接触距离过近导致衣物、头发、抹布卷入运转设备，造成人员伤害； 2. 转动部件破损飞出伤人	1. 相关规定严禁触碰在运设备转动部位； 2. 相关规定规范现场作业时着装、人员活动举止等内容； 3. 巡检时重点关注轮罩完好性	1. 紧急停泵、切换备泵； 2. 更换或修复联轴器护罩
急冷水碱液注入泵、稀碱液循环泵、中段碱液循环泵、浓碱液循环泵	碱液	碱泵及进出口管线	1. 设备缺陷或管线腐蚀泄漏； 2. 仪表接管泄漏	碱液泄漏至环境，造成人员灼伤，土壤污染	1. 巡检时重点关注法兰、阀门泄漏情况； 2. 碱罐及泵周边设置洗眼器； 3. 按规定佩戴劳保防护用品	1. 碱液喷溅到身上时及时用洗眼器进行清洗； 2. 现场停泵，关闭泵进出口手阀； 3. 新区裂解气压缩机停车，进行设备消漏处理
	380V高压电	泵主电机接线部位、连接电缆	绝缘层失效导致漏电	检查设备时接触漏电部位，导致人员触电	1. 电机设有保护接地； 2. 电机设漏电保护器，漏电时机泵自动跳停； 3. 人员穿戴劳保着装(劳保绝缘鞋)	遇人员触电，用绝缘物体将触电人员与漏电部位分开，并及时送医处理
	转动部件	泵转动轴、联轴器等位置	在转动部位附近进行测振、测温、清理卫生等工作(2次/天)	1. 接触距离过近导致衣物、头发、抹布卷入运转设备，造成人员伤害； 2. 转动部件破损飞出伤人	1. 相关规定严禁触碰在运设备转动部位； 2. 相关规定规范现场作业时着装、人员活动举止等内容； 3. 巡检时重点关注轮罩完好性	1. 紧急停泵、切换备泵； 2. 更换或修复联轴器护罩

续表

设备及设施名称	危险源描述	存在位置	导致危险源释放的因素	可能发生的危险事件	主要保护措施和管理程序	初期应急处置程序
压缩机洗油泵	制苯来的芳烃物料	泵及进出口管线	泵及进出口管线法兰泄漏	1. 物料飞溅，造成人员伤害； 2. 洗油泄漏遇点火源引起火灾	1. 巡检人员穿戴劳保着装； 2. 泵周边设置围堰	1. 少量泄漏时拆除保温层，使用卡具消漏等措施处理； 2. 大量泄漏时停泵，离线消漏
	380V高压电	泵主电机接线部位、连接电缆	绝缘层失效导致漏电	检查设备时接触漏电部位，导致人员触电	1. 电机设有保护接地； 2. 电机设漏电保护器，漏电时机泵自动跳停； 3. 人员穿戴劳保着装(劳保绝缘鞋)	遇人员触电，用绝缘物体将触电人员与漏电部位分开，并及时送医处理
	转动部件	泵转动轴、联轴器等位置	在转动部位附近进行测振、测温、清理卫生等工作(2次/天)	1. 接触距离过近导致衣物、头发、抹布卷入运转设备，造成人员伤害； 2. 转动部件破损飞出伤人	1. 相关规定严禁触碰在运设备转动部位； 2. 相关规定规范现场作业时着装、人员活动举止等内容； 3. 巡检时重点关注轮罩完好性	1. 紧急停泵、切换备泵； 2. 更换或修复联轴器护罩
一段吸入罐输水泵	380V高压电	泵主电机接线部位、连接电缆	绝缘层失效导致漏电	检查设备时接触漏电部位，导致人员触电	1. 电机设有保护接地； 2. 电机设漏电保护器，漏电时机泵自动跳停； 3. 人员穿戴劳保着装(劳保绝缘鞋)	遇人员触电，用绝缘物体将触电人员与漏电部位分开，并及时送医处理
	转动部件	泵转动轴、联轴器等位置	在转动部位附近进行测振、测温、清理卫生等工作(2次/天)	1. 接触距离过近导致衣物、头发、抹布卷入运转设备，造成人员伤害； 2. 转动部件破损飞出伤人	1. 相关规定严禁触碰在运设备转动部位； 2. 相关规定规范现场作业时着装、人员活动举止等内容； 3. 巡检时重点关注轮罩完好性	1. 紧急停泵、切换备泵； 2. 更换或修复联轴器护罩

续表

设备及设施名称	危险源描述	存在位置	导致危险源释放的因素	可能发生的危险事件	主要保护措施和管理程序	初期应急处置程序
二段吸入罐凝液泵	汽油	汽油进料及附属管线	1. 泵机封泄漏； 2. 泵壳及进出口管线及阀门法兰泄漏	1. 物料飞溅，造成人员伤害； 2. 汽油泄漏引起火灾	1. 泵区周边设置可燃气体报警仪； 2. 人员佩戴护目镜，防毒面具等个人防护措施	1. 现场停泵，关闭泵进出口手阀； 2. 控制周边点火源； 3. 通过吸油毡防止泄漏范围扩大
	380V 高压电	泵主电机接线部位、连接电缆	绝缘层失效导致漏电	检查设备时接触漏电部位，导致人员触电	1. 电机设有保护接地； 2. 电机设漏电保护器，漏电时机泵自动跳停； 3. 人员穿戴劳保着装（劳保绝缘鞋）	遇人员触电，用绝缘物体将触电人员与漏电部位分开，并及时送医处理
	转动部件	泵转动轴、联轴器等位置	在转动部位附近进行测振、测温、清理卫生等工作（2次/天）	1. 接触距离过近导致衣物、头发、抹布卷入运转设备，造成人员伤害； 2. 转动部件破损飞出伤人	1. 相关规定严禁触碰在运设备转动部位； 2. 相关规定规范现场作业时着装、人员活动举止等内容； 3. 巡检时重点关注轮罩完好性	1. 紧急停泵、切换备泵； 2. 更换或修复联轴器护罩
湿火炬泵	含油污水	湿火炬泵进料及附属管件	1. 泵机封泄漏； 2. 泵壳及进出口管线及阀门法兰泄漏	1. 物料飞溅，造成人员伤害； 2. 大量泄漏引起火灾	1. 泵区周边设置可燃气体报警仪； 2. 人员佩戴护目镜，防毒面具等个人防护措施	1. 现场停泵，关闭泵进出口手阀； 2. 控制周边点火源； 3. 通过吸油毡防止泄漏范围扩大
	380V 高压电	泵主电机接线部位、连接电缆	绝缘层失效导致漏电	检查设备时接触漏电部位，导致人员触电	1. 电机设有保护接地； 2. 电机设漏电保护器，漏电时机泵自动跳停； 3. 人员穿戴劳保着装（劳保绝缘鞋）	遇人员触电，用绝缘物体将触电人员与漏电部位分开，并及时送医处理
	转动部件	泵转动轴、联轴器等位置	在转动部位附近进行测振、测温、清理卫生等工作（2次/天）	1. 接触距离过近导致衣物、头发、抹布卷入运转设备，造成人员伤害； 2. 转动部件破损飞出伤人	1. 相关规定严禁触碰在运设备转动部位； 2. 相关规定规范现场作业时着装、人员活动举止等内容； 3. 巡检时重点关注轮罩完好性	1. 紧急停泵、切换备泵； 2. 更换或修复联轴器护罩

续表

设备及设施名称	危险源描述	存在位置	导致危险源释放的因素	可能发生的危险事件	主要保护措施和管理程序	初期应急处置程序
污水提升泵	含油污水/硫化氢	污水提升泵及进出料管线	污水提升泵出口管线法兰泄漏	1. 物料喷溅，造成人员伤害； 2. 含油污水中硫化氢造成人员中毒伤亡	1. 泵区周边设置可燃气体及有毒气体报警仪； 2. 人员佩戴护目镜，防毒面具等个人防护措施	做好人员隔离防护，佩戴个体防护装备进行救援
压缩机阻聚剂注入泵	阻聚剂	阻聚剂注入泵进出料及附属管件	1. 泵机封泄漏； 2. 泵壳及进出口管线及阀门法兰泄漏	1. 物料飞溅，造成人员伤害； 2. 阻聚剂泄漏遇点火源引起火灾	1. 泵区周边设置可燃气体报警仪； 2. 人员佩戴护目镜，等个人防护措施	1. 人员做好防护后现场停泵，关闭泵进出口手阀； 2. 控制周边点火源； 3. 通过吸油毡防止泄漏范围扩大
	380V高压电	阻聚剂注入泵主电机接线部位、连接电缆	绝缘层失效导致漏电	检查设备时接触漏电部位，导致人员触电	1. 电机设有保护接地； 2. 电机设漏电保护器，漏电时机泵自动跳停； 3. 人员穿戴劳保着装(劳保绝缘鞋)	遇人员触电，用绝缘物体将触电人员与漏电部位分开，并及时送医处理
	转动部件	泵转动轴、联轴器等位置	在转动部位附近进行测振、测温、清理卫生等工作(2次/天)	1. 接触距离过近导致衣物、头发、抹布卷入运转设备，造成人员伤害； 2. 转动部件破损飞出伤人	1. 相关规定严禁触碰在运设备转动部位； 2. 相关规定规范现场作业时着装、人员活动举止等内容； 3. 巡检时重点关注轮罩完好性	1. 紧急停泵、切换备泵； 2. 更换或修复联轴器护罩
新废碱泵、废碱回流泵、废碱液输送泵、废碱外送泵、废水泵	碱液	泵本体及进出料管线	泵本体及进出料管线法兰泄漏	物料喷溅，造成人员灼伤	1. 相关规定规范现场作业时着装、人员活动举止等内容； 2. 周边设置洗眼器	1. 人员灼伤时及时使用洗眼器进行清洗； 2. 针对受伤人员进行观察监护，如病情较重及时就医
	硫化氢	碱泵及进出口管线	1. 设备缺陷或管线腐蚀泄漏； 2. 仪表接管泄漏	硫化氢随碱液泄漏至环境，造成人员中毒	1. 人员携带硫化氢报警仪； 2. 按规定佩戴劳保防护用品	针对受伤人员进行初步紧急处理，跟踪观察监护，如病情较重及时就医

续表

设备及设施名称	危险源描述	存在位置	导致危险源释放的因素	可能发生的危险事件	主要保护措施和管理程序	初期应急处置程序
新废碱泵、废碱回流泵、废碱液输送泵、废碱外送泵、废水泵	380V高压电	阻聚剂注入泵主电机接线部位、连接电缆	绝缘层失效导致漏电	检查设备时接触漏电部位，导致人员触电	1. 电机设有保护接地； 2. 电机设漏电保护器，漏电时机泵自动跳停； 3. 人员穿戴劳保着装（劳保绝缘鞋）	遇人员触电，用绝缘物体将触电人员与漏电部位分开，并及时送医处理
	转动部件	泵转动轴、联轴器等位置	在转动部位附近进行测振、测温、清理卫生等工作（2次/天）	1. 接触距离过近导致衣物、头发、抹布卷入运转设备，造成人员伤害； 2. 转动部件破损飞出伤人	1. 相关规定严禁触碰在运设备转动部位； 2. 相关规定规范现场作业时着装、人员活动举止等内容； 3. 巡检时重点关注轮罩完好性	1. 紧急停泵、切换备泵； 2. 更换或修复联轴器护罩
硫酸泵	浓硫酸	泵本体及进出料管线	泵本体及进出料管线法兰泄漏	物料喷溅，造成人员灼伤	1. 相关规定规范现场作业时着装、人员活动举止等内容； 2. 周边设置洗眼器	1. 人员灼伤时及时使用洗眼器进行清洗； 2. 针对受伤人员进行观察监护，如病情较重及时就医
	380V高压电	阻聚剂注入泵主电机接线部位、连接电缆	绝缘层失效导致漏电	检查设备时接触漏电部位，导致人员触电	1. 电机设有保护接地； 2. 电机设漏电保护器，漏电时机泵自动跳停； 3. 人员穿戴劳保着装（劳保绝缘鞋）	遇人员触电，用绝缘物体将触电人员与漏电部位分开，并及时送医处理
	转动部件	泵转动轴、联轴器等位置	在转动部位附近进行测振、测温、清理卫生等工作（2次/天）	1. 接触距离过近导致衣物、头发、抹布卷入运转设备，造成人员伤害； 2. 转动部件破损飞出伤人	1. 相关规定严禁触碰在运设备转动部位； 2. 相关规定规范现场作业时着装、人员活动举止等内容； 3. 巡检时重点关注轮罩完好性	1. 紧急停泵、切换备泵； 2. 更换或修复联轴器护罩

续表

设备及设施名称	危险源描述	存在位置	导致危险源释放的因素	可能发生的危险事件	主要保护措施和管理程序	初期应急处置程序
干燥风机	转动部件	风机转动轴、联轴器等位置	在转动部位附近进行测振、测温、清理卫生等工作(2次/天)	1. 接触距离过近导致衣物、头发、抹布卷入运转设备，造成人员伤害； 2. 转动部件破损飞出伤人	1. 相关规定严禁触碰在运设备转动部位； 2. 相关规定规范现场作业时着装、人员活动举止等内容； 3. 巡检时重点关注护罩完好性	1. 紧急停风机； 2. 更换或修复联轴器护罩
废气系统空气压缩机	高温高压空气	废气系统空气压缩机及出口管线	设备缺陷或管线腐蚀泄漏	高温高压空气泄漏，造成人员伤害	1. 佩戴劳保防护用品； 2. 通过巡检可发现泄漏	停废气压缩机，离线消漏处理
	转动部件	压缩机转动轴、联轴器等位置	在转动部位附近进行测振、测温、清理卫生等工作(2次/天)	接触距离过近导致衣物、头发、抹布卷入运转设备，造成人员伤害	1. 相关规定严禁触碰在运设备转动部位； 2. 相关规定规范现场作业时着装、人员活动举止等内容； 3. 巡检时重点关注轮罩完好性	1. 紧急停压缩机； 2. 更换或修复联轴器护罩
	转动部件脱落	裂解气压缩机调速器	调速器故障	调速器异常使叶轮运转异常，严重时转动部件飞出，可能造成人员死亡	1. 调速器设置调速油压力报警； 2. 大检修时定期对联轴器进行维护	1. 裂解气压缩机停机； 2. 受伤人员及时就医
	噪声	裂解气压缩机电机，叶轮等转动部件	叶轮转动过快或裂解气压缩机振动过大	长时间在高噪声环境停留，对人员听力造成损伤	1. 佩戴护耳器； 2. 无工作需要避免长时间停留； 3. 压缩机厂房周边降噪处理	对于异常声响，查找原因，确定是停压缩机还是消除噪声
	噪声	设备安全阀或压力释放阀	系统超压安全阀起跳或调节阀开启	对人员听力造成损伤	1. 佩戴护耳器； 2. 压缩机厂房周边降噪处理	查找超压原因，及时消除隐患
	润滑油/调速油	润滑油泵，压缩机调速阀，腔体内部	相关设备，管线及法兰泄漏	润滑油/调速油泄漏喷溅，造成人员伤害，严重时遇点火源发生火灾	1. 压缩机润滑油/调速油设压力低报警； 2. 巡检时按规定佩戴劳保用品	1. 少量泄漏，通过卡具带压消漏； 2. 大量泄漏，乙烯装置停车，离线消漏
	高空跌落	裂解气压缩机巡检平台	人员意外失足或平台地面湿滑	人员跌落受伤，严重时死亡	1. 巡检时按规定穿戴劳保用品； 2. 及时修复存在缺陷的平台和楼梯	针对受伤人员进行观察监护，如病情较重及时就医

续表

设备及设施名称	危险源描述	存在位置	导致危险源释放的因素	可能发生的危险事件	主要保护措施和管理程序	初期应急处置程序
废碱液罐/脱臭罐V8103/中和罐V8107	碱液	罐本体及进出料管线	罐本体及进出料管线法兰泄漏	物料泄漏，造成人员灼伤，土壤污染	1. 储罐周边设置围堰； 2. 相关规定规范现场作业时着装、人员活动举止等内容； 3. 周边设置洗眼器	1. 人员灼伤时及时使用洗眼器进行清洗； 2. 针对受伤人员进行观察监护，如病情较重及时就医
	硫化氢	罐上部气相空间	碱罐上部气相空间泄漏	硫化氢泄漏，造成环境污染，人员伤亡	1. 周边设有毒气体报警仪； 2. 巡检人员佩带硫化氢报警仪	1. 启动硫化氢中毒应急预案开始救援，及时上报事故； 2. 针对受伤人员进行观察监护，如病情较重及时就医

9.4 分离压缩区

作业活动：巡检+常规操作；
作业区域：分离单元压缩机区域；
主要设备设施：乙烯制冷压缩机、丙烯制冷压缩机。

设备及设施名称	危险源描述	存在位置	导致危险源释放的因素	可能发生的危险事件	主要保护措施和管理程序	初期应急处置程序
乙烯制冷压缩机	中压蒸汽（MS）	蒸汽管线，透平等位置	蒸汽管线法兰及透平泄漏	人员烫伤，严重时导致人员死亡	1. 蒸汽管线外设置保温层； 2. 巡检时重点关注法兰、阀门泄漏情况； 3. 大量泄漏时可通过蒸汽管线压力检测发现	1. 少量泄漏时拆除保温层，使用卡具消漏等措施处理； 2. 大量泄漏时停乙烯压缩机，关蒸汽线，降温泄压，消漏
	乙烯	1. 乙烯制冷压缩机各段； 2. 各取样器位置	1. 乙烯制冷压缩机出口超压泄漏； 2. 设备、管线、法兰缺陷或腐蚀泄漏； 3. 现场取样时，物料释放	乙烯泄漏，人员冻伤，发生火灾爆炸	1. 压缩机厂房内部设有可燃气体报警仪； 2. 轻微泄漏不易察觉，大量泄漏人员可通过巡检发现； 3. 取样时人员按规定佩戴防护用品，按规程开展取样操作	1. 少量泄漏，外接氮气进行吹扫保护，通过卡具带压消漏； 2. 大量泄漏，上报事故险情，启动应急预案，乙烯压缩机装置停车，离线消漏； 3. 打开消防设施，稀释可燃气体； 4. 针对冻伤人员进行初步紧急处理，跟踪观察监护，如病情较重及时就医

续表

设备及设施名称	危险源描述	存在位置	导致危险源释放的因素	可能发生的危险事件	主要保护措施和管理程序	初期应急处置程序
乙烯制冷压缩机	乙烯	乙烯制冷压缩机各段壳体	乙烯压缩机机体倒液	乙烯压缩机不同级增压段壳体内压力不一致，倒液过程中可能存在高压段物料进入低压段物料，导致乙烯泄漏，发生火灾爆炸	严格按照乙烯压缩机壳体倒液的规程进行逐级倒液	及时关闭乙烯压缩机壳体各倒液阀
	转动部件脱落	乙烯压缩机调速器	调速器故障	调速器故障使叶轮运转异常，严重时转动部件飞出，可能造成人员死亡	1. 调速器设置调速油压力异常联锁停车； 2. 大检修时定期对调速系统、联轴器进行维护	1. 上报事故险情，启动应急预案，乙烯压缩机装置停车； 2. 受伤人员及时就医
	噪声	乙烯压缩机电机、叶轮等转动部件	叶轮转动过快或乙烯压缩机振动过大	长时间在高噪声环境停留，对人员听力造成损伤	1. 佩戴护耳器； 2. 无工作需要避免长时间停留； 3. 压缩机厂房周边降噪处理	对于异常声响，查找原因，确定是停压缩机还是消除噪声
	噪声	设备安全阀或压力释放阀	系统超压安全阀起跳或调节阀开启	对人员听力造成损伤	1. 佩戴护耳器； 2. 压缩机厂房周边降噪处理	查找超压原因，及时消除隐患
	润滑油/调速油	润滑油泵，压缩机调速阀，腔体内部	相关设备，管线及法兰泄漏	润滑油/调速油泄漏喷溅，造成人员伤害，严重时遇点火源发生火灾	1. 压缩机润滑油/调速油设压力低报警； 2. 巡检时按规定佩戴劳保用品	1. 少量泄漏，通过卡具带压消漏； 2. 大量泄漏，乙烯装置停车，离线消漏
	高空跌落	乙烯压缩机巡检平台	人员意外失足或平台地面湿滑	人员跌落受伤，严重时死亡	1. 巡检时按规定穿戴劳保用品； 2. 及时修复存在缺陷的平台和楼梯	针对受伤人员进行初步紧急处理，跟踪观察监护，如病情较重及时就医
	高温	高温蒸汽或原料管线	保温层缺失	人员烫伤	1. 高温管线外设置保温层； 2. 巡检时重点关注法兰、阀门泄漏情况	针对受伤人员进行观察监护，如病情较重及时就医

续表

设备及设施名称	危险源描述	存在位置	导致危险源释放的因素	可能发生的危险事件	主要保护措施和管理程序	初期应急处置程序
丙烯制冷压缩机	超高压蒸汽/中压蒸汽(SS/MS)	蒸汽管线，透平等位置	蒸汽管线法兰及透平泄漏	人员烫伤，严重时导致人员死亡	1. 蒸汽管线外设置保温层； 2. 巡检时重点关注法兰、阀门泄漏情况； 3. 大量泄漏时可通过蒸汽管线压力检测发现	1. 少量泄漏时拆除保温层，使用卡具消漏等措施处理； 2. 大量泄漏时停丙烯制冷压缩机，关蒸汽线，降温泄压，消漏
	丙烯	丙烯制冷压缩机各段	1. 丙烯制冷压缩机出口超压泄漏； 2. 设备、管线、法兰缺陷或腐蚀泄漏	丙烯泄漏，发生火灾爆炸	轻微泄漏不易察觉，大量泄漏人员可通过巡检发现	1. 少量泄漏，通过卡具带压消漏； 2. 大量泄漏，丙烯制冷压缩机装置停车，离线消漏； 3. 打开消防设施，稀释可燃气体
	乙烯	乙烯制冷压缩机壳体	乙烯压缩机壳体排污	乙烯压缩机不同级增压段壳体内压力不一致，排污过程中可能存在高压段物料进入低压段物料，导致裂解气泄漏，发生火灾爆炸	严格按照乙烯压缩机壳体排污的规程进行排污	及时关闭裂解气压缩机壳体各排污阀
	转动部件	压缩机转动轴、联轴器等位置	在转动部位附近进行测振、测温、清理卫生等工作(2次/天)	接触距离过近导致衣物、头发、抹布卷入运转设备，造成人员伤害	1. 相关规定严禁触碰在运设备转动部位； 2. 相关规定规范现场作业时着装、人员活动举止等内容； 3. 巡检时重点关注轮罩完好性	1. 紧急停压缩机； 2. 更换或修复联轴器护罩
	转动部件脱落	丙烯制冷压缩机调速器	调速器故障	调速器异常使叶轮运转异常，严重时转动部件飞出，可能造成人员死亡	1. 调速器设置调速油压力报警； 2. 大检修时定期对联轴器进行维护	1. 裂解气压缩机停机； 2. 受伤人员及时就医

续表

设备及设施名称	危险源描述	存在位置	导致危险源释放的因素	可能发生的危险事件	主要保护措施和管理程序	初期应急处置程序
丙烯制冷压缩机	噪声	丙烯制冷压缩机电机，叶轮等转动部件	叶轮转动过快或裂解气压缩机振动过大	长时间在高噪声环境停留，对人员听力造成损伤	1. 佩戴护耳器； 2. 无工作需要避免长时间停留； 3. 压缩机厂房周边降噪处理	对于异常声响，查找原因，确定是停压缩机还是消除噪声
	噪声	设备安全阀或压力释放阀	系统超压安全阀起跳或调节阀开启	对人员听力造成损伤	1. 佩戴护耳器； 2. 压缩机厂房周边降噪处理	查找超压原因，及时消除隐患
	润滑油/调速油	润滑油泵，压缩机调速阀，腔体内部	相关设备，管线及法兰泄漏	润滑油/调速油泄漏喷溅，造成人员伤害，严重时遇点火源发生火灾	1. 压缩机润滑油/调速油设压力低报警； 2. 巡检时按规定佩戴劳保用品	1. 少量泄漏，通过卡具带压消漏； 2. 大量泄漏，乙烯装置停车，离线消漏
	高空跌落	丙烯制冷压缩机巡检平台	人员意外失足或平台地面湿滑	人员跌落受伤，严重时死亡	1. 巡检时按规定穿戴劳保用品； 2. 及时修复存在缺陷的平台和楼梯	针对受伤人员进行观察监护，如病情较重及时就医
乙烯压缩机吸入/排出罐	乙烯	乙烯压缩机吸入/排出罐及进出口管线法兰	乙烯压缩机吸入/排出罐腐蚀及进出口管线法兰泄漏	乙烯泄漏，造成人员冻伤，发生火灾爆炸	1. 储罐周边设可燃气体报警仪； 2. 人员按规定穿戴劳保用品	1. 少量泄漏，通过卡具，把紧等手段在线消漏处理； 2. 大量泄漏，上报事故险情，启动应急预案，乙烯压缩机装置停车
丙烯制冷压缩机吸入/排出罐	丙烯	丙烯制冷压缩机吸入/排出罐及进出口管线法兰	丙烯制冷压缩机吸入/排出罐腐蚀及进出口管线法兰泄漏	丙烯泄漏，造成人员冻伤，发生火灾爆炸	1. 储罐周边设可燃气体报警仪； 2. 人员按规定穿戴劳保用品	1. 少量泄漏，通过卡具，把紧等手段在线消漏处理； 2. 大量泄漏，上报事故险情，启动应急预案，丙烯压缩机装置停车
补充碱液泵	碱液	碱泵及进出口管线	1. 设备缺陷或管线腐蚀泄漏； 2. 仪表接管泄漏	碱液泄漏至环境，造成人员灼伤，土壤污染	1. 巡检时重点关注法兰、阀门泄漏情况； 2. 碱罐及泵周边设置洗眼器； 3. 按规定佩戴劳保防护用品	1. 碱液喷溅到身上时及时用洗眼器进行清洗； 2. 现场停泵，关闭泵进出口手阀； 3. 乙烯装置停车，进行设备消漏处理

续表

设备及设施名称	危险源描述	存在位置	导致危险源释放的因素	可能发生的危险事件	主要保护措施和管理程序	初期应急处置程序
补充碱液泵	380V高压电	泵主电机接线部位、连接电缆	绝缘层失效导致漏电	检查设备时接触漏电部位，导致人员触电	1. 电机设有保护接地；2. 电机设漏电保护器，漏电时机泵自动跳停；3. 人员穿戴劳保着装（劳保绝缘鞋）	遇人员触电，用绝缘物体将触电人员与漏电部位分开，并及时送医处理
	转动部件	泵转动轴、联轴器等位置	在转动部位附近进行测振、测温、清理卫生等工作（2次/天）	1. 接触距离过近导致衣物、头发、抹布卷入运转设备，造成人员伤害；2. 转动部件破损飞出伤人	1. 相关规定严禁触碰在运设备转动部位；2. 相关规定规范现场作业时着装、人员活动举止等内容；3. 巡检时重点关注轮罩完好性	1. 紧急停泵、切换备泵；2. 更换或修复联轴器护罩
稀碱液循环泵、中段碱液循环泵、浓碱液循环泵	碱液	碱泵及进出口管线	1. 设备缺陷或管线腐蚀泄漏；2. 仪表接管泄漏	碱液泄漏至环境，造成人员灼伤，土壤污染	1. 巡检时重点关注法兰、阀门泄漏情况；2. 碱罐及泵周边设置洗眼器；3. 按规定佩戴劳保防护用品	1. 碱液喷溅到身上时及时用洗眼器进行清洗；2. 现场停泵，关闭泵进出口手阀；3. 乙烯装置停车，进行设备消漏处理
	硫化氢	碱泵及进出口管线	1. 设备缺陷或管线腐蚀泄漏；2. 仪表接管泄漏	硫化氢随碱液泄漏至环境，造成人员伤害	1. 人员携带硫化氢报警仪；2. 按规定佩戴劳保防护用品	针对受伤人员进行初步紧急处理，跟踪观察监护，如病情较重及时就医
	380V高压电	泵主电机接线部位、连接电缆	绝缘层失效导致漏电	检查设备时接触漏电部位，导致人员触电	1. 电机设有保护接地；2. 电机设漏电保护器，漏电时机泵自动跳停；3. 人员穿戴劳保着装（劳保绝缘鞋）	遇人员触电，用绝缘物体将触电人员与漏电部位分开，并及时送医处理
	转动部件	泵转动轴、联轴器等位置	在转动部位附近进行测振、测温、清理卫生等工作（2次/天）	1. 接触距离过近导致衣物、头发、抹布卷入运转设备，造成人员伤害；2. 转动部件破损飞出伤人	1. 相关规定严禁触碰在运设备转动部位；2. 相关规定规范现场作业时着装、人员活动举止等内容；3. 巡检时重点关注轮罩完好性	1. 紧急停泵、切换备泵；2. 更换或修复联轴器护罩

续表

设备及设施名称	危险源描述	存在位置	导致危险源释放的因素	可能发生的危险事件	主要保护措施和管理程序	初期应急处置程序
凝液汽提塔	C_3 以下轻组分	凝液汽提塔塔顶	1. 凝液汽提塔超压； 2. 设备管线及法兰泄漏	C_3 物料泄漏至环境，发生火灾爆炸	设备周边设置可燃气体报警仪	1. 少量泄漏，通过卡具带压消漏； 2. 大量泄漏，乙烯装置局部停车，离线消漏； 3. 打开消防设施，稀释泄漏可燃气体
	C_3/C_4	凝液汽提塔塔釜	设备管线及法兰泄漏	塔釜物料泄漏至环境，发生火灾爆炸	设备周边设置可燃气体报警仪	1. 少量泄漏，通过卡具带压消漏； 2. 大量泄漏，乙烯装置局部停车，离线消漏； 3. 打开消防设施，稀释泄漏可燃气体
	低压蒸汽	再沸器低压蒸汽管线	低压蒸汽管线腐蚀或法兰泄漏	造成人员烫伤	人员按规定穿戴劳保用品	查找泄漏点，通过卡具带压消漏
	高空跌落	凝液汽提塔高空作业	人员意外失足或平台地面湿滑	导致人员受伤，严重时人员死亡	人员按规定穿戴劳保用品	
乙烯压缩机凝液泵	乙烯	乙烯压缩机凝液泵及进出料管线	设备、管线、法兰缺陷或腐蚀泄漏	乙烯泄漏，发生闪爆	1. 轻微泄漏不易察觉，大量泄漏人员可通过巡检发现； 2. 现场设置可燃气体报警仪	1. 少量泄漏，通过卡具带压消漏； 2. 大量泄漏，乙烯装置局部停车，离线消漏； 3. 打开消防设施，稀释泄漏可燃气体
	380V 高压电	乙烯压缩机凝液泵主电机接线部位、连接电缆	绝缘层失效导致漏电	检查设备时接触漏电部位，导致人员触电	1. 电机设有保护接地； 2. 电机设漏电保护器，漏电时机泵自动跳停； 3. 人员穿戴劳保着装(劳保绝缘鞋)	遇人员触电，用绝缘物体将触电人员与漏电部位分开，并及时送医处理
	转动部件	泵转动轴、联轴器等位置	在转动部位附近进行测振、测温、清理卫生等工作(2次/天)	1. 接触距离过近导致衣物、头发、抹布卷入运转设备，造成人员伤害； 2. 转动部件破损飞出伤人	1. 相关规定严禁触碰在运设备转动部位； 2. 相关规定规范现场作业时着装、人员活动举止等内容； 3. 巡检时重点关注轮罩完好性	1. 紧急停泵、切换备泵； 2. 更换或修复联轴器护罩

设备及设施名称	危险源描述	存在位置	导致危险源释放的因素	可能发生的危险事件	主要保护措施和管理程序	初期应急处置程序
丙烯制冷压缩机凝液泵	丙烯	丙烯压缩机凝液泵及进出料管线	设备、管线、法兰缺陷或腐蚀泄漏	丙烯泄漏，发生闪爆	轻微泄漏不易察觉，大量泄漏人员可通过巡检发现	1. 少量泄漏，通过卡具带压消漏； 2. 大量泄漏，丙烯压缩机凝液泵停车，离线消漏； 3. 打开消防设施，稀释泄漏可燃气体
	380V高压电	乙烯压缩机凝液泵主电机接线部位、连接电缆	绝缘层失效导致漏电	检查设备时接触漏电部位，导致人员触电	1. 电机设有保护接地； 2. 电机设漏电保护器，漏电时机泵自动跳停； 3. 人员穿戴劳保着装(劳保绝缘鞋)	遇人员触电，用绝缘物体将触电人员与漏电部位分开，并及时送医处理
	转动部件	泵转动轴、联轴器等位置	在转动部位附近进行测振、测温、清理卫生等工作(2次/天)	1. 接触距离过近导致衣物、头发、抹布卷入运转设备，造成人员伤害； 2. 转动部件破损飞出伤人	1. 相关规定严禁触碰在运设备转动部位； 2. 相关规定规范现场作业时着装、人员活动举止等内容； 3. 巡检时重点关注轮罩完好性	1. 紧急停泵、切换备泵； 2. 更换或修复联轴器护罩

9.5 分离单元分离区域

作业活动：巡检+常规操作；

作业区域：分离单元分离区；

主要设备设施：脱甲烷塔、脱乙烷塔、脱丙烷塔等。

设备及设施名称	危险源描述	存在位置	导致危险源释放的因素	可能发生的危险事件	主要保护措施和管理程序	初期应急处置程序
高压脱丙烷塔	丙烷	塔顶气相	1. 高压脱丙烷塔超压泄漏； 2. 高压脱丙烷塔设备缺陷，管线及法兰腐蚀泄漏	高压丙烷泄漏至环境，发生火灾爆炸	1. 高压脱丙烷塔设压力控制； 2. 高压脱丙烷塔设安全阀； 3. 设备周边设置可燃气体报警仪	1. 控制周边点火源； 2. 少量泄漏时外接氮气进行吹扫保护，通过卡具或把紧等措施消漏； 3. 打开消防设施，稀释泄漏可燃气； 4. 大量泄漏，上报事故险情，启动物料泄漏应急预案，乙烯装置局部停车，倒空物料，离线消漏

续表

设备及设施名称	危险源描述	存在位置	导致危险源释放的因素	可能发生的危险事件	主要保护措施和管理程序	初期应急处置程序
高压脱丙烷塔	蒸汽	塔底再沸器蒸汽管线	塔底再沸器蒸汽管线腐蚀或法兰泄漏	造成人员烫伤	1. 蒸汽管线设置保温层； 2. 巡检人员按规定穿戴劳保用品	针对受伤人员进行初步紧急处理，跟踪观察监护，如病情较重及时就医
	C_4/C_5	塔釜及再沸器	1. 塔釜及再沸器腐蚀及管线泄漏； 2. 塔底再沸器检修切换操作	C_4/C_5泄漏至环境，造成环境污染，遇点火源发生火灾爆炸	设备周边设置可燃气体报警仪	1. 查找泄漏位置，根据泄漏点确定是否可以进行隔离； 2. 控制周边点火源； 3. 少量泄漏时外接氮气进行吹扫保护，通过卡具或把紧等措施消漏； 4. 打开消防设施，稀释泄漏可燃气； 5. 大量泄漏，上报事故险情，启动物料泄漏应急预案，乙烯装置局部停车，倒空物料，离线消漏
	高空坠落	高压脱丙烷塔高处平台	人员意外失足或平台地面湿滑	人员跌落受伤，严重时死亡	1. 巡检时按规定穿戴劳保用品； 2. 及时修复存在缺陷的平台和楼梯	针对受伤人员进行初步紧急处理，跟踪观察监护，如病情较重及时就医
高压脱丙烷塔回流泵	丙烷	高压脱丙烷塔回流泵及进出口管线	高压脱丙烷塔回流泵腐蚀及进出口管线法兰泄漏	高压丙烷泄漏至环境，发生火灾爆炸	设备周边设置可燃气体报警仪	1. 现场停泵，关闭泵进出口手阀； 2. 查找泄漏位置，根据泄漏点确定是否可以进行隔离； 3. 控制周边点火源； 4. 少量泄漏时外接氮气进行吹扫保护，通过卡具或把紧等措施消漏； 5. 打开消防设施，稀释泄漏可燃气； 6. 大量泄漏，上报事故险情，启动物料泄漏应急预案，乙烯装置局部停车，倒空物料，离线消漏

续表

设备及设施名称	危险源描述	存在位置	导致危险源释放的因素	可能发生的危险事件	主要保护措施和管理程序	初期应急处置程序
高压脱丙烷塔回流泵	380V高压电	高压脱丙烷塔回流泵主电机接线部位、连接电缆	绝缘层失效导致漏电	检查设备时接触漏电部位，导致人员触电	1. 电机设有保护接地； 2. 电机设漏电保护器，漏电时机泵自动跳停； 3. 人员穿戴劳保着装(劳保绝缘鞋)	遇人员触电，用绝缘物体将触电人员与漏电部位分开，并及时送医处理
	转动部件	泵转动轴、联轴器等位置	在转动部位附近进行测振、测温、清理卫生等工作(2次/天)	1. 接触距离过近导致衣物、头发、抹布卷入运转设备，造成人员伤害； 2. 转动部件破损飞出伤人	1. 相关规定严禁触碰在运设备转动部位； 2. 相关规定规范现场作业时着装、人员活动举止等内容； 3. 巡检时重点关注轮罩完好性	1. 紧急停泵、切换备泵； 2. 更换或修复联轴器护罩
低压脱丙烷塔回流罐分水罐	C_3及以上组分	低压脱丙烷塔回流罐分水罐及进口管线	1. 低压脱丙烷塔回流罐分水罐腐蚀及进口管线法兰泄漏； 2. 切水阀内漏或切水不规范	C_3及以上组分泄漏至环境，造成环境污染，遇点火源发生火灾爆炸	1. 储罐周边设可燃气体报警仪； 2. 切水时严格按规程操作	1. 查找泄漏位置，根据泄漏点确定是否可以进行隔离； 2. 控制周边点火源； 3. 少量泄漏时外接氮气进行吹扫保护，通过卡具或把紧等措施消漏； 4. 打开消防设施，稀释泄漏可燃气； 5. 大量泄漏，上报事故险情，启动物料泄漏应急预案，乙烯装置局部停车，倒空物料，离线消漏
高压脱丙烷塔进料泵	丙烷	高压脱丙烷塔进料泵及进出口管线	高压脱丙烷塔进料泵腐蚀及进出口管线法兰泄漏	高压丙烷泄漏至环境，发生火灾爆炸	设备周边设置可燃气体报警仪	1. 现场停泵，关闭泵进出口手阀； 2. 查找泄漏位置，根据泄漏点确定是否可以进行隔离； 3. 控制周边点火源； 4. 少量泄漏时外接氮气进行吹扫保护，通过卡具或把紧等措施消漏； 5. 打开消防设施，稀释泄漏可燃气； 6. 大量泄漏，上报事故险情，启动球罐泄漏应急预案，乙烯装置局部停车，倒空物料，离线消漏

续表

设备及设施名称	危险源描述	存在位置	导致危险源释放的因素	可能发生的危险事件	主要保护措施和管理程序	初期应急处置程序
高压脱丙烷塔进料泵	380V高压电	高压脱丙烷塔进料泵主电机接线部位、连接电缆	绝缘层失效导致漏电	检查设备时接触漏电部位，导致人员触电	1. 电机设有保护接地； 2. 电机设漏电保护器，漏电时机泵自动跳停； 3. 人员穿戴劳保着装(劳保绝缘鞋)	遇人员触电，用绝缘物体将触电人员与漏电部位分开，并及时送医处理
	转动部件	泵转动轴、联轴器等位置	在转动部位附近进行测振、测温、清理卫生等工作(2次/天)	1. 接触距离过近导致衣物、头发、抹布卷入运转设备，造成人员伤害； 2. 转动部件破损飞出伤人	1. 相关规定严禁触碰在运设备转动部位； 2. 相关规定规范现场作业时着装、人员活动举止等内容； 3. 巡检时重点关注轮罩完好性	1. 紧急停泵、切换备泵； 2. 更换或修复联轴器护罩
脱丁烷塔	丁烷	塔顶气相	1. 脱丁烷塔超压泄漏； 2. 脱丁烷塔设备缺陷，管线及法兰腐蚀泄漏	丁烷泄漏至环境，发生火灾爆炸	1. 脱丁烷塔设压力控制； 2. 脱丁烷塔设安全阀； 3. 设备周边设置可燃气体报警仪	1. 控制周边点火源； 2. 少量泄漏时外接氮气进行吹扫保护，通过卡具或把紧等措施消漏； 3. 打开消防设施，稀释泄漏可燃气； 4. 大量泄漏，上报事故险情，启动球罐泄漏应急预案，乙烯装置局部停车，倒空物料，离线消漏
	蒸汽	塔底再沸器蒸汽管线	塔底再沸器蒸汽管线腐蚀或法兰泄漏	造成人员烫伤	1. 蒸汽管线设置保温层； 2. 巡检人员按规定穿戴劳保用品	针对受伤人员进行初步紧急处理，跟踪观察监护，如病情较重及时就医
	裂解汽油	塔釜及再沸器	1. 塔釜及再沸器腐蚀及管线泄漏； 2. 塔底再沸器检修切换操作	物料泄漏至环境，造成环境污染，遇点火源发生火灾爆炸	设备周边设置可燃气体报警仪	1. 查找泄漏位置，根据泄漏点确定是否可以进行隔离； 2. 控制周边点火源； 3. 少量泄漏时外接氮气进行吹扫保护，通过卡具或把紧等措施消漏； 4. 打开消防设施，稀释泄漏可燃气； 5. 大量泄漏，上报事故险情，启动物料泄漏应急预案，乙烯装置局部停车，倒空物料，离线消漏

续表

设备及设施名称	危险源描述	存在位置	导致危险源释放的因素	可能发生的危险事件	主要保护措施和管理程序	初期应急处置程序
脱丁烷塔	高空坠落	脱丁烷塔高处平台	人员意外失足或平台地面湿滑	人员跌落受伤，严重时死亡	1. 巡检时按规定穿戴劳保用品； 2. 及时修复存在缺陷的平台和楼梯	针对受伤人员进行初步紧急处理，跟踪观察监护，如病情较重及时就医
脱丁烷塔回流泵	C_4	脱丁烷塔回流泵及进出口管线	脱丁烷塔回流泵腐蚀及进出口管线法兰泄漏	物料泄漏至环境，发生火灾爆炸	设备周边设置可燃气体报警仪	1. 现场停泵，关闭泵进出口手阀； 2. 查找泄漏位置，根据泄漏点确定是否可以进行隔离； 3. 控制周边点火源； 4. 少量泄漏时外接氮气进行吹扫保护，通过卡具或把紧等措施消漏； 5. 打开消防设施，稀释泄漏可燃气； 6. 大量泄漏，上报事故险情，启动物料泄漏应急预案，乙烯装置局部停车，倒空物料，离线消漏
	380V 高压电	脱丁烷塔回流泵主电机接线部位、连接电缆	绝缘层失效导致漏电	检查设备时接触漏电部位，导致人员触电	1. 电机设有保护接地； 2. 电机设漏电保护器，漏电时机泵自动跳停； 3. 人员穿戴劳保着装(劳保绝缘鞋)	遇人员触电，用绝缘物体将触电人员与漏电部位分开，并及时送医处理
	转动部件	泵转动轴、联轴器等位置	在转动部位附近进行测振、测温、清理卫生等工作(2次/天)	1. 接触距离过近导致衣物、头发、抹布卷入运转设备，造成人员伤害； 2. 转动部件破损飞出伤人	1. 相关规定严禁触碰在运设备转动部位； 2. 相关规定规范现场作业时着装、人员活动举止等内容； 3. 巡检时重点关注轮罩完好性	1. 紧急停泵、切换备泵； 2. 更换或修复联轴器护罩

续表

设备及设施名称	危险源描述	存在位置	导致危险源释放的因素	可能发生的危险事件	主要保护措施和管理程序	初期应急处置程序
脱丁烷塔塔顶产品泵	C_4	脱丁烷塔塔顶产品泵及进出口管线	脱丁烷塔塔顶产品泵腐蚀及进出口管线法兰泄漏	物料泄漏至环境，发生火灾爆炸	设备周边设置可燃气体报警仪	1. 现场停泵，关闭泵进出口手阀； 2. 查找泄漏位置，根据泄漏点确定是否可以进行隔离； 3. 控制周边点火源； 4. 少量泄漏时外接氮气进行吹扫保护，通过卡具或把紧等措施消漏； 5. 打开消防设施，稀释泄漏可燃气； 6. 大量泄漏，上报事故险情，启动物料泄漏应急预案，乙烯装置局部停车，倒空物料，离线消漏
	380V高压电	脱丁烷塔塔顶产品泵主电机接线部位、连接电缆	绝缘层失效导致漏电	检查设备时接触漏电部位，导致人员触电	1. 电机设有保护接地； 2. 电机设漏电保护器，漏电时机泵自动跳停； 3. 人员穿戴劳保着装(劳保绝缘鞋)	遇人员触电，用绝缘物体将触电人员与漏电部位分开，并及时送医处理
	转动部件	泵转动轴、联轴器等位置	在转动部位附近进行测振、测温、清理卫生等工作(2次/天)	1. 接触距离过近导致衣物、头发、抹布卷入运转设备，造成人员伤害； 2. 转动部件破损飞出伤人	1. 相关规定严禁触碰在运设备转动部位； 2. 相关规定规范现场作业时着装、人员活动举止等内容； 3. 巡检时重点关注轮罩完好性	1. 紧急停泵、切换备泵； 2. 更换或修复联轴器护罩

续表

设备及设施名称	危险源描述	存在位置	导致危险源释放的因素	可能发生的危险事件	主要保护措施和管理程序	初期应急处置程序
脱戊烷塔顶回流泵	C_4	脱戊烷塔顶回流泵及进出口管线	脱戊烷塔顶回流泵腐蚀及进出口管线法兰泄漏	物料泄漏至环境，发生火灾爆炸	设备周边设置可燃气体报警仪	1. 现场停泵，关闭泵进出口手阀； 2. 查找泄漏位置，根据泄漏点确定是否可以进行隔离； 3. 控制周边点火源； 4. 少量泄漏时外接氮气进行吹扫保护，通过卡具或把紧等措施消漏； 5. 打开消防设施，稀释泄漏可燃气； 6. 大量泄漏，上报事故险情，启动物料泄漏应急预案，乙烯装置局部停车，倒空物料，离线消漏
	380V高压电	脱戊烷塔顶回流泵主电机接线部位、连接电缆	绝缘层失效导致漏电	检查设备时接触漏电部位，导致人员触电	1. 电机设有保护接地； 2. 电机设漏电保护器，漏电时机泵自动跳停； 3. 人员穿戴劳保着装(劳保绝缘鞋)	遇人员触电，用绝缘物体将触电人员与漏电部位分开，并及时送医处理
	转动部件	泵转动轴、联轴器等位置	在转动部位附近进行测振、测温、清理卫生等工作(2次/天)	1. 接触距离过近导致衣物、头发、抹布卷入运转设备，造成人员伤害； 2. 转动部件破损飞出伤人	1. 相关规定严禁触碰在运设备转动部位； 2. 相关规定规范现场作业时着装、人员活动举止等内容； 3. 巡检时重点关注轮罩完好性	1. 紧急停泵、切换备泵； 2. 更换或修复联轴器护罩

续表

设备及设施名称	危险源描述	存在位置	导致危险源释放的因素	可能发生的危险事件	主要保护措施和管理程序	初期应急处置程序
脱戊烷塔塔釜泵	裂解汽油	脱戊烷塔塔釜泵及进出口管线	脱戊烷塔塔釜泵腐蚀及进出口管线法兰泄漏	物料泄漏至环境，造成环境污染，遇点火源发生火灾爆炸	设备周边设置可燃气体报警仪	1. 查找泄漏位置，根据泄漏点确定是否可以进行隔离； 2. 控制周边点火源； 3. 少量泄漏时外接氮气进行吹扫保护，通过卡具或把紧等措施消漏； 4. 打开消防设施，稀释泄漏可燃气； 5. 大量泄漏，上报事故险情，启动物料泄漏应急预案，乙烯装置局部停车，倒空物料，离线消漏
	380V高压电	脱戊烷塔塔釜泵主电机接线部位、连接电缆	绝缘层失效导致漏电	检查设备时接触漏电部位，导致人员触电	1. 电机设有保护接地； 2. 电机设漏电保护器，漏电时机泵自动跳停； 3. 人员穿戴劳保着装(劳保绝缘鞋)	遇人员触电，用绝缘物体将触电人员与漏电部位分开，并及时送医处理
	转动部件	泵转动轴、联轴器等位置	在转动部位附近进行测振、测温、清理卫生等工作(2次/天)	1. 接触距离过近导致衣物、头发、抹布卷入运转设备，造成人员伤害； 2. 转动部件破损飞出伤人	1. 相关规定严禁触碰在运设备转动部位； 2. 相关规定规范现场作业时着装、人员活动举止等内容； 3. 巡检时重点关注轮罩完好性	1. 紧急停泵、切换备泵； 2. 更换或修复联轴器护罩

续表

设备及设施名称	危险源描述	存在位置	导致危险源释放的因素	可能发生的危险事件	主要保护措施和管理程序	初期应急处置程序
乙烯产品蒸发器/加热器	乙烯	乙烯产品蒸发器管程	乙烯产品蒸发器/加热器腐蚀及封头、进出口管线法兰泄漏	物料泄漏至环境，发生火灾爆炸	设备周边设置可燃气体报警仪	1. 查找泄漏位置，根据泄漏点确定是否可以进行隔离； 2. 控制周边点火源； 3. 少量泄漏时外接氮气进行吹扫保护，通过卡具或把紧等措施消漏； 4. 打开消防设施，稀释泄漏可燃气； 5. 大量泄漏，上报事故险情，启动物料泄漏应急预案，下游装置停车，倒空物料，离线消漏
	蒸汽	壳程	蒸汽管线及法兰泄漏	人员烫伤	1. 蒸汽管线设置保温层； 2. 巡检人员按规定穿戴劳保用品	针对受伤人员进行初步紧急处理，跟踪观察监护，如病情较重及时就医
	丙烯（热源）	壳程	乙烯产品蒸发器/加热器腐蚀及封头、进出口管线法兰泄漏	物料泄漏至环境，发生火灾爆炸	设备周边设置可燃气体报警仪	1. 查找泄漏位置，根据泄漏点确定是否可以进行隔离； 2. 控制周边点火源； 3. 少量泄漏时外接氮气进行吹扫保护，通过卡具或把紧等措施消漏； 4. 打开消防设施，稀释泄漏可燃气； 5. 大量泄漏，上报事故险情，启动物料泄漏应急预案，下游装置停车，丙烯制冷压缩机停车，倒空物料，离线消漏

续表

设备及设施名称	危险源描述	存在位置	导致危险源释放的因素	可能发生的危险事件	主要保护措施和管理程序	初期应急处置程序
甲烷化反应器及进料加热	H_2、CO、CH_4 等	甲烷化反应器内部	甲烷化反应器腐蚀及管线法兰泄漏	物料泄漏至环境，发生火灾爆炸	1. 设备周边设置可燃气体报警仪； 2. 每周闭灯检查	1. 查找泄漏位置，根据泄漏点确定是否可以进行隔离； 2. 控制周边点火源； 3. 少量泄漏时外接氮气进行吹扫保护，通过卡具或把紧等措施消漏； 4. 打开消防设施，稀释泄漏可燃气； 5. 大量泄漏，上报事故险情，启动物料泄漏应急预案，乙烯装置局部停车，倒空物料，离线消漏
	高压蒸汽	甲烷化反应器进料加热	蒸汽管线及法兰泄漏	人员烫伤	1. 蒸汽管线设置保温层； 2. 巡检人员按规定穿戴劳保用品	针对受伤人员进行初步紧急处理，跟踪观察监护，如病情较重及时就医
	催化剂粉尘	甲烷化反应器催化剂床层	催化剂换剂装填	人员呼吸不畅，严重时对呼吸系统造成损伤	人员按规定佩戴劳保防护用品	针对受伤人员进行初步紧急处理，跟踪观察监护，如病情较重及时就医
	缺氧环境	甲烷化反应器内部	催化剂换剂装填	人员受限空间作业，可能导致缺氧窒息	1. 受限空间作业时需办理相关票证； 2. 受限空间作业时人员监护； 3. 受限空间作业时定期检测氧气和可燃气含量	1. 上报事故险情，启动应急预案； 2. 佩戴空气呼吸器，进入受限空间开展救援作业
裂解气干燥器	裂解气	裂解气干燥器内部及进出口管线	裂解气干燥器腐蚀及进出口管线法兰泄漏	物料泄漏至环境，发生火灾爆炸	设备周边设置可燃气体报警仪	1. 查找泄漏位置，根据泄漏点确定是否可以进行隔离； 2. 控制周边点火源； 3. 少量泄漏时外接氮气进行吹扫保护，通过卡具或把紧等措施消漏； 4. 打开消防设施，稀释泄漏可燃气； 5. 大量泄漏，上报事故险情，启动物料泄漏应急预案，乙烯装置局部停车，倒空物料，离线消漏

续表

设备及设施名称	危险源描述	存在位置	导致危险源释放的因素	可能发生的危险事件	主要保护措施和管理程序	初期应急处置程序
裂解气干燥器	裂解气	裂解气干燥器内部及进出口管线	人为操作失误导致串压	物料进入燃料气系统，严重时导致燃料气系统超压泄漏，发生火灾爆炸	严格按照操作规程进行干燥器切换	外操人员及时关闭对应手阀
	分子筛粉尘	裂解气干燥器内部分子筛	分子筛换剂装填	人员呼吸不畅，严重时对呼吸系统造成损伤	人员按规定佩戴劳保防护用品	针对受伤人员进行初步紧急处理，跟踪观察监护，如病情较重及时就医
	甲烷氢	裂解气干燥器及再生管线	裂解气干燥器腐蚀及再生管线法兰泄漏	1. 高温再生气易导致人员烫伤； 2. 物料泄漏至环境发生火灾爆炸	1. 人员按规定佩戴劳保防护用品； 2. 设备周边设置可燃气体报警仪	1. 查找泄漏位置，根据泄漏点确定是否可以进行隔离； 2. 控制周边点火源； 3. 少量泄漏时外接氮气进行吹扫保护，通过卡具或把紧等措施消漏； 4. 打开消防设施，稀释泄漏可燃气； 5. 大量泄漏，切断再生气源，倒空物料，离线消漏
	380V 高压电	裂解气干燥器物料再生进出口阀门电动执行机构	绝缘层失效导致漏电	检查设备时接触漏电部位，导致人员触电	1. 电动阀设有保护接地； 2. 人员穿戴劳保着装（劳保绝缘鞋）	遇人员触电，用绝缘物体将触电人员与漏电部位分开，并及时送医处理
	缺氧环境	裂解气干燥器内部	分子筛换剂装填	人员受限空间作业，可能导致缺氧窒息	1. 受限空间作业时需办理相关票证； 2. 受限空间作业时人员监护； 3. 受限空间作业时定期检测氧气和可燃气含量	1. 上报事故险情，启动应急预案； 2. 佩戴空气呼吸器，进入受限空间开展救援作业
	高空坠落	裂解气干燥器高处平台	人员意外失足或平台地面湿滑	人员跌落受伤，严重时死亡	1. 巡检时按规定穿戴劳保用品； 2. 及时修复存在缺陷的平台和楼梯	针对受伤人员进行初步紧急处理，跟踪观察监护，如病情较重及时就医

续表

设备及设施名称	危险源描述	存在位置	导致危险源释放的因素	可能发生的危险事件	主要保护措施和管理程序	初期应急处置程序
氢气干燥器	氢气	氢气干燥器内部及进出口管线	氢气干燥器腐蚀及进出口管线法兰泄漏	物料泄漏至环境，发生火灾爆炸	1. 设备周边设置可燃气体报警仪； 2. 每周闭灯检查	1. 查找泄漏位置，根据泄漏点确定是否可以进行隔离； 2. 控制周边点火源； 3. 少量泄漏时外接氮气进行吹扫保护，通过卡具或把紧等措施消漏； 4. 打开消防设施，稀释泄漏可燃气； 5. 大量泄漏，上报事故险情，启动物料泄漏应急预案，乙烯装置局部停车，倒空物料，离线消漏
		氢气干燥器内部及进出口管线	人为操作失误导致串压	物料进入燃料气系统，严重时导致燃料气系统超压泄漏，发生火灾爆炸	严格按照操作规程进行干燥器切换	外操人员及时关闭对应手阀
	分子筛粉尘	氢气干燥器内部分子筛	分子筛换剂装填	人员呼吸不畅，严重时对呼吸系统造成损伤	人员按规定佩戴劳保防护用品	针对受伤人员进行初步紧急处理，跟踪观察监护，如病情较重及时就医
	甲烷氢	氢气干燥器及再生管线	氢气干燥器腐蚀及再生管线法兰泄漏	1. 高温再生气易导致人员烫伤； 2. 物料泄漏至环境发生火灾爆炸	1. 人员按规定佩戴劳保防护用品； 2. 设备周边设置可燃气体报警仪	1. 查找泄漏位置，根据泄漏点确定是否可以进行隔离； 2. 控制周边点火源； 3. 少量泄漏时外接氮气进行吹扫保护，通过卡具或把紧等措施消漏； 4. 打开消防设施，稀释泄漏可燃气； 5. 大量泄漏，切断再生气源，倒空物料，离线消漏
	380V高压电	氢气干燥器物料再生进出口阀门电动执行机构	绝缘层失效导致漏电	检查设备时接触漏电部位，导致人员触电	1. 电动阀设有保护接地； 2. 人员穿戴劳保着装(劳保绝缘鞋)	遇人员触电，用绝缘物体将触电人员与漏电部位分开，并及时送医处理

续表

设备及设施名称	危险源描述	存在位置	导致危险源释放的因素	可能发生的危险事件	主要保护措施和管理程序	初期应急处置程序
氢气干燥器	缺氧环境	氢气干燥器内部	分子筛换剂装填	人员受限空间作业，可能导致缺氧窒息	1. 受限空间作业时需办理相关票证； 2. 受限空间作业时人员监护； 3. 受限空间作业时定期检测氧气和可燃气含量	1. 上报事故险情，启动应急预案； 2. 佩戴空气呼吸器，进入受限空间开展救援作业
	高空坠落	氢气干燥器高处平台	人员意外失足或平台地面湿滑	人员跌落受伤，严重时死亡	1. 巡检时按规定穿戴劳保用品； 2. 及时修复存在缺陷的平台和楼梯	针对受伤人员进行初步紧急处理，跟踪观察监护，如病情较重及时就医
凝液汽提塔出料干燥器	裂解气	凝液汽提塔出料干燥器内部及进出口管线	凝液汽提塔出料干燥器腐蚀及进出口管线法兰泄漏	物料泄漏至环境，发生火灾爆炸	设备周边设置可燃气体报警仪	1. 查找泄漏位置，根据泄漏点确定是否可以进行隔离； 2. 控制周边点火源； 3. 少量泄漏时外接氮气进行吹扫保护，通过卡具或把紧等措施消漏； 4. 打开消防设施，稀释泄漏可燃气； 5. 大量泄漏，上报事故险情，启动物料泄漏应急预案，乙烯装置局部停车，倒空物料，离线消漏
		凝液汽提塔出料干燥器内部及进出口管线	人为操作失误导致串压	物料进入燃料气系统，严重时导致燃料气系统超压泄漏，发生火灾爆炸	严格按照操作规程进行干燥器切换	外操人员及时关闭对应手阀
	分子筛粉尘	凝液汽提塔出料干燥器内部分子筛	分子筛换剂装填	人员呼吸不畅，严重时对呼吸系统造成损伤	人员按规定佩戴劳保防护用品	针对受伤人员进行初步紧急处理，跟踪观察监护，如病情较重及时就医

续表

设备及设施名称	危险源描述	存在位置	导致危险源释放的因素	可能发生的危险事件	主要保护措施和管理程序	初期应急处置程序
凝液汽提塔出料干燥器	甲烷氢	凝液汽提塔出料干燥器及再生管线	凝液汽提塔出料干燥器腐蚀及再生管线法兰泄漏	1. 高温再生气易导致人员烫伤； 2. 物料泄漏至环境发生火灾爆炸	1. 人员按规定佩戴劳保防护用品； 2. 设备周边设置可燃气体报警仪	1. 查找泄漏位置，根据泄漏点确定是否可以进行隔离； 2. 控制周边点火源； 3. 少量泄漏时外接氮气进行吹扫保护，通过卡具或把紧等措施消漏； 4. 打开消防设施，稀释泄漏可燃气； 5. 大量泄漏，切断气源，倒空物料，离线消漏
	380V高压电	凝液汽提塔出料干燥器进出料阀电动执行机构	绝缘层失效导致漏电	检查设备时接触漏电部位，导致人员触电	1. 电动阀设有保护接地； 2. 人员穿戴劳保着装（劳保绝缘鞋）	遇人员触电，用绝缘物体将触电人员与漏电部位分开
	缺氧环境	凝液汽提塔出料干燥器内部	分子筛换剂装填	人员受限空间作业，可能导致缺氧窒息	1. 受限空间作业时需办理相关票证； 2. 受限空间作业时人员监护； 3. 受限空间作业时定期检测氧气和可燃气含量	1. 上报事故险情，启动应急预案； 2. 佩戴空气呼吸器，进入受限空间开展救援作业
	高空坠落	凝液汽提塔出料干燥器高处平台	人员意外失足或平台地面湿滑	人员跌落受伤，严重时死亡	1. 巡检时按规定穿戴劳保用品； 2. 及时修复存在缺陷的平台和楼梯	针对受伤人员进行初步紧急处理，跟踪观察监护，如病情较重及时就医
丙烯干燥器	C_3/C_4	丙烯干燥器内部及进出口管线	丙烯干燥器腐蚀及进出口管线法兰泄漏	物料泄漏至环境，发生火灾爆炸	设备周边设置可燃气体报警仪	1. 查找泄漏位置，根据泄漏点确定是否可以进行隔离； 2. 控制周边点火源； 3. 少量泄漏时外接氮气进行吹扫保护，通过卡具或把紧等措施消漏； 4. 打开消防设施，稀释泄漏可燃气； 5. 大量泄漏，上报事故险情，启动物料泄漏应急预案，乙烯装置局部停车，倒空物料，离线消漏

续表

设备及设施名称	危险源描述	存在位置	导致危险源释放的因素	可能发生的危险事件	主要保护措施和管理程序	初期应急处置程序
丙烯干燥器	C_3/C_4	丙烯干燥器内部及进出口管线	人为操作失误导致串压	物料进入燃料气系统，严重时导致燃料气系统超压泄漏，发生火灾爆炸	严格按照操作规程进行干燥器切换	外操人员及时关闭对应手阀
	分子筛粉尘	丙烯干燥器内部分子筛	分子筛换剂装填	人员呼吸不畅，严重时对呼吸系统造成损伤	人员按规定佩戴劳保防护用品	针对受伤人员进行初步紧急处理，跟踪观察监护，如病情较重及时就医
	甲烷氢	丙烯干燥器及再生管线	丙烯干燥器腐蚀及再生管线法兰泄漏	1. 高温再生气易导致人员烫伤； 2. 物料泄漏至环境发生火灾爆炸	1. 人员按规定佩戴劳保防护用品； 2. 设备周边设置可燃气体报警仪	1. 查找泄漏位置，根据泄漏点确定是否可以进行隔离； 2. 控制周边点火源； 3. 少量泄漏时外接氮气进行吹扫保护，通过卡具或把紧等措施消漏； 4. 打开消防设施，稀释泄漏可燃气； 5. 大量泄漏，切断再生气源，倒空物料，离线消漏
	380V高压电	丙烯干燥器进出料阀电动执行机构	绝缘层失效导致漏电	检查设备时接触漏电部位，导致人员触电	1. 电动阀设有保护接地； 2. 人员穿戴劳保着装(劳保绝缘鞋)	遇人员触电，用绝缘物体将触电人员与漏电部位分开，并及时送医处理
	缺氧环境	丙烯干燥器内部	分子筛换剂装填	人员受限空间作业，可能导致缺氧窒息	1. 受限空间作业时需办理相关票证； 2. 受限空间作业时人员监护； 3. 受限空间作业时定期检测氧气和可燃气含量	1. 上报事故险情，启动应急预案； 2. 佩戴空气呼吸器，进入受限空间开展救援作业
	高空坠落	丙烯干燥器高处平台	人员意外失足或平台地面湿滑	人员跌落受伤，严重时死亡	1. 巡检时按规定穿戴劳保用品； 2. 及时修复存在缺陷的平台和楼梯	针对受伤人员进行初步紧急处理，跟踪观察监护，如病情较重及时就医

续表

设备及设施名称	危险源描述	存在位置	导致危险源释放的因素	可能发生的危险事件	主要保护措施和管理程序	初期应急处置程序
乙烯干燥器	C_2	乙烯干燥器内部及进出口管线	乙烯干燥器腐蚀及进出口管线法兰泄漏	物料泄漏至环境，发生火灾爆炸	设备周边设置可燃气体报警仪	1. 查找泄漏位置，根据泄漏点确定是否可以进行隔离； 2. 控制周边点火源； 3. 少量泄漏时外接氮气进行吹扫保护，通过卡具或把紧等措施消漏； 4. 打开消防设施，稀释泄漏可燃气； 5. 大量泄漏，上报事故险情，启动物料泄漏应急预案，乙烯装置局部停车，倒空物料，离线消漏
		乙烯干燥器内部及进出口管线	人为操作失误导致串压	物料进入燃料气系统，严重时导致燃料气系统超压泄漏，发生火灾爆炸	严格按照操作规程进行干燥器切换	外操人员及时关闭对应手阀
	分子筛粉尘	乙烯干燥器内部分子筛	分子筛换剂装填	人员呼吸不畅，严重时对呼吸系统造成损伤	人员按规定佩戴劳保防护用品	针对受伤人员进行初步紧急处理，跟踪观察监护，如病情较重及时就医
	甲烷氢	乙烯干燥器及再生管线	乙烯干燥器腐蚀及再生管线法兰泄漏	1. 高温再生气易导致人员烫伤； 2. 物料泄漏至环境发生火灾爆炸	1. 人员按规定佩戴劳保防护用品； 2. 设备周边设置可燃气体报警仪	1. 查找泄漏位置，根据泄漏点确定是否可以进行隔离； 2. 控制周边点火源； 3. 少量泄漏时外接氮气进行吹扫保护，通过卡具或把紧等措施消漏； 4. 打开消防设施，稀释泄漏可燃气； 5. 大量泄漏，切断再生气源，倒空物料，离线消漏
	380V 高压电	乙烯干燥器进出料阀电动执行机构	绝缘层失效导致漏电	检查设备时接触漏电部位，导致人员触电	1. 电动阀设有保护接地； 2. 人员穿戴劳保着装(劳保绝缘鞋)	遇人员触电，用绝缘物体将触电人员与漏电部位分开，并及时送医处理

续表

设备及设施名称	危险源描述	存在位置	导致危险源释放的因素	可能发生的危险事件	主要保护措施和管理程序	初期应急处置程序
乙烯干燥器	缺氧环境	乙烯干燥器内部	分子筛换剂装填	人员受限空间作业，可能导致缺氧窒息	1. 受限空间作业时需办理相关票证；2. 受限空间作业时人员监护；3. 受限空间作业时定期检测氧气和可燃气含量	1. 上报事故险情，启动应急预案；2. 佩戴空气呼吸器，进入受限空间开展救援作业
冷箱	氢气	冷箱本体及进出料管线	冷箱本体腐蚀及进出料管线法兰泄漏	1. 可能造成人员冻伤；2. 物料泄漏至环境，发生火灾爆炸	1. 人员按规定佩戴劳保防护用品；2. 设备周边设置可燃气体报警仪；3. 每周闭灯检查	1. 冷箱外管线泄漏时，外接氮气进行吹扫保护，通过卡具或把紧等措施消漏，大量泄漏时停车处理；2. 冷箱内部少量泄漏时，通过组分化验排查泄漏位置，增加检验频次，跟踪泄漏状况，泄漏量较大时，分离停车，进行倒空消漏处理
	甲烷	冷箱本体及进出料管线	冷箱本体腐蚀及进出料管线法兰泄漏	1. 可能造成人员冻伤；2. 物料泄漏至环境，发生火灾爆炸	1. 人员按规定佩戴劳保防护用品；2. 设备周边设置可燃气体报警仪	1. 冷箱外管线泄漏时，外接氮气进行吹扫保护，通过卡具或把紧等措施消漏，大量泄漏时停车处理；2. 冷箱内部少量泄漏时，通过组分化验排查泄漏位置，增加检验频次，跟踪泄漏状况，泄漏量较大时，分离停车，进行倒空消漏处理
	乙烯	冷箱本体及进出料管线	冷箱本体腐蚀及进出料管线法兰泄漏	1. 可能造成人员冻伤；2. 物料泄漏至环境，发生火灾爆炸	1. 人员按规定佩戴劳保防护用品；2. 设备周边设置可燃气体报警仪	1. 冷箱外管线泄漏时，外接氮气进行吹扫保护，通过卡具或把紧等措施消漏；2. 冷箱内部少量泄漏时，通过组分化验排查泄漏位置，若发生大量泄漏分离停车，进行倒空消漏处理

续表

设备及设施名称	危险源描述	存在位置	导致危险源释放的因素	可能发生的危险事件	主要保护措施和管理程序	初期应急处置程序
冷箱	乙烷	冷箱本体及进出料管线	冷箱本体腐蚀及进出料管线法兰泄漏	1. 可能造成人员冻伤； 2. 物料泄漏至环境，发生火灾爆炸	1. 人员按规定佩戴劳保防护用品； 2. 设备周边设置可燃气体报警仪	1. 冷箱外管线泄漏时，外接氮气进行吹扫保护，通过卡具或把紧等措施消漏，大量泄漏时停车处理； 2. 冷箱内部少量泄漏时，通过组分化验排查泄漏位置，增加检验频次，跟踪泄漏状况，泄漏量较大时，分离停车，进行倒空消漏处理
	丙烯	冷箱本体及进出料管线	冷箱本体腐蚀及进出料管线法兰泄漏	1. 可能造成人员冻伤； 2. 物料泄漏至环境，发生火灾爆炸	1. 人员按规定佩戴劳保防护用品； 2. 设备周边设置可燃气体报警仪	1. 冷箱外管线泄漏时，外接氮气进行吹扫保护，通过卡具或把紧等措施消漏，大量泄漏时停车处理； 2. 冷箱内部少量泄漏时，通过组分化验排查泄漏位置，增加检验频次，跟踪泄漏状况，泄漏量较大时，分离停车，进行倒空消漏处理
	冷剂	冷箱本体及进出料管线	冷箱本体腐蚀及进出料管线法兰泄漏	1. 可能造成人员冻伤； 2. 物料泄漏至环境，发生火灾爆炸	1. 人员按规定佩戴劳保防护用品； 2. 设备周边设置可燃气体报警仪	1. 冷箱外管线泄漏时，外接氮气进行吹扫保护，通过卡具或把紧等措施消漏，大量泄漏时停车处理； 2. 冷箱内部少量泄漏时，通过组分化验排查泄漏位置，增加检验频次，跟踪泄漏状况，泄漏量较大时，分离停车，进行倒空消漏处理

续表

设备及设施名称	危险源描述	存在位置	导致危险源释放的因素	可能发生的危险事件	主要保护措施和管理程序	初期应急处置程序
冷箱	裂解气	冷箱本体及进出料管线	冷箱本体腐蚀及进出料管线法兰泄漏	1. 可能造成人员冻伤； 2. 物料泄漏至环境，发生火灾爆炸	1. 人员按规定佩戴劳保防护用品； 2. 设备周边设置可燃气体报警仪	1. 冷箱外管线泄漏时，外接氮气进行吹扫保护，通过卡具或把紧等措施消漏，大量泄漏时停车处理； 2. 冷箱内部少量泄漏时，通过组分化验排查泄漏位置，增加检验频次，跟踪泄漏状况，泄漏量较大时，分离停车，进行倒空消漏处理
	珍珠纱粉尘	冷箱内部珍珠纱	珍珠纱换剂装填	人员呼吸不畅，严重时对呼吸系统造成损伤	人员按规定佩戴劳保防护用品	针对受伤人员进行初步紧急处理，跟踪观察监护，如病情较重及时就医
	缺氧环境	冷箱内部内部	珍珠纱换剂装填	人员受限空间作业，可能导致缺氧窒息	1. 受限空间作业时需办理相关票证； 2. 受限空间作业时人员监护； 3. 受限空间作业时定期检测氧气和可燃气含量	1. 上报事故险情，启动应急预案； 2. 佩戴空气呼吸器，进入受限空间开展救援作业
	高空坠落	冷箱高处平台	人员意外失足或平台地面湿滑	人员跌落受伤，严重时死亡	1. 巡检时按规定穿戴劳保用品； 2. 及时修复存在缺陷的平台和楼梯	针对受伤人员进行初步紧急处理，跟踪观察监护，如病情较重及时就医
	甲醇	冷箱外部甲醇管线	甲醇管线及法兰泄漏	1. 大量吸入时，易对人体造成伤害； 2. 物料泄漏遇点火源发生火灾	1. 人员在现场操作，发生泄漏时可以及时发现； 2. 注甲醇时按规定穿戴劳保用品	针对受伤人员进行初步紧急处理，跟踪观察监护，如病情较重及时就医

续表

设备及设施名称	危险源描述	存在位置	导致危险源释放的因素	可能发生的危险事件	主要保护措施和管理程序	初期应急处置程序
脱甲烷塔回流泵	甲烷	脱甲烷塔回流泵及进出口管线	脱甲烷塔回流泵腐蚀及进出口管线法兰泄漏	物料泄漏至环境，发生火灾爆炸	设备周边设置可燃气体报警仪	1. 现场停泵，关闭泵进出口手阀； 2. 查找泄漏位置，根据泄漏点确定是否可以进行隔离； 3. 控制周边点火源； 4. 少量泄漏时外接氮气进行吹扫保护，通过卡具或把紧等措施消漏； 5. 打开消防设施，稀释泄漏可燃气； 6. 大量泄漏，上报事故险情，启动物料泄漏应急预案，乙烯装置局部停车，倒空物料，离线消漏
	380V高压电	脱甲烷塔回流泵主电机接线部位、连接电缆	绝缘层失效导致漏电	检查设备时接触漏电部位，导致人员触电	1. 电机设有保护接地； 2. 电机设漏电保护器，漏电时机泵自动跳停； 3. 人员穿戴劳保着装（劳保绝缘鞋）	遇人员触电，用绝缘物体将触电人员与漏电部位分开，并及时送医处理
	转动部件	泵转动轴、联轴器等位置	在转动部位附近进行测振、测温、清理卫生等工作（2次/天）	1. 接触距离过近导致衣物、头发、抹布卷入运转设备，造成人员伤害； 2. 转动部件破损飞出伤人	1. 相关规定严禁触碰在运设备转动部位； 2. 相关规定规范现场作业时着装、人员活动举止等内容； 3. 巡检时重点关注轮罩完好性	1. 紧急停泵、切换备泵； 2. 更换或修复联轴器护罩

续表

设备及设施名称	危险源描述	存在位置	导致危险源释放的因素	可能发生的危险事件	主要保护措施和管理程序	初期应急处置程序
脱甲烷塔釜液泵	C_2及以上组分	脱甲烷塔釜液泵及进出口管线	脱甲烷塔釜液泵腐蚀及进出口管线法兰泄漏	物料泄漏至环境，发生火灾爆炸	设备周边设置可燃气体报警仪	1. 现场停泵，关闭泵进出口手阀； 2. 查找泄漏位置，根据泄漏点确定是否可以进行隔离； 3. 控制周边点火源； 4. 少量泄漏时外接氮气进行吹扫保护，通过卡具或把紧等措施消漏； 5. 打开消防设施，稀释泄漏可燃气； 6. 大量泄漏，上报事故险情，启动物料泄漏应急预案，乙烯装置局部停车，倒空物料，离线消漏
	6kV高压电	脱甲烷塔釜液泵主电机接线部位、连接电缆	绝缘层失效导致漏电	检查设备时接触漏电部位，导致人员触电	1. 电机设有保护接地； 2. 电机设漏电保护器，漏电时机泵自动跳停； 3. 人员穿戴劳保着装(劳保绝缘鞋)	遇人员触电，用绝缘物体将触电人员与漏电部位分开，并及时送医处理
	转动部件	泵转动轴、联轴器等位置	在转动部位附近进行测振、测温、清理卫生等工作(2次/天)	1. 接触距离过近导致衣物、头发、抹布卷入运转设备，造成人员伤害； 2. 转动部件破损飞出伤人	1. 相关规定严禁触碰在运设备转动部位； 2. 相关规定规范现场作业时着装、人员活动举止等内容； 3. 巡检时重点关注轮罩完好性	1. 紧急停泵、切换备泵； 2. 更换或修复联轴器护罩

续表

设备及设施名称	危险源描述	存在位置	导致危险源释放的因素	可能发生的危险事件	主要保护措施和管理程序	初期应急处置程序
丙烯精馏塔回流泵	丙烯	丙烯精馏塔回流泵及进出口管线	丙烯精馏塔回流泵腐蚀及进出口管线法兰泄漏	物料泄漏至环境，发生火灾爆炸	设备周边设置可燃气体报警仪	1. 现场停泵，关闭泵进出口手阀； 2. 查找泄漏位置，根据泄漏点确定是否可以进行隔离； 3. 控制周边点火源； 4. 少量泄漏时外接氮气进行吹扫保护，通过卡具或把紧等措施消漏； 5. 打开消防设施，稀释泄漏可燃气； 6. 大量泄漏，上报事故险情，启动物料泄漏应急预案，乙烯装置局部停车，倒空物料，离线消漏
	6kV 高压电	丙烯精馏塔回流泵主电机接线部位、连接电缆	绝缘层失效导致漏电	检查设备时接触漏电部位，导致人员触电	1. 电机设有保护接地； 2. 电机设漏电保护器，漏电时机泵自动跳停； 3. 人员穿戴劳保着装(劳保绝缘鞋)	遇人员触电，用绝缘物体将触电人员与漏电部位分开，并及时送医处理
	转动部件	泵转动轴、联轴器等位置	在转动部位附近进行测振、测温、清理卫生等工作(2次/天)	1. 接触距离过近导致衣物、头发、抹布卷入运转设备，造成人员伤害； 2. 转动部件破损飞出伤人	1. 相关规定严禁触碰在运设备转动部位； 2. 相关规定规范现场作业时着装、人员活动举止等内容； 3. 巡检时重点关注轮罩完好性	1. 紧急停泵、切换备泵； 2. 更换或修复联轴器护罩

续表

设备及设施名称	危险源描述	存在位置	导致危险源释放的因素	可能发生的危险事件	主要保护措施和管理程序	初期应急处置程序
丙烯精馏塔釜液泵	丙烷	丙烯精馏塔釜液泵及进出口管线	丙烯精馏塔釜液泵腐蚀及进出口管线法兰泄漏	物料泄漏至环境，发生火灾爆炸	设备周边设置可燃气体报警仪	1. 现场停泵，关闭泵进出口手阀； 2. 查找泄漏位置，根据泄漏点确定是否可以进行隔离； 3. 控制周边点火源； 4. 少量泄漏时外接氮气进行吹扫保护，通过卡具或把紧等措施消漏； 5. 打开消防设施，稀释泄漏可燃气； 6. 大量泄漏，上报事故险情，启动物料泄漏应急预案，乙烯装置局部停车，倒空物料，离线消漏
	380V高压电	丙烯精馏塔釜液泵主电机接线部位、连接电缆	绝缘层失效导致漏电	检查设备时接触漏电部位，导致人员触电	1. 电机设有保护接地； 2. 电机设漏电保护器，漏电时机泵自动跳停； 3. 人员穿戴劳保着装（劳保绝缘鞋）	遇人员触电，用绝缘物体将触电人员与漏电部位分开，并及时送医处理
	转动部件	泵转动轴、联轴器等位置	在转动部位附近进行测振、测温、清理卫生等工作（2次/天）	1. 接触距离过近导致衣物、头发、抹布卷入运转设备，造成人员伤害； 2. 转动部件破损飞出伤人	1. 相关规定严禁触碰在运设备转动部位； 2. 相关规定规范现场作业时着装、人员活动举止等内容； 3. 巡检时重点关注轮罩完好性	1. 紧急停泵、切换备泵； 2. 更换或修复联轴器护罩

续表

设备及设施名称	危险源描述	存在位置	导致危险源释放的因素	可能发生的危险事件	主要保护措施和管理程序	初期应急处置程序
脱丁烷塔回流泵	C_4	脱丁烷塔回流泵及进出口管线	脱丁烷塔回流泵腐蚀及进出口管线法兰泄漏	物料泄漏至环境，发生火灾爆炸	设备周边设置可燃气体报警仪	1. 现场停泵，关闭泵进出口手阀； 2. 查找泄漏位置，根据泄漏点确定是否可以进行隔离； 3. 控制周边点火源； 4. 少量泄漏时外接氮气进行吹扫保护，通过卡具或把紧等措施消漏； 5. 打开消防设施，稀释泄漏可燃气； 6. 大量泄漏，上报事故险情，启动物料泄漏应急预案，乙烯装置局部停车，倒空物料，离线消漏
	380V高压电	脱丁烷塔回流泵主电机接线部位、连接电缆	绝缘层失效导致漏电	检查设备时接触漏电部位，导致人员触电	1. 电机设有保护接地； 2. 电机设漏电保护器，漏电时机泵自动跳停； 3. 人员穿戴劳保着装(劳保绝缘鞋)	遇人员触电，用绝缘物体将触电人员与漏电部位分开，并及时送医处理
	转动部件	泵转动轴、联轴器等位置	在转动部位附近进行测振、测温、清理卫生等工作(2次/天)	1. 接触距离过近导致衣物、头发、抹布卷入运转设备，造成人员伤害； 2. 转动部件破损飞出伤人	1. 相关规定严禁触碰在运设备转动部位； 2. 相关规定规范现场作业时着装、人员活动举止等内容； 3. 巡检时重点关注轮罩完好性	1. 紧急停泵、切换备泵； 2. 更换或修复联轴器护罩

续表

设备及设施名称	危险源描述	存在位置	导致危险源释放的因素	可能发生的危险事件	主要保护措施和管理程序	初期应急处置程序
C_4 产品泵	C_4	C_4 产品泵及进出口管线	C_4 产品泵腐蚀及进出口管线法兰泄漏	物料泄漏至环境，发生火灾爆炸	设备周边设置可燃气体报警仪	1. 现场停泵，关闭泵进出口手阀； 2. 查找泄漏位置，根据泄漏点确定是否可以进行隔离； 3. 控制周边点火源； 4. 少量泄漏时外接氮气进行吹扫保护，通过卡具或把紧等措施消漏； 5. 打开消防设施，稀释泄漏可燃气； 6. 大量泄漏，上报事故险情，启动物料泄漏应急预案，乙烯装置局部停车，倒空物料，离线消漏
	380V 高压电	C_4 产品泵主电机接线部位、连接电缆	绝缘层失效导致漏电	检查设备时接触漏电部位，导致人员触电	1. 电机设有保护接地； 2. 电机设漏电保护器，漏电时机泵自动跳停； 3. 人员穿戴劳保着装(劳保绝缘鞋)	遇人员触电，用绝缘物体将触电人员与漏电部位分开，并及时送医处理
	转动部件	泵转动轴、联轴器等位置	在转动部位附近进行测振、测温、清理卫生等工作(2次/天)	1. 接触距离过近导致衣物、头发、抹布卷入运转设备，造成人员伤害； 2. 转动部件破损飞出伤人	1. 相关规定严禁触碰在运设备转动部位； 2. 相关规定规范现场作业时着装、人员活动举止等内容； 3. 巡检时重点关注轮罩完好性	1. 紧急停泵、切换备泵； 2. 更换或修复联轴器护罩
阻聚剂注入泵	阻聚剂	阻聚剂注入泵进出料及附属管件	1. 泵机封泄漏； 2. 泵壳及进出口管线及阀门法兰泄漏	1. 物料飞溅，造成人员伤害； 2. 阻聚剂泄漏遇点火源引起火灾	1. 泵区周边设置可燃气体报警仪； 2. 人员佩戴护目镜，等个人防护措施	1. 人员做好防护后现场停泵，关闭泵进出口手阀； 2. 控制周边点火源； 3. 通过吸油毡防止泄漏范围扩大

续表

设备及设施名称	危险源描述	存在位置	导致危险源释放的因素	可能发生的危险事件	主要保护措施和管理程序	初期应急处置程序
阻聚剂注入泵	380V高压电	阻聚剂注入泵主电机接线部位、连接电缆	绝缘层失效导致漏电	检查设备时接触漏电部位，导致人员触电	1. 电机设有保护接地； 2. 电机设漏电保护器，漏电时机泵自动跳停； 3. 人员穿戴劳保着装(劳保绝缘鞋)	遇人员触电，用绝缘物体将触电人员与漏电部位分开，并及时送医处理
	转动部件	泵转动轴、联轴器等位置	在转动部位附近进行测振、测温、清理卫生等工作(2次/天)	1. 接触距离过近导致衣物、头发、抹布卷入运转设备，造成人员伤害； 2. 转动部件破损飞出伤人	1. 相关规定严禁触碰在运设备转动部位； 2. 相关规定规范现场作业时着装、人员活动举止等内容； 3. 巡检时重点关注轮罩完好性	1. 紧急停泵、切换备泵； 2. 更换或修复联轴器护罩
乙烯精馏塔回流泵	乙烯	乙烯精馏塔回流泵及进出口管线	乙烯精馏塔回流泵腐蚀及进出口管线法兰泄漏	物料泄漏至环境，发生火灾爆炸	设备周边设置可燃气体报警仪	1. 现场停泵，关闭泵进出口手阀； 2. 查找泄漏位置，根据泄漏点确定是否可以进行隔离； 3. 控制周边点火源； 4. 少量泄漏时外接氮气进行吹扫保护，通过卡具或把紧等措施消漏； 5. 打开消防设施，稀释泄漏可燃气； 6. 大量泄漏，上报事故险情，启动物料泄漏应急预案，乙烯装置局部停车，倒空物料，离线消漏
	380V高压电	乙烯精馏塔回流泵主电机接线部位、连接电缆	绝缘层失效导致漏电	检查设备时接触漏电部位，导致人员触电	1. 电机设有保护接地； 2. 电机设漏电保护器，漏电时机泵自动跳停； 3. 人员穿戴劳保着装(劳保绝缘鞋)	遇人员触电，用绝缘物体将触电人员与漏电部位分开，并及时送医处理

续表

设备及设施名称	危险源描述	存在位置	导致危险源释放的因素	可能发生的危险事件	主要保护措施和管理程序	初期应急处置程序
乙烯精馏塔回流泵	转动部件	泵转动轴、联轴器等位置	在转动部位附近进行测振、测温、清理卫生等工作(2次/天)	1. 接触距离过近导致衣物、头发、抹布卷入运转设备，造成人员伤害； 2. 转动部件破损飞出伤人	1. 相关规定严禁触碰在运设备转动部位； 2. 相关规定规范现场作业时着装、人员活动举止等内容； 3. 巡检时重点关注轮罩完好性	1. 紧急停泵、切换备泵； 2. 更换或修复联轴器护罩
C_2 脱除塔回流泵	乙烯等(含CO、氢气)	C_2 脱除塔回流泵及进出口管线	C_2 脱除塔回流泵腐蚀及进出口管线法兰泄漏	物料泄漏至环境，发生火灾爆炸	设备周边设置可燃气体报警仪	1. 现场停泵，关闭泵进出口手阀； 2. 查找泄漏位置，根据泄漏点确定是否可以进行隔离； 3. 控制周边点火源； 4. 少量泄漏时外接氮气进行吹扫保护，通过卡具或把紧等措施消漏； 5. 打开消防设施，稀释泄漏可燃气； 6. 大量泄漏，上报事故险情，启动物料泄漏应急预案，乙烯装置局部停车，倒空物料，离线消漏
	380V高压电	C_2 脱除塔回流泵主电机接线部位、连接电缆	绝缘层失效导致漏电	检查设备时接触漏电部位，导致人员触电	1. 电机设有保护接地； 2. 电机设漏电保护器，漏电时机泵自动跳停； 3. 人员穿戴劳保着装(劳保绝缘鞋)	遇人员触电，用绝缘物体将触电人员与漏电部位分开，并及时送医处理
	转动部件	泵转动轴、联轴器等位置	在转动部位附近进行测振、测温、清理卫生等工作(2次/天)	1. 接触距离过近导致衣物、头发、抹布卷入运转设备，造成人员伤害； 2. 转动部件破损飞出伤人	1. 相关规定严禁触碰在运设备转动部位； 2. 相关规定规范现场作业时着装、人员活动举止等内容； 3. 巡检时重点关注轮罩完好性	1. 紧急停泵、切换备泵； 2. 更换或修复联轴器护罩

续表

设备及设施名称	危险源描述	存在位置	导致危险源释放的因素	可能发生的危险事件	主要保护措施和管理程序	初期应急处置程序
C_2 粗分离塔回流泵	乙烯	C_2 粗分离塔回流泵及进出口管线	C_2 粗分离塔回流泵腐蚀及进出口管线法兰泄漏	物料泄漏至环境，发生火灾爆炸	设备周边设置可燃气体报警仪	1. 现场停泵，关闭泵进出口手阀； 2. 查找泄漏位置，根据泄漏点确定是否可以进行隔离； 3. 控制周边点火源； 4. 少量泄漏时外接氮气进行吹扫保护，通过卡具或把紧等措施消漏； 5. 打开消防设施，稀释泄漏可燃气； 6. 大量泄漏，上报事故险情，启动物料泄漏应急预案，乙烯装置局部停车，倒空物料，离线消漏
	380V 高压电	C_2 粗分离塔回流泵主电机接线部位、连接电缆	绝缘层失效导致漏电	检查设备时接触漏电部位，导致人员触电	1. 电机设有保护接地； 2. 电机设漏电保护器，漏电时机泵自动跳停； 3. 人员穿戴劳保着装(劳保绝缘鞋)	遇人员触电，用绝缘物体将触电人员与漏电部位分开，并及时送医处理
	转动部件	泵转动轴、联轴器等位置	在转动部位附近进行测振、测温、清理卫生等工作(2次/天)	1. 接触距离过近导致衣物、头发、抹布卷入运转设备，造成人员伤害； 2. 转动部件破损飞出伤人	1. 相关规定严禁触碰在运设备转动部位； 2. 相关规定规范现场作业时着装、人员活动举止等内容； 3. 巡检时重点关注轮罩完好性	1. 紧急停泵、切换备泵； 2. 更换或修复联轴器护罩

续表

设备及设施名称	危险源描述	存在位置	导致危险源释放的因素	可能发生的危险事件	主要保护措施和管理程序	初期应急处置程序
甲烷脱除塔出料泵	乙烯	甲烷脱除塔出料泵及进出口管线	甲烷脱除塔出料泵腐蚀及进出口管线法兰泄漏	物料泄漏至环境，发生火灾爆炸	设备周边设置可燃气体报警仪	1. 现场停泵，关闭泵进出口手阀； 2. 查找泄漏位置，根据泄漏点确定是否可以进行隔离； 3. 控制周边点火源； 4. 少量泄漏时外接氮气进行吹扫保护，通过卡具或把紧等措施消漏； 5. 打开消防设施，稀释泄漏可燃气； 6. 大量泄漏，上报事故险情，启动物料泄漏应急预案，乙烯装置局部停车，倒空物料，离线消漏
	380V高压电	甲烷脱除塔出料泵主电机接线部位、连接电缆	绝缘层失效导致漏电	检查设备时接触漏电部位，导致人员触电	1. 电机设有保护接地； 2. 电机设漏电保护器，漏电时机泵自动跳停； 3. 人员穿戴劳保着装(劳保绝缘鞋)	遇人员触电，用绝缘物体将触电人员与漏电部位分开，并及时送医处理
	转动部件	泵转动轴、联轴器等位置	在转动部位附近进行测振、测温、清理卫生等工作(2次/天)	1. 接触距离过近导致衣物、头发、抹布卷入运转设备，造成人员伤害； 2. 转动部件破损飞出伤人	1. 相关规定严禁触碰在运设备转动部位； 2. 相关规定规范现场作业时着装、人员活动举止等内容； 3. 巡检时重点关注轮罩完好性	1. 紧急停泵、切换备泵； 2. 更换或修复联轴器护罩

续表

设备及设施名称	危险源描述	存在位置	导致危险源释放的因素	可能发生的危险事件	主要保护措施和管理程序	初期应急处置程序
乙炔转化器	C_2组分及氢气	乙炔转化器器内部	乙炔转化器腐蚀及管线法兰泄漏	物料泄漏至环境，发生火灾爆炸	1. 设备周边设置可燃气体报警仪； 2. 每周闭灯检查	1. 查找泄漏位置，根据泄漏点确定是否可以进行隔离； 2. 控制周边点火源； 3. 少量泄漏时外接氮气进行吹扫保护，通过卡具或把紧等措施消漏； 4. 打开消防设施，稀释泄漏可燃气； 5. 大量泄漏，上报事故险情，启动物料泄漏应急预案，乙烯装置局部停车，倒空物料，离线消漏
	PS蒸汽	乙炔转化器进料加热	蒸汽管线及法兰泄漏	人员烫伤	1. 蒸汽管线设置保温层； 2. 巡检人员按规定穿戴劳保用品	针对受伤人员进行初步紧急处理，跟踪观察监护，如病情较重及时就医
	催化剂粉尘	乙炔转化器催化剂床层	催化剂换剂装填	人员呼吸不畅，严重时对呼吸系统造成损伤	人员按规定佩戴劳保防护用品	针对受伤人员进行初步紧急处理，跟踪观察监护，如病情较重及时就医
	缺氧环境	乙炔转化器内部	催化剂换剂装填	人员受限空间作业，可能导致缺氧窒息	1. 受限空间作业时需办理相关票证； 2. 受限空间作业时人员监护； 3. 受限空间作业时定期检测氧气和可燃气含量	1. 上报事故险情，启动应急预案； 2. 佩戴空气呼吸器，进入受限空间开展救援作业
	飞温	乙炔转化器内部	催化剂烧焦作业	催化剂烧焦时操作不规范导致乙炔转换器内发生飞温	按规程控制进入乙炔转化器内部的空气流量	立即停止烧焦作业，通过蒸汽或氮气隔绝空气灭火

续表

设备及设施名称	危险源描述	存在位置	导致危险源释放的因素	可能发生的危险事件	主要保护措施和管理程序	初期应急处置程序
脱乙烷塔回流泵	C_2 组分	脱乙烷塔回流泵及进出口管线	脱乙烷塔回流泵腐蚀及进出口管线法兰泄漏	物料泄漏至环境，造成环境污染，遇点火源发生火灾爆炸	设备周边设置可燃气体报警仪	1. 查找泄漏位置，根据泄漏点确定是否可以进行隔离； 2. 控制周边点火源； 3. 少量泄漏时外接氮气进行吹扫保护，通过卡具或把紧等措施消漏； 4. 打开消防设施，稀释泄漏可燃气； 5. 大量泄漏，上报事故险情，启动物料泄漏应急预案，乙烯装置局部停车，倒空物料，离线消漏
	380V 高压电	脱乙烷塔回流泵主电机接线部位、连接电缆	绝缘层失效导致漏电	检查设备时接触漏电部位，导致人员触电	1. 电机设有保护接地； 2. 电机设漏电保护器，漏电时机泵自动跳停； 3. 人员穿戴劳保着装(劳保绝缘鞋)	遇人员触电，用绝缘物体将触电人员与漏电部位分开，并及时送医处理
	转动部件	泵转动轴、联轴器等位置	在转动部位附近进行测振、测温、清理卫生等工作(2次/天)	1. 接触距离过近导致衣物、头发、抹布卷入运转设备，造成人员伤害； 2. 转动部件破损飞出伤人	1. 相关规定严禁触碰在运设备转动部位； 2. 相关规定规范现场作业时着装、人员活动举止等内容； 3. 巡检时重点关注轮罩完好性	1. 紧急停泵、切换备泵； 2. 更换或修复联轴器护罩

续表

设备及设施名称	危险源描述	存在位置	导致危险源释放的因素	可能发生的危险事件	主要保护措施和管理程序	初期应急处置程序
C_3 加氢循环泵	C_3 组分	C_3 加氢循环泵及进出口管线	C_3 加氢循环泵腐蚀及进出口管线法兰泄漏	物料泄漏至环境，造成环境污染，遇点火源发生火灾爆炸	设备周边设置可燃气体报警仪	1. 查找泄漏位置，根据泄漏点确定是否可以进行隔离； 2. 控制周边点火源； 3. 少量泄漏时外接氮气进行吹扫保护，通过卡具或把紧等措施消漏； 4. 打开消防设施，稀释泄漏可燃气； 5. 大量泄漏，上报事故险情，启动物料泄漏应急预案，乙烯装置局部停车，倒空物料，离线消漏
	380V 高压电	C_3 加氢循环泵主电机接线部位、连接电缆	绝缘层失效导致漏电	检查设备时接触漏电部位，导致人员触电	1. 电机设有保护接地； 2. 电机设漏电保护器，漏电时机泵自动跳停； 3. 人员穿戴劳保着装(劳保绝缘鞋)	遇人员触电，用绝缘物体将触电人员与漏电部位分开，并及时送医处理
	转动部件	泵转动轴、联轴器等位置	在转动部位附近进行测振、测温、清理卫生等工作(2次/天)	1. 接触距离过近导致衣物、头发、抹布卷入运转设备，造成人员伤害； 2. 转动部件破损飞出伤人	1. 相关规定严禁触碰在运设备转动部位； 2. 相关规定规范现场作业时着装、人员活动举止等内容； 3. 巡检时重点关注轮罩完好性	1. 紧急停泵、切换备泵； 2. 更换或修复联轴器护罩

续表

设备及设施名称	危险源描述	存在位置	导致危险源释放的因素	可能发生的危险事件	主要保护措施和管理程序	初期应急处置程序
甲烷汽提塔回流泵	C_3 组分	甲烷汽提塔回流泵及进出口管线	甲烷汽提塔回流泵腐蚀及进出口管线法兰泄漏	物料泄漏至环境，造成环境污染，遇点火源发生火灾爆炸	设备周边设置可燃气体报警仪	1. 查找泄漏位置，根据泄漏点确定是否可以进行隔离； 2. 控制周边点火源； 3. 少量泄漏时外接氮气进行吹扫保护，通过卡具或把紧等措施消漏； 4. 打开消防设施，稀释泄漏可燃气； 5. 大量泄漏，上报事故险情，启动物料泄漏应急预案，乙烯装置局部停车，倒空物料，离线消漏
	380V 高压电	甲烷汽提塔回流泵主电机接线部位、连接电缆	绝缘层失效导致漏电	检查设备时接触漏电部位，导致人员触电	1. 电机设有保护接地； 2. 电机设漏电保护器，漏电时机泵自动跳停； 3. 人员穿戴劳保着装(劳保绝缘鞋)	遇人员触电，用绝缘物体将触电人员与漏电部位分开，并及时送医处理
	转动部件	泵转动轴、联轴器等位置	在转动部位附近进行测振、测温、清理卫生等工作(2次/天)	1. 接触距离过近导致衣物、头发、抹布卷入运转设备，造成人员伤害； 2. 转动部件破损飞出伤人	1. 相关规定严禁触碰在运设备转动部位； 2. 相关规定规范现场作业时着装、人员活动举止等内容； 3. 巡检时重点关注轮罩完好性	1. 紧急停泵、切换备泵； 2. 更换或修复联轴器护罩
火炬气回收压缩机	火炬气	火炬气压缩机及进出料管线	火炬气压缩机机体及进出料管线法兰泄漏	火炬气泄漏至环境，发生火灾爆炸	火炬气压缩机周边设可燃气体报警仪	1. 少量泄漏，外接氮气进行吹扫保护，通过卡具带压消漏； 2. 大量泄漏，上报事故险情，启动应急预案，停相应的火炬气压缩机，离线消漏； 3. 打开消防设施，稀释可燃气体

续表

设备及设施名称	危险源描述	存在位置	导致危险源释放的因素	可能发生的危险事件	主要保护措施和管理程序	初期应急处置程序
火炬气回收压缩机	转动部件	压缩机转动轴、联轴器等位置	在转动部位附近进行测振、测温、清理卫生等工作(2次/天)	接触距离过近导致衣物、头发、抹布卷入运转设备，造成人员伤害	1. 相关规定严禁触碰在运设备转动部位； 2. 相关规定规范现场作业时着装、人员活动举止等内容； 3. 巡检时重点关注轮罩完好性	1. 紧急停压缩机； 2. 更换或修复联轴器护罩
	转动部件脱落	火炬气压缩机联轴器	火炬气压缩机联轴器断裂	严重时转动部件飞出，可能造成人员死亡	1. 联轴器配置防护网； 2. 大检修时定期对联轴器进行维护	1. 上报事故险情，启动应急预案，相应的火炬气压缩机停车； 2. 受伤人员及时就医
	噪声	火炬气压缩机电机，螺杆等转动部件	螺杆转动过快或火炬气压缩机振动过大	长时间在高噪声环境停留，对人员听力造成损伤	1. 佩戴护耳器； 2. 无工作需要避免长时间停留； 3. 压缩机厂房周边降噪处理	对于异常声响，查找原因，确定是停压缩机还是消除噪声
	润滑油/密封油	润滑油泵，压缩机腔体内部	相关设备，管线及法兰泄漏	润滑油/密封油泄漏喷溅，造成人员伤害，严重时遇点火源发生火灾	1. 压缩机润滑油/密封油设压力低报警； 2. 巡检时按规定佩戴劳保用品	1. 少量泄漏，通过卡具带压消漏； 2. 大量泄漏，火炬气压缩机停车，离线消漏
	高空跌落	高处平台	人员意外失足或平台地面湿滑	人员跌落受伤，严重时死亡	1. 巡检时按规定穿戴劳保用品； 2. 及时修复存在缺陷的平台和楼梯	针对受伤人员进行初步紧急处理，跟踪观察监护，如病情较重及时就医
	6kV高压电	火炬气压缩机电机主电机接线部位、连接电缆	绝缘层失效导致漏电	检查设备时接触漏电部位，导致人员触电	1. 电机设有保护接地； 2. 电机设漏电保护器，漏电时机泵自动跳停； 3. 人员穿戴劳保着装(劳保绝缘鞋)	遇人员触电，用绝缘物体将触电人员与漏电部位分开，并及时送医处理

续表

设备及设施名称	危险源描述	存在位置	导致危险源释放的因素	可能发生的危险事件	主要保护措施和管理程序	初期应急处置程序
湿排料罐料泵	含油污水	湿排料罐料泵及进出口管线	湿排料罐料泵腐蚀及进出口管线法兰泄漏	物料泄漏至环境，造成环境污染，遇点火源发生火灾	设备周边设置可燃气体报警仪	1. 查找泄漏位置，根据泄漏点确定是否可以进行隔离； 2. 控制周边点火源； 3. 少量泄漏时外接氮气进行吹扫保护，通过卡具或把紧等措施消漏； 4. 打开消防设施，稀释泄漏可燃气； 5. 大量泄漏，上报事故险情，启动物料泄漏应急预案，乙烯装置局部停车，倒空物料，离线消漏
	380V高压电	湿排料罐料泵主电机接线部位、连接电缆	绝缘层失效导致漏电	检查设备时接触漏电部位，导致人员触电	1. 电机设有保护接地； 2. 电机设漏电保护器，漏电时机泵自动跳停； 3. 人员穿戴劳保着装(劳保绝缘鞋)	遇人员触电，用绝缘物体将触电人员与漏电部位分开，并及时送医处理
	转动部件	泵转动轴、联轴器等位置	在转动部位附近进行测振、测温、清理卫生等工作(2次/天)	1. 接触距离过近导致衣物、头发、抹布卷入运转设备，造成人员伤害； 2. 转动部件破损飞出伤人	1. 相关规定严禁触碰在运设备转动部位； 2. 相关规定规范现场作业时着装、人员活动举止等内容； 3. 巡检时重点关注轮罩完好性	1. 紧急停泵、切换备泵； 2. 更换或修复联轴器护罩

9.6 乙烯球罐区域

作业活动：巡检+常规操作；
作业区域：分离单元球罐区；
主要设备设施：乙烯产品储罐。

设备及设施名称	危险源描述	存在位置	导致危险源释放的因素	可能发生的危险事件	主要保护措施和管理程序	初期应急处置程序
乙烯产品储罐	低温液态乙烯	乙烯产品储罐及进出料管线	乙烯产品储罐超压泄漏	乙烯泄漏至环境，造成人员冻伤，大面积泄漏时发生火灾爆炸	1. 乙烯产品储罐设压力高报警； 2. 乙烯产品储罐设安全阀； 3. 储罐进出料管线设置紧急切断阀； 4. 乙烯产品储罐周边设置围堰； 5. 乙烯产品储罐周边设可燃气体报警仪	1. 上报事故险情，启动球罐泄漏应急预案； 2. 罐体泄漏及时倒空泄漏储罐； 3. 控制储罐周边点火源； 4. 使用消防水稀释泄漏可燃气体
			乙烯产品储罐进出料管线及法兰腐蚀泄漏	乙烯泄漏至环境，造成人员冻伤，大面积泄漏时发生火灾爆炸	1. 乙烯产品储罐周边设置围堰； 2. 乙烯产品储罐周边设可燃气体报警仪； 3. 储罐进出料管线设置紧急切断阀	1. 上报事故险情，启动球罐泄漏应急预案； 2. 通知内操紧急切断储罐进出料管线紧急切断阀； 3. 控制储罐周边点火源； 4. 使用消防水稀释泄漏可燃气体
	高空坠落/跌倒	乙烯产品储罐操作平台，进出围堰台阶	人员意外失足或平台地面湿滑	人员跌落/滑到受伤，严重时死亡	1. 巡检时按规定穿戴劳保用品； 2. 及时修复存在缺陷的平台和楼梯	针对受伤人员进行初步紧急处理，跟踪观察监护，如病情较重及时就医
	缺氧环境	乙烯产品储罐内部	乙烯产品储罐内部检维修	球罐内部受限空间作业时，人员窒息	1. 悬挂禁入标识牌； 2. 受限空间作业时需办理相关票证； 3. 受限空间作业时人员监护； 4. 受限空间作业时定期检测氧气和可燃气含量	1. 上报事故险情，启动应急预案； 2. 佩戴空气呼吸器，进入受限空间开展救援作业
	380V高压电	乙烯产品储罐出料阀电动执行机构	绝缘层失效导致漏电	检查设备时接触漏电部位，导致人员触电	1. 电动阀设有保护接地； 2. 人员穿戴劳保着装(劳保绝缘鞋)	遇人员触电，用绝缘物体将触电人员与漏电部位分开，并及时送医处理

续表

设备及设施名称	危险源描述	存在位置	导致危险源释放的因素	可能发生的危险事件	主要保护措施和管理程序	初期应急处置程序
高压乙烯输送泵	低温液态乙烯	高压乙烯输送泵及进出料管线	高压乙烯输送泵本体及管线法兰泄漏	高压乙烯喷射至环境，造成人员冻伤，大面积泄漏时发生火灾爆炸	1. 高压乙烯输送泵周边设可燃气体报警仪； 2. 储罐进出料管线设置紧急切断阀	1. 上报事故险情，启动球罐泄漏应急预案； 2. 通知内操紧急切断储罐进出料管线紧急切断阀； 3. 控制高压乙烯输送泵周边点火源； 4. 使用消防水稀释泄漏可燃气体
	6kV高压电	高压乙烯输送泵泵主电机接线部位、连接电缆	绝缘层失效导致漏电	检查设备时接触漏电部位，导致人员触电	1. 电机设有保护接地； 2. 电机设漏电保护器，漏电时机泵自动跳停； 3. 人员穿戴劳保着装(劳保绝缘鞋)	遇人员触电，用绝缘物体将触电人员与漏电部位分开，并及时送医处理
	转动部件	泵转动轴、联轴器等位置	在转动部位附近进行测振、测温、清理卫生等工作(2次/天)	1. 接触距离过近导致衣物、头发、抹布卷入运转设备，造成人员伤害； 2. 转动部件破损飞出伤人	1. 相关规定严禁触碰在运设备转动部位； 2. 相关规定规范现场作业时着装、人员活动举止等内容； 3. 巡检时重点关注轮罩完好性	1. 紧急停泵、切换备泵； 2. 更换或修复联轴器护罩
低压乙烯输送泵	低温液态乙烯	低压乙烯输送泵及进出料管线	低压乙烯输送泵本体及管线法兰泄漏	低压乙烯喷射至环境，造成人员冻伤，大面积泄漏时发生火灾爆炸	1. 低压乙烯输送泵周边设可燃气体报警仪； 2. 储罐进出料管线设置紧急切断阀	1. 通知内操紧急切断储罐进出料管线紧急切断阀； 2. 控制高压乙烯输送泵周边点火源； 3. 使用消防水稀释泄漏可燃气体
	380V高压电	低压乙烯输送泵主电机接线部位、连接电缆	绝缘层失效导致漏电	检查设备时接触漏电部位，导致人员触电	1. 电机设有保护接地； 2. 电机设漏电保护器，漏电时机泵自动跳停； 3. 人员穿戴劳保着装(劳保绝缘鞋)	遇人员触电，用绝缘物体将触电人员与漏电部位分开，并及时送医处理

续表

设备及设施名称	危险源描述	存在位置	导致危险源释放的因素	可能发生的危险事件	主要保护措施和管理程序	初期应急处置程序
低压乙烯输送泵	转动部件	泵转动轴、联轴器等位置	在转动部位附近进行测振、测温、清理卫生等工作(2次/天)	1. 接触距离过近导致衣物、头发、抹布卷入运转设备，造成人员伤害； 2. 转动部件破损飞出伤人	1. 相关规定严禁触碰在运设备转动部位； 2. 相关规定规范现场作业时着装、人员活动举止等内容； 3. 巡检时重点关注轮罩完好性	1. 紧急停泵、切换备泵； 2. 更换或修复联轴器护罩

9.7 乙烯装置内操岗位

作业活动：DCS、ESD、可燃有毒气体报警响应、火灾报警系统响应；

作业区域：控制室；

主要设备及设施：DCS 系统、ESD 系统、可燃有毒气体报警、火灾报警系统。

危险源描述	存在位置	危害因素描述	可能发生的危险事件	主要保护措施和管理程序	初期应急程序
可燃有毒气体	临近的装置区	装置区发生爆炸	装置区的爆炸冲击波通过门、窗、墙、吸风口等进入人员集中区域，造成人员伤害	1. 人员集中区域抗爆设计； 2. 通气口设置爆炸隔离阀； 3. 抗爆门窗保持常闭	启动事故应急预案
	吸风口	可燃有毒扩散至吸风口	1. 可燃气体进入控制室，遇到非防爆电气设备发生控制室内爆炸； 2. 有毒气体引起人员中毒	吸风口处设置可燃及有毒气体报警仪	1. 控制点火源； 2. 人员及时撤离 3. 设置新风系统的，及时启动新风系统
二氧化碳	消防柜	灭火器泄漏	灭火器二氧化碳泄漏，引发人员在封闭环境下窒息	每半个月进行灭火器检查	人员撤离缺氧区域，穿戴呼吸器将泄漏设施移至室外
电源	对讲机等充电设备	1. 超负荷用电； 2. 充电时间过长	引起电气火灾	使用灭火器灭火	断电，报警报修
	空调等用电设备或电缆	设备故障或电缆破损	人员触电	1. 电气接口按防触电设计； 2. 设有漏电保护器	遇人员触电，用绝缘物体将触电人员与漏电部位分开，并及时送医处理

续表

危险源描述	存在位置	危害因素描述	可能发生的危险事件	主要保护措施和管理程序	初期应急程序
工作站病毒	DCS 系统、EDS 系统	1. 黑客袭击； 2. U 盘等存储设备携带病毒	DCS、ESD 系统可能瘫痪，甚至引发工业事故	1. 仪表操作人员严格执行相关管理制度，堵塞系统漏洞； 2. 禁止所有人员使用非专用存储器	移除/卸载可疑程序，及时进行病毒查杀
单屏显示	DCS 系统	显示器故障	人员无法操作、查看工作站	立即联系人员维修	
疲劳	操作台座椅	操作台座椅不满足人体工学，坐姿不当	1. 导致疲劳，引发误操作； 2. 长期坐姿不当易产生颈椎、腰椎等职业病	1. 配备适合人体工学的座椅； 2. 合理安排作息时间	
传染细菌	操作室内	控制室为密闭空间	引发群体性疾病传染	1. 保证控制室通风设施运行良好； 2. 送风卫生指标定期检测	

参 考 文 献

［1］API 581—2008. Risk-based Inspection Technology［S］. America：American Petroleum Institute，2008.

［2］GB 30871—2022. 危险化学品企业特殊作业安全规范［S］. 国家市场监督管理总局/国家标准化管理委员会，2022.

［3］GB 15322—2019. 可燃气体探测器［S］. 国家市场监督管理总局/国家标准化管理委员会，2019.

［4］GB/T 50493—2019. 石油化工可燃气体和有毒气体检测报警设计标准［S］. 中华人民共和国住房和城乡建设部/国家市场监督管理总局，2019.

［5］GB 8958—2006 缺氧危险作业安全规程［S］. 中华人民共和国国家质量监督检验检疫总局/中国国家标准化管理委员会，2006.

［6］GB/T 3608—2008 高处作业分级［S］. 中华人民共和国国家质量监督检验检疫总局/中国国家标准化管理委员会，2008.

［7］GB 51210—2016 建筑施工脚手架安全技术统一标准［S］. 中华人民共和国住房和城乡建设部/中华人民共和国国家质量监督检验检疫总局，2016.

［8］GB/T 50484—2019 石油化工建设工程施工安全技术标准［S］. 中华人民共和国住房和城乡建设部/国家市场监督管理总局，2019.

［9］GB 6095—2021 坠落防护 安全带［S］. 国家市场监督管理总局/国家标准化管理委员会，2021.

［10］GB 24543—2009 坠落防护 安全绳［S］. 国家市场监督管理总局/国家标准化管理委员会，2009.

［11］GB 38454—2019 坠落防护 水平生命线装置［S］. 国家市场监督管理总局/国家标准化管理委员会，2019.

［12］GB 18218—2018 危险化学品重大危险源辨识［S］. 国家市场监督管理总局/国家标准化管理委员会，2018.

［13］GB 36894—2018 危险化学品生产装置和储存设施风险基准［S］. 国家市场监督管理总局/国家标准化管理委员会，2018.

[14] GB 50160—2008(2018 年版) 石油化工企业设计防火标准[S]. 中华人民共和国住房和城乡建设部/中华人民共和国国家质量监督检验检疫总局，2018.

[15] GB/T 50779—2022 石油化工建筑物抗爆设计规范[S]. 中华人民共和国住房和城乡建设部/国家市场监督管理总局，2022.

[16] GB/T 37243—2019 危险化学品生产装置和储存设施外部安全防护距离确定方法[S]. 国家市场监督管理总局/国家标准化管理委员会，2019.

[17] SH 3009—2013 石油化工可燃性气体排放系统设计规范[S]. 中华人民共和国工业和信息化部，2013.

[18] SH/T 3555—2014 石油化工工程钢脚手架搭设安全技术规范[S]. 中华人民共和国工业和信息化部，2014.

[19] AQ/T 3034—2022 化工过程安全管理导则[S]. 中华人民共和国应急管理部，2022.

[20] AQ/T 3046—2013 化工企业定量风险评价导则[S]. 国家安全生产监督管理总局，2013.

[21] AQ/T 3049—2013 危险与可操作性分析(HAZOP 分析)应用导则[S]. 国家安全生产监督管理总局，2013.

[22] AQ/T 3054—2015 保护层分析(LOPA)方法应用导则[S]. 国家安全生产监督管理总局，2015.

[23] 国家安全监管总局. 化工和危险化学品生产经营单位重大生产安全事故隐患判定标准(试行)，安监总管三〔2017〕121 号[Z].

[24] 中国石油化工集团有限公司. 中国石化动火作业安全管理规定，中国石化安〔2015〕659 号[Z].

[25] 中国石油化工集团有限公司. 中国石化进入受限作业安全管理规定，中国石化安〔2015〕675 号[Z].

[26] 中国石油化工集团有限公司. 中国石化高处作业安全管理规定，中国石化安〔2015〕675 号[Z].

[27] 中国石油化工集团有限公司. 中国石化临时用电作业安全管理规定，中国石化安〔2015〕683 号[Z].

[28] 中国石油化工集团有限公司. 中国石化起重作业安全管理规定，中国石化安〔2016〕7 号[Z].

[29] 中国石油化工集团有限公司. 中国石化动土作业安全管理规定，中国石化安〔2016〕21号[Z].

[30] 中国石油化工集团有限公司. 中国石化作业安全分析(JSA)管理办法，中国石化安〔2018〕174号[Z].

[31] 张海峰. 危险化学品安全技术全书[M]. 北京：化学工业出版社，2008.

[32] 张德义. 石油化工危险化学品实用手册[M]. 北京：中国石化出版社，2006.